Springer-Lehrbuch

Grundwissen Mathematik

Ebbinghaus et al.: Zahlen
Elstrodt: Maß- und Integrationstheorie
Hämmerlin†/Hoffmann: Numerische Mathematik
Koecher†: Lineare Algebra und analytische Geometrie
Lamotke: Riemannsche Flächen
Leutbecher: Zahlentheorie
Remmert/Schumacher: Funktionentheorie 1
Remmert/Schumacher: Funktionentheorie 2
Walter: Analysis 1
Walter: Analysis 2

Herausgeber der Grundwissen-Bände im Springer-Lehrbuch-Programm sind:
F. Hirzebruch, H. Kraft, K. Lamotke, R. Remmert, W. Walter

Klaus Lamotke

Riemannsche Flächen

Zweite, ergänzte und verbesserte Auflage

Prof. Dr. Klaus Lamotke
Universität zu Köln
Mathematisches Institut
Weyertal 86-90
50931 Köln
Deutschland
klaus@lamotke.de

ISSN 0937-7433
ISBN 978-3-642-01710-0   e-ISBN 978-3-642-01711-7
DOI 10.1007/978-3-642-01711-7
Springer Dordrecht Heidelberg London New York

Die Deutsche Nationalbibliothek verzeichnet diese Publikation in der Deutschen Nationalbibliografie; detaillierte bibliografische Daten sind im Internet über http://dnb.d-nb.de abrufbar.

Mathematics Subject Classification (2000): 30Fxx, 32C15

© Springer-Verlag Berlin Heidelberg 2004, 2009
Dieses Werk ist urheberrechtlich geschützt. Die dadurch begründeten Rechte, insbesondere die der Übersetzung, des Nachdrucks, des Vortrags, der Entnahme von Abbildungen und Tabellen, der Funksendung, der Mikroverfilmung oder der Vervielfältigung auf anderen Wegen und der Speicherung in Datenverarbeitungsanlagen, bleiben, auch bei nur auszugsweiser Verwertung, vorbehalten. Eine Vervielfältigung dieses Werkes oder von Teilen dieses Werkes ist auch im Einzelfall nur in den Grenzen der gesetzlichen Bestimmungen des Urheberrechtsgesetzes der Bundesrepublik Deutschland vom 9. September 1965 in der jeweils geltenden Fassung zulässig. Sie ist grundsätzlich vergütungspflichtig. Zuwiderhandlungen unterliegen den Strafbestimmungen des Urheberrechtsgesetzes.
Die Wiedergabe von Gebrauchsnamen, Handelsnamen, Warenbezeichnungen usw. in diesem Werk berechtigt auch ohne besondere Kennzeichnung nicht zu der Annahme, dass solche Namen im Sinne der Warenzeichen- und Markenschutz-Gesetzgebung als frei zu betrachten wären und daher von jedermann benutzt werden dürften.

Cover design: WMXDesign GmbH

Printed on acid-free paper

Springer is part of Springer Science+Business Media (www.springer.com)

Vorwort

aus dem Vorwort zur 1. Auflage

Riemanns Idee, die Funktionentheorie nicht auf den klassischen Fall ebener Definitionsgebiete zu beschränken, sondern auf beliebige Flächen auszudehnen, ist 150 Jahre alt und hat seither die Entwicklung der Mathematik stark beeinflußt. In dieser dem Grundwissen der Mathematik gewidmeten Lehrbuchreihe folgt daher auf die Darstellung der klassischen Funktionentheorie durch R. Remmert der vorliegende Band über Riemannsche Flächen.
Große Teile des Stoffes wurden in Vorlesungen vorgetragen oder in Übungen, Seminaren und Hausarbeiten von Studenten bearbeitet. Nur die Grundlagen der reellen Analysis und komplexen Funktionentheorie, der Algebra und der Allgemeinen Topologie werden als Vorkenntnisse vorausgesetzt.
Die Stoffauswahl orientiert sich an den Ergebnissen, die Riemann, Weierstraß und ihre Nachfolger erreichten. Die Darstellung der allgemeinen Theorie wird häufig unterbrochen, um spezielle Flächen und ihre Funktionen zu betrachten. Die Riemannschen Flächen haben zahlreiche Beziehungen zu mathematischen Nachbargebieten. Um sie zu erfassen, wird in den folgenden Kapiteln auch die Topologie kompakter Flächen entwickelt, wird die Fundamentalgruppe mit ihrer Beziehung zur Überlagerungstheorie behandelt, werden Garben, Homologie und Cohomologie definiert und werden Einführungen in die projektive Geometrie und die Potentialtheorie geboten.
Viele mathematische Ideen, die manchmal bis in die Antike zurückreichen und sich im 19. Jahrhundert häufen, durchziehen wie die Fäden eines Knäuels die Entstehung und Entwicklung der Riemannschen Flächen. Zahlreiche in den Text eingestreute historische Bemerkungen weisen bei passenden Gelegenheiten darauf hin.
Das vorliegende Buch wurde vor zehn Jahren als gemeinsames Projekt von Reinhold Remmert und dem Autor begonnen. Erste Entwürfe von Kapiteln mit vorwiegend analytischen Aspekten wurden von R. Remmert und solche mit topologischen Aspekten vom unterzeichnenden Autor verfaßt. Bei mehreren Aufenthalten im Mathematischen Forschungsinstitut Oberwolfach konnten wir uns in intensiven Gesprächen austauschen. Äußere Umstände führten dazu, daß die Herstellung der finalen Version allein dem unterzeichnenden Autor zufiel.

Die Volkswagen-Stiftung ermöglichte im Rahmen des Programms „Research in Pairs" die erwähnten Aufenthalte in Oberwolfach. Frau A. Rother (Köln) schrieb mit großer Sorgfalt und Geduld die sich wandelnden Versionen des Textes. Ihnen allen, den Mitarbeitern des Springer-Verlages, welche das Projekt auch in kritischen Phasen wohlwollend unterstützten, und ganz besonders Reinhold Remmert, ohne den das Buch nicht begonnen und vollendet worden wäre, gilt mein herzlicher Dank.

Köln, im Mai 2004
Klaus Lamotke.

Vorwort zur zweiten Auflage

Ein neues 15. Kapitel handelt von der De Rhamschen Cohomologie Riemannscher Flächen. Dadurch beruht die Einführung der Thetafunktionen kompakter Flächen im nunmehr 16. Kapitel auf Ergebnissen, die im vorliegenden Buch bewiesen und nicht nur zitiert werden.
Ein neuer Paragraph 16.3 im letzten Kapitels ist den Lösungen von Soliton-Gleichungen mit Hilfe dieser Theta-Funktionen gewidmet, die in den 1970-er Jahren von russischen Mathematikern gefunden wurden.
Die Ausführungen zur Kleinschen Fläche mit ihren 168 Automorphismen und ihrer Darstellung durch das Vierzehneck werden durch zusätzliche Aufgaben (5.8.7-8 und 11.7.9) und Beweise (in Paragraph 11.7) ergänzt.
Kleinere über den ganzen Text verstreute Verbesserungen beruhen zum Teil auf kritischen Hinweisen und Anregungen aufmerksamer Leser. Ihnen, besonders U. Witting danke ich herzlich.

Köln, im April 2009
Klaus Lamotke.

Hinweise zur Gliederung. Die 16 Kapitel sind in Paragraphen und diese in Abschnitte unterteilt. Zweistellige Hinweise beziehen sich auf ganze Paragraphen, z.B. 13.1, und dreistellige auf einzelne Abschnitte oder Aufgaben, z.B. 13.1.5 oder 13.7.6. Kleingedruckte Passagen enthalten historische Bemerkungen und Ausblicke, die Ausführung spezieller Beispiele und marginaler Bezüge zum Haupttext sowie topologische Beweise, deren Methoden sonst nicht gebraucht werden.

Inhaltsverzeichnis

1. **Grundlagen** 1
   - 1.1 Riemannsche Flächen und ihre Abbildungen 2
   - 1.2 Liftungs- und Quotientenprinzip 7
   - 1.3 Holomorphe Abbildungen 11
   - 1.4 Endliche Abbildungen. Überlagerungen 14
   - 1.5 Deckgruppen 17
   - 1.6 Meromorphe Funktionen 20
   - 1.7 Aufgaben 22

2. **Tori und elliptische Funktionen** 24
   - 2.1 Elliptische Funktionen 24
   - 2.2 Die $\wp$-Funktion 26
   - 2.3 Abelsches Theorem für elliptische Funktionen 29
   - 2.4 Die Entdeckung der elliptischen Funktionen 32
   - 2.5 Reduzierte Basen. Torusabbildungen 35
   - 2.6 Normale Abbildungen der Zahlenebene 38
   - 2.7 Aufgaben 41

3. **Fundamentalgruppe und Überlagerungen** 43
   - 3.1 Fundamentalgruppen 43
   - 3.2 Monodromie 47
   - 3.3 Holomorphe Überlagerungen 52
   - 3.4 Analytische Fortsetzung 53
   - 3.5 Abzählbarkeit 55
   - 3.6 Unverzweigte normale Überlagerungen 58
   - 3.7 Konstruktion von Überlagerungen 60
   - 3.8 Die Fundamentalgruppe einer Vereinigung 62
   - 3.9 Aufgaben 66

4. **Verzweigte Überlagerungen** 68
   - 4.1 Orbitprojektionen 68
   - 4.2 Endliche Automorphismengruppen der Zahlenkugel 69
   - 4.3 Diskontinuierliche Gruppen 76
   - 4.4 Komplexe Mannigfaltigkeiten und Garben 77

VIII Inhaltsverzeichnis

    4.5 Orbitflächen 80
    4.6 Verzweigungen 81
    4.7 Verzweigte normale Überlagerungen 84
    4.8 Universelle verzweigte Überlagerungen 87
    4.9 Aufgaben 91

5. **Die J- und λ-Funktion** 93
    5.1 Modulgruppe und Modulbereich 93
    5.2 Reduktionstheorie binärer Formen 97
    5.3 Die J-Funktion 99
    5.4 Die λ-Funktion 103
    5.5 Eigenschaften der λ-Funktion 106
    5.6 Anwendungen der λ-Funktion 109
    5.7 Modulflächen 112
    5.8 Aufgaben 115

6. **Algebraische Funktionen** 117
    6.1 Funktionen auf endlichen Überlagerungen 117
    6.2 Riemannsche Gebilde 120
    6.3 Puiseux-Theorie 124
    6.4 Minimalpolynome und Automorphismen 125
    6.5 Konsequenzen des Riemannschen Existenzsatzes 127
    6.6 Funktionenkörper 129
    6.7 Aufgaben 131

7. **Differentialformen und Integration** 133
    7.1 Differentialformen 134
    7.2 Riemann-Hurwitzsche Formel. Automorphismen 137
    7.3 Residuum. Invariante Formen. Spur 140
    7.4 Integration 143
    7.5 Die Abelsche Relation 145
    7.6 Eine Charakterisierung der Tori 147
    7.7 Homologie und Cohomologie 149
    7.8 Logarithmische Ableitung 151
    7.9 Aufgaben 153

8. **Divisoren und Abbildungen in projektive Räume** 155
    8.1 Positive Divisoren 155
    8.2 Holomorphe Differentialformen 158
    8.3 Abbildungen in projektive Räume 160
    8.4 Schnittdivisoren und Linearscharen 163
    8.5 Multiplizität. Schnittzahlen 167
    8.6 Anzahl der Wendepunkte 171
    8.7 Aufgaben 172

9. Ebene Kurven 174
9.1 Projektive und affine Kurven 175
9.2 Normalisierung 177
9.3 Schnitt-Theorie 179
9.4 Singularitäten. Tangenten 182
9.5 Die duale Kurve. Eine Formel von Clebsch 184
9.6 Plückersche Formeln 187
9.7 Aufgaben 191

10. Harmonische Funktionen 194
10.1 Grundlagen 195
10.2 Die Poissonsche Integralformel 198
10.3 Dirichletsches Randwertproblem 201
10.4 Subharmonische Funktionen 203
10.5 Gelochte Flächen. Abzählbarkeit der Topologie 205
10.6 Greensche Funktionen 208
10.7 Elementarpotentiale 210
10.8 Der Abbildungssatz für arme Flächen 213
10.9 Aufgaben 215

11. Uniformisierung. Dreiecksgruppen 217
11.1 Uniformisierung 217
11.2 Abelsche Fundamentalgruppen 218
11.3 Der Satz von Poincaré-Weyl 220
11.4 Dreiecksgruppen 223
11.5 Dreiecksparkettierungen 227
11.6 Das Kleinsche 14-Eck 231
11.7 Aufgaben 236

12. Polyederflächen 238
12.1 Flächenkomplexe 238
12.2 Kombinatorische Klassifikation 243
12.3 Fundamentalgruppe und Homologie 246
12.4 Die Zerschneidung Riemannscher Flächen 249
12.5 Riemannsche Periodenrelationen 251
12.6 Aufgaben 254

13. Der Satz von Riemann-Roch 256
13.1 Beweis des Satzes von Riemann-Roch 256
13.2 Die kanonische Abbildung 259
13.3 Darstellungen der Automorphismengruppe 261
13.4 Der Satz von Clifford 262

13.5 Weierstraß-Punkte 264
13.6 Weitere Anwendungen 266
13.7 Aufgaben 268

14. Der Periodentorus 270
14.1 Vom Additionstheorem zum Periodentorus 270
14.2 Perioden. Abelsches Theorem 273
14.3 Analytische Eigenschaften der Periodenabbildung 276
14.4 Symmetrische Produkte 280
14.5 Linearscharen 284
14.6 Aufgaben 287

15. Die de Rhamsche Cohomologie 289
15.1 Pfaffsche Formen 290
15.2 Flächenformen 292
15.3 Ringgebiete und Scheiben 294
15.4 Pfaffsche Formen auf kompakten Flächen 297
15.5 Hodge-Zerlegung und Periodenmatrix 300
15.6 Normierte Differentialformen 302
15.7 Aufgaben 304

16. Die Riemannsche Thetafunktion 306
16.1 Thetafunktionen 306
16.2 Darstellung meromorpher Funktionen 310
16.3 Funktionen mit exponentieller Singularität 312
16.4 Über das Verschwinden der Thetafunktionen 318
16.5 Der Torellische Satz 321
16.6 Ausblick: Abelsche Varietäten 324
16.7 Aufgaben 327

Literaturverzeichnis 329

Namensverzeichnis 336

Sachverzeichnis 337

Symbolverzeichnis 342

1. Grundlagen

Bernhard Riemann wurde am 17.9.1826 als Sohn eines Predigers in Breselenz (heute Jameln-Breselenz in Niedersachsen) geboren. Nach dem Abitur in Lüneburg begann er Ostern 1846 in Göttingen mit dem Studium der Theologie, wechselte aber seinen Neigungen entsprechend nach einem Semester zur Mathematik und Physik. Schon in den Herbstferien 1847 entwickelte er Ideen für eine neue Grundlage der komplexen Funktionentheorie. Nachdem er zum Wintersemester 1847/48 nach Berlin gegangen war, erörterte er seine Vorstellungen mit dem drei Jahre älteren Eisenstein, der sich gerade habilitierte. Eisenstein scheint die Ideen nicht gebilligt zu haben. Er beharrte auf dem formalen Rechnen mit Reihen als Grundlage.

Riemann fiel es schwer, seine Gedanken zu formulieren. Erst im November 1851 reichte er in Göttingen seine Dissertation [Ri 2] über „Grundlagen für eine allgemeine Theorie der Functionen einer veränderlichen complexen Größe" ein. Gutachter war der bereits 74 Jahre alte Gauß. Er ging auf den Inhalt der Arbeit überhaupt nicht ein, lobte aber die „gründlichen und tief eindringenden Studien des Verfassers in demjenigen Gebiete, welchem der zu behandelnde Gegenstand angehört"; siehe dazu [Re 2], S. 158 f. Seine höchste Anerkennung teilte er Riemann mündlich mit: Er bereite seit Jahren eine Schrift über denselben Gegenstand vor.

In den ersten vier Abschnitten der Dissertation stellt Riemann die Cauchy-Riemannschen Differentialgleichungen als Grundlage der komplexen Funktionentheorie vor. Der 5. Abschnitt beginnt: „Für die folgenden Betrachtungen beschränken wir die Veränderlichkeit der Größen x, y auf ein endliches Gebiet, indem wir als Ort des Punktes O nicht mehr die Ebene A selbst, sondern eine über dieselbe ausgebreitete Fläche T betrachten. Wir wählen diese Einkleidung, bei der unanstössig sein wird, von aufeinander liegenden Flächen zu reden, um die Möglichkeit offen zu lassen, dass der Ort des Punktes O über denselben Theil der Ebene sich mehrfach erstrecke, setzen jedoch für einen solchen Fall voraus, ... "

Hier schließt eine längere Erörterung an, in welcher Weise T über A ausgebreitet ist. Im weiteren Verlauf der Dissertation bemüht sich Riemann, die Neuartigkeit seiner Ideen herunterzuspielen und dem Leser klarzumachen, daß man auf der Fläche T genauso einfach wie in der Zahlenebene eine Funktionentheorie aufbauen kann. Gauß meinte: „... der größte Theil der

Leser möchte wohl in einigen Theilen noch eine größere Durchsichtigkeit der Anordung wünschen." Über 100 Jahre später schreibt Dieudonné [Di 2], p. 48: „L'on voit Riemann, prèsque systématiquement, *penser à côté* (suivant l'expression de Hadamard), abordant chaque problème d'une façon à laquelle aucun de ses prédésseurs n'avait songé."

In der Tat wurden Riemanns Ideen von seinen Zeitgenossen zwar bewundert, aber kaum angenommen. Erst durch Felix Kleins beredtes Eintreten wurden die Riemannschen Flächen gegen Ende des 19. Jahrhunderts verbreitet anerkannt. Ein wichtiges Ereignis war Weyls Buch von 1913, in dem er die Riemannschen Flächen von der Ausbreitung über der Zahlenebene löste und sie als *Mutterboden* ansah, auf dem die analytischen Funktionen wachsen und gedeihen können, vergleiche [Wyl 1], S. VII.

Welchen Nutzen eine Funktionentheorie auf nicht-ebenen Bereichen hat, erläutert Riemann in seiner Dissertation nicht. Dies wird erst in seiner großen Abhandlung *Ueber die Theorie der Abel'schen Functionen* [Ri 3] deutlich, die er sechs Jahre später veröffentlichte: Dank seiner Flächen gelingt es, die Schwierigkeiten zu überwinden, welche die Mehrdeutigkeit der algebraischen Funktionen älteren Mathematikern bereitete, als sie versuchten, solche Funktionen zu integrieren, vgl. Kleins Bericht über Jacobis Integrationsversuche, [Klei 5], S. 110 ff. Riemann erkennt als Ursache der Mehrdeutigkeit die topologische Gestalt der Fläche. Daher spielt im vorliegenden Buch die Topologie eine wichtige Rolle. Wir setzen die Grundbegriffe der allgemeinen Topologie als bekannt voraus und beginnen die Entwicklung weiterer topologischer Methoden mit der Fundamentalgruppe im 3. Kapitel.

1.1 Riemannsche Flächen und ihre Abbildungen

Zu den Grundbegriffen der Funktionentheorie gehört die Holomorphie für Funktionen $f : U \to \mathbb{C}$, deren Definitionsbereich $U \subset \mathbb{C}$ offen ist. Holomorph in diesem Sinne wird im folgenden als *klassisch holomorph* bezeichnet. Es war Riemanns Idee, statt der Ebene $\mathbb{C}$ auch andere Flächen X zuzulassen und die Holomorphie für Funktionen $f : U \to \mathbb{C}$ zu erklären, deren Definitionsbereich $U \subset X$ offen ist. So entstehen Riemannschen Flächen.

1.1.1 Holomorphe Atlanten. Riemannsche Flächen. Ein holomorpher Atlas $\mathcal{A} = \{(U_i, h_i)\}$ auf einem topologischen Raum X besteht aus einer Überdeckung von X durch offene Mengen $U_i \subset X$ und Homöomorphismen $h_i : U_i \to h_i(U_i) \subset \mathbb{C}$, die im folgenden Sinne *holomorph verträglich* sind: Die Bilder $h_i(U_i)$ sind offen in $\mathbb{C}$, und für jedes Paar i, j ist

(1) $$h_j \circ h_i^{-1} : h_i(U_i \cap U_j) \to h_j(U_i \cap U_j)$$

klassisch biholomorph, siehe die Figur 1.1.1. Man nennt die Paare (U_i, h_i) *Karten* von $\mathcal{A}$ und die Abbildungen (1) *Kartenwechsel*.

1.1 Riemannsche Flächen und ihre Abbildungen

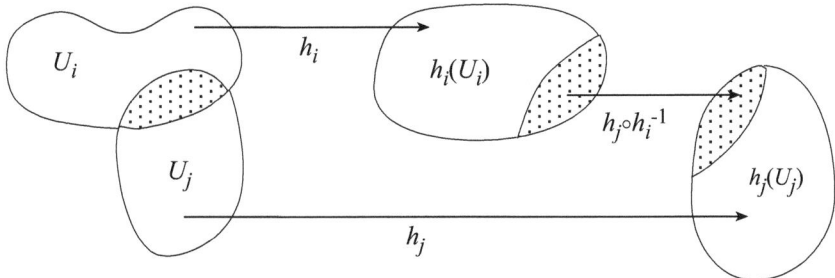

Fig. 1.1.1 Zwei Karten $(U_i, h_i), (U_j, h_j)$ und ihr Kartenwechsel $h_j \circ h_i^{-1}$.

Sei $U \subset X$ offen. Eine Funktion $f : U \to \mathbb{C}$ heißt *holomorph* bezüglich $\mathcal{A}$, wenn für *jede* Karte $(U_j, h_j) \in \mathcal{A}$ die Funktion

$$h_j(U \cap U_j) \to \mathbb{C} \ , \ z \mapsto f \circ h_j^{-1}(z) \ ,$$

klassisch holomorph ist. Wenn $U \subset U_k$ liegt, genügt wegen der Biholomorphie der Kartenwechsel, daß $f \circ h_k^{-1}$ auf $h_k(U)$ klassisch holomorph ist. Sämtliche Funktionen $f : U \to \mathbb{C}$, die bezüglich $\mathcal{A}$ holomorph sind, bilden einen Ring $\mathcal{O}(U, \mathcal{A})$. Er enthält alle konstanten Funktionen und ist daher eine $\mathbb{C}$-Algebra. Alle Funktionen $f \in \mathcal{O}(U, \mathcal{A})$ sind stetig. Genau dann, wenn $f \in \mathcal{O}(U, \mathcal{A})$ keine Nullstelle hat, gehört $1/f$ zu $\mathcal{O}(U, \mathcal{A})$.

Zwei Atlanten $\mathcal{A}$ und $\mathcal{B}$ für X heißen äquivalent, wenn $\mathcal{A} \cup \mathcal{B}$ ein holomorpher Atlas ist, d.h. wenn für je zwei Karten h aus $\mathcal{A}$ und k aus $\mathcal{B}$ der Kartenwechsel $h \circ k^{-1}$ biholomorph ist. Eine Äquivalenzklasse holomorpher Atlanten heißt *holomorphe Struktur* auf X. Die Vereinigung aller Atlanten einer holomorphen Struktur heißt *maximaler Atlas*.

Wenn $\mathcal{A}$ und $\mathcal{B}$ äquivalent sind, gilt $\mathcal{O}(U, \mathcal{A}) = \mathcal{O}(U, \mathcal{B})$ für jede offene Menge $U \subset X$. Nach Festlegung einer holomorphen Struktur gehört also zu jeder offenen Menge $U \subset X$ die Algebra

$$\mathcal{O}(U) := \mathcal{O}(U, \mathcal{A})$$

der holomorphen Funktionen. Dabei ist $\mathcal{A}$ irgendein Atlas der Struktur. Folgendes aus der klassischen Theorie, d.h. für offene Mengen in $\mathbb{C}$ bekannte Ergebnis überträgt sich nach Festlegung einer holomorphen Struktur auf offene Mengen in X.

Lokal-Global-Prinzip. *Für jede Familie $\{V_k\}$ von offenen Mengen und ihre Vereinigung $V = \bigcup V_k$ gilt: Eine Funktion $f : V \to \mathbb{C}$ ist genau dann holomorph, wenn alle Beschränkungen $f|V_k$ holomorph sind.* □

Die fundamentale Definition lautet:

Eine Riemannsche Fläche ist ein Hausdorffraum X zusammen mit einer holomorphen Struktur auf X.

Unter einer n-dimensionalen topologischen *Mannigfaltigkeit* versteht man einen Hausdorffraum X, der zum $\mathbb{R}^n$ lokal homöomorph ist: Jeder Punkt in

X besitzt eine Umgebung, die zu einer offenen Menge des $\mathbb{R}^n$ homöomorph ist. Riemannsche Flächen sind also zweidimensionale Mannigfaltigkeiten.

Die Zahlenebene $\mathbb{C}$ ist eine Riemannsche Fläche. Jede offene Teilmenge einer Riemannschen Fläche ist selbst eine Riemannsche Fläche. Folgende offene Teilmengen von $\mathbb{C}$ sind daher Riemannsche Flächen:

die *Kreisscheiben* $\mathbb{E}_r := \{z \in \mathbb{C} : |z| < r\}$ für $r > 0$,

insbesondere die *Einheitskreisscheibe* $\mathbb{E} := \mathbb{E}_1$,

die *obere Halbebene* $\mathbb{H} := \{z \in \mathbb{C} : \text{Im } z > 0\}$ und

die *punktierte Ebene* $\mathbb{C}^\times := \mathbb{C} \setminus \{0\}$.

Historisches. Atlanten finden sich in Kleins Göttinger Vorlesungen des Wintersemesters 1891/92 über *Riemannsche Flächen*, siehe [Klei 4], S. 26: „Eine zweidimensionale, geschlossene, mit einem Bogenelement ds^2 ausgestattete Mannigfaltigkeit [= kompakte Fläche mit einer Riemannschen Metrik], welche keine Doppelmannigfaltigkeit [d.h. orientierbar] ist, ist jedenfalls dann als Riemannsche Fläche zu brauchen, wenn man sie mit einer endlichen Zahl von Bereichen dachziegelartig überdecken kann, deren jeder eindeutig und konform auf eine schlichte Kreisscheibe abgebildet werden kann." Die Dachziegelüberdeckungen sind holomorphe Atlanten. Der Übergang zwischen Dachziegeln (Kartenwechsel) ist wegen der Konformität automatisch biholomorph. Atlanten mit unendlich vielen Karten sind für Klein noch suspekt.– Weyl vergißt in [Wyl 1] das Hausdorffsche Trennungsaxiom zu fordern. Die Karten nennt er *Ortsuniformisierende*.

1.1.2 Die Riemannsche Zahlenkugel $\widehat{\mathbb{C}} := \mathbb{C} \uplus \{\infty\}$ entsteht aus der Zahlenebene $\mathbb{C}$, indem man einen *unendlich fernen* Punkt ∞ hinzufügt und $\widehat{\mathbb{C}}$ mit folgender Definition zunächst zu einem Hausdorffraum macht: Die offenen Mengen in $\widehat{\mathbb{C}}$ sind die offenen Mengen in $\mathbb{C}$ und die Mengen $(\mathbb{C} \setminus K) \cup \{\infty\}$, wobei K alle Kompakta in $\mathbb{C}$ durchläuft. Die Umgebungen von ∞ sind also die Komplemente der Kompakta in $\mathbb{C}$.
Ein Atlas für $\widehat{\mathbb{C}}$ besteht aus den zwei Karten $(\mathbb{C}, \text{id})$ und $(\widehat{\mathbb{C}} \setminus \{0\}, h)$, wobei $h(z) = 1/z$ für $z \neq \infty$ und $h(\infty) = 0$ ist. Der Kartenwechsel $h \circ \text{id}^{-1} : \mathbb{C}^\times \to \mathbb{C}^\times$, $z \to 1/z$, ist holomorph. Der Atlas macht $\widehat{\mathbb{C}}$ zu einer Riemannschen Fläche, die zur Sphäre
$$S^2 := \{(w, t) \in \mathbb{C} \times \mathbb{R} : |w|^2 + t^2 = 1\}$$
homöomorph ist. Denn die *stereographische Projektion* (Figur 1.1.2)

(1) $\quad \pi : S^2 \to \widehat{\mathbb{C}}$, $\pi(w, t) := w/(1-t)$ *für* $t \neq 1$ *und* $\pi(0, 1) := \infty$,

ist bijektiv und stetig, also ein Homöomorphismus. Insbesondere ist $\widehat{\mathbb{C}}$ wie S^2 kompakt und zusammenhängend.

Wir geben die Umkehrabbildung π^{-1} explizit an: Sei $N := (0, 1) \in S^2$ der Nordpol. Die Gerade durch N und $x = (w, t) \neq N$ besteht aus den Punkten
$$sx + (1-s)N = (sw, st + 1 - s) , \ s \in \mathbb{R}.$$
Sie schneidet die Äquatorebene $\{t = 0\}$ in $\pi(x) = (z, 0)$. Das trifft für $z = sw$ mit $s := 1/(1-t)$ zu. Aus $|w|^2 + t^2 = |x|^2 = 1$ und $w = (1-t)z$ erhält man nach kurzer Rechnung für die Umkehrabbildung neben $\pi^{-1}(\infty) = N$ die Gleichungen

1.1 Riemannsche Flächen und ihre Abbildungen 5

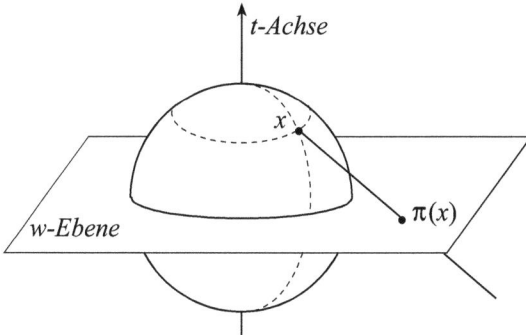

Fig. 1.1.2. Die stereographische Projektion π: Man zieht eine Gerade durch den Nordpol und $x \in S^2$. Sie trifft die komplexe w-Ebene in $\pi(x)$.

$$\pi^{-1}(z) = x = \frac{2z}{|z|^2 + 1} + \frac{|z|^2 - 1}{|z|^2 + 1} N \text{ , d.h. } w = \frac{2z}{|z|^2 + 1} \text{ , } t = \frac{|z|^2 - 1}{|z|^2 + 1}.$$

Die Abbildung $\pi : S^2 \to \widehat{\mathbb{C}}$ ist somit ein reell-analytischer Isomorphismus, der $S^2 \setminus \{N\}$ *konform*, d.h. winkel- und orientierungstreu, auf $\mathbb{C}$ abgebildet.

Riemann führte die Zahlenkugel im Wintersemester 1858/59 in seinen *Vorlesungen über die hypergeometrische Reihe*, ein [*Werke*, 3. Aufl., S. 678/79]. In seinen Publikationen kommt sie nicht explizit vor. Die erste Veröffentlichung, die (unter Berufung auf Riemanns Vorlesungen) die Zahlenkugel enthält, stammt von Neumann [Neu], S. VI und S. 131 ff., siehe auch [Klei 1] II, S. 256.

1.1.3 Holomorphe Abbildungen. Eine stetige Abbildung $\eta : X \to Y$ zwischen Riemannschen Flächen heißt *holomorph*, wenn sie die holomorphen Funktionen in Y zu holomorphen Funktionen in X liftet: *Für jede offene Menge $V \subset Y$ und jede Funktion $g \in \mathcal{O}(V)$ ist $g \circ \eta \in \mathcal{O}(\eta^{-1}(V))$*.

Das Lokal-Global-Prinzip gilt auch für holomorphe Abbildungen. Jede Hintereinanderschaltung holomorpher Abbildungen ist holomorph. Die holomorphen Abbildungen $X \to \mathbb{C}$ sind die auf X holomorphen Funktionen.

Eine bijektive, holomorphe Abbildung $\eta : X \to Y$, deren Umkehrabbildung $\eta^{-1} : Y \to X$ holomorph ist, heißt *biholomorph* oder *Isomorphismus*. Die Flächen X und Y heißen dann *isomorph*, kurz $X \approx Y$. Für jedes $r > 0$ gilt $\mathbb{E}_r \approx \mathbb{E}$. Eine Riemannsche Fläche U heißt *Scheibe* (*mit dem Zentrum a*), wenn es einen Isomorphismus $\eta : U \to \mathbb{E}$ (mit $\eta(a) = 0$) gibt. Die obere Halbebene ist wegen der *Cayleyschen Abbildung* $\mathbb{H} \to \mathbb{E}, z \mapsto (z-i)/(z+i)$, eine Scheibe mit dem Zentrum i.

Wir nennen η bei $a \in X$ *biholomorph*, wenn a eine Umgebung U besitzt, so daß $\eta(U) \subset Y$ offen und die Beschränkung $\eta : U \to \eta(U)$ biholomorph ist. Wenn η bei jeder Stelle biholomorph ist, heißt η *lokal biholomorph*.

Isomorphismen $X \to X$ heißen *Automorphismen*. Sie bilden mit der Hintereinanderschaltung als Verknüpfung die *Automorphismengruppe* $\text{Aut}(X)$. Zu jeder holomorphen Abbildung $\eta : X \to Y$ gehört die *Deckgruppe* $\mathcal{D}(\eta) := \{g \in \text{Aut}(X) : \eta \circ g = \eta\}$. Ihre Elemente heißen *Deckabbildungen* zu η.

6   1. Grundlagen

Beispiele. Die *Exponentialabbildung* $\exp\colon \mathbb{C} \to \mathbb{C}^\times$, $z \mapsto e^z$, ist lokal biholomorph. Die Translationen $z \mapsto z + 2\pi i n$, $n \in \mathbb{Z}$, gehören zu $\mathcal{D}(\exp)$.– Bei der *Potenzabbildung* $\eta_n \colon \mathbb{E} \to \mathbb{E}$, $z \mapsto z^n$, für $n = 1, 2, \ldots$ gehört zu jeder n-ten Einheitswurzel ω die Deckabbildung $z \mapsto \omega z$.
In beiden Fällen gibt es keine anderen Deckabbildungen, also $\mathcal{D}(\exp) \cong \mathbb{Z}$ und $\mathcal{D}(\eta_n) \cong \mu_n := $ *multiplikative Gruppe der n-ten Einheitswurzeln*.

1.1.4 Meromorphe Funktionen. Eine Teilmenge $A \subset X$ heißt *lokal endlich*, wenn in jedem Kompaktum $K \subset X$ nur endlich viele Punkte von A liegen. Sei $f\colon X \backslash A \to \mathbb{C}$ holomorph, wobei A lokal endlich in X ist. Für jedes $a \in A$ und jede Karte $z\colon (U, a) \to (\mathbb{E}, 0)$ mit hinreichend kleinem Definitionsbereich U ist f auf $U\backslash\{a\}$ holomorph und hat dort eine normal konvergente *Laurent-Reihe* $f = \sum_{j=-\infty}^{\infty} c_j z^j$. Genau dann, wenn ihr Hauptteil endlich ist, läßt sich f mit einem Wert $f(a) \in \widehat{\mathbb{C}}$ stetig fortsetzen. Man nennt diese Fortsetzung *meromorph*.
Man definiert die *Ordnung* von f an der Stelle a als Minimum
$$o(f, a) := \min\{j : c_j \neq 0\}$$
und setzt $o(f, a) = \infty$, wenn alle Koeffizienten $c_j = 0$ sind. Die Ordnung hängt nicht von der Wahl der Karte z ab. Denn für eine andere Karte w mit $w(a) = 0$ ist $z = a_1 w + a_2 w^2 + \ldots$ eine konvergente Potenzreihe mit $a_1 \neq 0$. Für $n := \min\{j : c_j \neq 0\}$ gilt dann $f = c_n z^n + \sum_{j>n} c_j z^j = c_n a_1^n w^n + \sum_{k>n} d_k w^k$ mit Koeffizienten $d_k \in \mathbb{C}$, wobei $d_n := c_n a_1^n \neq 0$ ist. Wie in der klassischen Funktionentheorie gilt
(1) $o(f \cdot g, a) = o(f, a) + o(g, a)$ und $o(1/f, a) = -o(f, a)$,
letzteres, wenn f bei a nicht konstant $= 0$ ist.
Falls $o(f, a) < 0$, also $f(a) = \infty$ ist, heißt a ein *Pol* von f. Wenn sich f in alle Punkte $a \in A$ meromorph fortsetzen läßt, heißt die fortgesetzte Funktion *meromorph*. Die meromorphen Funktionen sind genau die holomorphen Abbildungen $f\colon X \to \widehat{\mathbb{C}}$, deren *Polstellenmenge* $f^{-1}(\infty)$ lokal endlich ist.

Satz. *Die Menge $\mathcal{M}(X)$ aller auf X meromorphen Funktionen ist ein Ring, welcher $\mathcal{O}(X)$ umfaßt. Wenn $f \in \mathcal{M}(X)$ eine lokal endliche Nullstellenmenge hat, gehört $1/f$ zu $\mathcal{M}(X)$.* □

1.1.5 Lokale und globale Funktionentheorie. Jeder Punkt einer Riemannschen Fläche ist Zentrum einer Scheibe, die in X offen ist. Daher lassen sich alle Sätze der klassischen Funktionentheorie, die im Kleinen gültig sind, auf Riemannsche Flächen übertragen. Interessant werden diese Flächen erst dann, wenn man fragt, welche Auswirkungen ihre globale topologische Gestalt auf die Funktionentheorie hat.
Auf kompakten, zusammenhängenden Flächen sind alle holomorphen Funktionen konstant, siehe 1.3.5. Für eine reichhaltige Theorie muß man meromorphe Funktionen einbeziehen. Auf der Zahlenkugel sind diese genau die *rationalen* Funktionen, siehe 1.6.5.

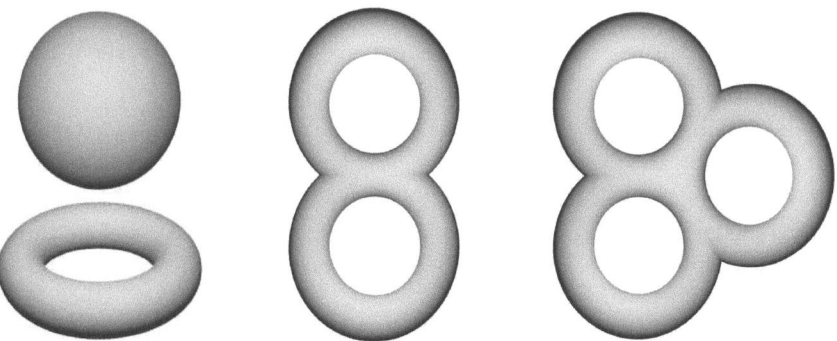

Fig. 1.1.5. Kompakte Flächen vom Geschlecht 0 (Sphäre), 1 (Torus), 2 und 3 (Brezelflächen).

Jede kompakte zusammenhängende Riemannsche Fläche ist eine *Brezelfläche*. Solche Flächen werden topologisch durch ihr *Geschlecht g* unterschieden, welches anschaulich die Anzahl der Löcher oder der Henkel angibt, siehe Figur 1.1.5. Kapitel 12 enthält die genaue Darstellung. In einem Vortrag vor Gymnasiallehrern sagte Weyl, [Wyl 2] III, no. 95, S. 354 unten: „Wie ein Sauerteig durchdringt die Geschlechtszahl die ganze Theorie der Funktionen auf einer Riemannschen Fläche. Auf Schritt und Tritt begegnet man ihr, und ihre Rolle ist unmittelbar, ohne komplizierte Rechnungen, verständlich von ihrer topologischen Bedeutung her."

Bereits bei den *Tori* ($g = 1$) ist die Funktionentheorie reichhaltig (2. Kapitel). Je zwei Tori sind homöomorph, aber als Riemannsche Flächen i.a. nicht isomorph. Im 5. Kapitel betrachten wir ihre holomorphe Klassifikation.

In den Kapiteln 3, 4 und 6 werden verschiedene Methoden (Überlagerungen, Gruppenoperationen, Lösungen algebraischer Gleichungen) entwickelt, um weitere Riemannsche Flächen herzustellen. Vom 7. Kapitel an wird für beliebige Flächen systematisch untersucht, wie ihre topologische Gestalt die Funktionentheorie beeinflußt.

1.2 Liftungs- und Quotientenprinzip

Bei gegebener Abbildung $\eta : X \to Y$ soll eine auf Y bzw. X vorhandene holomorphe Struktur nach X hochgehoben (Liftungsprinzip 1.2.1) bzw. nach Y abgesenkt (Quotientenprinzip 1.2.5) werden, so daß in beiden Fällen η zu einer lokalen biholomorphen Abbildung zwischen Riemannschen Flächen wird. Beide Prinzipien liefern neue Riemannsche Flächen.

1.2.1 Das Liftungsprinzip geht auf Riemanns Dissertation [Ri 2], 5. Abschnitt, zurück, wo er eine Fläche T über der Ebene A ausbreitet und sodann holomorphe Funktionen definiert, deren Definitionsbereiche in T liegen.

Eine Abbildung $\eta : X \to Y$ zwischen topologischen Räumen heißt *lokal topologisch*, wenn jeder Punkt in X eine Umgebung U besitzt, die durch η homöomorph auf die offene Menge $\eta(U) \subset Y$ abgebildet wird.

Liftungsprinzip. *Sei $\eta\colon X \to Y$ eine lokal topologische Abbildung von einem Hausdorffraum X in eine Riemannsche Fläche Y. Dann gibt es auf X genau eine holomorphe Struktur, so daß η lokal biholomorph wird.*

Beweis. Jeder Punkt in X liegt in einer offenen Menge U_i, welche durch η homöomorph auf den Definitionsbereich einer holomorphen Karte (V_i, k_i) von Y abgebildet wird. Mit $h_i := k_i \circ \eta | U_i$ erhält man den Atlas $\mathcal{A} = \{(U_i, h_i)\}$ für X. Seine Kartenwechsel $h_j \circ h_i^{-1} = k_j \circ k_i^{-1}$ sind holomorph. Wenn man X mit der durch $\mathcal{A}$ bestimmten holomorphen Struktur versieht, wird η lokal biholomorph. Umgekehrt: Für jede holomorphe Struktur $\mathcal{O}$ auf X, welche η lokal biholomorph macht, sind die oben beschriebenen Karten (U_i, h_i) holomorph. Daher ist $\mathcal{O}$ eindeutig bestimmt. □

Das Liftungsprinzip wird benutzt, um Riemannsche Flächen durch Polynome zu definieren. Die nächsten beiden Abschnitte dienen der Vorbereitung.

1.2.2 Abschätzung der Wurzeln. *Sei $Q := w^n + c_1 w^{n-1} + \ldots + c_n \in \mathbb{C}[w]$. Für jede Wurzel u von Q gilt $|u| \leq 2 \max\{|c_j|^{1/j} : j = 1, \ldots, n\}$. Wenn umgekehrt alle Wurzeln von Q durch R beschränkt sind, gibt es eine nur von R abhängige Schranke M, so daß $|c_j| \leq M$ für $j = 1, \ldots, n$ gilt.*

Beweis. Sei $r := \max\{|c_j|^{1/j} : j = 1, \ldots, n\} > 0$. Für $v := u/r$ ist dann $r^n + (c_1/r)v^{n-1} + \ldots + (c_n/r^n) = 0$, somit $|v|^n \leq |v|^{n-1} + \ldots + |v| + 1$. Im Falle $|v| > 2$ wäre $1 \leq |v|^{-1} + \ldots + |v|^{-n} < 2^{-1} + \ldots + 2^{-n} < 1$. Es folgt $|v| \leq 2$, also $|u| \leq 2r$.– Die umgekehrte Behauptung ist klar, da die Koeffizienten c_j die elementarsymmetrischen Funktionen der Wurzeln von Q sind. □

1.2.3 Holomorphie der Wurzeln. Wir betrachten ein normiertes Polynom
$$(1) \qquad P(y, w) := w^n + a_1(y) w^{n-1} + \ldots + a_{n-1}(y) w + a_n(y),$$
dessen Koeffizienten a_ν holomorphe Funktionen auf einer Riemannschen Fläche Y sind. Für jeden Punkt $(b, c) \in Y \times \mathbb{C}$ bezeichnen wir mit $k(b, c) \in \mathbb{N}$ die Vielfachheit von c als Wurzel von $P(b, w) \in \mathbb{C}[w]$.

Satz. *Sei $b \in Y$, und sei f holomorph um $c \in \mathbb{C}$. Es gibt Scheiben V um b und W um c, so daß die endliche Summe*
$$(2) \qquad F(y) := \sum_{w \in W} k(y, w) f(w)$$
holomorph von $y \in V$ abhängt.

Beweis. Sei W eine Scheibe um c, so daß f holomorph in W und $P(b, w)$ nullstellenfrei in $\overline{W} \setminus \{c\}$ ist. Es gibt eine Scheibe V um b, so daß P auf $V \times \partial W$ keine Nullstellen hat. Nach [Re 1], Abschnitt 13.2.1, läßt sich $F(y)$ für $y \in V$ als Integral darstellen, welches holomorph von y abhängt:
$$F(y) = \frac{1}{2\pi i} \int_{\partial W} \frac{P_w(y, t)}{P(y, t)} f(t)\, dt \quad \text{mit } P_w := \partial P / \partial w. \qquad \square$$

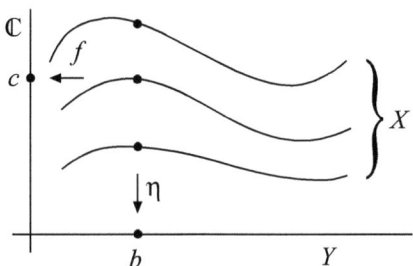

Fig. 1.2.4. Reelles Bild der Nullstellenmenge eines Polynoms 3. Grades mit einfachen Wurzeln.

Folgerung. *Sei $k := k(b,c)$. Es gibt Scheiben V um $b \in Y$ und W um $c \in \mathbb{C}$, so daß für jedes $y \in V$ genau k mit Vielfachheiten gezählte Wurzeln von $P(y,w)$ in W liegen. Für $k=1$ ist die Funktion $g: V \to W$, die jedem y die einzige Wurzel $g(y) \in W$ von $P(y,w)$ zuordnet, holomorph.*

Beweis: Für die erste Behauptung wendet man den Satz auf $f(w) := 1$ an und für die zweite auf $f(w) := w$. □

1.2.4 Nullstellengebilde. Wir behalten die Bezeichnungen aus 1.2.3 bei und bilden, vgl. Figur 1.2.4, die Nullstellenmenge
$$X := \{(y,w) \in Y \times \mathbb{C} : P(y,w) = 0\}$$
mit den beiden stetigen Projektionen
$$\eta : X \to Y, \ (y,w) \mapsto y, \quad f : X \to \mathbb{C}, \ (y,w) \mapsto w.$$

Lemma. *Die Projektion $\eta : X \to Y$ ist endlich, d.h. jede η-Faser ist endlich, und für jedes Kompaktum $K \subset Y$ ist $\eta^{-1}(K) \subset X$ kompakt.*

Beweis. Jede η-Faser hat $\leq n$ Punkte. Wenn man die Koeffizientenfunktionen von P auf K beschränkt, ist ihre Wertemenge beschränkt. Aus 1.2.2 folgt: Die Funktion $f : \eta^{-1}(K) \to \mathbb{C}$ ist beschränkt, d.h. es gibt ein Kompaktum $L \subset \mathbb{C}$ mit $f(\eta^{-1}(K)) \subset L$. Dann ist $\eta^{-1}(K) \subset K \times L$ kompakt. □

Satz. *Wenn das Polynom P für alle $y \in Y$ einfache Wurzeln hat, gibt es auf X genau eine holomorphe Struktur, so daß $\eta : X \to Y$ lokal biholomorph und $f : X \to \mathbb{C}$ holomorph ist. Jede Faser $\eta^{-1}(y)$ wird durch f bijektiv auf die Menge der n Wurzeln von $P(y,w)$ abgebildet.*

Beweis. Sei $(b,c) \in X$. Wir wenden die Folgerung in 1.2.3 an. Es gibt Umgebungen V von b und W von c, so daß $P(y,w)$ für jedes $y \in V$ genau eine Wurzel $g(y) \in W$ besitzt. Diese hängt holomorph von y ab. Die Umgebung $(V \times W) \cap X$ von (b,c) wird durch η homöomorph auf V abgebildet. Die Umkehrabbildung lautet $y \mapsto (y, g(y))$. – Nach dem Liftungsprinzip 1.2.1 wird X zu einer Riemannschen Fläche und η zu einer lokal biholomorphen Abbildung. Die Funktion f ist holomorph; denn in der Umgebung von (b,c) gilt $f = g \circ \eta$. □

Wir nennen (X, η, f) das *Nullstellengebilde des Polynoms P*. – In Paragraph 6.2 wird die Konstruktion solcher Gebilde unter Einbeziehung mehrfacher Wurzeln des Polynoms fortgesetzt.

1.2.5 Quotientenprinzip. *Sei $\eta : X \to Y$ eine lokal topologische Abbildung von einer Riemannschen Fläche X auf einen Hausdorffraum Y. Wenn es zu je zwei Punkten a und b aus X, die in derselben η-Faser liegen, Umgebungen U bzw. V und einen Isomorphismus $\varphi : U \to V$ mit $\varphi(a) = b$ und $\eta \circ \varphi = \eta|U$ gibt, existiert auf Y genau eine holomorphe Struktur, so daß η lokal biholomorph ist.*

Beweis. Die Fläche X besitzt einen holomorphen Atlas $\mathcal{A} = \{(U, h)\}$, dessen Kartenbereiche U so klein sind, daß $\eta : U \to \eta(U)$ ein Homöomorphismus ist. Dann ist $\{(\eta(U), h \circ (\eta|U)^{-1}\}$ ein holomorpher Atlas für Y. Sind nämlich $(U, h), (V, k) \in \mathcal{A}$ und $a \in U$, $b \in V$ mit $\eta(a) = \eta(b) := c$, so gibt es Umgebungen $U' \subset U$ und $V' \subset V$ von a bzw. b sowie eine biholomorphe Abbildung $\varphi : U' \to V'$ mit $\eta \circ \varphi = \eta|U'$ und $\varphi(a) = b$. Dann ist $(\eta|V')^{-1} \circ \eta|U' = \varphi|U'$. In einer Umgebung von $h \circ (\eta|U)^{-1}(c)$ ist der Kartenwechsel $k \circ (\eta|V)^{-1} \circ (\eta|U) \circ h^{-1}$ die biholomorphe Abbildung $k \circ \varphi \circ h^{-1}$. Da $h \circ (\eta|U)^{-1}$ und h biholomorph sind, ist $\eta|U$ biholomorph, also η lokal biholomorph. Die Eindeutigkeit der holomorphen Struktur auf Y folgt direkt.

1.2.6 Komplexe Tori. Die *Kreislinie* $S^1 = \{z \in \mathbb{C} : |z| = 1\}$ ist eine Untergruppe der multiplikativen Gruppe $\mathbb{C}^\times$ aller komplexen Zahlen $\neq 0$. Das kartesische Produkt $S^1 \times S^1$ ist ein *Torus*, siehe Figur 1.1.5. Um ihn mit einer holomorphen Struktur zu versehen, bilden wir mit zwei reell linear unabhängigen Zahlen $\omega_1, \omega_2 \in \mathbb{C}$ das *Gitter* $\Omega = \mathbb{Z}\omega_1 + \mathbb{Z}\omega_2 \subset \mathbb{C}$ aller ganzzahligen Linearkombinationen $n_1\omega_1 + n_2\omega_2$, siehe Figur 1.2.6. Jede komplexe Zahl läßt sich eindeutig als $z = t_1\omega_1 + t_2\omega_2$ mit reellen t_j darstellen. Folgende *Torusprojektion* ist ein Gruppenepimorphismus mit dem Kern Ω:
(1) $\quad \eta : \mathbb{C} \to S^1 \times S^1$, $t_1\omega_1 + t_2\omega_2 \mapsto \big(\exp(2\pi i t_1), \exp(2\pi i t_2)\big)$.

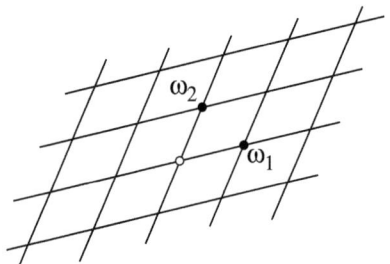

Fig. 1.2.6. Die Ecken der Parallelogramme bilden das Gitter $\mathbb{Z}\omega_1 + \mathbb{Z}\omega_2 \subset \mathbb{C}$.

Satz. *Der Torus $S^1 \times S^1$ besitzt genau eine holomorphe Struktur, so daß η lokal biholomorph ist. Die Deckgruppe $\mathcal{D}(\eta)$ besteht aus allen Translationen $\mathbb{C} \to \mathbb{C}$, $z \mapsto z + \omega$, mit $\omega \in \Omega$.*

Beweis. Jeder Punkt in $\mathbb{C}$ besitzt eine Umgebung U, so daß $U \cap (\omega + U) = \emptyset$ für alle $\omega \in \Omega$, $\omega \neq 0$ gilt. Das Bild $\eta(U) \subset S^1 \times S^1$ ist offen, und U wird durch η homöomorph auf $\eta(U)$ abgebildet. Daher ist η lokal topologisch. Zu je zwei Punkten a, b in derselben η-Faser gibt es ein $\omega \in \Omega$ mit $b = a + \omega$. Die Isomorphismus-Bedingung in 1.2.5 wird durch $U = V = \mathbb{C}$ und die Abbildung $\varphi(z) = z + \omega$ erfüllt.– Weil η ein Gruppenepimorphismus mit dem Kern Ω ist, besteht $\mathcal{D}(\eta)$ aus den Translationen $z \mapsto z + \omega$. □

Mit dem durch (1) induzierten Isomorphismus $\hat{\eta} : \mathbb{C}/\Omega \to S^1 \times S^1$ der Gruppen wird die topologische und holomorphe Struktur von $S^1 \times S^1$ auf die Faktorgruppe $\mathbb{C}/\Omega$ übertragen. Die übertragenen Strukturen hängen nur von Ω und nicht von der Wahl der Basis ω_1, ω_2 ab, die zur Definition von η benutzt wurde. Denn mit der Restklassenprojektion $p : \mathbb{C} \to \mathbb{C}/\Omega$ gilt:

$V \subset \mathbb{C}/\Omega$ *offen* $\Leftrightarrow p^{-1}(V) \subset \mathbb{C}$ *offen.* $f \in \mathcal{O}(V) \Leftrightarrow f \circ p \in \mathcal{O}(p^{-1}(V))$.

Somit ist $\mathbb{C}/\Omega$ eine wohldefinierte kompakte Riemannsche Fläche. Sie heißt *(komplexer) Torus*. Tori zu verschiedenen Gittern sind zwar homöomorph, aber im allgemeinen als Riemannsche Flächen nicht isomorph, siehe 3.3.2. Die Funktionentheorie der Tori ist Gegenstand des 2. Kapitels.

1.3 Holomorphe Abbildungen

Holomorphe Abbildungen haben lokal dieselbe Gestalt wie $\mathbb{E} \to \mathbb{E}$, $z \mapsto z^n$, für $n \in \mathbb{N}$. Dieses Ergebnis wird im folgenden präzisiert, bewiesen und angewendet.– Mit W, X, Y und Z werden Riemannsche Flächen bezeichnet. Wir benutzen bei stetigen Abbildungen folgende Notation und Terminologie: Wenn $\eta : X \to Y$ bei $a \in X$ den Wert $b = \eta(a)$ hat, schreiben wir $\eta : (X, a) \to (Y, b)$. Wir nennen η *bei a konstant*, wenn η auf einer Umgebung von a konstant ist. Wenn η bei keiner Stelle konstant ist, heißt η *nirgends konstant*. Die Abbildung η heißt *offen (abgeschlossen)*, wenn jede offene (abgeschlossene) Teilmenge $A \subset X$ ein offenes (abgeschlossenes) Bild $\eta(A) \subset Y$ hat.

1.3.1 Windungszahl. Sei $\eta : (X, a) \to (Y, b)$ holomorph. Mit einer Karte $k : (V, b) \to (\mathbb{E}, 0)$ von Y wird die Windungszahl

$$v(\eta, a) := o(k \circ \eta, a)$$

als Ordnung der Funktion $k \circ \eta$ auf $\eta^{-1}(V)$ an der Stelle a definiert. Analog zu 1.1.4 zeigt man durch Einsetzen von Potenzreihen in Potenzreihen, daß diese Definition nicht von der Wahl der Karte k abhängt. Die Windungszahlen können die Werte $1, 2, \ldots, \infty$ annehmen. Die extremen Werte 1 bzw. ∞ treten genau dann auf, wenn η bei a lokal biholomorph bzw. konstant ist. Wenn man eine zweite holomorphe Abbildung $\zeta : (Y, b) \to (Z, c)$ nachschaltet, multiplizieren sich die Windungszahlen:

$$v(\zeta \circ \eta, a) = v(\zeta, b) \cdot v(\eta, a).$$

Auch dies beweist man durch Einsetzen von Potenzreihen in Potenzreihen. Die Punkte $x \in X$, wo $v(\eta, x) \geq 2$ ist, heißen *Windungspunkte* und ihre Bilder $\eta(x) \in Y$ *Verzweigungspunkte* von η. Der *Verzweigungsort* $B \subset Y$

ist die Menge aller Verzweigungspunkte. Zum Beispiel ist $\pi\mathbb{Z}$ die Menge der Windungspunkte der Cosinusfunktion $\cos : \mathbb{C} \to \mathbb{C}$ und $\{1,-1\}$ ihr Verzweigungsort.

1.3.2 Lokale Normalform. *Zu jeder holomorphen Funktion $f : (X, a) \to (\mathbb{C}, 0)$ mit $n := o(f, a) \neq \infty$, gibt es ein $r > 0$ und eine Karte $h : (U, a) \to (\mathbb{E}_r, 0)$, so daß $f|U = h^n$ ist.*

Beweis. Sei $z : (U, a) \to (\mathbb{E}, 0)$ eine Karte. Dann ist $f|U$ eine Potenzreihe in z, welche mit der n-ten Potenz beginnt, also $f|U = z^n \cdot g$ mit $g \in \mathcal{O}(U)$ und $g(a) \neq 0$. Nach Verkleinern von U kann man aus g die n-te Wurzel ziehen: Es gibt ein $h \in \mathcal{O}(U)$ mit $h^n = f|U$, und $v(h, a) = 1$. Insbesondere ist h bei a biholomorph, d.h. eine verkleinerte Umgebung U wird durch h biholomorph auf eine Kreisscheibe $\mathbb{E}_r$ abgebildet. □

Folgerung. *Sei $\eta : (X, a) \to (Y, b)$ holomorph und $v(\eta, a) \neq \infty$. Für jede hinreichend kleine Scheibe U um a gilt:*

$\eta|U$ ist offen.- $\eta^{-1}(b) \cap U = \{a\}$.- Für alle $x \in U\backslash\{a\}$ ist $v(\eta, x) = 1$.- Genau dann, wenn η bei a biholomorph ist, gilt $v(\eta, a) = 1$.

Beweis. Man wählt eine Karte $k : (V, b) \to (\mathbb{E}, 0)$ und benutzt die lokale Normalform für $f := k \circ \eta$ auf $\eta^{-1}(V)$. □

Die Folgerung ergibt sofort den

1.3.3 Offenheitssatz. *Jede nirgends konstante holomorphe Abbildung $\eta : X \to Y$ ist offen. Jede Faser und die Menge aller Windungspunkte ist lokal endlich. Wenn η injektiv ist, wird X biholomorph auf die offene Menge $\eta(X) \subset Y$ abgebildet.*

Der *Verzweigungsort* ist i.a. nicht lokal endlich, siehe Aufgabe 4.9.10.

1.3.4 Analytische Mengen. Eine abgeschlossene Menge $A \subset X$ heißt *analytisch*, wenn jeder Punkt in A eine Umgebung U besitzt, so daß $U \cap A$ die Nullstellenmenge $N(f)$ einer Funktion $f \in \mathcal{O}(U)$ ist.

Satz. *Sei X zusammenhängend, und sei $A \subset X$ analytisch. Dann ist entweder $A = X$, oder A ist lokal endlich in X.*

Beweis. Die Menge $M \subset X$ der Häufungspunkte von A ist abgeschlossen und liegt in A. Zu jedem $a \in M$ gibt es eine Umgebung $U \subset X$ und ein $f \in \mathcal{O}(U)$ mit $U \cap A = N(f)$. Nach dem klassischen Identitätssatz ist a ein innerer Punkt von $N(f)$. Daher ist M offen in X, also $M = X$, oder $M = \emptyset$. Im ersten Fall ist $A = X$. Im zweiten Fall ist A lokal endlich. □

Folgerung (Identitätssatz). *Seien $\eta, \varphi : X \to Y$ zwei holomorphe Abbildungen. Wenn X zusammenhängt und $A := \{x \in X : \eta(x) = \varphi(x)\}$ einen Häufungspunkt hat, ist $\eta = \varphi$. Insbesondere ist jede nicht-konstante holomorphe Abbildung η offen.*

Beweis. Die Menge A ist abgeschlossen. Jeder Punkt in A besitzt eine Umgebung U, so daß $\eta(U)$ und $\varphi(U)$ im Definitionsbereich einer Karte (V, h)

von Y liegen. Wegen $U \cap A = N(k \circ \varphi - k \circ \eta)$ ist $A \subset X$ analytisch, und die erste Behauptung folgt aus dem Satz.– Insbesondere ist jede nicht-konstante Abbildung nirgends konstant, also offen wegen 1.3.3. □

1.3.5 Maximumprinzip. *Sei X zusammenhängend, und sei $f : X \to \mathbb{C}$ holomorph. Wenn $|f|$ oder $\operatorname{Re} f$ oder $\operatorname{Im} f$ an einer Stelle in X ein lokales Maximum hat, ist f konstant. Auf kompakten, zusammenhängenden Flächen ist jede holomorphe Funktion konstant.*

Beweis. Wenn es ein lokales Maximum bei a gibt, kann f nicht offen sein, da keine Umgebung von $f(a)$ in $f(X)$ enthalten ist. Wegen der letzten Folgerung ist f dann konstant. □

1.3.6 Hebbare Singularitäten. Folgendes Ergebnis läßt sich direkt aus der klassischen Funktionentheorie übertragen.

Fortsetzungssatz. *Jede Funktion $f \in \mathcal{O}(X \setminus \{a\})$, für die $|f|$ oder $\operatorname{Re} f$ oder $\operatorname{Im} f$ auf einer punktierten Umgebung $U \setminus \{a\}$ beschränkt ist, läßt sich holomorph nach a fortsetzen.* □

Folgerung (Hebbarkeitssatz). *Sei $\eta \colon X \to Y$ eine stetige Abbildung zwischen Riemannschen Flächen, die außerhalb einer lokal endlichen Teilmenge $A \subset X$ holomorph ist. Dann ist η auf ganz X holomorph.* □

1.3.7 Zwei Holomorphiekriterien. Die Hintereinanderschaltung holomorpher Abbildungen ist holomorph. Wir beweisen zwei Umkehrungen.

(1) *Für jede stetige Abbildung $\varphi \colon W \to X$ und jede offene holomorphe Abbildung $\eta \colon X \to Y$ gilt: Wenn $\eta \circ \varphi$ holomorph ist, dann auch φ.*

Beweis. Sei $c \in W$, $\varphi(c) =: a$ und $\eta(a) =: b$. Wenn $\eta \circ \varphi$ bei c lokal konstant ist, gibt es eine Scheibe V um c mit $\varphi(V) \subset \eta^{-1}(b)$. Da die Faser $\eta^{-1}(b)$ lokal endlich ist, folgt $\varphi(V) \subset \{a\}$. Somit ist φ bei c konstant und daher holomorph.– Wenn $\eta \circ \varphi$ bei c nicht lokal konstant ist, genügt es wegen des Hebbarkeitssatzes, eine Umgebung V von c zu finden, so daß φ an jeder Stelle $w \in V \setminus \{c\}$ holomorph ist: Nach den Folgerungen in 1.3.2 gibt es eine Umgebung U von a mit $v(\eta, x) = 1$ für alle $x \in U \setminus \{a\}$, sowie eine Umgebung V von c, so daß $\varphi(V) \subset U$ und $b \notin \eta \circ \varphi(V \setminus \{c\})$ ist. Dann gilt $v(\eta, \varphi(w)) = 1$ für alle $w \in V \setminus \{c\}$. Daraus folgt, daß φ bei w holomorph ist. Denn auf einer Scheibe S um $\varphi(w)$ ist η biholomorph, und auf $\varphi^{-1}(S)$ ist dann $\varphi = (\eta|S)^{-1} \circ (\eta \circ \varphi)$ holomorph. □

(2) *Für jede surjektive, offene holomorphe Abbildung $\eta \colon X \to Y$ und jede stetige Abbildung $\psi \colon Y \to Z$ gilt: Wenn $\psi \circ \eta$ holomorph ist, dann auch ψ.*

Beweis. Die Menge A der Windungspunkte von η ist lokal endlich in X. Daher ist $B := \{y \in Y : \eta^{-1}(y) \subset A\}$ lokal endlich in Y. Denn X läßt sich durch offene Mengen U überdecken, für die $A \cap U$ endlich ist. Dann wird Y durch die offenen Mengen $\eta(U)$ überdeckt, und jeder Durchschnitt $B \cap \eta(U)$ ist endlich.– Wegen des Hebbarkeitssatzes genügt es zu zeigen, daß ψ bei jeder Stelle $y \in Y \setminus B$ holomorph ist. Es gibt ein $x \in X \setminus A$ mit $y = \eta(x)$. Eine Umgebung U von x wird durch η biholomorph auf die Umgebung $\eta(U)$ von y abgebildet. Daher ist $\psi|\eta(U) = \psi \circ \eta \circ (\eta|U)^{-1}$ holomorph. □

1.3.8 Faktorisierungssatz. *Sei $\eta : X \to Y$ surjektiv, offen und holomorph. Sei $\zeta : X \to Z$ holomorph und auf jeder η-Faser konstant. Dann faktorisiert ζ über η, d.h. es gibt genau eine holomorphe Abbildung $\psi : Y \to Z$, so daß $\zeta = \psi \circ \eta$ ist. Wenn ζ und η dieselben Fasern haben, ist ψ ein Isomorphismus.*

Beweis. Die Existenz und Eindeutigkeit von ψ ist klar. Für jede offene Menge $W \subset Z$ ist $\zeta^{-1}(W) \subset X$ offen, also $\psi^{-1}(W) = \eta(\zeta^{-1}(W)) \subset Y$ offen, weil η offen ist. Daher ist ψ stetig und wegen 1.3.7(2) holomorph. Bei gleichen Fasern ist ψ bijektiv, also nach dem Offenheitssatz ein Isomorphismus. □

Beispiel. Sei $\zeta : \mathbb{C} \to \mathbb{C}$ eine 1-periodische holomorphe Funktion. Dann gibt es genau eine holomorphe Funktion $\psi : \mathbb{C}^\times \to \mathbb{C}$, so daß $\zeta(z) = \psi \circ \exp(2\pi i z)$ ist. Sei $\psi(w) = \sum_{n=-\infty}^{\infty} a_n w^n$ die Laurent-Reihe. Dann ist $\zeta(z) = \sum_{n=-\infty}^{\infty} a_n \exp(2\pi i n z)$ die Fourier-Reihe.

1.4. Endliche Abbildungen. Überlagerungen

Aus Riemanns Beschreibung der Ausbreitung einer Fläche über der Zahlenebene in [Ri 2], Abschnitt 5, ist der Überlagerungsbegriff entstanden. Um seine genaue Definition zu motivieren, beginnen wir mit Windungsabbildungen.– Mit X, Y und Z werden Riemannsche Flächen bezeichnet.

1.4.1 Windungsabbildungen. Eine holomorphe Abbildung zwischen Scheiben $\eta : (U, a) \to (V, b)$ heißt *Windungsabbildung*, wenn es Isomorphismen $h : (U, a) \to (\mathbb{E}, 0)$ und $k : (V, b) \to (\mathbb{E}, 0)$ gibt, so daß $k \circ \eta = h^n$ gilt, wobei die Windungszahl $n := v(\eta, a) \neq \infty$ ist:

$$\begin{array}{ccc} (U,a) & \xrightarrow{\eta} & (V,b) \\ h \downarrow \approx & & k \downarrow \approx \\ (\mathbb{E},0) & \xrightarrow{z \mapsto z^n} & (\mathbb{E},0) \end{array}$$

Jede Faser über $V \setminus \{b\}$ hat genau n Punkte. Aus dem Lemma in 1.2.4, angewendet auf $Y = \mathbb{E}$ und $P(y, w) = w^n - y$, folgt:
(1) *Windungsabbildungen sind endlich.* □

Satz. *Sei $\eta : X \to Y$ holomorph und offen.*
(i) *Wenn durch Beschränkung von η eine Windungsabbildung $U \to V$ entsteht, ist U eine Komponente von $\eta^{-1}(V)$.*
(ii) *Zu jedem $b \in Y$ und jeder endlichen Menge $\{a_1, \ldots, a_m\} \subset \eta^{-1}(b)$ gibt es Scheiben (V, b) und $(U_1, a_1), \ldots, (U_m, a_m)$, so daß jede Beschränkung $\eta_j : (U_j, a_j) \to (V, b)$ von η eine Windungsabbildung ist.*

Beweis. (i) Es genügt zu zeigen, daß für jedes Kompaktum $K \subset \eta^{-1}(V)$ der Durchschnitt $K \cap U$ kompakt ist. Denn dann ist U abgeschlossen in $\eta^{-1}(V)$ und somit eine Komponente. Das Bild $L := \eta(K)$ ist kompakt. Dasselbe gilt für $(\eta|U)^{-1}(L) = \eta^{-1}(L) \cap U$, weil die Windungsabbildung $\eta|U$ eigentlich ist. Dann ist auch $K \cap U = K \cap \eta^{-1}(L) \cap U$ kompakt.

(ii) Es genügt, den Spezialfall $(Y, b) = (\mathbb{C}, 0)$ zu betrachten. Sei $n_j := v(\eta, a_j)$. Wegen der lokalen Normalform 1.3.2 gibt es Karten $g_j : (W_j, a_j) \to (\mathbb{E}_{\rho_j}, 0)$, so daß $\eta|W_j = g_j^{n_j}$ ist. Sei $s := \min\{\rho_j^{n_j} : j = 1, \ldots, m\}$, $r_j := \sqrt[n_j]{s}$ und $U_j := \{x \in W_j : |g_j(x)| < r_j\}$. Dann ist jede Beschränkung $\eta_j : (U_j, a_j) \to (\mathbb{E}_s, 0)$ eine Windungsabbildung. $\square$

1.4.2 Eigentliche Abbildungen sind stetige Abbildungen, bei denen die Urbilder kompakter Mengen kompakt bleiben.

Lemma. *Jede eigentliche Abbildung $\eta : X \to Y$ ist abgeschlossen.*

Beweis. Sei $A \subset X$ abgeschlossen. Wir finden zu jedem $b \in Y \setminus \eta(A)$ eine Umgebung W, die $\eta(A)$ nicht trifft: Es gibt eine Umgebung V von b mit kompakter Hülle $\bar{V}$. Daher ist $\eta^{-1}(\bar{V}) \cap A$ kompakt, also auch $\bar{V} \cap \eta(A) = \eta(\eta^{-1}(\bar{V}) \cap A)$. Dann ist $W := V \setminus (\bar{V} \cap \eta(A))$ die gesuchte Umgebung. $\square$

1.4.3 Endliche Abbildungen. Zu jeder offenen holomorphen Abbildung $\eta : X \to Y$ mit endlichen Fasern definieren wir die *Gradfunktion*
$$Y \to \mathbb{N}, y \mapsto \text{gr}(\eta, y) := \sum_{x \in \eta^{-1}(y)} v(\eta, x).$$

Satz. *Folgende Aussagen sind äquivalent:*
(1) *η ist endlich.*
(2) *Die Gradfunktion ist lokal konstant.*
(3) *Jeder Punkt $b \in Y$ ist Zentrum einer Scheibe V, deren Urbild $\eta^{-1}(V)$ eine disjunkte, endliche Vereinigung von Scheiben U_j ist, für welche die Beschränkungen von η Windungsabbildungen $(U_j, a_j) \to (V, b)$ sind.*

Beweis. Sei $b \in Y$ und $\eta^{-1}(b) = \{a_1, \ldots, a_m\}$. Wir wählen Scheiben $V, U_1, \ldots, U_m$ gemäß Satz 1.4.1. Sei $U := U_1 \uplus \ldots \uplus U_m$. — (1) $\Rightarrow$ (3). Es genügt, $U = \eta^{-1}(V)$ zu zeigen. Sei A eine Komponente von $\eta^{-1}(V)$. Dann ist $\eta(A) \subset V$ offen und wegen des Lemmas abgeschlossen, also $\eta(A) = V$, insbesondere $b \in \eta(A)$, also $a_j \in A$ für ein j und somit $A = U_j \subset U$.

(2) $\Rightarrow$ (3). Wir wählen die Scheibe V so klein, daß die Gradfunktion auf V konstant $= \text{gr}(\eta, b)$ ist. Es genügt wieder, $U = \eta^{-1}(V)$ zu zeigen. Wenn es ein $x \in A, \notin U$ gibt, führt $y := \eta(x)$ zum Widerspruch $\text{gr}(\eta, b) = \text{gr}(\eta, y) \geq v(\eta, x) + \text{gr}(\eta|U, y) \geq 1 + \text{gr}(\eta, b)$. — (3) $\Rightarrow$ (2) ist trivial.

(3) $\Rightarrow$ (1). Da Windungsabbildungen eigentlich sind, siehe 1.4.1(1), hat jeder Punkt in Y eine Umgebung V, deren η-Urbild eine kompakte Hülle besitzt. Für jedes Kompaktum $L \subset Y$ wird daher $\eta^{-1}(L)$ durch endlich viele Kompakta überdeckt und ist dann als abgeschlossene Teilmenge eines Kompaktums selbst kompakt. $\square$

Folgerung. *Jede offene holomorphe Abbildung $\eta: X \to Y$ einer kompakten Fläche X ist endlich.* □

1.4.4 Abbildungsgrad. Jede endliche Abbildung $\eta: X \to Y$ mit zusammenhängender Basis Y hat eine konstante Gradfunktion $\neq 0$. Ihr Wert heißt *Abbildungsgrad* von η, kurz $\operatorname{gr} \eta$. Endliche Abbildungen vom Grade n heißen *n-blättrig*. Genau dann, wenn η biholomorph ist, gilt $\operatorname{gr} \eta = 1$.

Beispiele. (1) Die Abbildung $\eta: X \to Y$ im Nullstellengebilde (X, η, f) eines Polynoms $P \in \mathcal{O}(Y)[w]$ vom Grade n, welches keine mehrfachen Nullstellen hat, ist n-blättrig, vgl. 1.2.4.— (2) Jedes Polynom $p \in \mathbb{C}[z]$ vom Grade n wird durch $p(\infty) := \infty$ zu einer n-blättrigen Abbildung $p: \widehat{\mathbb{C}} \to \widehat{\mathbb{C}}$ fortgesetzt, vgl. 1.6.5.

Satz. *Seien $\eta: X \to Y$ und $\varphi: Y \to Z$ zwei holomorphe Abbildungen.*
(i) *Wenn η und φ endlich sind, ist auch $\varphi \circ \eta$ endlich. Wenn Y und Z außerdem zusammenhängen, gilt $\operatorname{gr}(\varphi \circ \eta) = \operatorname{gr} \varphi \cdot \operatorname{gr} \eta$.*
(ii) *Wenn $\zeta := \varphi \circ \eta$ endlich ist, gilt dasselbe für η und, falls η surjektiv ist, auch für φ.*

Beweis. (i) folgt aus der Produktformel für Windungszahlen in 1.3.1.
Zu (ii). Beweis für η: Für jedes Kompaktum $L \subset Y$ ist $\eta^{-1}(L)$ abgeschlossen und im Kompaktum $\zeta^{-1}(\varphi(L))$ enthalten, also selbst kompakt. Somit ist η eigentlich. Da ζ endliche Fasern hat, gilt dasselbe für η.— Beweis für φ: Aus $\eta(X) = Y$ folgt erstens: Die φ-Fasern sind wie die ζ-Fasern endlich. Zweitens: Für jedes Kompaktum $K \subset Z$ ist $\varphi^{-1}(K)$ als abgeschlossene Teilmenge des Kompaktums $\eta(\zeta^{-1}(K))$ ebenfalls kompakt. □

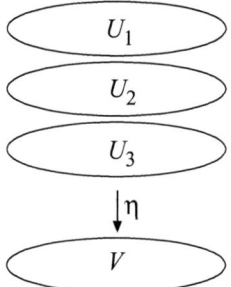

Fig. 1.4.5. Veranschaulichung der elementaren Überlagerung von V als Plattenstapel. Die Platten U_j sind die Komponenten des Urbildes $\eta^{-1}(V)$.

1.4.5 Überlagerungen. Eine Abbildung $\eta: X \to Y$ zwischen Riemannschen Flächen heißt *Überlagerung*, wenn jeder Punkt $b \in Y$ eine Umgebung V besitzt, die folgendermaßen *elementar überlagert* wird (Figur 1.4.5):
    Das Urbild $\eta^{-1}(V)$ ist eine Vereinigung von Scheiben (U, a), für welche die Beschränkungen $\eta: (U, a) \to (V, b)$ Windungsabbildungen sind.
Überlagerungen sind offene, holomorphe Abbildungen. Die Scheiben U sind nach Satz 1.4.1(i) die Komponenten von $\eta^{-1}(V)$. Das Bild $\eta(X)$ ist abgeschlossen in Y. Daher ist η surjektiv, wenn Y zusammenhängt. Der

Verzweigungsort ist lokal endlich. Die Überlagerung η heißt *unverzweigt*, wenn sie lokal biholomorph ist, also keine Verzweigungspunkte hat.

Für jede Komponente Z von X und für jede offene Menge $W \subset Y$ bleiben die Beschränkungen $\eta : Z \to Y$ bzw. $\eta : \eta^{-1}(W) \to W$ Überlagerungen. Die Hintereinanderschaltung zweier Überlagerungen ist im allgemeinen keine Überlagerung, siehe Aufgabe 4.9.10.– Aus Satz 1.4.3 folgt:

(∗) *Jede endliche Abbildung ist eine Überlagerung.* □

Beispiele unendlich blättriger Überlagerungen folgen in 1.5.4. Zu ihnen gehört die Exponentialfunktion $\exp : \mathbb{C} \to \mathbb{C}^\times$.

1.4.6 Gleichverzweigte Überlagerungen $\eta : X \to Y$ haben längs jeder Faser gleiche Windungszahlen. Die Funktion $S : Y \to \mathbb{N}_{>0}, S(y) := v(\eta, x)$ für $\eta(x) = y$, heißt *Verzweigungssignatur*.

Beispiel. Die dreiblättrige Überlagerung $\eta : \mathbb{C} \to \mathbb{C}, \eta(z) = z^3 - z^2$, ist nicht gleichverzweigt, da längs der Faser $\eta^{-1}(0)$ die Windungszahlen $v(\eta, 0) = 2$ und $v(\eta, 1) = 1$ verschieden sind.

Zusammenhangskriterium. *Wenn bei einer gleichverzweigten, endlichen Überlagerung $\eta : X \to Y$ die Fläche Y zusammenhängt und die Menge $\{\sharp \eta^{-1}(y) : y \in Y\}$ teilerfremd ist, hängt auch X zusammen.*

Beweis. Für jedes $y \in Y$ gilt $\operatorname{gr} \eta = S(y) \cdot \sharp \eta^{-1}(y)$. Sei $\operatorname{gr} \eta = p_1^{t_1} \cdot \ldots \cdot p_r^{t_r}$ die Primzerlegung. Zu jedem p_j gibt es ein $y \in Y$, so daß $S(y)$ von $p_j^{t_j}$ geteilt wird. Sei X_* eine Komponente von X. Die Beschränkung $\eta_* := \eta | X_*$ hat dieselbe Signatur S. Daher wird $\operatorname{gr} \eta_*$ von allen Potenzen $p_j^{t_j}$ geteilt. Somit ist $\operatorname{gr} \eta$ ein Teiler von $\operatorname{gr} \eta_*$. Es folgt $X_* = X$. □

1.5 Deckgruppen

Wir betrachten die Deckgruppen $\mathcal{D}$ von offenen holomorphen Abbildungen $\eta : X \to Y$ und ihre Standgruppen. Die besondere Aufmerksamkeit gilt den *normalen* Abbildungen η, bei denen $\mathcal{D}$ auf jeder Faser transitiv operiert.

1.5.1 Bahnen und Standgruppen. Jede Gruppe G von Homöomorphismen $\gamma : X \to X$ eines topologischen Raumes heißt *Transformationsgruppe* von X. Man sagt auch: Die Gruppe G *wirkt* oder *operiert* auf X. Man definiert für jeden Punkt $x \in X$ die *G-Bahn* (oder den *G-Orbit*)

$$G(x) := \{\gamma(x) : \gamma \in G\} \subset X$$

und die *Standgruppe* (oder *Isotropiegruppe*)

$$G_x := \{\gamma \in G : \gamma(x) = x\} < G.$$

Für je zwei Punkte auf derselben G-Bahn sind die Standgruppen konjugiert: $G_{\gamma(x)} = \gamma \cdot G_x \cdot \gamma^{-1}$. Je nachdem, ob $G_x = \{\mathrm{id}\}$ oder $G_x \neq \{\mathrm{id}\}$ ist, heißt

18   1. Grundlagen

$G(x)$ *Hauptorbit* oder *Ausnahmeorbit*. Wenn es keine Ausnahmeorbiten gibt, sagt man: Die Gruppe G operiert *frei*.

Für die Menge G/G_x der Restklassen induziert die Abbildung $G \to G(x)$, $\gamma \mapsto \gamma(x)$, eine Bijektion $G/G_x \to G(x)$. Wenn G endlich ist, folgt die *Bahnengleichung*

(1) $$\sharp G = \sharp G_x \cdot \sharp G(x).$$

1.5.2 Die Ableitung. Sei $\operatorname{Aut}(X)$ die Automorphismengruppe einer Riemannschen Fläche X. Sei $h : (U, a) \to (\mathbb{E}, 0)$ eine Karte von X. Zu jedem $\gamma \in \operatorname{Aut}(X)_a$ gibt es eine Umgebung V von a in U mit $\gamma(V) \subset U$. Die holomorphe Funktion $h \circ \gamma \circ h^{-1} : (h(V), 0) \to (\mathbb{E}, 0)$ hat eine *Ableitung*

(1) $$\gamma'(a) := (h \circ \gamma \circ h^{-1})'(0) \neq 0,$$

die nur von γ und a, nicht aber von (U, h) und V abhängt.

(2) *Die Ableitung* $\operatorname{Aut}(X)_a \to \mathbb{C}^\times$, $\gamma \mapsto \gamma'(a)$, *ist ein Homomorphismus.*

(3) *Für jedes* $\varphi \in \operatorname{Aut}(X)$ *gilt* $(\varphi \circ \gamma \circ \varphi^{-1})'(\varphi(a)) = \gamma'(a)$.   □

1.5.3 Standgruppen von Deckgruppen. Sei $\eta : (X, a) \to (Y, b)$ eine offene holomorphe Abbildung zwischen zusammenhängenden Flächen mit der Deckgruppe $\mathcal{D}$. Sei $n := v(\eta, a)$ die Windungszahl. Nach Satz 1.4.1 gibt es Karten $h : (U, a) \to (\mathbb{E}, 0)$ und $k : (V, b) \to (\mathbb{E}, 0)$ mit $\eta(U) = V$ und $k \circ \eta = h^n$. Für solche *privilegierten* Karten gilt zusätzlich:

(1) $\gamma(U) = U$ *für* $\gamma \in \mathcal{D}_a$ *und* $\gamma(U) \cap U = \emptyset$ *für* $\gamma \in \mathcal{D} \setminus \mathcal{D}_a$.
(2) $h \circ \gamma(x) = \gamma'(a) \cdot h(x)$ *für* $\gamma \in \mathcal{D}_a$ *und* $x \in U$ (*Linearisierung*).
(3) *Die Ableitung* $\mathcal{D}_a \to \mu_n$, $\gamma \mapsto \gamma'(a)$, *ist ein Monomorphismus in die multiplikative Gruppe der n-ten Einheitswurzeln.*

Beweis. Nach Satz 1.4.1(i) ist U eine Komponente von $\eta^{-1}(V)$, die $\eta^{-1}(b)$ nur in a trifft. Für jedes $\gamma \in \mathcal{D}$ ist $\gamma(U)$ auch eine Komponente von $\eta^{-1}(V)$. Daraus folgt (1).– (2) Die Abbildung $h \circ \gamma \circ h^{-1}$ ist ein Automorphismus von $\mathbb{E}$ mit dem Fixpunkt 0, also nach dem Schwarzschen Lemma eine Drehung $z \mapsto \omega z$. Dabei ist $\omega = \gamma'(a)$.– (3) Aus $k \circ \eta = h^n$, (1) und (2) folgt $h(x)^n = \gamma'(a)^n \cdot h(x)^n$ für jedes $x \in U$, also $\gamma'(a) \in \mu_n$. Wenn $\gamma'(a) = 1$ ist, gilt $\gamma|U = \operatorname{id}$ wegen (2), also $\gamma = \operatorname{id}$ nach dem Identitätssatz.   □

Folgerung. *Jede Standgruppe* $\mathcal{D}_a$ *ist zyklisch. Ihre Ordnung teilt die Windungszahl* $v(\eta, a)$.   □

1.5.4 Normale Abbildungen. Eine surjektive, offene, holomorphe Abbildung $\eta : X \to Y$ zwischen *zusammenhängenden* Flächen heißt *normal*, wenn jede Faser ein Orbit der Deckgruppe $\mathcal{D}$ ist. Normale Abbildungen mit zyklischer Deckgruppe heißen *zyklisch*. Die Exponentialfunktion $\exp : \mathbb{C} \to \mathbb{C}^\times$, die Potenzen $\mathbb{C} \to \mathbb{C}$, $z \mapsto z^n$, für $n \geq 1$ und alle Windungsabbildungen sind zyklisch. Die Torusprojektionen $\mathbb{C} \to \mathbb{C}/\Omega$ von 1.2.6 ist normal, aber nicht zyklisch.

Satz. *Jede normale Abbildung $\eta : X \to Y$ ist eine gleichverzweigte Überlagerung. Die Ableitungen sind Isomorphismen $\mathcal{D}_a \to \mu_n$, $\gamma \mapsto \gamma'(a)$, für $n := v(\eta, a)$.*

Beweis. Zu $b \in Y$ wählen wir ein $a \in \eta^{-1}(b)$ und Scheiben (U, a), (V, b), so daß $\eta : (U, a) \to (V, b)$ eine Windungsabbildung ist. Wegen der Normalität ist $\eta^{-1}(V) = \bigcup_{\gamma \in \mathcal{D}} \gamma(U)$. Jede Beschränkung $\eta : \bigl(\gamma(U), \gamma(a)\bigr) \to (V, b)$ ist eine Windungsabbildung. Daher wird V elementar überlagert.– Wenn $\eta(x_1) = \eta(x_2)$ ist, gibt es ein $\varphi \in \mathcal{D}$ mit $\varphi(x_1) = x_2$. Dann ist $v(\eta, x_1) = v(\eta \circ \varphi, x_1) = v(\eta, x_2) \cdot v(\varphi, x_1) = v(\eta, x_2)$.
Die zweite Behauptung folgt aus 1.5.3(3), wenn wir zeigen, daß $\gamma \mapsto \gamma'(a)$ surjektiv ist. Seien h und k Karten wie in 1.5.2. Sei $\omega \in \mu_n$. Zu jedem $x \in U$ gibt es ein $x' \in U$ mit $h(x') = \omega \cdot h(x)$. Wegen $k \circ \eta = h^n$ ist $\eta(x') = \eta(x)$. Es gibt also ein $\gamma \in \mathcal{D}$ mit $\gamma(x) = x'$. Daher ist $\gamma(U) \cap U \neq \emptyset$, also $\gamma(U) = U$ und somit $\gamma \in \mathcal{D}_a$. Aus 1.5.2(1) folgt $\gamma'(a) = \omega$. □

Folgerung. *Eine normale Abbildung ist genau dann eine unverzweigte Überlagerung, wenn ihre Deckgruppe frei operiert.* □

1.5.5 Endliche normale Überlagerungen. *Bei jeder endlichen Überlagerung $\eta : X \to Y$ zwischen zusammenhängenden Flächen teilt die Ordnung $\sharp \mathcal{D}$ der Deckgruppe den Abbildungsgrad $\operatorname{gr}\eta$.*
Genau dann, wenn η normal ist, gilt $\sharp \mathcal{D} = \operatorname{gr}\eta$.

Beweis. Jede Faser ist eine disjunkte Vereinigung $F = F_1 \uplus \ldots \uplus F_r$ von $\mathcal{D}$-Bahnen. Wenn F keine Windungspunkte enthält, gilt $\sharp F_j = \sharp \mathcal{D}$ für alle j. Daher ist $\operatorname{gr}\eta = \sharp F = r \cdot \sharp \mathcal{D}$.– Genau dann, wenn η normal ist, gilt $r = 1$ für jedes F. Aus der Normalität ($r = 1$) folgt also $\sharp \mathcal{D} = \operatorname{gr}\eta$.– Umgekehrt sei $\operatorname{gr}\eta = \sharp \mathcal{D}$. Sei k_j die gemeinsame Ordnung der Standgruppen $\mathcal{D}_x$ für $x \in F_j$. Nach der Bahnengleichung 1.5.1(1) ist $k_j \cdot \sharp F_j = \sharp \mathcal{D}$. Andererseits ist $\operatorname{gr}\eta = \sum_j \sum_{x \in F_j} v(\eta, x)$ und $v(\eta, x) \geq k_j$ für $x \in F_j$, letzteres nach der Folgerung in 1.5.3. Daher ist $\operatorname{gr}\eta \geq \sum_j k_j \cdot \sharp F_j = r \cdot \sharp \mathcal{D}$, also $r = 1$ für $\sharp \mathcal{D} = \operatorname{gr}\eta$. □

Folgerungen. (1) *Jede endliche Überlagerung vom Primzahlgrad mit einer Deckabbildung $\neq \operatorname{id}$ ist zyklisch.* □

(2) *Zweiblättrige Überlagerungen $\eta : X \to Y$ sind stets zyklisch.*

Beweis zu (2). Jede Faser $\eta^{-1}(y)$ besteht aus ein oder zwei Punkten. Die Abbildung $\gamma : X \to X$ vertausche sie. Man prüft anhand einer elementar überlagerten Scheibe um y, daß γ holomorph ist. □

Die Untersuchung normaler Abbildungen wird in 3.6 und 4.7 fortgesetzt.

1.6 Meromorphe Funktionen

Die Existenz nirgends konstanter meromorpher Funktionen auf beliebigen Flächen X liegt tief, siehe 10.7.2. Aber in vielen Fällen sind solche Funktionen explizit bekannt.

1.6.1 Der Ring der meromorphen Funktionen. *Wenn X zusammenhängt, ist der Ring $\mathcal{M}(X)$ aller meromorphen Funktionen ein Körper.*

Beweis. Jede Funktion $f \neq 0$ hat nach dem Identitätssatz eine lokal endliche Nullstellenmenge. Nach Satz 1.1.4 gehört dann $1/f$ zu $\mathcal{M}(X)$. □

Fortsetzungssatz. *Eine Funktion $f \in \mathcal{M}(X \setminus \{a\})$ läßt sich genau dann meromorph nach a fortsetzen, wenn es eine bei a holomorphe Funktion $v \neq 0$ gibt, so daß vf um a beschränkt ist.*

Beweis. Nach 1.3.6 läßt sich vf zu einer bei a holomorphen Funktion h fortsetzen. Dann ist h/v die meromorphe Fortsetzung von f nach a. □

1.6.2 Ordnungssumme. Für $f \in \mathcal{M}(X)$ und jede Stelle $x \in X$ wurde in 1.1.4 die Ordnung $o(f, x)$ definiert. Wenn man sie mit der Windungszahl $v(f, x)$ gemäß 1.3.1 vergleicht, folgt aus $o(f, x) = v(f, x)$ für $f(x) = 0$ bzw. $o(f, x) = -v(f, x)$ für $f(x) = \infty$ und der Definition des Abbildungsgrades:

Satz. *Auf jeder kompakten Fläche X ist jede nirgends konstante meromorphe Funktion f eine endliche Überlagerung $f : X \to \widehat{\mathbb{C}}$ mit*

(2) $\qquad \operatorname{gr} f = \sum_{x \in f^{-1}(0)} o(f, x) = -\sum_{x \in f^{-1}(\infty)} o(f, x)$.

Insbesondere gilt

(3) $\qquad \sum_{x \in X} o(f, x) = 0$. □

1.6.3 Liftung, Körpererweiterung. Wenn $\eta : X \to Y$ offen und holomorph ist, entsteht aus jeder meromorphen Funktion g auf Y die geliftete meromorphe Funktion $g \circ \eta$ auf X. Wenn Y zusammenhängt, ist die *Liftung*

(1) $\qquad \eta^* : \mathcal{M}(Y) \to \mathcal{M}(X), \; g \mapsto g \circ \eta$,

eine Erweiterung des Körpers $\mathcal{M}(Y)$ zum Ring $\mathcal{M}(X)$, d.h. wir können $\mathcal{M}(Y) \subset \mathcal{M}(X)$ als Teilkörper auffassen.– Die Produktformel für Windungszahlen in 1.3.1 ergibt

(2) $\qquad o(g \circ \eta, x) = o\bigl(g, \eta(x)\bigr) \cdot v(\eta, x) \; \text{für } x \in X$.

Wenn X zusammenhängt, ist $\mathcal{M}(X)$ auch ein Körper. Wir zeigen in 6.6.1, daß *alle* endlichen Körper-Erweiterungen $\mathcal{M}(Y) \hookrightarrow L$ Liftungen zu endlichen Überlagerungen $X \to Y$ sind.– Aus der Faktorisierung 1.3.8 folgt der

Satz. *Bei jeder normalen Überlagerung η mit der Deckgruppe $\mathcal{D}$ ist*
(3) $\quad \eta^*(\mathcal{M}(Y)) = \mathcal{M}_\mathcal{D}(X) := \{f \in \mathcal{M}(X) : f \circ \gamma = f \text{ für } \gamma \in \mathcal{D}\}$
der Teilkörper der $\mathcal{D}$-invarianten Funktionen. □

1.6.4 Divisoren. Ein *Divisor* auf der Fläche X ist eine Funktion $D: X \to \mathbb{Z}$, deren *Träger* $\text{Tr}(D) := \{x \in X : D(x) \neq 0\}$ lokal endlich ist. Bei kompakten Flächen ist $\text{Tr}(D)$ endlich. Man nennt dann

(1) $$\text{gr } D := \sum_{x \in X} D(x)$$

den *Grad des Divisors*. Zu jeder meromorphen Funktion f, die nirgends konstant Null ist, gehört der *Hauptdivisor* (f) mit

(2) $$(f) : X \to \mathbb{Z}, \ x \mapsto o(f, x).$$

Für ihn gilt
(3) $\qquad (f \cdot g) = (f) + (g) \text{ und } (1/f) = -(f).$ □

(4) *Wenn X kompakt ist, hat jeder Hauptdivisor den Grad Null. Wenn X außerdem zusammenhängt, folgt aus $(f) = (g)$, daß $g = cf$ mit $c \in \mathbb{C}^\times$ gilt.*
Beweis. Die erste Aussage gilt wegen 1.6.2(3), die zweite folgt, weil f/g keine Null-und Polstellen hat und daher konstant ist. □

1.6.5 Rationale Funktionen. Jedes Polynom $p \in \mathbb{C}[z]$ ist eine meromorphe Funktion auf der Zahlenkugel $\widehat{\mathbb{C}}$. An jeder Stelle $a \in \mathbb{C}$ ist $o(p, a)$ die Vielfachheit von a als Nullstelle von p. Der einzige Pol liegt in ∞. Dort ist $o(p, \infty) = -\text{gr } p$ der negative Polynomgrad. Daher stimmen Polynom- und Abbildungsgrad überein.
Rationale Funktionen sind Quotienten $f = p/q$ von Polynomen. Sie bilden den Körper $\mathbb{C}(z) \subset \mathcal{M}(\widehat{\mathbb{C}})$. Für die Ordnungen gilt $o(f, a) = o(p, a) - o(q, a)$ gemäß 1.6.2(2).
(1) *Für Polynome ohne gemeinsame Nullstelle ist* $\text{gr}(p/q) = \max\{\text{gr } p, \text{gr } q\}$.
(2) *Jeder Divisor D auf $\widehat{\mathbb{C}}$ vom Grade Null ist Hauptdivisor der rationalen Funktion*
$$\prod_{a \in \mathbb{C}} (z - a)^{D(a)}.$$ □

Insbesondere gibt es zu jeder meromorphen Funktion $f \neq 0$ auf $\widehat{\mathbb{C}}$ eine rationale Funktion h, so daß $(f) = (h)$ ist. Mit 1.6.4(4) folgt daraus:
(3) *Die meromorphen Funktionen auf $\widehat{\mathbb{C}}$ sind genau die rationalen Funktionen, kurz $\mathcal{M}(\widehat{\mathbb{C}}) = \mathbb{C}(z)$.* □

(4) *Wenn die kompakte Fläche X nicht zu $\widehat{\mathbb{C}}$ isomorph ist, gibt es Divisoren vom Grade Null, die keine Hauptdivisoren sind.*
Beweis zu (4). Seien $a, b \in X$ und $a \neq b$. Wenn der Divisor D mit dem Träger $\{a, b\}$ und den Werten $D(a) = 1$, $D(b) = -1$ ein Hauptdivisor (f) wäre, hätte $f : X \to \widehat{\mathbb{C}}$ den Grad eins und wäre also ein Isomorphismus. □

1. Grundlagen

1.6.6 Die Automorphismen der Zahlenkugel $\widehat{\mathbb{C}}$ sind die rationalen Funktionen vom Grade eins. Sie haben wegen 1.6.5(1) die Gestalt

(1) $\qquad z \mapsto (az+b)/(cz+d) \quad mit \quad ad - bc \neq 0$. $\qquad\square$

Man nennt sie auch *Möbius-Transformationen*, siehe [Mö] 2, S. 243-314. Die Abbildung $\mathrm{GL}_2(\mathbb{C}) \to \mathrm{Aut}(\widehat{\mathbb{C}})$, die jeder Matrix $\begin{pmatrix} a & b \\ c & d \end{pmatrix}$ den Automorphismus (1) zuordnet, ist ein Epimorphismus mit dem Kern

$$\{\begin{pmatrix} \lambda & 0 \\ 0 & \lambda \end{pmatrix} : \lambda \in \mathbb{C}^\times\}.$$

Die Beschränkung $\mathrm{SL}_2(\mathbb{C}) \to \mathrm{Aut}\,\widehat{\mathbb{C}}$ auf Matrizen mit der Determinante 1 bleibt epimorph.

Die Fixpunkte jeder Möbiustransformation $\neq \mathrm{id}$ lassen sich durch Lösung einer quadratischen Gleichung berechnen. Daraus folgt:

(2) *Jedes Element* $\neq \mathrm{id}$ *aus* $\mathrm{Aut}(\widehat{\mathbb{C}})$ *hat mindestens einen und höchstens zwei Fixpunkte. Zwei Möbiustransformationen stimmen bereits dann überein, wenn sie an drei verschiedenen Stellen in* $\widehat{\mathbb{C}}$ *gleiche Werte haben.* $\qquad\square$

Folgerung. *Kein Torus* $\mathbb{C}/\Omega$ *ist zu* $\widehat{\mathbb{C}}$ *isomorph.*

Denn jedes $a \notin \Omega$ bestimmt den fixpunktfreien Automorphismus $z + \Omega \mapsto a + z + \Omega$ des Torus. $\qquad\square$

(3) *Die Gruppe* $\mathrm{Aut}(\widehat{\mathbb{C}})$ *operiert dreifach transitiv: Zu je zwei Tripeln* (a,b,c) *und* (a',b',c') *von jeweils drei verschiedenen Punkten in* $\widehat{\mathbb{C}}$ *gibt es genau eine Möbiustransformation* f *mit* $f(a)=a'$, $f(b)=b'$, $f(c)=c'$.

Beweis. Wir können $a' = 0$, $b' = 1$ und $c' = \infty$ annehmen. Man setzt

$$g(z) := \begin{cases} 1/(z-c), & c \neq \infty \\ z, & c = \infty \end{cases} \quad \text{und} \quad f(z) := \frac{g(z) - g(a)}{g(b) - g(a)}. \qquad\square$$

1.7 Aufgaben

1) Sei $\pi: S^2 \to \widehat{\mathbb{C}}$ die stereographische Projektion. Berechne für die Antipoden-Abbildung $A: S^2 \to S^2$, $x \mapsto -x$, die Abbildung $\pi \circ A \circ \pi^{-1}: \widehat{\mathbb{C}} \to \widehat{\mathbb{C}}$. Kann es eine holomorphe Abbildung $\eta: \widehat{\mathbb{C}} \to Y$ geben, so daß die Fasern von $\eta \circ \pi$ genau die Paare antipodischer Punkte $(x, -x)$ sind?

2) Sei $Y := \widehat{\mathbb{C}} \setminus \{a, b\}$, wobei $a, b \in \mathbb{C}$ verschieden sind. Zeige: Die Nullstellenmenge des Polynoms $w^2 - (z-a)(z-b) \in \mathcal{O}(Y)[w]$ ist zu $\mathbb{C}^\times$ isomorph.– Hinweis: Transformiere a,b nach $0, \infty$.

3) Zeige: Alle Automorphismen von $\widehat{\mathbb{C}}$ mit genau einem Fixpunkt haben unendliche Ordnung.

4) Zeige, daß die endlichen holomorphen Abbildungen $f: \mathbb{C} \to \mathbb{C}$ genau die nicht konstanten Polynome sind.– Hinweis: Zeige zunächst, daß sich f meromorph nach ∞ fortsetzen läßt.

5) Sei X zusammenhängend und kompakt, seien $f, g, f+g \in \mathcal{M}(X)$ nicht konstant. Zeige: $\mathrm{gr}(f+g) \leq \mathrm{gr}\, f + \mathrm{gr}\, g$.

6) Zeige: Jede holomorphe Abbildung $\eta : \widehat{\mathbb{C}} \to \widehat{\mathbb{C}}$ vom Grade 2 hat genau zwei Windungspunkte a, b. Man kann $a = \eta(a) = 0$ und $b = \eta(b) = \infty$ durch Vor- und Nachschalten von Automorphismen erreichen. Wie lautet die rationale Funktion η in diesem Falle? *Hinweis.* Benutze die Deckgruppe $\mathcal{D}(\eta)$.

7) Zeige: Für $z_1, \ldots, z_n \in \mathbb{E}$ ist das *Blaschke-Produkt*
$$z \mapsto \prod_{\nu=1}^{n} \frac{z - z_\nu}{1 - \bar{z}_\nu z}$$
eine n-blättrige Überlagerung $\mathbb{E} \to \mathbb{E}$. Bestimme ihre Windungspunkte und den Verzweigungsort. Ist diese Überlagerung normal?

8) Zeige: Die Sinusfunktion $\sin : \mathbb{C} \to \mathbb{C}$ ist normal. Bestimme die Deckgruppe $\mathcal{D}(\sin)$ und alle Standgruppen.– Löse die entsprechende Aufgabe für die Tangensfunktion.

9) (i) Gib eine gleichverzweigte Überlagerung an, die nicht normal ist.– (ii) Warum ist jede unverzweigte, normale Abbildung $\widehat{\mathbb{C}} \to Y$ biholomorph?

10) Zeige, daß die rationale Funktion
$$\eta : \widehat{\mathbb{C}} \to \widehat{\mathbb{C}}, \quad \eta(z) := \frac{4}{27} \frac{(z^2 - z + 1)^3}{z^2(z-1)^2},$$
normal ist und ihre Deckgruppe Λ aus allen Möbius-Transformationen besteht, welche $0, 1, \infty$ permutieren. Bestimme alle Standgruppen $\mathcal{D}_a$ und den Verzweigungsort von η.

11) Zu jedem Quadrupel (e_1, e_2, e_3, e_4) von Punkten $e_j \in \widehat{\mathbb{C}}$ gehört das *Doppelverhältnis*
$$DV(e_1, e_2, e_3, e_4) := \frac{e_3 - e_2}{e_1 - e_2} : \frac{e_3 - e_4}{e_1 - e_4} \in \widehat{\mathbb{C}},$$
falls mindestens drei der vier Punkte paarweise verschieden sind. Zeige:
(i) Für jede Möbius-Transformation A gilt
$$DV(A(e_1), A(e_2), A(e_3), A(e_4)) = DV(e_1, e_2, e_3, e_4).$$
(ii) Zu drei paarweise verschiedenen Punkten $a, b, c \in \widehat{\mathbb{C}}$ ist
$$\widehat{\mathbb{C}} \to \widehat{\mathbb{C}}, z \mapsto DV(a, b, c, z),$$
diejenige Möbius-Transformation, für welche $a \mapsto 0$, $b \mapsto 1$, $c \mapsto \infty$ gilt.
(iii) Bei jeder Doppeltransposition der vier Punkte e_1, e_2, e_3, e_4 ändert sich das Doppelverhältnis nicht.
(iv) Sei $DV(e_1, e_2, e_3, e_4) = z$. Wenn man e_1, e_2, e_3, e_4 permutiert, erhält man als Doppelverhältnisse die Werte $g(z)$ für alle $g \in \Lambda$, vgl. Aufgabe 10.

Hinweis zu (iv): Es genügt den Spezialfall „$e_4 = \infty$ ist Fixpunkt der Permutation" zu betrachten. Wegen *anharmonic ratio = Doppelverhältnis* nennen wir Λ die *anharmonische Gruppe*.

12) Zeige: Bei einer zusammenhängenden, n-blättrige Überlagerung $\eta : X \to \widehat{\mathbb{C}}$ hat jeder Automorphismus $\alpha \in \mathrm{Aut}(X) \setminus \mathcal{D}(\eta)$ höchstens $2n$ Fixpunkte.

Hinweis. Vergleiche die Fixpunktmenge mit der Nullstellenmenge der Funktion $h := \eta - \eta \circ \alpha \in \mathcal{M}(X)$ und benutze das Ergebnis der Aufgabe 5).

2. Tori und elliptische Funktionen

Nach einer langen Vorgeschichte, die um 1650 mit Integralformeln für die Länge eines Ellipsenbogens begann, wurden zu Beginn des 19. Jahrhunderts bei der Untersuchung solcher Integrale doppelt-periodische Funktionen entdeckt, welche Jacobi wegen ihrer Herkunft *elliptisch* nannte. Darunter versteht man auf $\mathbb{C}$ meromorphe Funktionen f, deren Werte sich bei den Translationen durch Elemente eines Gitters Ω wiederholen: $f(z+\omega) = f(z)$ für alle $z \in \mathbb{C}$ und alle $\omega \in \Omega$. Die Theorie der elliptischen Funktionen gehört zu den großen mathematischen Schöpfungen des 19. Jahrhunderts. Sie beeinflußte maßgeblich die gleichzeitige Entwicklung der allgemeinen Funktionentheorie und fand durch Weierstraß' Vorlesungen eine bis heute gültige Gestalt.

Eine elementare Darstellung, die keine Riemannsche Flächen benutzt, enthält Kapitel 5 in [FB].

2.1 Elliptische Funktionen

Die elliptischen Funktionen zu einem Gitter $\Omega < \mathbb{C}$ entsprechen umkehrbar eindeutig den meromorphen Funktionen auf dem Torus $T := \mathbb{C}/\Omega$. Dieses Wechselspiel ermöglicht elegante Schlußweisen, die bei Weierstraß und seinen Nachfolgern verpönt waren, da sie Riemannsche Flächen ablehnten.

Wie in 1.2.6 bezeichnet $\eta \colon \mathbb{C} \to T$ die Torusprojektion. Sie ist eine normale, unverzweigte Überlagerung, deren Deckgruppe $\mathcal{D}(\eta)$ aus allen Translationen $\mathbb{C} \to \mathbb{C}, z \mapsto z + \omega$, für $\omega \in \Omega$ besteht.

2.1.1 Doppelt-periodische Funktionen. Eine Funktion in $\mathcal{M}(\mathbb{C})$ heißt Ω-*periodisch*, wenn $f(z + \omega) = f(z)$ für alle $z \in \mathbb{C}$ und alle $\omega \in \Omega$ gilt. Ohne das Gitter Ω zu nennen, spricht man auch von *doppelt-periodischen Funktionen*. Sie bilden einen Teilkörper $\mathcal{M}_\Omega(\mathbb{C}) \subset \mathcal{M}(\mathbb{C})$. Mit f gehört auch die Ableitung f', ferner $f(z + a)$ für jedes $a \in \mathbb{C}$ und $g \circ f$ für jede rationale Funktion g zu $\mathcal{M}_\Omega(\mathbb{C})$. Die Funktionen in $\mathcal{M}_\Omega(\mathbb{C})$ werden aus historischen Gründen, siehe 2.4, auch Ω-*elliptisch* oder kurz *elliptisch* genannt. Nach Satz 1.6.3 bildet die Liftung

$$\eta^* \colon \mathcal{M}(T) \to \mathcal{M}_\Omega(\mathbb{C}), \quad g \mapsto g \circ \eta,$$

den Körper $\mathcal{M}(T)$ isomorph auf $\mathcal{M}_\Omega(\mathbb{C})$ ab. Wenn $f = g \circ \eta$ ist, schreiben wir auch $g = \hat{f}$. Für nicht-konstante f ist $\hat{f} \colon T \to \widehat{\mathbb{C}}$ eine endliche Überlagerung. Wir definieren den *Grad* $\operatorname{gr} f := \operatorname{gr} \hat{f}$.

Satz. *Jede nicht-konstante Ω-elliptische Funktion f hat einen Grad ≥ 2. Denn sonst wäre $\hat{f} : \mathbb{C}/\Omega \to \widehat{\mathbb{C}}$ ein Isomorphismus.* □

2.1.2 Funktionen vom Grad 2. *Wenn eine Ω-elliptische Funktion f vom Grad 2 existiert, gibt es genau eine mit der Polstellenmenge Ω, deren Laurent-Reihe um 0 die Form $z^{-2} + a_2 z^2 + a_4 z^4 + \ldots$ hat.*

Diese Funktion wird nach Weierstraß mit $\wp$ bezeichnet. Ihre Existenz wird in 2.2 bewiesen.

Beweis. Die Ableitung $f' : \mathbb{C} \to \widehat{\mathbb{C}}$ ist surjektiv. Sie besitzt eine Nullstelle a. Dort hat f einen Windungspunkt. Durch Nachschalten einer Möbius-Transformation erreichen wir $f(a) = \infty$. Wir ersetzen $f(z)$ durch $f(z+a)$. Wegen $\mathrm{gr} f = 2$ werden alle $\omega \in \Omega$ zu doppelten Polstellen, und es gibt keine anderen Pole. Wir ersetzen $f(z)$ durch $f(z) + f(-z)$. Dabei ändern sich die Pole nicht, und f wird eine gerade Funktion. Ihre Laurent-Reihe bei 0 hat die Gestalt $a_{-2} z^{-2} + a_0 + a_2 z^2 + a_4 z^4 + \ldots$ mit $a_{-2} \neq 0$. Durch Subtraktion der Konstanten a_0 und Division durch a_{-2} wird die gewünschte Form erreicht.– Zur Eindeutigkeit: Für zwei Funktionen $\wp$ und $\wp^*$ hat $\wp - \wp^*$ keine Pole, ist also konstant, und zwar $= 0$. □

2.1.3 Struktur des Funktionenkörpers. *Jede Funktion $f \in \mathcal{M}_\Omega(\mathbb{C})$ läßt sich eindeutig als $f = u + v\wp'$ mit $u, v \in \mathbb{C}(\wp)$ darstellen. Dabei ist f genau dann gerade, wenn $v = 0$ ist.*

Beweis. Sei $f = u + w$ die eindeutige Darstellung als Summe einer geraden und einer ungeraden Funktion. Beide gehören zu $\mathcal{M}_\Omega(\mathbb{C})$. Die Ableitung $\wp'$ ist ungerade. Daher ist $v := w/\wp' \in \mathcal{M}_\Omega(\mathbb{C})$ gerade. Für jede gerade Funktion $g \in \mathcal{M}_\Omega(\mathbb{C})$ ist $\hat{g}$ längs der $\hat{\wp}$-Fasern konstant. Nach 1.3.8 und 1.6.3 gibt es eine rationale Funktion $R \in \mathbb{C}(z)$ mit $\hat{g} = R \circ \hat{\wp}$, d.h. $g = R \circ \wp$, also $g \in \mathbb{C}(\wp)$. Mit $g = u, v$ folgt die Behauptung. □

Folgerung. *Die Körpererweiterung von $\mathbb{C}(\wp)$ zu $\mathcal{M}_\Omega(\mathbb{C})$ hat den Grad 2.*

2.1.4 Verzweigung und Differentialgleichung. *Für jede Funktion $f \in \mathcal{M}_\Omega(\mathbb{C})$ vom Grade 2 hat die Überlagerung $\hat{f} : \mathbb{C}/\Omega \to \widehat{\mathbb{C}}$ vier Windungspunkte a_1, a_2, a_3, a_4 mit verschiedenen Werten $e_j := \hat{f}(a_j) \in \widehat{\mathbb{C}}$. Mit einer Konstanten $c \neq 0$ gilt*

(1) $f'^2 = c(f - e_1)(f - e_2)(f - e_3)(f - e_4)$, *wenn* $e_1, e_2, e_3, e_4 \in \mathbb{C}$,
(2) $f'^2 = c(f - e_1)(f - e_2)(f - e_3)$, *wenn* $e_4 = \infty$.

Beweis. Seien $a_1, \ldots, a_n$ die Windungspunkte. Wegen $\mathrm{gr} f = 2$ ist $v(\hat{f}, a_j) = 2$, und alle Werte e_j sind paarweise verschieden. Angenommen, kein e_j ist ∞. Dann hat $\hat{f}$ zwei einfache Pole $b_1 \neq b_2$. Die von Null verschiedenen Werte des Hauptdivisors $(\widehat{f'})$ sind 1 bei $a_1, \ldots, a_n$ und -2 bei b_1, b_2. Da Hauptdivisoren den Grad Null haben, folgt $n = 4$. Die beiden Funktionen $(\widehat{f'})^2$ und $(\hat{f} - e_1) \cdots (\hat{f} - e_4)$ haben denselben Hauptdivisor. Daraus folgt (1). Ähnlich argumentiert man, wenn $e_n = \infty$ ist, und erhält (2). □

2.2 Die $\wp$-Funktion

Die Existenz der $\wp$-Funktion beweisen wir durch explizite Angabe ihrer Hauptteil-Reihe. Der naheliegende Ansatz $\sum_{\omega \in \Omega}(z-\omega)^{-2}$ führt nicht direkt zum Ziel, weil diese Reihe divergiert; man benötigt konvergenzerzeugende Summanden.

2.2.1 Konstruktion. Sämtliche Paare $(\omega_1, \omega_2) \in \mathbb{C}^2$, für die $\mathbb{Z}\omega_1 + \mathbb{Z}\omega_2$ ein Gitter ist, bilden eine offene Menge $D \subset \mathbb{C}^2$.

(1) *Zu jedem Kompaktum K in D existiert ein $t > 0$, so daß gilt*
$$|x\omega_1 + y\omega_2|^2 \geq t(x^2 + y^2) \text{ für alle } (x, y, \omega_1, \omega_2) \in \mathbb{R}^2 \times K.$$
Beweis. Die in $(\mathbb{R}^2 \setminus (0,0)) \times D$ stetige Funktion $|x\omega_1 + y\omega_2|^2/(x^2 + y^2)$ hat auf $S^1 \times K$ ein Minimum $t > 0$. Da sie homogen in x, y ist, folgt (1). □

Wir bezeichnen mit $\sum'$ die Summation über alle Punkte $\omega \neq 0$ des Gitters $\Omega = \mathbb{Z}\omega_1 + \mathbb{Z}\omega_2$. Grundlegend für alles weitere ist folgendes

Konvergenzlemma. *Sei $K \subset D$ kompakt und $k > 1$ reell. Dann gibt es eine Schranke $M > 0$, so daß gilt:*
$$(2) \qquad \sum{}' |\omega|^{-2k} < M \text{ für alle } (\omega_1, \omega_2) \in K.$$
Beweis (nach [Wst] 5, S. 117): Wegen $x^2 + y^2 \geq |xy|$ folgt mit (1):
$$|m\omega_1 + n\omega_2|^{-2k} \leq t^{-k}|mn|^{-k} \text{ für } (\omega_1, \omega_2) \in K \text{ und } (m,n) \in \mathbb{Z}^2 \setminus \{(0,0)\}.$$
Die Reihe (2) wird also für alle $(\omega_1, \omega_2) \in K$ durch das Produkt konvergenter Reihen $t^{-k}(\sum_1^\infty m^{-k}) \cdot (\sum_1^\infty n^{-k})$ majorisiert. □

Konvergenzsatz. *In $\mathbb{C} \times D$ konvergiert folgende Reihe normal:*
$$(3) \qquad \wp(z; \omega_1, \omega_2) := \frac{1}{z^2} + \sum{}' \left(\frac{1}{(z-\omega)^2} - \frac{1}{\omega^2} \right).$$
Beweis. Sei $r > 0$ und K kompakt in D. Die Menge der Paare $m, n \in \mathbb{Z}$ mit $|m\omega_1 + n\omega_2| < r + 1$ für alle $(\omega_1, \omega_2) \in K$ ist wegen (1) endlich. Für $|z| \leq r$ und $|\omega| \geq r + 1$ gilt:
$$\left| \frac{1}{(z-\omega)^2} - \frac{1}{\omega^2} \right| = \frac{|2 - z\omega^{-1}|}{|1 - z\omega^{-1}|^2} \frac{|z|}{|\omega|^3} \leq \frac{3r(r+1)^2}{|\omega|^3}.$$
Nach (2) mit $k := \frac{3}{2}$ konvergiert die Reihe also nach Fortlassen der endlich vielen Glieder mit $|\omega| < r+1$ normal in $\mathbb{E}_r \times K$. □

Die durch (3) definierte Funktion heißt *Weierstraßsche $\wp$-Funktion*. Sie ist aufgrund der normalen Konvergenz *meromorph in allen drei Variablen* z, ω_1, ω_2 im Bereich $\mathbb{C} \times D \subset \mathbb{C}^3$. Da $\wp(z; \omega_1, \omega_2)$ neben z nur vom Gitter Ω abhängt, schreiben wir auch $\wp(z; \Omega)$ oder einfach $\wp(z)$ bei festem Gitter.

2.2.2 Eigenschaften. *Die Funktion $\wp(z; \Omega)$ ist gerade und Ω-periodisch vom Grad 2. Alle Perioden von $\wp$ liegen in Ω. Es gilt $\wp^{-1}(\infty) = \Omega$ und*
$$(1) \qquad \wp(cz; c\Omega) = c^{-2}\wp(z, \Omega) \quad \text{für alle } c \in \mathbb{C}^\times.$$

Die Ableitung $\wp'$ ist ungerade und Ω-periodisch vom Grad 3. Sie lautet
(2) $$\wp'(z;\Omega) = -2 \sum_{\omega \in \Omega} (z-\omega)^{-3}.$$

Beweis. Bis auf die Periodizität von $\wp(z)$ folgen alle Behauptungen aus 2.2.1(3), durch gliedweises Differenzieren. Die Ableitung $\wp'$ ist wegen (2) Ω-periodisch. Daher gilt $\wp(z+\omega_j) = \wp(z)+c_j$ mit $c_j \in \mathbb{C}$ für die Gitterbasis ω_1, ω_2, insbesondere $\wp(\omega_j/2) = \wp(-\omega_j/2)+c_j$. Da $\omega_j/2$ kein Pol ist und $\wp$ gerade ist, folgt $c_j = 0$, d.h. $\wp$ ist Ω-periodisch. Wegen $\wp^{-1}(\infty) = \Omega$ liegen alle Perioden in Ω. □

Nach dem Konvergenz-Lemma 2.2.1(2) sind alle *Eisenstein-Reihen*
(3) $$G_k := G_k(\Omega) := \sum{}'\omega^{-k}, \ k=3,4\ldots$$
absolut konvergent; für ungerades k gilt $G_k = 0$.

Wegen $(1-x)^{-2} = \sum_{\nu=1}^{\infty} \nu x^{\nu-1}$ erhält man aus der $\wp$-Reihe 2.2.1(3) die

Laurent-Entwicklung. *Für alle $z \in \mathbb{C}^{\times}$ mit $|z| < \min\{|\omega| : \omega \in \Omega, \omega \neq 0\}$ gilt*
(4) $$\wp(z;\Omega) = \frac{1}{z^2} + \sum_{n=2}^{\infty} (2n-1)G_{2n} z^{2n-2}.$$ □

2.2.3 Die Überlagerung $\hat{\wp}$. Sei $\eta : \mathbb{C} \to T := \mathbb{C}/\Omega$ die Torusprojektion zum Gitter $\Omega = \mathbb{Z}\omega_1 + \mathbb{Z}\omega_2$. Zu $\wp(z) := \wp(z,\Omega) \in \mathcal{M}_\Omega(\mathbb{C})$ und der Ableitung $\wp'$ gehören nach 2.1.1 $\hat{\wp}$ und $\hat{\wp}' := (\wp')\hat{}$ in $\mathcal{M}(T)$.

Satz. *Die Funktion $\hat{\wp} : T \to \widehat{\mathbb{C}}$ ist eine zweiblättrige Überlagerung, deren Deckgruppe $\mathcal{D}(\hat{\wp})$ aus der Identität und $\sigma : T \to T$, $\sigma(x) = -x$, besteht. Die Windungspunkte von $\hat{\wp}$ sind die Fixpunkte von σ. Sie bilden die Untergruppe $\{x \in T : 2x = 0\} < T$ mit den vier Elementen*
$$a_1 := \eta(\tfrac{1}{2}\omega_1),\ a_2 := \eta(\tfrac{1}{2}\omega_2),\ a_3 := \eta\big(\tfrac{1}{2}(\omega_1+\omega_2)\big),\ a_4 := \eta(0).$$
Sie liegen über den vier paarweise verschiedenen Verzweigungspunkten
$$e_1 := \wp(\tfrac{1}{2}\omega_1),\ e_2 := \wp(\tfrac{1}{2}\omega_2),\ e_3 := \wp\big(\tfrac{1}{2}(\omega_1+\omega_2)\big),\ e_4 := \wp(0) = \infty.$$

Beweis. Da $\wp$ gerade ist und den Grad 2 hat, ist $\hat{\wp}$ zweiblättrig und normal mit der Deckgruppe $\{\mathrm{id}, \sigma\}$. Daher sind die Verzweigungspunkte von $\hat{\wp}$ genau die Fixpunkte von σ, d.h. die oben angegebenen Punkte a_j. Wegen $\mathrm{gr}\,\hat{\wp} = 2$ können verschiedene Windungspunkte nicht denselben $\hat{\wp}$-Wert haben. Da Ω die Polstellenmenge von $\wp$ ist, folgt $\wp(0) = \infty$. □

Die *Halbperiodenwerte* $e_1, e_2, e_3 \in \mathbb{C}$ sind bis auf die Reihenfolge eindeutig durch das Gitter Ω bestimmt.

2.2.4 Differentialgleichungen. *Die $\wp$-Funktion erfüllt die beiden Differentialgleichungen*
(1) $$\wp'^2 = 4(\wp - e_1)(\wp - e_2)(\wp - e_3),$$
(2) $$\wp'^2 = 4\wp^3 - g_2 \wp - g_3 \quad \textit{mit} \quad g_2 := 60\,G_4,\ g_3 := 140\,G_6.$$
Dabei sind e_1, e_2, e_3 die Halbperiodenwerte und G_4, G_6 die Werte der Eisenstein-Reihen 2.2.2(3).

Beweis. (1) Die Funktionen $(\wp')^2$ und $(\wp-e_1)(\wp-e_2)(\wp-e_3)$ haben denselben Hauptdivisor mit dem Träger $\{a_1, a_2, a_3, a_4\}$ und den Werten 2 in a_1, a_2, a_3 sowie -6 in a_4. Daher gilt $\wp'^2 = c(\wp-e_1)(\wp-e_2)(\wp-e_3)$ mit einem Faktor $c \in \mathbb{C}^\times$. Der Vergleich der Koeffizienten von z^{-6} in den Laurent-Entwicklungen $\wp^3 = z^{-6} + \ldots$ und $\wp'^2 = 4z^{-6} + \ldots$ gibt $c = 4$.

Zu (2). Aus der Laurent-Reihe 2.2.2(4) von $\wp$ folgt
$$\wp'(z) = -2z^{-3} + 6G_4 z + 20G_6 z^3 + \ldots \quad \text{und}$$
$$\wp^3 = \frac{1}{z^6} + \frac{9G_4}{z^2} + 15G_6 + \ldots, \quad \wp'^2 = \frac{4}{z^6} - \frac{24G_4}{z^2} - 80G_6 + \ldots$$
Daher ist $\wp'^2 - 4\wp^3 + 60G_4\wp = -140G_6 + \sum_{n\geq 1} a_n z^n$. Die elliptische Funktion auf der rechten Seite hat keine Pole und ist also konstant. □

Aus (2) entsteht durch Differenzieren:
(3) $\qquad \wp'' = 6\wp^2 - \frac{1}{2}g_2 = 6\wp^2 - 30G_4$.

2.2.5 Relationen zwischen g_2, g_3 und e_1, e_2, e_3. Da $\wp$ nicht konstant ist, folgt aus beiden Differentialgleichungen die Polynom-Identität
(1) $\qquad 4X^3 - g_2 X - g_3 = 4(X - e_1)(X - e_2)(X - e_3)$.
Der Koeffizientenvergleich gibt:
(2) $\quad e_1 + e_2 + e_3 = 0, \; e_1 e_2 + e_2 e_3 + e_3 e_1 = -\frac{1}{4}g_2, \; e_1 e_2 e_3 = \frac{1}{4}g_3$.
Elementares Rechnen führt zur *Diskriminantenformel*
(3) $\qquad \Delta(g_2, g_3) := g_2^3 - 27g_3^2 = 16(e_1-e_2)^2(e_2-e_3)^2(e_3-e_1)^2 \neq 0$.
Aus (2) und (3) folgt
(4) $\qquad \frac{3}{2}g_2 = (e_1-e_2)^2 + (e_2-e_3)^2 + (e_3-e_1)^2$.

2.2.6 Gitter-Invarianten. Wenn man in $\wp'' + 30G_4 = 6\wp^2$ die Laurent-Reihe der $\wp$-Funktion einträgt, entsteht
$$\sum_{n\geq 2}(2n-1)(2n-2)(2n-3)G_{2n}z^{2n-4} + 30G_4 =$$
$$12\sum_{n\geq 2}(2n-1)G_{2n}z^{2n-4} + 6\sum_{p,q\geq 2}(2p-1)(2q-1)G_{2p}G_{2q}z^{2p+2q-4}.$$
Der Koeffizientenvergleich führt für $n \geq 4$ zur *Rekursionsformel*
(1) $\quad (n-3)(2n+1)(2n-1)G_{2n} = 3 \cdot \sum_{\substack{p,q\geq 2 \\ p+q=n}} (2p-1)(2q-1)G_{2p}G_{2q}$.

Mit ihr kann man aus G_4 und G_6 alle Koeffizienten G_{2n} berechnen, z.B. $7G_8 = 3G_4^2$, $11G_{10} = 5G_4 G_6$, also $G_{2n} \in \mathbb{Q}[G_4, G_6] = \mathbb{Q}[g_2, g_3]$ für $n \geq 2$. Wir nennen $g_2 = 60G_4$ und $g_3 = 140G_6$ *Gitterinvarianten*, siehe 2.2.4(2), und schreiben $g_j = g_j(\Omega)$, um die Abhängigkeit vom Gitter zu betonen.
(2) $\quad g_2(c\Omega) = c^{-4}g_2(\Omega)$ und $g_3(c\Omega) = c^{-6}g_3(\Omega)$ für $c \in \mathbb{C}^\times$,
(3) $\quad g_2(\Omega) = g_2(\Omega^*)$ und $g_3(\Omega) = g_3(\Omega^*) \quad \Leftrightarrow \quad \Omega = \Omega^*$.

Beweis. Aus den Eisenstein-Reihen 2.2.2(3) für G_k folgt (2). Wegen der Rekursion (1) für die Laurent-Koeffizienten ist $\wp$ und damit $\Omega = \wp^{-1}(\infty)$ durch g_2 und g_3 eindeutig bestimmt, wie in (3) behauptet wird. □

2.2.7 Jacobisches Problem. *Folgende Aussagen sind äquivalent:*
(1) *Jede vierpunktige Menge* $M \subset \widehat{\mathbb{C}}$ *ist der Verzweigungsort einer elliptischen Funktion vom Grad zwei.*
(2) *Für jedes Polynom* $P(w)$ *dritten oder vierten Grades mit einfachen Nullstellen besitzt die Differentialgleichung* $w'^2 = P(w)$ *eine elliptische Funktion vom Grad 2 als Lösung.*
(3) *Jede Differentialgleichung* $w'^2 = 4w^3 - a_2 w - a_3$ *mit* $a_2^3 \neq 27 a_3^2$ *besitzt eine $\wp$-Funktion als Lösung.*

Beweis. (1)$\Rightarrow$(2). Sei M die Nullstellenmenge von P; für $\operatorname{gr} P = 3$ sei zusätzlich $\infty \in M$. Es gibt eine elliptische Funktion f zweiten Grades mit dem Verzweigungsort M. Nach 2.1.4 gilt $f'^2 = a^2 P(f)$ mit $a \in \mathbb{C}^\times$. Dann ist $f(z/a)$ eine gesuchte Funktion.
(2)$\Rightarrow$(3). Wegen $a_2^3 \neq 27 a_3^2$ hat das Polynom $4w^3 - a_2 w - a_3$ drei einfache Nullstellen in $\mathbb{C}$. Daher gibt es eine elliptische Funktion f zweiten Grades, welche die Differentialgleichung löst. Sei a ein Pol von f, also $o(f', a) = o(f, a) - 1$. Wegen der Differentialgleichung folgt $o(f, a) = -2$. Wir ersetzen $f(z)$ durch $f(z - a)$. Dabei ändert sich die Differentialgleichung nicht, das Periodengitter Ω von f wird zur Polstellenmenge, und die Laurent-Enwicklung von f bei 0 beginnt mit z^{-2}. Für $\wp := \wp(-, \Omega)$ hat $b := f - \wp$ einen Grad ≤ 1 und ist daher konstant. Der Vergleich von $(\wp')^2 = 4(\wp + b)^3 - a_2(\wp + b) - a_3$ mit $(\wp')^2 = 4\wp^3 - g_2 \wp - g_3$ gibt $b = 0$ und $g_j = a_j$.
(3)$\Rightarrow$(1). Es gibt eine Möbius-Transformation, die M auf eine Menge $M^* = \{e_1, e_2, e_3, \infty\}$ mit $e_1 + e_2 + e_3 = 0$ abbildet. Es genügt, die Behauptung für M^* zu beweisen. Die Koeffizienten des Polynoms $4w^3 - a_2 w - a_3 := 4(w - e_1)(w - e_2)(w - e_3)$ erfüllen $a_2^3 \neq 27 a_3^2$, weil seine Nullstellen paarweise verschieden sind. Die $\wp$-Funktion hat den Verzweigungsort M^*. □

Das *Jacobische Problem für elliptische Funktionen* fragt, ob die Aussagen (1)-(3) zutreffen. Es hat für die Entwicklung der Funktionentheorie im 19. Jahrhundert eine wichtige Rolle gespielt, siehe 2.4.3, 5.3.4 und 5.4.5 für historische Bemerkungen. Für die Antwort „ja" gibt es heute viele Beweise, von denen wir drei in späteren Kapiteln ausführen, siehe 5.3.4, 7.6.3 und 14.3.1.

2.3 Abelsches Theorem für elliptische Funktionen

Kein Torus T ist zur Zahlenkugel isomorph. Nach 1.6.5(4) muß daher jeder Hauptdivisor D auf T außer $\operatorname{gr} D = 0$ zusätzliche Bedingungen erfüllen. Wir finden sie durch Integration über den Rand des Parallelogramms in Figur 2.3.1 a.– Sei Ω ein Gitter. Sei $\eta : \mathbb{C} \to \mathbb{C}/\Omega =: T$ die Projektion.

2.3.1 Parallelogramme. Jeder Punkt $c \in \mathbb{C}$ zusammen mit einer Basis ω_1, ω_2 von Ω bestimmt das halb-offene *Parallelogramm* (Figur 2.3.1 a)

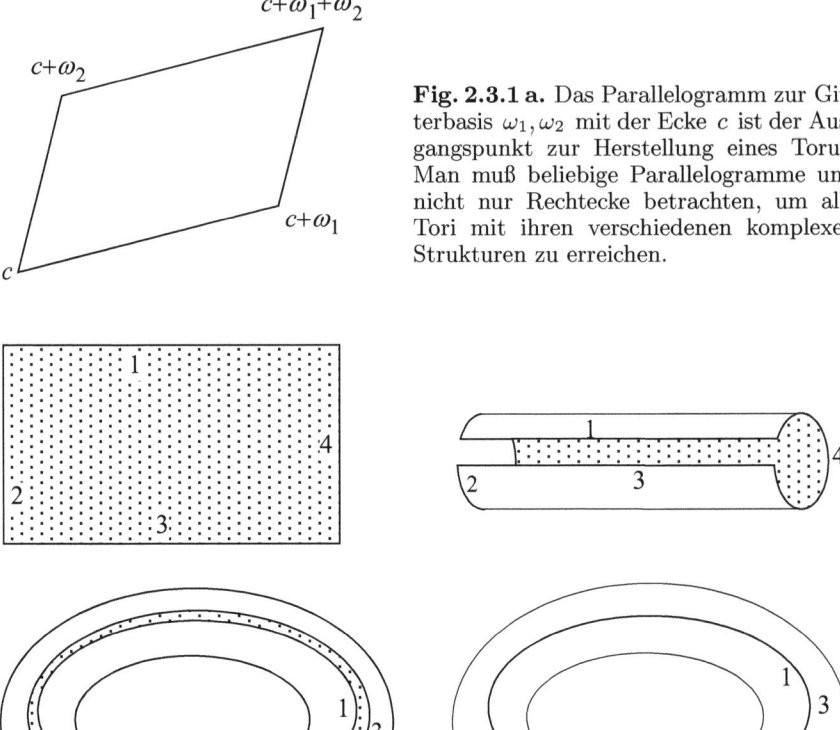

Fig. 2.3.1 a. Das Parallelogramm zur Gitterbasis ω_1, ω_2 mit der Ecke c ist der Ausgangspunkt zur Herstellung eines Torus. Man muß beliebige Parallelogramme und nicht nur Rechtecke betrachten, um alle Tori mit ihren verschiedenen komplexen Strukturen zu erreichen.

Fig. 2.3.1 b. Herstellung des Torus aus einem Rechteck durch Randverheftungen.

$$P := \{c + t_1\omega_1 + t_2\omega_2 : t_1, t_2 \in (0,1]\}.$$

Die Projektion η bildet P bijektiv auf T ab. Alle vier Ecken der abgeschlossenen Hülle $\overline{P}$ haben denselben Bildpunkt. Die übrigen Randpunkte werden durch η paarweise identifiziert,

$$\eta(c + t\omega_1) = \eta(c + t\omega_1 + \omega_2) \quad \text{und} \quad \eta(c + t\omega_2) = \eta(c + \omega_1 + t\omega_2).$$

Figur 2.3.1 b zeigt, wie bei einem rechteckigen Gitter der Torus $\mathbb{C}/\Omega$ aus dem Rechteck $\overline{P}$ durch Randverheftungen entsteht.

2.3.2 Abelsche Relation. *Sei $g \in \mathcal{M}(T)$ eine Funktion mit den Nullstellen $a_1, \ldots, a_n$ und den Polstellen $b_1, \ldots, b_n$, wobei jede so oft notiert ist, wie ihre Vielfachheit angibt. In der abelschen Gruppe T gilt dann*

(1) $$a_1 + \ldots + a_n = b_1 + \ldots + b_n.$$

Beweis (nach [HC], S. 159). Wir wählen ein Parallelogramm $P \subset \mathbb{C}$ gemäß 2.3.1, so daß der Rand ∂P die Null- und Polstellen von $f := g \circ \eta$ nicht trifft. Dann gibt es zu jedem a_j und b_j genau ein α_j bzw. $\beta_j \in P$ mit $\eta(\alpha_j) = a_j$ und $\eta(\beta_j) = b_j$. Aus dem Residuensatz folgt

$$I := \int_{\partial P} z \frac{f'(z)}{f(z)} dz = 2\pi i \left(\sum \alpha_j - \sum \beta_j \right),$$

siehe [Re 1], Abschnitt 13.2.1. Wegen der Periodizität von f ist

$$I = \omega_1 \int_c^{c+\omega_2} \frac{f'(z)}{f(z)} dz - \omega_2 \int_c^{c+\omega_1} \frac{f'(z)}{f(z)} dz \quad \in 2\pi i \Omega;$$

denn die Integralwerte liegen in $2\pi i \mathbb{Z}$. □

Für einen anderen Beweis ohne Integrale siehe Aufgabe 3.9.6.– Die Abelsche Relation wird in 7.5.3 zu Integralrelationen für beliebige kompakte Flächen verallgemeinert.

Um jede Vorgabe von Null- und Polstellen, welche die Relation (1) erfüllt, durch eine Funktion $f \in \mathcal{M}(T)$ zu realisieren, benutzen wir folgende Sigma-Funktion.

2.3.3 Die Sigma-Funktion zum Gitter Ω wird durch ein unendliches Produkt $\prod'$ über alle $\omega \in \Omega \setminus \{0\}$ definiert:

(1) $\quad \sigma(z) := z \prod' (1 - z/\omega) \exp\left(z/\omega + \tfrac{1}{2}(z/\omega)^2\right) = z \prod' E(z/\omega) \quad mit$

(2) $\quad E(z) := (1-z) \exp\left(z + z^2/2\right).$

Satz. *Das Produkt konvergiert auf $\mathbb{C}$ normal gegen eine ganze Funktion. Sie hat in den Punkten $\omega \in \Omega$ einfache und außerhalb von Ω keine Nullstellen.*

Beweis. Es genügt, die normale Konvergenz der Reihe $\sum' [E(z/\omega) - 1]$ nachzuweisen. Diese folgt wegen der Abschätzung

(3) $\quad |E(z) - 1| \leq |z|^3 \quad$ für $\quad |z| \leq 1$

aus dem Konvergenzlemma in 2.2.1. Der Beweis zu (3) geht von der Ableitung $E'(z) = -z^2 \exp(z + z^2/2)$ aus. Alle Koeffizienten in der Taylor-Reihe von $\exp(z + z^2/2)$ sind positiv. Daher gilt

$$E'(z) = -\sum_{n=3}^{\infty} n b_n z^{n-1}, \quad \text{also} \quad E(z) = 1 - \sum_{n=3}^{\infty} b_n z^n \quad \text{mit} \quad b_n \geq 0.$$

Für $|z| \leq 1$ folgt $|1 - E(z)| \leq |z|^3 \sum b_n = |z|^3$ wegen $0 = E(1) = 1 - \sum b_n$.

2.3.4 Die Zeta-Funktion ist die logarithmische Ableitung

(1) $\quad \zeta(z) := \sigma'(z)/\sigma(z) = \frac{1}{z} + \sum' \left(\frac{1}{z-\omega} + \frac{1}{\omega} + \frac{z}{\omega^2} \right).$

Diese Reihe konvergiert auf $\mathbb{C}$ normal. Durch gliedweises Differenzieren folgt

(2) $\quad \wp(z) = -\zeta'(z).$

Da die Ableitung von $\zeta(z+\omega) - \zeta(z)$ verschwindet, gilt

(3) $\quad \zeta(z+\omega) = \zeta(z) + h(\omega).$

Dabei ist $h : \Omega \to \mathbb{C}$ ein additiver Homomorphismus. Für die Sigma-Funktion folgt mit einer weiteren Abbildung $k : \Omega \to \mathbb{C}$, welche kein Homomorphismus ist, die

Periodenrelation $\sigma(z+\omega) = \sigma(z) \cdot \exp(h(\omega)z + k(\omega))$ *für* $z \in \mathbb{C}, \omega \in \Omega$.

Beweis. Die logarithmische Ableitung von $\sigma(z+\omega)/\sigma(z)$ hat den konstanten Wert $= h(\omega)$. Daraus folgt die Behauptung. □

2.3.5 Vorgabe der Null- und Polstellen. *Es seien endlich viele Punkte $a_1, \ldots, a_q \in \mathbb{C}$ gegeben, deren Bilder $\eta(a_1), \ldots, \eta(a_q) \in T$ paarweise verschieden sind. Jedem a_j sei eine Ordnung $n_j \in \mathbb{Z}$, $n_j \neq 0$, zugeordnet. Es sei $n_1 + \cdots + n_q = 0$ und $\omega := n_1 a_1 + \cdots + n_q a_q \in \Omega$. Dann ist*

$$f(z) := \frac{\sigma(z+\omega)}{\sigma(z)} \prod_{j=1}^{q} \sigma(z - a_j)^{n_j}$$

eine Ω-elliptische Funktion mit den Ordnungen $o(f,z) = n_j$ für $z \in a_j + \Omega$ und $o(f,z) = 0$ für $z \notin \{a_1, \ldots, a_q\} + \Omega$.

Beweis. Aus der Periodenrelation für σ folgt $f \in \mathcal{M}_\Omega(\mathbb{C})$. Der Vorfaktor $\sigma(z+\omega)/\sigma(z) = \exp(h(\omega)z + k(\omega))$ hat keine Null- und Polstellen. □

2.3.6 Abelsches Theorem. *Ein Divisor D auf dem Torus T ist genau dann ein Hauptdivisor, wenn gilt:*

$$\operatorname{gr} D := \sum_{x \in T} D(x) = 0 \quad und \quad \sum_{x \in T} D(x) \cdot x = 0 \;.$$

Beweis. Sei $\{b_1, \ldots, b_q\} \subset T$ der Träger von D. Wir wählen je einen Punkt $a_j \in \eta^{-1}(b_j)$ und setzen $n_j := D(b_j)$. Dann sind die Voraussetzungen in 2.3.5 erfüllt. Die dort angegebene elliptische Funktion f bestimmt die Funktion $\hat{f} \in \mathcal{M}(T)$ mit den Hauptdivisor $(\hat{f}) = D$. □

Das Abelsche Theorem läßt sich nach einem umfangreichen Ausbau der Theorie auf beliebige kompakte Flächen übertragen, siehe 14.2.4.

2.4 Die Entdeckung der elliptischen Funktionen

Wir beschränken uns auf einige Höhepunkte der Entdeckungsgeschichte. Eine ausführliche Darstellung findet man im Beitrag *Elliptische Funktionen und Abelsche Integrale* von C. Houzel zu [Di 1].

2.4.1 Elliptische Integrale. Mit der Darstellung von Kurvenlängen durch Integrale befaßten sich in der zweiten Hälfte des 17. Jahrhunderts viele Mathematiker. Dabei stieß man für die Ellipse $x^2/a^2 + y^2/b^2 = 1$ auf

$$(1) \qquad \int_0^x \sqrt{\frac{a^2 - k^2 u^2}{a^2 - u^2}} du \quad mit \quad k^2 = 1 - \frac{b^2}{a^2}$$

2.4 Die Entdeckung der elliptischen Funktionen   33

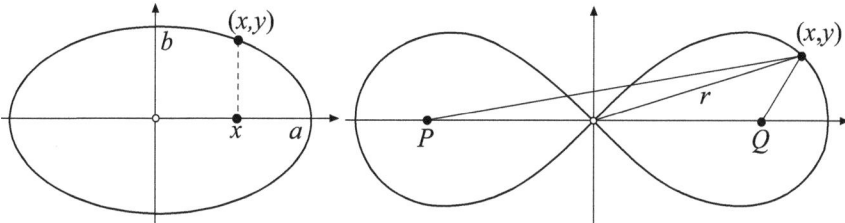

Fig. 2.4.1. Ellipse und Lemniskate.

als *Länge des Bogens* zwischen den Punkten $(0,b)$ und (x,y).
Wallis (1655) und Newton (1669) kannten die Formel (1). Von ähnlichem Typ, aber etwas einfacher, ist das Integral für die *Länge des Lemniskatenbogens*, mit dem sich Jakob und Johann Bernoulli ab 1679 beschäftigten: Die Lemniskate ist der geometrische Ort aller Punkte in der (x,y)-Ebene, deren Abstände von den Punkten $(-1/\sqrt{2}, 0)$ und $(1/\sqrt{2}, 0)$ das konstante Produkt $1/2$ haben. Mit $r := \sqrt{x^2 + y^2}$ wird die Lemniskate durch

(2) $\qquad 2x^2 = r^2 - r^4 \qquad 2y^2 = r^2 + r^4$

in Parameterform dargestellt. Das ergibt für die Bogenlänge die Formel

(3) $$L(r) = \int_0^r \frac{du}{\sqrt{1-u^4}} \ .$$

Man fand bis zur Mitte des 18. Jahrhunderts noch eine ganze Reihe von Problemen aus der Geometrie und Mechanik, die auf Integrale vom Typ

(4) $\qquad \int R(u,v) du$

führen, wobei R eine rationale Funktion ist und $v^2 = P(u)$ mit einem Polynom 3. oder 4. Grades gilt. Schon früh erkannte man, daß solche Integrale nicht elementar berechnet werden können: Stammfunktionen des Integranden lassen sich nicht rational aus elementaren Funktionen zusammenzusetzen.

Nach dem Prototyp (1) bürgerte sich für (4) der Name *elliptische Integrale* ein. Aufbauend auf Ergebnissen von Euler und Lagrange stellte Legendre 1793 eine Liste von grundlegenden elliptischen Integralen zusammen, aus denen alle anderen durch Transformationen gewonnen werden können. Für das Polynom P benutzte er dabei die Normalform

(5) $\qquad P(u) = (1 - c^2 u^2)(1 \pm k^2 u^2) \ ,$

die auch in (1) auftritt, wenn man dort den Integranden als

$$\frac{a^2 - k^2 u^2}{\sqrt{(a^2 - k^2 u^2)(a^2 - u^2)}}$$

schreibt.– Fagnanos (1716) Verdopplung des Lemniskatenbogens,

(6) $\qquad L(r) = 2L(t) \quad \text{für} \quad r^2 = \dfrac{4t^2(1-t^4)}{(1+t^4)^2} \ ,$

führte zu Fortschritten in einer anderen Richtung. Euler verallgemeinerte dieses Ergebnis 1753 zu einem Additionstheorem, siehe [Eu] XX, S. 58-79:

(7) $\qquad L(z) = L(x) + L(y) \quad \text{für} \quad z = \dfrac{x\sqrt{1-y^4} + y\sqrt{1-x^4}}{1+x^2 y^2} \ .$

2. Tori und elliptische Funktionen

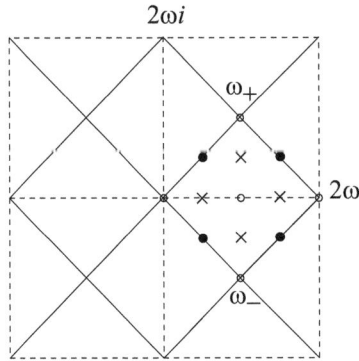

Fig. 2.4.2. Das Periodengitter $\mathbb{Z}\omega_+ + \mathbb{Z}\omega_-$ des lemniskatischen Sinus. In dem von ω_+ und ω_- aufgespannte Quadrat sind die Nullstellen ○, die Polstellen • und die Windungspunkte × angegeben.

2.4.2 Lemniskatischer Sinus.

C. F. Gauss befaßte sich seit Januar 1797 mit der Lemniskate und betrachtete den Abstand r (mit negativem Vorzeichen in der linken Halbebene) als Funktion der Bogenlänge φ, also die Umkehrfunktion zu $\varphi = L(r)$. Er nannte sie *lemniskatischen Sinus* $r = sl\,\varphi$ in Analogie zur Kreisfunktion Sinus. Offenbar ist sl eine (reelle) ungerade periodische Funktion mit Werten zwischen -1 und $+1$. Die Periode ist die Gesamtlänge der Lemniskate $4L(1) = \frac{1}{2}\pi\Gamma(1/4)^2$; Gauss berechnete sie bis zur 24ten Stelle hinter dem Komma.—
Als Umkehrfunktion von L erfüllt sl die Differentialgleichung $(sl')^2 = 1 - sl^4$. Wenn man dies mit dem Eulerschen Additionstheorem kombiniert, erhält man das *Additionstheorem*

$$(1) \qquad sl(u+v) = \frac{slu \cdot sl'v + sl'u \cdot slv}{1 + sl^2u \cdot sl^2v} \;.$$

In der Hoffnung, eine bemerkenswerte unendliche Reihe zu entdecken, berechnete Gauss die Taylor-Reihe von sl. Da der Weg durchs Komplexe Rechenvorteile versprach, setzte er $sl(iy) := i \cdot sly$ und definierte im Einklang mit (1) die erste doppelt-periodische meromorphe Funktion

$$(2) \qquad sl(x+iy) := \frac{slx \cdot sl'y + i\, sl'x \cdot sly}{1 - sl^2x \cdot sl^2y} \;.$$

Man kann dies leicht verifizieren: Sei $\omega := 2L(1)$. Da die reelle Funktion sl die Periode 2ω hat, ergeben sich bei der komplexen Funktion direkt die Perioden 2ω und $2\omega i$. In Wirklichkeit ist das Periodengitter Ω engmaschiger: Bereits $\omega_\pm := (1 \pm i)\omega$ sind Perioden, also $\Omega = \mathbb{Z}\omega_+ + \mathbb{Z}\omega_-$, siehe Figur 2.4.2. Mit den Cauchy-Riemannschen Differentialgleichungen prüft man nach, daß sl außerhalb der Nullstellen des Nenners von (2) holomorph ist. Die Nullstellenmenge ist $\{0, \omega\} + \Omega$, die Polstellenmenge $\{\pm\frac{1}{2}\omega_+, \pm\frac{1}{2}\omega_-\} + \Omega$. Alle Null- und Polstellen sind einfach. Die Windungspunkte sind die Nullstellen der Ableitung sl'. Sie liegen also dort, wo $sl^4z = 1$ ist. Das sind die Punkte $\{\pm\frac{1}{2}\omega, \pm\frac{i}{2}\omega\} + \Omega$. Alle Windungszahlen sind $= 2$, weil $sl'' = -2sl^3$ in den Windungspunkten $\neq 0$ ist. Der Verzweigungsort von sl ist $\mu_4 = \{\pm 1, \pm i\}$. Da es zwei einfache Polstellen modulo Ω gibt, hat sl den Grad 2.

Diese Ergebnisse stehen bei Gauss zum Teil nur zwischen den Zeilen. Er berechnet die Taylor-Reihe von sl, stellt $sl = P/Q$ als Quotienten ganzer Funktionen dar und berechnet für P und Q die Taylorreihen sowie unendliche Produktdarstellungen. Er trug seine Entdeckungen am 19.03.1797 in sein Tagebuch ein, siehe [Ga] 10,1; no. 51, 60, 63. Zwei Jahre später (In der Zwischenzeit promoviert er mit einem Beweis des Fundamentalsatzes der Algebra) dehnte er seine Untersuchung auf allgemeinere elliptische Integrale

(3) $$\int \frac{dx}{\sqrt{(1-x^2)(1 \pm \mu^2 x^2)}}$$

aus, siehe [Ga] 3, S. 404 ff. Von allen Entdeckungen veröffentlichte er nichts. Crelle bat ihn dreißig Jahre später um einen Beitrag über elliptische Funktionen für sein Journal. Gauss lehnte ab; mittlerweile habe Abel denselben Weg eingeschlagen und dieselben Ergebnisse scharfsinnig und elegant erzielt.

2.4.3 Von Abel bis Weierstraß. Abel und Jacobi studierten ab 1827 zunächst unabhängig und bald in gegenseitiger Kenntnis voneinander das Integral 2.4.2(3) als Funktion der oberen Integrationsgrenze. Sie hatten wie Gauss die Idee, die Umkehrfunktion zu bilden und sie ins Komplexe fortzusetzen. Dabei entdeckten sie wieder wie Gauss dreißig Jahre zuvor, daß doppelt-periodische Funktionen entstehen. Jacobi nannte sie *elliptische Funktionen*, eine Bezeichnung, die sich trotz Legendres Protest durchsetzte.

Die Umkehrung des Integrals 2.4.2(3) entspricht der Lösung der Differentialgleichung $x'^2 = (1-x^2)(1-\mu^2 x^2)$ durch elliptische Funktionen. Jacobi gelang die Lösung nur für reelle $\mu \in (-1,1)$, vgl. 5.4.5. Er konnte die Frage, ob alle komplexen $\mu \notin \{0, \pm 1\}$ zulässig sind, nicht beantworten. In der Tat ist das Lösungsproblem zum Jacobischen Problem 2.2.7 äquivalent, siehe Aufgabe 2.7.4.

Die direkte Untersuchung doppelt-periodischer Funktionen zu vorgegebenem Gitter und nicht als Umkehrung elliptischer Integrale begann mit Liouville (1844) und Eisenstein (1847). Liouville entdeckte, daß nicht-konstante doppelt-periodische Funktionen einen Grad ≥ 2 haben. Er gab solche Funktionen durch unendliche Reihen trigonometrischer Funktionen an. Die Konstruktionsidee für die $\wp$-Funktion stammt von Eisenstein. Er bewies die absolute Konvergenz von $\sum_\omega (z-\omega)^{-n}$ für $n > 2$ und machte diese Reihe auch für $n = 2$ durch eine passende Summationsvorschrift konvergent. Eisensteins Verdienste werden in [Wil 1] gewürdigt.

Weierstraß hat seine endgültige Theorie der elliptischen Funktionen nie publiziert. Die wesentlichen Teile diktierte er 1863. Andere trug er nur in Vorlesungen vor, siehe [Wst] 5. Er begann mit dem schwierigeren Teil, nämlich die Differentialgleichung $(x')^2 = 4x^3 - g_2 x - g_3$ für vorgegebene komplexe Zahlen g_2, g_3 durch eine doppelt-periodische Funktion $\wp$ zu lösen, deren Perioden erst gefunden werden müssen. Damit löste er das Jacobische Problem. Umgekehrt konstruierte er die $\wp$-Funktion zu vorgegebenen Perioden. Eine wichtige Rolle in seiner Darstellung spielen seine Funktionen $\sigma(z)$ und $\zeta(z)$, die wir in 2.3.3-4 benutzten.

2.5 Reduzierte Basen. Torusabbildungen

Mit der Exponentialfunktion, den Torusprojektionen $\mathbb{C} \to \mathbb{C}/\Omega$ und den $\wp$-Funktionen lassen sich alle normalen Abbildungen $\mathbb{C} \to X$ angeben, siehe 2.6. Daß es keine anderen Möglichkeiten gibt, liegt an einem Ergebnis über lokal endliche Untergruppen der additiven Gruppe $\mathbb{C}$, das im ersten Abschnitt bewiesen wird. Die weiteren Abschnitte behandeln die Darstellung von Torusabbildungen durch lineare Funktionen.

2. Tori und elliptische Funktionen

2.5.1 Reduzierte Basen. *Jede additive, lokal endliche Untergruppe $\Omega \neq 0$ von $\mathbb{C}$ ist unendlich zyklisch oder ein Gitter. Genauer gilt:*
Sei $\omega_2 \in \Omega \setminus \{0\}$ ein Element von minimalem Betrag. Aus $\Omega \subset \mathbb{R}\omega_2$ folgt $\Omega = \mathbb{Z}\omega_2$.– Wenn $\Omega \not\subset \mathbb{R}\omega_2$ ist, sei $\omega_1 \in \Omega \setminus \mathbb{R}\omega_2$ ein Element minimalen Betrages. Dann ist $\Omega = \mathbb{Z}\omega_1 + \mathbb{Z}\omega_2$, und für $\tau := \omega_1/\omega_2 \in \mathbb{H}$ gilt
$$\text{(1)} \qquad \operatorname{Im}\tau > 0 \,,\ |\tau| \geq 1 \,,\ |\operatorname{Re}\tau| \leq \tfrac{1}{2}\,.$$

Beweis. Sei $\Omega \subset \mathbb{R}\omega_2$. Dann gibt es zu jedem $\omega \in \mathbb{R}\omega_2$ ein $\omega' \in \mathbb{Z}\omega_2 \subset \Omega$, so daß $|\omega - \omega'| \leq \tfrac{1}{2}|\omega_2|$ ist. Im Falle $\omega \in \Omega$ ist $\omega - \omega' \in \Omega$, also $\omega = \omega' \in \mathbb{Z}\omega_2$.– Wenn $\Omega \not\subset \mathbb{R}\omega_2$ ist, liegt jeder Punkt $\omega \in \mathbb{C}$ in einem Parallelogramm, dessen Ecken zu $\mathbb{Z}\omega_1 + \mathbb{Z}\omega_2$ gehören und dessen Diagonalen die Längen $|\omega_1 \pm \omega_2|$ haben. Daher gibt es ein $\omega' \in \mathbb{Z}\omega_1 + \mathbb{Z}\omega_2$, nämlich eine Ecke des Parallelogramms, so daß $|\omega - \omega'| \leq \tfrac{1}{2}|\omega_1 \pm \omega_2| < \tfrac{1}{2}|\omega_1| + \tfrac{1}{2}|\omega_2| \leq |\omega_1|$ gilt. Weil ω_1 und ω_2 reell linear unabhängig sind, ist die zweite Ungleichung strikt. Für $\omega \in \Omega$ folgt aus der Ungleichung $\omega - \omega' \in \Omega \cap \mathbb{R}\omega_2 = \mathbb{Z}\omega_2$.
Zu (1). Wegen $|\omega_1| \geq |\omega_2|$ ist $|\tau| \geq 1$. Aus $\omega_1 \pm \omega_2 \in \Omega \setminus \mathbb{R}\omega_2$ folgt $|\omega_1 \pm \omega_2| \geq |\omega_1|$, also $|\tau \pm 1| \geq |\tau|$; das ist zu $|\operatorname{Re}\tau| \leq \tfrac{1}{2}$ äquivalent. □

Jede Gitterbasis (ω_1, ω_2), deren *Modul* $\tau := \omega_1/\omega_2$ die Ungleichungen (1) erfüllt, heißt *reduziert*. Durch (1) wird der *Modulbereich* beschrieben, siehe Figur 5.1.3. Er bildet einen Grundstein der Modultheorie (Kapitel 5), die u.a. eine Lösung des Jacobischen Problems liefert. Zunächst interessiert nur die

Folgerung. *Bei jeder unverzweigten, normalen Überlagerung $\eta: \mathbb{C} \to X$, die kein Isomorphismus ist, besteht die Deckgruppe $\mathcal{D}(\eta)$ aus Translationen $z \mapsto z + \omega$, wobei die Elemente ω eine unendlich zyklische Untergruppe oder ein Gitter Ω in der additiven Gruppe $\mathbb{C}$ bilden. Im ersten Fall ist X zu $\mathbb{C}^\times$ und im zweiten Fall zum Torus $\mathbb{C}/\Omega$ isomorph.*

Beweis. Die Deckgruppe $\mathcal{D}(\eta)$ besteht aus Transformationen $z \mapsto az + b$. Sie haben keine Fixpunkte, weil η unverzweigt ist. Daher ist stets $a = 1$, und alle b bilden die additive, lokal endliche Untergruppe $\eta^{-1}(0) < \mathbb{C}$. Diese ist eine unendlich zyklische Gruppe $\mathbb{Z}\omega$, oder ein Gitter Ω. Im ersten Fall induziert die Funktion $\mathbb{C} \to \mathbb{C}^\times, z \mapsto \exp(2\pi i z/\omega)$, und im zweiten Fall die Torus-Projektion $\mathbb{C} \to \mathbb{C}/\Omega$ einen Isomorphismus $X \to \mathbb{C}^\times$ bzw. $X \to \mathbb{C}/\Omega$. □

2.5.2 Affine Torusabbildungen. *Seien Ω und Ω^* zwei Gitter. Eine holomorphe Funktion $f: \mathbb{C} \to \mathbb{C}$ induziert genau dann eine holomorphe Abbildung $\varphi: \mathbb{C}/\Omega \to \mathbb{C}/\Omega^*$, $\varphi(z + \Omega) := f(z) + \Omega^*$, wenn $f(z) = az + b$ affin und $a\Omega < \Omega^*$ ist. Genau dann, wenn $a\Omega = \Omega^*$ gilt, ist φ biholomorph.*

Beweis. Ist $f(z) = az + b$ und $a\Omega < \Omega^*$, so induziert f nach dem Faktorisierungssatz 1.3.8 die holomorphe Abbildung φ. Sie ist genau dann bijektiv, also biholomorph, wenn $a\Omega = \Omega^*$ gilt.
Umgekehrt induziere $f \in \mathcal{O}(\mathbb{C})$ eine holomorphe Abbildung φ. Dann gilt $f(z+\omega) - f(z) \in \Omega^*$ für jedes $\omega \in \Omega$. Weil f stetig und Ω^* lokal endlich ist, hängt die Differenz nur von ω und nicht von z ab. Für die Ableitung folgt

$f'(z+\omega) = f'(z)$; d.h. f' ist Ω-periodisch und holomorph, also konstant. Daher ist $f(z) = az+b$ linear. Aus $a\omega = f(z+\omega)-f(z) \in \Omega^*$ folgt $a\Omega < \Omega^*$. Der Beweis der letzten Behauptung ist eine Übungsaufgabe. □

Wir nennen die durch $f(z) = az+b$ induzierten Torusabbildungen φ *affin*. Aus dem Monodromiesatz wird folgen, daß jede holomorphe Torusabbildung affin ist, siehe 3.3.2.

2.5.3 Isomorphismen und Automorphismen. Zwei Gitter Ω und Ω^* heißen *äquivalent*, wenn $a\Omega = \Omega^*$ für ein $a \in \mathbb{C}^\times$ gilt. Aus 2.5.2 folgt:
(1) *Die Tori $\mathbb{C}/\Omega$ und $\mathbb{C}/\Omega^*$ zu zwei äquivalenten Gitter sind als Riemannsche Flächen isomorph.*
(2) *Die affinen Automorphismen des Torus $\mathbb{C}/\Omega$ sind genau die Abbildungen $z + \Omega \mapsto az + b + \Omega$ für $a, b \in \mathbb{C}$ mit $a\Omega = \Omega$.* □

Automorphismen der Form $z+\Omega \mapsto z+b+\Omega$ heißen *Torustranslationen*. Sie bilden eine abelsche Untergruppe von $\mathrm{Aut}(\mathbb{C}/\Omega)$, welche transitiv operiert. Die Translationen $\neq \mathrm{id}$ haben keine Fixpunkte.

2.5.4 Quadratische und hexagonale Gitter. *Die Symmetriegruppe*
$$S(\Omega) := \{a \in \mathbb{C} : a\Omega = \Omega\} < \mathbb{C}^\times$$
eines Gitter Ω ist die Gruppe der Einheitswurzeln μ_2, μ_4 oder μ_6.

Beweis. Wir wählen $0 \neq \omega \in \Omega$ von minimalem Betrag. Aus $a \in S(\Omega)$ folgt $|a\omega| \geq |\omega|$ und $|a^{-1}\omega| \geq |\omega|$, also $|a| = 1$, d.h. $S(\Omega) < S^1$. Wenn $\sharp S(\Omega) > 6$ ist, gibt es zwei Elemente $a \neq b$ in $S(\Omega)$, so daß $|a - b| < 1$ ist. Dann wäre $0 \neq (a-b)\omega \in \Omega$, aber $|(a-b)\omega| < |\omega|$. Das ist ein Widerspruch. Somit ist $\sharp S(\Omega) \leq 6$. Weil stets $-1 \in S(\Omega)$ ist, folgt die Behauptung. □

Für jedes Gitter gilt $\mu_2 < S(\Omega)$. Wenn $S(\Omega) = \mu_4$ ist, z.B. für $\Omega = \mathbb{Z}+\mathbb{Z}i$, heißt Ω *quadratisch*. Wenn $S(\Omega) = \mu_6$ ist, z.B. für $\Omega_\rho = \mathbb{Z}+\mathbb{Z}\rho$ mit $\rho = e^{\pi i/3}$, heißt Ω *hexagonal*, siehe Figur 2.5.4.

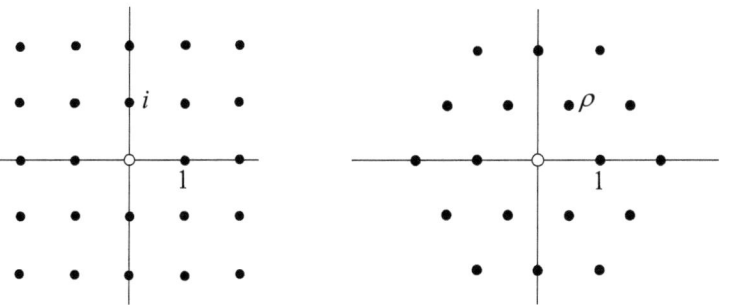

Fig. 2.5.4. Das quadratische Gitter Ω_i und das hexagonale Gitter Ω_ρ.

38   2. Tori und elliptische Funktionen

Alle quadratischen Gitter sind paarweise äquivalent. Dasselbe gilt für die hexagonalen Gitter. Aus 2.2.6(2)-(3) folgt:

Satz *Das Gitter Ω ist genau dann hexagonal bzw. quadratisch, wenn $g_2(\Omega) = 0$ bzw. $g_3(\Omega) = 0$.* □

Bemerkung. Bei einem *Kristall* $K \subset \mathbb{R}^3$ ist $K \cap E$ für jede affine Ebene $E \subset \mathbb{R}^3$ ein zweidimensionales Gitter oder leer. Wegen des letzten Ergebnisses hat K nur 2-, 3-, 4- oder 6-fache Symmetrieachsen. Man nennt dies die *kristallographischen Beschränkungen*.

2.5.5 Komplexe Multiplikation. Die (eventuell nicht umkehrbaren) affinen Selbstabbildungen $\varphi : \mathbb{C}/\Omega \to \mathbb{C}/\Omega$ werden gemäß 2.5.2 von den linearen Funktionen $az + b$ induziert, für die $a\Omega < \Omega$ gilt. Der Unterring
$$R(\Omega) := \{a \in \mathbb{C} : a\Omega < \Omega\}$$
von $\mathbb{C}$ umfaßt $\mathbb{Z}$. Für jedes $c \in \mathbb{C}^\times$ gilt $R(c\Omega) = R(\Omega)$. Für äquivalente Gitter Ω, Ω^* folgt $R(\Omega) = R(\Omega^*)$. Man nennt $\mathbb{C}/\Omega$ einen *Torus mit komplexer Multiplikation*, wenn $R(\Omega) \neq \mathbb{Z}$.

Satz. *Sei $\Omega = \mathbb{Z}\omega_1 + \mathbb{Z}\omega_2$ und $\tau := \omega_1/\omega_2$. Genau dann, wenn $\mathbb{Q}(\tau)$ ein imaginär quadratischer Zahlkörper ist, gestattet der Torus $\mathbb{C}/\Omega$ komplexe Multiplikationen. Für jedes $a \in R(\Omega) \setminus \mathbb{Z}$ ist $\mathbb{Q}(a) = \mathbb{Q}(\tau)$, und es gilt $a^2 + pa + q$ mit $p, q \in \mathbb{Z}$.*

Beweis. Aus $\tau \notin \mathbb{R}$ folgt $\mathbb{Q}(\tau) \not\subset \mathbb{R}$. Wenn $[\mathbb{Q}(\tau) : \mathbb{Q}] = 2$ ist, gibt es ganze Zahlen k, m, n, so daß $k\tau^2 = m + n\tau$. Für $a := k\tau$ folgt $a\Omega < \Omega$. Umgekehrt gilt für jedes $a \in R(\Omega)$
(1) $a\omega_1 = \alpha\omega_1 + \beta\omega_2$ und $a\omega_2 = \gamma\omega_1 + \delta\omega_2$ mit $\alpha, \beta, \gamma, \delta \in \mathbb{Z}$.
Die zweite Gleichung ergibt $a = \gamma\tau + \delta \in \mathbb{Q}(\tau)$. Für $a \notin \mathbb{Z}$ ist $\gamma \neq 0$, daher $\tau \in \mathbb{Q}(a)$, also $\mathbb{Q}(a) = \mathbb{Q}(\tau)$. Wegen (1) ist a ein Eigenwert der Matrix $\begin{pmatrix} \alpha & \beta \\ \gamma & \delta \end{pmatrix}$ und somit eine Wurzel ihres charakteristischen Polynoms $z^2 - (\alpha + \delta)z + (\alpha\delta - \beta\gamma)$. Aus $a \notin \mathbb{Z}$ folgt, daß $\mathbb{Q}(\tau) = \mathbb{Q}(a)$ imaginär quadratisch ist. □

Für quadratische bzw. hexagonale Gitter ist $R(\Omega)$ der Ring $\mathbb{Z}[i]$ bzw. $\mathbb{Z}[\rho]$. Diese Ringe sind in ihren Quotientenkörpern ganz abgeschlossen.

Die komplexe Multiplikation wurde von Abel entdeckt. Kronecker bemerkte die Beziehung zur Zahlentheorie. Die *komplexe Multiplikation* ist ein Gebiet, wo sich Funktionentheorie, Algebra und Zahlentheorie harmonisch ergänzen.

2.6 Normale Abbildungen der Zahlenebene

Alle normalen Überlagerungen $\mathbb{C} \to X$ werden klassifiziert. Als Deckgruppen treten Symmetriegruppen von Ornamenten auf, die sich über die Ebene periodisch ausbreiten.– Wir benutzen, daß Aut($\mathbb{C}$) aus allen linearen Funktionen $z \mapsto az + b$ mit $a \in \mathbb{C}^\times$ und $b \in \mathbb{C}$ besteht und identifizieren $b \in \mathbb{C}$ mit der Translation $z \mapsto z + b$.– Sei $\mu_n := \{a \in \mathbb{C} : a^n = 1\}$ für $n = 1, 2, \ldots$.

2.6 Normale Abbildungen der Zahlenebene

2.6.1 Kanonische Zerlegung. Sei $G < \mathrm{Aut}(\mathbb{C})$. Dann ist
$$h : G \to \mathbb{C}^\times \,,\ (z \mapsto az+b) \mapsto a\,,$$
ein Homomorphismus, dessen Kern G^T aus allen Translationen in G besteht. Die Bildgruppe $G^\times := h(G) < \mathbb{C}^\times$ transformiert G^T in sich, d.h. $G^\times \cdot G^T = G^T$. Wir nennen $(G^T, G^\times)$ die *kanonische Zerlegung* von G.

Lemma. *Wenn G die Deckgruppe einer normalen Abbildung $\eta : \mathbb{C} \to X$ ist, gibt es für $(G^T, G^\times)$ höchstens folgende Möglichkeiten:*

(1) $(0, \mu_n)$ *mit* $n = 1, 2, 3, \cdots$;
(2) $(\mathbb{Z} \cdot b, \mu_n)$ *mit* $b \in \mathbb{C}^\times$ *und* $n = 1, 2$;
(3) (Ω, μ_n) *mit einem Gitter Ω und $n = 1, 2, 3, 4, 6$, wobei $n = 4$ nur bei quadratischen und $n = 3, 6$ nur bei hexagonalen Gittern möglich ist.*

Beweis. Die Bahn $G(0)$ ist lokal endlich, also auch ihre Teilmenge G^T. Nach 2.5.1 sind $G^T = 0, = \mathbb{Z} \cdot b$ und $= \Omega$ die einzigen Möglichkeiten. Im Falle $G^T = 0$ haben alle Elemente von G denselben Fixpunkt c. Denn wenn $f, g \in G$ verschiedene Fixpunkte hätten, wäre $fgf^{-1}g^{-1} \in G$ eine Translation $\neq \mathrm{id}$. Aus 1.5.3(3) folgt (1).
Aus $G^\times \cdot \mathbb{Z}b = \mathbb{Z}b$ folgt (2). Aus $G^\times \cdot \Omega = \Omega$ und 2.5.4 folgt (3). □

2.6.2 Punkt-, Band- und Flächengruppen. Die im Lemma angegebenen Möglichkeiten werden durch folgende Deckgruppen realisiert:

(1) *Punktgruppen* $P_n := \{z \mapsto cz : c \in \mu_n\}$ *mit* $n = 1, 2, \ldots$;
(2) *Bandgruppen* $B_1 := \{z \mapsto z + q : q \in \mathbb{Z}\}$, $B_2 := \{z \mapsto \pm z + q : q \in \mathbb{Z}\}$;
(3) *Flächengruppen* $F_n(\Omega) := \{z \mapsto cz + \omega : c \in \mu_n, \omega \in \Omega\}$ *mit* $n \in \{1, 2, 3, 4, 6\}$; *bei $n = 4$ ist Ω quadratisch und bei $n \in \{3, 6\}$ hexagonal.*

Die zugehörigen Überlagerungen lauten

(1) $\mathbb{C} \to \mathbb{C}$, $z \mapsto z^n$, *für* P_n;
(2) $\mathbb{C} \to \mathbb{C}^\times$, $z \mapsto \exp(2\pi i z)$, *für* B_1;
   $\mathbb{C} \to \mathbb{C}$, $z \mapsto \cos(2\pi z)$, *für* B_2;
(3) $\eta : \mathbb{C} \to \mathbb{C}/\Omega$ (*Torusprojektion*) *für* $F_1(\Omega)$;
   $\eta_n : \mathbb{C} \to \widehat{\mathbb{C}}$ *gemäß folgender Tabelle für* $F_n(\Omega)$:

n	2	3	4	6
η_n	$\wp$	$\wp'$	$\wp^2$	$\wp^3$

Die nächste Tabelle enthält in der zweiten Zeile die Anzahl der Ausnahmebahnen und in der dritten Zeile die Windungszahlen ≥ 2, d.h. die Ordnungen der Standgruppen längs jeder Ausnahmebahn. In der letzten Zeile stehen noch einmal die Basisflächen.

P_n	B_1	B_2	F_1	F_2	F_3	F_4	F_6
1	0	2	0	4	3	3	3
n	–	2,2	–	2,2,2,2	3,3,3	2,4,4	2,3,6
$\mathbb{C}$	$\mathbb{C}^\times$	$\mathbb{C}$	$\mathbb{C}/\Omega$	$\widehat{\mathbb{C}}$	$\widehat{\mathbb{C}}$	$\widehat{\mathbb{C}}$	$\widehat{\mathbb{C}}$

2.6.3 Klassifikation. *Jede Deckgruppe $G < \mathrm{Aut}(\mathbb{C})$ einer normalen Abbildung $\mathbb{C} \to X$ ist zu einer Punktgruppe P_n, einer Bandgruppe B_1, B_2 oder einer Flächengruppe $F_n(\Omega)$ konjugiert. Zwei Flächengruppen $F_n(\Omega)$ und $F_m(\Omega_*)$ sind genau dann konjugiert, wenn $n = m$ ist und die Gitter äquivalent sind. Sonst gibt es zwischen den Gruppen $P_n, B_j, F_n(\Omega)$ keine Konjugationsbeziehungen.*

Beweis. Für die kanonische Zerlegung von G bestehen die in Lemma 2.6.1 genannten Möglichkeiten. Durch Konjugation mit einer Translation erreicht man, daß 0 ein Punkt mit n-fach zyklischer Standgruppe wird. Im zweiten Fall $(\mathbb{Z} \cdot b, \mu_n)$ konjugiert man noch mit der Homothetie $z \mapsto z/b$, um $b = 1$ zu erreichen. Nach diesen Konjugationen wird G zu P_n, B_n bzw. $F_n(\Omega)$. Wenn $G = F_n(\Omega)$ und $G_* = F_m(\Omega_*)$ konjugiert sind, also $gGg^{-1} = G_*$ mit $g(z) = az + b$ gilt, ist $n = \sharp G^\times = \sharp G_*^\times = m$ und $a\Omega = \Omega_*$. Umgekehrt überführt die Konjugation mit $g(z) = az$ die Gruppe $F_n(\Omega)$ in $F_n(a\Omega)$. □

Die Band- und Flächengruppen klassifizieren die Band- und Flächenornamente ohne (Gleit-)Spiegelsymmetrien. Wenn man letztere berücksichtigt, gibt es 17 (statt 5) doppelt-periodische Flächenornamente mit wesentlich verschiedenen Symmetrien, siehe [Lam 2].

2.6.4 Dreiecksparkettierungen. Es gibt nur drei Tripel (p, q, r) ganzer Zahlen mit $2 \leq p \leq q \leq r$ und $\frac{1}{p} + \frac{1}{q} + \frac{1}{r} = 1$, nämlich $(3,3,3), (2,4,4)$ und $(2,3,6)$. Zu jedem Tripel wählen wir ein Dreieck $\Delta \subset \mathbb{C}$ mit den Innenwinkeln $\pi/p, \pi/q$ und π/r. Fortgesetzte Spiegelungen an den Seiten des Dreiecks erzeugen eine Parkettierung der Ebene $\mathbb{C}$ durch kongruente Bilder von Δ. Die Teildreiecke der Parkettierung werden schachbrettartig schwarz und weiß gefärbt, siehe Figur 2.6.4. Diese Parkettierungen veranschaulichen die Flächengruppen F_3, F_4, F_6. Denn es gilt der

Satz. *Die Parkettierung zu (p, q, r) wird einschließlich ihrer Färbung durch eine Flächengruppe $F_r(\Omega)$ in sich transformiert.*

Beweis. Die Spiegelungen σ_a, σ_b und σ_c an den Seiten von Δ ergeben drei Drehungen $\rho_A = \sigma_b \circ \sigma_c$, $\rho_B = \sigma_c \circ \sigma_a$ und $\rho_C = \sigma_a \circ \sigma_b$ um die Ecken des Dreiecks Δ, deren Drehwinkel $2\pi/p$, $2\pi/q$ und $2\pi/r$ die doppelten Innenwinkel an den entsprechenden Ecken sind. Offenbar ist $\rho_A \circ \rho_B \circ \rho_C = \mathrm{id}$. Diese Drehungen erzeugen die Flächengruppe $F_r(\Omega)$. Zum Beweis legt man C in den Ursprung. Dann wird die Drehgruppe μ_r durch ρ_C erzeugt. Die Zahlen $r/p, r/q$ sind ganz, und $\rho_A \circ \rho_C^{-r/p}$, $\rho_B \circ \rho_C^{-r/q}$ sind zwei Translationen, die Ω aufspannen. □

Fig. 2.6.4. Dreiecksparkettierungen der Ebene der Typen (3,3,3), (2,4,4) und (2,3,6). Andere Möglichkeiten gibt es nicht.

Entsprechende Dreiecksparkettierungen der Zahlenkugel $\widehat{\mathbb{C}}$ und der hyperbolischen Ebene $\mathbb{H}$ werden in 4.2.7-8 bzw. 11.5 gewonnen.

2.7 Aufgaben

In den folgenden Aufgaben bezeichnet Ω ein Gitter in $\mathbb{C}$, welches den elliptischen Funktionen sowie den Weierstraßschen Funktionen $\wp, \sigma, \zeta$ zugrunde liegt.

1) Man zeige: Zu jeder elliptischen Funktion f vom Grade 2 gibt es ein $a \in \mathbb{C}$ und ein $A \in \mathrm{Aut}(\widehat{\mathbb{C}})$ mit $f(z) = A \circ \wp(z+a)$.

2) Betrachte in $\mathbb{C}^2$ mit den Koordinaten (u,v) die komplexe Gerade L mit der Gleichung $v = mu + n$.
   (i) Zeige: Es gibt höchstens drei Stellen $x_j \in \mathbb{C}/\Omega$ mit $x_j \neq 0$, so daß die Punkte $P_j = (u_j, v_j)$ mit den Koordinaten $u_j = \hat{\wp}(x_j)$, $v_j = \hat{\wp}'(x_j)$ auf L liegen.– Im folgenden seien u_1, u_2, u_3 paarweise verschieden.
   (ii) Zeige: $(u-u_1)(u-u_2)(u-u_3) = u^3 - \frac{1}{4}m^2 u^2 + au + b$, wobei a und b nicht weiter interessieren.
   (iii) Folgere $x_1 + x_2 + x_3 = 0$ aus der Abelsche Relation, angewendet auf $\hat{\wp}' - m\hat{\wp} - n$.
   (iv) Gewinne aus (ii) und (iii) das Additionstheorem
   $$\wp(z+w) = \frac{1}{4}\left(\frac{\wp'(z) - \wp'(w)}{\wp(z) - \wp(w)}\right)^2 - \wp(z) - \wp(w).$$
   (v) Beweise die Verdopplungsformel
   $$\wp(2z) = \frac{1}{4}\left(\frac{\wp''(z)}{\wp'(z)}\right)^2 - 2\wp(z)$$
   und stelle ihre rechte Seite als rationale Funktion von $\wp(z)$ dar.

3) Zeige: Für jede ganze Zahl n ist $\wp(nz)$ eine rationale Funktion von $\wp(z)$.

4) Zeige, daß folgende Aussage zu den Aussagen 2.2.7 des Jacobischen Problems äquivalent ist:

2. Tori und elliptische Funktionen

Die Differentialgleichung $w'^2 = (1-w^2)(1-k^2w^2)$ besitzt für jede komplexe Konstante $k \neq 0, \neq \pm 1$ eine elliptische Funktion zweiten Grades als Lösung.

5) Man begründe, daß die σ-Funktion ungerade ist. Verbessere ihre Periodenformel zu
$$\sigma(z+\omega) = \pm \exp[h(\omega)(z + \tfrac{1}{2}\omega)] \cdot \sigma(z), \text{ mit } + \text{ für } \tfrac{1}{2}\omega \in \Omega \text{ und } - \text{ sonst.}$$
Hinweis. $\lim \sigma(z+\omega)/\sigma(z)$ für $z \to -\omega/2$.

6) Für den Homomorphismus h in der Periodenformel der ζ-Funktion und $\omega, \omega_1, \omega_2 \in \Omega$ beweise man
$$h(\omega) = 2\zeta(\omega/2) \quad \text{sowie} \quad h(\omega_1)\omega_2 - h(\omega_2)\omega_1 \in 2\pi i \mathbb{Z}.$$
Dazu forme man $\sigma(z+\omega_1+\omega_2)$ in verschiedener Weise um.

7) Beweise:
$$\wp(z) - \wp(w) = -\frac{\sigma(z-w) \cdot \sigma(z+w)}{\sigma(z)^2 \cdot \sigma(w)^2}$$
$$\wp'(z) = -\frac{\sigma(2z)}{\sigma(z)^4}.$$

8) Folgere aus (7) für die Halbperiodenwerte e_k, daß $\wp - e_k$ ein Quadrat in $\mathcal{M}(\mathbb{C})$ aber kein Quadrat in $\mathcal{M}_\Omega(\mathbb{C})$ ist.

9) Finde zur $\wp$-Funktion des Gitters $\mathbb{Z}\omega + \mathbb{Z}\omega'$ und $e_3 = \wp(\tfrac{1}{2}\omega + \tfrac{1}{2}\omega')$ eine elliptische Funktion f des Gitters $\mathbb{Z}(\omega+\omega') + \mathbb{Z}(\omega-\omega')$ mit $f^2 = \wp - e_3$.
Bemerkung. Für die zahlentheoretisch interessante Reihenentwicklung von f siehe [HC] II. 2, 13.

10) Folgere aus dem Abelschen Theorem: Zu jedem positiven Divisor D vom Grade ≥ 2 auf einem Torus T gibt es ein $f \in \mathcal{M}(T)$ mit
$$D(x) = \max\{0, o(f,x)\} \text{ für alle } x \in T.$$

11) Beweise die letzte Behauptung in 2.5.2.

12) Ordne den lemniskatischen Sinus sl in die Klassifikation 2.6.3 der normalen Überlagerungen $\mathbb{C} \to X$ ein.

3. Fundamentalgruppen und Überlagerungen

Die topologische Theorie *unverzweigter* Überlagerungen $\eta : X \to Y$ wird von der *Fundamentalgruppe* $\pi(Y)$ beherrscht. Nach ihrer Definition in 3.1 stellen wir in 3.2 ihre Beziehung zur Überlagerungstheorie her, welche im *Monodromiesatz* gipfelt. Dieses nach heutigem Verständnis rein topologische Ergebnis entstand historisch aus Problemen der *analytischen Fortsetzung*. Wir betrachten sie und andere funktionentheoretische Anwendungen in 3.3-5. Anschließend werden die topologischen Untersuchungen fortgesetzt, um weitere Ergebnisse zu erzielen, die in späteren Kapiteln für Riemannsche Flächen relevant werden.– *Im vorliegenden Kapitel sind alle Überlagerungen unverzweigt*. Im 4. Kapitel folgt das Studium *verzweigter* Überlagerungen.

3.1 Fundamentalgruppen

Wir entwickeln nach Jordan (1866) einen Kalkül der Homotopieklassen stetiger Wege und fassen ihn im Begriff der Fundamentalgruppe (Poincaré, 1892/95) zusammen.

3.1.1 Homotope Wege. Eine stetige Abbildung $w : [\alpha, \beta] \to X$ eines Intervalls $[\alpha, \beta] \subset \mathbb{R}$ mit $\alpha < \beta$ in einen topologischen Raum X heißt *Weg* vom Anfangspunkt $w(\alpha)$ zum Endpunkt $w(\beta)$, siehe Figur 3.1.1 a. Man kann das Intervall $[\alpha, \beta]$ durch $[0, 1]$ ersetzen, indem man linear umparametrisiert: Aus w wird $w^* : [0, 1] \to X$, $w^*(s) := w((1-s)\alpha + s\beta)$.

Man nennt X *wegzusammenhängend*, wenn zu je zwei Punkten $a, b \in X$ einen Weg von a nach b existiert. Jede Mannigfaltigkeit ist genau dann zusammenhängend, wenn sie wegzusammenhängend ist.

Zwei Wege $w_0, w_1 : I := [0, 1] \to X$ von a nach b heißen *homotop* ($w_0 \sim w_1$), wenn sie sich durch eine Schar von Zwischenwegen w_t, $0 \leq t \leq 1$, ineinander deformieren lassen, siehe Figur 3.1.1 b. Damit ist gemeint:

(1) Jeder Zwischenweg w_t führt wie w_0 und w_1 von a nach b.
(2) Die Abbildung $h : I^2 := I \times I \to X$, $h(s, t) = w_t(s)$, ist stetig.

Man nennt h eine *Homotopie* von w_0 nach w_1. Die Forderung (1) bedeutet $h(0, t) = a$ und $h(1, t) = b$ für alle $t \in I$.

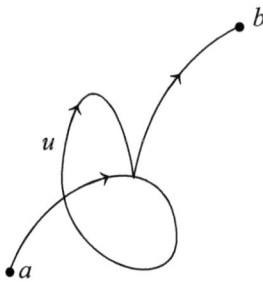
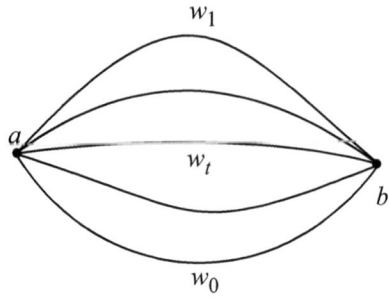

Fig. 3.1.1 a. Das Bild $w([\alpha, \beta])$ eines Weges u von a nach b.

Fig. 3.1.1 b. Eine Homotopie von w_0 nach w_1 mit den Zwischenwegen w_t.

(1) *Die Homotopie ist eine Äquivalenzrelation.*

Beweis. Die Reflexivität $w \sim w$ folgt aus der konstanten Homotopie $h(s,t) := w(s)$. Die Symmetrie beweist man, indem man die Homotopie h von w_0 nach w_1 zur Homotopie $(s,t) \mapsto h(s, 1-t)$ von w_1 nach w_0 umdreht. Für die Transitivität setzt man die Homotopien h_1 von w_0 nach w_1 und h_2 von w_1 nach w_2 zu folgender Homotopie stetig zusammen:

$$(s,t) \mapsto \begin{cases} h_1(s, 2t) & \text{für } 0 \leq t \leq \frac{1}{2} \\ h_2(s, 2t-1) & \text{für } \frac{1}{2} \leq t \leq 1. \end{cases}$$
□

Die Äquivalenzklasse $[w]$ des Weges w heißt *Homotopieklasse*.

Sei $\varphi : I \to I$ eine stetige Abbildung, so daß $\varphi(0) = 0$ und $\varphi(1) = 1$ ist. Aus dem Weg $w : I \to X$ entsteht der *umparametrisierte Weg* $w \circ \varphi : I \to X$. Er ist zu w homotop vermöge $h(s,t) = w\big(t\varphi(s) + (1-t)s\big)$.

(2) *Bei jeder stetigen Abbildung* $\eta : X \to Y$ *haben zwei in X homotope Wege w_0 und w_1 die in Y homotopen Bildwege $\eta \circ w_0$ und $\eta \circ w_1$.*

Denn die Homotopie h von w_0 nach w_1 ergibt die Homotopie $\eta \circ h$ von $\eta \circ w_0$ nach $\eta \circ w_1$. □

3.1.2 Wegeprodukt. Wenn der Endpunkt des Weges $u : I \to X$ der Anfangspunkt des Weges $v : I \to X$ ist, definiert man den *Produktweg*

$$u \cdot v : I \to X, \, s \mapsto \begin{cases} u(2s) & \text{für } 0 \leq s \leq \frac{1}{2} \\ v(2s-1) & \text{für } \frac{1}{2} \leq s \leq 1. \end{cases}$$

Man beachte die Reihenfolge von links nach rechts: Erst wird u und dann v durchlaufen. Aus zwei Homotopien $u_0 \sim u_1$ und $v_0 \sim v_1$ folgt $u_0 \cdot v_0 \sim u_1 \cdot v_1$. Daher macht es Sinn, *das Produkt* $[u] \cdot [v] := [u \cdot v]$ der Homotopieklassen zu definieren.

Wenn sich für drei Wege u, v, w die Produkte $u \cdot v$ und $v \cdot w$ bilden lassen, kann man auch $(u \cdot v) \cdot w$ und $u \cdot (v \cdot w)$ bilden. Diese beiden Wege gehen durch stückweise lineares Umparametrisieren auseinander hervor. Insbesondere sind sie homotop. *Das Produkt von Homotopieklassen ist also assoziativ.*

3.1.3 Schleifen, nullhomotope Wege, inverse Wege. Ein Weg heißt *geschlossen* oder *Schleife*, wenn sein Anfangs- und Endpunkt zusammenfallen. Dieser Punkt heißt auch *Basispunkt* der Schleife. Eine Schleife, die zum konstanten Weg homotop ist, heißt *nullhomotop*.
Wenn w ein Weg von a nach b ist und $\hat{a}$ den konstanten Weg $\hat{a}(t) := a$ bezeichnet, läßt sich w in den Produktweg $\hat{a} \cdot w$ stückweise linear umparametrisieren. Entsprechendes gilt für $w \cdot \hat{b}$. Für jede bei a bzw. b nullhomotope Schleife u bzw. v ist daher $[u] \cdot [w] = [w] = [w] \cdot [v]$.
Zu jedem Weg $w \colon I \to X$ von a nach b gehört der *inverse* Weg $w^- \colon I \to X$, $w^-(s) := w(1-s)$ von b nach a. Offenbar ist $w^{--} = w$. Für das Produkt gilt $(u \cdot v)^- = v^- \cdot u^-$. Wenn $w_0 \sim w_1$ homotop sind, gilt dasselbe für die inversen Wege $w_0^- \sim w_1^-$. Der Produktweg $w \cdot w^-$ ist nullhomotop: Die Homotopie vom konstanten Weg nach $w \cdot w^-$ läuft über die Zwischenwege $w_t \cdot w_t^-$, wobei $w_t(s) := w(st)$ ist.– Insgesamt gilt die

Rechenregel: *In einem Produkt von Homotopieklassen kann man Faktoren $[w]$ mit nullhomotopen Schleifen w, insbesondere Faktoren $[u] \cdot [u^-]$ einfügen oder weglassen, ohne das Produkt zu ändern.* □

3.1.4 Verschiebung der Endpunkte. Für zwei Punkte $a, b \in X$ bezeichnet $\pi(X; a, b)$ die Menge der Homotopieklassen $[u]$ aller Wege u von a nach b. Wie diese Menge von der Wahl der Endpunkte a, b abhängt, zeigt folgende Überlegung: Angenommen, es ist je ein Weg v von a nach c und w von b nach d gegeben. Dann ist folgende Abbildung bijektiv:

$$\Phi \colon \pi(X; a, b) \to \pi(X; c, d) \quad , \quad [u] \mapsto [v^-] \cdot [u] \cdot [w] \, .$$

Wir nennen Φ *Verschiebung der Endpunkte*, siehe Fig. 3.1.4. Man beachte den Spezialfall $a = b$, $v = w$. Dann heißt $\Phi_w := \Phi$ *Verschiebung des Basispunktes längs w*.

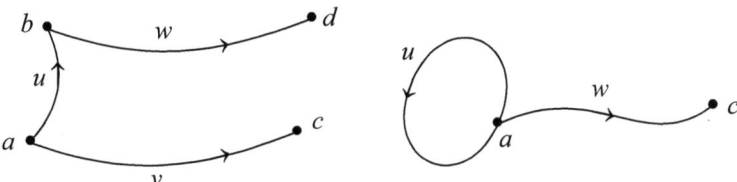

Fig. 3.1.4. Verschiebung der Endpunkte. Die rechte Figur ist der Spezialfall $v = w$ der linken.

3.1.5 Definition der Fundamentalgruppe. Für jeden wegzusammenhängenden Raum X mit einem Basispunkt $a \in X$ setzen wir
$$\pi(X, a) := \pi(X; a, a) \, .$$
Aus den bisherigen Ergebnissen folgt der

Satz. *Die Menge $\pi(X,a)$ wird mit der Verknüpfung $[u]\cdot[v] := [u\cdot v]$ zu einer Gruppe. Das neutrale Element ist die Klasse der nullhomotopen Schleifen. Das inverse Element zu $[w]$ ist die Klasse der inversen Schleife $[w]^{-1} := [w^-]$. Jede Verschiebung des Basispunktes längs eines Weges w von a nach c ist ein Isomorphismus*

$$\Phi_w : \pi(X,a) \xrightarrow{\cong} \pi(X,c), \quad [u] \mapsto [w^-]\cdot[u]\cdot[w],$$

der Gruppen, und zwar für $a=c$ ein innerer Automorphismus. □

Man nennt $\pi(X,a)$ die *Fundamentalgruppe* von X mit dem Basispunkt a. Sie hängt bis auf Isomorphie nicht vom Basispunkt ab.
Jede stetige Abbildung $\eta\colon (X,a) \to (Y,b)$ induziert den Homomorphismus

(1) $\qquad \eta_* : \pi(X,a) \to \pi(Y,b) \quad , \quad [w] \mapsto [\eta \circ w],$

der Fundamentalgruppen. Offenbar gelten $\mathrm{id}_* = \mathrm{id}$ und $(\varphi \circ \eta)_* = \varphi_* \circ \eta_*$ für eine weitere stetige Abbildung $\varphi : (Y,b) \to (Z,c)$.

3.1.6 Einfacher Zusammenhang. Ein wegweise zusammenhängender Raum X heißt *einfach zusammenhängend*, wenn jede Menge $\pi(X;a,b)$ aus genau einem Element besteht. Wegen der Verschiebung der Endpunkte hängt der Raum bereits dann einfach zusammen, wenn für *ein* Punktepaar (a,b) die Menge $\pi(X;a,b)$ nur ein Element hat. Insbesondere:

(1) *Genau dann, wenn $\pi(X,a)$ die triviale Gruppe ist, hängt X einfach zusammen.* □

(2) *Jede sternförmige Menge $X \subset \mathbb{R}^n$ insbesondere $\mathbb{C}$ und alle Scheiben hängen einfach zusammen.*

Beweis. Sei w eine Schleife, deren Basispunkt a ein Zentrum von X ist. Dann ist $h(s,t) = tw(s) + (1-t)a$ eine Homotopie vom konstanten Weg $\hat{a}$ nach w. Die Sternförmigkeit wird gebraucht, damit $h(I^2) \subset X$ ist. □

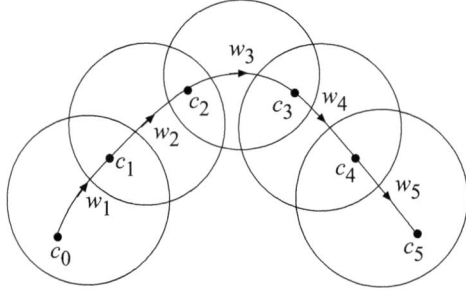

Fig. 3.1.7. Der Weg w ist durch Kreisscheiben überdeckt. Er wird durch die Punkte $c_\nu = w(t_\nu)$ in fünf Teilwege zerlegt,
$$w = w_1 \cdot \ldots \cdot w_5,$$
die jeweils ganz in einer Scheibe liegen.

3.1.7 Zerlegung in Teilwege. *Sei $w : I \to X$ ein Weg und $\mathcal{U}$ eine offene Überdeckung von X. Dann gibt es eine Zerlegung $0 = t_0 < t_1 \ldots < t_n = 1$, so daß jede Teilkurve $w([t_{\nu-1}, t_\nu])$ in einem U aus $\mathcal{U}$ enthalten ist.*
Das folgt unmittelbar aus dem Lebesgueschen Überdeckungslemma, siehe z.B. [Kel], p. 154. □

3.1.8 Vermeidung isolierter Punkte. *Sei $A \subset X$ eine lokal endliche Menge in einer Fläche. Zu jedem Weg w in X, dessen Anfangs- und Endpunkt nicht in A liegen, gibt es einen homotopen Weg v, der A nicht trifft.*

Beweis. Es gibt paarweise disjunkte Scheiben U_a, deren Zentren a die Punkte von A sind. Ganz X wird durch $X \setminus A$ und alle Scheiben U_a überdeckt. Nach 3.1.7 ist w ein Produkt endlich vieler Teilwege w_ν, so daß jedes w_ν in $X \setminus A$ oder einer Scheibe U_a läuft. Wir können annehmen, daß unmittelbar aufeinander folgende Teilwege nie in derselben Scheibe U_a liegen. Denn anderenfalls kann man sie zu *einem* Weg in U_a zusammenfassen. Kein Teilungspunkt liegt dann in A. Jeder Teilweg w_ν trifft höchstens einen Punkt $a \in A$. Wenn dies eintritt, ersetzen wir w_ν durch einen anderen Weg v_ν in U_a mit gleichem Anfangs- und Endpunkt, der a nicht trifft. Weil U_a einfach zusammenhängt, ist v_ν zu w_ν homotop. Das Produkt der beibehaltenen und ersetzten Teilwege ist der Weg v. □

Folgerungen: (1) *Mit X hängt auch $X \setminus A$ zusammen. Für die Einbettung $j: X \setminus A \to X$ ist $j_*: \pi(X \setminus A, c) \to \pi(X, c)$ epimorph.*

(2) *Die Zahlenkugel $\widehat{\mathbb{C}}$ hängt einfach zusammen.* □

3.2 Monodromie

Gegeben seien zwei stetige Abbildungen $\eta: X \to Y$ und $\varphi: Z \to Y$. Jede stetige Abbildung $\hat{\varphi}: Z \to X$, für die $\varphi = \eta \circ \hat{\varphi}$ gilt, heißt η-*Liftung* von φ. Wir fragen nach der Eindeutigkeit und Existenz von η-Liftungen einer vorgegebenen Abbildung φ, und bezeichnen diese Untersuchungen mit dem Schlagwort *Monodromie*, da ihre Ergebnisse, auf die Funktionentheorie angewendet, einen Beweis des Monodromieprinzips für analytische Fortsetzungen ergeben, siehe 3.4.3.
Die Liftungsergebnisse im vorliegenden Paragraphen beruhen teilweise auf subtilen Voraussetzungen, die von älteren Funktionentheoretikern nicht immer beachtet wurden, siehe 3.4.4. Topologen haben genau untersucht, welche Voraussetzungen notwendig bzw. hinreichend sind, siehe z.B. [Mass], p.145. Wir begnügen uns mit hinreichenden Bedingungen, die für Mannigfaltigkeiten stets erfüllt sind.

3.2.1 Eindeutigkeit der Liftung. *Sei $\eta: X \to Y$ eine lokal topologische Abbildung zwischen Hausdorffräumen. Wenn Z zusammenhängt, sind zwei η-Liftungen $\varphi_0, \varphi_1: Z \to X$ derselben stetigen Abbildung $\varphi: Z \to Y$ gleich, sobald sie an einer Stelle $c \in Z$ denselben Wert haben.*

Beweis. Die Koinzidenzmenge $W = \{z \in Z : \varphi_0(z) = \varphi_1(z)\}$ ist abgeschlossen, weil X hausdorffsch ist, und offen, weil η lokal topologisch ist. Wegen $c \in W$ folgt $W = Z$ aus dem Zusammenhang. □

3.2.2 Überlagerungen. Eine Abbildung $\eta : X \to Y$ zwischen Hausdorffräumen heißt (*unverzweigte, topologische*) *Überlagerung*, wenn Y wegzusammenhängend ist und jeder Punkt in Y eine zusammenhängende Umgebung V besitzt, die in folgendem Sinne *trivial überlagert* wird, siehe Figur 1.4.5:

(1) *Das Urbild $\eta^{-1}(V)$ ist die Vereinigung offener Mengen U_j, und jedes U_j wird durch η homöomorph auf V abgebildet.*

Durch (1) wird die Forderung „η ist lokal topologisch" wesentlich verschärft. Wegen der Eindeutigkeit der Liftung gilt $U_j \cap U_k = \emptyset$ oder $U_j = U_k$.– Jede Umkehrung $s := (\eta|U_j)^{-1} : V \to U_j \hookrightarrow X$ ist ein *lokaler η-Schnitt*, d.h. eine stetige Abbildung mit der Eigenschaft $\eta \circ s = \mathrm{id}_V$.– Aus (1) folgt direkt:

(2) *Für jeden wegzusammenhängenden Teilraum $V \subset Y$ ist die Beschränkung $\eta : \eta^{-1}(V) \to V$ einer Überlagerung $\eta : X \to Y$ auch eine Überlagerung.*

Die *unverzweigten* holomorphen Überlagerungen zwischen Riemannschen Flächen, die in 1.4.5 eingeführt wurden, ordnen sich den gerade definierten topologischen Überlagerungen unter. Dazu gehören insbesondere

(a) alle endlichen holomorphen Abbildungen ohne Verzweigungspunkte, z.B. die Potenzfunktionen $\eta : \mathbb{C}^\times \to \mathbb{C}^\times$, $z \mapsto z^n$ für $n = 1, 2, \ldots$,
(b) die Exponentialfunktion $\eta : \mathbb{C} \to \mathbb{C}^\times$, $z \mapsto e^z$,
(c) die Torusprojektionen $\eta : \mathbb{C} \to \mathbb{C}/\Omega$ aus 1.2.6.

Eine lokal topologische Abbildung $\eta : X \to Y$ zwischen Hausdorffräumen heißt *unbegrenzt*, wenn Y wegzusammenhängend ist und folgende, zueinander äquivalente Voraussetzungen erfüllt sind:

(i) *Zu jedem Weg v in Y und jedem Punkt a über dem Anfangspunkt von v gibt es eine η-Liftung $\hat{v}$, die in a beginnt.*

(ii) *Jeder Weg $u : [0, s) \to X$ ohne Endpunkt läßt sich stetig nach s fortsetzen, sobald dies für $v := \eta \circ u$ gilt.*

Äquivalenzbeweis. (i) $\Rightarrow$ (ii) ist klar; zu (ii) $\Rightarrow$ (i): Sei $v : [0,1] \to Y$ und
$$s = \sup\{t : v|[0,t] \text{ hat eine Liftung, die in } a \text{ beginnt}\}.$$
Es gibt eine Liftung $u : [0, s) \to X$ von $v|[0, s)$, so daß $u(0) = a$ ist. Wegen (ii) kann u stetig nach s fortgesetzt werden. Wir zeigen, daß $s = 1$ ist: Man wählt einen Schnitt $\sigma : (V, v(s)) \to (X, u(s))$. Wenn $s < 1$ ist, gibt es ein $t > s$, so daß $v([s,t]) \subset V$. Dann wird u durch $\sigma \circ v|[s,t]$ zu einer Liftung von $v|[0,t]$ fortgesetzt, die in a beginnt. Das widerspricht $s = \sup$. □

Satz. *Jede Überlagerung ist unbegrenzt.*

Beweis. Wir zeigen (ii). Es gibt eine Umgebung V von $v(1)$, die trivial überlagert wird. Man wählt $\varepsilon < 1$ so, daß $v([\varepsilon, 1]) \subset V$ ist und wählt den Schnitt $\sigma : V \to X$ so, daß $u(\varepsilon) \in \sigma(V)$ ist. Dann wird u durch $u(1) := \sigma \circ v(1)$ stetig fortgesetzt, da u und $\sigma \circ v$ auf $[\varepsilon, 1)$ nach 3.2.1 übereinstimmen. □

3.2.3 Liftungssatz für Homotopien. *Sei $\eta : X \to Y$ unbegrenzt. Zwei Wege u_0, u_1 in X mit gleichem Anfangspunkt a sind homotop und haben insbesondere denselben Endpunkt, sobald ihre Bildwege $v_j := \eta \circ u_j$ in Y homotop sind.*

Beweis. Sei $k : I^2 \to Y$ eine Homotopie von v_0 nach v_1. Alle Zwischenwege $v_t : I \to X$, $v_t(s) := k(s,t)$, haben denselben Anfangspunkt $b := \eta(a)$ und denselben Endpunkt c. Weil η unbegrenzt ist, läßt sich jedes v_t zu einem Weg v_t liften, der in a beginnt. Wir definieren
(1) $h : I^2 \to X$, $h(s,t) := u_t(s)$,
(2) $\alpha = \sup\{s : h \text{ ist auf } [0,s] \times I \text{ stetig}\}$
und zeigen nacheinander:

(3) $\alpha > 0$;
(4) *Zu jedem $\tau \in I$ gibt es Intervallumgebungen S von α und T von τ, so daß h auf $S \times T$ stetig ist;*
(5) *h ist auf I^2 stetig;*
(6) *h ist eine Homotopie von u_0 nach u_1.*

Zu (3): Es gibt einen lokalen Schnitt $\sigma : (V, b) \to (X, a)$. Wegen $k(\{0\} \times I) = \{b\}$ gibt es ein $\varepsilon > 0$ mit $k([0, \varepsilon] \times I) \subset V$. Wegen der Eindeutigkeit der Liftung folgt $u_t(s) = \sigma \circ k(s,t)$ für $s \in [0, \varepsilon]$ und $t \in I$. Daher ist $h = \sigma \circ k$ auf $[0, \varepsilon] \times I$ stetig, also $\alpha \geq \varepsilon > 0$.

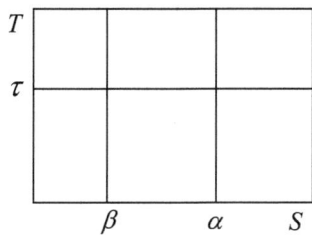

Fig. 3.2.3. Zum Beweis der Stetigkeit der Homotopie h in einer Umgebung des Punktes (α, τ) wird mittels der Eindeutigkeit der Wegelieftung $h = \sigma \circ k$ auf $S \times T$ gezeigt.

Zu (4). Es gibt einen lokalen η-Schnitt $\sigma : (V, k(a,\tau)) \to (X, h(a,\tau))$. Man wählt S, T so, daß $k(S \times T) \subset V$. Wegen (3) gibt es ein $\beta \in S$ mit $\beta < \alpha$. Wir erreichen jeden Punkt $(s,t) \in S \times T$ ausgehend von (α, τ) über die Zwischenpunkte (β, τ) und (β, t), siehe Figur 3.2.3. Aus der Stetigkeit von h längs $S \times \tau$, $\beta \times T$ und $t \times S$ folgt wegen der Eindeutigkeit der Liftung, daß sich die Übereinstimmung von h und $\sigma \circ k$ bei (α, τ) über die beiden Zwischenpunkte auf die Stelle (s,t) überträgt. Daher ist $h = \sigma \circ k$ auf $S \times T$ stetig.

Zu (5). Nach (2) ist h auf $[0, \alpha) \times I$ stetig. Die Rechtecke $S \times T$ gemäß (4) überdecken $\alpha \times I$. Daher ist h auch auf einer Umgebung W von $\alpha \times I$ in $I \times I$ stetig. Somit ist h auf $[0, \alpha] \times I$ stetig. Außerdem ist $\alpha = 1$. Denn sonst gibt es ein γ mit $\alpha < \gamma \leq 1$ und $[\alpha, \gamma] \times I \subset W$, so daß h auf $[0, \gamma] \times I$ stetig ist. Das widerspricht (2).

50   3. Fundamentalgruppen und Überlagerungen

Zu (6). Wegen (1) und (5) muß nur noch gezeigt werden, daß $h(1,t) \in \eta^{-1}(b)$ nicht von t abhängt. Weil alle η-Fasern lokal endlich sind, folgt dies aus der Stetigkeit in t. □

3.2.4 Folgerungen. *Sei* $\eta: X \to Y$ *unbegrenzt.*
(1) *Jede η-Liftung einer nullhomotopen Schleife ist nullhomotop.*
(2) *Sei X wegzusammenhängend. Dann ist der Homomorphismus der Fundamentalgruppen* $\eta_* : \pi(X,a) \to \pi(Y,b)$ *injektiv.*
(3) *Sei Y eine einfach zusammenhängende Mannigfaltigkeit. Dann ist X auch eine Mannigfaltigkeit, und η ist trivial, d.h. jede Komponente Z von X wird durch η homöomorph auf Y abgebildet.*
(4) *Die punktierte Ebene $\mathbb{C}^\times$ und alle Tori hängen nicht einfach zusammen.*
(5) *Jede unbegrenzte Abbildung $\eta : X \to Y$ zwischen Mannigfaltigkeiten ist eine Überlagerung.*

Beweise. (1) ist ein Spezialfall des Liftungssatzes 3.2.3.– (2) folgt aus (1).– Zu (3). Entscheidend ist die Injektivität von $\eta|Z$. Alles übrige folgt direkt. Sei $\eta(x) = \eta(x')$. Es gibt einen Weg u in Z von x nach x'. Sein Bild $\eta \circ u$ ist nullhomotop. Nach (1) ist u nullhomotop.– (4) folgt aus (3).– Zu (5). Jeder Punkt in Y besitzt eine einfach zusammenhängende Umgebung. Diese wird wegen (3) trivial überlagert. □

3.2.5 Faktorisierung von Überlagerungen. *Seien* $\eta : X \to Y$ *und* $\varphi : Y \to Z$ *stetige, surjektive, offene Abbildungen zwischen Mannigfaltigkeiten. Genau dann, wenn $\varphi \circ \eta$ eine Überlagerung ist, gilt dasselbe für η und φ.*

Beweis. Wegen 3.2.4(5) genügt es, die Unbegrenztheit nachzuweisen. Wir führen nur den Schluß von $\varphi \circ \eta$ auf φ und η durch und überlassen die etwas leichtere Umkehrung dem Leser. Wenn eine offene Menge $U \subset X$ durch $\varphi \circ \eta$ homöomorph auf die offene Menge $W \subset Z$ abgebildet wird, sind die Beschränkungen $\eta: U \to \eta(U)$ und $\varphi: \eta(U) \to W$ bijektiv, also wegen der Offenheit Homöomorphismen. Daher sind η und φ lokal topologisch. Aus der Unbegrenztheit von $\varphi \circ \eta$ folgert man diejenige von η und φ. □

3.2.6 Monodromiesatz. Der Raum Z heißt *lokal wegzusammenhängend*, wenn es eine Basis der Topologie gibt, die aus wegzusammenhängenden Mengen besteht. Mannigfaltigkeiten sind lokal wegzusammenhängend. Jeder zusammenhängende und lokal wegzusammenhängende Raum ist wegzusammenhängend.

Satz. *Die Abbildung $\eta: (X,a) \to (Y,b)$ zwischen wegzusammenhängenden Hausdorffräumen sei unbegrenzt. Der Raum Z sei zusammenhängend und lokal wegzusammenhängend. Die Abbildung $\varphi: (Z,c) \to (Y,b)$ sei stetig. Wenn $\varphi_*\bigl(\pi(Z,c)\bigr)$ eine Untergruppe von $\eta_*(\pi(X,a))$ ist, insbesondere wenn Z einfach zusammenhängt, gibt es genau eine η-Liftung $\hat\varphi: (Z,c) \to (X,a)$ von φ.*

Beweis. Die Eindeutigkeit wurde in 3.2.1 bewiesen. Um $\hat{\varphi}$ zu konstruieren, wählt man zu jedem $z \in Z$ einen Weg w_z von c nach z und liftet $\varphi \circ w_z$ zum Weg $\hat{w}_z$ in X, der in a beginnt. Wenn w'_z ein anderer Weg von c nach z ist, haben die Liftungen $\hat{w}_z$ und $\hat{w}'_z$ denselben Endpunkt $\hat{\varphi}(z)$. Denn die Schleife $w'_z \cdot w_z^-$ repräsentiert das Element $[w'_z \cdot w_z^-] \in \pi(Z,c)$. Daher gibt es eine Schleife u in X von und nach a, so daß $\varphi_*[w'_z \cdot w_z^-] = \eta_*[u]$. Dann ist $\varphi \cdot w'_z$ zu $(\eta \circ u) \cdot (\varphi \circ w_z)$ homotop, und nach dem Homotopieliftungssatz 3.2.3 hat $\hat{w}'_z$ denselben Endpunkt wie $u \cdot \hat{w}_z$. Damit ist eine Abbildung $\hat{\varphi} : (Z,c) \to (X,a)$ definiert, für die $\eta \circ \hat{\varphi} = \varphi$ gilt. Es bleibt zu zeigen, daß $\hat{\varphi}$ an jeder Stelle z_0 stetig ist: Dazu wählt man einen lokalen Schnitt $\sigma : (V, \varphi(z_0)) \to (X, \hat{\varphi}(z_0))$. Es gibt eine wegzusammenhängende Umgebung W von z_0, so daß $\varphi(W) \subset V$ ist. Es genügt $\hat{\varphi}|W = \sigma \circ \varphi|W$ zu zeigen: Man wählt zu jedem $z \in W$ einen Weg v_z in W von z_0 nach z und bildet den Produktweg $w_z := w_{z_0} \cdot v_z$. Dann ist $\hat{w}_z = \hat{w}_{z_0} \cdot (\sigma \circ \varphi \circ v_z)$. Insbesondere ist der Endpunkt $\hat{\varphi}(z)$ von $\hat{w}_z$ gleich dem Endpunkt $\sigma \circ \varphi(z)$ von $\sigma \circ \varphi \circ v_z$. □

3.2.7 Isomorphie. Zwei Überlagerungen $\eta_0 : X_0 \to Y$ und $\eta_1 : X_1 \to Y$ derselben Mannigfaltigkeit Y heißen *isomorph*, wenn es einen Homöomorphismus $\varphi : X_0 \to X_1$ gibt, so daß $\eta_0 = \eta_1 \circ \varphi$ ist.

Satz. *Wenn X_0, X_1 zusammenhängen und bei passend gewählten Basispunkten $\eta_*\big(\pi(X_0)\big) = \eta_*\big(\pi(X_1)\big)$ ist, sind η_0 und η_1 isomorph.*

Beweis. Nach dem Monodromiesatz 3.2.6 gibt es stetige Abbildungen $\varphi : (X_0, a_0) \to (X_1, a_a)$ und $\psi : (X_1, a_1) \to (X_0, a_0)$ mit $\eta_0 = \eta_1 \circ \varphi$ und $\eta_1 = \eta_0 \circ \psi$. Wegen der Eindeutigkeit der Liftung (3.2.1) sind φ und ψ zueinander inverse Homöomorphismen. □

3.2.8 Universelle Überlagerungen. Eine Überlagerung $\eta : X \to Y$ heißt *zusammenhängend*, wenn X und Y zusammenhängen. Sie heißt *einfach zusammenhängend*, wenn darüber hinaus X einfach zusammenhängt.

Eine zusammenhängende Überlagerung $\zeta : Z \to Y$ zwischen Mannigfaltigkeiten heißt *universell*, wenn sie folgende *universelle Eigenschaft* hat:

> Zu jedem $c \in Z$ mit $b := \eta(c)$ und zu jeder zusammenhängenden Überlagerung $\eta : (X,a) \to (Y,b)$ gibt es genau eine Überlagerung $\varphi : (Z,c) \to (X,a)$, so daß $\zeta = \eta \circ \varphi$ ist.

Die universelle Überlagerung von Y ist bis auf Isomorphie eindeutig bestimmt.

Satz. *Jede einfach zusammenhängende Überlagerung $\zeta : Z \to Y$ ist universell.*

Beweis. Nach dem Monodromiesatz 3.2.6 gibt es genau eine stetige Abbildung $\varphi : (Z,c) \to (X,a)$ mit $\zeta = \eta \circ \varphi$. Wegen 3.2.5 ist φ eine Überlagerung. □

In 3.7.1-2 wird gezeigt, daß jede Mannigfaltigkeit Y eine einfach zusammenhängende und damit universelle Überlagerung $\zeta : Z \to Y$ besitzt.

3. Fundamentalgruppen und Überlagerungen

3.2.9 Normale Überlagerungen. Analog zu 1.1.3 heißen bei einer Überlagerung $\eta : X \to Y$ die Homöomorphismen $\gamma : X \to X$ mit $\eta \circ \gamma = \eta$ (topologische) *Deckabbildungen*. Sie bilden die (topologische) *Deckgruppe* $\mathcal{D}(\eta)$. Die Überlagerung heißt *normal*, wenn sie zusammenhängt und zu je zwei Punkten $x, x' \in X$ mit $\eta(x) = \eta(x')$ eine stetige Abbildung $\gamma : X \to X$ mit $\gamma(x) = x'$ und $\eta \circ \gamma = \eta$ existiert. Nach 3.2.1 ist γ eindeutig bestimmt und gehört zu $\mathcal{D}(\eta)$.

Homöomorphie-Kriterium. *Wenn die Deckgruppen der normalen Überlagerungen $\eta_1 : X \to Y_1$ und $\eta_2 : X \to Y_2$ gleich sind, gibt es einen Homöomorphismus $\varphi : Y_1 \to Y_2$ mit $\varphi \circ \eta_1 = \eta_2$.*

Beweis. Die Überlagerungen haben dieselben Fasern. Daher gibt es eine bijektive Abbildung φ mit $\varphi \circ \eta_1 = \eta_2$. Weil η_1 und η_2 lokal topologisch sind, ist φ ein Homöomorphismus. □

(1) *Jede universelle Überlagerung $\zeta : Z \to Y$ ist normal.*
(2) *Bei der universellen Eigenschaft in 3.2.8 ist $\varphi : Z \to X$ ebenfalls universell. Die Deckgruppe $\mathcal{D}(\varphi)$ ist eine Untergruppe von $\mathcal{D}(\zeta)$.* □

3.3 Holomorphe Überlagerungen

Wir ergänzen die topologischen Resultate des Monodromiesatzes und seiner Konsequenzen um Holomorphieaussagen.

3.3.1 Liftung der Holomorphie. Sei $\eta : X \to Y$ eine topologische Überlagerung der zusammenhängenden Riemannschen Fläche Y. Nach dem Liftungsprinzip 1.2.1 gibt es auf X genau eine holomorphe Struktur, die η zu einer unverzweigten holomorphen Überlagerung macht. Jede *stetige* Abbildung $\varphi : Z \to X$ einer weiteren Riemannschen Fläche Z ist nach 1.3.7(1) holomorph, sobald $\eta \circ \varphi : Z \to Y$ holomorph ist.
Im holomorphen Fall ist bei der universellen Eigenschaft in 3.2.8 die Überlagerung φ holomorph; alle topologischen Deckabbildungen sind biholomorph, und im Homöomorphiekriterium 3.2.9 ist φ biholomorph.

3.3.2 Torusabbildungen. *Jede holomorphe Abbildung $\varphi : \mathbb{C}/\Omega \to \mathbb{C}/\Omega^*$ zwischen Tori ist affin. Zwei Tori $\mathbb{C}/\Omega$ und $\mathbb{C}/\Omega^*$ sind genau dann als Riemannsche Flächen isomorph, wenn $a\Omega = \Omega^*$ für ein $a \in \mathbb{C}^\times$ gilt.*
Beweis: Seien $\eta : \mathbb{C} \to \mathbb{C}/\Omega$ und $\eta^* : \mathbb{C} \to \mathbb{C}/\Omega^*$ die Projektionen. Nach dem Monodromiesatz läßt sich $\varphi \circ \eta$ zu einer holomorphen Funktion $f : \mathbb{C} \to \mathbb{C}$ liften, so daß $\eta^* \circ f = \varphi \circ \eta$ ist. Mit 2.5.2-3 folgt die Behauptung. □

3.3.3 Überlagerungen punktierter Scheiben. *Jede unverzweigte zusammenhängende Überlagerung $\eta : X \to \mathbb{E}^\times$ ist zur universellen Überlagerung $\zeta : \mathbb{H} \to \mathbb{E}^\times$, $z \mapsto e^{iz}$, oder zu einer n-blättrigen Überlagerung $\eta_n : \mathbb{E}^\times \to \mathbb{E}^\times$, $z \mapsto z^n$, mit $n \in \mathbb{N}_{>0}$ isomorph. Entsprechendes gilt für $\mathbb{C}^\times$ statt $\mathbb{E}^\times$.*

Beweis. Nach 3.2.8 kann man faktorisieren: $\zeta = \eta \circ \varphi$ mit $\varphi : \mathbb{H} \to X$. Andererseits ist $\zeta = \eta_n \circ \varphi_n$ mit $\varphi_n : \mathbb{H} \to \mathbb{E}^\times$, $\varphi_n(z) = e^{iz/n}$. Sei $\varphi_0 := \mathrm{id}$. Die einzigen Untergruppen der Deckgruppe $\mathcal{D}(\zeta) = \{z \mapsto z + 2\pi k : k \in \mathbb{Z}\}$ sind die Deckgruppen $\mathcal{D}(\varphi_n) = \{z \mapsto z + 2\pi n k : k \in \mathbb{Z}\}$ für $n \in \mathbb{N}$. Daher gibt es ein n mit $\mathcal{D}(\varphi_n) = \mathcal{D}(\varphi)$. Nach 3.2.9 gibt es einen Isomorphismus $\psi : X \to \mathbb{E}^\times$ für $n \geq 1$ bzw. $X \to \mathbb{H}$ für $n = 0$ mit $\psi \circ \varphi = \varphi_n$. Dann gilt $\eta_n \circ \psi = \eta$ für $n \geq 1$ bzw. $\zeta \circ \psi = \eta$ für $n = 0$. □

3.4 Analytische Fortsetzung

Die Grundlage der Weierstraßschen Funktionentheorie bilden die konvergenten Laurent-Reihen $f(z) = \sum a_k (z-c)^k$ mit endlichen Hauptteilen. Um f über den Konvergenzkreis A dieser Reihe hinaus fortzusetzen, betrachtet Weierstraß Kreisketten, d.h. endliche Folgen von Kreisscheiben $A = D_0, D_1, \ldots, D_n$ mit Verbindungspunkten $c_j \in D_{j-1} \cap D_j$ für $j = 1, \ldots, n$; siehe Figur 3.4.1. Eine Folge von Laurent-Reihen $f = f_0, \ldots, f_n = g$ nennt er eine *analytische Fortsetzung* von f längs der Kreiskette, wenn jedes f_j auf D_j konvergiert und f_{j-1} an der Stelle c_j dieselbe Reihenentwicklung wie f_j hat.– Wir zeigen, wie sich nach [Wyl1] die analytische Fortsetzung als Wege-Liftung in die Überlagerungstheorie Riemannscher Flächen einordnet.

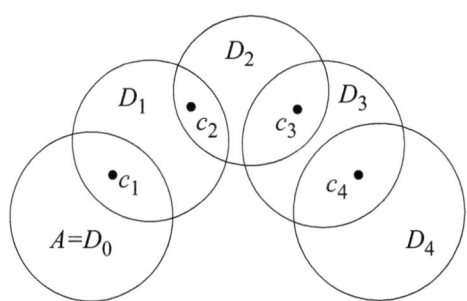

Fig. 3.4.1. Eine auf dem Kreis A als Laurent-Reihe definierte Funktion wird längs einer Weierstraßschen Kreiskette analytisch fortgesetzt.

3.4.1 Funktionenkeime. Seien U und V Umgebungen desselben Punktes a einer Riemannschen Fläche X. Zwei Funktionen $f \in \mathcal{M}(U)$ und $g \in \mathcal{M}(V)$ heißen *a-äquivalent*, wenn sie auf einer Umgebung $W \subset U \cap V$ von a übereinstimmen. Die a-Äquivalenzklasse von f wird *Keim* von f bei a genannt und mit f_a bezeichnet. Der Wert $f(a)$ und die Ordnung $o(f,a)$ hängen nur vom Keim ab. Wenn $o(f,a) \geq 0$ ist, heißt der Keim f_a *holomorph*.

Die Addition und Multiplikation von Funktionen übertragen sich auf die Keime. Dadurch wird die Menge $\mathcal{M}_a$ aller Keime meromorpher Funktionen bei a zu einem Körper. Mit $\mathcal{O}_a \subset \mathcal{M}_a$ wird der Teilring der *holomorphen* Keime bezeichnet. Die Keimbildung

$$\mathcal{M}(U) \to \mathcal{M}_a\,,\ f \mapsto f_a\,,$$

ist ein Homomorphismus von $\mathbb{C}$-Algebren. Wenn U zusammenhängt, ist er wegen des Identitätssatzes 1.3.4 injektiv.– Für $X = \mathbb{C}$ und $a = 0$ ist $\mathcal{M}_a$ der Körper aller konvergenten Laurentreihen $\sum a_n z^n$ mit endlichem Hauptteil.

3.4.2 Die Fläche der meromorphen Keime. Wir bilden die Menge

(1) $$\mathcal{M} := \biguplus_{x \in X} \mathcal{M}_x$$

aller meromorphen Funktionenkeime an allen Stellen x einer zusammenhängenden Riemannschen Fläche X. Die Projektion $p : \mathcal{M} \to X$ ordnet jedem Keim die Stelle zu, an der er gebildet wird.

Lemma. *Es gibt auf $\mathcal{M}$ genau eine Topologie, so daß p lokal topologisch ist. Sie macht $\mathcal{M}$ zu einem Hausdorffraum.*

Beweis. Wir bilden für jede offene Menge $U \subset X$ und jedes $f \in \mathcal{M}(U)$ die *Basismenge*

(2) $$(U, f) = \{f_x : x \in U\} \subset \mathcal{M}\,.$$

Zu jeden Keim $\kappa \in (U, f) \cap (V, g)$ bei $x \in U \cap V$ gibt es eine Scheibe $W \subset V \cap U$ um x mit $f|W = g|W =: h$, also

(3) $$\kappa \in (W, h) \subset (U, f) \cap (V, g)\,.$$

Man nennt diejenigen Teilmengen von $\mathcal{M}$ offen, welche Vereinigungen von Basismengen sind. Die Axiome einer Topologie sind erfüllt; denn der Durchschnitt zweier offener Mengen ist wegen (3) offen. Die Projektion $p : \mathcal{M} \to X$ bildet jede Basismenge (U, f) homöomorph auf U ab und ist daher lokal topologisch.

Zu zwei Keimen f_a, g_b an verschiedenen Stellen $a \neq b$ gibt es disjunkte Umgebungen von a und von b. Ihre p-Urbilder sind disjunkte Umgebungen von f_a und g_b.– Wenn $a = b$ ist, gibt es eine gemeinsame Scheibe (U, a) mit $f, g \in \mathcal{M}(U)$. Aus (3) und der Injektivität der Keimbildung $\mathcal{M}(U) \to \mathcal{M}_x$ für jedes $x \in U$ folgt $f = g$ oder $(U, f) \cap (U, g) = \emptyset$. Daher ist die Topologie hausdorffsch. □

Mit dem Liftungsprinzip 1.2.1 folgt unmittelbar der

Satz. *Der Raum $\mathcal{M}$ der meromorphen Keime auf X ist eine Riemannsche Fläche. Die Projektion $p : \mathcal{M} \to X$ ist lokal biholomorph.* □

3.4.3 Auswertungsfunktion und analytische Fortsetzung. Die *Auswertungsfunktion* (Evaluation) $e : \mathcal{M} \to \widehat{\mathbb{C}}$ ordnet jedem Keim f_x den Wert $f(x)$ zu. Auf jeder Basismenge (U, f) ist $e = f \circ p$. Daher ist e meromorph und $o(e, f_x) = o(f, x)$.– Die *holomorphen* Funktionenkeime bilden die Teilmenge $\mathcal{O} := \{\kappa \in \mathcal{M} : o(e, \kappa) \geq 0\}$. Die Differenz $\mathcal{M} \setminus \mathcal{O}$ ist die lokal endliche Menge der Polstellen von e. Insbesondere ist $\mathcal{O} \subset \mathcal{M}$ offen.

Sei $w : I \to X$ ein Weg, und sei κ ein Keim bei $a := w(0)$. Wenn sich w zu einem Weg $\hat{w}$ in $\mathcal{M}$ liften läßt, der in κ beginnt, sagt man: Der Keim $\hat{w}(1)$ geht aus κ durch analytische Fortsetzung längs w hervor.

Für festes κ bilden diese Keime $\hat{w}(1)$ eine Komponente Z_κ von $\mathcal{M}$. Sie wird genau dann durch p biholomorph auf X abgebildet, wenn κ der Keim einer auf ganz X meromorphen Funktion ist.

Wenn die eingeschränkte Projektion $p: Z_\kappa \to X$ unbegrenzt und damit eine (unverzweigte) Überlagerung ist, sagt man: Der Keim κ läßt sich in X *unbegrenzt fortsetzen*. Aus dem Monodromiesatz folgt direkt das

Monodromieprinzip der Funktionentheorie. *Wenn X einfach zusammenhängt und der Keim κ unbegrenzt fortgesetzt werden kann, ist κ der Keim einer auf ganz X meromorphen Funktion.* □

3.4.4 Historisches. Die älteste Form des Monodromieprinzips steht in Weierstraß' Vorlesung *Einführung in die Theorie der analytischen Functionen*, die er zwölf mal von 1861/62 bis 1884/85 an der Berliner Universität hielt. Bei der Betrachtung der analytischen Fortsetzung beantwortet er 1868 die Frage nach ihrer Eindeutigkeit mit dem Satz: „Wenn ein Teil der Ebene einfach begrenzt ist und man kann für jeden Punkt derselben ein Functionenelement erhalten, so werden wir stäts zu demselben gelangen, also die Funktion eindeutig sein". Weierstraß und seine Schüler konnten diesen Satz nicht beweisen. Dies gelang erst, als H. Weyl erkannte, daß das Problem der Eindeutigkeit der analytischen Fortsetzung in seinem Kern topologisch ist und durch die Liftung einer Abbildung gelöst wird, nachdem man zuvor sämtliche Funktionenelemente zu Punkten einer Überlagerungsfläche gemacht hat, siehe [Wyl], S. 52 ff.

Das Wort *Monodromie* benutzt Weierstraß nicht. Riemann nennt den Wert einer Funktion *einändig oder monodrom*, wenn dort *keine Verzweigung stattfindet* [Ri 4], S. 68. Der heute übliche Gebrauch des Wortes geht auf Weyl zurück. Er nennt das *Monodromieprinzips der Funktionentheorie* den *Monodromiesatz* [Wyl 1], S. 54. Im Anschluß daran wurde es üblich, die dahinter stehenden topologischen Aussagen mit dem Schlagwort *Monodromie* zu belegen.

Das Monodromieprinzip wurde selbst von erstrangigen Funktionentheoretikern nicht immer korrekt angewendet. So behauptet Carathéodory, [Cy 1] Band I, S. 230, daß eine lokal biholomorphe Abbildung $h: G \to h(G)$ zwischen Gebieten in $\mathbb{C}$ global biholomorph sei, sobald $h(G)$ einfach zusammenhängt. Die globale Umkehrabbildung gewinnt er mit dem Monodromieprinzip aus dem Keim einer lokalen Umkehrung, ohne zu prüfen, ob dieser Keim unbegrenzt fortgesetzt werden kann. Diese Beweislücke läßt sich nicht schließen, da die Behauptung falsch ist, wie die surjektive Abbildung $\mathbb{C} \setminus \{\pm 1\} \mapsto \mathbb{C}, z \mapsto \frac{1}{3}z^3 - z$, zeigt.

3.5 Abzählbarkeit

Aus *einem* meromorphen Funktionenkeim können an derselben Stelle höchstens *abzählbar viele* Keime durch analytische Fortsetzung entstehen. Hinter diesem Ergebnis steht ein Satz der Topologie.

3.5.1 Abzählbare Topologie. Eine Menge $\mathcal{U}$ von offenen Mengen $\neq \emptyset$ eines Raumes X heißt *Basis der Topologie*, wenn jede offene Menge $W \subset X$ eine Vereinigung von Mengen $U \in \mathcal{U}$ ist. Wenn es eine abzählbare Basis gibt, nennt man die *Topologie abzählbar*. Alle Kugeln mit rationalen Radien, deren Zentren rationale Koordinaten haben, bilden eine abzählbare Basis des $\mathbb{R}^n$.

(1) *Wenn abzählbar viele Unterräume $A_1, A_2, \ldots$ von X abzählbare Topologien haben, ist die Topologie der Vereinigung $\bigcup A_j$ abzählbar. Wenn die Topologie von X abzählbar ist, ist die Spurtopologie jeder Teilmenge $A \subset X$ auch abzählbar.* □

In einer Mannigfaltigkeit X hat jede Koordinatenumgebung eine abzählbare Topologie, weil sie zu einer offenen Menge des $\mathbb{R}^n$ homöomorph ist. Jede relativ kompakte Menge $A \subset X$ hat eine abzählbare Topologie, weil sie durch endlich viele Koordinatenumgebungen überdeckt werden kann.

(2) *Jeder Raum mit abzählbarer Topologie enthält eine abzählbare, dichte Teilmenge.*

Beweis. Sei $\mathcal{U}$ eine abzählbare Basis. Man wählt aus jedem $U \in \mathcal{U}$ je einen Punkt. Die abzählbare Menge T dieser Punkte ist dicht. Denn jede offene Menge $W \neq \emptyset$ umfaßt ein $U \in \mathcal{U}$ und trifft daher T. □

(3) *Sei $A \subset X$ ein Teilraum mit abzählbarer Topologie in einer Mannigfaltigkeit X. Sei $U \subset X$ offen. Dann wird A von höchstens abzählbar vielen Komponenten von U getroffen.*

Beweis. Nach (2) gibt es eine abzählbare, dichte Teilmenge $T \subset A$. Man definiert die Abbildung $\varphi : T \cap U \to \{\text{Komponenten von } U, \text{ die } A \text{ treffen }\}$ durch $\varphi(x) := $ *Komponente, in der x liegt*. Jede Komponente von U ist offen. Wenn sie A trifft, dann auch T. Daher ist φ surjektiv. Weil $T \cap U$ abzählbar ist, folgt (3). □

(4) *Jede lokal endliche Teilmenge S eines Raumes X mit abzählbarer Topologie ist abzählbar.*

Beweis. Sei $\mathcal{U}$ eine abzählbare Basis der Topologie. Zu jedem $x \in S$ gibt es ein $U_x \in \mathcal{U}$, so daß die U_x paarweise disjunkt sind. Die Abbildung $S \to \mathcal{U}$, $x \mapsto U_x$, ist daher injektiv. □

3.5.2 Satz von Poincaré-Volterra. *Sei $\eta : X \to Y$ eine stetige Abbildung von einer zusammenhängenden Mannigfaltigkeit X in einen Hausdorffraum Y mit abzählbarer Topologie. Wenn alle Fasern von η lokal endlich sind, ist die Topologie von X abzählbar.*

Beweis. Sei $\mathcal{V}$ eine abzählbare Basis von Y, und sei $\mathcal{U}$ die Menge aller relativ kompakten Komponenten von $\eta^{-1}(V)$ für $V \in \mathcal{V}$.

(a) $\mathcal{U}$ *überdeckt* X.

(b) *Wenn die Topologie von $A \subset X$ abzählbar ist, wird A von höchstens abzählbar vielen $U \in \mathcal{U}$ getroffen.*

Zu (a). Sei $x \in X$ und $y = \eta(x)$. Weil $f^{-1}(y)$ lokal endlich ist, gibt es eine relativ kompakte Umgebung W von x, so daß der kompakte Rand $\partial W = \overline{W} \setminus W$ die Faser $\eta^{-1}(y)$ nicht trifft. Dann ist $\eta(\partial W)$ kompakt, also ist $Y \setminus \eta(\partial W)$ eine Umgebung von y. Es gibt ein $V \in \mathcal{V}$, so daß

$y \in V \subset Y \setminus \eta(\partial W)$. Die Komponente U von $\eta^{-1}(V)$, welche x enthält, liegt in W. Daher ist U wie W relativ kompakt und folglich $x \in U \in \mathcal{U}$.

Zu (b). Sei $V \in \mathcal{V}$. Nach 3.5.1(3) wird A von höchstens abzählbar vielen Komponenten von $f^{-1}(V)$ getroffen. Da $\mathcal{V}$ abzählbar ist, folgt (b).

Wir wählen ein $U_0 \in \mathcal{U}$ und definieren induktiv die offenen, nicht-leeren Mengen $A_1 \subset A_2 \subset \cdots \subset X$ sowie die Folge $\mathcal{U}_0 \subset \mathcal{U}_1 \subset \cdots \subset \mathcal{U}$ durch

$$A_0 = U_0 \quad , \quad \mathcal{U}_r = \{U \in \mathcal{U} : U \cap A_r \neq \emptyset\} \quad , \quad A_{r+1} = A_r \cup \bigcup_{U \in \mathcal{U}_r} U .$$

Alle $U \in \mathcal{U}$ haben abzählbare Topologie, weil sie relativ kompakt sind. Wegen (b) folgt durch Induktion: Jedes A_r hat abzählbare Topologie, und $\mathcal{U}_r$ ist abzählbar. Somit ist
$$A = \bigcup_{r=0}^{\infty} A_r \subset X$$
eine *offene Menge mit abzählbarer Topologie*. Da X zusammenhängt, folgt $X = A$, wenn noch gezeigt wird:

(c) $\qquad A$ ist abgeschlossen in X.

Zu (c). Zu jedem $x \in \bar{A}$ gibt es nach (a) ein $U \in \mathcal{U}$ mit $x \in U$. Dann ist $U \cap A \neq \emptyset$, also $U \cap A_r \neq \emptyset$ für große r. Das bedeutet $U \in \mathcal{U}_r$, also $x \in A_{r+1}$. □

3.5.3 Anwendungen auf Riemannsche Flächen. (1) *Sei $\eta : X \to Y$ eine nicht-konstante holomorphe Abbildung zwischen zusammenhängenden Riemannschen Flächen. Wenn die Topologie von Y abzählbar ist, gilt dasselbe für X, und jede η-Faser ist abzählbar.*

Beweis. Die erste Behauptung folgt aus 3.5.2, weil die η-Fasern lokal endlich sind (1.3.3). Für die zweite Behauptung benutzt man noch 3.5.1(4). □

Der Spezialfall $Y = \widehat{\mathbb{C}}$ ergibt:

(2) *Wenn auf der zusammenhängenden Riemannschen Fläche X eine nicht konstante meromorphe Funktion lebt, ist die Topologie von X abzählbar.*

Die Voraussetzung von (2) ist immer erfüllt, siehe 10.7.2.– Weil die Projektion $p : \mathcal{M} \to \widehat{\mathbb{C}}$, siehe 3.4.2, nirgends konstant ist, gilt:

(3) *Jede Zusammenhangskomponente von $\mathcal{M}$ hat abzählbare Topologie.* □

Die Abzählbarkeit der p-Faser bedeutet in diesem Falle:

(4) *Die Menge aller meromorphen Funktionenkeime an einer Stelle $a \in \widehat{\mathbb{C}}$, die aus einem festen Keim durch analytische Fortsetzung hervorgehen, ist abzählbar.* □

3.5.4 Historisches. Der Satz, den Poincaré und Volterra 1888 unabhängig voneinander bewiesen, ist die letzte Aussage (4). Tatsächlich stammt das Ergebnis von G. Cantor, der es schon Jahre vorher Weierstraß mitgeteilt hatte.

Der topologische Kern des Satzes von Poincaré und Volterra in der Gestalt 3.5.2 wurde von Bourbaki [Bou], Chap. 1, 11.7, herausgearbeitet. Mehr zur Geschichte findet man in [Ul].

3.6 Unverzweigte normale Überlagerungen

Wir ergänzen die Ergebnisse in 3.2.9 durch eine Beziehung der Deckgruppe einer normalen Überlagerung zur Fundamentalgruppe ihrer Basis. Mit $\eta : X \to Y$ wird eine topologische Überlagerung zwischen zusammenhängenden Mannigfaltigkeiten bezeichnet.

3.6.1 Normalitätslemma. *Wenn es für einen Punkt $a \in X$ zu jedem a' mit $\eta(a') = \eta(a)$ eine Deckabbildung g mit $g(a) = a'$ gibt, ist η ist normal.*

Beweis. Für $x, x' \in X$ gelte $\eta(x) = \eta(x')$. Man verbindet x mit a durch einen Weg u. Es gibt einen Weg v über $\eta \circ u$, der in x' beginnt. Er endet in einem Punkt a' mit $\eta(a') = \eta(a)$. Für die Deckabbildung g mit $g(a) = a'$ gilt dann $g(x) = x'$, da aus der Eindeutigkeit der Liftung $g \circ u = v$ folgt. □

3.6.2 Wechsel des Basispunktes. *Sei $\eta(a) = b$. Wenn a' die Faser $\eta^{-1}(b)$ durchläuft, erhält man mit $\eta_*\big(\pi(X,a')\big)$ alle zu $\eta_*\big(\pi(X,a)\big)$ konjugierten Untergruppen von $\pi(Y,b)$.*

Beweis. Die η-Liftungen der Schleifen v in Y mit dem Basispunkt b, welche in a beginnen, sind genau die Wege u, die in Punkten $a' \in \eta^{-1}(b)$ enden. Mit den Verschiebungen Φ_u und Φ_v, siehe 3.1.5, ist das Diagramm kommutativ:

$$\begin{array}{ccc} \pi(X,a) & \xrightarrow{\Phi_u} & \pi(X,a') \\ \eta_* \downarrow & & \downarrow \eta_* \\ \pi(Y,b) & \xrightarrow{\Phi_v} & \pi(Y,b). \end{array}$$

Es folgt $\eta_*\big(\pi(X,a')\big) = [v]^{-1} \cdot \eta_*\big(\pi(X,a)\big) \cdot [v]$. □

Insbesondere ist $\eta_*\big(\pi(X,a)\big) \triangleleft \pi(Y,b)$ genau dann ein Normalteiler, wenn $\eta_*\big(\pi(X,a')\big) = \eta_*\big(\pi(X,a)\big)$ für alle $a' \in \eta^{-1}(b)$ gilt. Letzteres ist nach dem Monodromiesatz 3.2.6 zur Existenz einer Deckabbildung g mit $g(a') = a$ äquivalent. Mit 3.6.1 folgt der

Satz. *Die Überlagerung $\eta : (X,a) \to (Y,b)$ ist genau dann normal, wenn $\eta_*\big(\pi(X,a)\big) \triangleleft \pi(Y,b)$ ein Normalteiler ist.* □

3.6.3 Der Poincarésche Epimorphismus. *Sei $\eta : (X,a) \to (Y,b)$ eine normale Überlagerung. Es gibt genau einen Epimorphismus*

(1) $$P : \pi(Y,b) \to \mathcal{D}(\eta) ,$$

so daß für jede Schleife v mit dem Basispunkt b ihre in a beginnende Liftung u in $P[v](a)$ endet. Der Kern von P ist die Bildgruppe $\eta_*\big(\pi(X,a)\big)$. Genau dann, wenn P ein Isomorphismus ist, hängt X einfach zusammen.

Beweis. Man definiert $g := P[v]$ als die Deckabbildung, deren Wert $g(a)$ der Endpunkt von u ist. Nach dem Homotopie-Liftungssatz 3.2.3 hängt g nur von der Homotopieklasse $[v] \in \pi(Y,b)$ ab, und P ist wohldefiniert. Dies ist die einzig mögliche Definition von P.

Homomorphie. Für $j = 1, 2$ seien v_j zwei Schleifen und u_j ihre Liftungen, die in a beginnen. Sei $g_j := P[v_j]$ und $g := P[v_1 \cdot v_2]$. Dann ist $u_1 \cdot (g_1 \circ u_2)$ die Liftung von $v_1 \cdot v_2$, die in a beginnt. Ihr Endpunkt $g(a)$ ist der Endpunkt von $g_1 \circ u_2$, also der Punkt $g_1 \circ g_2(a)$.
Surjektivität. Sei $g \in \mathcal{D}(\eta)$. Man verbindet a mit $g(a)$ durch einen Weg u. Für $v = \eta \circ u$ gilt $P[v] = g$.
Kern. Genau dann, wenn $P[v] = \mathrm{id}$ ist, wird v zu einer Schleife u geliftet, d.h. $[v] = \eta_*[u] \in \eta_*\bigl(\pi(X, a)\bigr)$.
Isomorphismus. Der Kern von P ist genau dann trivial, wenn X einfach zusammenhängt. Denn nach 3.2.4(2) ist η_* injektiv. □

Wir nennen P den *Poincaréschen Epimorphismus*. Er hängt von der Wahl des Basispunktes a ab und wird daher genauer mit P_a bezeichnet. Sei v ein Weg von a nach a' in X. Für die Verschiebung $\Phi_w : \pi(Y, b) \to \pi(Y, b')$ längs $w = \eta \circ v$ gilt $P_a = P_{a'} \circ \Phi_w$.

3.6.4 Beispiele. Der Poincarésche *Epimorphismus* ermöglicht die Berechnung der Fundamentalgruppe $\pi(Y, b)$, wenn eine universelle Überlagerung $\zeta : (Z, c) \to (Y, b)$ und ihre Deckgruppe $\mathcal{D}(\zeta)$ bekannt sind.

(1) *Die Fundamentalgruppe $\pi(\mathbb{C}^\times, 1)$ ist unendlich zyklisch und wird von der Homotopieklasse des Weges $u : [0, 2\pi] \to \mathbb{C}^\times$, $u(s) = \exp(is)$, erzeugt. Entsprechend ist $\pi(\mathbb{E}^\times)$ unendlich zyklisch.*

(2) *Die Fundamentalgruppe des Torus $T = \mathbb{C}/\Omega$ zum Gitter $\Omega = \mathbb{Z}\omega_1 + \mathbb{Z}\omega_2$ ist eine freie abelsche Gruppe vom Rang 2. Die Homotopieklassen der Schleifen $u_j : [0, 1] \to T$, $u_j(t) = \eta(t\omega_j)$, bilden eine Basis von $\pi(T, a)$.*

Beweis. Man benutzt bei (1) die Exponentialfunktion $\exp : \mathbb{C} \to \mathbb{C}^\times$ und bei (2) die Torusprojektion $\eta : (\mathbb{C}, 0) \to (T, a)$ als universelle Überlagerungen.

3.6.5 Historisches. C. Jordan [Jo] stand 1866 mit seinem Kalkül der Wege und ihrer Homotopien kurz vor der Definition der Fundamentalgruppe. Sogar die Einsicht, sich auf Schleifen zu beschränken, hatte er bereits. Es mag daher verwundern, warum er nicht die Fundamentalgruppe erfand. Aber Gruppen waren damals noch Substitutions- oder Transformationsgruppen und nicht Mengen mit einer Verknüpfung für je zwei Elemente.
Es dauerte noch 26 Jahre, bis H. Poincaré 1892 die Fundamentalgruppe in einer kurzen Note definierte. Dieser Note folgte 1895 eine ausführliche Abhandlung und 1904 eine Ergänzung, siehe [Po] IV, p. 183 ff. Den Namen *groupe fondamentale* prägte er 1895.
Zehn Jahre vorher hatte Poincaré, teilweise im Wettstreit mit Klein, Überlagerungen kompakter Riemannscher Flächen R vom Geschlecht ≥ 2 durch die obere Halbebene $\mathbb{H}$ untersucht. Die Deckgruppen nannte er Fuchs'sche Gruppen. Klein protestierte vergeblich: „Fuchs hat hier keine Verdienste." [Klei 5], S. 374 ff. Nach der Definition der Fundamentalgruppe erinnerte Poincaré an die Fuchs'schen Gruppen und stellte fest [Po] VI, S. 247: „Ce groupe fuchsien ne sera, d'ailleurs, évidemment autre chose que le groupe fondamental g, relatif à la surface R considérée comme une variété à deux dimensions." Kurz gesagt: Die Fundamentalgruppe ist die Deckgruppe der universellen Überlagerung.

3.7 Konstruktion von Überlagerungen

Wir realisieren alle Untergruppen der Fundamentalgruppe $\pi(Y)$ einer Mannigfaltigkeit Y als Bildgruppen $\eta_*(\pi(X))$ zusammenhängender Überlagerungen $\eta\colon X \to Y$ und verallgemeinern die Ergebnisse auf den unzusammenhängenden Fall.

3.7.1 Überlagerungen zu vorgegebenen Untergruppen. *Zu jeder Untergruppe $H < \pi(Y,b)$ gibt es bis auf Isomorphie genau eine zusammenhängende Überlagerung $\eta\colon (X,a) \to (Y,b)$ mit $\eta_*(\pi(X,a)) = H$. Der Index von H in $\pi(Y,b)$ ist die Blätterzahl von η.*

Beweis. Zur Isomorphie siehe 3.2.7.– Zur Existenz: Zwei Wege u und v, die in b beginnen, heißen *H-äquivalent*, wenn sie denselben Endpunkt haben und die Homotopieklasse der Schleife $u \cdot v^-$ in H liegt. Insbesondere sind zwei Schleifen mit dem Basispunkt b genau dann H-äquivalent, wenn ihre Homotopieklassen in derselben Restklasse modulo H liegen. Sei $\operatorname{kl} v$ die H-Äquivalenzklasse von v, sei X die Menge aller H-Äquivalenzklassen, und sei $\eta\colon X \to Y$ die Abbildung $\eta(\operatorname{kl} v) := $ Endpunkt von v.

Sei U eine einfach zusammenhängende Umgebung des Endpunktes y von v. Wir lassen u alle Wege in U durchlaufen, die in y beginnen, und bilden die Menge $U_v := \{\operatorname{kl}(v \cdot u)\} \subset X$ der H-Äquivalenzklassen der Produktwege, siehe Figur 3.7.1. Durch η wird U_v bijektiv auf U abgebildet.

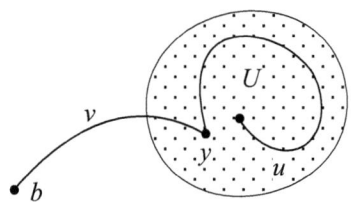

Fig. 3.7.1. In der Überlagerungsfläche X besteht eine Umgebung der H-Äquivalenzklasse $\operatorname{kl} v$ aus allen Klassen $\operatorname{kl}(v \cdot u)$, wobei u ein Weg in U ist, der in y beginnt.

Sämtliche Mengen U_v bilden die Basis einer Topologie auf X. Bezüglich dieser Topologie ist η stetig und offen. Da U einfach zusammenhängt, wird U durch $\eta^{-1}(U)$ trivial überlagert.

Der Basispunkt $a \in X$ ist die H-Äquivalenzklasse $\operatorname{kl} b$ des konstanten Weges. Jeder Weg v in Y, der in b beginnt, hat genau einen η-Lift $\hat{v}$, der in a beginnt. Der Endpunkt von $\hat{v}$ ist $\operatorname{kl} v \in X$. Daher hängt X zusammen.–
Aus den Äquivalenzen
$$[v] \in \eta_*\pi(X,a) \iff \hat{v} \text{ ist eine Schleife} \iff \operatorname{kl} v = a = \operatorname{kl} b \iff [v] \in H$$
folgt $\eta_*(\pi(X,a)) = H$.– Da die Nebenklassen von H in $\pi(Y,b)$ umkehrbar eindeutig den Punkten der Faser $\eta^{-1}(b)$ entsprechen, ist die Blätterzahl von η der Index von H in $\pi(Y,b)$. □

3.7 Konstruktion von Überlagerungen

3.7.2 Folgerungen. (1) *Zu jedem Epimorphismus $h : \pi(Y, b) \to G$ gibt es bis auf Isomorphie genau eine normale Überlagerung $\eta : (X, a) \to (Y, b)$ mit der Deckgruppe G und dem Poincaréschen Epimorphismus h.*

(2) *Jede zusammenhängende Mannigfaltigkeit Y wird durch eine einfach zusammenhängende Mannigfaltigkeit Z überlagert.*

(3) *Bei jeder universellen Überlagerung $X \to Y$ hängt X einfach zusammen.*

Beweis. (1) Man wendet 3.7.1 auf die Untergruppe $H = \operatorname{Kern} h$ an und erhält wegen 3.6.2-3 die gewünschte normale Überlagerung.– (2) folgt aus (1), angewendet auf $h = \operatorname{id}$.– (3) Nach (2) gibt es eine einfach zusammenhängende Überlagerung. Nach 3.2.8 ist diese universell und daher zur Überlagerung $X \to Y$ isomorph. □

3.7.3 Historisches. Um die besonderen Eigenschaften einfach zusammenhängender Flächen auch für nicht einfach zusammenhängende Flächen nutzen zu können, zerlegte Riemann letztere durch Querschnitte in einfach zusammenhängende Stücke, siehe [Ri 2], Artikel 6. Hieran knüpfte H. A. Schwarz dreißig Jahre später mit der Konstruktion einfach zusammenhängender Überlagerungen an. Er teilte seinen Gedankengang F. Klein mündlich mit. Dieser beschrieb ihn am 14.5.1882 in einem Brief an H. Poincaré folgendermaßen, [Klei 1], Band 3, S. 616:
„Schwarz denkt sich die Riemannsche Fläche in geeigneter Weise zerschnitten, sodann unendlich-fach überdeckt und die verschiedenen Überdeckungen in den Querschnitten so zusammengefügt, daß eine Gesamtfläche entsteht, welche der Gesamtheit der in der Ebene nebeneinander zu legenden Polygonen entspricht. Diese Gesamtfläche ist, sofern man von solchen Attributen bei unendlich ausgedehnten Flächen sprechen kann (was eben erläutert werden muß), *einfach zusammenhängend*, ... – Dieser Schwarzsche Gedankengang ist jedenfalls sehr schön."
Poincaré antwortete umgehend (18.5.1882): „Les idées de M. Schwarz ont une portée bien plus grande."

3.7.4 G-Überlagerungen. Wir betrachten Überlagerungen, bei denen nur noch Y zusammenhängt. Diese Verallgemeinerung wird in 3.8.2 benötigt.
Wir nennen η eine *G-Überlagerung*, wenn $G < \mathcal{D}$ eine Untergruppe der Deckgruppe ist, so daß zu je zwei Punkten x, x' mit $\eta(x) = \eta(x')$ genau ein $g \in G$ mit $g(x) = x'$ existiert. Bei zusammenhängenden Überlagerungen ist dies wegen der Eindeutigkeit der Liftung nur für $G = \mathcal{D}$ möglich.
An die Stelle des Poincaréschen *Epi*morphismus tritt bei G-Überlagerungen $\eta : (X, a) \to (Y, b)$ der analog definierte *Poincarésche Homomorphismus* $P : \pi(Y, b) \to G$.
Sei X_0 die Komponente von X, in der a liegt. Dann ist die Beschränkung von η eine normale Überlagerung $\eta_0 : X_0 \to Y$ mit der Deckgruppe $G_0 := \{g \in G : g(X_0) = X_0\} = P(\pi(Y, b)) < G$. Insbesondere gilt:
(1) *Genau dann, wenn X zusammenhängt, ist P surjektiv.* □

Eindeutigkeitssatz. *Zu zwei G-Überlagerungen $\eta : (X, a) \to (Y, b)$ und $\eta' : (X', a') \to (Y, b)$ mit demselben Poincaréschen Homomorphismus $P : \pi(Y, b) \to G$ gibt es genau einen Homöomorphismus $\varphi : (X, a) \to (X', a')$ mit $\eta' \circ \varphi = \eta$ und $\varphi \circ g = g \circ \varphi$ für alle $g \in G$.*

Beweis. Die analog zu η_0 gebildete normale Überlagerung η'_0 hat denselben Poincaréschen Epimorphismus wie η_0 und ist daher zu η_0 isomorph: Es gibt genau einen Homöomorphismus $\varphi_0 \colon (X_0, a) \to (X'_0, a')$ mit $\eta'_0 \circ \varphi_0 = \eta_0$ und $\varphi_0 \circ g = g \circ \varphi_0$ für $g \in G_0$. Zu jeder Komponente X_1 von X gibt es ein $g \in G$ mit $g(X_0) = X_1$. Wir definieren $\varphi | X_1 := g \circ \varphi_0 \circ g^{-1}$ und überlassen dem Leser nachzuprüfen: Die Definition hängt nicht von g ab und ergibt einen Homöomorphismus $\varphi \colon X \to X'$ mit allen behaupteten Eigenschaften. □

3.7.5 Existenz der G-Überlagerungen. *Bei einer zusammenhängenden Mannigfaltigkeit Y ist jeder Homomorphismus $h \colon \pi(Y,b) \to G$ der Poincarésche Homomorphismus einer G-Überlagerung $\eta \colon (X,a) \to (Y,b)$.*

Beweis. Sei $G_0 := \operatorname{Bild} h < G$. Nach 3.7.2(1) gibt es eine normale Überlagerung $\eta_0 \colon (X_0, a) \to (Y, b)$ mit dem Poincaréschen Epimorphismus $h \colon \pi(Y, b) \to G_0$. Sei $M \subset G$ eine Repräsentantenmenge für die Restklassen von G modulo G_0. Dabei sei das Einselement 1 der Repräsentant für G_0. Wir versehen M mit der diskreten Topologie, bilden $X := M \times X_0$ mit dem Basispunkt $(1, a)$ und die Überlagerung $\eta \colon X \to Y$, $\eta(m, x) := \eta_0(x)$ für $m \in M$ und $x \in X_0$. Wir definieren den Monomorphismus $G \to \mathcal{D}(\eta)$ durch $g(m, x) := (m_0, g_0(x))$, wobei $m_0 \in M$ und $g_0 \in G_0$ durch $gm = m_0 g_0$ eindeutig bestimmt werden. Dadurch wird η zu einer G-Überlagerung mit dem Poincarésche Homomorphismus $h \colon \pi(Y, b) \to G_0 \hookrightarrow G$. □

3.8 Die Fundamentalgruppe einer Vereinigung

Seifert (1931) und van Kampen (1934) fanden eine Methode, um die Fundamentalgruppe $\pi(U \cup V)$ einer Vereinigung zu bestimmen, wenn man $\pi(U)$, $\pi(V)$ und $\pi(U \cap V)$ kennt. Wir berechnen damit die Fundamentalgruppen der mehrfach punktierten Ebene (3.8.4) und der kompakten Flächen (12.3.6).

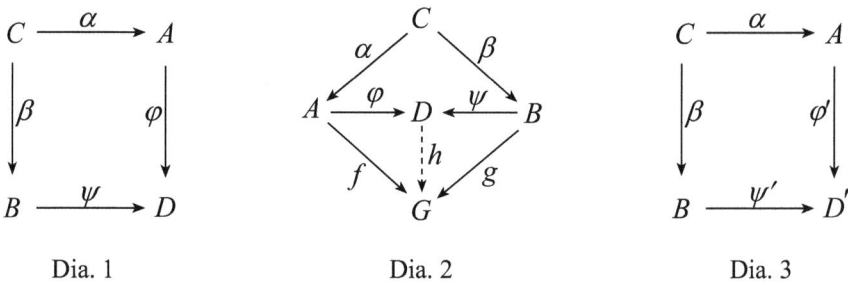

Dia. 1   Dia. 2   Dia. 3

3.8.1 Amalgierte Produkte. Das kommutative Diagramm 1 von Gruppen und Homomorphismen heißt *amalgiertes Produkt*, wenn es zu jeder Gruppe G und zu jedem Paar von Homomorphismen $f \colon A \to G$ und $g \colon B \to G$, für die $f \circ \alpha = g \circ \beta$ gilt, genau einen Homomorphismus $h: D \to G$ gibt, so daß $f = h \circ \varphi$ und $g = h \circ \psi$ ist, siehe Diagramm 2. Wenn das Diagramm 3 auch ein amalgiertes Produkt ist, gibt es genau einen Isomorphismus $h: D \to D'$, so daß $\varphi' = h \circ \varphi$ und $\psi' = h \circ \psi$ gelten (Eindeutigkeit).

Beispiel. Sei $\alpha: C \to A$ ein Homomorphismus, und sei N der von $\alpha(C)$ in A erzeugte Normalteiler. Sei $\varphi: A \to A/N =: D$ die Projektion auf die Faktorgruppe. Mit $B := \{1\}$ entsteht ein amalgiertes Produkt.

3.8.2 Satz von Seifert und van Kampen. *Die Mannigfaltigkeit X sei die Vereinigung $U \cup V$ von zwei offenen, zusammenhängenden Mengen, so daß auch $U \cap V$ zusammenhängt. Das durch die Einbettungen induzierte Diagramm der Fundamentalgruppen mit einem Basispunkt $a \in U \cap V$ ist ein amalgiertes Produkt:*

$$\begin{array}{ccc} \pi(U \cap V) & \xrightarrow{\alpha} & \pi(U) \\ \beta \downarrow & & \downarrow \varphi \\ \pi(V) & \xrightarrow{\psi} & \pi(U \cup V) \end{array}$$

Beweis (nach Grothendieck, siehe [Go], S. 143 f). Es seien $f: \pi(U) \to G$ und $g: \pi(V) \to G$ zwei Homomorphismen, so daß $f \circ \alpha = g \circ \beta$ gilt. Es genügt zu zeigen, daß genau ein Homomorphismus $h: \pi(U \cup V) \to G$ mit $h \circ \varphi = f$ und $h \circ \psi = g$ existiert.

Nach 3.7.5 gibt es zwei G-Überlagerungen $\eta_1: (Z_1, c_1) \to (U, a)$ und $\eta_2: (Z_2, c_2) \to (V, a)$ mit den Poincaréschen Homomorphismen f bzw. g. Wegen $f \circ \alpha = g \circ \beta$ und der Eindeutigkeit der G-Überlagerung sind η_1 und η_2 über $U \cap V$ kanonisch isomorph. Mit dem eindeutig bestimmten Isomorphismus werden η_1 und η_2 zu *einer* G-Überlagerung $\eta: (Z, c) \to (U \cup V, c)$ *verschmolzen*, so daß $Z = Z_1 \cup Z_2$ und $\eta | Z_j = \eta_j$ ist. Der Poincarésche Homomorphismus von η ist der gesuchte Homomorphismus h. Er ist eindeutig bestimmt.

Wir erläutern die *Verschmelzung* ausführlicher: Es gibt genau einen Homöomorphismus
$$q: \eta_1^{-1}(U \cap V) \to \eta_2^{-1}(U \cap V)$$
mit $q(c_1) = c_2$, $\eta_1 = \eta_2 \circ q$ und $q \circ \gamma = \gamma \circ q$ für alle $\gamma \in G$. Auf $Z_1 \uplus Z_2$ wird durch $z_1 \sim q(z_1)$ für $z_1 \in \eta_1^{-1}(U \cap V)$ eine Äquivalenzrelation erzeugt. Sei Z die Menge der Äquivalenzklassen und $p: Z_1 \uplus Z_2 \to Z$ die Projektion, die jedem z seine Klasse $p(z)$ zuordnet. Wir identifizieren Z_j mit $p(Z_j) \subset Z$ durch die injektive Beschränkung $p|Z_j$. Mit folgender Topologie wird Z zu einem Hausdorffraum:
$$U \subset Z \text{ offen} \quad \Leftrightarrow \quad u \cap Z_j \subset Z_j \text{ offen für } j = 1, 2.$$
Insbesondere ist $Z_j \subset Z$ offen, und $Z = Z_1 \cup Z_2$ ist eine Mannigfaltigkeit. Man definiert $\eta: Z \to U \cup V$ durch $\eta | Z_j := \eta_j$ und verifiziert, daß η eine Überlagerung ist. Wegen $q \circ \gamma = \gamma \circ q$ für $\gamma \in G$ setzen sich die beiden Homöomorphismen $\gamma: Z_1 \to Z_1$ und $\gamma: Z_2 \to Z_2$ zu einem Homöomorphismus $\gamma: Z \to Z$ zusammen. Dadurch wird G zu einer Untergruppe von $\mathcal{D}(\eta)$, die η zu einer G-Überlagerung macht. Sei h ihr Poincarésche Homomorphismus. Dann ist $h \circ \varphi$ der Poincarésche Homomorphismus f der G-Überlagerung η_1. Entsprechend folgt $h \circ \psi = g$.

Zur *Eindeutigkeit*: Angenommen, es gibt zwei Homomorphismen h und h'. Beide sind Poincarésche Homomorphismen zu G-Überlagerungen η bzw. η' von $U \cup V$. Wegen $h \circ \varphi = h' \circ \varphi$ und $h \circ \psi = h' \circ \psi$ sind diese Überlagerungen über U und über V isomorph. Damit sind η und η' über $U \cup V$ isomorph und haben denselben Poincaréschen Homomorphismus $h = h'$. □

3.8.3 Freie Produkte und freie Gruppen.
Man nennt das amalgierte Produkt des Diagramms 1 in 3.8.1 ein *freies Produkt*, wenn $C = \{1\}$ trivial ist. In diesem Falle schreibt man $D = A * B$ und faßt, da φ und ψ injektiv sind, A und B als Untergruppen von $A * B$ auf. Im Satz von Seifert und van Kampen gilt

(1) $\pi(U \cup V) = \pi(U) * \pi(V)$, wenn $U \cap V$ einfach zusammenhängt.

Man sagt: Die Gruppe G wird von der Teilmenge $M \subset G$ *frei erzeugt*, wenn sich jede Abbildung $\varphi : M \to H$ in eine Gruppe H zu genau einem Homomorphismus $f : G \to H$ fortsetzen läßt. In diesem Fall heißt G *freie Gruppe*. Für $\sharp M = 1$ ist G unendlich zyklisch. Für $\sharp M \geq 2$ ist G nicht abelsch, da es einen Epimorphismus $G \to \mathcal{S}_3$ gibt: Man wählt zwei Elemente $a \neq b$ in M und definiert $\varphi(a) := (12)$, $\varphi(b) := (23)$, $\varphi(x) := (1)$ für $x \in M \setminus \{a, b\}$.

Wenn zwei Gruppen G und H von gleichmächtigen Teilmengen $M \subset G$ und $N \subset H$ frei erzeugt werden, sind sie isomorph.

Wenn die Gruppen G und H von M bzw. N frei erzeugt werden, wird das freie Produkt $G * H$ von der disjunkten Vereinigung $M \uplus N$ frei erzeugt.

Satz. *Die Fundamentalgruppe $\pi(\mathbb{C} \setminus \{a_1, \ldots, a_r\})$ der r-fach punktierten Ebene wird von r Elementen frei erzeugt.*

Im nächsten Abschnitt wird ein genaueres Ergebnis bewiesen.

3.8.4 Punktierte Flächen.
Sei $A \subset X$ eine lokal endliche Menge in einer zusammenhängenden Fläche. Sei U eine Scheibe um $a \in A$ mit $U \cap A = \{a\}$, und sei v eine Schleife in $U^\times := U \setminus \{a\}$. Jeder Weg u in $X \setminus A$ der Gestalt $u = w \cdot v \cdot w^-$ wird a-*Schleife* genannt, siehe Fig. 3.8.4 a.

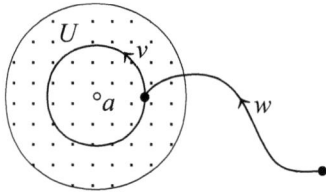

Fig. 3.8.4 a. Eine einfache a-Schleife wvw^- beginnt mit einem Weg w, der in einer punktierten Scheibe U um a endet. Daran schließt sich der Weg v an, welcher den Kreis um a einmal positiv durchläuft. Dann kehrt die Schleife längs w^- an ihren Ausgangspunkt zurück.

Die Schleife u heißt *einfach*, wenn es eine Karte $h : (U, a) \to (\mathbb{E}, 0)$ gibt, so daß $h \circ v$ zu $\gamma : [0, 1] \to \mathbb{E}^\times$, $\gamma(t) = h(v(0)) \cdot \exp(2\pi i t)$, homotop ist. Da $\pi(\mathbb{E}^\times)$ von $[\gamma]$ erzeugt wird, ist die Homotopieklasse jeder a-Schleife eine

3.8 Die Fundamentalgruppe einer Vereinigung 65

Potenz der Homotopieklasse einer einfachen a-Schleife. Wenn man den Basispunkt x_0 längs eines Weges in $X \setminus A$ nach x_1 verschiebt, gehen (einfache) a-Schleifen mit dem Basispunkt x_0 in solche mit dem Basispunkt x_1 über. Insbesondere ist die Menge der Homotopieklassen aller (einfachen) a-Schleifen in $\pi(X \setminus A, x_0)$ unter Konjugation invariant.

Hier ist eine genauere Version des Satzes in 3.8.3, die in 4.7.4 bei verzweigten Überlagerungen von $\widehat{\mathbb{C}}$ benötigt wird.

Satz. *Seien $a_0, \ldots, a_r \in \widehat{\mathbb{C}}$ paarweise verschieden, $1 \leq r < \infty$. Zu jedem $j = 0, \ldots, r$ gibt es eine einfache a_j-Schleife u_j, so daß $\pi(\widehat{\mathbb{C}} \setminus \{a_0, \cdots, a_r\})$ von den Klassen $[u_1], \ldots, [u_r]$ frei erzeugt wird und $[u_0] \cdot \ldots \cdot [u_r] = 1$ gilt.*

Beweis. Durch einen Automorphismus von $\widehat{\mathbb{C}}$ erreichen wir $a_0 = \infty$ und paarweise verschiedene Realteile der Punkte $a_1, \ldots, a_r$. Sei R ein achsenparalleles Rechteck, so daß $A := \{a_1, \ldots, a_r\}$ im Innern von R liegt; sei x_0 ein Basispunkt auf dem Rande ∂R. Sei u die Schleife von und nach x_0, welche ∂R einmal positiv durchläuft. Sei $S = \{z \in \mathbb{C} : \alpha < \operatorname{Re} z < \beta\}$ ein Streifen mit $A \subset S$; dabei sind $\alpha = -\infty$ und $\beta = \infty$ zugelassen.

(1) *In $S \setminus A$ gibt es zu jedem Punkt $a_j \in A$ eine einfache Schleife u_j, so daß $\pi(S \setminus A, x_0)$ von $[u_1], \cdots, [u_r]$ frei erzeugt wird und bei eventuell geänderter Reihenfolge $[u_1] \cdot \ldots \cdot [u_r] = [u]$ gilt.*

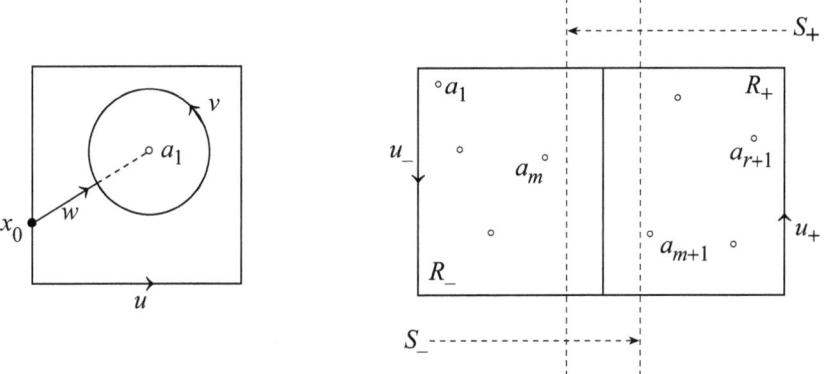

Fig. 3.8.4 b. Die linke Figur zeigt den Induktionsbeginn und die rechte den Induktionsschluß des Beweises zu (1).

Wir beweisen (1) durch Induktion über r. Für den Beginn bei $r = 1$ siehe die linke Figur 3.8.4 b: Eine radiale Homotopie vom Zentrum a_1 aus zeigt: Der Weg u ist zur einfachen a_1-Schleife $u_1 = wvw^-$ homotop, bei der w auf einem Strahl durch a_1 liegt. Also gilt $[u_1] = [u]$. Es gibt einen Homöomorphismus $(S, a_1) \to (\mathbb{C}, 0)$, der v in den Weg $\gamma : [0,1] \to \mathbb{C}$, $\gamma(t) := \exp(2\pi i t)$, überführt. Die Gruppe $\pi(\mathbb{C}^\times)$ wird durch $[\gamma]$ frei erzeugt.

Daher wird $\pi(S \setminus \{a_1\})$ durch $[v]$ und nach Basispunktverschiebung durch $[u_1]$ frei erzeugt.

Schluß von r auf $r+1$, siehe die rechte Figur 3.8.4 b: Wir überdecken S durch zwei überlappende Streifen S_- und S_+, so daß $S_- \cap S_+ \cap A = \emptyset$ aber $S_- \cap A \neq \emptyset \neq S_+ \cap A$ gilt. Wir zerlegen R in zwei Rechtecke $R_\pm \subset S_\pm$. Wir numerieren so, daß $A_+ := S_+ \cap A = \{a_1, \ldots, a_m\}$ und $A_- := S_- \cap A = \{a_{m+1}, \ldots, a_{r+1}\}$. Nach der Induktionsannahme gibt es einfache a_j-Schleifen u_j, so daß $\pi(S_+ \setminus A_+)$ durch $[u_1], \ldots, [u_m]$ und $\pi(S_- \setminus A_-)$ durch $[u_{m+1}], \ldots, [u_{r+1}]$ frei erzeugt werden, wobei $[u_1] \cdot \ldots \cdot [u_m] = [u_+]$ und $[u_{m+1}] \cdot \ldots \cdot [u_{m+1}] = [u_-]$ für die Randwege der Teilrechtecke $R_\pm$ gelten. Da $S_- \cap S_+$ keine Löcher enthält und einfach zusammenhängt, folgt nach 3.8.3, daß $\pi(S \setminus A) = \pi(S \setminus A_+) * \pi(S \setminus A_-)$ das freie Produkt ist und somit von $[u_1], \ldots, [u_{r+1}]$ frei erzeugt wird. Weil u zu $r_+ \cdot r_-$ homotop ist, gilt $[u] = [u_1] \cdot \ldots \cdot [u_{r+1}]$.

Die inverse Rechteckschleife u^- ist eine einfache a_0-Schleife. Aus (1) folgt daher die Behauptung des Satzes mit einer Einschränkung: Die Reihenfolge der Punkte $a_0, \ldots, a_r$ ist im Produkt $[u_{\sigma(0)}] \cdot \ldots \cdot [u_{\sigma(r)}] = 1$ permutiert. Aber mit $x \cdot y = xyx^{-1} \cdot x$ läßt sich die vorgegebene Reihenfolge herstellen. Denn mit $[u_j]$ ist auch $x \cdot [u_j] \cdot x^{-1}$ die Homotopieklasse einer einfachen a_j-Schleife. $\square$

3.9 Aufgaben

1) Begründe, daß jeder Weg in einem Gebiet $X \subset \mathbb{C}$ zu einem Polygonzug, d.h. zu einem stückweise linearen Weg homotop ist.

2) Beweise in Ergänzung zu 3.1.2, daß das Produkt $[u] \cdot [v] := [u \cdot v]$ wohldefiniert und assoziativ ist.

3) (i) Seien u und v zwei stückweise stetig differenzierbare Wege in $\mathbb{C}^\times$ mit gleichem Anfangs- und gleichem Endpunkt. Benutze die Exponentialüberlagerung, um zu zeigen: Die Wege u und v sind genau dann in $\mathbb{C}^\times$ homotop, wenn $\int_u dz/z = \int_v dz/z$ gilt.

   (ii) Beschreibe die Umlaufzahl $\operatorname{ind}(u, a)$ einer Schleife u in $\mathbb{C} \setminus \{a\}$ durch die η-Liftung $\hat{u}$ in einer unverzweigten Überlagerung $\eta \colon X \to \mathbb{C} \setminus \{a\}$.

4) (i) Begründe: Außer Isomorphismen gibt es keine holomorphen, unverzweigten Überlagerungen $\hat{\mathbb{C}} \to Y$ eine Riemannsche Fläche Y.

   (ii) Zeige: Jede holomorphe Abbildung $\hat{\mathbb{C}} \to \textit{Torus}$ ist konstant.

5) Zeige: Für einen Torus T gibt es bis auf Isomorphie nur folgende zusammenhängende, unverzweigte, holomorphe Überlagerungen: die universelle Überlagerung $u \colon \mathbb{C} \to T$, unendliche Überlagerungen $\mathbb{C}^\times \to T$ und endliche Überlagerungen durch Tori $T' \to T$. Alle Überlagerungen sind normal. Wie lauten ihre Deckgruppen?

6) Sei f eine nicht konstante meromorphe Funktion auf einem Torus T. Zeige: Die Abbildung
$$\widehat{\mathbb{C}} \to T, \ z \mapsto \sum_{x \in f^{-1}(z)} v(f,x) \cdot x ,$$
ist holomorph und daher konstant, siehe Aufgabe 4(ii). Folgere die Abelsche Relation 2.3.2 für elliptische Funktionen.

7) Sei $X \subset \mathbb{C}$ ein Gebiet, sei f eine Laurent-Reihe an der Stelle $a \in X$ mit dem Keim $f_a \in \mathcal{M}$. Sei Z die Komponente von $\mathcal{M}$, welche f_a enthält. Zeige: Die Projektion $p : Z \to X$ ist genau dann eine Überlagerung, wenn sich f längs jeder Kreiskette in X im Weierstraßschen Sinne analytisch fortsetzen läßt. Wenn dies der Fall ist und X einfach zusammenhängt, gibt es genau eine meromorphe Funktion auf X, die bei a die Laurent-Entwicklung f hat.

8) Sei f auf dem Gebiet $X \subset \mathbb{C}$ meromorph. Zeige:
Wenn κ der Keim einer lokalen Stammfunktion von f ist, gilt dasselbe für alle Keime, die in derselben Komponente Z von $\mathcal{M}$ liegen.
Wenn das Residuum von f an allen Polstellen verschwindet, ist $p : Z \to X$ eine Überlagerung. In diesem Falle gilt
$$\int_u f(z)dz = e(\hat{u}(1)) - e(\hat{u}(0))$$
für jeden Integrationsweg $u : [0,1] \to X$, der die Pole von f meidet, seine Liftung $\hat{u}$ nach Z und die Auswertungsfunktion e.
Folgere: Wenn u und v in X homotop sind, ist $\int_u f(z)dz = \int_v f(z)dz$.

9) Sei $S := \{z \in \mathbb{C} : |z| = 1\}$. Berechne die Fundamentalgruppe des punktierten Torus $(S \times S) \setminus \{(1,1)\}$.
Hinweis: Sei $S^\circ = S \setminus \{1\}$. Überdecke den punktierten Torus durch $S^\circ \times S$ und $S \times S^\circ$.

10) Sei X eine zusammenhängende Fläche. Sei $A \subset X$ lokal endlich, und sei u eine nullhomotope Schleife in X, die A nicht trifft. Zeige:
Es gibt eine endliche Teilmenge $A' := \{a_1, \ldots, a_n\} \subset A$, so daß u in $X \setminus (A \setminus A')$ nullhomotop ist. Die Homotopieklasse $[u] \in \pi(X \setminus A)$ liegt im Normalteiler, den die n Homotopieklassen einfacher a_j-Schleifen erzeugen.
Wie lautet beim punktierten Torus (Aufgabe 9) die Homotopieklasse einer einfachen $(1,1)$-Schleife?

11) Beweise: Jede von zwei Elementen erzeugte Gruppe ist die Deckgruppe einer unverzweigten, zusammenhängenden Überlagerung $\eta : X \to \mathbb{C}^{\times \times}$.
Beispiele: Die alternierende Gruppe $\mathcal{A}_5$, erzeugt von $(1\,2)(4\,5)$ und $(2\,3\,4)$; jede symmetrische Gruppe $\mathcal{S}_n$, erzeugt von $(1\,2)$ und $(1\,2\ldots n)$.

4. Verzweigte Überlagerungen

In diesem Kapitel werden *verzweigte* Überlagerungen $\eta : X \to Y$ zwischen Riemannschen Flächen untersucht. Wir beginnen mit der Betrachtung von oben (4.1-4.5): Die Fläche X und eine Untergruppe $G < \operatorname{Aut}(X)$ sind vorgegeben. Es sollen Überlagerungen mit der Deckgruppe $\mathcal{D}(\eta) = G$ gefunden werden. Diese Aufgabe läßt sich für endliche Untergruppen von $\operatorname{Aut}(\widehat{\mathbb{C}})$ durch rationale Funktionen lösen, siehe 4.2. Im allgemeinen Fall wird Y erst als topologischer Raum konstruiert (4.1) und dann mit *garbentheoretischen Methoden* zu einer Riemannschen Fläche gemacht, siehe 4.4. Dabei spielt die *Diskontinuität* der Gruppe eine wichtige Rolle (4.3).

Im zweiten Teil des Kapitels (ab 4.6) blicken wir von unten nach oben: Die Fläche Y und eine lokal endliche Teilmenge $B \subset Y$ sind vorgegeben. Durch die Untergruppen der Fundamentalgruppe $\pi(Y \setminus B)$ sind nach 3.7.1 alle unverzweigten Überlagerungen der punktierten Fläche $Y \setminus B$ bekannt. Diese werden durch zusätzliche Fasern über B zu verzweigten Überlagerungen der ganzen Fläche Y fortgesetzt.

4.1 Orbitprojektionen

Zu jeder Transformationsgruppe G eines topologischen Raumes X wird eine stetige Abbildung $\eta \colon X \to Y$ konstruiert, die G als Deckgruppe besitzt. Wir benutzen dazu die Begriffe und Bezeichnungen aus 1.5.1.

4.1.1 Quotientenprinzip. Eine surjektive, stetige und offene Abbildung $\eta : X \to Y$, deren Fasern die G-Bahnen sind, heißt *G-Orbitprojektion*. Man nennt Y *Orbitraum*. Aus den Eigenschaften von η folgt direkt der

Satz. *Wenn die stetige Abbildung $\zeta : X \to Z$ auf jeder η-Faser konstant ist, gibt es genau eine stetige Abbildung $\varphi : Y \to Z$, so daß $\zeta = \varphi \circ \eta$ gilt. Ist ζ auch eine G-Orbitprojektion, so ist φ ein Homöomorphismus.* □

4.1.2 Existenz der Orbitprojektion. *Zu jeder Transformationsgruppe G von X existiert eine G-Orbitprojektion $\eta : X \to Y$.*

Beweis. Sei Y die Menge der Orbiten. Dann ist $\eta : X \to Y$, $x \mapsto G(x)$, surjektiv. Man nennt $V \subset Y$ offen, wenn $\eta^{-1}(V) \subset X$ offen ist. Dadurch wird Y zu einem topologischen Raum und η zu einer stetigen Abbildung. Sie ist offen. Denn für jede offene Menge $U \subset X$ und jedes $g \in G$ sind alle Mengen $g(U) \subset X$ offen. Daher ist $\bigcup_{g \in G} g(U) = \eta^{-1}(\eta(U)) \subset X$ offen und damit auch $\eta(U) \subset Y$. □

Der bis auf Homöomorphie bestimmte Orbitraum wird auch mit X/G statt Y bezeichnet. Er kann selbst in scheinbar harmlosen Situationen pathologisch, z.B. nicht-hausdorffsch sein, siehe Aufgabe 4.9.3.

4.1.3 Holomorphe Orbitprojektionen. Ein Vergleich der Definitionen in 4.1.1 und 1.5.4 zeigt:
Eine holomorphe Abbildung η zwischen zusammenhängenden Riemannschen Flächen ist genau dann eine normale Überlagerung, wenn sie eine $\mathcal{D}(\eta)$-Orbitprojektion ist. □

Im folgenden geht es darum, die topologische Orbitprojektion $X \to X/G$ zu einer holomorphen Abbildung zu machen, wenn G aus Automorphismen einer Riemannschen Fläche X besteht. Wir beginnen mit $X = \widehat{\mathbb{C}}$.

4.2 Endliche Automorphismengruppen der Zahlenkugel

Wir konstruieren zu jeder endlichen Untergruppe $G < \mathrm{Aut}(\widehat{\mathbb{C}})$ mittels ihrer Standgruppen G_z eine *rationale* Orbitprojektion $\widehat{\mathbb{C}} \to \widehat{\mathbb{C}}$. Wir klassifizieren sodann alle endlichen Gruppen $G < \mathrm{Aut}(\widehat{\mathbb{C}})$ bis auf Konjugation und entdecken unter ihnen die *Drehgruppen Platonischer Körper*.

4.2.1 Rationale Orbitprojektionen. *Seien A und B zwei verschiedene Bahnen einer endlichen Untergruppe $G < \mathrm{Aut}(\widehat{\mathbb{C}})$. Durch*

$$D(z) := \sharp G_z \text{ für } z \in A, \ D(z) := -\sharp G_z \text{ für } z \in B \text{ und } D(z) := 0 \text{ sonst}$$

wird auf $\widehat{\mathbb{C}}$ der Hauptdivisor $D = (f)$ einer rationalen Funktion f definiert. Jede solche Funktion $f : \widehat{\mathbb{C}} \to \widehat{\mathbb{C}}$ ist eine G-Orbitprojektion.

Beweis. Die Ordnung $\sharp G_z$ ist längs jeder Bahn konstant. Wegen der Bahnengleichung 1.5.1(1) ist $\mathrm{gr}\, D = 0$. Nach 1.6.5(2) gibt es eine rationale Funktion f mit dem Hauptdivisor $(f) = D$. Sie hat den Grad $\mathrm{gr}\, f = \sharp G$. Für jedes $g \in G$ gilt $(f) = (f \circ g)$, also $c_g \cdot f = f \circ g$ mit $c_g \in \mathbb{C}^\times$, siehe 1.6.4(4). Jedes $g \in G$ hat einen Fixpunkt $a_g \in \widehat{\mathbb{C}}$. Dafür gilt $f(a_g) = c_g f(a_g)$. Es folgt $c_g = 1$, falls $f(a_g) \neq 0, \neq \infty$ ist. Dies trifft sicher zu, wenn A und B *Hauptorbiten* sind; denn dann gilt $a_g \notin A \cup B$. In diesem Fall ist f auf allen G-Bahnen konstant, d.h. es gilt $G < \mathcal{D}(f)$, folglich $\mathrm{gr}\, f = \sharp G \leq \sharp \mathcal{D}(f) \leq \mathrm{gr}\, f$, also $G = \mathcal{D}(f)$, siehe 1.5.5.

70   4. Verzweigte Überlagerungen

Da G endlich ist und jedes $g \in G$ höchstens zwei Fixpunkte hat, gibt es mindestens zwei Hauptorbiten und somit eine rationale G-Orbitprojektion $\eta\colon \widehat{\mathbb{C}} \to \widehat{\mathbb{C}}$. Seien nun A und B zwei beliebige Orbiten. Durch Nachschalten eines Automorphismus von $\widehat{\mathbb{C}}$ erreicht man $\eta(A) = 0$ und $\eta(B) = \infty$. Es folgt $(f) = (\eta)$ also $f = c \cdot \eta$, d.h. auch f ist eine Orbitprojektion. □

Aufgabe 4.9.9 bringt eine explizite Anwendung.– Der Satz stammt von F. Klein [Klei 2], S.31: „Für jede ... Gruppe von [gebrochen] linearen Substitutionen [wird] eine zugehörige rationale Funktion $Z = R(z)$ gefunden ..., welche die verschiedenen zur Gruppe gehörigen Punktgruppen [= Bahnen] repräsentiert, indem man sie einer wechselnden Constanten gleichsetzt."

4.2.2 Zyklische Gruppen. *Jede zyklische Gruppe $G < \operatorname{Aut}(\widehat{\mathbb{C}})$ der Ordnung $n < \infty$ ist zu $C_n := \{z \mapsto \omega z : \omega \in \mu_n\}$ konjugiert. Diese Gruppe hat zwei Ausnahmebahnen $\{0\}$ und $\{\infty\}$. Die Funktion $\widehat{\mathbb{C}} \to \widehat{\mathbb{C}}$, $z \mapsto z^n$, ist eine C_n-Orbitprojektion.*

Beweis. Durch Konjugieren erreicht man, daß G durch ein Element g mit den beiden Fixpunkten 0 und ∞ erzeugt wird. Es folgt $g(z) = \omega z$, wobei ω die Gruppe μ_n der n-ten Einheitswurzel erzeugt. Dann ist $z \mapsto z^n$ eine Orbitprojektion. □

4.2.3 Nicht-zyklische Gruppen. *Jede nicht-zyklische, endliche Gruppe $G < \operatorname{Aut}(\widehat{\mathbb{C}})$ der Ordnung N hat genau drei Ausnahmeorbiten $\Sigma_1, \Sigma_2, \Sigma_3$. Für deren Mächtigkeiten $s_j := \sharp \Sigma_j \geq 1$ und für die Ordnungen $n_j := N/s_j$ der Standgruppen G_a von $a \in \Sigma_j$ gibt es höchstens folgende Möglichkeiten:*

Typ	N	s_1	s_2	s_3	n_1	n_2	n_3
q-Dieder, $q \geq 2$	$2q$	q	q	2	2	2	q
Tetraeder	12	6	4	4	2	3	3
Oktaeder	24	12	8	6	2	3	4
Ikosaeder	60	30	20	12	2	3	5

Sei g_j ein erzeugendes Element der Standgruppe von $a_j \in \Sigma_j$. Dann wird G von $\{g_1, g_2, g_3\}$ erzeugt. Zwei Gruppen desselben Typs sind in $\operatorname{Aut}(\widehat{\mathbb{C}})$ zueinander konjugiert.

Beweis. Nach 4.2.1 gibt es eine rationale G-Orbitprojektion $f \colon \widehat{\mathbb{C}} \to \widehat{\mathbb{C}}$ vom Grad N. Die Zahl k der Verzweigungspunkte von f ist endlich und ≥ 2. Denn bei nur einem Verzweigungspunkt a würde $\widehat{\mathbb{C}} \setminus \{a\} \approx \mathbb{C}$ durch f unverzweigt überlagert, und es wäre $N = 1$. Somit gibt es $k \geq 2$ Ausnahmeorbiten $\Sigma_1, \ldots, \Sigma_k$. Wir setzen $n(z) := \sharp G_z$ für $z \in \widehat{\mathbb{C}}$. Für $z \in \Sigma_j$ hängt $n_j := n(z)$ nur von j ab. Wir bestimmen die Mächtigkeit der Menge
$$M := \{(z, g) : z \in \widehat{\mathbb{C}},\ g \in G_z \setminus \{\operatorname{id}\}\} \subset \widehat{\mathbb{C}} \times (G \setminus \{\operatorname{id}\})$$
auf zweierlei Weise: Jedes Element $g \in G \setminus \{\operatorname{id}\}$ hat genau zwei Fixpunkte; daher ist $\sharp M = 2(N - 1)$. Andererseits gibt es zu $z \in \widehat{\mathbb{C}}$ genau $n(z) - 1$ Elemente in $G_z \setminus \{\operatorname{id}\}$; daher ist $\sharp M = \sum_{z \in \widehat{\mathbb{C}}} [n(z) - 1]$. Da die Punkte

z mit $n(z) > 1$ genau die Punkte auf den Orbiten $\Sigma_1,\ldots,\Sigma_k$ sind, folgt $2(N-1) = \sharp M = \sum_1^k s_j(n_j - 1)$. Division durch $N = s_j n_j$ gibt

$$(1) \qquad \sum_{j=1}^k \frac{1}{n_j} = \frac{2}{N} + k - 2 .$$

Wegen $n_j \geq 2$ ist die linke Seite von (1) nicht größer als $\frac{1}{2}k$. Das ergibt $k \leq 3$. Im Fall $k = 2$ führt (1) wegen $1/n_j = s_j/N$ zu $s_1 + s_2 = 2$, also $s_1 = s_2 = 1$. Der Orbit Σ_1 besteht dann aus einem einzigen Punkt a, und $G = G_a$ wäre zyklisch. Es folgt $k = 3$ und

$$(2) \qquad \frac{1}{n_1} + \frac{1}{n_2} + \frac{1}{n_3} > 1 .$$

Wir numerieren so, daß $1 < n_1 \leq n_2 \leq n_3$ ist. Dann läßt (2) nur die in der Tabelle angegebenen Tripel (n_1, n_2, n_3) zu. Man erhält N aus (1) und s_j aus $n_j s_j = N$.

Die von $\{g_1, g_2, g_3\}$ erzeugte Untergruppe G' besitzt drei Ausnahmeorbiten $G'(a_j)$. Die Standgruppen $G'_{a_j} = G_{a_j}$ haben die Ordnungen n_j. Da der Typ durch (n_1, n_2, n_3) bestimmt ist, haben G und G' denselben Typ und insbesondere dieselbe Ordnung. Daher ist $G' = G$.

Die Konjugiertheit von Gruppen desselben Typs wird aus der Eindeutigkeit universeller verzweigter Überlagerungen am Ende von 4.8.3 folgen. □

Bemerkung. Die Gleichung (1) ist ein Spezialfall der Riemann-Hurwitzschen Formel 7.2.1(RH) für gleichverzweigte Überlagerungen.

In den Abschnitten 4.2.4-5 werden alle laut der Tabelle möglichen Typen als Untergruppen von $\mathrm{Aut}(\widehat{\mathbb{C}})$ realisiert.

4.2.4 Diedergruppen. *Die Automorphismen $z \mapsto \omega z^{\pm 1}$ für $\omega \in \mu_q$ bilden eine q-Diedergruppe $D_q < \mathrm{Aut}(\widehat{\mathbb{C}})$. Ihre Ausnahmebahnen sind μ_q, $\mu_{2q} \setminus \mu_q$ und $\{0, \infty\}$.*

Beweis. Ersichtlich ist D_q eine Gruppe mit den angegebenen Ausnahmebahnen. Nach der Tabelle kommt nur der q-Diedertyp infrage. □

4.2.5 Tetraeder-, Oktaeder- und Ikosaedergruppen. Um diese Gruppen zu realisieren, bilden wir zu jeder endlichen Menge $T \subset \widehat{\mathbb{C}}$ die *Symmetriegruppe* $\mathrm{Sym}(T) := \{g \in \mathrm{Aut}(\widehat{\mathbb{C}}) : g(T) = T\}$. Für $\sharp T \geq 3$ ist jedes $g \in \mathrm{Sym}(T)$ durch $g|T$ eindeutig bestimmt, und $\mathrm{Sym}(T)$ ist daher endlich.

Satz. (i) *Für $T := \mu_3 \cup \{\infty\}$ ist $\mathrm{Sym}(T)$ eine Tetraedergruppe.–* (ii) *Für $T := \mu_4 \cup \{0, \infty\}$ ist $\mathrm{Sym}(T)$ eine Oktaedergruppe.–* (iii) *Für $\varepsilon := e^{2\pi i/5}$ und $T := \{\varepsilon^\mu + \varepsilon^\nu : 0 \leq \mu < \nu \leq 4\} \cup \{0, \infty\}$ ist $\mathrm{Sym}(T)$ eine Ikosaedergruppe.*

Beweis. Wir zeigen durch Angabe spezieller Automorphismen: Die Gruppe $\mathrm{Sym}(T)$ ist nicht zyklisch. Die Menge T ist ein Orbit. Die Ordnung der Standgruppe eines Elementes von T wird von 3, 4 bzw. 5 geteilt. Nach der Tabelle kommt dann für $\mathrm{Sym}(T)$ nur der Tetra-, Okta- bzw. Ikosaedertyp infrage.– Die speziellen Automorphismen sind

(i) die Drehungen $z \mapsto \omega z$ für $\omega \in \mu_3$ und die Doppeltransposition $z \mapsto (z+2)/(z-1)$, welche 1 mit ∞ sowie $e^{2\pi i/3}$ mit $e^{\pi i/3}$ vertauscht;
(ii) die Drehungen $z \mapsto \omega z$ für $\omega \in \mu_4$ und der Automorphismus $z \mapsto (-z+i)/(z+i)$, welcher $0, 1, i$ und gleichzeitig $\infty, -1, -i$ zyklisch vertauscht;
(iii) die Drehungen $z \mapsto \omega z$ für $\omega \in \mu_5, z \mapsto -1/z$ und
$$g(z) := \bigl(-z + \varepsilon + \varepsilon^4\bigr)/\bigl((\varepsilon + \varepsilon^4)z + \varepsilon\bigr).$$
Durch g werden $0, \varepsilon + \varepsilon^4, 1 + \varepsilon^2$ zyklisch vertauscht.

Außer für g prüft man mühelos, daß die angegebenen Automorphismen zu Sym(T) gehören. Für g enthält Aufgabe 4.9.2 eine Anleitung. □

4.2.6 Unitäre Möbius-Transformationen. Durch die stereographische Projektion $\pi : S^2 \to \widehat{\mathbb{C}}$ wird die Gruppe SO(3) zu einer Untergruppe von Aut($\widehat{\mathbb{C}}$) gemacht: Wir betrachten $\mathbb{R}^3$ als euklidischen Vektorraum mit dem inneren Produkt $\langle x, y \rangle := \sum_{\nu=1}^{3} x_\nu y_\nu$ und der Norm $\|x\| := \sqrt{\langle x, x \rangle}$. Wir versehen die Einheitssphäre S^2 mit der induzierten Metrik und übertragen sie durch π nach $\widehat{\mathbb{C}}$. Dabei entsteht die *chordale Metrik* d mit

$$d(z, w)^2 = \frac{4|z-w|^2}{(1+|z|^2)(1+|w|^2)} \quad \text{für} \quad z, w \in \mathbb{C},$$

$$d(z, \infty)^2 = \frac{4}{1+|z|^2} \quad \text{und} \quad d(\infty, \infty) = 0.$$

Zum Beweis rechnet man mittels 1.1.2(1) nach:

$$d\bigl(\pi(x), \pi(y)\bigr)^2 = 2(1 - \langle x, y \rangle) = \|x - y\|^2 \quad \text{für} \quad x, y \in S^2.$$

Die *spezielle unitäre Gruppe* SU(2) besteht aus allen komplexen Matrizen $A = \begin{pmatrix} a & b \\ c & d \end{pmatrix}$ mit $\bar{a} = d$, $b = -\bar{c}$ und $ad - bc = 1$. Die entsprechenden Möbius-Transformationen $z \mapsto A(z) = (az+b)/(cz+b)$ heißen *unitär*.

Lemma. (a) *Jede unitäre Möbius-Transformation $z \mapsto A(z)$ ist eine Isometrie, d.h.* $d\bigl(A(z), A(w)\bigr) = d(z, w)$.
(b) *Die Konjugation* $\widehat{\mathbb{C}} \to \widehat{\mathbb{C}}, z \mapsto \bar{z}$ *mit* $\overline{\infty} = \infty$, *ist eine Isometrie.*
(c) *Jede Isometrie hat die Gestalt* $z \mapsto A(z)$ *oder* $z \mapsto A(\bar{z})$ *mit* $A \in$ SU(2).

Beweis. (a) Wegen $ad - bc = 1$ ist $A(z) - A(w) = \dfrac{z - w}{(cz+d)(cw+d)}$. Für $A \in$ SU(2) gilt $|A(z)|^2 + 1 = \dfrac{|z|^2 + 1}{|cz+d|^2}$. Aus (1) folgt die Behauptung.–
(b) ist trivial.– (c) Da es zu jeder Isometrie φ ein $B \in$ SU(2) mit $\varphi(\infty) = B(\infty)$ gibt, kann man $\varphi(\infty) = \infty$ annehmen. Dann gilt $|\varphi(z)| = |z|$ und weiter $|\varphi(z) - \varphi(w)| = |z - w|$. Daher gibt es ein $\omega \in \mathbb{C}$ mit $|\omega| = 1$, so daß $\varphi(z) = \omega z$ oder $= \omega \bar{z}$ ist. □

Satz. *Für jedes $T \in$ SO(3) ist $\varphi := \pi \circ T \circ \pi^{-1}$ eine unitäre Möbius-Transformation. Die Zuordnung* SO(3) $\to$ Aut($\widehat{\mathbb{C}}$), $T \mapsto \varphi$, *ist ein Monomorphismus.*

Beweis. Da φ eine Isometrie ist, gibt es nach Lemma (c) ein $A \in \mathrm{SU}(2)$ mit $\varphi(z) = A(z)$ oder $= A(\bar z)$. Jedenfalls ist $\varphi^2 = \varphi \circ \varphi$ eine Möbius-Transformation. Da es zu jedem $T \in \mathrm{SO}(3)$ ein $U \in \mathrm{SO}(3)$ mit $U^2 = T$ gibt, ist φ eine Möbius-Transformation. $\square$

4.2.7 Dieder. Wir teilen die Sphäre S^2 durch $2q$ Großkreise, die durch den Nord- und Südpol laufen, in kongruente Sektoren und halbieren sie durch den Äquator. Dadurch wird S^2 in $4q$ kongruente sphärische Dreiecke zerlegt, die schachbrettartig abwechselnd schwarz und weiß gefärbt werden, siehe Figur 4.2.7. Die Innenwinkel dieser Dreiecke sind $\pi/2$ bei den Ecken auf dem Äquator sowie π/q beim Nord- und Südpol. Diese Zerlegung heißt q-*Diederparkettierung*.

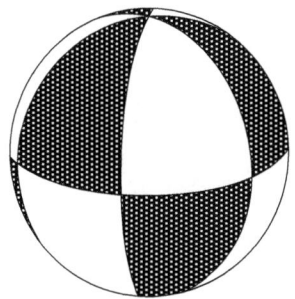

Fig. 4.2.7. Die 3-Dieder-Parkettierung, Typ (2,2,3).

Die Untergruppe $D_q < \mathrm{SO}(3)$ aller Drehungen, welche die Parkettierung in sich transformieren, heißt orthogonale q-*Diedergruppe*. Die Achsen dieser Drehungen laufen durch den Nordpol und durch die in zyklischer Folge numerierten Ecken $A_0, \ldots, A_{2q} = A_0$ auf dem Äquator. Die Drehungen um die Pol-Achse haben die ganzzahligen Vielfachen von $2\pi/q$ als Drehwinkel. Wir nennen diese Achse q-*zählig*. Die A_k-Achsen sind zweizählig. Somit hat D_q die Ordnung $2q$. Wir identifizieren S^2 und $\widehat{\mathbb{C}}$ durch die stereographische Projektion. Wegen Satz 4.2.6 wird D_q zu einer Untergruppe von $\mathrm{Aut}(\widehat{\mathbb{C}})$ mit den Ausnahmeorbiten {*Nordpol, Südpol*}, $\{A_1, A_3, \ldots, A_{2q-1}\}$ und $\{A_2, A_4, \ldots, A_{2q}\}$. Sie hat den q-Dieder-Typ.

4.2.8 Tetraeder, Oktaeder und Ikosaeder. Von den fünf Platonischen Körpern Tetraeder, Oktaeder, Ikosaeder, Würfel und Dodekaeder haben die drei ersten eine aus Dreiecken zusammengesetzte Oberfläche. Wir betrachten je ein Exemplar dieser Körper, wobei das Zentrum im Ursprung und die Ecken auf der Einheitssphäre S^2 liegen. Zu jedem Körper gehört eine endliche Untergruppe $G < \mathrm{SO}(3)$, welche aus allen Drehungen besteht, die ihn in sich transformieren. Die entsprechenden Drehachsen laufen durch die Ecken, die Kantenmitten und die Dreieckszentren.

Jedes Seite der Oberfläche wird in 6 Teildreiecke baryzentrisch zerlegt. Ihre Ecken sind die ursprünglichen Ecken, Kantenmitten und Seitenzentren. Die

74   4. Verzweigte Überlagerungen

Fig. 4.2.8. Die linke Spalte zeigt von oben nach unten das Tetraeder, Oktaeder und Ikosaeder mit jeweils baryzentrisch unterteilten Seiten. Die rechte Spalte zeigt die entsprechenden Parkettierungen der Sphäre vom Typ $(2,3,3)$ oben, $(2,3,4)$ in der Mitte und $(2,3,5)$ unten.

Teildreiecke werden schachbrettartig abwechselnd schwarz und weiß gefärbt, siehe die linken Figuren 4.2.8. An ihnen lassen sich die weiteren Überlegungen anschaulich verfolgen.

Die Achsen durch die Körperecken sind beim Tetraeder 3-zählig, beim Oktaeder 4-zählig und beim Ikosaeder 5-zählig, weil jeweils 3, 4 bzw. 5 Kanten in einer Ecke zusammenstoßen. Die Achsen durch die Kantenmitten und die

Seitenzentren sind stets 2- bzw. 3-zählig. Die baryzentrische Unterteilung wird einschließlich ihrer Färbung durch G in sich transformiert.

Die Kantenmitten liegen paarweise auf einer Achse. Beim Oktaeder und Ikosaeder gilt Entsprechendes für die Ecken und für die Seitenzentren. Beim Tetraeder läuft jede Achse durch eine Ecke gleichzeitig durch das Zentrum der gegenüber liegenden Seite.– Die Elemente von G lassen sich abzählen:

Tetraeder: Es gibt 4 Ecken, 6 Kanten und 4 Seiten. Zu den 4 Achsen durch die Ecken gehören jeweils 2 und zu den 3 Achsen durch die Kantenmitten gehört jeweils 1 Element von $G\setminus\{\text{id}\}$. Hinzu kommt die Identität. Die Gruppe hat also die Ordnung $4 \cdot 2 + 3 \cdot 1 + 1 = 12$.

Oktaeder: Es gibt 6 Ecken, 12 Kanten und 8 Seiten und jeweils halb so viele Achsen. Die zum Tetraeder analoge Rechnung ergibt die Gruppenordnung $3 \cdot 3 + 6 \cdot 1 + 4 \cdot 2 + 1 = 24$.

Ikosaeder: Es gibt 12 Ecken, 30 Kanten und 20 Seiten. Die Gruppenordnung ist $6 \cdot 4 + 15 \cdot 1 + 10 \cdot 2 + 1 = 60$.

Wir projizieren die baryzentrisch unterteilte Oberfläche jedes Platonischen Körpers vom Ursprung aus radial auf S^2 und erhalten eine schwarz-weiß gefärbte Dreiecksparkettierung der Sphäre, welche durch G in sich transformiert wird; siehe die rechten Figuren 4.2.8. (Nach baryzentrischer Unterteilung und radialer Projektion ergibt der Würfel bzw. das Dodekaeder dieselbe Parkettierung und Gruppe wie das Oktaeder bzw. Ikosaeder.)

Jedes Teildreieck der Parkettierung ist sphärisch, d.h. seine Seiten liegen auf Großkreisen. Seine drei Ecken sind eine Körperecke, eine projizierte Kantenmitte und ein projiziertes Seitenzentrum. Seine Innenwinkel sind $\pi/2$ bei den Kantenmitten, $\pi/3$ bei den Seitenzentren und $\pi/3$ (Tetraeder), $\pi/4$ (Oktaeder) bzw. $\pi/5$ (Ikosaeder) bei den Körperecken.

Wie in 4.2.6 identifizieren wir S^2 mit $\widehat{\mathbb{C}}$ durch die stereographische Projektion und machen so G zu einer Untergruppe von $\text{Aut}(\widehat{\mathbb{C}})$. Sie hat drei Ausnahmeorbiten: die Menge der Ecken (das ist die in 4.2.5 angegebene Menge T), die Menge der projizierten Kantenmitten und die Menge der projizierten Seitenzentren. Der Typ der Gruppe G gemäß der Tabelle in 4.2.3 entspricht ihrem Platonischen Körper.

4.2.9 Historisches. Platon läßt Timaios, einen fiktiven Pythagoräer, im gleichnamigen Dialog vier der fünf regelmäßigen Körper beschreiben, indem er ihre begrenzenden Flächen aus Dreiecken baryzentrisch zusammensetzt. Bei den Fünfecken des Dodekaeders wurde ihm das offenbar zu kompliziert. Statt dessen schreibt er mythenbildend [Timaios, 55c]: „Es war noch eine fünfte Zusammensetzung übrig; diese benutzte Gott für das All, als er es ausmalte."

Die Vollkommenheit der Schöpfung, die Timaios im Dialog schildert, wird dadurch begründet, daß Gott die vier Elemente durch die vier schönsten Körper gestaltet: Das Feuer wird aus Tetraedern, das Wasser aus Ikosaedern, die Erde aus Würfeln und die Luft aus Oktaedern zusammengesetzt.

Das 13. Buch der *Elemente des Euklid* enthält eine mathematische Beschreibung der regulären Körper, die an Vollständigkeit und Genauigkeit Platons Darstellung weit übertrifft.

Die gruppentheoretische Beschreibung der Platonischen Körper bis hin zur Klassifikation aller endlichen Untergruppen von SO(3) wurde durch kristallographische Ergebnisse von Hessel (1830), Bravais (1849) und andere angeregt. Sie fand durch *Kleins Vorlesungen über das Ikosaeder* (1884), siehe [Klei 2], weite Verbreitung.

4.3 Diskontinuierliche Gruppen

Wir betrachten nur *lokal kompakte Hausdorffräume* X und benutzen folgende Definition der Diskontinuität, die auf Klein und Poincaré zurückgeht, siehe [Klei 5], S. 341, und [Po] II, p.1f, .

4.3.1 Diskontinuität. Eine Transformationsgruppe G von X heißt *diskontinuierlich*, wenn $\{g \in G : g(K) \cap K \neq \emptyset\}$ für jedes Kompaktum $K \subset X$ endlich ist. *Dann ist jede Standgruppe G_x endlich und jede G-Bahn lokal endlich.*– Endliche Transformationsgruppen sind diskontinuierlich. Bei kompakten Räumen X ist umgekehrt jede diskontinuierliche Transformationsgruppe endlich. Schließlich gilt der

Satz. *Der Orbitraum jeder diskontinuierlichen Transformationsgruppe G ist hausdorffsch.*

Beweis. Sei $\eta : X \to Y$ eine G-Orbitprojektion. Es genügt, zu je zwei Punkten $x, y \in X$ mit $\eta(x) \neq \eta(y)$ Umgebungen U bzw. V anzugeben, so daß $\eta(U) \cap \eta(V)$ leer ist. Man beginnt mit einem Kompaktum K, so daß x, y innere Punkte von K sind. Die Menge $M := \{g \in G : g(K) \cap K \neq \emptyset\}$ ist endlich. Es gibt Umgebungen U von x und V von y, so daß $g(U) \cap V = \emptyset$ für alle $g \in M$ gilt. Man kann $U \cup V \subset K$ annehmen. Dann ist $g(U) \cap V$ für *alle* $g \in G$ leer, weil sich $g(K)$ und K für $g \in G \setminus M$ nicht treffen. Daraus folgt $\eta(U) \cap \eta(V) = \emptyset$. □

4.3.2 Privilegierte Umgebungen. Sei G eine Transformationsgruppe von X. Eine Umgebung U von $a \in X$ heißt *privilegiert*, wenn sie bezüglich der Standgruppe G_a invariant ist und wenn für jedes $g \in G \setminus G_a$ der Durchschnitt $U \cap g(U)$ leer ist. Durch Beschränkung entsteht aus der G-Orbitprojektion $\eta : X \to Y$ die G_a-Orbitprojektion $\eta|U : U \to \eta(U)$.

Existenzsatz. *Wenn G diskontinuierlich operiert, besitzt jeder Punkt $a \in X$ eine privilegierte Umgebung.*

Beweis. Sei W eine Umgebung von a, deren Hülle kompakt ist. Dann ist $M := \{g \in G : W \cap g(W) \neq \emptyset\}$ endlich und $G_a \subset M$. Wenn es ein $h \in M$, $\notin G_a$ gibt, wählt man zu a und $b = h(a)$ disjunkte Umgebungen V_a bzw. V_b und ersetzt W durch $W_* := W \cap V_a \cap h^{-1}(V_b)$. Dann ist $h \notin M_* := \{g \in G : W_* \cap g(W_*) \neq \emptyset\} \subset M$ wegen $W_* \cap h(W_*) \subset V_a \cap V_b = \emptyset$. Auf diese Weise verkleinert man die Umgebung W, bis nach endlich vielen Schritten $G_a = \{g \in G : W \cap g(W) \neq \emptyset\}$ erreicht ist. Dann ist der Durchschnitt $\bigcap_{g \in G_a} g(W)$ eine privilegierte Umgebung. □

Die Existenz privilegierter Umgebungen garantiert nicht die Diskontinuität. Denn der Orbitraum ist eventuell nicht hausdorffsch, vgl. Aufgabe 4.9.3.

4.3.3 Freie Operation. *Wenn G frei und diskontinuierlich auf X operiert, ist die Orbitprojektion $\eta: X \to X/G$ eine G-Überlagerung gemäß 3.7.4.*
Beweis. Nach 4.3.2 besitzt jeder Punkt in X eine privilegierte Umgebung U. Dann wird $V := \eta(U)$ trivial überlagert; denn $\eta^{-1}(V) = \cup_{g \in G} g(U)$, und η bildet $g(U)$ homöomorph auf V ab. Weil die G-Orbiten die η-Fasern sind, handelt es sich um eine G-Überlagerung. □

4.3.4 Holomorphe Deckgruppen. *Die Deckgruppe $\mathcal{D}$ jeder offenen holomorphen Abbildung $\eta: X \to Y$ zwischen zusammenhängenden Flächen ist diskontinuierlich.*
Beweis. Sei $K \subset X$ kompakt. Angenommen $\{g \in \mathcal{D} : g(K) \cap K \neq \emptyset\}$ ist unendlich. Dann gibt es Folgen g_n in $\mathcal{D}$ sowie a_n und b_n in K, so daß $g_n(a_n) = b_n$ ist; dabei sind alle g_n paarweise verschieden. Nach Übergang zu einer Teilfolge existieren $a := \lim a_n$ und $b := \lim b_n$ in K. Wegen $\eta(a_n) = \eta(b_n)$ ist $\eta(a) = \eta(b) =: c$. Es gibt Scheiben (U_a, a), (U_b, b) und (V, c), so daß die Beschränkungen $\eta: (U_a, a) \to (V, c)$ und $\eta: (U_b, b) \to (V, c)$ Windungsabbildungen und U_a, U_b Komponenten von $\eta^{-1}(V)$ sind, siehe Satz 1.4.1. Für fast alle n ist $a_n \in U_a$ und $b_n \in U_b$, also $g_n(U_a) \cap U_b \neq \emptyset$, somit $g_n(U_a) = U_b$, insbesondere $g_n(a) = b$. Aber $\{g \in \mathcal{D} : g(a) = b\}$ ist nach der Folgerung in 1.5.3 endlich. □

4.4 Komplexe Mannigfaltigkeiten und Garben

Um bei einer Riemannschen Fläche den Orbitraum einer diskontinuierlichen Automorphismengruppe zu einer Riemannschen Fläche machen, eignen sich *Garben* zur Definition der holomorphen Struktur besser als Atlanten. Wir benutzen die Gelegenheit, um gleichzeitig *Riemannsche Flächen* zu *n-dimensionalen komplexen Mannigfaltigkeiten* zu verallgemeinern.

4.4.1 Mannigfaltigkeiten. Wir betrachten den n-dimensionalen komplexen Zahlenraum $\mathbb{C}^n$, dessen Punkte $z = (z_1, \ldots, z_n)$ n-Tupel komplexer Zahlen sind. Sei $U \subset \mathbb{C}^n$ offen. Eine Funktion $f: U \to \mathbb{C}$ heißt *holomorph*, wenn f stetig und in jeder Variablen z_k holomorph ist. Dazu äquivalent ist: In der Umgebung eines jeden Punktes $a \in U$ läßt sich $f = \sum c_\alpha (z-a)^\alpha$ als konvergente Potenzreihe darstellen. Dabei durchläuft $\alpha = (\alpha_1, \ldots, \alpha_n) \in \mathbb{N}^n$ alle n-fachen Multi-Indizes und $(z-a)^\alpha := (z_1 - a_1)^{\alpha_1} \cdots (z_n - a_n)^{\alpha_n}$. Mit $|\alpha| := \alpha_1 + \ldots + \alpha_n$ wird die Ordnung von f bei a definiert:
$$o(f, a) := \min\{|\alpha| : c_\alpha \neq 0\}.$$

78 4. Verzweigte Überlagerungen

Die Definition der Riemannschen Flächen in 1.1.1 läßt sich zur Definition n-dimensionaler *komplexer Mannigfaltigkeiten* verallgemeinern, indem man $\mathbb{C}$ durch $\mathbb{C}^n$ ersetzt und als klassisch holomorphe Funktionen die gerade definierten holomorphen Funktionen mehrerer komplexer Veränderlicher benutzt. *Holomorphe Abbildungen* werden analog zu 1.1.3 definiert.

Man kann statt $\mathbb{C}^n$ den $\mathbb{R}^n$ und statt der holomorphen die k-mal stetig differenzierbaren Funktionen nehmen und erhält dann die Definition der C^k-*differenzierbaren Mannigfaltigkeiten*. Dabei sind die Fälle $k = \infty$ (beliebig oft differenzierbar) und $k = \omega$ (reell-analytisch) eingeschlossen.

4.4.2 Garben. Eine (*Funktionen-*)*Garbe* $\mathcal{F}$ auf dem topologischen Raum X ordnet jeder offenen Menge $U \subset X$ einen Ring $\mathcal{F}(U)$ stetiger Funktionen $U \to \mathbb{C}$ zu, welche alle konstanten Funktionen umfaßt und daher eine $\mathbb{C}$-Algebra ist. Dabei wird folgendes *Lokal-Global-Prinzip* verlangt:

Für jede Familie $\{U_j\}$ von offenen Mengen gilt:
$$f \in \mathcal{F}(\bigcup U_j) \Leftrightarrow \forall j \; f|U_j \in \mathcal{F}(U_j).$$
Beispiel. $\mathcal{F}(U) =: \mathcal{C}(U)$ besteht aus *allen* stetigen Funktionen.

Ein topologischer Raum X zusammen mit einer Garbe $\mathcal{F}$ wird *geringter Raum* $(X, \mathcal{F})$ genannt. Für jede offene Menge $U \subset X$ bezeichnet $\mathcal{F}|U$ die Einschränkung von $\mathcal{F}$ auf die offenen Teilmengen von U. Statt $(U, \mathcal{F}|U)$ schreiben wir auch $(U, \mathcal{F})$.
Ein *Morphismus* $\varphi : (X, \mathcal{F}) \to (Y, \mathcal{G})$ zwischen geringten Räumen ist eine stetige Abbildung $\varphi : X \to Y$ mit folgender Eigenschaft: Für jede offene Menge $V \subset Y$ und jedes $g \in \mathcal{G}(V)$ gilt $g \circ \varphi \in \mathcal{F}\bigl(\varphi^{-1}(V)\bigr)$. Die Hintereinanderschaltung von Morphismen ist ein Morphismus. Unter einem *Isomorphismus* versteht man einen bijektiven Morphismus φ, dessen Umkehrung φ^{-1} auch ein Morphismus ist. Isomorphismen $(X, \mathcal{F}) \to (X, \mathcal{F})$ heißen *Automorphismen*. Sie bilden mit der Hintereinanderschaltung als Verknüpfung die Gruppe $\text{Aut}(X, \mathcal{F})$.

4.4.3 Die holomorphe Strukturgarbe $\mathcal{O}$ einer komplexen Mannigfaltigkeit X ordnet jeder offenen Menge $U \subset X$ den Ring $\mathcal{O}(U)$ aller holomorphen Funktionen $U \to \mathbb{C}$ zu. Man schreibt auch $\mathcal{O}_X$ statt $\mathcal{O}$. Für komplexe Mannigfaltigkeiten X und Y sind die Morphismen $(X, \mathcal{O}_X) \to (Y, \mathcal{O}_Y)$ genau die holomorphen Abbildungen.

Satz. *Ein geringter Hausdorffraum $(X, \mathcal{F})$ ist genau dann eine n-dimensionale komplexe Mannigfaltigkeit, wenn er zu $(\mathbb{C}^n, \mathcal{O})$ lokal isomorph ist, d.h. wenn es zu jedem Punkt in X eine Umgebung U und eine offene Menge $V \subset \mathbb{C}^n$ gibt, so daß $(U, \mathcal{F})$ und $(V, \mathcal{O})$ isomorph sind.*

Beweis. Bei einer komplexen Mannigfaltigkeit $(X, \mathcal{F})$ ist jede holomorphe Karte (U, h) ein Isomorphismus $h : (U, \mathcal{F}) \to \bigl(h(U), \mathcal{O}\bigr)$. Wenn umgekehrt $(X, \mathcal{F})$ zu $(\mathbb{C}^n, \mathcal{O})$ lokal isomorph ist, läßt sich X durch offene Mengen U_j überdecken, zu denen Isomorphismen $h_j : (U_i, \mathcal{F}) \to (V_j, \mathcal{O})$ auf offene Mengen $V_j \subset \mathbb{C}^n$ gehören. Dann ist $\{(U_j, h_j)\}$ ein holomorpher Atlas. □

4.4.4 Bildgarben. Sei $(X, \mathcal{F})$ ein geringter Raum und $\eta : X \to Y$ eine surjektive stetige Abbildung auf einen topologischen Raum Y. Mit der Garbe $\mathcal{C}$ der stetigen Funktionen auf Y wird die *Bildgarbe* $\mathcal{F}_\eta$ auf Y durch

$$\mathcal{F}_\eta(V) := \{f \in \mathcal{C}(V) : f \circ \eta \in \mathcal{F}(\eta^{-1}(V))\} \text{ für jede offene Menge } V \subset Y$$

definiert. Das Lokal-Global-Prinzip ist erfüllt, und $\eta : (X, \mathcal{F}) \to (Y, \mathcal{F}_\eta)$ ist ein Morphismus.

(1) *Bei jeder surjektiven offenen, holomorphen Abbildung $\eta : X \to Y$ zwischen Riemannschen Flächen ist die Bildgarbe $(\mathcal{O}_X)_\eta = \mathcal{O}_Y$ die holomorphe Strukturgarbe.*

Denn die nicht triviale Inklusion $(\mathcal{O}_X)_\eta \subset \mathcal{O}_Y$ folgt aus 1.3.7(2). □

Sei $\eta : X \to Y$ die Orbitprojektion einer diskontinuierlichen Gruppe G von Automorphismen des geringten Raumes $(X, \mathcal{F})$. Der Orbitraum Y ist hausdorffsch und trägt die Bildgarbe $\mathcal{F}_\eta$.

Satz. *Unter folgender Voraussetzung ist $(Y, \mathcal{F}_\eta)$ eine n-dimensionale komplexe Mannigfaltigkeit: Zu jedem $a \in X$ gibt es eine privilegierte Umgebung U und eine G_a-Orbitprojektion $\varphi : U \to V$, so daß $(V, \mathcal{F}_\varphi)$ eine n-dimensionale komplexe Mannigfaltigkeit ist.*

Beweis. Die Beschränkung $\eta|U : U \to \eta(U)$ ist wie φ eine G_a-Orbitprojektion. Daher sind $(\eta(U), \mathcal{F}_{\eta|U})$ und $(V, \mathcal{F}_\varphi)$ isomorph. Um daraus mit Satz 4.4.3 die Behauptung zu folgern, genügt es $\mathcal{F}_\eta|\eta(U) = \mathcal{F}_{\eta|U}$, also $\mathcal{F}_\eta(W) = \mathcal{F}_{\eta|U}(W)$ für jede offene Menge $W \subset \eta(U)$ zu beweisen:
Offenbar ist $\mathcal{F}_\eta(W) \subset \mathcal{F}_{\eta|U}(W)$. Umgekehrt sei $f \in \mathcal{F}_{\eta|U}(W)$. Dann gilt $f \circ \eta|V \in \mathcal{F}(V)$ für $V := U \cap \eta^{-1}(W) = (\eta|U)^{-1}(W)$. Für jedes $g \in G$ ist die Beschränkung $g : (V, \mathcal{F}|V) \to (g(V), \mathcal{F}|g(V))$ ein Isomorphismus. Daher gilt $f \circ \eta|g(V) \in \mathcal{F}(g(V))$ für alle $g \in G$. Wegen $\eta^{-1}(W) = \cup_g g(V)$ folgt nach dem Lokal-Global-Prinzip $f \circ \eta|\eta^{-1}(W) \in \mathcal{F}(\eta^{-1}(W))$, also $f \in \mathcal{F}_\eta(W)$.

4.4.5 Freie holomorphe Operationen. *Sei G eine diskontinuierliche Automorphismengruppe der komplexen Mannigfaltigkeit $(X, \mathcal{O})$, welche frei operiert. Sei $\eta : X \to Y$ die Orbitprojektion. Dann ist $(Y, \mathcal{O}_\eta)$ eine komplexe Mannigfaltigkeit, und η ist lokal biholomorph.*

Beweis. Die Behauptung folgt aus Satz 4.4.4. Denn die Voraussetzung dieses Satzes ist erfüllt, weil alle Standgruppen G_a trivial sind. □

4.4.6 Höher dimensionale Tori. Wir betrachten einen n-dimensionalen komplexen Vektorraum V. Mit einem Vektorraum-Isomorphismus $V \cong \mathbb{C}^n$ überträgt man die holomorphe Struktur von $\mathbb{C}^n$ nach V und macht V zu einer komplexen Mannigfaltigkeit, deren holomorphe Struktur nicht von der Wahl des Isomorphismus $V \cong \mathbb{C}^n$ abhängt. Sei $\omega_1, \ldots, \omega_{2n}$ eine Basis des *reellen* Vektorraums V. Die additive Untergruppe

$$\Omega := \mathbb{Z}\omega_1 + \ldots + \mathbb{Z}\omega_{2n}$$

heißt *Gitter vom Rang* $2n$. Sie operiert durch $z \mapsto z + \omega$, für $z \in V, \omega \in \Omega$ holomorph, frei und diskontinuierlich auf V. Analog zu 1.2.6 stellen wir jedes $z \in V$ eindeutig als $\sum_{j=1}^{2n} t_j \omega_j$ mit reellen t_j dar. Die *Torusprojektion*

$$\eta : V \to T := S^1 \times \ldots \times S^1 \,, \quad \sum t_j \omega_j \mapsto \bigl(\exp(2\pi i t_1), \ldots, \exp(2\pi i t_n)\bigr),$$

ist ein Epimorphismus der additiven Gruppen mit dem Kern Ω, also eine Ω-Orbitprojektion. Dann liefert 4.4.5 die Verallgemeinerung des Torussatzes 1.2.6 auf höhere Dimensionen:

Satz. *Auf T gibt es genau eine holomorphe Struktur, so daß η eine unverzweigte normale Überlagerung mit der Deckgruppe $\mathcal{D}(\eta) = \Omega$ ist.* □

Die holomorphe Struktur des Torus T hängt vom Gitter Ω ab, siehe 3.3.2 für $n = 1$. Für $n \geq 2$ gibt es krasse Unterschiede: Auf manchen Tori sind alle meromorphen Funktionen konstant. Andere, die sogenannten *Abelschen Varietäten*, zu denen die Periodentori kompakter Flächen gehören (siehe 14.3.1 und 16.6), besitzen viele nicht-konstante meromorphe Funktionen.

4.5 Orbitflächen

Bei einer Riemannschen Fläche ist die Bildgarbe auf dem Orbitraum einer diskontinuierlichen Automorphismengruppe stets die holomorphe Strukturgarbe einer Fläche. Zum Beweis benötigen wir die

4.5.1 Linearisierung. Sei G eine diskontinuierliche Automorphismengruppe der zusammenhängenden Fläche X. Nach 4.3.1 hat jede Standgruppe G_a von $a \in X$ eine endliche Ordnung n. Die Ableitung $G_a \to \mathbb{C}^\times$, $g \mapsto g'(a)$, ist ein Homomorphismus. Aus $g^n = \mathrm{id}$ folgt $g'(a) \in \mu_n$.

Lemma. *Es gibt eine privilegierte Umgebung U von a und eine Karte $h : (U, a) \to (\mathbb{E}, 0)$ mit folgenden Eigenschaften:*
(1) $h \circ g(x) = g'(a) \cdot h(x)$ *für* $g \in G_a$ *und* $x \in U$.
(2)   *Die Ableitung* $G_a \to \mu_n$, $g \mapsto g'(a)$, *ist ein Isomorphismus.*
(3) $U \to \mathbb{E}$, $x \mapsto h(x)^n$, *ist eine G_a-Orbitprojektion. Ihre Bildgarbe $\mathcal{O}_{h^n}$ ist die holomorphe Strukturgarbe $\mathcal{O}_\mathbb{E}$.*

Beweis. Nach 4.3.2 gibt es eine privilegierte Umgebung W von a. Man wählt eine Karte (S, k) mit $k(a) = 0$, $S \subset W$ und ersetzt W durch die privilegierte Umgebung $W = \bigcap_{g \in G_a} g(S)$. Die Funktion

$$h : (W, a) \to (\mathbb{C}, 0) \,, \quad h(x) = \frac{1}{n} \sum_{g \in G_a} \frac{k \circ g(x)}{g'(a)} \,,$$

ist holomorph und erfüllt (1) für alle $x \in W$. Wegen $(h \circ k^{-1})'(0) = 1$ wird eine kleinere Umgebung U von a durch h biholomorph auf eine Kreisscheibe $\mathbb{E}_r$ vom Radius r abgebildet. Wir ersetzen h durch h/r und erreichen $r = 1$. Dabei bleibt (1) erhalten und U ist privilegiert.

Zu (2). Nach (1) gilt $g'(a) = 1 \Leftrightarrow g = \text{id}$. Wegen $\sharp G_a = \sharp \mu_n$ folgt (2).–
Zu (3). Nach (1) und (2) sind die h^n-Fasern die G_a-Bahnen. Zusammen mit 4.4.4(1) folgt (3). □

4.5.2 Orbitprojektionen Riemannscher Flächen. *Bei jeder diskontinuierlichen Automorphismengruppe einer zusammenhängenden Riemannschen Fläche X ist der Orbitraum $(Y, \mathcal{O}_\eta)$ mit der Bildgarbe der Orbitprojektion $\eta : X \to Y$ eine Riemannsche Fläche. Die Projektion η ist holomorph.*

Beweis. Die Behauptung folgt aus Satz 4.4.4. Denn seine Voraussetzung ist wegen dem gerade bewiesenen Linearisierungslemma erfüllt. □

Der Satz reduziert das Studium der normalen Abbildungen $X \to Y$ auf die Beschreibung der diskontinuierlichen Untergruppen von $\text{Aut}(X)$.

4.5.3 Ausblick. Wenn eine Automorphismengruppe auf einer komplexen Mannigfaltigkeit der Dimension ≥ 2 diskontinuierlich aber nicht mehr frei operiert, ist der Orbitraum ein *normaler komplexer Raum*, aber im allgemeinen keine Mannigfaltigkeit, weil die nicht-trivialen Standgruppen Singularitäten hervorrufen können. Für ein Beispiel siehe Aufgabe 4.9.7.
Das Ergebnis von 4.5.2 bleibt gültig, wenn man statt Riemannscher Flächen normale komplexe Räume betrachtet. Der Beweisgang läßt sich übertragen, siehe [Cn] II, no. 43.

4.6 Verzweigungen

Unverzweigte Überlagerungen einer punktierten Fläche lassen sich unter gewissen Voraussetzungen über die Löcher hinweg fortsetzen, wenn man dort Verzweigungen zuläßt. Dieses wichtige Ergebnis wird in 4.6.2 bewiesen. Erste Anwendungen folgen im nächsten Paragraphen 4.7. Wir klären in den Abschnitten 4.6.3-6 Eindeutigkeitsfragen und behandeln Probleme beim Faktorisieren bzw. Hintereinanderschalten verzweigter Überlagerungen. Dadurch werden unter anderem Hindernisse auf dem Weg zu einer Theorie *universeller verzweigter* Überlagerungen beseitigt, die in 4.8 entwickelt wird.
Zwei eventuell verzweigte Überlagerungen $\eta_j : X_j \to Y$ heißen *isomorph*, wenn es einen Isomorphismus $\varphi : X_1 \to X_2$ mit $\eta_1 = \eta_2 \circ \varphi$ gibt; vergleiche 3.2.7 für den unverzweigten Fall.
Im folgenden bezeichnet $B \subset Y$ eine lokal endliche Menge in einer Riemannschen Fläche. Eine Überlagerung $\hat\eta : \hat X \to Y$ heißt *Fortsetzung* der Überlagerung $\eta : X \to Y \setminus B$, wenn $X = \hat X \setminus \hat\eta^{-1}(B)$ und $\eta = \hat\eta | X$ gelten.

4.6.1 Überlagerungen der Kreisscheibe. Nach 3.3.3 ist jede zusammenhängende unverzweigte Überlagerung $\eta : X \to \mathbb{E}^\times$ zur Exponentialüberlagerung $\mathbb{H} \to \mathbb{E}^\times$, $z \mapsto \exp(iz)$, oder zu einer Potenzüberlagerung

$\mathbb{E}^\times \to \mathbb{E}^\times$, $z \mapsto z^n$, für ein $n \in \{1, 2, \ldots\}$ isomorph. Im zweiten Fall läßt sich η zu einer verzweigten Überlagerung von $\mathbb{E}$ fortsetzen. Im ersten Fall gibt es keine Fortsetzung. Denn durch sie würde eine kleine Scheibe $\mathbb{E}_r$ elementar überlagert. Für jede Komponente U von $\eta^{-1}(\mathbb{E}_r^\times)$ wäre die Beschränkung $\eta: U \to \mathbb{E}_r^\times$ eine endliche Abbildung. Aber bei der Exponentialüberlagerung ist $\eta^{-1}(\mathbb{E}_r^\times) = U$ zusammenhängend, und $\eta|U$ hat unendlich viele Blätter.

4.6.2 Fortsetzung von Überlagerungen. *Die unverzweigte Überlagerung $\eta: X \to Y \setminus B$ läßt sich genau dann zu einer Überlagerung $\hat{\eta}: \hat{X} \to Y$ fortsetzen, wenn jeder Punkt $b \in B$ Zentrum einer Scheibe V ist, so daß für $V^\times := V \setminus \{b\}$ und jede Komponente U von $\eta^{-1}(V^\times)$ die Beschränkung $\eta: U \to V^\times$ endlich ist. Insbesondere existiert die Fortsetzung für jede endliche Abbildung η.*

Beweis. Die Endlichkeitsbedingung ist nach 4.6.1 notwendig. Wenn sie erfüllt ist, wird eine Fortsetzung wie folgt konstruiert: Man wählt die Scheiben V so klein, daß sie paarweise disjunkt sind, und wählt Karten $z: (V, b) \to (\mathbb{E}, 0)$. Nach 3.3.3 gibt es zu jeder Komponente U von $\eta^{-1}(V^\times)$ einen Isomorphismus $h: U \to \mathbb{E}^\times$ mit $z \circ \eta|U = h^n$. Der Exponent n hängt von U ab. Man ergänzt U durch einen zusätzlichen Punkt a_U zu $\hat{U} := U \uplus \{a_U\}$ und ergänzt h zur bijektiven Abbildung $h: (\hat{U}, a_U) \to (\mathbb{E}, 0)$.

Sei A die Menge aller zusätzlichen Punkte. Auf $\hat{X} := X \uplus A$ definiert man folgende Topologie: Eine Menge $W \subset \hat{X}$ heißt offen, wenn $W \cap X \subset X$ offen ist und für alle Komponenten U die Bilder $h(W \cap \hat{U}) \subset \mathbb{E}$ offen sind. Dadurch wird $\hat{X}$ zu einem Hausdorffraum, so daß $A \subset \hat{X}$ lokal endlich ist. Man ergänzt den holomorphen Atlas von X durch die Karten $h: \hat{U} \to \mathbb{E}$ zu einem holomorphen Atlas von $\hat{X}$. Dadurch wird $\hat{X}$ zu einer Riemannschen Fläche.

Man definiert $\hat{\eta}: \hat{X} \to Y$ durch $\hat{\eta}|X = \eta$ und $\hat{\eta}(a_U) = b$. Dabei ist b das Zentrum der Scheibe V, für die U eine Komponente von $\eta^{-1}(V^\times)$ ist. Dann ist die Beschränkung $\hat{\eta}: \hat{U} \to \mathbb{E}$ wegen $z \circ \hat{\eta}|\hat{U} = h^n$ eine holomorphe Windungsabbildung. Da $\hat{\eta}^{-1}(V)$ die disjunkte Vereinigung der Scheiben $\hat{U}$ für alle Komponenten U von $\eta^{-1}(V^\times)$ ist, wird V von $\hat{\eta}$ elementar überlagert. Folglich ist $\hat{\eta}: \hat{X} \to Y$ eine Überlagerung, die $\eta: X \to Y \setminus B$ fortsetzt. □

Um die Eindeutigkeit der Fortsetzung zu zeigen, benutzen wir folgendes Lemma, das auch sonst (z.B. in 6.2.3 und 12.4.2) nützlich ist.

4.6.3 Fortsetzung stetiger Abbildungen. Der topologische Raum Z heißt an der Stelle $c \in Z$ *unzerlegbar*, wenn es eine Umgebungsbasis $\{W\}$ von c gibt, so daß $W \setminus \{c\}$ stets zusammenhängt. Mannigfaltigkeiten der Dimension ≥ 2 sind überall unzerlegbar.

Lemma. *Sei $\eta: X \to Y$ eine Überlagerung. Sei Z ein bei $c \in Z$ unzerlegbarer Hausdorffraum. Dann läßt sich jede stetige Abbildung $\varphi: Z \setminus \{c\} \to X$ stetig nach c fortsetzen, sobald dies für $\eta \circ \varphi$ gilt. Bei einer Riemannschen Fläche Z ist mit φ auch die Fortsetzung holomorph.*

Beweis. Sei ψ die Fortsetzung von $\eta \circ \varphi$. Sei V eine Scheibe um $b := \psi(c)$, welche elementar überlagert wird. Dann ist $\eta^{-1}(V)$ die disjunkte Vereinigung von Scheiben U_a um die Faserpunkte $a \in \eta^{-1}(b)$, und jede Beschränkung $\eta : U_a \to V$ ist eine Windungsabbildung. Es gibt eine Umgebung W von c, so daß $\psi(W) \subset V$ gilt und $W \setminus \{c\}$ zusammenhängt. Dann gibt es genau ein a mit $\varphi(W \setminus \{c\}) \subset U_a$, und φ wird durch $\varphi(c) := a$ stetig fortgesetzt. Die Holomorphie der Fortsetzung folgt aus dem Hebbarkeitssatz. □

Erste Folgerung (Eindeutigkeit). *Zwei Überlagerungen $\eta_j : X_j \to Y$ sind isomorph, sobald ihre Beschränkungen $\eta'_j : X_j \setminus \eta_j^{-1}(B) \to Y \setminus B$ isomorph sind, $j = 1, 2$.* □

Daraus ergibt sich in Ergänzung zu 4.6.1 die

Zweite Folgerung. *Wenn die zusammenhängende Überlagerung einer Scheibe höchstens einen Verzweigungspunkt hat, handelt es sich um eine Windungsabbildung.* □

Dritte Folgerung. *Jede Überlagerung $\eta : X \to Y$ hat dieselbe Deckgruppe wie ihre Beschränkung $\eta' : X \setminus \eta^{-1}(B) \to Y \setminus B$. Wenn η' normal ist, gilt dasselbe für η.*

Beweis. Nach dem Lemma läßt sich jedes $g' \in \mathcal{D}(\eta')$ zu $g : Y \to Y$ eindeutig fortsetzen. Man verifiziert sodann $g \in \mathcal{D}(\eta)$ und die Normalität von η. □

4.6.4 Faktorisierung von Überlagerungen. *Seien $\eta : X \to Y$ und $\varphi : Y \to Z$ zwei holomorphe Abbildungen. Wenn η surjektiv und $\zeta := \varphi \circ \eta$ eine Überlagerung ist, sind η und φ ebenfalls Überlagerungen.*

Beweis. Sei $W \subset Z$ eine Scheibe, welche durch ζ elementar überlagert wird. Sei $V \subset Y$ eine Komponente von $\varphi^{-1}(W)$, und sei $U \subset X$ eine Komponente von $\eta^{-1}(V)$. Wegen $\eta(X) = Y$ genügt es zu zeigen, daß die Beschränkungen $\eta' : U \to V$ und $\varphi' : V \to W$ von η bzw. φ Windungsabbildungen sind. Nun ist U auch eine Komponente von $\zeta^{-1}(W)$. Daher ist $\zeta' := \varphi' \circ \eta'$ eine Windungsabbildung. Nach Satz 1.4.4(ii) folgt, daß η' und φ' wie ζ' endliche Überlagerungen sind. Wie ζ' ist φ' höchstens über dem Zentrum c von W verzweigt. Nach der zweiten Folgerung in 4.6.3 ist $\varphi' : (V, b) \to (W, c)$ eine Windungsabbildung. Die Beschränkung η' ist höchstens über b verzweigt und somit auch eine Windungsabbildung. □

4.6.5 Faktorisierung von Orbitprojektionen. Sei H eine diskontinuierliche Gruppe von Automorphismen der zusammenhängenden Fläche X. Dann ist jede Untergruppe $G < H$ diskontinuierlich. Seien $\eta : X \to Y$ und $\zeta : X \to Z$ die holomorphen Orbitprojektionen zu G bzw. H.

Satz. *Es gibt eine Überlagerung $\varphi : Y \to Z$ mit $\zeta = \varphi \circ \eta$. Wenn $G \triangleleft H$ eine Normalteiler ist, gibt es zu jedem $h \in H$ genau ein $k \in \mathcal{D}(\varphi)$ mit $\eta \circ h = k \circ \eta$, und die Zuordnung $H \to \mathcal{D}(\varphi), h \mapsto k$, ist ein Epimorphismus mit dem Kern G. Die Überlagerung φ ist dann normal.*

Beweis. Längs jeder η-Faser ist ζ konstant. Nach 1.3.8 gibt es daher genau eine holomorphe Abbildung $\varphi : Y \to Z$ mit $\zeta = \varphi \circ \eta$. Nach 4.6.4 ist φ eine Überlagerung. Nun sei $G \triangleleft H$ ein Normalteiler. Dann ist für jedes Element $h \in H$ die Abbildung $\eta \circ h$ längs jeder η-Faser konstant. Daher existiert genau eine holomorphe Abbildung $k : Y \to Y$ mit $\eta \circ h = k \circ \eta$. Die restlichen Behauptungen lassen sich nunmehr einfach verifizieren. □

4.6.6 Hintereinanderschaltung von Überlagerungen. Im allgemeinen ist die Hintereinanderschaltung zweier verzweigter Überlagerungen keine Überlagerung, siehe Aufgabe 4.9.10. Wir benötigen aber folgenden

Satz. *Ist $\eta : X \to Y$ eine unverzweigte und $\varphi : Y \to Z$ eine eventuell verzweigte Überlagerung, so ist $\zeta := \varphi \circ \eta$ eine Überlagerung.*

Beweis. Wir zeigen: Wenn eine Scheibe $W \subset Z$ durch φ elementar überlagert wird, dann auch durch ζ: Sei U eine Komponente von $\zeta^{-1}(W)$. Es genügt zu zeigen, daß die Beschränkung $\zeta : U \to W$ eine Windungsabbildung ist. Das Bild $V := \eta(U)$ ist eine Komponente von $\varphi^{-1}(W)$. Daher ist $\varphi : V \to W$ eine Windungsabbildung. Insbesondere ist V eine Scheibe. Die unverzweigte Überlagerung $\eta : U \to V$ ist somit ein Isomorphismus, und $\zeta : U \to V$ ist wie $\varphi : V \to W$ eine Windungsabbildung. □

4.7 Verzweigte normale Überlagerungen

Sei Y eine zusammenhängende Fläche, und sei $B \subset Y$ lokal endlich. Wir untersuchen und konstruieren normale Überlagerungen $\eta : X \to Y$, die über $Y \setminus B$ unverzweigt sind. Sei $\mathcal{D} = \mathcal{D}(\eta)$ die Deckgruppe. Wir benutzen Basispunkte $y_0 \in Y \setminus B$ und $x_0 \in X$ mit $\eta(x_0) = y_0$.

4.7.1 Der Poincarésche Epimorphismus. Nach der ersten und dritten Folgerung in 4.6.3 ist η durch die Beschränkung $\eta' : X \setminus \eta^{-1}(B) \to Y \setminus B$ eindeutig bestimmt und hat dieselbe Deckgruppe $\mathcal{D}(\eta) = \mathcal{D}(\eta')$. Der Poincarésche Epimorphismus $P : \pi(Y \setminus B) \to \mathcal{D}(\eta)$ hat den Kern $\eta'_*\pi(X \setminus \eta^{-1}(B))$, siehe 3.6.3. Aus 3.2.7 folgt der

Isomorphiesatz. *Zwei normale, über $Y \setminus B$ unverzweigte Überlagerungen $\eta_j : X_j \to Y$, $j \in \{0,1\}$, deren Poincaréschen Epimorphismen P_j denselben Kern haben, sind isomorph. Das ist genau dann der Fall, wenn es einen Isomorphismus $\alpha : \mathcal{D}(\eta_0) \to \mathcal{D}(\eta_1)$ mit $P_1 = \alpha \circ P_0$ gibt.* □

4.7.2 Kanonische Erzeugende. Nach 1.5.4 ist jede Standgruppe $\mathcal{D}_a$ zyklisch. Ihre Ordnung $n := v(\eta, a)$ hängt nur von $b = \eta(a)$ ab. Wir definieren das *kanonisch erzeugende Element* $\sigma_a \in \mathcal{D}_a$ durch den Wert seiner Ableitung $\sigma'_a(a) := \exp(2\pi i/n)$. Für jedes $f \in \mathcal{D}$ gilt $\sigma_{f(a)} = f \circ \sigma_a \circ f^{-1}$.

Satz. *Sei $b \in B$. Die Werte $P([u])$ der einfachen b-Schleifen u sind die kanonisch erzeugenden Elemente der Standgruppen $\sigma_a \in \mathcal{D}_a$ für $a \in \eta^{-1}(b)$.*

Beweis. Sei $k\colon (V, b) \to (\mathbb{E}, 0)$ die Karte auf einer Scheibe V, die elementar überlagert wird. Dann ist $\eta^{-1}(V) = \biguplus_{a \in \eta^{-1}(b)} U_a$ eine disjunkte Vereinigung von Scheiben U_a, deren Zentren die Punkte $a \in \eta^{-1}(b)$ sind. Alle U_a sind privilegierte Umgebungen ihrer Zentren. Jede Beschränkung $\eta : (U_a, a) \to (V, b)$ ist eine Windungsabbildung. Es gibt Karten $h_a \colon (U, a) \to (\mathbb{E}, 0)$ mit $k \circ \eta = h_a^n$ für $n = v(\eta, a)$.

Wir definieren den Weg v in V durch $k \circ v(t) = \frac{1}{2}\exp(2\pi i t)$. Jede einfache b-Schleife hat bis auf Homotopie die Gestalt $u = w \cdot v \cdot w^-$. Dabei ist w ein Weg in $Y \setminus B$ von y_0 nach y_1 mit $k(y_1) = \frac{1}{2}$, siehe Figur 3.8.4 a. Die η-Liftung $\tilde{w}$ von w, die in x_0 beginnt, endet in einem Punkt x_1, der in einer Scheibe U_a liegt. Alle Scheiben U_a werden durch passende Wahl von w erreicht.

Der durch $h_a \circ \tilde{v}(t) := h_a(x_1) \cdot \exp(2\pi i t/n)$ bestimmte Weg $\tilde{v}$ in U_a ist die η-Liftung von v mit dem Anfangspunkt x_1. Für das Element $g := P[u]$ ist $g(x_1)$ der Endpunkt von $\tilde{v}$. Daher ist $g(U_a) \cap U_a \neq \emptyset$, also $g \in G_a$ und $h_a \circ g = g'(a) \cdot h_a$, weil U_a privilegiert ist, vgl. 1.5.3. Wenn man die letzte Gleichung auf x_1 anwendet, folgt $g'(a) = \exp(2\pi i/n)$, also $P[u] = \sigma_a$. □

4.7.3 Konstruktion normaler Überlagerungen. *Sei $h\colon \pi(Y \setminus B) \to G$ ein Gruppen-Epimorphismus, so daß für jeden Punkt $b \in B$ und jede b-Schleife u in $Y \setminus B$ das Element $h([u])$ eine endliche Ordnung hat. Dann gibt es eine normale, über $Y \setminus B$ unverzweigte Überlagerung $\eta \colon X \to Y$ mit der Deckgruppe G und dem Poincaréschen Epimorphismus h.*

Beweis. Nach 3.7.2(1) gibt es eine unverzweigte normale Überlagerung $\eta' \colon X' \to Y \setminus B$ mit dem Poincaréschen Epimorphismus h. Sie läßt sich nach 4.6.2 zu $\eta \colon X \to Y$ fortsetzen. Denn jeder Punkt $b \in B$ ist Zentrum einer Scheibe V mit $V \cap B = \{b\}$. Sei $V^\times := V \setminus \{b\}$. Für jede Komponente U von $\eta'^{-1}(V^\times)$ ist $\eta' \colon U \to V^\times$ ist nach 3.3.3 eine Potenz- oder Exponentialüberlagerung. Letztere scheidet aus, weil $h([u])$ für jede b-Schleife u endliche Ordnung hat. Somit ist die Voraussetzung der Endlichkeit von $\eta' \colon U \to V^\times$ in Satz 4.6.2 erfüllt. □

4.7.4 Überlagerungen der Zahlenkugel. Sei $B = \{b_0, b_1, \ldots, b_r\} \subset \widehat{\mathbb{C}}$, $r \geq 1$. Nach Satz 3.8.4 gibt es einfache b_j-Schleifen u_j in $\widehat{\mathbb{C}} \setminus B$, so daß $\pi(\widehat{\mathbb{C}} \setminus B)$ von $[u_1], \ldots, [u_r]$ frei erzeugt wird und $[u_0] \cdot [u_1] \cdot \ldots \cdot [u_r] = 1$ ist.

Satz. *Jede Gruppe G, die von $r+1$ Elementen $g_0, \ldots, g_r$ endlicher Ordnungen $n_j \geq 2$ erzeugt wird, wobei $g_0 \cdot \ldots \cdot g_r = 1$ gilt, ist die Deckgruppe einer normalen Überlagerung $\eta \colon X \to \widehat{\mathbb{C}}$ mit dem Verzweigungsort B und den Werten $P([u_j]) = g_j$ des Poincaréschen Epimorphismus $P \colon \pi(X \setminus B) \to G$. Die Überlagerung ist bis auf Isomorphie eindeutig bestimmt. Über b_j hat sie die Windungszahl n_j.*

Beweis. Die Existenz der Überlagerung folgt aus 4.7.3. Nach 4.7.1 ist sie bis auf Isomorphie eindeutig bestimmt. Die letzte Behauptung folgt aus 4.7.2.

Historisches. Der Satz und sein Beweis stammen von Hurwitz (1893), siehe [Hur], Bd. 1, S. 405 ff. Er illustriert ihn für $r = 2$ an der alternierenden Gruppe $\mathcal{A}_5$ und an der symmetrischen Gruppe $\mathcal{S}_n$, vgl. die Aufgaben 3.9.11 und 4.9.14.

4.7.5 Endliche zyklische Überlagerungen der Zahlenkugel. Sei $n \geq 2$ und $B := \{b_0, b_1, \ldots, b_r\} \subset \widehat{\mathbb{C}}$, $r \geq 1$.

(1) *Bei jeder n-blättrigen zyklischen Überlagerung $\eta : X \to \widehat{\mathbb{C}}$ mit dem Verzweigungsort B, deren Deckgruppe $\mathcal{D}$ von g erzeugt wird, haben längs jeder Faser $\eta^{-1}(b_j)$ die Standgruppen dasselbe kanonisch erzeugende Element g^{m_j}. Dabei gilt*
$$(*) \quad 0 < m_j < n, \ m_0 + \ldots + m_r \equiv 0 \bmod n, \ \mathrm{ggT}(m_1, \ldots, m_r, n) = 1.$$

(2) *Jede Vorgabe ganzer Zahlen $(m_0, \ldots, m_r)$, die $(*)$ erfüllt, wird durch eine n-blättrige zyklische Überlagerung $\eta : X \to \widehat{\mathbb{C}}$ mit dem Verzweigungsort B realisiert.*

(3) *Zwei $(r+1)$-Tupel $(m_0, \ldots, m_r)$ und $(m'_0, \ldots, m'_r)$ gehören genau dann zu isomorphen Überlagerungen, wenn für eine Zahl k mit $\mathrm{ggT}(k, n) = 1$ die $r+1$ Kongruenzen $m'_j \equiv k\, m_j \bmod n$ bestehen.*

Beweis. (1) Nach Satz 3.8.4 gibt es einfache b_j-Schleifen u_j in $\widehat{\mathbb{C}} \setminus B$, so daß $\pi(\widehat{\mathbb{C}} \setminus B)$ von $[u_1], \ldots, [u_r]$ frei erzeugt wird und $[u_0] \cdot [u_1] \cdot \ldots \cdot [u_r] = 1$ ist. Für den Poincaréschen Epimorphismus P der Überlagerung gilt $P[u_j] = g^{m_j}$ mit $0 < m_j < n$, weil $P[u_j]$ eine nicht triviale Standgruppe erzeugt. Aus $[u_0] \cdot [u_1] \cdot \ldots \cdot [u_r] = 1$ folgt $m_0 + \ldots + m_r \equiv 0 \bmod n$. Weil $\mathcal{D}$ von $P[u_1], \ldots, P[u_r]$ erzeugt wird, ist $\mathrm{ggT}(m_1, \ldots, m_r, n) = 1$.

(2) folgt aus 4.7.4, angewendet auf $g_j := g^{m_j}$.

(3) Sei η' die Überlagerung zu $(m'_0, \ldots, m'_r)$ mit der von g' erzeugten Deckgruppe $\mathcal{D}'$. Nach 4.7.1 ist sie genau dann zur Überlagerung η isomorph, wenn es einen Isomorphismus $\alpha : \mathcal{D} \to \mathcal{D}'$ gibt, so daß $\alpha \circ P$ der Poincarésche Epimorphismus von η' ist. Das ist genau dann der Fall, wenn $\alpha(g) = g'^k$ für eine ganze Zahl k mit $\mathrm{ggT}(k, n) = 1$ gilt und
$$(g')^{m'_j} = \alpha \circ P[u_j] = \alpha(g^{m_j}) = (g')^{k m_j},$$
also $m'_j \equiv k\, m_j \bmod n$ ist. □

Beispiel. Wenn $r = 2$ ist, legen wir die Verzweigungspunkte nach $0, 1, \infty$ und ordnen m_0, m_1, m_∞ der Größe nach. Das gibt für $n = 7$ genau zwei nicht kongruente Möglichkeiten $(1,1,5)$ und $(1,2,4)$, zu denen nicht isomorphe Überlagerungen gehören. In 6.4.4 und 8.3.5 wird gezeigt, daß sogar die entsprechenden *Überlagerungsflächen* nicht isomorph sind.

In 6.4.3 werden alle n-blättrigen zyklischen Überlagerungen von $\widehat{\mathbb{C}}$ durch Nullstellengebilde von Polynomen $w^n - p$ mit $p \in \mathbb{C}[z]$ beschrieben.

4.7.6 Zusammenhängende zweiblättrige Überlagerungen von $\widehat{\mathbb{C}}$
sind zyklisch, siehe 1.5.5(2). *Ihr Verzweigungsort B hat eine gerade Anzahl $\sharp B \geq 2$. Mit dieser Einschränkung kann er beliebig vorgegeben werden. Die Überlagerung ist durch B bis auf Isomorphie eindeutig bestimmt.*

Auf diese Aussagen reduzieren sich die Ergebnisse des vorigen Abschnitts im Falle $n = 2$. Alle Überlagerungen mit $\sharp B = 2$ werden durch rationale Funktionen vom Grade 2 realisiert. Die $\wp$-Funktion zum Gitter Ω mit den Halbperiodenwerten e_1, e_2, e_3 induziert die Überlagerung $\hat{\wp}: \mathbb{C}/\Omega \to \widehat{\mathbb{C}}$ mit dem Verzweigungsort $\{e_1, e_2, e_3, \infty\}$. Nach Lösung des Jacobischen Problems 2.2.7 kann man jede vierpunktige Menge als Verzweigungsort einer elliptischen Funktion vom Grade 2 realisieren. Daher nennt man diese Überlagerungen *elliptisch*. Bei mehr als 4 Verzweigungspunkten heißen sie *hyperelliptisch*.

4.8 Universelle verzweigte Überlagerungen

Ergebnisse über universelle Überlagerungen werden vom unverzweigten auf den gleichverzweigten Fall übertragen. Wir betrachten nur zusammenhängende, holomorphe Überlagerungen $\eta: X \to Y$, bei denen die Windungszahlen längs jeder Faser beschränkt sind und nennen die Überlagerung *einfach zusammenhängend*, wenn ihre Überlagerungsfläche einfach zusammenhängt.

4.8.1 Signaturen. Eine Funktion $S: Y \to \mathbb{N}_{>0}$ heißt *Signatur*, wenn ihr *Träger* $\{y \in Y : S(y) \geq 2\}$ lokal endlich ist. Die Signatur S_1 *teilt* S, wenn an jeder Stelle $y \in Y$ der Wert $S_1(y)$ ein Teiler von $S(y)$ ist. Zu jeder Überlagerung $\eta: X \to Y$ bilden wir mit dem kleinsten gemeinsamen Vielfachen (kgV) längs jeder Faser die *Verzweigungssignatur*

$$S_\eta(y) := \text{kgV}\{v(\eta, x): x \in \eta^{-1}(y)\}.$$

Wenn η gleichverzweigt ist, gilt $S_\eta(y) = v(\eta, x)$, vergleiche 1.4.6.

Signaturen auf $\widehat{\mathbb{C}}$. Nach 4.7.4 ist jede Signatur auf $\widehat{\mathbb{C}}$ mit mindestens drei Trägerpunkten eine Verzweigungssignatur. Eine Signatur S mit zwei Trägerpunkten $a \neq b$ ist genau dann eine Verzweigungssignatur, wenn $S(a) = S(b)$ gilt. Verzweigungssignaturen mit genau einem Trägerpunkt gibt es nicht; denn in Analogie zur zweiten Folgerung in 4.6.3 gilt:

Zu jeder Überlagerung $\eta: X \to \widehat{\mathbb{C}}$ mit höchstens zwei Verzweigungspunkten gibt es einen Automorphismus α von $\widehat{\mathbb{C}}$, so daß $\alpha \circ \eta$ zu einer Potenzabbildung $\widehat{\mathbb{C}} \to \widehat{\mathbb{C}}, z \mapsto z^n$, mit $n \in \{1, 2, \ldots\}$ isomorph ist. □

Wir kehren zum allgemeinen Fall zurück. Seien $\eta: X \to Y$ und $\zeta: Z \to Y$ zwei Überlagerungen. Wenn es eine holomorphe Abbildung $\gamma: Z \to X$ gibt, so daß $\zeta = \eta \circ \gamma$ ist, sagen wir, daß η durch ζ *dominiert* wird.

Dann ist γ nach 4.6.4 auch eine Überlagerung, und wegen der Produktformel für Windungszahlen, siehe 1.3.1, teilt S_η die Signatur S_ζ. Wir nennen die Überlagerung $\zeta: Z \to Y$ *universell*, wenn ζ alle Überlagerungen η dominiert, für die S_η ein Teiler von S_ζ ist.

Lemma. *Die Überlagerung η sei gleichverzweigt und einfach zusammenhängend, die Überlagerung ζ sei universell. Aus $S_\eta = S_\zeta$ folgt, daß η und ζ isomorph sind.*

Beweis. Es gilt eine Überlagerung γ mit $\zeta = \eta \circ \gamma$. Weil η gleichverzweigt ist, folgt aus $S_\eta = S_\zeta$, daß γ unverzweigt ist. Die Basisfläche von γ ist die Überlagerungsfläche von η und daher einfach zusammenhängend. Nach 3.2.4(3) ist γ ein Isomorphismus. □

4.8.2 Existenzsatz. *Zu jeder Signatur S mit dem Träger $B \subset Y$ gibt es eine normale, über $Y \setminus B$ unverzweigte Überlagerung $\zeta : Z \to Y$, deren Poincaréscher Epimorphismus $P : \pi(Y \setminus B) \to \mathcal{D}(\zeta)$ die von*
$$\{[u]^{S(b)} : u \text{ einfache Schleife um } b \in B\}$$
erzeugte Untergruppe H als Kern hat. Für jede Überlagerung η von Y gilt:
$$\zeta \text{ dominiert } \eta \quad \Leftrightarrow \quad S_\eta \text{ teilt } S.$$
Insbesondere ist S_ζ ein Teiler von S, und ζ ist universell.

Beweis. Die Teilmenge $\{[u] : u \text{ einfache Schleife um } b \in B\} \subset \pi(Y \setminus B)$ ist für jedes $b \in B$ unter Konjugationen invariant. Daher ist H ein Normalteiler. Die Existenz von ζ folgt aus 4.7.3, angewendet auf den Restklassen-Epimorphismus $h : \pi(Y \setminus B) \to \pi(Y \setminus B)/H =: G$,. Mit $C := \zeta^{-1}(B)$ gilt $H = \zeta_*\bigl(\pi(Z \setminus C)\bigr)$.
Für jede einfache b-Schleife u hat $P([u])$ die Ordnung $S_\zeta(b)$. Wegen $P([u])^{S(b)} = 1$ ist S_ζ ein Teiler von S. Wenn ζ eine Überlagerung η dominiert, ist S_η ein Teiler von S_ζ, also auch von S.
Umgekehrt sei S_η ein Teiler von S. Sei $A := \eta^{-1}(B)$. Für jedes $b \in B$ sind die Windungszahlen $v(\eta, x)$ für $x \in \eta^{-1}(b)$ Teiler von $S(b)$. Dann gilt
$$(*) \qquad \zeta_*\pi(Z \setminus C) < \eta_*\pi(X \setminus A).$$
Weil $\zeta_*\pi(Z \setminus C)$ von den Potenzen $[u]^{S(b)}$ der einfachen b-Schleifen u erzeugt wird, genügt es zum Beweis von $(*)$ $[u]^{S(b)} \in \eta_*\pi(X \setminus A)$ zu zeigen. Nach 4.7.2 ist $P[u]$ das kanonisch erzeugende Element der Standgruppe $\mathcal{D}_a$ eines Punktes $a \in \eta^{-1}(b)$. Nach 1.5.3(3) ist seine Ordnung ein Teiler von $v(\eta, a)$ und damit von $S(b)$. Es folgt $[u]^{S(b)} \in \text{Kern}(P) = \eta_*\pi(X \setminus A)$, siehe 3.6.3. Nach dem Monodromiesatz, dessen Voraussetzung wegen $(*)$ erfüllt ist, läßt sich $\zeta|(Z \setminus C)$ zu einer holomorphen Abbildung $\gamma : Z \setminus C \to X \setminus A$ liften, so daß $\zeta = \eta \circ \gamma$ gilt. Diese wird mit Lemma 4.6.3 zu $\gamma : Z \to X$ fortgesetzt. □

Bemerkung. Wenn $S = S_\eta$ eine Verzweigungssignatur ist, folgt $S_\zeta = S$. Aber es bleibt noch offen, ob *jede* Signatur eine Verzweigungssignatur ist, siehe dazu 4.8.5.

4.8.3 Eigenschaften universeller Überlagerungen. (a) *Eine Überlagerung ist genau dann universell, wenn sie gleichverzweigt ist und einfach zusammenhängt.–* (b) *Universelle Überlagerungen mit gleicher Verzweigungssignatur sind isomorph.–* (c) *Universelle Überlagerungen sind normal.*

Beweis. Zu jeder Überlagerung $\eta : X \to Y$ erhält man wegen 4.6.6 durch Vorschalten der unverzweigten universellen Überlagerung $Z \to X$ eine einfach zusammenhängende Überlagerung $\zeta : Z \to Y$ mit gleicher Verzweigungssignatur $S_\zeta = S_\eta$.

In vereinfachter Form besagt der Existenzsatz 4.8.2: Jede Verzweigungssignatur ist die Verzweigungssignatur einer Überlagerung, die gleichzeitig normal, insbesondere gleichverzweigt, und universell ist.

Wenn man diese Ergebnisse mit dem Lemma 4.8.1 kombiniert, folgen die Behauptungen (a)-(c). □

Beispiele. Die normalen Überlagerungen $\mathbb{C} \to X$ aus 2.6.2 zu den Punkt-, Band- und Flächengruppen sind universell und durch ihre Signaturen bis auf Isomorphie bestimmt.

Dasselbe gilt für die normalen Überlagerungen $\eta : \widehat{\mathbb{C}} \to \widehat{\mathbb{C}}$. Hierzu wurde in 4.2.3 gezeigt, daß es abgesehen vom zyklischen Fall genau drei Ausnahmeorbiten Σ_j von $G = \mathcal{D}(\eta)$ gibt. Nach einem Automorphismus der Basisfläche $\widehat{\mathbb{C}}$ kann man $\eta(\Sigma_1) = 0$, $\eta(\Sigma_2) = 1$ und $\eta(\Sigma_3) = \infty$ annehmen. Jedem Typ der Klassifikationstabelle in 4.2.3 entspricht dann genau eine Signatur mit dem Träger $\{0, 1, \infty\}$. Da sie η bis auf Isomorphie bestimmt, ist G bis auf Konjugation in $\mathrm{Aut}(\widehat{\mathbb{C}})$ bestimmt. Das war in 4.2.3 bereits behauptet, aber noch nicht bewiesen worden.

4.8.4 Universelle Liftung. Sei $\zeta : Z \to X$ die unverzweigte universelle Überlagerung. Sämtliche $h \in \mathrm{Aut}(Z)$, zu denen ein $g \in \mathrm{Aut}(X)$ mit $g \circ \zeta = \zeta \circ h$ existiert, bilden den Normalisator N von $\mathcal{D}(\zeta)$ in $\mathrm{Aut}(Z)$. Der Automorphismus g ist durch h eindeutig bestimmt.

(1) *Die Zuordnung $p : N \to \mathrm{Aut}(X)$, $p(h) := g$, ist ein Epimorphismus mit dem Kern $\mathcal{D}(\zeta)$.*

Die Surjektivität von p folgt aus dem Monodromiesatz. □

(2) *Für jede Untergruppe $G < \mathrm{Aut}(X)$ ist ihre universelle Liftung $\hat{G} := p^{-1}(G) < N$ genau dann diskontinuierlich, wenn G diskontinuierlich ist.*

Wenn $\hat{G}$ diskontinuierlich ist, folgt dies aus 4.6.5. Wenn G diskontinuierlich und damit die Deckgruppe einer normalen Überlagerung η ist, gilt genauer:

(3) *Die Überlagerung $\eta \circ \zeta$ ist universell. Sie hat dieselbe Signatur wie η. Ihre Deckgruppe ist $\mathcal{D}(\eta \circ \zeta) = \hat{G}$.*

Zum Beweis von (3) zeigt man zunächst $\hat{G} < \mathcal{D}(\eta \circ \zeta)$ und verifiziert sodann, daß jede $(\eta \circ \zeta)$-Faser in einem $\hat{G}$-Orbit liegt. □

Bemerkung. Der Riemannsche Abbildungssatz in 10.8.7 wird zeigen, daß Z zu $\widehat{\mathbb{C}}, \mathbb{C}$ oder $\mathbb{H}$ isomorph ist. Die Automorphismen dieser drei Flächen haben die Gestalt $z \mapsto (az+b)/(cz+d)$. Jede universelle Liftung $\hat{G}$ wird daher durch eine Gruppe von (2×2)-Matrizen $\begin{pmatrix} a & b \\ c & d \end{pmatrix}$ beschrieben.

4.8.5 Verzweigungssignaturen. *Auf jeder nicht zu $\widehat{\mathbb{C}}$ isomorphen Fläche ist jede Signatur eine Verzweigungssignatur.*

Für den Beweis wird der Uniformisierungssatz 11.1.1 benutzt.

Lemma. *Sei S eine Signatur auf der zusammenhängenden Fläche Y. Wenn es zu jedem $b \in Y$ eine Überlagerung $\eta : X \to Y$ gibt, deren Signatur S_η ein Teiler von S ist und den speziellen Wert $S_\eta(b) = S(b)$ hat, ist S eine Verzweigungssignatur.*

Beweis. Sei ζ eine Überlagerung zu S gemäß 4.8.2. Da S_ζ ein Teiler von S ist, genügt es zu zeigen, daß für jede Stelle b der Wert $S_\zeta(b)$ ein Vielfaches von $S(b)$ ist. Die Überlagerung η wird von ζ dominiert. Insbesondere ist $S_\zeta(b)$ ein Vielfaches von $S_\eta(b) = S(b)$. □

Satz. *Wenn die Fläche Y durch $\mathbb{C}$ oder $\mathbb{E}$ unverzweigt überlagert wird, ist jede Signatur S auf Y eine Verzweigungssignatur.*

Beweis. (1) Wegen des Lemmas genügt es zu jedem $b \in Y$ und jeder ganzen Zahl $n \geq 2$ eine Überlagerung $\eta : X \to Y$ anzugeben, welche nur über b verzweigt, wobei $S_\eta(b) = n$ ist. Der folgende Beweis für den Fall $\mathbb{E}$ läßt sich wörtlich auf den Fall $\mathbb{C}$ übertragen: Es gibt eine unverzweigte Überlagerung $\zeta : (\mathbb{E}, 0) \to (Y, b)$. Dann leistet $\eta : (\mathbb{E}, 0) \to (Y, b)$, $\eta(z) = \zeta(z^n)$, das Gewünschte. □

Nach dem Uniformierungssatz 11.1.1 ist $\widehat{\mathbb{C}}$ die einzige Fläche, welche nicht durch $\mathbb{C}$ oder $\mathbb{E}$ unverzweigt überlagert wird. Daher folgt die am Anfang dieses Abschnitts aufgestellte Behauptung.

Bemerkung. Jede Verzweigungssignatur auf einer *kompakten* Fläche ist sogar die Verzweigungssignatur einer *endlichen* normalen Überlagerung. Dieses von Fenchel vermutete Ergebnis wurde 1951/52 durch Bundgaard/Nielsen [BuNi] und Fox [Fox] bewiesen.

4.8.6 Historisches. Spezialfälle der Ergebnisse in 4.7-8 gehen auf Klein und Poincaré (um 1880) zurück. Erst 50 Jahre später wurden normale Überlagerungen zu vorgegebener Signatur durch Fenchel und Nielsen systematisch untersucht. Bis zur vollständigen Publikation ihrer Ergebnisse vergingen weitere Jahrzehnte, siehe [Ran] (1958) und [FN] (2003). Eine Verallgemeinerung auf höhere Dimensionen findet man in [Nam 2].

Das Wort „Signatur" benutzen wir nach einem Vorschlag von S. Patterson.

4.9 Aufgaben

1) Gib zur Diedergruppe $\{z \mapsto \omega z^{\pm 1} : \omega \in \mu_q\}$ eine Orbitprojektion explizit an. Diese Aufgabe wird in [Klei 2] auch für die Tetraeder-, Oktaeder- und Ikosaedergruppe gelöst.

2) Sei $\varepsilon := \exp(2\pi i/5)$ und $T := \{\varepsilon^\mu + \varepsilon^\nu : 0 \le \mu < \nu \le 4\} \cup \{0, \infty\}$, siehe Teil (iii) des Beweises in 4.2.5.
Zeige: $r := \varepsilon + \varepsilon^4 \in \mathbb{R}_{>0}$. Die zehn Punkte $\varepsilon^\mu + \varepsilon^\nu$ bilden die beiden Fünfecke $\{r\varepsilon^\nu : 0 \le \nu \le 4\}$ und $\{-r^{-1}\varepsilon^\nu : 0 \le \nu \le 4\}$. Der antiholomorphe Automorphismus $s(z) := -1/\bar{z}$ vertauscht sie. Für $g(z) := (-z + r\varepsilon)/(rz + \varepsilon)$ gilt $g \circ s = s \circ g$, ferner $g(r) = r\varepsilon$, $g(r\varepsilon) = 0$ und
$g(r\varepsilon^2) = (1 - \varepsilon + \varepsilon^2 - \varepsilon^3)/(1 + \varepsilon + 2\varepsilon^2 + \varepsilon^4) = 1 + \varepsilon^3$
$g(r\varepsilon^3) = (1 - \varepsilon^4)/(1 + 2\varepsilon + 2\varepsilon^3) = 1 + \varepsilon^4$
$g(r\varepsilon^4) = (\varepsilon^2 - \varepsilon^3)/(2\varepsilon + \varepsilon^2 + 2\varepsilon^4) = 1 + \varepsilon$.
Folgere: $g \in \operatorname{Sym}(T)$.

3) Sei G die unendliche zyklische Gruppe der *reell*-analytischen Abbildungen
$$\mathbb{C}^\times \to \mathbb{C}^\times, \; x + iy \mapsto 2^n x + i 2^{-n} y \;\text{ für }\; n \in \mathbb{Z}.$$
Zeige: (i) Alle Standgruppen sind trivial.
(ii) Jeder Punkt in $\mathbb{C}^\times$ besitzt eine privilegierte Umgebung.
(iii) Sei $\eta: \mathbb{C}^\times \to Y$ eine Orbitprojektion. Zeige, daß Y nicht hausdorffsch ist, weil $\eta(1) \ne \eta(i)$ keine disjunkten Umgebungen besitzen.

4) Bekanntlich ist $R = \{\alpha + i\beta : \alpha, \beta \in \mathbb{Z}\}$ ein Euklidischer Unterring von $\mathbb{C}$.
Zeige: (i) Der Quotientenkörper K von R liegt dicht in $\mathbb{C}$.
(ii) Zu je zwei teilerfremden Zahlen $b, d \in R$ gibt es ein $A \in \operatorname{SL}_2(R)$ mit
$$A \begin{pmatrix} 0 \\ 1 \end{pmatrix} = \begin{pmatrix} b \\ d \end{pmatrix}.$$
(iii) $K \cup \{\infty\}$ ist *ein* $\operatorname{SL}_2(R)$-Orbit.
(iv) Es gibt kein Gebiet $X \subset \widehat{\mathbb{C}}$, auf dem $\operatorname{SL}_2(R)$ diskontinuierlich operiert.
Dieses Beispiel wurde 1884 von Picard angegeben.

5) Zeige für Untergruppen $G < \operatorname{Aut}(\mathbb{C})$ bzw. $\operatorname{Aut}(\widehat{\mathbb{C}})$: Wenn mindestens zwei bzw. drei Punkte auf lokal endlichen Orbiten liegen, ist G diskontinuierlich.

6) Sei $K = \{(z, w) \in \mathbb{C}^2 : w^2 = z^3\}$. Zeige, daß $h: \mathbb{C} \to K$, $h(t) = (t^2, t^3)$, ein Homöomorphismus ist. Definiere auf K die Garbe $\mathcal{F}$ durch $\mathcal{F}(U \cap K) := \{f|K : f \in \mathcal{O}(U)\}$ für offene Mengen $U \subset \mathbb{C}^2$. Begründe, daß $h: (\mathbb{C}, \mathcal{O}) \to (K, \mathcal{F})$ ein Morphismus, aber kein Isomorphismus ist.

7) Zeige für die Untergruppe $G := \{(u, v) \mapsto (\alpha u, \alpha^{-1} v) : \alpha \in \mu_q\} < \operatorname{Aut}(\mathbb{C}^2)$:
(i) Die nicht-leeren Fasern der Abbildung $\eta: \mathbb{C}^2 \to \mathbb{C}^3$, $\eta(u, v) = (u^q, v^q, uv)$, sind die G-Orbiten.
(ii) $\eta(\mathbb{C}^2) = \{(x, y, z) \in \mathbb{C}^3 : z^q = xy\}$ ist ein G-Orbitraum.
(iii) Für $q \ge 2$ hängt $\eta(\mathbb{C}^2) \setminus \{(0, 0, 0)\}$ nicht einfach zusammen.
Folgere: Bei einer diskontinuierlichen Automorphismengruppe einer komplexen Mannigfaltigkeit der Dimension $n \ge 2$ ist der Orbitraum im allgemeinen keine Mannigfaltigkeit.

92   4. Verzweigte Überlagerungen

8) Sei X eine Riemannsche Fläche. Auf $X^2 := X \times X$ operiert die Gruppe $\mathcal{S}_2 = \{\mathrm{id}, \tau\}$ durch $\tau(x_1, x_2) = (x_2, x_1)$. Sei $\eta : X^2 \to X_2 := X^2/\mathcal{S}_2$ die Orbitprojektion. Man nennt X_2 das *symmetrische Quadrat* von X. Zeige:
   (a) Für $X = \mathbb{E}$ ist $\eta(z_1, z_2) = (z_1 + z_2, z_1 z_2)$ eine $\mathcal{S}_2$-Orbitprojektion $\eta : \mathbb{E}^2 \to V$ auf eine offene Menge $V \subset \mathbb{C}^2$.
   (b) Die Bildgarbe $\mathcal{O}_\eta$ der holomorphen Strukturgarbe $\mathcal{O}$ auf $\mathbb{E}^2$ ist die holomorphe Strukturgarbe auf V. (Benutze, daß $\eta : \mathbb{E}^2 \setminus \Delta \to V \setminus D$ nach Entfernen der Diagonale $\Delta = \{(z, z)\}$ und der Diskriminantenmenge $D = \{(w_1, w_2) : w_1^2 = 4w_2\}$ lokal biholomorph ist und jede auf einer offenen Menge $U \subset V$ stetige Funktion auf ganz U holomorph ist, sobald sie auf $U \setminus D$ holomorph ist.)
   (c) Folgere aus (a) und (b): Für jede Riemannsche Fläche $(X, \mathcal{O})$ ist das symmetrische Quadrat $(X_2, \mathcal{O}_\eta)$ mit der Bildgarbe $\mathcal{O}_\eta$ eine zweidimensionale komplexe Mannigfaltigkeit.– Siehe 14.4.5 für eine Verallgemeinerung.

9) Zeige: Die *anharmonische Gruppe* $\Lambda := \mathrm{Sym}\{0, 1, \infty\} < \mathrm{Aut}(\widehat{\mathbb{C}})$ aus den Aufgaben 1.7.10-11 hat die Ausnahmeorbiten
$$\Sigma_1 = \{0, 1, \infty\} \quad , \quad \Sigma_2 = \{-1, \tfrac{1}{2}, 2\} \quad , \quad \Sigma_3 = \{e^{\pm 2\pi i/3}\}.$$
Bilde die rationale Λ-Orbitprojektion f gemäß 4.2.1 mit $A = \Sigma_3$ und $B = \Sigma_1$ so, daß $f(\Sigma_2) = 1$ ist und vergleiche das Ergebnis mit Aufgabe 1.7.10.
Sei $G < \Lambda$ die von $z \mapsto 1 - z$ erzeugte Untergruppe, und sei g ihre rationale Orbitprojektion. Gib eine rationale Funktion h so an, daß $f = h \circ g$ ist, und begründe, daß h nicht normal ist.

10) Gewinne aus dem Nullstellengebilde von $w^2 - \sin iz$ eine unverzweigte Überlagerung von $\mathbb{C} \setminus i\mathbb{Z}$, vgl. 1.2.4, und setze sie zur einer verzweigten Überlagerung $\eta : X \to \mathbb{C}$ fort. Begründe, daß der Verzweigungsort von $\exp \circ \eta$ nicht lokal endlich ist. Daher ist $\exp \circ \eta$ keine Überlagerung, obwohl η und $\exp$ (sogar normale) Überlagerungen sind.

11) Beschreibe bis auf Isomorphie alle zyklischen Überlagerungen von $\widehat{\mathbb{C}}$ mit drei Verzweigungspunkten, die 3, 4 bzw. 5 Blätter haben.

12) Zeige: Jede endliche Menge $B \subset \widehat{\mathbb{C}}$ mit $\sharp B \geq 3$ ist Verzweigungsort einer normalen Überlagerung von $\widehat{\mathbb{C}}$, deren Deckgruppe eine Kleinsche Vierergruppe ist. Wo kommen solche Überlagerungen für $\sharp B = 3$ in der Klassifikation 4.2.3 vor? Gib solche Überlagerungen für $\sharp B = 4$ mit Hilfe elliptischer Funktionen an, wobei die Lösung des Jacobischen Problems 2.2.7 für B unterstellt wird.

13) Deute die Bandgruppe B_2 und die Flächengruppen $F_n(\Omega)$ aus 2.6.2 als universelle Liftungen endlicher Deckgruppen.

14) Die alternierende Gruppe $\mathcal{A}_5$ wird von $(1\,2)(3\,4)$ und $(2\,5\,4)$ erzeugt. Prüfe
$$(1\,2)(3\,4) \cdot (2\,5\,4) \cdot (1\,2\,3\,4\,5) = (1).$$
Zeige: Es gibt eine normale Überlagerung von $\widehat{\mathbb{C}}$ mit der Deckgruppe $\mathcal{A}_5$, deren Signatur aus drei Punkten mit den Werten $2, 3, 5$ besteht. Folgere, daß die Ikosaedergruppe zu $\mathcal{A}_5$ isomorph ist.– Identifiziere in analoger Weise die Tetraedergruppe mit $\mathcal{A}_4$ und die Oktaedergruppe mit $\mathcal{S}_4$.

5. Die J- und λ-Funktion

Nach der erfolgreichen Klassifikation aller diskontinuierlichen Untergruppen von $\mathrm{Aut}(\mathbb{C})$ in 2.6 und von $\mathrm{Aut}(\widehat{\mathbb{C}})$ in 4.2 erwartet der Leser vielleicht ein ähnliches Ergebnis für die Halbebene $\mathbb{H}$. Hier läßt sich jedoch die Vielfalt aller Möglichkeiten mit den derzeit verfügbaren Methoden nicht überschauen. Wir betrachten zwei diskontinuierliche Untergruppen von $\mathrm{Aut}(\mathbb{H})$, die zum Vorbild für die allgemeine Theorie wurden: die *Modulgruppe* $\varGamma$ und die *Hauptkongruenzgruppe* $\varGamma_2 \triangleleft \varGamma$. Die im Titel genannten Funktionen sind Orbitprojektionen $J: \mathbb{H} \to \mathbb{C}$ bzw. $\lambda: \mathbb{H} \to \mathbb{C}^{\times\times} := \mathbb{C} \setminus \{0,1\}$ dieser Gruppen. Zu ihrer Beschreibung werden Kenntnisse über Gitter und $\wp$-Funktionen aus dem 2. Kapitel benötigt.

Die Gleichung $J(\mathbb{H}) = \mathbb{C}$ löst das Jacobische Problem aus 2.2.7.– Die λ-Funktion ist eine unverzweigte Überlagerung. Mit dem Monodromiesatz 3.2.6 erhält man klassische Ergebnisse über holomorphe Funktionen, die mindestens zwei komplexe Zahlen als Werte auslassen.

Die Verallgemeinerung von $\varGamma_2$ zu den Kongruenzgruppen $\varGamma_n$ für $n = 2, 3, 4, \ldots$ und die Einführung der zugehörigen Modulflächen X_n bieten am Schluß des Kapitels ein Beispiel aus den zahlreichen Möglichkeiten, die Untersuchung diskontinuierlicher Untergruppen von $\mathrm{Aut}(\mathbb{H})$ und ihrer Orbitflächen weiterzuführen.

5.1 Modulgruppe und Modulbereich

Die Automorphismengruppe $\mathrm{Aut}(\mathbb{H})$ besteht aus allen reellen Möbius-Transformationen
$$\tau \mapsto A(\tau) := \frac{a\tau + b}{c\tau + d} \quad \text{für } A = \begin{pmatrix} a & b \\ c & d \end{pmatrix} \in \mathrm{SL}_2(\mathbb{R}),$$
siehe z.B. [Re 1], Abschnitt 9.2.2. Alle Transformationen mit *ganzzahligen* Koeffizienten bilden die *Modulgruppe*. Wir untersuchen ihre Wirkung auf $\mathbb{H}$ mit Hilfe des Modulbereichs aus 2.5.1.

5.1.1 Die Modulgruppe $\varGamma < \mathrm{Aut}(\mathbb{H})$ besteht aus allen Transformationen A mit $a, b, c, d \in \mathbb{Z}$. Folgende Elemente in $\varGamma$ spielen eine besondere Rolle:

(1) $\qquad R(z) := -\dfrac{1}{z+1} \quad , \quad S(z) := -\dfrac{1}{z} \quad , \quad T(z) := z + 1 \ .$

Das Element R hat die Ordnung 3 und den Fixpunkt $\omega := \exp(2\pi i/3)$. Die *Inversion* S hat die Ordnung 2 und den Fixpunkt i. Die *Translation* T hat unendliche Ordnung und besitzt keine Fixpunkte. Es gilt $R = S \circ T$.

Jedem $\tau \in \mathbb{H}$ wird das Gitter $\Omega_\tau := \mathbb{Z}\tau + \mathbb{Z}$ zugeordnet. Bei einem beliebigen Gitter $\Omega = \mathbb{Z}\omega_1 + \mathbb{Z}\omega_2$ kann man (nach eventuellem Tausch von ω_1 und ω_2) annehmen, daß der *Modul* $\tau := \omega_1/\omega_2 \in \mathbb{H}$ ist. Dann ist $\Omega = \omega_2 \Omega_\tau$ zu Ω_τ äquivalent.

Satz. (i) *Die Gitter* $\Omega := \mathbb{Z}\omega_1 + \mathbb{Z}\omega_2$ *und* $\Omega' := \mathbb{Z}\omega'_1 + \mathbb{Z}\omega'_2$ *sind genau dann gleich, wenn*
$$\omega'_1 = a\omega_1 + c\omega_2, \quad \omega'_2 = b\omega_1 + d\omega_2 \quad \text{mit} \quad A = \begin{pmatrix} a & b \\ c & d \end{pmatrix} \in \mathrm{SL}_2(\mathbb{Z})$$
gilt.– (ii) *Sie sind genau dann äquivalent, d.h.* $\Omega' = u \cdot \Omega$ *für ein* $u \in \mathbb{C}^\times$, *wenn es ein* $A \in \Gamma$ *mit* $\tau' = A(\tau)$ *gibt.*

Beweis. (i) beweist man genauso wie in der Linearen Algebra den Satz vom Basiswechsel.– Zu (ii). Sei $\Omega' = u \cdot \Omega$. Dann sind (ω'_1, ω'_2) und $(u\omega_1, u\omega_2)$ zwei Basen dieses Gitters. Nach (i) gibt es ein A mit $\tau' = A(\tau)$. Umgekehrt folgt aus $\tau' = A(\tau)$, daß $\omega_1^* := a\omega_1 + c\omega_2$, $\omega_2^* := b\omega_1 + d\omega_2$ eine Basis von Ω ist. Für sie gilt $\omega_1^*/\omega_2^* = \omega'_1/\omega'_2$, also $\Omega' = u\Omega$ mit $u := \omega'_1/\omega_1^* = \omega'_2/\omega_2^*$.

5.1.2 Fundamentalbereiche. Eine Teilmenge $D \subset X$ heißt *Fundamentalbereich* für die Operation einer Gruppe G auf dem topologischen Raum X, wenn sie folgende Forderungen erfüllt:

(1) $D = \overline{D^\circ}$ *ist die abgeschlossene Hülle der Menge D° aller inneren Punkte.*
(2) *Jeder G-Orbit trifft D.*
(3) *Für jeden Punkt $x \in D^\circ$ ist $G(x) \cap D = \{x\}$.*

Ein übersichtlicher Fundamentalbereich erleichtert die geometrische Beschreibung der G-Orbitprojektion $\eta: X \to Y$. Denn Y entsteht aus D durch Identifikationen längs des Randes $\partial D := D \setminus D^\circ$.

Mit D ist auch $g(D)$ für jedes $g \in G$ ein Fundamentalbereich. Man erhält die *Parkettierung*
$$(4) \qquad X = \bigcup_{g \in G} g(D) \quad \text{mit} \quad g(D^\circ) \cap h(D^\circ) = \emptyset \quad \text{für} \quad g \neq h.$$

Beispiel: Für die Operation eines Gitters $\Omega < \mathbb{C}$ durch Translationen ist jedes der in 2.3.1 angegebenen abgeschlossenen Parallelogramme $\bar{P}$ ein Fundamentalbereich.

5.1.3 Modulbereich und Ausnahmebahnen. *Der Modulbereich*
$$(1) \qquad D := \{\tau \in \mathbb{H} : |\tau| \geq 1, \ |\mathrm{Re}\,\tau| \leq \tfrac{1}{2}\}$$
ist ein Fundamentalbereich für die Modulgruppe Γ*, siehe Figur 5.1.3. Zwei Punkte* $\tau \neq \tau' \in \partial D$ *liegen genau dann im selben* Γ*-Orbit, wenn* $\tau' = -\bar{\tau}$ *der Bildpunkt von* τ *bei der Spiegelung an der imaginären Achse ist.*

Die einzigen Ausnahmebahnen sind $\Gamma(i)$ *und* $\Gamma(\omega)$. *Die Standgruppen* Γ_i *und* Γ_ω *werden von S bzw. R erzeugt und haben die Ordnungen 2 bzw. 3.*

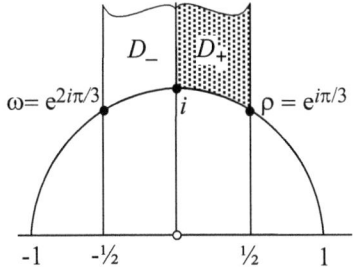

Fig. 5.1.3. Der Modulbereich
$$D = D_+ \cup D_-$$
ist ein Fundamentalbereich der Modulgruppe. Er wird durch die imaginäre Achse in zwei Hälften D_+ und D_- geteilt.

Beweis. Nach 2.5.1(1) gibt es zu jedem $\tau \in \mathbb{H}$ eine Basis ω_1, ω_2 des Gitters Ω_τ mit $\omega_1/\omega_2 \in D$. Wegen Satz 5.1.1 gibt es ein $A \in \Gamma$ mit $A(\tau) = \omega_1/\omega_2 \in D$, d.h. jeder Γ-Orbit trifft D. Wir untersuchen, für welche $\tau \in D$ und $A \in \Gamma \setminus \{\mathrm{id}\}$ das Bild $\tau' := A(\tau) \in D$ ist. Das liefert für $\tau' \neq \tau$ die paarweisen Identifikationen durch die Orbitprojektion und für $\tau' = \tau$ die Elemente $\neq \mathrm{id}$ der Standgruppe Γ_τ. Da jede Bahn D trifft, werden alle Ausnahmebahnen entdeckt. Sei also

$$\tau, \tau' \in D, \ \tau' = A(\tau) = \frac{a\tau+b}{c\tau+d} \quad \mathit{mit} \ \begin{pmatrix} a & b \\ c & d \end{pmatrix} \in \mathrm{SL}_2(\mathbb{Z}).$$

Wir benutzen $\mathrm{Im}\,\tau' = |c\tau+d|^{-2}\cdot\mathrm{Im}\,\tau$ und können $c \geq 0$ sowie $\mathrm{Im}\,\tau' \geq \mathrm{Im}\,\tau$, also $|c\tau+d| \leq 1$ annehmen.

Für $c = 0$ ist $\tau' = \tau + b$ mit $b \in \mathbb{Z} \setminus \{0\}$. Dann liegen τ und τ' in gleicher Höhe auf verschiedenen senkrechten Stücken des Randes von D.

Für $c \geq 1$ ist $|\tau+d/c| \leq 1/c$. Andererseits ist $\sqrt{3}/2$ der minimale Abstand von D zu $\mathbb{R}$, also $|\tau+d/c| \geq \sqrt{3}/2$. Es folgt $c = 1$, $|\tau+d| = 1$, $\mathrm{Im}\,\tau' = \mathrm{Im}\,\tau$ und $|d| \leq 1$.– Der Fall $d \neq 0$ kann nur für $(\tau, d) = (\omega, 1)$ oder $= (\rho, -1)$ eintreten, d.h. τ ist eine der beiden Ecken von D. Wegen $\mathrm{Im}\,\tau' = \mathrm{Im}\,\tau$ ist dann $\tau' = \tau$ dieselbe oder $\tau' = -\bar{\tau}$ die andere Ecke, und aus $\tau' = \tau = \omega$ folgt $A = R$. Im Falle $d = 0$ ist $|\tau| = 1$ und $\tau' = a - 1/\tau = a - \bar{\tau}$, also $a \in \{0, \pm 1\}$. Für $a = 0$ ist $A = S$ mit dem einzigen Fixpunkt i. Für $a = \pm 1$ ist $(\tau, a) = (\omega, -1)$ oder $= (\rho, 1)$ und $\tau = \tau'$. Aus $\tau' = \tau = \omega$ folgt $A = R^2$.

Die Untersuchung beweist die Behauptung über die Identifikation verschiedener Punkte $\tau \neq \tau'$ in D. Sie zeigt ferner, daß i, ω und $\rho = T(\omega)$ die einzigen Punkte in D mit nicht trivialen Standgruppen sind: $\Gamma_i = \{\mathrm{id}, S\}$ und $\Gamma_\omega = \{\mathrm{id}, R, R^2\}$. □

5.1.4 Erzeugende Elemente. *Die in 5.1.1(1) angegebenen Elemente S und T erzeugen die Modulgruppe Γ.*

Beweis. Jede Bahn $\Gamma_*(\tau)$ der von S und T erzeugten Untergruppe Γ_* trifft den Modulbereich D. Denn für jedes $\tau' = (a\tau+b)/(c\tau+d) \in \Gamma_*(\tau)$ gilt $\mathrm{Im}\,\tau/\mathrm{Im}\,\tau' = |c\tau+d|^2$. Wegen $c\tau+d \in \Omega_\tau$ gibt es ein $\tau_1 \in \Gamma_*(\tau)$, so daß $|c\tau_1+d|$ minimal, also $\mathrm{Im}\,\tau_1$ maximal auf $\Gamma_*(\tau)$ ist. Durch eine Translation T^n erreicht man $\tau_2 := T^n(\tau_1) \in \Gamma_*(\tau)$ mit $|\mathrm{Re}\,\tau_2| \leq \frac{1}{2}$. Dann ist $\tau_2 \in D$,

d.h. $|\tau_2| \geq 1$. Denn sonst hätte $S(\tau_2) \in \Gamma_*(\tau)$ einen Imaginärteil $\operatorname{Im} S(\tau_2) = (\operatorname{Im} \tau_2)/|\tau_2|^2 > \operatorname{Im} \tau_2 = \operatorname{Im} \tau_1$.
Insbesondere gibt es zu jedem $A \in \Gamma$ ein $B \in \Gamma_*$ mit $B \circ A(2i) \in D$. Wegen $\Gamma(2i) \cap D = \{2i\}$ folgt $B \circ A(2i) = 2i$, d.h. $B \circ A \in \Gamma_{2i} = \{\operatorname{id}\}$, also $A = B^{-1} \in \Gamma_*$. □

Im ersten Teil des Beweises wurde erneut, diesmal ohne Benutzung reduzierter Basen, gezeigt, daß jede Γ-Bahn in D eindringt.

5.1.5 Die Modulparkettierung.
Der Modulbereich $D = D_+ \cup D_-$ wird in zwei Hälften $D_\pm := \{z \in D : \pm \operatorname{Re} z \geq 0\}$ zerlegt, siehe Figur 5.1.3. Die Seiten von D_- liegen auf den Geraden $\operatorname{Re} z = 0$, $\operatorname{Re} z = -\frac{1}{2}$ und dem Einheitskreis $|z| = 1$. Die Spiegelungen

$$r_1(z) := -\bar{z}, \; r_2(z) := -(\bar{z}+1), \; r_3(z) := 1/\bar{z}$$

an diesen Geraden und dem Kreis erzeugen die *erweiterte Modulgruppe* Γ^*. Für die Erzeugenden der Modulgruppe Γ gilt

$$S = r_3 \circ r_1, \; T = r_1 \circ r_2.$$

Daher ist Γ eine Untergruppe von Γ^*, genauer: $\Gamma \triangleleft \Gamma^*$ ist ein Normalteiler vom Index zwei. Ein Produkt der Erzeugenden r_1, r_2, r_3 liegt genau dann in Γ, wenn die Anzahl der Faktoren gerade ist.

Wir fassen D_- als Dreieck mit den Ecken $\omega = \exp(2\pi i/3), i$ und ∞ auf. Die Innenwinkel sind $\pi/3$, $\pi/2$ und 0. Da die Automorphismen $h \in \Gamma^*$ winkeltreu sind, ist für jedes $h \in \Gamma^*$ das Bild $h(D_-)$ ein Dreieck mit denselben Innenwinkeln $\pi/3, \pi/2$ und 0, dessen Seiten wie bei D_- auf Strahlen oder Halbkreisen liegen, welche auf der reellen Achse senkrecht stehen. Die Ecken mit den Innenwinkeln 0 heißen *Spitzen*. Sie bilden den Γ-Orbit

$$\Gamma(\infty) = \{\infty\} \cup \mathbb{Q} \subset \partial \mathbb{H}.$$

Beweis. Für $A = \begin{pmatrix} a & b \\ c & d \end{pmatrix} \in \operatorname{SL}_2(\mathbb{Z})$ ist $A(\infty) = \infty$ bzw. $= a/c \in \mathbb{Q}$, je nachdem, ob $c = 0$ oder $\neq 0$ ist. Umgekehrt gibt es zu jedem vollständig gekürzten Bruch $a/c \in \mathbb{Q}$ ganze Zahlen b, d, so daß $ad - bc = 1$ ist. Für die zugehörige Matrix A folgt $A(\infty) = a/c$. □

Die Darstellung der Halbebene

$$\mathbb{H} = \bigcup_{h \in \Gamma^*} h(D_-)$$

als Vereinigung aller Dreiecke $h(D_-)$ nennt man die *Modulparkettierung*. Dabei wird das Dreieck $h(D_-)$ weiß oder schwarz (punktiert) gefärbt, je nachdem ob $h \in \Gamma$ oder $\notin \Gamma$ ist, siehe die Figur 5.1.5.
In jeder Spitze q treffen unendlich viele Dreiecke der Parkettierung aufeinander. Für $q \in \mathbb{Q}$ werden sie immer kleiner, d.h. jede Umgebung von q umfaßt alle bis auf endlich viele dieser Dreiecke. P. Gordan sagte: „Da wohnen die Dämonen", siehe [Klei5], S. 47.

5.1.6 Historisches.
„Die sog. Modulfigur, die ... Gauß zuerst hat, und mit der er Abel, Jacobi und den nächstfolgenden Mathematikern überlegen bleibt, [hat sich] von Riemann ab zum bevorzugten Arbeitsmittel in der Theorie [der

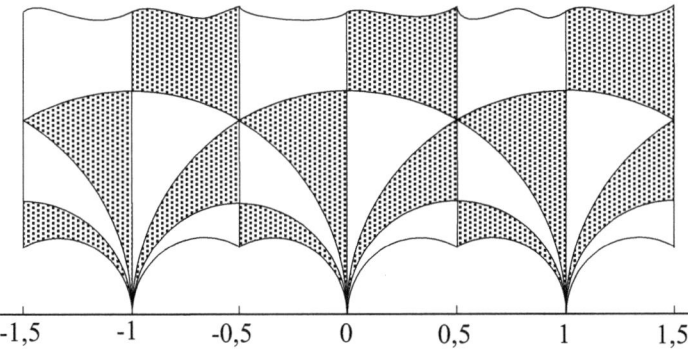

Fig. 5.1.5. Die Modulparkettierung von $\mathbb{H}$ durch die Bilder $h(D_-)$ des halben Modulbereichs D_- für $h \in \Gamma^*$. Die Dreiecke der Parkettierung sind weiß für $h \in \Gamma$ und sonst schwarz (punktiert).

Modulfunktionen] entwickelt", sagt Klein in [Klei 5], S. 46. Eine zum Modulbereich äquivalente Menge wurde bereits 1773 von Lagrange zur Beschreibung der reduzierten quadratischen Formen angegeben, siehe 5.2.3. Ihre Bedeutung für die Gittertheorie hat Gauß gekannt, siehe den nächsten Abschnitt, „aber in der ihm eigentümlichen Vorsicht zurückgehalten", [Klei 5], S. 38. Erst 1877 gab Dedekind, [Ded] I, S.180, den Modulbereich explizit als Fundamentalbereich der Modulgruppe Γ an. Auch Klein, [Klei 1] III, S. 24, beschrieb ihn kurz darauf.

5.2 Reduktionstheorie binärer Formen

Lagrange untersuchte 1773, welche ganzen Zahlen durch eine vorgegebene positiv definite quadratische Form $Ax^2 + 2Bxy + Cy^2$ mit ganzzahligen Koeffizienten dargestellt werden, wenn man für x und y ganze Zahlen einsetzt. Er entwickelte dazu eine Methode, solche Formen auf einfachere zu *reduzieren*, ohne dabei ihre Wertemenge für ganze x und y zu ändern, [Lag] III, p. 695-795. Gauß nahm die Reduktionstheorie in die *Disquisitiones Arithmeticae* (Nr. 171/2) auf, die 1801 erschienen, und brachte 1831 anläßlich einer Buchbesprechung, [Ga] III, S.186 ff., die Formen mit Gittern in Verbindung. Wir zeigen im folgenden, daß die Existenz reduzierter Gitterbasen dem Lagrangeschen Reduktionssatz für Formen entspricht, und deuten die von Lagrange definierte Äquivalenz von Formen mittels der Bahnen der Modulgruppe. Zahlentheoretische Anwendungen bleiben außer Betracht; siehe hierzu [SO].

5.2.1. Grundbegriffe. Eine *binäre quadratische Form*
(1) $$Q(x,y) = Ax^2 + 2Bxy + Cy^2$$
mit reellen Koeffizienten A, B, C und der *Determinante* $\Delta := AC - B^2$ ist genau dann *positiv definit*, wenn A und Δ positiv sind. Im folgenden sind alle Formen positiv definit. Die Formen Q und Q' heißen *äquivalent*, wenn sie durch eine ganzzahlige Substitution auseinander hervorgehen:
(2) $$Q'(x,y) = Q(ax + cy, bx + dy) \quad \text{mit} \quad \begin{pmatrix} a & c \\ c & d \end{pmatrix} \in \mathrm{SL}_2(\mathbb{Z}).$$

Die Äquivalenzklassen heißen *Formenklassen*. Äquivalente Formen haben dieselbe Determinante und dieselbe Wertemenge für ganzzahlige x und y. Diese Äquivalenzdefinition stammt von Lagrange.

5.2.2. Formen und reelle Basen von $\mathbb{C}$. Wir betrachten $\mathbb{C}$ als orientierten zweidimensionalen Euklidischen Vektorraum mit dem inneren Produkt $\langle z,w\rangle :=$ Re $z\bar{w}$. Jede Basis ω_1, ω_2 mit $\tau := \omega_1/\omega_2 \in \mathbb{H}$ bestimmt die positiv definite Form $Q(x,y) = |x\,\omega_1 + y\,\omega_2|^2 = A\,x^2 + 2B\,xy + C\,y^2$ mit
(1) $A = |\omega_1|^2$, $B = \langle \omega_1, \omega_2\rangle = $ Re $\omega_1\overline{\omega}_2$, $C = |\omega_2|^2$, $\Delta := AC - B^2 = (\operatorname{Im}\omega_1\overline{\omega}_2)^2$.
Dabei ist $\sqrt{\Delta}$ der Flächeninhalt des von ω_1, ω_2 aufgespannten Parallelogramms. Jede positiv definite Form hat die Gestalt (1); man setze z.B. $\omega_1 := \sqrt{A}$ und $\omega_2 := (B - i\sqrt{\Delta})/\sqrt{A}$. Offenbar ändert sich die Form $|x\,\omega_1 + y\,\omega_2|^2$ nicht, wenn man die Basis dreht, d.h. ω_2, ω_1 durch $u\,\omega_2, u\,\omega_1$ mit $u \in \mathbb{C}$ und $|u| = 1$ ersetzt. Der *Modul* τ hängt nur von der Form Q ab: Es gilt

(2) $$\tau = \frac{B + i\sqrt{\Delta}}{C} \quad \text{und} \quad |\tau|^2 = \frac{A}{C}\,.$$

Satz. *Zu je zwei Zahlen* $\Delta \in \mathbb{R}_{>0}$ *und* $\tau \in \mathbb{H}$ *gibt es genau eine Form* Q *mit der Determinante* Δ *und dem Modul* τ.
Beweis. Die Form $Q(x,y) := (\sqrt{\Delta}/\operatorname{Im}\tau)|\,x\,\tau + y|^2$ leistet das Gewünschte. Die Eindeutigkeit folgt aus (2). □

5.2.3 Formen und Gitter. Jede $\mathbb{R}$-Basis ω_1, ω_2 von $\mathbb{C}$ mit $\tau := \omega_1/\omega_2 \in \mathbb{H}$ bestimmt außer der Form $Q(x,y) := |x\,\omega_1 + y\,\omega_2|^2$ das Gitter $\Omega := \mathbb{Z}\omega_1 + \mathbb{Z}\omega_2$. Nach Satz 5.1.1 (erste Aussage) spannt *jede* Basis von Ω ein Parallelogramm auf, dessen Inhalt die Determinante Δ der Form Q ist.– Seien Q' die Form und Ω' das Gitter zur Basis ω_1', ω_2'.

Äquivalenzsatz. *Die Formen* Q *und* Q' *sind genau dann äquivalent, wenn die Gitter* Ω *und* Ω' *durch eine Drehung auseinander hervorgehen.*
Beweis. Sei $u\,\Omega' = \Omega$ mit $u \in S^1$. Dann ist $u\,\omega_1', u\,\omega_2'$ eine Basis von Ω, also
$$u\,\omega_1' = a\,\omega_1 + b\,\omega_2,\, u\,\omega_2' = c\,\omega_1 + d\,\omega_2 \quad \text{mit} \quad \begin{pmatrix}a&b\\c&d\end{pmatrix} \in \operatorname{SL}_2(\mathbb{Z})\,.$$
Daraus folgt, daß Q und Q' äquivalent sind, nämlich
$$Q'(x,y) = |xu\,\omega_1' + yu\,\omega_2'|^2 = |x(a\omega_1 + b\omega_2) + y(c\omega_1 + d\omega_2)|^2 = Q(ax+cy, bx+dy)\,.$$
Umgekehrt folgt aus der Äquivalenz von Q und Q', daß
$$|x\,\omega_1' + y\,\omega_2'|^2 = |x(a\omega_1 + b\omega_2) + y(c\omega_1 + d\omega_2)|^2 \quad \text{mit} \quad \begin{pmatrix}a&b\\c&d\end{pmatrix} \in \operatorname{SL}_2(\mathbb{Z})$$
gilt. Dann ist die reell-lineare Abbildung
$$\Phi : \mathbb{C} \to \mathbb{C}\,, \quad x\,\omega_1' + y\,\omega_2' \mapsto x(a\omega_1 + b\omega_2) + y(c\omega_1 + d\omega_2)\,,$$
eine Drehung mit $\Phi(\Omega') = \Omega$. □

5.2.4 Äquivalente Formen und Modulbahnen. *Zwei Formen* Q *und* Q' *sind genau dann äquivalent, wenn sie dieselbe Determinante haben und ihre Moduln* τ, τ' *auf derselben Bahn der Modulgruppe* Γ *liegen. Insbesondere wird jede Formenklasse durch die Moduln ihrer Elemente bijektiv auf eine* Γ-*Bahn abgebildet.*
Beweis. Wie in 5.2.3 sei $Q(x,y) := |x\,\omega_1 + y\,\omega_2|^2$, $Q'(x,y) := |x\,\omega_1' + y\,\omega_2'|^2$ und $\Omega := \mathbb{Z}\omega_1 + \mathbb{Z}\omega_2$, $\Omega' := \mathbb{Z}\omega_1' + \mathbb{Z}\omega_2'$. Nach Satz 5.1.1(ii) liegen $\tau = \omega_1/\omega_2$ und $\tau' = \omega_1'/\omega_2'$ genau dann auf derselben Γ-Bahn, wenn es ein $u \in \mathbb{C}^\times$ mit $\Omega = u\,\Omega'$ gibt. Genau dann, wenn Q und Q' dieselbe Determinante haben, ist $|u| = 1$, und die Behauptung folgt aus 5.2.3. □

5.2.5 Reduktion. Eine Form Q heißt *reduziert*, wenn ihr Modul τ im Modulbereich D der Figur 5.1.3 liegt.

Lemma. *Die Form* $Q(x,y) = A x^2 + 2B\,xy + C y^2$ *ist genau dann reduziert, wenn*
$$2|B| \leq C \leq A\,.$$

Beweis. Aus $\tau = (B + i\sqrt{D})/C \in \mathbb{H}$ folgt $C \geq 0$ und: $|\operatorname{Re}\tau| \leq \tfrac{1}{2} \Leftrightarrow 2|B| < C$. Aus $|\tau|^2 = A/C$ und $A > 0$ folgt: $|\tau| \geq 1 \Leftrightarrow C \leq A$. □

Reduktionssatz (Lagrange). *Jede Form Q ist zu einer reduzierten Form Q' äquivalent.*

Beweis. Wie in 5.2.2 sei $Q(x,y) = |x\,\omega_1 + y\,\omega_2|^2$. Das Gitter $\Omega = \mathbb{Z}\omega_1 + \mathbb{Z}\omega_2$ besitzt nach 2.5.1(1) eine reduzierte Basis ω_1', ω_2'. Nach 5.2.3 ist $Q(x,y)$ zu $Q'(x,y) := |x\,\omega_1' + y\,\omega_2'|^2$ äquivalent. Der Modul ω_1'/ω_2' von Q' liegt in D. □

Historisches. Lagrange definiert reduzierte Formen durch die Ungleichungen des Lemmas und beweist den Reduktionssatz direkt ohne Gitter und komplexe Zahlen, siehe auch [SO], S. 44 ff. Dedekind [Ded] I, S. 179 f., zeigt 1877, daß der Modulbereich D ein Γ-Fundamentalbereich ist, „mit denselben Methoden [...], durch welche in der Theorie der binären quadratischen Formen [...] bewiesen wird, daß jede Form einer *reduzierten* Form äquivalent ist." Hurwitz argumentiert 1881 in seiner Dissertation [Hur] 1, S. 2 ff. „anschaulich geometrisch" und bemerkt, „daß hiermit auch eine überaus einfache Behandlungsweise der Reduktion der quadratischen Formen gegeben ist."

5.2.6. Ganzzahlige Formen. Eine Formenklasse heißt *ganzzahlig*, wenn eine und damit alle Formen dieser Klasse ganze Zahlen als Koeffizienten haben.

Endlichkeitssatz. *Zu jeder Determinante Δ gibt es höchstens endlich viele ganzzahlige Formenklassen.*

Beweis. Nach den Ungleichungen des Lemmas 5.2.5 gilt für die Koeffizienten reduzierter Formen $2|B| \leq C \leq 2\sqrt{\Delta/3}$. Bei festem Δ sind nur endlich viele B, C und $A = (\Delta + B^2)/C$ möglich. Mit dem Reduktionssatz folgt die Behauptung. □

5.3 Die J-Funktion

Wir konstruieren die J-Funktion $J : \mathbb{H} \to \mathbb{C}$ als holomorphe Orbitprojektion der Modulgruppe Γ, ohne die a priori-Existenz solcher Projektionen (4.5.2) heranzuziehen. Die Surjektivität $J(\mathbb{H}) = \mathbb{C}$ ergibt die Lösung des Jacobischen Problems 2.2.7.

5.3.1 Die Jot-Invariante eines Gitters Ω. Mit den Gitterinvarianten $g_2 = g_2(\Omega)$ und $g_3 = g_3(\Omega)$ aus 2.2.4-6 bilden wir die *Jot-Invariante*

(1) $$j(\Omega) := \frac{g_2^3}{g_2^3 - 27 g_3^2} \in \mathbb{C}.$$

Wegen 2.2.5(3) ist der Nenner $\neq 0$. Die hier auftretende rationale Funktion

(2) $\quad h(z, w) = \dfrac{z^3}{z^3 - 27 w^2} \quad$ für $(z, w) \in \mathbb{C}^2$ *mit* $z^3 - 27 w^2 \neq 0$

hat folgende Eigenschaft:
(3) $h(a,b) = h(c,d) \Leftrightarrow c = u^4 a$ und $d = u^6 b$ für ein $u \in \mathbb{C}^\times$.

Beweis. Der Schluß von rechts nach links ist trivial. Umgekehrt folgt zunächst $a^3 d^2 = c^3 b^2$. Falls $h(a,b) \neq 0$, gilt $ac \neq 0$, und es gibt ein $u \neq 0$ mit $c = u^4 a$. Es folgt $d = u^6 b$, wenn man u eventuell durch iu ersetzt. Falls $h(a,b) = 0$, ist $a = c = 0$. Jetzt folgt $bd \neq 0$, und die Existenz von $u \neq 0$ ist trivial. □

Äquivalenzsatz. *Zwei Gitter Ω und Ω^* sind genau dann äquivalent, d.h. $\Omega^* = u\Omega$ mit $u \in \mathbb{C}^\times$, wenn $j(\Omega) = j(\Omega^*)$ ist.*

Beweis. Wegen (3) gilt $j(\Omega) = j(\Omega^*)$ genau dann, wenn $g_2(\Omega) = u^4 g_2(\Omega^*)$ und $g_3(\Omega) = u^6 g_3(\Omega^*)$ für ein $u \in \mathbb{C}^\times$ gilt. Nach 2.2.6(2)-(3) bestehen diese Gleichungen genau dann, wenn $\Omega^* = u\Omega$ ist. □

Mit 3.3.2 erhält man als

Folgerung. *Zwei Tori $\mathbb{C}/\Omega$ und $\mathbb{C}/\Omega^*$ sind genau dann als Riemannsche Flächen isomorph, wenn $j(\Omega) = j(\Omega^*)$ gilt.* □

5.3.2 Invarianz und Holomorphie der J-Funktion. Wir definieren die J-Funktion
$$J : \mathbb{H} \to \mathbb{C}, \ J(\tau) := j(\Omega_\tau),$$
als Jot-Invariante des Gitter $\Omega_\tau := \mathbb{Z}\tau + \mathbb{Z}$. Aus dem Äquivalenzsatz in 5.3.1 zusammen mit Satz 5.1.1 folgt
(1) $\qquad J(\tau') = J(\tau) \Leftrightarrow \exists A \in \Gamma$ mit $\tau' = A(\tau)$. □

Man nennt J eine *Modulfunktion*, weil zwei reelle Basen von $\mathbb{C}$ mit den Moduln τ und τ' genau dann äquivalente Gitter aufspannen, wenn die Werte $J(\tau) = J(\tau')$ gleich sind.– Für jedes $\tau \in \mathbb{H}$ werden die Gitterinvarianten
(2) $\qquad g_2(\tau) := g_2(\Omega_\tau) = 60 {\sum_{m,n}}' (m+n\tau)^{-4}$
$\qquad\qquad g_3(\tau) := g_3(\Omega_\tau) = 140 {\sum_{m,n}}' (m+n\tau)^{-6}$

durch normal konvergente Eisenstein-Reihen dargestellt, die über alle $(m,n) \in (\mathbb{Z} \times \mathbb{Z}) \setminus \{(0,0)\}$ summiert werden, vgl. 2.2.2(3) und 2.2.4(2). Daher sind die Funktionen $g_2, g_3 : \mathbb{H} \to \mathbb{C}$ holomorph. Es folgt

(3) *Die Funktion* $J = \dfrac{g_2^3}{g_2^3 - 27 g_3^2} : \mathbb{H} \to \mathbb{C}$ *ist holomorph.* □

Genau dann, wenn $g_3(\tau) = 0$ bzw. $g_2(\tau) = 0$ ist, gilt $J(\tau) = 1$ bzw. $= 0$. Mit 2.5.4 folgt:

(4) *Das Gitter Ω_τ ist genau dann quadratisch bzw. hexagonal, wenn $J(\tau) = 1$ bzw. $= 0$ ist. Insbesondere gilt $J(i) = 1$ und $J(e^{2\pi i/3}) = 0$.* □

5.3.3 Die Funktion $\widehat{J}$. Wegen $J(\tau+1) = J(\tau)$ gibt es genau eine Funktion $\hat{J} \in \mathcal{O}(\mathbb{E}^\times)$, so daß $\hat{J} \circ \exp(2\pi i \tau) = J(\tau)$ für alle $\tau \in \mathbb{H}$ gilt.

Satz. *Die Funktion $\hat{J}$ läßt sich mit einem einfachen Pol nach 0 meromorph fortsetzen. Dann ist $\hat{J}(\mathbb{E}) = \widehat{\mathbb{C}}$ und $J(\mathbb{H}) = \hat{J}(\mathbb{E}^\times) = \mathbb{C}$.*

Beweis. Für $\mathbb{H}_1 := \{\tau \in \mathbb{H} : \operatorname{Im}\tau > 1\}$ ist $\mathbb{E}_{2\pi}^\times = \{\exp(2\pi i\tau) : \tau \in \mathbb{H}_1\}$. Die Beschränkung $\hat{J}|\mathbb{E}_{2\pi}^\times$ ist injektiv, weil zwei Punkte $\tau_1, \tau_2 \in \mathbb{H}_1$ nur dann gleiche J-Werte haben, d.h. auf demselben Γ-Orbit liegen, wenn $\tau_2 - \tau_1 \in \mathbb{Z}$ ist. Aus der Injektivität folgt, daß $\hat{J}$ bei 0 keine wesentliche Singularität hat und somit zu einer meromorphen Funktion $\hat{J} : \mathbb{E} \to \widehat{\mathbb{C}}$ fortgesetzt werden kann, die bei 0 die Windungszahl 1 hat.

Für jede Folge τ_n im Modulbereich D mit $\lim \operatorname{Im}\tau_n = \infty$ ist $\lim J(\tau_n) = \hat{J}(0)$. Daher wird $J|D$ durch $J(\infty) := \hat{J}(0)$ stetig auf die kompakte Hülle $\bar{D} = D \cup \{\infty\}$ von D in $\widehat{\mathbb{C}}$ fortgesetzt. Dann ist $\hat{J}(\mathbb{E}) = J(\bar{D})$ einerseits wie $\mathbb{E}$ offen und andererseits wie $\bar{D}$ kompakt, also $\hat{J}(\mathbb{E}) = \widehat{\mathbb{C}}$. Da $\hat{J}$ auf $\mathbb{E}^\times$ holomorph ist, folgt $\hat{J}(0) = \infty$ und $J(\mathbb{H}) = \hat{J}(\mathbb{E}^\times) = \mathbb{C}$. Wegen $v(\hat{J}, 0) = 1$ hat $\hat{J}$ bei 0 einen einfachen Pol. □

Zusammenfassung. *Die Funktion $J : \mathbb{H} \to \mathbb{C}$ ist eine holomorphe Orbitprojektion zur Modulgruppe Γ. Sie ist nur über 0 und 1 verzweigt und hat dort die Windungszahlen 3 bzw. 2.* □

5.3.4 Lösung des Jacobischen Problems. Um die Formulierung 2.2.7(3) dieses Problems zu beweisen, genügt es, zu jedem Paar $(a_2, a_3) \in \mathbb{C}^2$ mit $a_2^3 \neq 27a_3^2$ ein Gitter Ω mit den Invarianten $g_j(\Omega) = a_j$ zu finden: Wegen $J(\mathbb{H}) = \mathbb{C}$ gibt es ein $\tau \in \mathbb{H}$, so daß $j(\Omega_\tau) = a_2^3/(a_2^3 - 27a_3^2)$ ist. Hieraus folgt nach 5.3.1(3) $a_2 = u^4 g_2(\Omega_\tau)$ und $a_3 = u^6 g_3(\Omega_\tau)$ mit $u \in \mathbb{C}^\times$. Wegen 2.2.6(2) ist dann $\Omega = u\Omega_\tau$ das gesuchte Gitter. □

Historisches. Hermite gab 1856 als Gitterinvariante $4g_2^3/g_3^2$ an, [Her] I, p. 359 f. Dedekind [Ded] I, S. 193, ersetzte sie durch die Jot-Invariante, welche er *Valenz* nannte. Er zeigte [*ibid.*], S. 183, daß sie alle komplexen Zahlen als Werte annimmt und (modern ausgedrückt) eine Γ-Orbitprojektion ist. Dies wurde zur selben Zeit auch von Klein [Klei 1] III, S. 15, entdeckt, dessen Bezeichnung J sich durchsetzte. Hurwitz [Hur] I, S. 588, bewies 1903 die Surjektivität $J(\mathbb{H}) = \mathbb{C}$ mit dem Residuensatz durch Integration über den Rand der Modulfigur D und löste damit das Jacobische Problem. Seine Bedeutung stellte er [*ibid.*], S. 594, noch einmal heraus: „Es ist eine für die Theorie der Funktion $\wp(u)$ fundamentale Frage, ob die Perioden ω_1, ω_2 stets so gewählt werden können, daß g_2 und g_3 vorgeschriebene Werte erhalten."

Unser Beweis für $J(\mathbb{H}) = \mathbb{C}$ durch Kompaktifizierung des Modulbereichs und Fortsetzung der Funktion $\hat{J}$ stammt aus [Bor].– Zur ursprünglichen Formulierung des Jacobischen Problems siehe 5.4.5.

5.3.5 Werteverhalten der J-Funktion. *Für die komplexe Konjugation κ und jedes Element $h \in \Gamma^* \setminus \Gamma$ gilt*

(1) $$\kappa \circ J = J \circ h.$$

Wenn man in Figur 5.1.3 den Rand ∂D_- des halben Modulbereichs von ∞ über $\omega := \exp(2\pi i/3)$ und i nach ∞ durchläuft, so daß D_- links liegt, sind die J-Werte der Randpunkte reell und wachsen streng monoton von $-\infty$ über $J(\omega) = 0$ und $J(i) = 1$ nach $+\infty$. Durch J wird D_- homöomorph auf $\mathbb{H} \cup \mathbb{R}$ abgebildet.

Beweis. Den Reihenentwicklungen 5.3.2(2) für die Gitterkonstanten entnimmt man: $g_j \circ (-\kappa) = \kappa \circ g_j$, also $J \circ (-\kappa) = \kappa \circ J$. Mit $g := -\kappa \circ h \in \Gamma$ und $J \circ g = J$ folgt (1).

Nach 5.1.3 ist $J|D_-$ injektiv. Wegen (1) und $J(-\bar{\tau}) = J(\tau)$ für $\tau \in \partial D_-$ ist $J|\partial D_-$ reellwertig, stetig und injektiv, also streng monoton, und zwar bei der angegebenen Durchlaufung von ∂D_- wachsend, da erst $J(\omega) = 0$ und dann $J(i) = 1$ erreicht werden. Das Bild $J(\partial D_-)$ ist ein reelles Intervall. Wegen $\lim J(\tau) = \infty \in \widehat{\mathbb{C}}$ für $\operatorname{Im} \tau \to \infty$, vgl. 5.3.3, folgt $J(\partial D_-) = \mathbb{R}$. Da D_- beim Durchlaufen des Randes links liegt, gilt dasselbe für $J(D_-)$ beim Durchlaufen der reellen Achse von $-\infty$ nach $+\infty$, also $J(D_-) \subset \mathbb{H} \cup \mathbb{R}$. Wegen $J(D_+ \cup D_-) = \mathbb{C}$ folgt $J(D_-) = \mathbb{H} \cup \mathbb{R}$. □

Bei Annäherung an den Rand $\mathbb{R}$ von $\mathbb{H}$ verhält sich J sehr erratisch:

(2) *Wenn die offene Menge $U \subset \mathbb{C}$ die reelle Achse $\mathbb{R}$ trifft, nimmt J jede komplexe Zahl an unendlich vielen Stellen in $U \cap \mathbb{H}$ als Wert an, und kann in keinen Punkt von $\mathbb{R}$ holomorph fortgesetzt werden.*

Beweis. Nach 5.1.5 enthält U unendlich viele Bilder $\Delta = g(D)$ des Modulbereichs durch Elemente $g \in \Gamma$, und für jedes Δ ist $J(\Delta) = J(D) = \mathbb{C}$. □

Die J-Funktion gehört geschichtlich zu den ersten Beispielen nicht-fortsetzbarer Funktionen. Sie sind einfacher zu haben, z.B. als $\sum_n z^{2^n}$ mit $\mathbb{E}$ als Holomorphiegebiet, vgl. [Re 1], Abschnitt 5.3.3-4. Doch gelten solche ad hoc konstruierte Funktionen als künstlich.

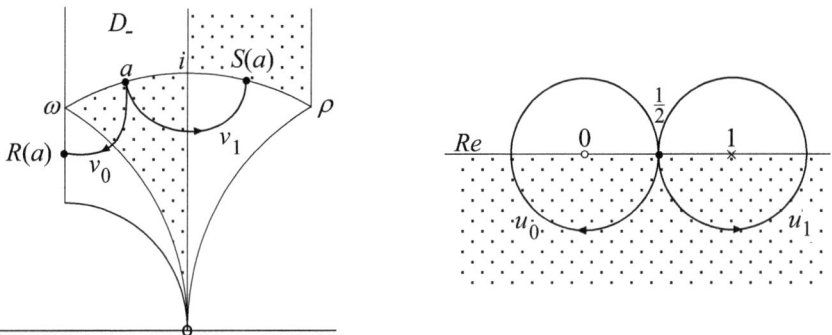

Fig. 5.3.6. Zwei einfache Schleifen u_0, u_1 (rechtes Bild) und ihre J-Liftungen v_0, v_1 (linkes Bild) bestimmen den Poincaréschen Epimorphismus der J-Funktion.

5.3.6 Die Präsentation der Modulgruppe. Zunächst wird der Poincarésche Epimorphismus $P : \pi(\mathbb{C}^{\times\times}, \frac{1}{2}) \to \Gamma = \mathcal{D}(J)$ der J-Funktion anhand von Figur 5.3.6 berechnet:

Für die Homotopieklassen der Schleifen u_0, u_1 in der rechten Figur 5.3.6 und für die in 5.1.1(1) angegebenen Elemente $R, S \in \Gamma$ gilt
(1) $\qquad P[u_0] = R \quad \text{und} \quad P[u_1] = S.$

Beweis. Auf der unteren Seite des Moduldreiecks D_- gibt es zwischen ω und i genau einen Punkt a mit $J(a) = \frac{1}{2}$. Wir verbinden ihn mit $R(a)$ und $S(a)$ durch zwei Wege v_0 bzw. v_1, die in der linken Figur 5.3.6 angegeben sind. Nach 5.3.5 werden die weißen bzw. punktierten Moduldreiecke durch J auf die obere bzw. untere Halbebene homöomorph abgebildet. Daher ist der Bildweg $J \circ v_j$ zur einfachen j-Schleife u_j in der rechten Figur homotop, $j = 0, 1$. Gemäß der Definition des Poincaréschen Epimorphismus folgt (1).

Präsentationssatz. *Die Modulgruppe Γ wird von den Elementen R und S erzeugt. Die einzigen Relationen sind $R^3 = S^2 = \mathrm{id}$, d.h. Zu jeder Gruppe G, die zwei Elemente r, s mit $r^3 = s^2 = 1$ enthält, gibt es genau einen Homomorphismus $h : \Gamma \to G$ mit $h(R) = r$ und $h(S) = s$.*

Beweis. Die Fundamentalgruppe $\pi(\mathbb{C}^{\times\times})$ wird nach dem Satz in 3.8.4 von den Homotopieklassen $[u_0]$ und $[u_1]$ frei erzeugt. Daher gibt es genau einen Homomorphismus $k : \pi(\mathbb{C}^{\times\times}) \to G$ mit $k[u_0] = r$ und $k[u_1] = s$. Die Jot-Funktion $J : \mathbb{H} \to \mathbb{C}$ ist die universelle Überlagerung, deren Verzweigungssignatur die Werte $S_J(0) = 3$, $S_J(1) = 2$ und $S_J(z) = 1$ für $z \in \mathbb{C}^{\times\times}$ hat. Nach 4.8.2 wird der Kern von P als Normalteiler in $\pi(\mathbb{C}^{\times\times})$ von $[u_0]^3$ und $[u_1]^2$ erzeugt. Daher faktorisiert k über P, d.h. es gibt genau einen Homomorphismus $h : \Gamma \to G$ mit $k = h \circ P$. Er ist durch seine Werte $h(R)$ und $h(S)$ eindeutig bestimmt. Wegen (1) lauten sie $h(R) = k[u_0] = r$ und $h(S) = k[u_1] = s$. □

5.4 Die λ-Funktion

Wir betrachten im folgenden die Hauptkongruenzgruppe $\Gamma_2 < \Gamma$ und gewinnen mittels der Halbperiodenwerte der $\wp$-Funktionen eine explizite Darstellung ihrer Orbitprojektion $\lambda : \mathbb{H} \to \mathbb{C}^{\times\times} := \mathbb{C} \setminus \{0, 1\}$.

5.4.1 Die Hauptkongruenzgruppe Γ_2. Der Restklassen-Epimorphismus $\mathbb{Z} \to \mathbb{F}_2$ auf den Körper mit zwei Elementen induziert einen Epimorphismus $\mathrm{SL}_2(\mathbb{Z}) \to \mathrm{SL}_2(\mathbb{F}_2)$ und daher wegen $E \equiv -E \bmod 2$ einen Epimorphismus $\Gamma \to \mathrm{SL}_2(\mathbb{F}_2)$. Sein Kern heißt *Hauptkongruenzgruppe* Γ_2.

(1) *$\Gamma_2 \triangleleft \Gamma$ ist ein Normalteiler vom Index 6. Die Elemente von Γ_2 sind die Automorphismen $\mathbb{H} \to \mathbb{H}$,*

$$\tau \mapsto \frac{a\tau + b}{c\tau + d} \quad \textit{mit} \quad \begin{pmatrix} a & b \\ c & d \end{pmatrix} \in \mathrm{SL}_2(\mathbb{Z}) \quad \textit{und} \quad \begin{pmatrix} a & b \\ c & d \end{pmatrix} \equiv \begin{pmatrix} 1 & 0 \\ 0 & 1 \end{pmatrix} \bmod 2.$$

Beweis. Es genügt, $\sharp \mathrm{SL}_2(\mathbb{F}_2) = 6$ zu zeigen. Der Vektorraum $(\mathbb{F}_2)^2$ enthält drei Vektoren $\neq 0$, welche durch die Operation von $\mathrm{SL}_2(\mathbb{F}_2)$ permutiert werden. Alle Permutationen kommen vor, d.h. $\mathrm{SL}_2(\mathbb{F}_2)$ ist zur symmetrischen Gruppe $\mathcal{S}_3$ isomorph. □

Satz. *Die Orbitprojektion $\mathbb{H} \to \mathbb{H}/\Gamma_2$ ist eine holomorphe, unverzweigte Überlagerung.*

Beweis. Da Γ diskontinuierlich auf $\mathbb{H}$ operiert, gilt dasselbe für die Untergruppe Γ_2. Es genügt zu zeigen, daß Γ_2 frei operiert. Die Behauptung folgt dann wegen 4.4.5 oder 4.5.2. – Jede eventuell nicht-triviale Standgruppe $(\Gamma_2)_\tau = \Gamma_\tau \cap \Gamma_2$ ist in Γ zu $\Gamma_i \cap \Gamma_2$ oder $\Gamma_\omega \cap \Gamma_2$ konjugiert. Die Elemente $\neq \mathrm{id}$ in Γ_i und Γ_ω sind S und R, R^2. Sie gehören nicht zu Γ_2. Daher ist $(\Gamma_2)_\tau = \{\mathrm{id}\}$. □

5.4.2 Definition der λ-Funktion. Faktorisierung von J. Die drei Halbperiodenwerte der $\wp$-Funktion

(1) $e_1(\tau) := \wp(\tfrac{1}{2}, \Omega_\tau)$, $e_2(\tau) := \wp(\tfrac{1}{2}\tau, \Omega_\tau)$, $e_3(\tau) := \wp(\tfrac{1}{2}(\tau+1), \Omega_\tau)$

hängen nach dem Konvergenzsatz in 2.2.1 holomorph von $\tau \in \mathbb{H}$ ab und sind nach 2.2.3 für jedes τ paarweise verschieden. Daher ist folgende λ-*Funktion* holomorph:

(2) $$\lambda := \frac{e_3 - e_2}{e_1 - e_2} : \mathbb{H} \to \mathbb{C}^{\times\times} := \mathbb{C} \setminus \{0, 1\}.$$

Satz. *Die J-Funktion faktorisiert über λ; genauer gilt*

(3) $J : \mathbb{H} \xrightarrow{\lambda} \mathbb{C}^{\times\times} \xrightarrow{p} \mathbb{C}$ *mit* $p(z) := \dfrac{4}{27} \dfrac{(z^2 - z + 1)^3}{z^2 (z-1)^2}$.

Beweis. Mit $e_3 - e_2 = (e_1 - e_2)\lambda$ und $e_3 - e_1 = (e_1 - e_2)\cdot(\lambda - 1)$ folgt $g_2^3 - 27g_3^2 = 16(e_1-e_2)^6 \lambda^2(\lambda-1)$ und $g_2 = \tfrac{4}{3}(e_1-e_2)^2 (\lambda^2 - \lambda + 1)$ aus den Relationen (3) und (4) in 2.2.5. Einsetzen in $J = g_2^3/(g_2^3 - 27g_3^2)$ gibt (3). □

Um λ als Γ_2-Orbitprojektion zu erkennen, benötigen wir

5.4.3 Transformationsformeln. *Für $z \in \mathbb{C}, \tau \in \mathbb{H}, A = \begin{pmatrix} a & b \\ c & d \end{pmatrix} \in \mathrm{SL}_2(\mathbb{Z})$ gilt*

(1) $\wp\bigl(z, \Omega_{A(\tau)}\bigr) = (c\tau + d)^2 \wp\bigl((c\tau+d)z, \Omega_\tau\bigr)$.

Beweis. Nach 2.2.2(1) ist

$\wp\bigl(z, \Omega_{A(\tau)}\bigr) = (c\tau+d)^2 \wp\bigl((c\tau+d)z, (c\tau+d)\Omega_{A(\tau)}\bigr)$;

und der Basiswechsel ergibt

$(c\tau+d)\Omega_{A(\tau)} = \mathbb{Z}(a\tau+b) + \mathbb{Z}(c\tau+d) = \Omega_\tau$. □

Für die Funktionen e_k aus 5.4.2(1) und die $\wp$-Funktion zum Gitter Ω_τ folgt

(2) $\begin{aligned} e_1(A(\tau)) &= (c\tau+d)^2 \wp\bigl(\tfrac{1}{2}(c\tau+d)\bigr) , \\ e_2(A(\tau)) &= (c\tau+d)^2 \wp\bigl(\tfrac{1}{2}(a\tau+b)\bigr) \\ e_3(A(\tau)) &= (c\tau+d)^2 \wp\bigl(\tfrac{1}{2}((a+c)\tau+b+d)\bigr) . \end{aligned}$

Insbesondere gilt $e_k(A(\tau)) = (c\tau+d)^2 e_k(\tau)$ für $A \in \Gamma_2$. Daraus erhält man die Γ_2-*Invarianz der λ-Funktion*:

(3) $\lambda \circ A = \lambda$ *für* $A \in \Gamma_2$, *insbesondere* $\lambda(\tau+2) = \lambda(\tau)$.

Die λ-Funktion ist nicht Γ-invariant. Denn für die Erzeugenden $S(\tau) = -1/\tau$ und $T(\tau) = \tau + 1$ von Γ gilt nach (2)
$$e_1(-1/\tau) = \tau^2 e_2(\tau) \ , \ e_2(-1/\tau) = \tau^2 e_1(\tau) \ , \ e_3(-1/\tau) = \tau^2 e_3(\tau) \ ,$$
$$e_1(\tau + 1) = e_1(\tau) \ , \ e_2(\tau + 1) = e_3(\tau) \ , \ e_3(\tau + 1) = e_2(\tau) \ .$$
Daraus erhält man
(4) $\lambda \circ S = 1 - \lambda$ und $\lambda \circ T = \dfrac{\lambda}{\lambda - 1}$, speziell $\lambda(i) = \dfrac{1}{2}$, $\lambda(1 + i) = -1$.

5.4.4 Überlagerungssatz. *Die λ-Funktion ist eine unverzweigte, universelle Überlagerung $\lambda : \mathbb{H} \to \mathbb{C}^{\times\times}$ mit der Deckgruppe Γ_2.*

Beweis. Die Funktionen J und λ sind längs der Γ_2-Bahnen konstant und faktorisieren daher über die Γ_2-Orbitprojektion η: Es gibt holomorphe Abbildungen ψ und κ mit
$$J : \mathbb{H} \xrightarrow{\eta} \mathbb{H}/\Gamma_2 \xrightarrow{\psi} \mathbb{C} \quad und \quad \lambda : \mathbb{H} \xrightarrow{\eta} \mathbb{H}/\Gamma_2 \xrightarrow{\kappa} \mathbb{C}^{\times\times} \ .$$
Da $\Gamma_2 \triangleleft \Gamma$ ein Normalteiler vom Index 6 ist, handelt es sich bei ψ um eine 6-blättrige normale Überlagerung, siehe 4.6.5. Aus $\psi \circ \eta = J = p \circ \lambda = p \circ \kappa \circ \eta$ und der Surjektivität von η folgt $p \circ \kappa = \psi$. Wegen $\operatorname{gr} p = 6 = \operatorname{gr} \psi$ ist κ ein Isomorphismus. □

5.4.5 Historisches. Wegen 5.4.4 nimmt die λ-Funktion jede komplexe Zahl $\neq 0, \neq 1$ als Wert an. In den Beweis geht die Surjektivität der J-Funktion entscheidend ein. Umgekehrt folgt aus der Surjektivität von $\lambda : \mathbb{H} \to \mathbb{C}^{\times\times}$ sofort die Surjektivität von $J = p \circ \lambda : \mathbb{H} \to \mathbb{C}$ und damit die Lösung des Jacobischen Problems. Der Name „Jacobisches Problem" erinnert an eine Vorlesung von Jacobi, die er durch Borchardt während dessen Studienzeit 1838 ausarbeiten ließ, siehe [Ja] 1, S. 499-536. Auf S. 520 ff. wird das Problem der Surjektivität von λ formuliert, und es wird bewiesen, daß alle *reellen* Zahlen zwischen 0 und 1 Werte von λ sind. Weierstraß knüpfte hieran an und bewies 1883, daß alle *komplexen* Zahlen $\neq 0, \neq 1$ Werte von λ sind, siehe [Wst] 2, S. 257-309.

5.4.6 Kleiner Satz von Picard ([Pi] 1, p. 19). *Jede holomorphe Funktion $f : \mathbb{C}^\times \to \mathbb{C}$, die zwei komplexe Zahlen als Werte ausläßt, ist konstant.*

Beweis. Indem wir $f(z)$ durch $af(e^z) + b$ ersetzen, erreichen wir $f \in \mathcal{O}(\mathbb{C})$ und $f(\mathbb{C}) \subset \mathbb{C}^{\times\times}$ durch passende Wahl von $a \in \mathbb{C}^\times$ und $b \in \mathbb{C}$. Weil $\lambda : \mathbb{H} \to \mathbb{C}^{\times\times}$ eine unverzweigte Überlagerung ist und $\mathbb{C}$ einfach zusammenhängt, kann man f nach dem Monodromiesatz 3.2.6 (ergänzt durch 3.3.1) zur holomorphen Funktion $\tilde{f} : \mathbb{C} \to \mathbb{H}$ liften, so daß $f = \lambda \circ \tilde{f}$ ist. Wegen $\mathbb{H} \approx \mathbb{E}$ ist $\tilde{f}$ nach dem Liouvilleschen Satz konstant. □

5.4.7 Die anharmonische Gruppe $\Lambda < \operatorname{Aut}(\widehat{\mathbb{C}})$ besteht aus alle Automorphismen, die $\{0, 1, \infty\}$ in sich transformieren, vgl. Aufgabe 1.7.10. Sie ist zur Permutationsgruppe $\mathcal{S}_3$ isomorph und hat die sechs Elemente
(1) $\qquad z, \ 1 - z, \ 1/z, \ z/(z - 1), \ 1/(1 - z), \ (z - 1)/z \ .$

Satz. (a) *Die rationale Funktion p aus 5.4.2(3) ist eine Λ-Orbitprojektion.*
(b) *Es gibt genau einen Epimorphismus $\Gamma \to \Lambda, A \mapsto \hat{A}$, mit dem Kern Γ_2, so daß $\lambda \circ A = \hat{A} \circ \lambda$ für $A \in \Gamma$ gilt.*
(c) *Für die erzeugenden Elemente $S(\tau) = -1/\tau$ und $T(\tau) = 1 + \tau$ von Γ ist $\hat{S}(z) = 1 - z$ und $\hat{T}(z) = z/(z-1)$.*

Beweis. (a) Die Gruppe Λ wird von $z \mapsto 1 - z$ und $z \mapsto 1/z$ erzeugt. Wegen $p(1-z) = p(z) = p(1/z)$ ist $\Lambda < \mathcal{D}(p)$ und wegen $\sharp \Lambda = 6 = \operatorname{gr} p$ sogar $\Lambda = \mathcal{D}(p)$.– (b) folgt nach 4.5.3 aus der Faktorisierung $J = p \circ \lambda$ mit den Deckgruppen $\mathcal{D}(\lambda) \lhd \mathcal{D}(J)$.– (c) folgt aus 5.4.3(4). □

Es gibt also sechs gleichberechtigte „Lambda-Funktionen" $\hat{A} \circ \lambda$ mit $\hat{A} \in \Lambda$. Sie unterscheiden sich von $\lambda = (e_3 - e_2)/(e_1 - e_2)$ durch die Permutationen der e_1, e_2, e_3.

5.5 Eigenschaften der λ-Funktion

Wir geben einen Fundamentalbereich der Hauptkongruenzgruppe Γ_2 an und setzen die λ-Funktion stetig in die Spitzen dieses Bereichs fort. Ferner berechnen wir die Fourier-Reihen der λ- und J-Funktion.

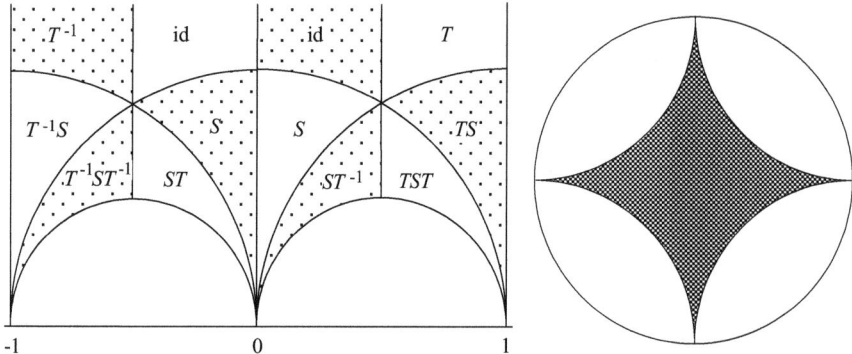

Fig. 5.5.1. Links: Ein Fundamentalbereich F für die Hauptkongruenzgruppe Γ_2 ist aus je sechs Bildern $g(D_\pm)$ der beiden Moduldreiecke $D_\pm$ zusammengesetzt. Die angegebenen 2×6 Elemente g repräsentieren zweimal die Restklassen von Γ mod Γ_2. Die rechte Figur zeigt das Bild von F unter dem Cayleyschen Isomorphismus $\mathbb{H} \to \mathbb{E}$.

5.5.1 Ein Fundamentalbereich für Γ_2. Wenn man aus jeder Restklasse von Γ mod Γ_2 einen Repräsentanten g wählt, erhält man den Fundamentalbereich $F = \bigcup g(D)$ für Γ_2. Um F eine schöne Gestalt zu geben, modifizieren wir das Verfahren etwas: Wir teilen $D = D_+ \cup D_-$ in zwei Hälften wie in Figur 5.1.3 und wählen für D_+ und D_- teilweise verschiedene Repräsentanten, nämlich id, S, T^{-1}, TS, ST^{-1}, $T^{-1}ST^{-1}$ für

D_+ und id, S, T, $T^{-1}S$, ST, TST für D_-. Dann bekommt F die in der linken Figur 5.5.1 angegebene Gestalt. Die rechte Figur zeigt das Bild von F unter dem Cayleyschen Isomorphismus $\mathbb{H} \to \mathbb{E}$, $z \mapsto (z-i)/(z+i)$.

5.5.2 Die Funktion $\hat{\lambda}$. Weil λ die Periode 2 hat, gibt es genau eine auf $\mathbb{E}^\times$ holomorphe Funktion $\hat{\lambda}$ mit $\lambda(\tau) = \hat{\lambda}(e^{\pi i \tau})$. Wir vergleichen mit $J(\tau) = \hat{J}(e^{2\pi i \tau})$: Aus $J = p \circ \lambda$ folgt

(1) $$\hat{J}(z^2) = p \circ \hat{\lambda}(z) \quad \text{für } z \in \mathbb{E}^\times.$$

Satz. *Die Funktion $\hat{\lambda}$ läßt sich durch $\hat{\lambda}(0) = 0$ holomorph auf ganz $\mathbb{E}$ fortsetzen. Es gilt $o(\hat{\lambda}, 0) = 1$.*

Beweis. Wegen $o(\hat{J}, 0) = -1$ folgt aus (1): Die Abbildung $\hat{\lambda} : \mathbb{E}^\times \to \hat{\mathbb{C}}$ läßt sich mit einem Wert $x \in \{0, 1, \infty\}$ und der Windungszahl $v(\hat{\lambda}, 0) = 1$ holomorph nach 0 fortsetzen. Für jede Folge τ_n in $\mathbb{H}$ mit $\lim \operatorname{Im} \tau_n = +\infty$ hat die Folge $\exp(\pi i \tau_n)$ den Grenzwert 0. Daher ist $x = \lim \hat{\lambda}(\tau_n)$. Mit $\tau_n + 1$ statt τ_n folgt $x = \lim(\lambda \circ T(\tau_n))$, also $x = x/(x-1)$ wegen $\lambda \circ T = \lambda/(\lambda - 1)$ und somit $x = 0$. □

5.5.3 Fortsetzung in die Spitzen. Der Fundamentalbereich F von Figur 5.5.1 wird durch Hinzunahme der Spitzen $0, \pm 1, \infty$ zur kompakten Hülle $\bar{F} \subset \hat{\mathbb{C}}$ abgeschlossenen.

Satz. *Die Beschränkung $\lambda : F \to \mathbb{C}^{\times\times}$ läßt sich durch $\lambda(\infty) := 0$, $\lambda(0) := 1$ und $\lambda(\pm 1) := \infty$ zu einer stetigen Abbildung $\lambda : \bar{F} \to \hat{\mathbb{C}}$ fortsetzen.*

Beweis. Für jede Folge $\tau_n \in F$ mit $\lim \tau_n = \infty$ gilt $\lim \lambda(\tau_n) = \hat{\lambda}(0) = 0$ (Satz 5.5.2). Nach Figur 5.5.1 gibt es zu jeder Folge $\sigma_n \in F$ mit $\lim \sigma_n = 0$ eine Folge $\tau_n \in F$ mit $\lim \tau_n = \infty$ und $S(\tau_n) = \sigma_n$. Wegen $\lambda \circ S = 1 - \lambda$ folgt $\lim \lambda(\sigma_n) = 1$. Entsprechend gibt es zu jeder Folge $\sigma_n \in F$ mit $\lim \sigma_n = 1$ eine Folge $\tau_n \in F$ mit $\lim \tau_n = \infty$ und $T \circ S(\tau_n) = \sigma_n$, also $\lim \lambda(\sigma_n) = \infty$ wegen $\lambda \circ T \circ S = (\lambda - 1)/\lambda$. Analog folgt $\lambda(-1) = \infty$. □

5.5.4 Die Fourier-Reihe von λ. Wegen $\lambda(\tau) = \hat{\lambda}(e^{i\pi\tau})$ heißt die Laurent-Reihe von $\hat{\lambda}$ bei 0 die Fourier-Reihe von λ. Um sie zu berechnen, wird die Definition von λ über e_1, e_2, e_3 bis zur Reihenentwicklung 2.2.1(3) der $\wp$-Funktion zurückverfolgt.

Satz. *Die Fourier-Reihe der λ-Funktion hat die Gestalt*

(1) $$\lambda(\tau) = \hat{\lambda}(q) = 16 \left(q + \sum_{n=2}^{\infty} c_n q^n \right) \text{ mit } q := e^{\pi i \tau} \in \mathbb{E} \text{ und } c_n \in \mathbb{Z}.$$

Beweis. Der Ausgangspunkt ist Reihe

$$\wp(w; \Omega_\tau) - \wp(z; \Omega_\tau) = \sum_{m,n} \left[\frac{1}{(w - m - n\tau)^2} - \frac{1}{(z - m - n\tau)^2} \right].$$

Die Summation über m gibt wegen $\pi^2 / \sin^2 \pi u = \sum_{-\infty}^{\infty} (u - m)^{-2}$:

$$\wp(w; \Omega_\tau) - \wp(z; \Omega_\tau) = \pi^2 \sum_{n=-\infty}^{\infty} \left[\frac{1}{\sin^2(w - n\tau)\pi} - \frac{1}{\sin^2(z - n\tau)\pi} \right].$$

Mit $z := \frac{1}{2}\tau$ und $w := \frac{1}{2}$ bzw. $w := \frac{1}{2}(1+\tau)$ entsteht wegen $\sin(\frac{1}{2}\pi + u) = \cos u$:

$$e_1(\tau) - e_2(\tau) = \pi^2 \sum_{n=-\infty}^{\infty} \left[\frac{1}{\cos^2 n\pi\tau} - \frac{1}{\sin^2(n - \frac{1}{2})\pi\tau}\right],$$

$$e_3(\tau) - e_2(\tau) = \pi^2 \sum_{n=-\infty}^{\infty} \left[\frac{1}{\cos^2(n - \frac{1}{2})\pi\tau} - \frac{1}{\sin^2(n - \frac{1}{2})\pi\tau}\right].$$

Da $\cos^2$ und $\sin^2$ gerade Funktionen sind, ergibt sich:

$$e_1(\tau) - e_2(\tau) = \pi^2\left(1 + 2\sum_{n=1}^{\infty}\left[\frac{1}{\cos^2 n\pi\tau} - \frac{1}{\sin^2(n - \frac{1}{2})\pi\tau}\right]\right),$$

$$e_3(\tau) - e_2(\tau) = 2\pi^2 \sum_{n=1}^{\infty}\left[\frac{1}{\cos^2(n - \frac{1}{2})\pi\tau} - \frac{1}{\sin^2(n - \frac{1}{2})\pi\tau}\right].$$

Mit $q = e^{\pi i \tau}$ ist $\cos^{-2}(k\pi\tau) = 4q^{2k}/(1+q^{2k})^2$, $\sin^{-2}(k\pi\tau) = -4q^{2k}/(1-q^{2k})^2$. Für $k = n$ bzw. $= n - \frac{1}{2}$ folgt

(2)
$$e_1 - e_2 = \pi^2\left(1 + 8\sum_{n=1}^{\infty} q^{2n-1}\left[\frac{q}{(1+q^{2n})^2} + \frac{1}{(1-q^{2n-1})^2}\right]\right),$$

$$e_3 - e_2 = 8\pi^2 \sum_{n=1}^{\infty} q^{2n-1}\left[\frac{1}{(1+q^{2n-1})^2} + \frac{1}{(1-q^{2n-1})^2}\right].$$

Wegen $|1/(1 \pm q^m)| \geq 1 - r^m$ für $|q| \leq r < 1$ konvergieren diese Reihen normal in $\mathbb{E}$ gegen dort holomorphe Funktionen. Ordnen nach Potenzen von q gibt

$e_1 - e_2 = \pi^2\left(1 + 8\sum_1^{\infty} a_n q^n\right)$, $e_3 - e_2 = 16\pi^2\left(q + \sum_2^{\infty} b_n q^n\right)$ mit $a_n, b_n \in \mathbb{Z}$.

Mit $\lambda = (e_3 - e_2)/(e_1 - e_2)$ folgt (1). □

Da alle Fourier-Koeffizienten reell sind, gilt

(3) $\qquad \lambda(-\bar{\tau}) = \overline{\lambda(\tau)}$ für alle $\tau \in \mathbb{H}$ und $\lambda(\tau) \in \mathbb{R}$, falls $\operatorname{Re}\tau \in \mathbb{Z}$. □

5.5.5 Die Fourier-Reihe von J.
Aus $\hat{J}(z^2) = p \circ \hat{\lambda}(z)$, siehe 5.5.2(1), und der Laurent-Reihe

$$p(z) = \frac{4}{27}\frac{(z^2 - z + 1)^3}{z^2(1 - z^2)^2} = \frac{4}{27} z^{-2}\left(1 - \sum_{n=1}^{\infty} u_n z^n\right) \quad \text{mit } u_n \in \mathbb{Z}$$

folgt die Laurent-Reihe

(1) $$\hat{J}(h) = 12^{-3}\left(h^{-1} + \sum_{n=0}^{\infty} d_n h^n\right) \quad \text{mit } d_n \in \mathbb{Z},$$

welche mit $h = e^{2\pi i \tau}$ zur *Fourier-Reihe von J* wird.

Die ganzzahligen Koeffizienten der Fourier-Reihen von λ und J lassen zahlentheoretische Zusammenhänge vermuten. Aber sie sind kompliziert, siehe [Leh]. Reihen- und Produktentwicklungen der Gitterinvarianten g_2, g_3 und der Diskriminante $\Delta = g_2^3 - 27g_3^2$ sind für die Zahlentheorie besser geeignet, siehe [Se].

5.6 Anwendungen der λ-Funktion

Ergebnisse über holomorphe Funktionen, die zwei komplexe Zahlen als Werte auslassen, werden wie der kleine Satz von Picard dadurch gewonnen, daß man den Monodromiesatz auf die Überlagerung $\lambda : \mathbb{H} \to \mathbb{C}^{\times\times}$ anwendet. Außerdem benutzen wir aus der elementaren Funktionentheorie:

Schwarzsches Lemma für $\mathbb{E}$. *Sei $f : (\mathbb{E}, 0) \to (\mathbb{E}, 0)$ holomorph. Dann gilt $|f(z)| \leq |z|$ und $|f'(0)| \leq 1$. Aus $|f'(0)| = 1$ oder $|f(a)| = |a|$ für ein $a \neq 0$ folgt $f(z) = cz$ mit $|c| = 1$.*

5.6.1 Schwarzsches Lemma für $\mathbb{H}$. *Wenn $h : \mathbb{E} \to \mathbb{H}$ holomorph ist, gilt*

(1) $$\operatorname{Im} h(z) \geq \operatorname{Im} h(0) \frac{1 - |z|}{1 + |z|} \quad \text{für } z \in \mathbb{E}.$$

Beweis. Sei $b := h(0)$. Für den Isomorphismus $q : (\mathbb{E}, 0) \to (\mathbb{H}, b)$, $q(w) := (b - \bar{b}w)/(1 - w)$ gilt
$$\operatorname{Im} q(w) = (\operatorname{Im} b) \cdot \frac{1 - |w|^2}{|1 - w|^2} \geq (\operatorname{Im} b) \cdot \frac{1 - |w|}{1 + |w|}.$$
Nach dem Schwarzschen Lemma für $\mathbb{E}$ ist $|q^{-1} \circ h(z)| \leq |z|$. Die Behauptung folgt mit $w := q^{-1} \circ h(z)$. $\square$

5.6.2 Konvergenz nach Ausnahmewerten. *Sei $f_n : \mathbb{E} \to \mathbb{C}^{\times\times}$ eine Folge holomorpher Funktionen mit $\lim f_n(0) = c \in \{0, 1, \infty\}$. Dann konvergiert f_n lokal gleichmäßig nach c.*

Beweis. Es gibt ein $g \in \operatorname{Aut}(\widehat{\mathbb{C}})$ mit $g(c) = 0$. Indem wir f_n durch $g \circ f_n$ ersetzen, können wir $c = 0$ annehmen. Zu jedem f_n gibt es eine λ-Liftung $h_n : \mathbb{E} \to \mathbb{H}$, so daß $a_n := h_n(0)$ im Γ_2-Fundamentalbereich F der Figur 5.5.1 liegt. Dann gilt $\lim a_n = \infty$. Denn sonst gäbe es eine Teilfolge a_{n_j}, die im Kompaktum $\overline{F} = F \cup \{0, \pm 1, \infty\}$ einen Grenzwert $a \neq \infty$ hätte. Weil $\lambda|\overline{F}$ stetig ist, würde $\lim f_{n_j}(0) = \lambda(a) \neq 0$ folgen, siehe 5.5.3. Weil die Realteile von a_n beschränkt sind, gilt $\lim \operatorname{Im} a_n = \infty$, also $\lim \exp(\pi i a_n) = 0$. Wegen 5.6.1 ist
$$\operatorname{Im} h_n(z) \geq (\operatorname{Im} a_n) \cdot \frac{1 - r}{1 + r} \quad \text{für } |z| \leq r < 1.$$
Somit konvergiert $\exp(\pi i h_n(z))$ für $|z| \leq r$ gleichmäßig nach 0. Aus $f_n = \lambda \circ h_n = \hat{\lambda} \circ \exp(\pi i h_n)$ folgt, daß f_n für $|z| \leq r$ gleichmäßig nach $\hat{\lambda}(0) = 0$ konvergiert. $\square$

5.6.3 Sätze von Montel. Sei $X \subset \mathbb{C}$ ein Gebiet. Eine Folge von Funktionen $f_n : X \to \mathbb{C}$ heißt *beschränkt*, wenn es eine Schranke M gibt, so daß $|f_n(z)| \leq M$ für alle n und alle $z \in X$ gilt. Folgendes Ergebnis gehört zur klassischen Funktionentheorie, vgl. [Re 2], 7.1.1.

Kleiner Satz von Montel ([Mo 1], p. 300, 1907). *Jede beschränkte Folge holomorpher Funktionen $X \to \mathbb{C}$ besitzt eine Teilfolge, die lokal gleichmäßig gegen eine holomorphe Funktion $X \to \mathbb{C}$ konvergiert.*

Montel selbst hat diesen Satz auf zusammenhängende Riemannsche Flächen X übertragen und die Voraussetzung der Beschränktheit dahin abgeschwächt, daß alle Funktionen der Folge dieselben zwei komplexen Zahlen nicht als Werte annehmen:

Großer Satz von Montel ([Mo 2], p. 497, 1912). *Jede Folge holomorpher Abbildungen $f_n : X \to \mathbb{C}^{\times\times}$ besitzt eine Teilfolge, die lokal gleichmäßig gegen eine holomorphe Abbildung $f : X \to \widehat{\mathbb{C}}$ konvergiert. Wenn f einen Wert $0, 1$ oder ∞ annimmt, ist f konstant.*

Beweis. Es genügt, den Satz für $X = \mathbb{E}$ zu beweisen. Denn X kann durch abzählbar viele Scheiben U_k überdeckt werden, siehe 3.5.3(2). Wenn der Satz für $\mathbb{E}$ gilt, gibt es zu jedem k und zu jeder Folge holomorpher Funktionen $X \to \mathbb{C}^{\times\times}$ eine Teilfolge, die auf U_k gegen eine holomorphe Funktion $U_k \to \mathbb{C}^{\times\times}$ oder eine Konstante $0, 1, \infty$ kompakt konvergiert. Durch das Cantorsche Diagonalverfahren erhält man *eine* Teilfolge, die auf allen U_k und damit auf ganz X lokal gleichmäßig konvergiert.

Um den Satz für $X = \mathbb{E}$ zu beweisen, wählt man zu jedem f_n eine λ-Liftung $h_n : \mathbb{E} \to \mathbb{H}$ so daß $h_n(0)$ im Γ_2-Fundamentalbereich F liegt. Wegen $\mathbb{H} \approx \mathbb{E}$ kann man den kleinen Satz von Montel anwenden: Durch den Übergang zu einer Teilfolge erreicht man, daß h_n lokal gleichmäßig gegen eine holomorphe Abbildung $h : \mathbb{E} \to \widehat{\mathbb{C}}$ konvergiert. Wenn $h(\mathbb{E}) \subset \mathbb{H}$ ist, folgt die lokal gleichmäßige Konvergenz der Teilfolge $f_n = \lambda \circ h_n$ gegen die holomorphe Funktion $\lambda \circ h : \mathbb{E} \to \mathbb{C}^{\times\times}$.– Sei nun $h(\mathbb{E}) \not\subset \mathbb{H}$. Dann ist h konstant. Denn sonst wäre $h(\mathbb{E})$ offen in $\widehat{\mathbb{C}}$ und enthalten in $\mathbb{H} \cup \mathbb{R} \cup \{\infty\}$, also $h(\mathbb{E}) \subset \mathbb{H}$. Der konstante Wert s von h liegt in $\mathbb{R} \cup \{\infty\}$. Wegen $h_n(0) \in F$ ist $s = \lim h_n(0)$ eine Spitze von F. Da sich $\lambda | F$ stetig in die Spitzen fortsetzen läßt, ist $\lim f_n(0) = \lambda(s) \in \{0, 1, \infty\}$. Nach 5.6.2 konvergiert dann f_n lokal gleichmäßig nach $\lambda(s)$. □

5.6.4 Großer Satz von Picard ([Pi] 1, p. 27, 1879). *Sei (U, a) eine Scheibe. Wenn die Funktion $f \in \mathcal{O}(U \setminus \{a\})$ in a eine wesentliche Singularität hat, nimmt sie jede komplexe Zahl, mit höchstens einer Ausnahme, unendlich oft als Wert an.*

Beweis. Es genügt zu zeigen:

Ist $f : \mathbb{E}^\times \to \mathbb{C}^{\times\times}$ holomorph, so ist f oder $1/f$ bei 0 beschränkt.

Wir bilden die Folge $f_n(z) = f(z/n)$ für $z \in \mathbb{E}^\times$. Nach dem großen Satz von Montel gibt es eine kompakt konvergente Teilfolge (f_{n_k}), deren Limes holomorph oder konstant $= \infty$ ist. Im ersten Fall ist die Folge f_{n_k} längs der Kreislinie $|z| = \frac{1}{2}$ beschränkt: Es gibt ein $M > 0$ mit $|f(z/n_k)| \leq M$ für $|z| = \frac{1}{2}$ und alle k, also $|f(z)| \leq M$ für $|z| = (2n_k)^{-1}$. Nach dem Maximumprinzip folgt $|f(z)| \leq M$ für $(2n_k)^{-1} \leq |z| \leq (2n_1)^{-1}$ und alle k. Wegen $\lim n_k = \infty$ ist f bei 0 beschränkt.– Im zweiten Fall $\lim f_{n_k} = \infty$ ist die Folge $1/f_{n_k}$ längs $|z| = \frac{1}{2}$ beschränkt, und es folgt analog, daß $1/f$ bei 0 beschränkt ist. □

5.6.5 Der Landausche Radius. Die Funktion
$$l : \mathbb{H} \to \mathbb{R}, \, l(\tau) := 2|\lambda'(\tau)| \cdot \mathrm{Im}\,\tau$$
ist Γ_2-invariant. Denn wenn $A \in \Gamma_2$ durch $A = \begin{pmatrix} a & b \\ c & d \end{pmatrix} \in \mathrm{SL}_2(\mathbb{Z})$ bestimmt ist, gilt $\lambda \circ A = \lambda$, $A'(\tau) = (c\tau + d)^{-2}$ und $\mathrm{Im}\,A(\tau) = \mathrm{Im}\,\tau/|c\tau + d|^2$. – Daher gibt es genau eine Funktion
$$L : \mathbb{C}^{\times\times} \to \mathbb{R} \quad \text{mit } l = L \circ \lambda,$$
die wie l reell-analytisch und überall > 0 ist. Man nennt $L(a)$ den *Landauschen Radius* an der Stelle $a \in \mathbb{C}^{\times\times}$.

Satz (Landau-Carathéodory). *Für jede holomorphe Funktion $f : \mathbb{E} \to \mathbb{C}^{\times\times}$ gilt $|f'(0)| \leq L(f(0))$.*

Beweis. Man wählt eine λ-Liftung $g : \mathbb{E} \to \mathbb{H}$ von f. Sei $b := g(0)$ und $h : \mathbb{H} \to \mathbb{E}$, $h(\tau) = (\tau - b)/(\tau - \bar{b})$. Nach dem Schwarzschen Lemma ist $|(h \circ g)'(0)| \leq 1$. Daraus folgt die Behauptung. □

Da $|(h \circ g)'(0)| = 1$ nur für eine Drehung $h \circ g$ möglich ist, gilt
(1) $\qquad |f'(0)| = L(f(0)) \Leftrightarrow f(z) = \lambda \circ \beta^{-1}(cz) \, \text{ mit } |c| = 1.$

Wenn man die Definition von L durch die Werte $L(0) = L(1) = -1$ ergänzt, kann man den Satz auch so aussprechen:

(2) *Jede holomorphe Funktion $f : \{z \in \mathbb{C} : |z - a| < r\} \to \mathbb{C}$ nimmt den Wert 0 oder 1 an, sobald $r|f'(a)| > L(f(a))$ ist.* □

Der *Kleine Satz von Picard* folgt aus (2): Wenn die nicht-konstante ganze Funktion g den Wert c auslässt und $w \neq c$ ist, wendet man (2) auf $f := (g - c)/(w - c)$ an: An einer Stelle a ist $f'(a) \neq 0$. Da r beliebig groß ist, nimmt f den Wert 1 an. □

Landau [Land] 2, S. 130 ff., hat 1904 die Existenz der Funktion $L(z)$ als „unerwartete Tatsache" dem Picardschen Satz „hinzugefügt"; er hat „lange mit der Publikation gezögert, da der Beweis richtig, aber der Satz zu unwahrscheinlich schien" [Land] 4, S. 375, siehe auch [LG], S. 102. Der genaue Wert des Landauschen Radius wurde 1905 von Carathéodory angegeben, siehe [Cy 2] 3, S. 6-9.

5.6.6 Der 1/16-Satz (Hurwitz-Carathéodory). *Wenn die Potenzreihe $f(z) = z + a_2 z^2 + \ldots$ auf $\mathbb{E}$ konvergiert und keine Nullstellen in $\mathbb{E}^\times$ hat, gilt $\mathbb{E}_{1/16} \subset f(\mathbb{E})$. Der Radius $1/16$ ist scharf: Ein Punkt $a \notin f(\mathbb{E})$ mit $|a| = 1/16$ existiert genau dann, wenn $f(z) = \hat{\lambda}(cz)$ mit $|c| = 1$ gilt.*

Beweis. Für $\varepsilon(\tau) = \exp(\pi i \tau)$ gilt $\lambda = \hat{\lambda} \circ \varepsilon$ und $\hat{\lambda}(q) = 16q + \ldots$, siehe 5.5.2 und 5.5.4. Sei $a \notin f(\mathbb{E})$. Für $g := a^{-1} f$ gilt $g(\mathbb{E}^\times) \subset \mathbb{C}^{\times\times}$. Daher besitzt $g \circ \varepsilon : \mathbb{H} \to \mathbb{C}^{\times\times}$ eine λ-Liftung $\tilde{g} : \mathbb{H} \to \mathbb{H}$.

Für kleine $r > 0$ gibt es eine Umkehrfunktion $h : \mathbb{E}_r \to \mathbb{E}$ zu $\hat{\lambda}$. Sei $s > 0$ so klein, daß $g(\mathbb{E}_s) \subset \mathbb{E}_r$. Sei $t > 0$ so groß, daß $\varepsilon(\mathbb{H}_t) \subset \mathbb{E}_s$ für $\mathbb{H}_t := \{\tau : \mathrm{Im}\,\tau > t\}$. Es gilt $\hat{\lambda} \circ \varepsilon \circ \tilde{g} = g \circ \varepsilon$. Wenn man auf $\mathbb{H}_t$ einschränkt, kann man h nachschalten. Es folgt $\varepsilon \circ \tilde{g} = h \circ g \circ \varepsilon$. Somit hat $\varepsilon \circ \tilde{g}|\mathbb{H}_t$ die Periode 2. Das gilt dann auf ganz $\mathbb{H}$, und es gibt eine Faktorisierung $v \circ \varepsilon = \varepsilon \circ \tilde{g}$ mit einer holomorphen Funktion $v : \mathbb{E}^\times \to \mathbb{E}^\times$. Wegen der Eindeutigkeit ist $v = h \circ g$ auf $\mathbb{E}_s^\times$. Man kann also v durch $v(0) = 0$ zu $v : \mathbb{E} \to \mathbb{E}$ holomorph fortsetzen. Nachschalten von $\hat{\lambda}$ ergibt $\hat{\lambda} \circ v = g$ zunächst auf $\mathbb{E}_s$ und dann auf ganz $\mathbb{E}$. Daraus folgt $a^{-1} = g'(0) = \hat{\lambda}'(0) \cdot v'(0) = 16 v'(0)$. Nach dem Schwarzschen Lemma ist $|v'(0)| \leq 1$, so daß $|a| \geq 1/16$ folgt. Gleichheit besteht genau dann, wenn v eine Drehung um 0 ist, also $g(z) = \hat{\lambda}(cz)$ mit $|c| = 1$ gilt. □

Der Satz wurde 1904 von Hurwitz, [Hur] 1, S. 602, Satz IV, mit der Schranke 1/58 statt 1/16 bewiesen. Carathéodory zeigte 1907, [Cy 2] 3, S. 6-9, daß 1/16 die bestmögliche Schranke ist. Landau – mit seiner Liebe für *Weltkonstanten* – bedauerte 1929 in [Land] 9, S. 78, daß er nicht die „Carathéodorysche Konstante C" einführen konnte, „da Herr Carathéodory festgestellt hat, daß sie schon einen anderen Namen, nämlich 1/16, hatte".– Wenn man die Voraussetzung „*keine Nullstelle in* $\mathbb{E}^\times$" zu „$f|\mathbb{E}$ *ist injektiv*" verschärft, kann man 1/16 zu 1/4 verbessern (*Koebes 1/4-Theorem*), siehe [Ah 3], S. 29 und 85.

Die Ergebnisse dieses Paragraphen lassen sich auch ohne die λ-Funktion über den Satz von Bloch gewinnen, siehe z.B. [Re 2], Kap. 10.

5.7 Modulflächen

Analog zur Hauptkongruenzgruppe Γ_2 werden Kongruenzgruppen Γ_n für alle natürlichen Zahlen $n \geq 2$ betrachtet. Wie $\mathbb{H}/\Gamma_2 \approx \mathbb{C}^{\times\times}$ lassen sich die Orbitflächen $\mathbb{H}/\Gamma_n$ durch endlich viele Punkte kompaktifizieren. Dadurch erhält man die von F. Klein erfundenen Modulflächen n-ter Stufe.

5.7.1 Kongruenzgruppen und Modulgruppen. Alle Möbius-Transformationen

$$z \mapsto \frac{az+b}{cz+d} \quad mit \quad \begin{pmatrix} a & b \\ c & d \end{pmatrix} \in \mathrm{SL}_2(\mathbb{Z}) \quad und \quad \begin{pmatrix} a & b \\ c & d \end{pmatrix} \equiv \begin{pmatrix} 1 & 0 \\ 0 & 1 \end{pmatrix} \bmod n$$

bilden einen Normalteiler $\Gamma_n \triangleleft \Gamma$ von endlichem Index. Er heißt *Kongruenzgruppe n-ter Stufe*. Satz 5.4.1 und sein Beweis lassen sich von 2 auf alle $n \geq 2$ übertragen:

(1) *Die Γ_n-Orbitprojektion $\lambda_n : \mathbb{H} \to X_n^* := \mathbb{H}/\Gamma_n$ ist eine unverzweigte holomorphe Überlagerung.* □

Die endliche Faktorgruppe $G_n := \Gamma/\Gamma_n$ heißt *Modulgruppe n-ter Stufe*. Die Restklasse von $A \in \Gamma$ wird mit $A_n \in G_n$ bezeichnet. Für die Restklassen der in 5.1.1(1) angegebenen Elemente R, S, T gilt:

(2) *Die Ordnungen von R_n, S_n und T_n in G_n sind $3, 2$ bzw. n. Es gilt $T_n = S_n \cdot R_n$. Die Gruppe G_n wird von R_n und S_n erzeugt.* □

Im allgemeinen sind $R_n^3 = S_n^2 = (S_n R_n)^n = 1$ nicht die einzigen Relationen, siehe Aufgabe 5.8.4.

5.7.2 Modul-Überlagerungen. Die Γ-Orbitprojektion $J : \mathbb{H} \to \mathbb{C}$ faktorisiert über λ_n,

(1) $$J : \mathbb{H} \xrightarrow{\lambda_n} X_n^* \xrightarrow{\eta_n^*} \mathbb{C} .$$

Dabei ist η_n^* eine endliche normale Überlagerung mit der Deckgruppe G_n, siehe 4.6.5. Für $n = 2$ handelt es sich um die Faktorisierung $J = p \circ \lambda$ von 5.4.2(3). Analog zu Satz 5.4.7(b) gilt

(2) $$A_n \circ \lambda_n = \lambda_n \circ A \quad \text{für} \quad A \in \Gamma .$$

Nach 4.6.2 läßt sich η_n^* zu einer Überlagerung $\eta_n : X_n \to \widehat{\mathbb{C}}$ fortsetzen, die bis auf Isomorphie eindeutig bestimmt ist. Man nennt η_n die *Modulüberlagerung* und X_n die *Modulfläche n-ter Stufe*. Wegen der dritten Folgerung in 4.6.3 ist η_n normal und hat dieselbe endliche Deckgruppe G_n wie η_n^*. Daher ist X_n kompakt.

Satz. *Die Modulüberlagerung $\eta_n : X_n \to \widehat{\mathbb{C}}$ ist über $0, 1$ und ∞ mit den Windungszahlen $3, 2$ bzw. n verzweigt und außerhalb dieser Stellen unverzweigt.*

Beweis. Da η_n^* wie J nur über $0,1$ verzweigt ist und dort die Windungszahlen 3 bzw. 2 hat, genügt es, die Windungszahl von η_n über ∞ zu bestimmen: Die Überlagerung η_n hat denselben Poincaréschen Epimorphismus P_n wie η_n^*, nämlich P gefolgt von dem Restklassen-Epimorphismus $\Gamma \to G_n$, also $P_n[u_0] = R_n$ und $P_n[u_1] = S_n$, vgl. 5.3.6(1). Die Produktschleife $u_0^{-1} u_1$ ist zu einer einfachen ∞-Schleife u_∞ homotop. Ihr P_n-Wert $R_n^{-1} S_n = T_n^{-1}$ erzeugt nach 4.7.2 die Standgruppe eines Punktes in $\eta_n^{-1}(\infty)$. Seine Ordnung n ist nach Satz 1.5.4 die Windungszahl von η_n über ∞. □

5.7.3 Modul-Überlagerungen der Stufen 2 bis 6. *Für $n = 2, 3, 4, 5$ ist die Modulüberlagerung η_n zur Orbitprojektion $\varphi_n : \widehat{\mathbb{C}} \to \widehat{\mathbb{C}}$ der anharmonischen Gruppe, der Tetraeder-, Oktaeder- bzw. Ikosaedergruppe isomorph. Die universelle Liftung von G_6 ist die Flächengruppe $F_6(\Omega)$, und X_6 ist ein hexagonaler Torus.*

Beweis. Die Orbitprojektion $\varphi_n : \widehat{\mathbb{C}} \to \widehat{\mathbb{C}}$ ist universell, siehe 4.8.3(a). Sie hat nach der Tabelle in 4.2.3 dieselbe Verzweigungssignatur wie η_n und dominiert daher η_n: Es gibt eine unverzweigte Überlagerung γ mit $\varphi_n = \eta_n \circ \gamma$. Da alle Automorphismen von $\widehat{\mathbb{C}}$ Fixpunkte haben, ist $\mathcal{D}(\gamma) = \{\text{id}\}$. Die normale Abbildung γ ist somit ein Isomorphismus.

Die Orbitprojektion $\varphi_6 = \wp^3 : \mathbb{C} \to \widehat{\mathbb{C}}$ von $F_6(\Omega)$, siehe die Tabelle in 2.6.2, hat dieselbe Verzweigungssignatur wie η_6. Da φ_6 universell ist, gibt es eine unverzweigte Überlagerung $\gamma : \mathbb{C} \to X_6$ mit $\varphi_6 = \eta_6 \circ \gamma$. Die Deckgruppe $\mathcal{D}(\gamma) < \Omega$ ist eine Untergruppe. Da die 60°-Drehung $z \mapsto e^{\pi i/3} z$ zu $F_6(\Omega)$ gehört und $\mathcal{D}(\gamma)$ ein Normalteiler ist, gilt $e^{\pi i/3} a \in \mathcal{D}(\gamma)$ für jeden Vektor $a \in \mathcal{D}(\gamma)$. Daher ist $\mathcal{D}(\gamma)$ ein hexagonales Gitter. □

5.7.4 Die Ordnung der Modulgruppe G_n ist

(1) $$\frac{n^3}{2} \prod_{p | n} (1 - p^{-2}) \quad , \quad n \geq 3 \, .$$

Dabei läuft das Produkt über alle Primfaktoren p von n.

Für *Primzahlen* n vereinfacht sich (1) zu

(1*) $$\sharp G_n = \tfrac{1}{2} n(n^2 - 1).$$

Diese Ordnung wird benötigt, um die Charakteristiken und Geschlechter der Modulflächen X_n zu berechnen, siehe 7.1.5.

114   5. Die J- und λ-Funktion

Zum Beweis von (1) zeigt man: *Der durch Reduktion modulo n bestimmte Gruppenhomomorphismus* $\mathrm{SL}_2(\mathbb{Z}) \to \mathrm{SL}_2(\mathbb{Z}/n\mathbb{Z})$ *ist surjektiv*. Daher induziert der Isomorphismus $\mathrm{SL}_2(\mathbb{Z})/\{\pm E\} \cong \Gamma$ den Isomorphismus

$$\mathrm{SL}_2(\mathbb{Z}/n\mathbb{Z})/\{\pm E\} \cong \Gamma/\Gamma_n = G_n.$$

Man zählt sodann die Elemente von $\mathrm{SL}_2(\mathbb{Z}/n\mathbb{Z})$. Wir führen beides für eine *Primzahl* n aus (Dann ist $\mathbb{Z}/n\mathbb{Z}$ ein Körper) und verweisen für den allgemeinen Fall auf [Hus], p. 210 f.

Sei $\bar{x} \in \mathbb{Z}/n\mathbb{Z}$ die Restklasse von $x \in \mathbb{Z}$. Zur *Surjektivität*: Sei $\bar{A} = \begin{pmatrix} \bar{a} & \bar{b} \\ \bar{c} & \bar{d} \end{pmatrix} \in \mathrm{SL}_2(\mathbb{Z}/n\mathbb{Z})$ gegeben. Wegen $ad - bc \equiv 1(n)$ sind c, d und n teilerfremd. Seien etwa c und n teilerfremd. Dann gilt $1 = rc + sn$ mit $r, s \in \mathbb{Z}$. Wir multiplizieren mit $1-d$ und erhalten $1 = (1-d)rc + d + kn$ mit $k := (1-d)s$. Daher sind c und $d + kn$ teilerfremd.– Wir ersetzen d durch $d + kn$. Die Zahl $(1 - ad + bc)/n$ ist ganz. Da c und d teilerfremd sind, gilt $ud - vc = (1 - ad + bc)/n$ mit $u, v \in \mathbb{Z}$. Dann ist $A = \begin{pmatrix} a+nu & b+nv \\ c & d \end{pmatrix} \in \mathrm{SL}_2(\mathbb{Z})$.

Um die Elemente $\begin{pmatrix} \alpha & \beta \\ \gamma & \delta \end{pmatrix} \in \mathrm{SL}_2(\mathbb{Z}/n\mathbb{Z})$ zu *zählen*, betrachten wir zunächst $\gamma = 0$. Dann ist $\delta = \alpha^{-1}$. Es gibt $n-1$ Möglichkeiten für α und n Möglichkeiten für β. Für $\gamma \neq 0$ ist $\beta = \gamma^{-1}(\alpha\delta - 1)$. Es gibt je n Möglichkeiten für α, δ und $n-1$ Möglichkeiten für γ. Diese $n^2(n-1)$ Elemente von $\mathrm{SL}_2(\mathbb{Z}/n\mathbb{Z})$ für $\gamma \neq 0$ zusammen mit den $n(n-1)$ Elementen für $\gamma = 0$ ergeben $\sharp\mathrm{SL}_2(\mathbb{Z}/n\mathbb{Z}) = n(n^2 - 1)$. □

5.7.5 Modulformen. Historisches und Ausblick. Aus den Funktionen $h \in \mathcal{M}(X_n)$ entstehen durch Vorschalten von $\lambda_n : \mathbb{H} \to X_n^* \hookrightarrow X_n$ die *Modulfunktionen n-ter Stufe*. Die J- und λ-Funktion sind Beispiele für $n = 1$ bzw. 2, siehe auch die Aufgaben 5.8.5-6. In analoger Weise entstehen aus den q-Differentialformen (siehe die Definition in 7.1.2) auf X_n die *Modulformen n-ter Stufe vom Gewicht* q, zu denen für $n = 2$ die Halbperiodenwerte e_1, e_2, e_3, die Gitter-Invarianten g_2, g_3 und die Diskriminante Δ gehören; siehe die Aufgaben 1, 13 und 14 in 7.9. Die Theorie der Modulformen wurde von F. Klein zunächst an Beispielen entwickelt. Die Modulfläche X_7 mit ihren 168 Automorphismen der Gruppe G_7 spielte dabei eine wichtige Rolle, siehe dazu seine Abhandlung [Klei 1] III, S. 90-136, von 1878, seinen 40 Jahre später verfaßten Bericht in [Klei 5], S. 368-373, und Paragraph 11.6 im vorliegenden Buch.

H. Poincaré verallgemeinerte ab 1881 die Theorie der Modulformen zur Theorie *automorpher Formen*, indem er beliebige diskontinuierliche Untergruppen von Aut($\mathbb{H}$) betrachtete. Wenn diese Gruppen wie Γ und Γ_n arithmetisch definiert sind, führen die automorphen Formen auf interessante zahlentheoretische Ergebnisse. Ihre Erforschung hält an. Zu den teils einführenden, teils ausführlichen Lehrbüchern aus älterer und neuerer Zeit mit verschiedenen Schwerpunkten gehören [Bor], [Ford], Kap.V-VI in [FB], [Gu 1], [Hus], [Ka], [Klei 3], [Kob], [KK], [Miy], [Mu 3], [Se] und [Shi].

5.8 Aufgaben

1) Zeige: Keine Untergruppe von $\mathrm{SL}_2(\mathbb{Z})$ wird bei der Projektion: $\mathrm{SL}_2(\mathbb{Z}) \to \Gamma$ isomorph auf die Modulgruppe Γ abgebildet.

2) Zeige: Eine holomorphe Funktion $f : \mathbb{H} \to \mathbb{C}$ ist genau dann eine Orbitprojektion der Modulgruppe, wenn $X = \mathbb{C}$ und $f = aJ + b$ mit zwei komplexen Zahlen $a \neq 0$ und b gilt.

3) Sei Ω ein hexagonales Gitter. Man gebe ein Untergitter $\Omega' < \Omega$ so an, daß Ω' ein Normalteiler der Flächengruppe $F_6(\Omega)$ ist und die induzierte Operation der Faktorgruppe $F_6(\Omega)/\Omega'$ auf dem Torus $\mathbb{C}/\Omega'$ zur Operation der Modulgruppe G_6 auf der Modulfläche X_6 isomorph ist.– Siehe auch [Klei 3] I, S. 363 ff.

4) Sei F die von zwei Elementen r, s frei erzeugte Gruppe. Definiere $h : F \to G_n$ (Modulgruppe) durch $h(r) := R_n$, $h(s) := S_n$ ($n \geq 2$, Bezeichnungen wie in 5.7.1). Zeige mit Hilfe des Poincaréschen Epimorphismus der Modulüberlagerung η_n: Der von r^3, s^2 und $(sr)^n$ erzeugte Normalteiler $N \triangleleft F$ liegt im Kern von h. Genau dann, wenn die Modulfläche X_n einfach zusammenhängt, ist $N = \mathrm{Kern}\, h$. Das ist für $n \leq 5$ der Fall. Für $n \geq 6$ hat $N \triangleleft \mathrm{Kern}\, h$ unendlichen Index. Benutze für $n \geq 7$, daß X_n durch $\mathbb{H}$ universell und unverzweigt überlagert wird (Beispiel in 11.4.1).

5) Verallgemeinere im Anschluß an 5.7.2 die Überlegung aus 5.5.2 von 2 auf beliebiges $n \geq 2$ und zeige: Es gibt genau eine holomorphe Abbildung $\hat{\lambda}_n : \mathbb{E}^\times \to X_n^*$ mit $\lambda_n(\tau) = \hat{\lambda}_n \circ \exp(2\pi i \tau/n)$. Für $z \in \mathbb{E}^\times$ gilt $\hat{J}(z^n) = \eta_n \circ \hat{\lambda}_n(z)$. Es gibt eine holomorphe Fortsetzung $\hat{\lambda}_n : \mathbb{E} \to X_n$ mit $\eta_n \hat{\lambda}_n(0) = \infty$ und $v(\hat{\lambda}_n, 0) = 1$. Die Stelle $\hat{\lambda}_n(0)$ ist Fixpunkt von T_n.

6) (i) Sei g auf $\mathbb{E}^\times$ holomorph. Zeige: Genau dann, wenn für $\mathrm{Im}\,\tau \to \infty$ der Grenzwert $c := \lim g \circ \exp(2\pi i t)$ in $\widehat{\mathbb{C}}$ existiert, läßt sich g mit dem Wert $g(0) := c$ meromorph auf ganz $\mathbb{E}$ fortsetzen.
   (ii) Sei f auf $\mathbb{H}$ meromorph und Γ_n-invariant, also $f = h \circ \lambda_n$ mit einer auf X_n^* meromorphen Funktion h. Zeige: Genau dann, wenn für $\mathrm{Im}\,\tau \to \infty$ der Grenzwert $c := \lim f(\tau)$ in $\widehat{\mathbb{C}}$ existiert, läßt sich h mit dem Wert $h(x) := c$ meromorph nach $x := \hat{\lambda}_n(0)$ fortsetzen.
   (iii) Folgere: Genau dann, wenn für alle $A \in \Gamma$ und für $\mathrm{Im}\,\tau \to \infty$ der Grenzwert $\lim f \circ A(\tau)$ in $\widehat{\mathbb{C}}$ existiert, läßt sich h auf ganz X_n meromorph fortsetzen.

7) Zeige: Jede von $\pm E$ verschiedene Matrix $A \in \mathrm{SL}_2(\mathbb{Z}/7\mathbb{Z})$ ist in dieser Gruppe zu einer Matrix der Gestalt
$$\begin{pmatrix} 0 & -1 \\ 1 & s \end{pmatrix} \text{ oder } \begin{pmatrix} s & 1 \\ -1 & 0 \end{pmatrix}$$
konjugiert. Wenn zwei Matrizen A und B dieselbe Spur haben, ist A zu B oder B^{-1} konjugiert. Die Gruppe $G_7 := \mathrm{SL}_2(\mathbb{Z}/7\mathbb{Z})/\{\pm E\}$ ist einfach, d.h. besitzt keine echten Normalteiler.

5. Die J- und λ-Funktion

8) Beweise für die von $\pm E$ verschiedene Matrizen in $\mathrm{SL}_2(\mathbb{Z}/7\mathbb{Z})$ und die durch sie repräsentierten Elemente in G_7 die Angaben in der folgenden Tabelle.

$Spur$	0	± 1	± 2	± 3
$Ordnung$	2	3	7	4
$\sharp\, Elemente$	21	56	48	42
$\sharp\, Untergruppen$	21	28	8	21
$\sharp\, Fixpunkte$	4	2	3	0

Die Elemente fester Ordnung verteilen sich auf soviele Untergruppen, wie die vorletzte Zeile angibt. In der letzten Zeile steht die Anzahl der Fixpunkte, die ein Element der angegebenen Ordnung bei der Operation auf der Kleinschen Modulfläche X_7 hat.

Ein *Horozykel bei* $r \in \mathbb{R}$ besteht aus dem Punkt r und einer offenen Kreisscheibe in $\mathbb{H}$, welche $\mathbb{R}$ bei r berührt. Ein *Horozykel bei* ∞ besteht aus ∞ und einer offenen Halbebene $\{z \in \mathbb{H} : \operatorname{Im} z > t\}$ für ein $t \geq 0$, siehe Fig. 5.8.9.

9) Zeige: Folgende Umgebungsbasen bestimmen bestimmen auf $\overline{\mathbb{H}} := \mathbb{H} \cup \mathbb{R} \cup \{\infty\}$ eine Topologie, die feiner als die Spurtopologie der Einbettung $\overline{\mathbb{H}} \subset \widehat{\mathbb{C}}$ ist: Die Basisumgebungen von $z \in \mathbb{H}$ sind die offenen Kreisscheiben in $\mathbb{H}$ mit dem Zentrum z; die Basisumgebungen von $r \in \mathbb{R} \cup \{\infty\}$ sind die Horozykel bei r.

10) Zeige im Anschluß an 5.7.2: (i) Auf $\widehat{\mathbb{H}} = \mathbb{H} \cup \mathbb{Q} \cup \{\infty\}$, versehen mit der *Horozykel-Topologie* von Aufgabe 9, operiert die Modulgruppe $\varGamma$. Die Jot-Funktion läßt sich zur $\varGamma$-Orbitprojektion $\widehat{\mathbb{H}} \to \widehat{\mathbb{C}}$ stetig fortsetzen.
(ii) Für jede Kongruenzgruppe $\varGamma_n$ läßt sich $\lambda_n : \mathbb{H} \to X_n^*$ zur $\varGamma_n$-Orbitprojektion $\widehat{\mathbb{H}} \to X_n$ stetig fortsetzen. Wie verteilen sich die Punkte von $\mathbb{Q} \cup \{\infty\}$ auf die $\varGamma_n$-Orbiten?

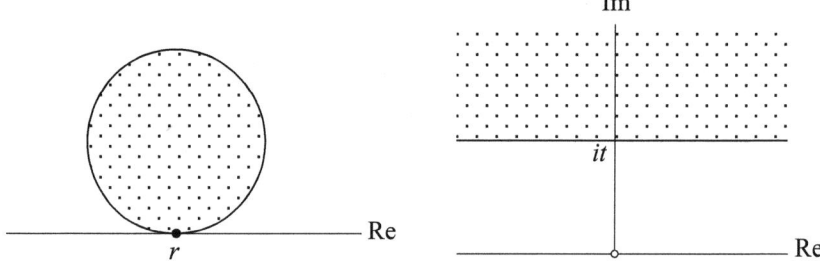

Fig. 5.8.9 Horozykel bei $r \in \mathbb{R}$ und bei ∞.

6. Algebraische Funktionen

Im Zentrum dieses Kapitels steht die Aufgabe, alle Lösungen einer polynomialen Gleichung $P(z,w) = 0$ mit komplexen Koeffizienten durch analytische Funktionen $w = f(z)$ zu *einer algebraischen Funktion* zusammenzufassen. Im Bericht [BN 2] von Brill und Noether aus dem Jahre 1894 heißt es dazu: „Um für die Functionszweige einer algebraischen Function einen geometrischen Ort zu beschreiben, in welchem sie eindeutig verläuft, wird eine über der imaginären Ebene n-blättrig ausgebreitete Riemannsche Fläche benötigt". Wie selbstverständlich erstreckt bereits Riemann die Ausbreitung auch über den unendlich fernen Punkt der Zahlenkugel $\widehat{\mathbb{C}}$. Durch eine sorgfältige Betrachtung von Windungspunkten berücksichtigt er die Möglichkeit, daß das Polynom $P(z,w)$ für gewisse Stellen z mehrfache Wurzeln besitzt.

In 1.2.4 wurde ausgeführt, wie man Riemanns Idee durch die Konstruktion eines Nullstellengebildes (X, η, f) verwirklicht, solange weder Polstellen noch mehrfache Wurzeln auftreten. Mit den Resultaten aus 4.6 wird die Konstruktion des Gebildes (X, η, f) nunmehr auf den allgemeinen Fall ausgedehnt. Zum vollständigen Verständnis von (X, η, f) muß man gleichzeitig die Erweiterung $\mathbb{C}(z) = \mathcal{M}(\widehat{\mathbb{C}}) \hookrightarrow \mathcal{M}(X)$, $g \mapsto g \circ \eta$, des Körpers der rationalen Funktionen zum Ring der meromorphen Funktionen auf X studieren.

Ohne Mehraufwand entwickeln wir im folgenden die Theorie für beliebige zusammenhängende Flächen Y statt $\widehat{\mathbb{C}}$ und Polynome $P \in \mathcal{M}(Y)[w]$.

6.1 Funktionen auf endlichen Überlagerungen

Sei $\eta : X \to Y$ eine n-blättrige Überlagerung zwischen Riemannschen Flächen, wobei Y zusammenhängt und $n < \infty$ ist. Wir studieren die algebraischen Eigenschaften der Einbettung $\mathcal{M}(Y) \hookrightarrow \mathcal{M}(X)$, $g \mapsto g \circ \eta$, des Körpers $\mathcal{M}(Y)$ in den Ring $\mathcal{M}(X)$. Wir schreiben kurz g statt $g \circ \eta$.

6.1.1 Fortsetzung von Wurzeln. *Sei $b \in Y$ und $c_1, \dots, c_m \in \mathcal{O}(Y \setminus \{b\})$. Die Funktion $f \in \mathcal{O}(X \setminus \eta^{-1}(b))$ nehme für jedes $y \in Y \setminus \{b\}$ längs der Faser $\eta^{-1}(y)$ genau die Wurzeln des Polynoms $w^m + c_1(y)w^{m-1} + \dots + c_m(y) \in \mathbb{C}[w]$ als Werte an. Sie läßt sich genau dann meromorph bzw. holomorph nach $\eta^{-1}(b)$ fortsetzen, wenn sich jeder Koeffizient c_j meromorph bzw. holomorph nach b fortsetzen läßt.*

Beweis. Genau dann, wenn es eine bei b holomorphe Funktion v gibt, so daß $h := vf$ um $\eta^{-1}(b)$ beschränkt ist, läßt sich f nach $\eta^{-1}(b)$ meromorph fortsetzen. Denn wenn sich f fortsetzen läßt, erreicht man $o(vf,x) \geq 0$ für alle $x \in \eta^{-1}(b)$ mit jeder Funktion v, deren Ordnung $o(v,b)$ hinreichend groß ist. Wegen $h^m + c_1 v h^{m-1} + \ldots + c_m v^m = 0$ ist h nach 1.2.2 genau dann um $\eta^{-1}(b)$ beschränkt, wenn alle $v^j c_j$ um b beschränkt sind, d.h. wenn jedes c_j meromorph nach b fortgesetzt werden kann. Eine durch $v = 1$ vereinfachte Version dieser Argumentation beweist den holomorphen Fall. □

6.1.2 Charakteristisches Polynom. Sei f eine meromorphe Funktion auf X. Das η-Bild B ihrer Polstellenmenge ist lokal endlich in Y.

Satz (Riemann in [Ri 3], Artikel 5). *Es gibt genau ein Polynom*

(1) $\quad \chi(y,w) = w^n - s_1(y)w^{n-1} + \ldots + (-1)^n s_n(y) \in \mathcal{M}(Y)[w]$,

so daß für jede Stelle $y \in Y \setminus B$ *gilt:*

(2) $\quad\quad\quad \chi(y,w) = \prod_{x \in \eta^{-1}(y)} [w - f(x)]^{v(\eta,x)}$.

Man nennt χ das *charakteristische Polynom* von f bezüglich η.

Beweis. Durch (2) sind die Werte $s_j(y) \in \mathbb{C}$ für $y \in Y \setminus B$ eindeutig bestimmt. Zum Nachweis, daß s_j auf Y meromorph ist, vergrößern wir B zur weiterhin lokal endlichen Menge $E \subset Y$, indem wir die Verzweigungspunkte von η hinzufügen. Jeder Punkt in $Y \setminus E$ besitzt eine Umgebung V, so daß $\eta^{-1}(V) = \uplus U_\nu$ die disjunkte Vereinigung von n offenen Mengen U_ν ist, welche durch η biholomorph auf V abgebildet werden. Sei $\sigma_\nu := (\eta|U_\nu)^{-1} : V \to U_\nu$. Durch (1) und (2) werden Funktionen $s_j : Y \setminus E \to \mathbb{C}$ eindeutig bestimmt. Sie sind nach Einschränkung auf V die elementarsymmetrischen Kombinationen von $f \circ \sigma_1, \ldots, f \circ \sigma_n$:

$$s_1|V = f \circ \sigma_1 + \ldots + f \circ \sigma_n, \ \ldots, \ s_n|V = (f \circ \sigma_1) \cdot \ldots \cdot (f \circ \sigma_n).$$

Daher sind sie holomorph und lassen sich gemäß 6.1.1 meromorph nach E fortsetzen. Die Gleichung (2) gilt zunächst für $y \in Y \setminus E$. Durch stetige Fortsetzung bleibt sie auch für $y \in E \setminus B$ richtig. Denn sei $Q(y,w)$ die rechte Seite von (2). Es genügt,

(∗) $\quad\quad\quad \lim_{y \to b} Q(y,w) = Q(b,w) \quad \text{für} \quad b \in E \setminus B$

zu zeigen: Wir wählen eine elementar überlagerte Scheibe V um b. Für jede Komponente U von $\eta^{-1}(V)$ ist die Beschränkung $\eta : (U,a) \to (V,b)$ eine Windungsabbildung. Sei $m := v(\eta, a)$. Für $y \in V \setminus \{b\}$ sei $\eta^{-1}(y) \cap U = \{x_1(y), \ldots, x_m(y)\}$. Sei $Q_U(y,w) := [w - f(x_1(y))] \cdot \ldots \cdot [w - f(x_m(y))]$. Wegen $\lim_{y \to b} x_j(y) = a$ ist $\lim_{y \to b} Q_U(y,w) = [w - f(a)]^m$. Weil $Q(y,w)$ das Produkt der $Q_U(y,w)$ für alle Komponenten U ist, folgt (∗). □

Bei der Liftung $\eta^* : \mathcal{M}(Y) \hookrightarrow \mathcal{M}(X)$ geht jedes Polynom $P(y,w) \in \mathcal{M}(Y)[w]$ in das Polynom $P(\eta, w) \in \mathcal{M}(X)[w]$ über.

Folgerungen: $\chi(\eta, f) = 0$.− *Wenn η normal ist, gilt*

$$\chi(\eta, w) = \prod_{\alpha \in \mathcal{D}(\eta)} (w - f \circ \alpha).$$

□

6.1.3 Algebraische Abhängigkeit. *Auf jeder kompakten, zusammenhängenden Fläche X sind je zwei meromorphe Funktionen f, g algebraisch abhängig: Es gibt ein irreduzibles Polynom $P(z, w) \in \mathbb{C}[z, w]$ mit $P(g, f) = 0$.*

Beweis. Das ist trivial, wenn g konstant ist. Sonst ist $g : X \to \widehat{\mathbb{C}}$ endlich, und für das charakteristische Polynom $\chi(z, w) \in \mathbb{C}(z)[w]$ von f bezüglich g gilt $\chi(g, f) = 0$. Alle Koeffizienten von χ sind Quotienten von Polynomen in $\mathbb{C}[z]$. Die Multiplikation mit dem Hauptnenner gibt ein Polynom $G(z, w) \in \mathbb{C}[z, w]$ mit $G(g, f) = 0$. Es gibt einen irreduziblen Faktor P von G mit $P(g, f) = 0$. □

6.1.4 Reduzierte Polynome. Diskriminanten. Wenn $q = p_1^{n_1} \cdot \ldots \cdot p_r^{n_r}$ die Primfaktorzerlegung einer Nichteinheit in einem faktoriellen Ring ist, heißt $p_1 \cdot \ldots \cdot p_r$ eine *Reduktion* von q. Im Falle $n_1 = \ldots = n_r = 1$ heißt q *reduziert*.– Sei K ein Körper der Charakteristik 0. Jedes normierte Polynom $P(w) \in K[w]$ zerfällt über einem Erweiterungskörper L in Linearfaktoren, $P(w) = (w - \lambda_1) \cdot \ldots \cdot (w - \lambda_n)$. Die *Diskriminante*

$$\Delta := \prod_{j < k} (\lambda_j - \lambda_k)^2 \in K$$

hängt nicht von L ab. Genau dann, wenn die Wurzeln $\lambda_1, \ldots, \lambda_n$ paarweise verschieden sind, ist $\Delta \neq 0$ und $P \in K[w]$ reduziert. Denn wenn $\Delta = 0$ ist, haben P und die Ableitung P' einen gemeinsamen Linearfaktor $w - \lambda_j$, also einen gemeinsamen Primfaktor Q in $K[w]$. Aus $P = Q \cdot R$ folgt $P' = Q' \cdot R + Q \cdot R'$. Daher ist Q ein Faktor von R, also Q^2 ein Faktor von P.

Nun sei $P(y, w) = w^n + a_1(y)w^{n-1} + \ldots + a_n(y) \in \mathcal{M}(Y)[w]$ reduziert. Dann ist $\Delta \in \mathbb{Z}[a_1, \ldots, a_n] \subset \mathcal{M}(Y)$ nicht die Nullfunktion. Die *Ausnahmemenge* $E \subset Y$ von P besteht aus den Polstellen der Koeffizienten von P und den Nullstellen von Δ; sie ist lokal endlich. Die Polstellen von Δ sind in E enthalten. Für jede Stelle $b \in Y \setminus E$ zerfällt $P(b, w) = (w - \lambda_1) \cdot \ldots \cdot (w - \lambda_n)$ in Linearfaktoren mit paarweise verschiedenen $\lambda_j \in \mathbb{C}$.

6.1.5 Minimalpolynome. Bei einer n-blättrigen Überlagerung $\eta \colon X \to Y$ ist die Erweiterung $\eta^* : \mathcal{M}(Y) \hookrightarrow \mathcal{M}(X)$ algebraisch, weil jedes $f \in \mathcal{M}(X)$ durch sein charakteristisches Polynom annulliert wird. Sämtliche Polynome in $\mathcal{M}(Y)[w]$, welche f annullieren, bilden ein Hauptideal. Es wird von einem eindeutig bestimmten normierten und reduzierten *Minimalpolynom* $P \in \mathcal{M}(Y)[w]$ erzeugt. Wenn X zusammenhängt, ist $\mathcal{M}(X)$ ein Körper und daher P irreduzibel. Das charakteristische Polynom χ ist ein Vielfaches von P, somit $\mathrm{gr}\, P \leq n$, und $\mathrm{gr}\, P = n \Leftrightarrow P = \chi$.

Satz. *Genau dann, wenn f längs wenigstens einer η-Faser n verschiedene Werte in $\mathbb{C}$ annimmt, hat P den Grad n. Jede Faser über $Y \setminus E$ wird dann durch f injektiv nach $\mathbb{C}$ abgebildet.*

Beweis. Wenn es n verschiedene f-Werte längs $\eta^{-1}(b)$ gibt, sind sie die Wurzeln des Polynoms $P(b, w) \in \mathbb{C}[w]$. Dann ist $\mathrm{gr}\, P \geq n$, also $P = \chi$. Wegen 6.1.2(2) folgen alle Behauptungen. □

6.2 Riemannsche Gebilde

Riemanns Lösung einer polynomialen Gleichung $P(z,w) = 0$ besteht aus einer Riemannschen Fläche X und zwei Funktionen $\eta, f \in \mathcal{M}(X)$, so daß $P(\eta, f)$ die Nullfunktion auf X ist. Wir gehen etwas allgemeiner von einem Polynom $P(y,w)$ in w aus, dessen Koeffizienten meromorphe Funktionen auf einer Fläche Y sind.

6.2.1 Riemannsche und algebraische Gebilde. Ein *n-blättriges Riemannsches Gebilde* (X, η, f) über der zusammenhängenden Fläche Y besteht aus einer Überlagerung $\eta : X \to Y$ vom Grade n und einer Funktion $f \in \mathcal{M}(X)$, deren Minimalpolynom $P \in \mathcal{M}(Y)[w]$ den Grad n hat. Das Polynom P und seine Ausnahmemenge E werden auch Minimalpolynom bzw. Ausnahmemenge des Gebildes genannt.
Ist $V \subset Y$ offen und zusammenhängend, so ist $(\eta^{-1}(V), \eta|V, f|V)$ ein Riemannsches Gebilde über V mit dem Minimalpolynom $P|V \in \mathcal{M}(V)[w]$, welches aus P durch Einschränkung der Koeffizienten auf V entsteht.
Ein *Isomorphismus zwischen zwei Riemannschen Gebilden* (X_1, η_1, f_1) und (X_2, η_2, f_2) über Y ist ein Isomorphismus $\varphi : X_1 \to X_2$ der Flächen, für den $\eta_1 = \eta_2 \circ \varphi$ und $f_1 = f_2 \circ \varphi$ gilt. Isomorphe Gebilde haben dasselbe Minimalpolynom.
Riemannsche Gebilde über $\widehat{\mathbb{C}}$ heißen *algebraische Gebilde*.

Beispiele. (1) Seien $n > 0$ und q teilerfremde ganze Zahlen. Dann ist $(\widehat{\mathbb{C}}, \eta, f)$ mit $\eta(t) := t^n$ und $f(t) := t^q$ ein n-blättriges algebraisches Gebilde mit dem Minimalpolynom $w^n - z^q \in \mathbb{C}(z)[w]$ und der Ausnahmemenge $E = \{0, \infty\}$. Bei Einschränkung von $\widehat{\mathbb{C}}$ auf $\mathbb{C}$ oder $\mathbb{E}$ ist $E = \{0\}$ die Ausnahmemenge.
(2) Das algebraische Gebilde $(\widehat{\mathbb{C}}, \eta, f)$ mit $\eta(t) := 1-t^2$ und $f(t) := t(1-t^2)$ hat zwei Blätter und das Minimalpolynom $w^2 + z^3 - z^2$. Seine Ausnahmemenge ist $E = \{0, 1, \infty\}$.
Bemerkung. Die Gleichung $y^n - x^q = 0$, vgl. (1), beschreibt für $(n,q) = (2,1)$ eine gewöhnliche und für $(n,q) = (2,3)$ eine Neilesche Parabel in der reellen Ebene $\mathbb{R}^2$, siehe Fig. 6.2.1 a. Entsprechend ist $y^2 + x^3 - x^2 = 0$ die Gleichung von Newtons *parabola nodata* [New 2], siehe Fig.6.2.1 b. Die drei Parabeln werden durch die in (1) und (2) angegebenen Funktionen $x = \eta(t)$, $y = f(t)$ mit $t \in \mathbb{R}$ parametrisiert.
(3) Mit der $\wp$-Funktion zum Gitter $\Omega < \mathbb{C}$ und ihrer Ableitung $\wp'$ entsteht das zweiblättrige algebraische Gebilde $(\mathbb{C}/\Omega, \hat{\wp}, \hat{\wp}')$, vgl. 2.2.3. Sein Minimalpolynom $w^2 - 4z^3 + g_2 z + g_3 \in \mathbb{C}[z, w]$ erhält man aus der Differentialgleichung der $\wp$-Funktion $\wp'^2 = 4\wp^3 - g_2\wp - g_3$, siehe 2.2.4(2).

6.2.2 Nullstellengebilde. Wir beginnen den Existenzbeweis für Riemannsche Gebilde zu vorgegebenem Minimalpolynom mit einem normierten, reduzierten Polynom $P \in \mathcal{M}(Y)[w]$ vom Grade $n \geq 1$, dessen Ausnahmemenge $E = \emptyset$ ist. Nach 1.2.4 ist

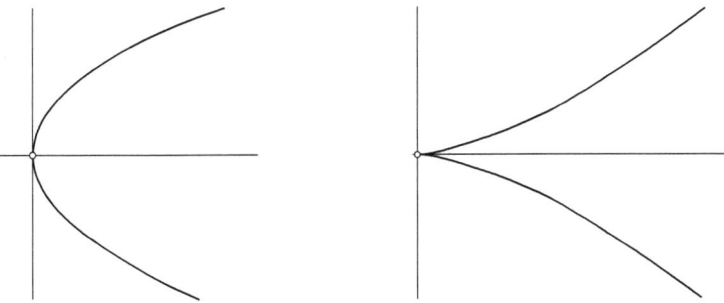

Fig. 6.2.1 a. links: Gewöhnliche Parabel mit der Gleichung $y^2 = x$;
rechts: Neilesche Parabel mit der Gleichung $y^2 = x^3$.

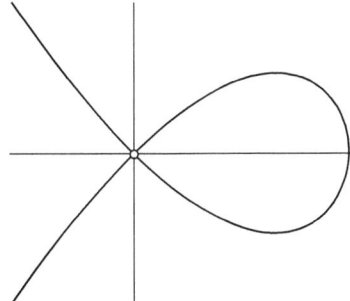

Fig. 6.2.1 b. Newtons parabola nodata mit der Gleichung $y^2 = x^2 - x^3$.

$$M := \{(y, w) \in Y \times \mathbb{C} : P(y, w) = 0\}$$

eine Riemannsche Fläche, $\pi: M \to Y, (y, w) \mapsto y$, eine unverzweigte, n-blättrige Überlagerung und $h: M \to \mathbb{C}, (y, w) \mapsto w$, eine holomorphe Funktion, für die $P(\pi, h) = 0$ gilt. Da h auf jeder π-Faser injektiv ist, hat h nach Satz 6.1.5 das Minimalpolynom P. Also gilt:

(1) *Das Nullstellengebilde (M, π, h) ist ein Riemannsches Gebilde über Y mit dem Minimalpolynom P.* □

6.2.3 Existenzsatz für Riemannsche Gebilde. *Jedes reduzierte, normierte Polynom $P \in \mathcal{M}(Y)[w]$ vom Grade $n \geq 1$ ist das Minimalpolynom eines Riemannschen Gebildes (X, η, f) über Y.*

Beweis. Sei $E \subset Y$ die Ausnahmemenge von P und (M, π, h) das Nullstellengebilde über $Y \setminus E$ zu $P|(Y \setminus E) \in \mathcal{M}(Y \setminus E)[w]$. Nach 4.6.2 läßt sich π zu einer Überlagerung $\eta: X \to Y$ fortsetzen, deren Verzweigungspunkte in E liegen. Die Funktion h läßt sich nach 6.1.1 zu einer Funktion $f \in \mathcal{M}(X)$ fortsetzen. Die Gleichung $P(\eta, f) = 0$ gilt zunächst auf M. Sie bleibt auf X gültig, da $X \setminus M$ lokal endlich ist. Daher ist P ein Vielfaches des Minimalpolynoms von f bezüglich der Erweiterung η^*. Für $b \in Y \setminus E$ ist f längs

$\eta^{-1}(b)$ injektiv. Nach Satz 6.1.5 hat das Minimalpolynom den Grad n und stimmt daher mit P überein. □

6.2.4 Universelle Eigenschaft. *Sei (X, η, f) ein Riemannsches Gebilde über Y mit dem Minimalpolynom P. Sei $\zeta : Z \to Y$ eine offene holomorphe Abbildung. Für $g \in \mathcal{M}(Z)$ gelte $P(\zeta, g) = 0$. Dann gibt es genau eine holomorphe Abbildung $\varphi : Z \to X$, so daß $\zeta = \eta \circ \varphi$ und $g = f \circ \varphi$ ist.*

Beweis. Sei E die Ausnahmemenge von P. Zunächst sei $E = \emptyset$ und $(X, \eta, f) = (M, \pi, h)$ ein Nullstellengebilde. Dann ist $\varphi := \zeta \times g : Z \to Y \times \mathbb{C}$ die einzige Abbildung mit $\pi \circ \varphi = \zeta$ und $h \circ \varphi = g$. Wegen $P(\zeta, g) = 0$ ist $\varphi(Z) \subset M$. Die Abbildung $\varphi : Z \to M$ ist holomorph, weil π lokal biholomorph und ζ holomorph ist. Wenn (Z, ζ, g) ein Riemannsches Gebilde mit dem Minimalpolynom P ist, bildet φ jede ζ-Faser bijektiv auf die entsprechende π-Faser ab. Dann ist $\varphi : Z \to M$ bijektiv, also ein Isomorphismus. *Riemannsche Gebilde mit leerer Ausnahmemenge sind also zu Nullstellengebilden isomorph und haben die universelle Eigenschaft.*

Nun sei $E \neq \emptyset$. Wir bezeichnen die Beschränkungen auf $Y_1 := Y \setminus E$ bzw. $X_1 := X \setminus \eta^{-1}(E)$ bzw. $Z_1 := Z \setminus \zeta^{-1}(E)$ mit dem Index 1. Da die Ausnahmemenge des eingeschränkten Gebildes (X_1, η_1, f_1) leer ist, gibt es wegen der universellen Eigenschaft genau eine holomorphe Abbildung $\varphi : Z_1 \to X_1$ mit $\zeta_1 = \eta_1 \circ \varphi_1$ und $g_1 = f_1 \circ \varphi_1$. Die Differenz $Z \setminus Z_1$ ist lokal endlich, weil ζ offen ist. Nach Lemma 4.6.3 läßt sich φ_1 zu $\varphi : Z \to X$ holomorph fortsetzen. Die zunächst auf Z_1 gültigen Gleichungen $\zeta = \eta \circ \varphi$ und $g = f \circ \varphi$ gelten wegen der Stetigkeit auf ganz Z. Sie legen φ eindeutig fest. □

Aus der universellen Eigenschaft folgt die

Eindeutigkeit. *Zwischen zwei Riemannschen Gebilden mit demselben Minimalpolynom existiert genau ein Isomorphismus.* □

Wenn das Riemannsche Gebilde (X, η, f) über Y das Minimalpolynom P hat, sagt man: Das Gebilde (X, η, f), die Überlagerung $\eta : X \to Y$ und die Fläche X werden durch das Polynom P (bis auf Isomorphie) *definiert*.

6.2.5 Komplexe Kurven. Historisches. Man mag fragen, warum in 6.2.3 anstelle der abstrakten Fortsetzung von M zur Fläche X nicht die konkrete komplexe Kurve $N = \{(y, w) \in Y \times \widehat{\mathbb{C}} : P(y, w) = 0\}$ gewählt wird. Aber abgesehen von den problematischen Polstellen y der Koeffizienten von P muß man bei jeder mehrfachen Nullstelle c von $P(b, w)$ damit rechnen, daß N bei (b, c) eine Singularität hat, d.h. daß dieser Punkt keine Scheibenumgebung in N besitzt. Riemann beschreibt 1857 in [Ri 3], 6. Artikel, die Konstruktion des Gebildes (X, η, f) durch Desingularisierung der Kurve N sehr sibyllinisch. Als Singularitäten betrachtet er nur Doppelpunkte wie bei der Parabola nodata und ersetzt sie durch jeweils zwei Punkte, siehe auch Aufgabe 6.7.4. Alle anderen Singularitäten sind für ihn Grenzfälle, die keine zusätzlichen Überlegungen erfordern. Weierstraß hingegen studiert in seinen *Vorlesungen über die Theorie der Abelschen Transzendenten*, [Wst] 4, S. 13-45, die Tücken der Singularitäten sehr penibel.– Wir werden im 9. Kapitel die Desingularisierung von Kurven ausführlich betrachten.

6.2 Riemannsche Gebilde 123

6.2.6 Komponentenzerlegung. Jede n-blättrige Überlagerung $\eta\colon X \to Y$ zerfällt in endlich viele Komponenten $\eta_j\colon X_j \to Y$; $j = 1,\ldots,l$. Dabei ist $1 \leq l \leq n = \sum n_j$ mit $n_j := \operatorname{gr}\eta_j$. Sei P das Minimalpolynom einer Funktion $f \in \mathcal{M}(X)$. Das Minimalpolynom P_j von $f_j := f|X_j$ ist irreduzibel, da $\mathcal{M}(X_j)$ ein Körper ist. Wegen $P(\eta_j, f_j) = 0$ wird P von P_j geteilt.

Zerlegungssatz. *Das Tripel (X, η, f) ist genau dann ein Riemannsches Gebilde, wenn jede Komponente (X_j, η_j, f_j) ein Riemannsches Gebilde ist und das Minimalpolynom von f die Primzerlegung $P = P_1 \cdot \ldots \cdot P_l$ hat.*

Beweis. Wenn ein Riemannsches Gebilde vorliegt, ist $\operatorname{gr} f = n$. Wir benutzen 6.1.5. Es gibt ein $y \in Y$, so daß f längs $\eta^{-1}(y)$ genau n verschiedene Werte in $\mathbb{C}$ hat. Dann hat jedes f_j längs $\eta_j^{-1}(y)$ genau n_j verschiedene Werte in $\mathbb{C}$. Also ist $\operatorname{gr} f_j = n_j$. Die Polynome P_j sind paarweise verschieden, da sie an der Stelle y verschiedene Wurzeln haben. Daher ist $P_1 \cdot \ldots \cdot P_l$ ein Teiler von P, und wegen desselben Grades gilt $P = P_1 \cdot \ldots \cdot P_l$. Die Umkehrung ist trivial. □

Folgerung. *Genau dann, wenn das Minimalpolynom des Gebildes (X, η, f) irreduzibel ist, hängt X zusammen.* □

Beispiel. Bei den drei Gebilden (X, η, f) der Beispiele in 6.2.1 hängen die Flächen X zusammen. Daher sind ihre Minimalpolynome irreduzibel.

Struktursatz. *Sei (X, η, f) ein Riemannsches Gebilde. Dann ist $\mathcal{M}(X) = \mathcal{M}(Y)[f]$ eine einfache Erweiterung des Körpers $\mathcal{M}(Y)$ vom Grade n.*

Beweis. Offenbar ist $\mathcal{M}(Y)[f]$ ein $\mathcal{M}(Y)$-Untervektorraum von $\mathcal{M}(X)$. Er ist zu $\mathcal{M}(Y)[w]/(P)$ isomorph und hat daher die Dimension $n = \operatorname{gr} P$. Andererseits ist $\mathcal{M}(X) = \mathcal{M}(X_1) \oplus \ldots \oplus \mathcal{M}(X_l)$ die direkte Summe der Körper $\mathcal{M}(X_j)$. Somit genügt es zu zeigen, daß jede Erweiterung $\mathcal{M}(X_j) = \mathcal{M}(Y)[f_j]$ einfach ist. Das folgt, da f_j ein Element maximalen Grades in $\mathcal{M}(X_j)$ ist, aus dem

Lemma. *Sei L ein algebraischer Erweiterungskörper des Körpers K der Charakteristik 0. Wenn es in L ein Element f maximalen Grades gibt, ist die Erweiterung einfach: $L = K[f]$.*

Beweis. Wir zeigen $g \in K[f]$ für jedes $g \in L$: Die Erweiterung $K \subset K[f,g]$ ist endlich und wird daher von einem primitiven Element $h \in K[f,g] \subset L$ erzeugt: $K[f,g] = K[h]$, siehe z.B. [Bos], S. 114. Dann ist $[K[h] : K] = \operatorname{gr} h \leq \operatorname{gr} f = [K[f] : K]$, also $g \in K[h] = K[f]$. □

6.3 Puiseux-Theorie

Wir untersuchen zusammenhängende Riemannsche Gebilde über Scheiben und benutzen die Ergebnisse für die lokale Beschreibung beliebiger Gebilde.

6.3.1 Puiseux-Gebilde sind zusammenhängende Riemannsche Gebilde (U, η, f) über einer Scheibe V, deren Ausnahmemenge nur aus ihrem Zentrum b besteht oder leer ist. Zum Beispiel ist $(\mathbb{E}, t^n, t^q)$ für teilerfremde n, q ein Puiseux-Gebilde über $\mathbb{E}$ mit dem Minimalpolynom $w^n - z^q$.

Satz. *Die Projektion* $\eta : (U, a) \to (V, b)$ *ist eine Windungsabbildung. Zu jeder Karte* $z : (V, b) \to (\mathbb{E}, 0)$ *gibt es eine Karte* $t : (U, a) \to (\mathbb{E}, 0)$ *mit* $z \circ \eta = t^n$ *für* $n := \operatorname{gr} \eta$. *Die Funktion* f *besitzt eine Laurent-Entwicklung*

(1) $$f = \sum_{\nu=k}^{\infty} c_\nu t^\nu \quad \text{mit} \quad k = o(f, a).$$

Wenn man die Wirkung der Gruppe μ_n *auf* $\mathbb{E}$ *mittels* t *nach* U *überträgt, gilt für das Minimalpolynom* P

(2) $$P(\eta, w) = \prod_{\alpha \in \mu_n} (w - f \circ \alpha).$$

Beweis. Die erste Behauptung folgt aus der zweiten Folgerung in 4.6.3.– Da η normal ist und P mit dem charakteristischen Polynom übereinstimmt, gilt (2) wegen der Folgerung in 6.1.2. □

Man schreibt die Laurent-Entwicklung (1) auch mit gebrochenen Exponenten als mehrdeutige Funktion in $z = t^n$ und nennt dies die *Puiseux-Entwicklung*:

(3) $$\tilde{f}(z) = \sum_{\nu=k}^{\infty} c_\nu z^{\nu/n}.$$

6.3.2 Lokale Gestalt Riemannscher Gebilde. Sei (X, η, f) ein n-blättriges Riemannsches Gebilde über Y. Sei $b \in Y$, und sei $z : (V, b) \to (\mathbb{E}, 0)$ eine Karte, deren Definitionsbereich V die Ausnahmemenge höchstens in b trifft. Sei $\{a_1, \ldots, a_r\} := \eta^{-1}(b)$ und $U := \eta^{-1}(V)$. Aus der Komponentenzerlegung 6.2.6 und aus 6.3.1 folgt:

Die Komponenten (U_j, η_j, f_j) *des eingeschränkten Gebildes* $(U, \eta|U, f|U)$ *über* V *sind Puiseux-Gebilde. Dabei ist* $\eta_j : (U_j, a_j) \to (V, b)$ *eine* n_j-*fache Windungsabbildung mit* $n_j := v(\eta, a_j)$. *Es gilt* $n_1 + \ldots + n_r = n$. *Es gibt Karten* $t_j : (U_j, a_j) \to (\mathbb{E}, 0)$ *mit* $z \circ \eta_j = t_j^{n_j}$ *und Laurent-Entwicklungen*

(1) $$f_j = \sum_{\nu=k_j}^{\infty} c_{j\nu} t_j^\nu \quad \text{mit} \quad k_j := o(f_j, a_j) = o(f, a_j).$$

Das Minimalpolynom P *von* $(U, \eta|U, f|U)$ *entsteht aus dem Minimalpolynom von* (X, η, f) *durch Beschränkung der Koeffizienten auf* V. *Die Faktoren* P_j *seiner Primzerlegung* $P = P_1 \cdot \ldots \cdot P_r$ *sind die Minimalpolynome der Puiseux-Gebilde* (U_j, η_j, f_j). *Für sie gilt*

(2) $$P_j(\eta, w) = \prod_{\alpha \in \mu_{n_j}} (w - f_j \circ \alpha).$$

Die Gebilde (U_j, η_j, f_j) heißen *Zweige* von (X, η, f) bei b. Beim Studium ebener Kurven spielen sie, insbesondere ihre Anzahl r und die Exponenten n_j, k_j, eine wichtige Rolle, siehe Kapitel 9. Um die Singularitäten dieser Kurven genauer zu untersuchen, werden auch die Puiseux-Entwicklungen der Zweige benötigt, siehe 9.6 und Aufgabe 9.7.11.

6.3.3 Historisches. Isaac Newton erläuterte 1676 in zwei Briefen an Oldenburg, die für Leibniz bestimmt waren, am Beispiel zweier Polynome dritten und sechsten Grades, wie man aus dem Minimalpolynom $P \in \mathcal{M}(\mathbb{E})[w]$ die Puiseux-Reihe berechnen kann, siehe [New 1] oder [BK], S. 495. Bei konstanten Koeffizienten handelt es sich um das bekannte Newtonsche Verfahren zur numerischen Nullstellenbestimmung. An Newton schließt sich Lagrange mit einer „neuen Methode" an, die er 1770 in Berlin veröffentlichte, [Lag] III, p. 5-73. Riemann beschrieb die lokale Gestalt eines Gebildes in [Ri 3], Artikel 6, und zitierte dabei Lagrange. Wahrscheinlich kannte er Puiseux' Arbeit [Pu] nicht, die Riemanns Ausführungen zum Teil vorwegnimmt.

6.4 Minimalpolynome und Automorphismen

Wir betrachten Riemannsche Gebilde (X, η, f) über Y, deren Minimalpolynome $P(w)$ nur von einer festen Potenz w^n abhängen oder noch spezieller *rein* sind, d.h. die Gestalt $w^n - p$ mit $p \in \mathcal{M}(Y)$ haben. Wir gewinnen daraus Automorphismen von X und andere Eigenschaften der Gebilde.

6.4.1 Konstruktion von Automorphismen. *Sei (X, η, f) ein Riemannsches Gebilde, dessen Minimalpolynom $P \in \mathcal{M}(Y)[w]$ nur Potenzen von w^n enthält. Es gibt genau einen Monomorphismus $\Phi : \mu_n \to \mathcal{D}(\eta)$ mit*

(1) $\qquad f \circ \Phi(\omega) = \omega \cdot f$ für $\omega \in \mu_n$.

Beweis. Für jedes $\omega \in \mu_n$ haben die Gebilde $(X, \eta, \omega f)$ und (X, η, f) dasselbe Minimalpolynom. Nach der Eindeutigkeitsaussage in 6.2.4 gibt es genau ein $\Phi(\omega) \in \mathcal{D}(\eta)$ mit $f \circ \Phi(\omega) = \omega \cdot f$. Wegen der Eindeutigkeit ist $\Phi : \mu_n \to \mathcal{D}(\eta)$ ein Monomorphismus. □

6.4.2 Reine Minimalpolynome. Sei $P := w^n - p$ das Minimalpolynom des Gebildes (X, η, f) über Y. Seine Ausnahmemenge E besteht aus den Null- und Polstellen von p.

(1) *Die Untergruppe $\Phi(\mu_n) < \mathcal{D}(\eta)$ operiert transitiv auf jeder Faser, und η ist gleichverzweigt.*

Beweis. Für jedes $y \in Y \setminus E$ operiert $\Phi(\mu_n)$ wegen 6.4.1(1) transitiv auf der Faser $\eta^{-1}(y)$. Wegen der lokalen Gestalt folgt die transitive Operation auf *allen* Fasern, und η ist dann gleichverzweigt. □

(2) *Genau dann, wenn P irreduzibel ist, hängt X zusammen. In diesem Falle ist η normal und hat die Deckgruppe $\mathcal{D} = \Phi(\mu_n)$.*

126   6. Algebraische Funktionen

Beweis. Die erste Behauptung ist die Folgerung in 6.2.6. Aus $n = \sharp \mu_n \leq \sharp \mathcal{D}(\eta) \leq \operatorname{gr} \eta = n$ folgt mit 1.5.5 die zweite Behauptung. □

(3) *Für jeden Punkt $a \in X$ mit $b := \eta(a)$ gilt $n = \sharp \eta^{-1}(b) \cdot v(\eta, a)$ und $o(p, b) = \sharp \eta^{-1}(b) \cdot o(f, a)$.*

Beweis. Weil η nach (1) gleichverzweigt ist, gilt die erste Gleichung, und aus $f^n = p \circ \eta$ folgt die zweite Gleichung. □

(4) *Die Fläche X hängt zusammen, wenn $\operatorname{ggT}\{n, o(p,b) : b \in E\} = 1$ ist.*

Beweis. Nach (3) ist $\sharp \eta^{-1}(b)$ ein Teiler von $o(p,b)$. Da $n = \sharp \eta^{-1}(y)$ für alle $y \notin Y \setminus E$ gilt, ist $\operatorname{ggT}\{\sharp \eta^{-1}(y) : y \in Y\} = 1$. Nach 1.4.6 hängt X dann zusammen. □

Zu jedem $b \in E$ gibt es eine Karte $z : (V, b) \to (\mathbb{E}, 0)$ mit $p|V = z^q$ für $q := o(p, b)$. Sei $k := \operatorname{ggT}(n, |q|)$ und $r := n/k$, $s := q/k$.

(5) *Über V zerfällt (X, η, f) in k viele Zweige (U_ε, η, f) mit den Minimalpolynomen $w^r - \varepsilon z^s$ für $\varepsilon \in \mu_k$. Insbesondere ist $k = \sharp \eta^{-1}(b)$.*

Das folgt nach 6.3.2 aus der Primzerlegung
$$P|V = w^n - z^q = \prod_{\varepsilon \in \mu_k}(w^r - \varepsilon z^s).$$
□

(6) *Sei X zusammenhängend. Für jedes $a \in X$ mit $b := \eta(a)$ wird die Standgruppe $\mathcal{D}_a$ von $\Phi(\exp(2\pi i \, o(p,b)/n))$ kanonisch erzeugt.*

Beweis. Sei U die Komponente von $\eta^{-1}(V)$, in der a liegt. Nach (5) gibt es ein $\varepsilon \in \mu_k$, so daß $U = U_\varepsilon$ ist und $(U, \eta|U, f|U)$ das Minimalpolynom $w^r - \varepsilon z^s$ hat. Dann ist $r = v(\eta, a)$. Es gibt eine Karte $t : (U, a) \to (\mathbb{E}, 0)$ mit $z \circ \eta|U = t^r$. Aus $(f|U)^r = \varepsilon(z \circ \eta|U)^s = \varepsilon(t^s)^r$ folgt $f|U = \delta t^s$ mit $\delta^r = \varepsilon$. Das kanonisch erzeugende Element σ von $\mathcal{D}_a$ hat nach 1.5.3 die Ableitung $\sigma'(a) = \exp(2\pi i/r)$, und es gilt $t \circ \sigma = \sigma'(a) t$. Daher ist $(f|U) \circ \sigma = \delta(t \circ \sigma)^s = \delta \sigma'(a)^s t^s = \sigma'(a)^s f|U$. Wegen 6.4.1(1) folgt $\sigma = \Phi(\sigma'(a)^s) = \Phi(\exp(2\pi i s/r)) = \Phi(\exp(2\pi i q/n))$. □

6.4.3 Zyklische Überlagerungen der Zahlenkugel. Seien $e_1, \ldots, e_r$ paarweise verschiedene komplexe Zahlen. Seien $n, m_1, \ldots, m_r$ ganze Zahlen mit $0 < m_j < n$ und $\operatorname{ggT}(n, m_1, \ldots, m_r) = 1$. Aus 6.4.2 folgt der

Satz. *Das Polynom*
(1) $$w^n - (z - e_1)^{m_1} \cdot \ldots \cdot (z - e_r)^{m_r} \in \mathbb{C}[z, w]$$
definiert eine n-blättrige zyklische Überlagerung $\eta : X \to \widehat{\mathbb{C}}$ mit den Verzweigungspunkten $e_1, \ldots, e_r$, falls $m_1 + \ldots + m_r \equiv 0 \bmod n$, und zusätzlich ∞, wenn dies nicht der Fall ist. Im zweiten Fall wird die ganze Zahl m_0 durch $0 < m_0 < n$ und $m_0 + m_1 + \cdots + m_r \equiv 0 \bmod n$ festgelegt und $e_0 = \infty$ gesetzt. Die Deckgruppe $\mathcal{D}$ wird durch ein Element σ erzeugt, so daß für jedes $a \in \eta^{-1}(e_j)$ die Standgruppe $\mathcal{D}_a$ durch σ^{m_j} kanonisch erzeugt wird.
□

Der Vergleich mit 4.7.5-6 zeigt:

(∗) *Alle zyklischen, insbesondere alle (hyper-)elliptischen Überlagerungen der Zahlenkugel lassen sich auf diese Weise beschreiben.* □

6.4.4 Die Kleinsche Fläche. Jede siebenblättrige normale Überlagerung $\eta: X \to \widehat{\mathbb{C}}$ mit drei Verzweigungspunkten $0, 1, \infty$ wird bis auf Isomorphie durch das Polynom $w^7 - z(z-1)$ oder $w^7 - z^2(z-1)$ definiert. Das folgt aus 6.4.3, angewendet auf das Beispiel in 4.7.5. Die durch $w^7 - z^2(z-1)$ definierte Fläche X ist zur Modulfläche X_7 isomorph ist, die Klein ausführlich studierte, siehe 5.7.2, 7.2.3 und 11.6. Sie heißt daher *Kleinsche Fläche*. Die Ergebnisse aus 6.4.3, angewendet auf $w^7 - z^2(z-1)$, ergeben den

Satz. *Das durch $w^7 - z^2(z-1)$ definierte algebraische Gebilde (X, η, f) hat folgende Eigenschaften: Die Fläche X hängt zusammen. Die Überlagerung $\eta: X \to \widehat{\mathbb{C}}$ ist normal und hat 7 Blätter. Sie verzweigt über $0, 1, \infty$. Die entsprechenden η-Fasern bestehen aus je einem Punkt a_0, a_1, a_∞ mit der Windungszahl 7. Die Ordnungen von f bei a_0, a_1, a_∞ sind 2, 1, -3. Sonst hat f weder Null- noch Polstellen. Wenn man das erzeugende Element σ von $\mathcal{D}(\eta)$ so wählt, daß $f \circ \sigma = \bigl(\exp(2\pi i/7)\bigr) \cdot f$ gilt, werden die Standgruppen bei a_0, a_1, a_∞ von $\sigma^2, \sigma, \sigma^4$ kanonisch erzeugt.* □

Auch im Gebilde (X, η, f) mit dem Minimalpolynom $w^7 - z(z-1)$ ist η eine 7-blättrige, zyklische Überlagerung mit dem Verzweigungsort $\{0, 1, \infty\}$. Das Gebilde $(X, f, \eta - \frac{1}{2})$ hat das Minimalpolynom $w^2 - z^7 - \frac{1}{4}$. Daraus folgt:

(∗) *Die Funktion $f: X \to \widehat{\mathbb{C}}$ ist eine hyperelliptische Überlagerung.* □

In 8.3.5 wird gezeigt, daß die Kleinsche Fläche nicht hyperelliptisch ist.

6.5 Konsequenzen des Riemannschen Existenzsatzes

In 10.7.2 wird mit Methoden der Potentialtheorie ein fundamentales Ergebnis der Theorie Riemannscher Flächen bewiesen:

Riemannscher Existenzsatz. *Zu je zwei Punkten $a \ne b$ jeder Fläche X gibt es eine Funktion $f \in \mathcal{M}(X)$ mit $f(a) = 0$ und $f(b) = 1$.*

Wir führen in diesem und im nächsten Paragraphen aus, welche Konsequenzen sich für Riemannsche Gebilde ergeben.

6.5.1 Punktetrennung. *Zu paarweise verschiedenen Punkten $a_1, \ldots, a_n$ der Fläche X und vorgegebenen Werten $c_1, \ldots, c_n \in \mathbb{C}$ gibt es eine Funktion $f \in \mathcal{M}(X)$ mit $f(a_j) = c_j$ für $j = 1, \ldots, n$.*

Beweis. Nach dem Existenzsatz gibt es zu jedem Paar $j \ne k$ eine meromorphe Funktion f_{jk} auf X, mit $f_{jk}(a_j) = 1$ und $f_{jk}(a_k) = 0$. Für $f_j := \prod_{k=1, k \ne j}^{n} f_{jk}$ gilt dann $f_j(a_k) = \delta_{jk}$, und $f = \sum_{j=1}^{n} c_j f_j$ leistet das Gewünschte. □

6.5.2 Ergänzung zu Riemannschen Gebilden. *Jede endliche Überlagerung $\eta: X \to Y$ läßt sich zu einem Riemannschen Gebilde (X, η, f) ergänzen.*

Beweis. Sei $b \in Y$ ein Punkt außerhalb des Verzweigungsortes von η. Dann besteht $\eta^{-1}(b) = \{a_1, \ldots, a_n\}$ aus $n := \operatorname{gr} \eta$ verschiedenen Punkten. Nach 6.5.1 gibt es ein $f \in \mathcal{M}(X)$ mit $f(a_j) = j$ für $j = 1, \ldots, n$. Mit Satz 6.1.5 folgt die Behauptung. □

6.5.3 Ergänzung zu algebraischen Gebilden. *Jede kompakte Riemannsche Fläche X läßt sich zu einem algebraischen Gebilde (X, η, f) ergänzen.*

Beweis. Nach dem Existenzsatz gibt es eine nirgends konstante Funktion $\eta \in \mathcal{M}(X)$. Wegen der Kompaktheit von X ist $\eta : X \to \widehat{\mathbb{C}}$ eine endliche Überlagerung. Sie kann nach 6.5.2 zu einem algebraischen Gebilde ergänzt werden. □

6.5.4 Ein Satz von Hurwitz. *Jede zusammenhängende, n-blättrige Überlagerung $\eta : X \to Y$, deren Deckgruppe einen Automorphismus α der Ordnung $k < \infty$ enthält, läßt sich durch ein Polynom $P \in \mathcal{M}(Y)[w]$ definieren, das nur Potenzen von w^k enthält. Für $k = n$ ist P ein reines Polynom.*

Beweis. Jede n-punktige Faser $\eta^{-1}(b) = A_1 \uplus \ldots \uplus A_r$ ist die disjunkte Vereinigung von $\langle \alpha \rangle$-Bahnen A_j. Wir zeichnen in jeder einen Punkt a_j aus. Nach 6.5.1 gibt es ein $h \in \mathcal{M}(X)$ mit $h(a_j) = j$ für $j = 1, \ldots, r$ und $h(x) = 0$ für alle anderen Punkte $x \in \eta^{-1}(b)$. Mit $\varepsilon := \exp(2\pi i / k)$ bilden wir die *Lagrangesche Resolvente*
$$f := h + \varepsilon^{-1} h \circ \alpha + \ldots + \varepsilon^{-q+1} h \circ \alpha^{q-1} \in \mathcal{M}(X).$$
Sie hat die Werte $f \circ \alpha^\nu(a_j) = \varepsilon^\nu j$. Also ist f längs $\eta^{-1}(b)$ injektiv, und somit ist (X, η, f) ein Riemannsches Gebilde über Y. Da $\alpha : (X, \eta, f) \to (X, \eta, \varepsilon^{-1} f)$ ein Isomorphismus der Gebilde ist, haben beide dasselbe Minimalpolynom $P(z, w) = P(z, \varepsilon w)$. Es enthält nur k-te Potenzen von w. □

Erste Folgerung. *Jede kompakte, zusammenhängende Fläche X, die einen Automorphismus α der Ordnung $k < \infty$ besitzt, läßt sich durch ein Polynom aus $\mathbb{C}[z, w]$ definieren, das nur Potenzen von w^k enthält.*

Beweis. Sei $\pi : X \to Y$ die Orbitprojektion der von α erzeugten Gruppe. Nach 6.5.3 gibt es eine endliche Überlagerung $\varphi : Y \to \widehat{\mathbb{C}}$. Dann ist $\eta := \varphi \circ \pi : X \to \widehat{\mathbb{C}}$ eine endliche Überlagerung mit $\alpha \in \mathcal{D}(\eta)$, die nach dem Satz von Hurwitz durch ein Polynom in $\mathbb{C}(z)[w]$ definiert wird, das nur Potenzen von w^k enthält. Indem man mit dem Hauptnenner seiner Koeffizienten multipliziert, entsteht das gewünschte Polynom. □

Zweite Folgerung. *Alle n-blättrigen zyklischen Überlagerungen $\eta : X \to \widehat{\mathbb{C}}$ lassen sich durch die in 6.4.3(1) angegebenen Polynome beschreiben.*

Beweis. Nach dem Satz von Hurwitz wird η durch ein reines Polynom $w^n - q$ definiert. Es gibt ein $u \in \mathbb{C}(z)$ mit $q = u^n \cdot p$, so daß p ein Produkt von r Faktoren $(z - e_j)^{m_j}$ mit paarweise verschiedenen $e_j \in \mathbb{C}$ und Exponenten $0 < m_j < n$ ist. Dann wird η auch durch $w^n - p$ definiert. Da X zusammenhängt, also p irreduzibel ist, folgt $\operatorname{ggT}\{n, m_1, \ldots, m_r\} = 1$.

Der Satz und sein Beweis stammen von Hurwitz (1887) [Hur] I, S. 241 und 246. Die Lagrangeschen Resolvente wird in der Algebra zur Untersuchung zyklischer Körpererweiterungen benutzt, siehe z.B. [vdW], § 56.– Das Ergebnis der zweiten Folgerung wurde am Ende von 6.4.3 ohne Benutzung des Riemannschen Existenzsatzes gewonnen. Statt dessen wurden die topologisch begründeten Resultate des Abschnitts 4.7 eingesetzt.

6.6 Funktionenkörper

Die Untersuchungen in 6.1 und 6.2 lassen sich, wenn man den Riemannschen Existenzsatz benutzt, zu einer Äquivalenz zwischen Überlagerungen und Körpererweiterungen ausbauen.

6.6.1 Überlagerungen und Körpererweiterungen. Den folgenden Überlegungen liegt eine feste zusammenhängende Riemannsche Fläche Y und ihr Funktionenkörper $K := \mathcal{M}(Y)$ zugrunde. Wir betrachten zwei *Kategorien*:

I. Die *Objekte* sind alle endlichen, zusammenhängenden Überlagerungen $\eta : X \to Y$. Für zwei Objekte η und $\eta' : X' \to Y$ besteht die *Morphismenmenge* $\text{Hol}(\eta, \eta')$ aus allen holomorphen Abbildungen $\varphi : X \to X'$ mit $\eta = \eta' \circ \varphi$.

II. Die *Objekte* sind alle endlichen Erweiterungskörper L von K. Für zwei Objekte L und L' besteht die *Morphismenmenge* $\text{Hom}(L', L)$ aus allen Körpermonomorphismen $h : L' \to L$ mit $h|K = \text{id}_K$.

Folgender *kontravariante*, d.h. die Richtung der Morphismen umkehrende, *Funktor* verbindet die erste mit der zweiten Kategorie: Jeder Überlagerung $\eta : X \to Y$ wird die Körpererweiterung $\eta^* : \mathcal{M}(Y) \hookrightarrow \mathcal{M}(X)$, $g \mapsto g \circ \eta$, zugeordnet und jedem Morphismus $\varphi \in \text{Hol}(\eta, \eta')$ der Körpermonomorphismus $\varphi^* : \mathcal{M}(X') \to \mathcal{M}(X)$, $g \mapsto g \circ \varphi$. Dieser Funktor stiftet eine *Anti-Äquivalenz* zwischen beiden Kategorien, genauer:

(1) $F : \text{Hol}(\eta, \eta') \to \text{Hom}(\mathcal{M}(X'), \mathcal{M}(X))$, $\varphi \mapsto \varphi^*$, *ist bijektiv*.
    φ *biholomorph* $\Leftrightarrow$ φ^* *Isomorphismus*.

(2) *Zu jedem endlichen Erweiterungskörper L von K gibt es eine endliche Überlagerung $\eta : X \to Y$, so daß $\eta^* : K = \mathcal{M}(Y) \hookrightarrow \mathcal{M}(X)$ zur Erweiterung $K \hookrightarrow L$ isomorph ist.*

Beweis. Zu (1). Sei $\alpha \in \text{Hom}(\mathcal{M}(X'), \mathcal{M}(X))$. Nach 6.5.2 gibt es ein Riemannsches Gebilde (X', η', f') über Y. Sei $P \in K[w]$ sein Minimalpolynom. Dann ist $P(\eta, \alpha(f')) = 0$. Nach der universellen Eigenschaft 6.2.4 gibt es genau ein $\varphi \in \text{Hol}(\eta, \eta')$ mit $\alpha(f') = f' \circ \varphi$. Wegen $\mathcal{M}(X') = K[f]$ folgt $\alpha = \varphi^*$, d.h. F ist bijektiv.– Sei φ^* ein Isomorphismus. Wie gerade gezeigt wurde, gibt es ein $\psi \in \text{Hol}(\eta', \eta)$ mit $\psi^* = (\varphi^*)^{-1}$. Aus $(\psi \circ \varphi)^* = \text{id}$ und $(\varphi \circ \psi)^* = \text{id}$ folgt $\varphi \circ \psi = \text{id}$ und $\psi \circ \varphi = \text{id}$ wegen der Injektivität von F. Die Umkehrung ist trivial.

130   6. Algebraische Funktionen

Zu (2). Es gibt ein $a \in L$ mit $L = K(a)$. Nach 6.2.3 gehört zum Minimalpolynom von a ein Riemannsches Gebilde (X, η, f), dessen Überlagerung η die behauptete Eigenschaft hat. □

Besonderes Interesse verdient der Fall $Y = \widehat{\mathbb{C}}$. Dann gilt:

(3) *Die endlichen Erweiterungskörper des rationalen Funktionenkörpers $\mathbb{C}(z)$ sind die Funktionenkörper $\mathcal{M}(X)$ der kompakten zusammenhängenden Riemannschen Flächen.* □

6.6.2 Galois-Gruppen. Für $\eta = \eta'$ ist $\mathrm{Hol}(\eta, \eta) = \mathcal{D}(\eta)$ die Deckgruppe und $\mathrm{Hom}(\mathcal{M}(X), \mathcal{M}(X)) = \mathrm{Gal}(\eta^*)$ die Galois-Gruppe der Körpererweiterung η^*. In diesem Falle läßt sich 6.6.1(1) ergänzen:

(1) *Die Bijektion $F \colon \mathcal{D}(\eta) \to \mathrm{Gal}(\eta^*)$ ist ein Anti-Isomorphismus der Gruppen. Die Überlagerung η ist genau dann normal, wenn die Erweiterung η^* normal (= galoisch) ist.*

Beweis. Wegen $(\varphi \circ \psi)^* = \psi^* \circ \varphi^*$ ist F ein Anti-Isomorphismus. Nach 1.5.5 ist η genau dann normal, wenn $\sharp \mathcal{D}(\eta) = \mathrm{gr}\, \eta$ gilt. Die Körpererweiterung η^* ist genau dann normal, wenn $\sharp(\mathrm{Gal}(\eta^*)) = \mathrm{gr}\, \eta^*$ gilt. Nach dem Struktursatz in 6.2.6 ist $\mathrm{gr}\, \eta^* = \mathrm{gr}\, \eta$. □

Satz *Jede endliche Gruppe G ist die Galoisgruppe einer Erweiterung des Körpers $\mathbb{C}(z)$ der rationalen Funktionen.*

Beweis. Es gibt endlich viele, von 1 verschiedene Elemente $g_0, \ldots, g_r$, welche G erzeugen und $g_0 \cdot \ldots \cdot g_r = 1$ erfüllen. Damit konstruiert man nach Satz 4.7.4 eine normale Überlagerung $\eta \colon X \to \widehat{\mathbb{C}}$ mit der Deckgruppe G. Die Körpererweiterung $\eta^* \colon \mathbb{C}(z) \hookrightarrow \mathcal{M}(X)$ hat wegen (1) die Galoisgruppe G.

6.6.3 Isomorphe Funktionenkörper. *Zwei kompakte zusammenhängende Riemannsche Flächen X und X' sind genau dann isomorph, wenn ihre Funktionenkörper $\mathcal{M}(X)$ und $\mathcal{M}(X')$ als $\mathbb{C}$-Algebren isomorph sind.*

Beweis. Sei $h \colon \mathcal{M}(X) \to \mathcal{M}(X')$ ein Isomorphismus. Für $\eta \in \mathcal{M}(X) \setminus \mathbb{C}$ sind $\eta \colon X \to \widehat{\mathbb{C}}$ und $h(\eta) =: \eta' \colon X' \to \widehat{\mathbb{C}}$ endliche Überlagerungen. Nach 6.6.1(1) gibt es einen Isomorphismus $\varphi \colon X \to X'$ mit $\varphi^* = h$. □

Wenn X durch das irreduzible Polynom $Q \in \mathbb{C}[z,w]$ definiert wird, ist $\mathcal{M}(X)$ ist der Quotientenkörper des Restklassenrings $\mathbb{C}[z,w]/(Q)$ nach dem von Q erzeugten Hauptideal. Wenn man $\mathcal{M}(X')$ entsprechend darstellt, wird jeder Isomorphismus der $\mathbb{C}$-Algebren $\mathcal{M}(X) \cong \mathcal{M}(X')$ durch rationale Funktionen $z' = Z'(z,w)$, $w' = W'(z,w)$ und umgekehrt $z = Z(z',w')$, $w = W(z',w')$ beschrieben und daher *birationale Äquivalenz* genannt. Riemann benutzt sie in [Ri 3], Artikel 12, um die Isomorphie $X \approx X'$ der Flächen zu *definieren*: Er betrachtet „als zu einer Klasse gehörend alle irreductiblen algebraischen Gleichungen zwischen veränderlichen Grössen, welche sich durch rationale Substitutionen ineinander transformieren lassen."

In höheren Dimensionen gibt es nicht isomorphe, kompakte algebraische Mannigfaltigkeiten mit isomorphen Funktionenkörpern, zum Beispiel $\widehat{\mathbb{C}} \times \widehat{\mathbb{C}}$ und die projektive Ebene $\mathbb{P}^2$.

6.6.4 Ausblick. Da jede endliche Körpererweiterung L über $\mathbb{C}(z)$ durch den Funktionenkörper einer zusammenhängenden Riemannschen Fläche X realisiert wird und diese durch L eindeutig bestimmt ist, liegt es nahe, die *Fläche* X allein aus dem *Körper* L heraus zu konstruieren. Diese nicht mehr an die komplexen Zahlen gebundene Theorie algebraischer Funktionen und abstrakter Riemannscher Flächen geht auf Dedekind und Weber (1882, [Ded] 1, S. 238-350) zurück. Die Methoden gehören zur Bewertungstheorie, siehe z.B. [Lang].

6.7 Aufgaben

1) Zeige: Die Reduktion des charakteristischen Polynoms aus 6.1.2 ist das Minimalpolynom aus 6.1.5.

2) Mit der $\wp$-Funktion zum Gitter $\Omega < \mathbb{C}$ wird nach 2.1.3 die Körpererweiterung $\mathbb{C}(z) \hookrightarrow \mathcal{M}_\Omega(\mathbb{C}), f \mapsto f \circ \wp$, gebildet. Wie lautet das Minimalpolynom von $(1/\wp') + \wp^2$?

3) Sei $\mathcal{M}$ die Fläche der meromorphen Funktionenkeime auf der zusammenhängenden Fläche Y mit der Projektion $p : \mathcal{M} \to Y$ und der Auswertungsfunktion e, siehe 3.4.2. Sei (X, η, f) ein Riemannsches Gebilde mit dem irreduziblen Minimalpolynom $P \in \mathcal{M}(Y)[w]$. Sei $Z \subset \mathcal{M}$ die Komponente des Keimes einer holomorphen Wurzel von P im Sinne von 1.2.3. Zeige: Es gibt genau eine holomorphe Einbettung $\varphi : Z \to X$, so daß $\eta \circ \varphi = p$ und $f \circ \varphi = e$ gelten. Die Differenz $X \setminus \varphi(Z)$ ist lokal endlich.

4) Desingularisierung der Parabola nodata, vgl. 6.2.1(2) und 6.2.5. Sei $N = \{(z,w) \in \mathbb{C} \times \mathbb{C} : w^2 + z^3 - z^2 = 0\}$. Zeige: Der Doppelpunkt $(0,0)$ besitzt keine Scheibenumgebung in N, weil es eine zusammenhängende Umgebung W von $(0,0)$ in N gibt, für die $W \setminus \{(0,0)\}$ nicht mehr zusammenhängt. Durch $\xi : \mathbb{C} \to N$, $t \mapsto (1-t^2, t(1-t^2))$ wird N desingularisiert, genauer: ξ bildet $\mathbb{C} \setminus \{\pm 1\}$ bijektiv auf $N \setminus \{(0,0)\}$ ab und $\xi(\pm 1) = (0,0)$.

5) Bestimme das Puiseux-Gebilde $(\mathbb{E}, t^m, f)$ mit dem Minimalpolynom
$$w^6 - 5zw^5 + (z^3/a)w^4 - 7a^2z^2w^2 + 6a^3z^3 + b^2z^4 \in \mathcal{M}(\mathbb{E})[w] \text{ mit } a \neq 0,$$
d.h. bestimme m und den Anfang der Laurent-Entwicklung von f. Dieses Polynom ist eines der in 6.3.3 erwähnten Beispiele Newtons.

6) Bestimme in dem algebraischen Gebilde (X, η, f) mit dem Minimalpolynom $w^3 - (z^2+1)^2(z^3-1)$ die Windungspunkte und Windungszahlen von η und die Ordnungen von f.– Löse dieselbe Aufgabe für das Riemannsche Gebilde über $\mathbb{C}$ mit dem Minimalpoynom $w^n - \sin z$.

6. Algebraische Funktionen

7) Die Überlagerung $\eta : X \to \widehat{\mathbb{C}}$ werde durch $P(z,w) = w^3 - z(z-1)$ definiert. Finde zu jedem Element β der anharmonischen Gruppe Λ ein $\alpha \in \operatorname{Aut}(X)$ mit $\eta \circ \alpha = \beta \circ \eta$. Entsteht dabei ein Monomorphismus $\Lambda \to \operatorname{Aut}(X)$?

In den Aufgaben 8 und 9 sei $\eta : X \to \widehat{\mathbb{C}}$ eine (hyper-)elliptische Überlagerung mit $2m + 2 \geq 4$ Verzweigungspunkten.

8) Sei $v(\eta, a) = 2$. Zeige: Die möglichen Grade meromorpher Funktionen auf X, die auf $X \setminus \{a\}$ holomorph sind, bilden die Menge $\mathbb{N} \setminus \{1, 3, \ldots, 2m-1\}$.

9) Zeige: Wenn $h \in \mathcal{M}(X)$ einen Grad $\leq m+1$ hat, faktorisiert h über η.
   Hinweis: Betrachte die Null- und Polstellen von $h - h \circ \sigma$, wobei $\sigma \in \mathcal{D}(\eta)$ die Involution ist.

10) Automorphismen (hyper-)elliptischer Flächen mit $1, 2, 3$ und 4 Fixpunkten.
    (i) Sei (X, η, f) das algebraische Gebilde zu $w^2 + z^{2m+2} + 1$. Sei $\delta := \exp(\pi i/[m+1])$. Zeige: Der Automorphismus α von X mit $\eta \circ \alpha = \delta \eta$ und $f \circ \alpha = f$ hat zwei Fixpunkte, und α^2 hat vier Fixpunkte.
    Hinweis: Benutze f/η^{m+1} für die Suche nach Fixpunkten in $\eta^{-1}(\infty)$.
    (ii) Sei (X, η, f) das Gebilde zu $w^2 + z^{2m+2} + z$. Sei $\delta := \exp(2\pi i/[2m+1])$.
    Zeige: Der Automorphismus α von X mit $\eta \circ \alpha = \delta \eta$ und $f \circ \alpha = \delta^{m+1} f$ hat drei Fixpunkte. Das Produkt $\alpha \circ \sigma$ mit der Involution $\sigma \in \mathcal{D}(\eta)$ hat einen Fixpunkt.
    Bemerkung. Wenn X hyperelliptisch ist, hat jedes Element in $\operatorname{Aut}(X) \setminus \mathcal{D}(\eta)$ höchstens vier Fixpunkte, siehe 8.3.6(2).

11) Sei (X, η, f) das algebraische Gebilde zu $w^n + z^n + 1$. Zeige: Zu $\delta, \varepsilon \in \mu_n$ gibt es genau einen Automorphismus $\alpha_{\delta,\varepsilon}$ von X mit $\eta \circ \alpha_{\delta,\varepsilon} = \delta \eta$ und $f \circ \alpha_{\delta,\varepsilon} = \varepsilon f$. Ist $\mu_n \times \mu_n \to \operatorname{Aut}(X), (\delta, \varepsilon) \mapsto \alpha_{\delta,\varepsilon}$, ein Homomorphismus? Ist diese Abbildung injektiv und/oder surjektiv? Welche Fixpunkte hat $\alpha_{\delta,\varepsilon}$?
    Hinweis: Benutze f/η, um nach Fixpunkten in $\eta^{-1}(\infty)$ zu suchen.

12) Sei (X, η, f) das algebraische Gebilde zu $w^7 - z^2(z-1)$. Zeige: Die Kleinsche Fläche X besitzt einen Automorphismus β mit
    $$\eta \circ \beta = 1 - \frac{1}{\eta} \quad \text{und} \quad f \circ \beta = -\frac{f^2}{\eta}.$$
    Zeige, daß β die Ordnung 3 hat und $\beta \circ \alpha = \alpha^2 \circ \beta$ für jedes $\alpha \in \mathcal{D}(\eta)$ gilt. Welche Ordnung hat die von α und β erzeugte Untergruppe $\langle \alpha, \beta \rangle$ von $\operatorname{Aut}(X)$? Untersuche, ob $\langle \alpha \rangle$ bzw. $\langle \beta \rangle$ ein Normalteiler von $\langle \alpha, \beta \rangle$ ist.

13) Zeige: Jede verzweigte, zyklische Überlagerung einer kompakten Fläche hat mindestens zwei Verzweigungspunkte.

14) Die Vierergruppe wirkt auf $\widehat{\mathbb{C}}$ durch $t \mapsto \pm t, \pm t^{-1}$, vgl. 4.2.4 mit $q = 2$. Gib eine rationale Orbitprojektion η an und ergänze sie zum algebraischen Gebilde $(\widehat{\mathbb{C}}, \eta, f)$ mit einem biquadratischen Minimalpolynom P.

7. Differentialformen und Integration

Um die Differentiation und Integration in die Theorie Riemannscher Flächen zu übertragen, werden den Funktionen die *Differentialformen* gleichberechtigt zur Seite gestellt. Sie treten als Ableitungen meromorpher Funktionen und als Integranden der Wegintegrale auf.

Zu jeder Differentialform $\neq 0$ gehört ein Null- und Polstellendivisor. Diese Divisoren werden *kanonischen Divisoren* genannt. Auf kompakten Flächen haben sie einen nur von der Fläche abhängigen Grad, welcher, traditionell mit -1 multipliziert, die *analytische Charakteristik* der Fläche genannt und mit χ bezeichnet wird. Eine *Formel von Riemann und Hurwitz* verknüpft bei Überlagerungen $\eta : X \to Y$ die Charakteristiken von X und Y mit dem Grad und den Windungszahlen von η. Hurwitz folgend demonstrieren wir die Schlagkraft dieser Formel durch Anwendungen auf Automorphismen.

Die aus der klassischen Funktionentheorie bekannten *Residuen* werden in der Theorie Riemannscher Flächen den isolierten Singularitäten der Differentialformen zugeordnet. Bei meromorphen Formen auf kompakten Flächen ist die Summe aller Residuen gleich 0. Dies spielt in den weiterführenden Untersuchungen dieser Flächen eine wichtige Rolle.

Integrale algebraischer Funktionen wurden bereits lange vor Riemann untersucht, blieben jedoch wegen ihrer Vieldeutigkeit umstritten, bis Riemann sie als Integrale über Differentialformen längs Wegen auf kompakten Flächen deutete. Wir übernehmen seine Definition und beweisen durch Integration die *Abelsche Relation* für Hauptdivisoren auf kompakten Flächen sowie die *Charakterisierung der Tori* durch die Existenz einer Differentialform ohne Null- und Polstellen.

Die Integration verknüpft die topologische Gestalt jeder Riemannschen Fläche mit ihrer holomorphen Struktur. Um diese Beziehung systematisch auszubauen, vereinfachen wir die Fundamentalgruppe durch Abelsch-machen zur *Homologie* und interpretieren die Integration als Paarung

$$Homologie \times \{Differentialformen\} \to \mathbb{C} \ .$$

Sie entfaltet ihre volle Wirkung erst ab dem 10. Kapitel, wenn die Beweise der tiefliegenden Sätze der Theorie Riemannscher Flächen vorbereitet und durchgeführt werden.

7.1 Differentialformen

Zunächst wird analysiert, wie die Ableitung einer meromorphen Funktion von der Wahl holomorpher Karten abhängt. Das Transformationsverhalten der Ableitungen beim Kartenwechsel dient als Vorbild für die Definition der Differentialformen.– Wir bezeichnen mit $\mathcal{A} = \{(U_\alpha, z_\alpha)\}, \alpha \in A$, den maximalen holomorphen Atlas der Riemannschen Fläche X.

7.1.1 Ableitungen. Zu $f \in \mathcal{M}(U_\alpha)$ gehört die Ableitung
(1) $$df/dz_\alpha := (f \circ z_\alpha^{-1})' \circ z_\alpha \ \in \mathcal{M}(U_\alpha).$$
Für jedes Paar $(\alpha, \beta) \in A^2$ ist die Ableitung des Kartenwechsels
(2) $$dz_\alpha/dz_\beta \quad \text{auf} \ U_\alpha \cap U_\beta$$
holomorph und nullstellenfrei. Aus der Kettenregel folgt die *Transformationsformel* für Ableitungen bei einem Kartenwechsel:
(3) $$\frac{df}{dz_\alpha} = \frac{df}{dz_\beta} \cdot \frac{dz_\beta}{dz_\alpha} \quad \text{auf} \ U_\alpha \cap U_\beta.$$
Sie dient als Vorbild für die Definition der

7.1.2 Differentialformen. Eine *meromorphe Differentialform*, kurz eine *Form*, $\omega = \{\omega_\alpha\}_{\alpha \in A}$ auf X besteht aus Funktionen $\omega_\alpha \in \mathcal{M}(U_\alpha)$, welche die *Transformationsregeln*
(1) $$\omega_\alpha = \omega_\beta \cdot (dz_\beta/dz_\alpha) \quad \text{auf} \ U_\alpha \cap U_\beta \ \text{für alle} \ (\alpha, \beta) \in A^2$$
erfüllen. Die *Ableitung* einer Funktion $f \in \mathcal{M}(X)$ ist die Form
(2) $$df = \{df/dz_\alpha\}.$$
Wenn $\omega = df$ ist, nennt man f eine *Stammfunktion* von ω. Genau dann, wenn f lokal konstant ist, gilt $df = 0$, d.h. $df/dz_\alpha = 0$ für alle α.– Zur Definition einer Differentialform benötigt man nicht den *maximalen* Atlas $\mathcal{A}$:

(3) *Ist $\{(U_j, z_j)\}, j \in J \subset A$, ein Atlas und $\{\omega_j\}, j \in J$, eine Familie von Funktionen $\omega_j \in \mathcal{M}(U_j)$, so daß (1) für alle $\alpha, \beta \in J$ erfüllt ist, so gibt es genau eine Form ω auf X, die auf (U_j, z_j) durch ω_j gegeben wird.*

Beweis. Sei $(U_\alpha, z_\alpha) \in \mathcal{A}$. Zu jedem Punkt $a \in U_\alpha$ bildet man $J_a := \{j \in J : a \in U_j\}$, definiert unabhängig von der Wahl von $j \in J_a$ den Wert $\omega_\alpha(a) := \omega_j(a) \cdot (dz_j/dz_\alpha)(a) \in \widehat{\mathbb{C}}$ und erhält $\omega_\alpha \in \mathcal{M}(U_\alpha)$. Man verifiziert (1) für alle $\alpha, \beta \in A$. □

Differentialformen lassen sich addieren und mit Funktionen $f \in \mathcal{M}(X)$ multiplizieren. Seien $\omega = \{\omega_\alpha\}, \varphi = \{\varphi_\alpha\}$ und $f \in \mathcal{M}(X)$. Man definiert
$$\omega + \varphi := \{\omega_\alpha + \varphi_\alpha\} \quad \text{und} \quad f\omega := \{f|U_\alpha \cdot \omega_\alpha\}.$$
Dadurch wird die Menge $\mathcal{E}(X)$ aller Formen auf einer zusammenhängenden Fläche X zu einem Vektorraum über dem Körper $\mathcal{M}(X)$.

Satz. *Der $\mathcal{M}(X)$-Vektorraum $\mathcal{E}(X)$ ist eindimensional: Zu je zwei Formen $\varphi \neq 0$ und ω gibt es genau eine Funktion $f \in \mathcal{M}(X)$ mit $\omega = f\varphi$.*

Beweis. Die Quotienten $f_\alpha = \omega_\alpha/\varphi_\alpha$ setzen sich zur Funktion f zusammen.– Nach dem Riemannschen Existenzsatz existiert eine nicht-konstante Funktion $f \in \mathcal{M}(X)$. Wegen $df \neq 0$ ist $\dim \mathcal{E}(X) > 0$. □

Wir schreiben suggestiv $f = \omega/\varphi$.

Ist $U \subset X$ offen, so existiert für jedes $\omega \in \mathcal{E}(X)$ die Einschränkung $\omega|U$. Für jede Karte (U_α, z_α) ist $\omega|U_\alpha = \omega_\alpha dz_\alpha$.– Wenn X zusammenhängt, folgt aus $\omega|U = 0$ für *eine* offene Menge $U \neq \emptyset$ bereits $\omega = 0$.

Wenn man die Formel (1) mit einem Exponenten $q \in \mathbb{Z}$ durch

(1^q) $$\omega_\alpha = \omega_\beta \cdot (dz_\beta/dz_\alpha)^q$$

ersetzt, nennt man $\omega = \{\omega_\alpha\}$ eine *q-Differentialform*, speziell für $q = 2$ eine *quadratische Differentialform*. Wir benutzen sie selten, z.B. in 8.5.6.

7.1.3 Ableitungsregeln. Mittels lokaler Karten lassen sich die Regeln aus der klassischen Funktionentheorie übertragen. Sei $U \subset \widehat{\mathbb{C}}$ offen.
Für $f, g \in \mathcal{M}(X)$, $f(X) \subset U$ und $h \in \mathcal{M}(U)$ gelten:
$d(f+g) = df + dg$, $d(f \cdot g) = f \cdot dg + g \cdot df$, $d(h \circ f) = (h' \circ f) \cdot df$ □

7.1.4 Ordnung. Kanonische Divisoren. Analytische Charakteristik.
Weil die *Übergangsfunktionen* dz_β/dz_α keine Null- und Polstellen haben, hängt bei jeder Differentialform $\omega = \{\omega_\alpha\}$ die *Ordnung*

(1) $$o(\omega, x) := o(\omega_\alpha, x) \quad \text{für } x \in U_\alpha$$

nicht von α ab. Man nennt x eine *Nullstelle* von ω, wenn $o(\omega, x) > 0$ ist, und eine *Polstelle*, wenn $o(\omega, x) < 0$ ist. Die Form ω heißt *holomorph* bei x, wenn $o(\omega, x) \geq 0$ ist. Wenn dies für alle $x \in U$ gilt, heißt ω holomorph auf U. Holomorphe Formen auf kompakten Flächen werden in 8.2 genauer untersucht.– Wir entnehmen der lokalen, klassischen Funktionentheorie:

(2) $$o(df, x) = \begin{cases} v(f, x) - 1 & , \text{ wenn } f(x) \neq \infty. \\ o(f, x) - 1 & , \text{ wenn } f(x) = \infty. \end{cases}$$
$$o(df, x) \neq -1.$$

Wenn ω auf einer Scheibe holomorph ist, besitzt ω dort eine Stammfunktion.

Für jede meromorphe Form $\omega \neq 0$ ist die Zuordnung

$$(\omega) : X \to \mathbb{Z}, \, x \mapsto o(\omega, x),$$

ein Divisor. Für $f \in \mathcal{M}(X)$ gilt $(f\omega) = (f) + (\omega)$. Die Divisoren (ω) meromorpher Formen $\omega \neq 0$ heißen *kanonische Divisoren*. Nach Satz 7.1.2 ist die Differenz kanonischer Divisoren ein Hauptdivisor.

Auf jeder kompakten, zusammenhängenden Fläche X haben alle kanonischen Divisoren K denselben Grad, da Hauptdivisoren den Grad 0 haben. Man nennt

$$\chi(X) := -\mathrm{gr} K$$

die *analytische Charakteristik* von X. Sie stimmt mit der *Euler-Poincaré-schen Charakteristik* überein und ist durch $\chi = 2 - 2g$ mit dem topologischen Geschlecht g von X verbunden, siehe 12.4.1.

7.1.5 Berechnungen der Charakteristik.
Wir betrachten Beispiele kompakter Flächen X, bei denen eine nicht-konstante Funktion $f \in \mathcal{M}(X)$ bekannt ist, und berechnen $\chi(X)$ mittels 7.1.4(2).

Zahlenkugel. Die identische Funktion $z : \widehat{\mathbb{C}} \to \widehat{\mathbb{C}}$ hat keine Windungspunkte und einen einfachen Pol, also
(1) $$\chi(\widehat{\mathbb{C}}) = 2, \quad g(\widehat{\mathbb{C}}) = 0.$$

Hyperelliptische Flächen. Sei $\eta : X \to \widehat{\mathbb{C}}$ zweiblättrig mit $2 + 2m$ Verzweigungspunkten, vgl. 4.7.6. Mit einer nachgeschalteten Möbius-Transformation machen wir ∞ zum Verzweigungspunkt. Die Funktion η hat $1 + 2m$ Windungspunkte mit Werten $\neq \infty$ und Windungszahlen 2 sowie einen doppelten Pol, also
(2) $$\chi(X) = 2 - 2m, \quad g(X) = m.$$

Bei diesen Beispielen treten alle natürlichen Zahlen als Geschlechter auf. Jeder *Torus* $X = \mathbb{C}/\Omega$ kommt mit $\eta = \widehat{\wp}$ und $m = 1$ (vier Windungspunkte) unter den letzten Beispielen vor, also
(3) $$\chi(\mathbb{C}/\Omega) = 0, \quad g(\mathbb{C}/\Omega) = 1.$$

Allgemeiner sei $\eta : X \to \widehat{\mathbb{C}}$ eine normale Überlagerung, deren Grad eine Primzahl n ist. Dann gilt $v(\eta, x) = n$ für jeden Windungspunkt x, und η bildet die Menge der Windungspunkte bijektiv auf den Verzweigungsort B ab. Es gilt
(4) $$\chi(X) = 2n - (n-1) \cdot \sharp B, \quad g(X) = \tfrac{1}{2}(n-1)(\sharp B - 2).$$

Beweis. Man kann $\infty \in B$ annehmen. Die Ableitung $d\eta$ hat dann $b - 1$ Nullstellen und einen Pol. Alle Nullstellen haben die Ordnung $n - 1$, und der Pol hat die Ordnung $-n - 1$. □

Insbesondere haben die durch $w^7 - z^2(z-1)$ bestimmte *Kleinsche Fläche* und die durch $w^7 - z(z-1)$ bestimmte hyperelliptische Fläche beide das Geschlecht 3, da für die entsprechenden Überlagerungen $B = \{0, 1, \infty\}$ und $n = 7$ ist, siehe 6.4.4.

Sei $\eta_n : X_n \to \widehat{\mathbb{C}}$ die Modulüberlagerung (5.7.2). Sie verzweigt über $0, 1, \infty$ mit den Windungszahlen $3, 2, n$. Ihr Grad ist die Ordnung $d_n := \sharp G_n$ der Modulgruppe (5.7.4). Nach der Bahnengleichung 1.5.1(1) gibt es $d_n/3$ Windungspunkte mit der Windungszahl 3 und $d_n/2$ Windungspunkte mit der Windungszahl 2, die keine Pole sind, sowie d_n/n Pole mit der Ordnung $-n$. Daraus folgt
(5) $$\chi_n := \chi(X_n) = \left(\frac{1}{n} - \frac{1}{6}\right) d_n, \quad g_n := g(X_n) = 1 - \frac{1}{2}\left(\frac{1}{n} - \frac{1}{6}\right) d_n.$$

Folgende Tabelle dieser Werte enthält für $n \leq 6$ nichts Neues, da $X_n \approx \widehat{\mathbb{C}}$ für $n \leq 5$ und $X_6 = $ *hexagonaler Torus* nach 5.7.3 schon bekannt sind. Für $n = 7$ erreicht $d_7 = 168$ die maximale Ordnung der Automorphismengruppen von Flächen des Geschlechtes 3, siehe 7.2.5.

n	2	3	4	5	6	7	8	9	10	11	12
d_n	6	12	24	60	72	168	192	324	360	660	576
χ_n	2	2	2	2	0	-4	-8	-18	-24	-50	-48
g_n	0	0	0	0	1	3	5	10	13	26	25

7.1.6 Liftung der Differentialformen. Sei $\eta : X \to Y$ holomorph und offen. Jede Funktion $f \in \mathcal{M}(Y)$ wird zu $\eta^* f := f \circ \eta \in \mathcal{M}(X)$ geliftet. Für $f, g \in \mathcal{M}(Y)$ gilt, wenn $g \circ \eta$ nirgends konstant ist,

$$\text{(1)} \qquad \frac{d(f \circ \eta)}{d(g \circ \eta)} = \frac{df}{dg} \circ \eta \;.$$

Beweis. Jeder Punkt in X hat eine Umgebung $\eta^{-1}(V)$ für eine holomorphe Karte (V, h) von Y. Es genügt, (1) auf $\eta^{-1}(V)$ zu beweisen: Es gibt Funktionen $f_1, g_1 \in \mathcal{M}(h(V))$ mit $f = f_1 \circ h$ und $g = g_1 \circ h$. Nach 7.1.3 sind beide Seiten von (1) gleich $(f_1'/g_1') \circ h \circ \eta$. □

Zur *Definition der Liftung* $\eta^* \omega \in \mathcal{E}(X)$ einer Differentialform $\omega \in \mathcal{E}(Y)$ benutzt man den maximalen Atlas $\{(V_j, h_j)\}$ für Y, geht von den lokalen Darstellungen $\omega | V_j = \omega_j d h_j$ aus und bildet die Differentialformen

$$\eta^*(\omega_j dh_j) := (\omega_j \circ \eta) \cdot d(h_j \circ \eta) \quad auf \quad \eta^{-1}(V_j) \;.$$

Weil X durch $\{\eta^{-1}(V_j)\}$ überdeckt wird, fügen sich diese Formen zu einer Differentialform $\eta^* \omega$ auf X zusammen: Wegen (1), angewendet auf $f = h_j$ und $g = h_k$, gilt nämlich

$$\eta^*(\omega_j dh_j) = \eta^*(\omega_k dh_k) \quad \text{auf} \quad \eta^{-1}(V_j \cap V_k) \;.$$

Für Formen ω und Funktionen f auf Y verifiziert man die *Liftungsregeln*:

(2) *Die Liftung* $\eta^* : \mathcal{E}(Y) \to \mathcal{E}(X)$ *ist* $\mathbb{C}$*-linear und injektiv. Es gilt*
$$\eta^*(f \omega) = (f \circ \eta) \cdot \eta^* \omega \;, \quad \eta^*(df) = d(f \circ \eta).$$

(3) $\eta_1^*(\eta^* \omega) = (\eta \circ \eta_1)^* \omega$ *für offene, holomorphe Abbildungen* $\eta_1 : X_1 \to X$.

(4) $o(\eta^* \omega, x) = v(\eta, x) \cdot o(\omega, \eta(x)) + v(\eta, x) - 1$ *für alle* $x \in X$.

(5) *Sei* $a \in X$. *Eine Form* ω *mit isolierter Singularität in* $\eta(a)$ *läßt sich meromorph nach* $\eta(a)$ *fortsetzen, sobald* $\eta^* \omega$ *meromorph nach* a *fortgesetzt werden kann.* □

7.2 Riemann-Hurwitzsche Formel. Automorphismen

Die Riemann-Hurwitzsche Formel (RH) verknüpft bei jeder holomorphen Überlagerungen $\eta : X \to Y$ zwischen *kompakten, zusammenhängenden* Flächen die Charakteristiken von X und Y. Wir zeigen, wie sich diese Formel bei Automorphismen auswirkt, wenn man – unter Vorgriff auf spätere Ergebnisse – zusätzlich den Einfluß des topologischen Geschlechtes auf die analytische Struktur der Flächen berücksichtigt.

7.2.1 Geliftete Divisoren. Zu jedem Divisor D auf Y wird der geliftete Divisor η^*D durch
(1) $$\eta^*D : X \to \mathbb{Z}, \quad x \mapsto v(\eta,x) \cdot D(\eta(x)),$$
definiert. Er hat den Grad
(2) $$\operatorname{gr}(\eta^*D) = \operatorname{gr}\eta \cdot \operatorname{gr}D.$$
Zum Beweis summiert man zunächst über alle Punkte x einer festen Faser $\eta^{-1}(y)$ und dann über alle $y \in Y$. □

Für den Hauptdivisor (f) jeder Funktion $f \in \mathcal{M}(Y)$ gilt wegen 1.6.3(2)
(3) $$\eta^*(f) = (f \circ \eta).$$
Für Differentialformen $\omega \in \mathcal{E}(Y)$ kommt der *Windungsdivisor*
(4) $$W_\eta : X \to \mathbb{N}, \quad x \mapsto v(\eta,x) - 1,$$
ins Spiel. Denn wegen 7.1.6(4) ist
(5) $$(\eta^*\omega) = \eta^*(\omega) + W_\eta,$$
also $\operatorname{gr}(\eta^*\omega) = \operatorname{gr}(\eta^*(\omega)) + \operatorname{gr} W_\eta$. Wegen (2) entsteht die

Riemann-Hurwitzsche Formel
(RH) $$\chi(X) = \operatorname{gr}\eta \cdot \chi(Y) - v(\eta)$$
mit der *Verzweigungszahl*
(6) $$v(\eta) := \operatorname{gr} W_\eta = \sum\nolimits_{x \in X} (v(\eta,x) - 1).$$

Für *gleichverzweigte* η mit der Verzweigungssignatur S ist
(7) $$v(\eta) = \sum\nolimits_{y \in B}[1 - S(y)^{-1}] \quad, \quad B = \text{Verzweigungsort}.$$
Wenn $\operatorname{gr}\eta$ eine *Primzahl* ist, vereinfacht sich (7) zu
(8) $$v(\eta) = (\operatorname{gr}\eta - 1) \cdot \sharp B.$$

Historisches. Für $Y = \widehat{\mathbb{C}}$ kannte Riemann bereits 1857 die Formel (RH), siehe [Ri 3], Artikel 7. Hurwitz bewies sie im Jahre 1891 für beliebiges Y mit topologischen Methoden, siehe [Hur] 1, S. 375 f., und zwei Jahre später wie oben durch Liftung von Differentialformen, [Hur] 1, S. 392.

7.2.2 Folgerungen. Wir benutzen in den nächsten Abschnitten das in 1.1.5 anschaulich eingeführte topologische Geschlecht $g \in \mathbb{N}$ und nehmen zwei Ergebnisse vorweg:

(a) *Alle Flächen vom Geschlecht $g = 0$ sind zu $\widehat{\mathbb{C}}$ isomorph*, siehe 10.7.4.
(b) *Durch g ist die Charakteristik $\chi = 2 - 2g$ bestimmt*, siehe 12.4.1.

Wir betrachten n-blättrige holomorphe Überlagerungen $\eta : X \to Y$ zwischen kompakten, zusammenhängenden Flächen der Geschlechter g bzw. γ.

(1) *Die Verzweigungszahl $v(\eta) := \sum(v(\eta,x) - 1)$ ist gerade.*
(2) *Es gilt $g \geq \gamma$. Insbesondere kann $\widehat{\mathbb{C}}$ nur sich selbst überlagern.* (Satz von Lüroth)
(3) *Aus $n \geq 2$ und $g = \gamma \geq 1$ folgt, daß η unverzweigt und $g = \gamma = 1$ ist.*
(4) *Sei X ein Torus, und sei Y nicht zu $\widehat{\mathbb{C}}$ isomorph. Dann ist η unverzweigt, und Y ist auch zu einem Torus isomorph.*
(5) *Aus $\gamma \geq 2$ folgt $n \leq g - 1$ und sogar $n < g - 1$, wenn η verzweigt ist.*

Beweis. Die Aussagen (1)-(3) und (5) sind direkte Konsequenzen von (RH). Zu (4): Es ist $g = 1$. Wegen (3) ist $\gamma = 1$ und η unverzweigt. Mit der Torus-Projektion $\pi : \mathbb{C} \to X$ entsteht die normale, unverzweigte Überlagerung $\eta \circ \pi : \mathbb{C} \to Y$. Nach der Folgerung in 2.5.1 ist Y zu einem Torus oder zu $\mathbb{C}^\times$ isomorph. Weil Y kompakt ist, scheidet $\mathbb{C}^\times$ aus. □

7.2.3 Die Modulfläche X_7 *wird durch* $w^7 - z^2(z-1)$ *definiert.*

Beweis. Bei der Operation der Modulgruppe G_7 auf X_7 gibt es eine Standgruppe der Ordnung 7. Sei $\eta : X_7 \to Y$ die entsprechende Orbitprojektion, und sei r die Anzahl der Verzweigungspunkte. Nach der Tabelle in 7.1.5 hat X_7 die Charakteristik -4. Mit (RH) und 7.2.1(8) folgt $-4 = 7(2-2\gamma) - 6r$, also $r = 3$, $\gamma = 0$. Man kann daher $Y = \widehat{\mathbb{C}}$ und den Verzweigungsort $\{0, 1, \infty\}$ erreichen. Nach 6.4.4 wird η durch $w^7 - z(z-1)$ oder das angegebene Polynom definiert. Im ersten Fall wäre X_7 hyperelliptisch. Das wird in 8.3.5 ausgeschlossen. □

7.2.4 Gleichverzweigte Überlagerungen. *Sei* $\eta : X \to Y$ *gleichverzweigt und* $g \geq 2$. (a) *Es ist* $n \leq 84(g-1)$.– (b) *Aus* $n > 4(g-1)$ *folgt* $Y \approx \widehat{\mathbb{C}}$.– (c) *Wenn* $n = 84(g-1)$ *ist, gibt es genau drei Ausnahmefasern. Längs ihnen hat* η *die Windungszahlen* $2, 3$ *und* 7.

Beweis. Sei χ die Charakteristik von X. Aus (RH) und 7.2.1(7) folgt:
$$-\chi = 2g - 2 = nq \quad \text{mit} \quad q = 2\gamma - 2 + \sum_{j=1}^{r}(1 - n_j^{-1}) > 0.$$
Dabei numeriert j die Ausnahmefasern so, daß n_j die Windungszahl längs der j-ten Faser ist und $2 \leq n_1 \leq \ldots \leq n_r$ gilt. Zunächst ist $r = 0$ zugelassen. Für $\gamma \geq 2$ ist $n \leq g - 1$. Für $\gamma = 1$ ist $r \geq 1$, also $q \geq \frac{1}{2}$, da anderenfalls $q \leq 0$ wäre. Aus $q \geq \frac{1}{2}$ folgt $n \leq 4(g-1)$. Damit ist (b) bewiesen, und wir müssen (a) und (c) nur noch für den Fall $\gamma = 0$ beweisen. Wegen $q > 0$ ist $r \geq 3$.– Für $r = 3$ ist $1/42$ der minimale q-Wert > 0, also $n \leq 84(g-1)$. Der minimale Wert $q = 1/42$ und damit $n = 84(g-1)$ wird genau dann erreicht, wenn $(n_1, n_2, n_3) = (2, 3, 7)$ ist.– Für $r = 4$ ist $1/6$ der minimale q-Wert > 0. Er wird für $n_1 = n_2 = n_3 = 2$, $n_4 = 3$ erreicht und ergibt $n \leq 12(g-1)$.– Für $r \geq 5$ ist $q \geq 1/2$, also $n \leq 4(g-1)$. □

7.2.5 Endliche Automorphismengruppen. *Jede endliche Untergruppe* G *der Automorphismengruppe einer Fläche* X *vom Geschlecht* $g \geq 2$ *hat eine Ordnung* $n \leq 84(g-1)$. *Für* $n > 4(g-1)$ *ist die Orbitfläche* X/G *zur Zahlenkugel isomorph. Wenn* $n = 84(g-1)$ *ist, gibt es genau drei Ausnahmeorbiten. Ihre Standgruppen haben die Ordnungen* $2, 3$ *bzw.* 7.

Beweis. Man wendet 7.2.4 auf die Orbitprojektion $\eta : X \to X/G$ an. □

Der extreme Fall $n = 84(g-1)$ tritt mit $g = 3, n = 168$ bei der Operation der Modulgruppe G_7 auf der Modulfläche X_7 ein, siehe die Tabelle in 7.1.5. Es gibt unendlich viele Beispiele, siehe [Ac], S. 46 ff.– In 11.3.4 wird die Endlichkeit von $\text{Aut}(X)$ für $g(X) \geq 2$ bewiesen.– Die Ergebnisse in 7.2.4-5 und ihre Beweise stammen von Hurwitz, [Hur] 1, S. 410 ff.

7.2.6 Fixpunkte. Sei $g \geq 1$. Sei $G < \mathrm{Aut}(X)$ eine endliche Untergruppe. Sei $|\alpha|$ die Anzahl der Fixpunkte von $\alpha \in G^* := G \setminus \{\mathrm{id}\}$. Dann hat die Projektion $\eta : X \to Y := X/G$ die *Verzweigungszahl*
(1) $$v(\eta) = \sum_{\alpha \in G^*} |\alpha|.$$

Beweis. Wir zählen die Menge $M := \{(\alpha, x) \in G^* \times X : \alpha(x) = x\}$ auf zwei Weisen ab: (i) Zu jedem α gehören $|\alpha|$ viele Elemente $(\alpha, x) \in M$. Daher ist $\sharp M = \sum |\alpha|$. (ii) Jeder Punkt x hat eine Standgruppe der Ordnung $v(\eta, x)$. Zu x gehören daher $v(\eta, x) - 1$ viele Elemente $(\alpha, x) \in M$. Somit ist $\sharp M = \sum [v(\eta, x) - 1]$. □

Wenn G von einem Element α der Ordnung n erzeugt wird, gilt $|\alpha| \leq |\beta|$ für alle $\beta \in G^*$, also $v(\eta) \geq (n-1) \cdot |\alpha|$. Aus (RH) $2g - 2 = n \cdot (2\gamma - 2) + v(\eta)$ folgt die Abschätzung:
(2) $$|\alpha| \leq 2 - 2\gamma + 2(g - \gamma)/(n-1).$$
Wenn n eine Primzahl ist, folgt aus (RH) und 7.2.1(8)
(3) $$2g - 2 = n \cdot (2\gamma - 2) + (n-1) \cdot |\alpha|.$$
Für eine Involution ($n = 2$) ist $r = 2g + 2 - 4\gamma \leq 2g + 2$. Das Maximum $r = 2g + 2$ wird genau dann erreicht, wenn η eine (hyper-)elliptische Überlagerung ist.

(4) *Für beliebige Primzahlen n und $g \geq 2$ gilt $n \leq 2g + 1$. Für $n = 2g + 1$ ist $Y \approx \widehat{\mathbb{C}}$ und $r = 3$. Die Überlagerung $\eta : X \to \widehat{\mathbb{C}}$ wird durch $w^{2g+1} - z^a(z-1)^b$ definiert. Dabei ist $0 < a, b < 2g + 1$, und $2g + 1$ teilt $a + b$ nicht.*

Beweis. Für $\gamma \geq 2$ ist $n \leq g - 1$. Für $\gamma = 1$ ist $r \geq 1$ wegen $g \geq 2$, also $n \leq 2g - 1$. Für $\gamma = 0$ ist $r \geq 3$ wegen $g \geq 2$. Aus $r \geq 4$ folgt $n \leq g + 1$. Für $r = 3$ ist $n = 2g + 1$. Man transformiert den Verzweigungsort nach $\{0, 1, \infty\}$ und erhält die letzte Behauptung aus 6.4.3. □

Für weitere Fixpunkt-Ergebnisse siehe 8.3.6(2), 13.1.4(2) und 13.5.5. Wir verweisen außerdem auf [Hur]1, XII und XXIII, auf [Ac] und auf [FK], Chap.V.

7.3 Residuum. Invariante Formen. Spur

Das aus der klassischen Funktionentheorie bekannte *Residuum* wird auf Flächen wegen seines Verhaltens beim Kartenwechsel für Differentialformen $\omega \in \mathcal{E}(X)$ und nicht für Funktionen erklärt. Auf kompakten Flächen ist bei jeder Form die Residuensumme $= 0$. Wir beweisen dieses wichtige Ergebnis mit Hilfe der *Spur* von Differentialformen, welche auch zum Beweis der Abelschen Relation in 7.5 benutzt wird. Zur Definition der Spur brauchen wir *invariante Differentialformen*.

7.3.1 Definition des Residuums. Sei $z : (U, a) \to (\mathbb{E}, 0)$ eine Karte der Fläche X und ω eine auf $U \setminus \{a\}$ holomorphe Form. Wir entnehmen der klassischen Funktionentheorie: *Es gibt genau ein $c \in \mathbb{C}$, so daß $\omega - c \cdot dz/z$ eine Stammfunktion g auf $U \setminus \{a\}$ besitzt.*

Satz. *Das Residuum $\mathrm{res}(\omega, a) := c$ hängt nicht von der Karte z ab. Die Zuordnung $\omega \mapsto \mathrm{res}(\omega, a)$ ist $\mathbb{C}$-linear.*

Beweis. Sei $\omega = c \cdot dz/z + dg$. Für eine zweite Karte z_1 mit $z_1(a) = 0$ ist $h := z_1/z$ bei a holomorph und nullstellenfrei. Die Form dh/h besitzt eine Stammfunktion k. Mit ihr gilt $\omega - c \, dz_1/z_1 = d(g - c \, k)$. □

In $\mathcal{E}(X)$ betrachtet man drei $\mathbb{C}$-Untervektorräume $\mathcal{E}_j(X)$:
$$\mathcal{E}_1(X) := \{\omega \in \mathcal{E}(X) : o(\omega, x) \geq 0 \quad \text{für } x \in X\},$$
$$\mathcal{E}_2(X) := \{\omega \in \mathcal{E}(X) : \operatorname{res}(\omega, x) = 0 \quad \text{für } x \in X\},$$
$$\mathcal{E}_3(X) := \{\omega \in \mathcal{E}(X) : o(\omega, x) \geq -1 \quad \text{für } x \in X\}.$$
Die Elemente aus $\mathcal{E}_j(X)$ heißen Formen *j-ter Gattung*. Die Formen in $\mathcal{E}_1(X)$ heißen *holomorph*, siehe 7.1.4. Es gilt $\omega \in \mathcal{E}_2(X)$ genau dann, wenn es um jeden Punkt eine Scheibe gibt, auf der ω eine Stammfunktion besitzt.

7.3.2 Transformationsformel. Sei $\eta : X \to Y$ holomorph und offen.
(1) $\operatorname{res}(\eta^*\omega, a) = v(\eta, a) \cdot \operatorname{res}(\omega, \eta(a))$ für $\omega \in \mathcal{E}(Y)$ und $a \in X$.
Beweis. Es gibt Karten z von X und w von Y mit $z(a) = 0$ und $w \circ \eta = z^n$ für $n := v(\eta, a)$. Aus der lokalen Darstellung $\omega = c \cdot dw/w + dg$ mit $c = \operatorname{res}(\omega, \eta(a))$ folgt $\eta^*\omega = c\,n \cdot dz/z + d(g \circ \eta)$, also $c\,n = \operatorname{res}(\eta^*\omega, a)$. □

7.3.3 Invariante Differentialformen. Sei $\eta : X \to Y$ eine normale Überlagerung mit der Deckgruppe $\mathcal{D}$. Eine Form ω auf X heißt $\mathcal{D}$-invariant, wenn $g^*\omega = \omega$ für alle $g \in \mathcal{D}$ gilt. Die Liftung $\eta^*\varphi$ jeder Form φ auf Y ist $\mathcal{D}$-invariant, und φ ist durch $\eta^*\varphi$ eindeutig bestimmt, siehe 7.1.6(2).
(1) *Jede invariante Form ω ist die Liftung $\omega = \eta^*\varphi$ einer Form φ auf Y.*
Beweis. Sei B der Verzweigungsort. Jeder Punkt in $Y \setminus B$ besitzt eine trivial überlagerte Umgebung V: Es gibt eine Scheibe $U \subset X$ mit
$$\eta^{-1}(V) = \biguplus_{g \in \mathcal{D}} g(U),$$
so daß die Beschränkung $\eta : U \to V$ biholomorph ist. Daher existiert ein $\varphi_V \in \mathcal{E}(V)$ mit $(\eta|U)^*\varphi_V = \omega|U$. Wegen der Invarianz von ω ist $\eta^*\varphi_V = \omega|\eta^{-1}(V)$. Da η^* injektiv ist, gilt $\varphi_V = \varphi_W$ auf $V \cap W$ für je zwei trivial überlagerte Umgebungen V, W. Daher setzen sich alle φ_V zu einer Form $\varphi \in \mathcal{E}(Y \setminus B)$ mit $\eta^*\varphi = \omega|(X \setminus \varphi^{-1}(B))$ zusammen. Nach 7.1.6(5) läßt sich φ meromorph nach B fortsetzen. □

Beispiel. Sei $\eta : \mathbb{C} \to \mathbb{C}/\Omega$ eine Torusprojektion. Die Form $dz \in \mathcal{E}_1(\mathbb{C})$ ist translationsinvariant. Daher gibt es genau eine Form $\omega \in \mathcal{E}_1(\mathbb{C}/\Omega)$ mit $\eta^*\omega = dz$. Sie hat wie dz keine Nullstellen. Es ist $\mathcal{E}_1(\mathbb{C}/\Omega) = \mathbb{C} \cdot \omega$. Denn für jede Form $\varphi \in \mathcal{E}_1(\mathbb{C}/\Omega)$ ist $\varphi/\omega \in \mathcal{O}(\mathbb{C}/\Omega) = \mathbb{C}$. Da η^* injektiv ist, gilt
(2) $$\omega = d\hat{\wp}/\hat{\wp}'.$$

7.3.4 Die Spur. Sei $\eta : X \to Y$ eine endliche normale Abbildung mit der Deckgruppe $\mathcal{D}$. Für jede Form $\omega \in \mathcal{E}(X)$ ist $\sum_{g \in \mathcal{D}} g^*\omega$ $\mathcal{D}$-invariant. Daher gibt es genau eine Form $\operatorname{sp}\omega \in \mathcal{E}(Y)$ mit $\eta^*(\operatorname{sp}\omega) = \sum g^*\omega$. Die Definition der *Spur* $\operatorname{sp}\omega$ läßt sich auf alle endlichen Abbildungen ausdehnen:

Satz. *Zu jeder endlichen Abbildung $\eta : X \to Y$ gibt es genau eine lineare Abbildung $\operatorname{sp}_\eta : \mathcal{E}(X) \to \mathcal{E}(Y)$ mit folgenden Eigenschaften:*
(1) *Für jedes Gebiet $V \subset Y$ und die Beschränkung $\eta' : \eta^{-1}(V) \to V$ von η gilt $(\operatorname{sp}_\eta \omega)|V = \operatorname{sp}_{\eta'}(\omega|\eta^{-1}(V))$.*

(2) *Für die disjunkte Vereinigung* $X = X_1 \uplus X_2$ *zweier Flächen gilt*
$\text{sp}_\eta = \text{sp}_{\eta|X_1} + \text{sp}_{\eta|X_2}$.
(3) *Für normale Abbildungen* η *gilt* $\eta^*(\text{sp}_\eta \omega) = \sum_{g \in \mathcal{D}(\eta)} g^*\omega$.

Eindeutigkeitsbeweis. Wegen der Injektivität von η^* ist in (3) $\text{sp}_\eta \omega$ durch die rechte Seite eindeutig bestimmt. Weil Y durch elementar überlagerte Scheiben überdeckt wird, folgt aus (1)-(3) die Eindeutigkeit der Spur.

Existenzbeweis. Zunächst sei η unverzweigt. Für jede *trivial* überlagerte Scheibe $T \subset Y$ ist $\eta^{-1}(T) = S_1 \uplus \ldots \uplus S_n$ eine disjunkte Vereinigung von Scheiben, so daß die Beschränkungen $\eta_\nu : S_\nu \to T$ von η Isomorphismen sind. Es gibt daher eindeutig bestimmte Formen φ_ν auf T mit $\eta_\nu^*\varphi_\nu = \omega|S_\nu$. Wir bilden $\varphi_T := \varphi_1 + \ldots + \varphi_n$. Für je zwei trivial überlagerte Scheiben T_1 und T_2 stimmen φ_{T_1} und φ_{T_2} auf $T_1 \cap T_2$ überein. Daher setzen sich die Formen φ_T zu einer Form $\text{sp}_\eta \omega$ auf Y zusammen. Man verifiziert die Eigenschaften (1)-(3).

Wenn η den Verzweigungsort $B \subset Y$ hat, ist $\text{sp}_{\eta'}\omega$ für die unverzweigte Beschränkung $\eta' : X \setminus \eta^{-1}(B) \to Y \setminus B$ von η definiert. Um $\text{sp}_{\eta'}\omega$ meromorph nach $b \in B$ fortzusetzen, benutzen wir eine *elementar* überlagerte Scheibe V um b. Dann ist $\eta^{-1}(V) = U_1 \uplus \ldots \uplus U_r$ eine disjunkte Vereinigung von Scheiben, so daß die Beschränkungen $\eta_j : U_j \to V$ von η Windungsabbildungen sind. Nach 7.3.3 gibt es genau eine Form $\hat{\varphi}_j$ auf V mit $\eta_j^*\hat{\varphi}_j = \sum g^*\omega$, summiert über $g \in \mathcal{D}(\eta_j)$. Aus (1)-(3) folgt, daß $\text{sp}_{\eta'}\omega$ auf $V \setminus \{b\}$ mit $\hat{\varphi}_1 + \ldots + \hat{\varphi}_r$ übereinstimmt. □

7.3.5 Das Residuum der Spur *lautet* $\text{res}(\text{sp}\,\omega, b) = \sum_{a \in \eta^{-1}(b)} \text{res}(\omega, a)$.

Beweis. Wegen 7.3.4(1)-(2) genügt es, die Behauptung für eine Windungsabbildung zu beweisen. Nach 7.3.2(1) und 7.3.4(3) ist dann $v(\eta, a) \cdot \text{res}(\text{sp}\,\omega, b) = \text{res}(\eta^*(\text{sp}\,\omega), a) = \sum_{g \in \mathcal{D}(\eta)} \text{res}(g^*\omega, a) = v(\eta, a) \cdot \text{res}(\omega, a)$. □

7.3.6 Residuensumme. *Wenn X kompakt ist, gilt*
$$\sum_{x \in X} \text{res}(\omega, x) = 0 \quad \text{für alle } \omega \in \mathcal{E}(X).$$

Beweis. Die Partialbruchzerlegung rationaler Funktionen zeigt: Jede Form auf $\widehat{\mathbb{C}}$ ist eine $\mathbb{C}$-Linearkombination von Formen der Gestalt $(z-a)^n dz$ mit $a \in \mathbb{C}$, $n \in \mathbb{Z}$; sie hat daher die Residuensumme 0. Für den allgemeinen Fall einer Form ω auf X bildet man zu einer nirgends konstanten meromorphen Funktion $\eta : X \to \widehat{\mathbb{C}}$ die Spur $\text{sp}\,\omega$ und erhält wegen 7.3.5
$$0 = \sum_{z \in \widehat{\mathbb{C}}} \text{res}(\text{sp}\,\omega, z) = \sum_{x \in X} \text{res}(\omega, x).$$
□

Wenn man die Theorie meromorpher Formen in den Kalkül der $\mathcal{C}^\infty$-Differentialformen einbettet, kann man die Aussage aus dem Satz von Stokes folgern, ohne die Spur zu benutzen, siehe Aufgabe 15.7.5.

7.4 Integration

Wir definieren die Integration von Differentialformen zweiter Gattung längs stetiger Wege auf zusammenhängenden Flächen X mittels Stammfunktionen. Da letztere im allgemeinen nur auf einfach zusammenhängenden Flächen vorhanden sind, muß man eine Überdeckung durch Scheiben benutzen und den Integrationsweg entsprechend zerlegen oder, wie es im folgenden gemacht wird, die universelle Überlagerung heranziehen.

7.4.1 Stammfunktionen. *Wenn die Fläche X einfach zusammenhängt, besitzt jede Form $\omega \in \mathcal{E}_2(X)$ eine Stammfunktion.*

Beweis. Zunächst wird der *einfache* Zusammenhang nicht benötigt. Wie in 3.4.2-3 sei $\mathcal{M}$ die Fläche der Keime meromorpher Funktionen auf X, sei $p : \mathcal{M} \to X$ die Projektion und $e : \mathcal{M} \to \widetilde{\mathbb{C}}$ die Auswertungsfunktion. Konstante Funktionen, ihre Keime und ihre Werte in $\mathbb{C}$ bezeichnen wir mit demselben Buchstaben.

(1) *Zu jeder Form $\omega \in \mathcal{E}(X)$ bilden alle Keime, die durch lokale Stammfunktionen von ω repräsentiert werden, eine offene und abgeschlossene Teilmenge $S_\omega \subset \mathcal{M}$.*

Denn für jede zusammenhängende Basismenge (U, f) gemäß 3.4.2(2) gilt $(U, f) \cap S_\omega = \emptyset$ oder $(U, f) \subset S_\omega$, und im zweiten Fall folgt aus dem Identitätssatz $df = \omega|U$.

(2) *Die Auswertungsfunktion $e|S_\omega$ ist eine Stammfunktion von $(p^*\omega)|S_\omega$.*

Denn auf $(U, f) \subset S_\omega$ gilt $e = f \circ p$, also $de = p^*df = p^*\omega$.

(3) *Für $\omega \in \mathcal{E}_2(X)$ ist die Einschränkung $p : S_\omega \to X$ eine unverzweigte Überlagerung.*

Denn jeder Punkt in X ist Zentrum einer Scheibe U, auf der eine Stammfunktion f von ω existiert. Daher ist $p^{-1}(U) \cap S_\omega$ die disjunkte Vereinigung der Basismengen $(U, c + f)$ für $c \in \mathbb{C}$.

Wenn X einfach zusammenhängt, ist für jede Komponente Z_ω von S_ω die Beschränkung $p : Z_\omega \to X$ ein Isomorphismus. Aus (2) folgt dann die Behauptung des Satzes. □

7.4.2 Definition des Integrals. Sei $\omega \in \mathcal{E}_2(X)$. Für jeden stetigen Weg u auf X, in dessen Anfangs- und Endpunkt keine Pole von ω liegen, wird das Integral $\int_u \omega$ folgendermaßen definiert: Sei $\zeta : Z \to X$ eine universelle Überlagerung. Die geliftete Form $\zeta^*\omega \in \mathcal{E}_2(Z)$ besitzt nach 7.4.1 eine Stammfunktion $f \in M(Z)$. Man liftet u zu einem Weg v in Z. Im Anfangspunkt a und im Endpunkt b von v liegen keine Pole von f. Man definiert:
$$\int_u \omega := f(b) - f(a).$$

Wir zeigen, daß dieses Integral nur von ω und u abhängt: Sei $\zeta_1 : Z_1 \to X$ eine weitere universelle Überlagerung, sei $f_1 \in \mathcal{M}(Z_1)$ eine Stammfunktion von $\zeta_1^*\omega$ und v_1 ein Weg in Z_1 von a_1 nach b_1 mit $\zeta_1 \circ v_1 = u$. Wegen der Eindeutigkeit der universellen Überlagerung gibt es einen Isomorphismus $\varphi : (Z_1, a_1) \to (Z, a)$ mit $\zeta_1 = \zeta \circ \varphi$. Wegen der Eindeutigkeit der Wegeliftung ist $v = \varphi \circ v_1$, also $\varphi(b_1) = b$. Die Funktion $f \circ \varphi$ ist auch eine Stammfunktion von $\zeta_1^*\omega$. Daher gibt es eine Konstante $c \in \mathbb{C}$ mit $f \circ \varphi = f_1 + c$. Es folgt $f_1(b_1) - f_1(a_1) = f \circ \varphi(b_1) - f \circ \varphi(a_1) = f(b) - f(a)$. □

7.4.3 Integrationsregeln. Wir setzen voraus, daß im Anfangs- und Endpunkt der Integrationswege keine Pole der Integranden liegen.

(1) $\int_u df = f(b) - f(a)$ *für* $f \in \mathcal{M}(X)$ *und jeden Weg* u *von* a *nach* b.

(2) $\int_{u_0} \omega = \int_{u_1} \omega$, *wenn* u_0 *und* u_1 *homotop sind*.

(3) $\int_{u \cdot v} \omega = \int_u \omega + \int_v \omega$ *für das Produkt zweier Wege*.

(4) $\int_u (\lambda_1 \omega_1 + \lambda_2 \omega_2) = \lambda_1 \int_u \omega_1 + \lambda_2 \int_u \omega_2$ *für* $\lambda_1, \lambda_2 \in \mathbb{C}$.

(5) $\int_u \eta^*\omega = \int_{\eta \circ u} \omega$ *für jede holomorphe Abbildung* $\eta : X \to Y$, *jeden Weg* u *auf* X *und* $\omega \in \mathcal{E}_2(Y)$.

Diese Regeln lassen sich anhand der Definition des Integrals leicht verifizieren: Bei (2) liftet man u_0 und u_1 zu Wegen auf der universellen Überlagerung, die im selben Punkt beginnen. Wegen der Homotopie haben sie denselben Endpunkt. Bei (5) liefert der Monodromiesatz zu den universellen Überlagerungen $\zeta_X : \tilde{X} \to X$ und $\zeta_Y : \tilde{Y} \to Y$ eine Abbildung $\tilde{\eta} : \tilde{X} \to \tilde{Y}$, so daß $\zeta_Y \circ \tilde{\eta} = \eta \circ \zeta_X$ ist. □

7.4.4 Perioden. Man nennt den Integralwert $\int_u \omega$ eine *Periode* der Form $\omega \in \mathcal{E}_2(X)$, wenn u eine Schleife ist. Mit $\mathrm{Per}(\omega) \subset \mathbb{C}$ wird die Menge aller Perioden bezeichnet. Aus 7.4.3(2)-(3) folgt:

(1) *Wenn* ω *bei* $a \in X$ *keinen Pol hat, ist* $\mathrm{Per}(\omega)$ *das Bild des Periodenhomomorphismus*
$$\pi(X, a) \to \mathbb{C}, \quad [u] \mapsto \int_u \omega.$$
Insbesondere ist $\mathrm{Per}(\omega) < \mathbb{C}$ *eine additive Untergruppe*. □

Beispiel. Wie im Beispiel 7.3.3 sei $\eta : \mathbb{C} \to \mathbb{C}/\Omega$ eine Torusprojektion und $\omega \in \mathcal{E}_1(\mathbb{C}/\Omega)$ die durch $\eta^*\omega = dz$ bestimmte Form. Für sie ist $\mathrm{Per}(\omega) = \Omega$. Denn die Schleifen in $\mathbb{C}/\Omega$ von und nach 0 sind die η-Bilder der Wege v in $\mathbb{C}$ von 0 zu den Punkten $c \in \Omega$. Daher ist $\int_u \omega = \int_v dz = c \in \Omega$.

Die Gruppe $\mathrm{Per}(\omega)$ kann dicht in $\mathbb{C}$ liegen, siehe Aufgabe 7.9.8. Hieraus zog *Jacobi* voreilig die Konsequenz, Abelsche Integrale als *absurd* zu verwerfen, siehe 14.1.3.

Sei $\zeta : (Z, c) \to (X, a)$ die universelle Überlagerung. Für den zugehörigen Poincaréschen Isomorphismus $P : \pi(X, a) \to \mathcal{D}(\zeta)$, jede Schleife u mit dem Basispunkt a und jede Stammfunktion $f \in \mathcal{M}(Z)$ von $\zeta^*\omega$ gilt

(2) $\qquad\qquad\qquad f \circ P[u] = f + \int_u \omega$.

(3) $\mathrm{Per}(\omega) = 0 \Leftrightarrow f$ *ist* $\mathcal{D}(\zeta)$-*invariant* $\Leftrightarrow \omega$ *besitzt eine Stammfunktion in* $\mathcal{M}(X)$.

(4) *Ist* X *kompakt und* $\omega \in \mathcal{E}_1(X)$, *so gilt* $\mathrm{Per}(\omega) = 0 \Leftrightarrow \omega = 0$. □

Bemerkung. Eine Funktion $f \in \mathcal{M}(Z)$ heißt *additiv*, wenn es zu jedem $\gamma \in \mathcal{D}(\zeta)$ eine Konstante $k(\gamma) \in \mathbb{C}$ mit $f \circ \gamma = k(\gamma) + f$ gibt. Dann ist df $\mathcal{D}(\zeta)$-invariant, und nach 7.3.3 gibt es eine Form $\omega \in \mathcal{E}_2(X)$ mit $df = \zeta^*\omega$.

7.4.5 Integralformel für das Residuum. Für $a \in X$, $\omega \in \mathcal{E}_1(X \setminus \{a\})$ und jede einfache a-Schleife u gilt
(1) $$\operatorname{res}(\omega, a) = \frac{1}{2\pi i} \int_u \omega.$$

Beweis. Nach 7.3.1 gibt es eine Karte $z : (U,a) \to (\mathbb{E}, 0)$ und eine Funktion $g \in \mathcal{O}(U \setminus \{a\})$ mit $dg = \omega - \operatorname{res}(\omega, a) \cdot dz/z$. Es genügt, die Schleife $u : [0, 2\pi] \to U$ mit $z \circ u(t) = \frac{1}{2}\exp(it)$ zu betrachten. Für sie gilt $\int_u dg = 0$ und $\int_u dz/z = 2\pi i$. □

7.4.6 Abelsche Integrale. Angeregt durch die in 2.4.1 geschilderten Beispiele betrachteten Abel und Jacobi Integrale
(1) $$\int R(z,w)dz \quad \text{mit der Nebenbedingung} \quad P(z,w) = 0.$$
für normierte, irreduzible Polynome $P(z,w) \in \mathbb{C}(z)[w]$ und rationale Funktionen $R(z,w) \in \mathbb{C}(z,w)$. Sie erzielten tiefliegende, aber schwer zu deutende Ergebnisse, da eine klare Definition der Integrale fehlte. Wir präzisieren (1) mit Hilfe des Riemannschen Gebildes (X, η, f) von $P(z,w)$ und deuten den Integranden in (1) als Differentialform $R(\eta, f)d\eta$ auf X. Für jeden Weg u in X, der die Pole dieser Form meidet, ist dann das Integral
(2) $$\int_u R(z,w)dz := \int_u R(\eta, f)d\eta$$
wohldefiniert. Wir nennen es ein *Abelsches Integral*. Die Mehrdeutigkeiten, welche Jacobi bemerkte, aber nicht durchschaute, treten auf, wenn man verschiedene Wege u zuläßt und nur ihre Endpunkte oder ihre Spur $\eta \circ u$ in $\widehat{\mathbb{C}}$ festhält. Riemann erkannte die topologische Gestalt der Fläche X als Ursache der Mehrdeutigkeiten.

7.5 Die Abelsche Relation

Die Abelsche Relation für Hauptdivisoren auf Tori (2.3.2) ist ein Spezialfall eines für alle kompakten Flächen X gültigen Satzes über die Integration holomorpher Differentialformen, der auch auf Abel zurückgeht.
Zur Abkürzung der Notation wird jeder Punkt $P \in X$ mit dem *Punktdivisor* identifiziert, der bei P den Wert 1 und sonst den Wert 0 hat. Jeder Divisor D ist dann eine endliche Linearkombination
$$D = \sum\nolimits_{j=1}^{r} n_j P_j$$
von Punktdivisoren P_j mit Koeffizienten $n_j \in \mathbb{Z}$.– Wie hier werden Punkte, die auch als Punktdivisoren aufgefaßt werden, oft mit großen Buchstaben bezeichnet.– Zum Beweis der Abelschen Relation benötigen wir die

146   7. Differentialformen und Integration

7.5.1 Integration der Spur. *Sei $\eta: X \to Y$ eine n-blättrige Überlagerung, und sei v ein Weg in Y, der höchstens in seinem Anfangs- und Endpunkt Verzweigungspunkte trifft. Der Weg v besitzt n Liftungen $u_1, \ldots, u_n$ in X. Für sie gilt*

(1) $$\sum_{\nu=1}^{n} \int_{u_\nu} \omega = \int_v \operatorname{sp}\omega \quad \textit{für} \quad \omega \in \mathcal{E}_1(X).$$

Beweis. Es genügt, (1) für Wege v zu zeigen, die in elementar überlagerten Scheiben V liegen. Denn jeder Weg ist ein Produkt von Teilwegen mit dieser Eigenschaft. Sei $\eta^{-1}(V) = \biguplus U_j$. Jede Beschränkung $\eta_j : U_j \to V$ von η ist eine Windungsabbildung. Wir wählen zu jedem j eine η_j-Liftung w_j von v. Die Menge $\{u_1, \ldots, u_n\}$ aller Liftungen von v besteht aus den Wegen $g \circ w_j$ für alle $g \in \mathcal{D}(\eta_j)$ und alle j, also

(2) $\sum_{\nu=1}^{n} \int_{u_\nu} \omega = \sum_j \sum_{g \in \mathcal{D}(\eta_j)} \int_{g \circ w_j} \omega = \sum_j \sum_{g \in \mathcal{D}(\eta_j)} \int_{w_j} g^*(\omega|U_j).$

Nach 7.3.4 ist $\operatorname{sp}\omega|V = \sum \varphi_j$, wobei $\eta_j^* \varphi_j = \sum_{g \in \mathcal{D}} g^*(\omega|U_j)$ gilt. Daher kann man in (2) fortfahren mit

$\sum_{\nu=1}^{n} \int_{u_\nu} \omega = \sum_j \int_{w_j} \eta_j^* \varphi_j = \sum_j \int_v \varphi_j = \int_v \operatorname{sp}\omega.$ □

7.5.2 Zykel. Eine Menge von Wegen $\{u_1, \ldots, u_m\}$ in X heißt *Zykel*, wenn jeder Punkt genauso oft als Anfangs- wie als Endpunkt dieser Wege auftritt. Dann gilt

(1) $$\sum_{\mu=1}^{m} \int_{u_\mu} \omega \in \operatorname{Per}(\omega) \quad \textit{für alle} \quad \omega \in \mathcal{E}_1(X).$$

Beweis durch Induktion über m. Für $m = 1$ ist der einzige Weg eine Schleife. Schluß von $m-1$ auf $m \geq 2$: Wenn alle u_μ Schleifen sind, gilt (1). Sonst gibt es zwei Wege u_j und u_k, so daß u_k im Endpunkt von u_j beginnt. Der Zykel $\{u_1, \ldots, u_m\}$ geht in einen Zykel von $m-1$ Wegen über, wenn man u_j, u_k durch den Produktweg $u_j u_k$ ersetzt. Nach der Induktionsvoraussetzung folgt

$\sum_{\mu=1}^{m} \int_{u_\mu} \omega = \int_{u_j u_k} \omega + \sum_{\mu=1, j \neq \mu \neq k}^{m} \int_{u_\mu} \omega \in \operatorname{Per}(\omega).$ □

7.5.3 Abelsche Relation für Hauptdivisoren. *Auf einer kompakten, zusammenhängenden Fläche X seien n Wege u_ν von P_ν nach Q_ν gegeben, so daß $\sum(P_\nu - Q_\nu) = (f)$ ein Hauptdivisor ist. Dann gilt*

(1) $$\sum_{\nu=1}^{n} \int_{u_\nu} \omega \in \operatorname{Per}(\omega) \quad \textit{für alle} \quad \omega \in \mathcal{E}_1(X).$$

Beweis. Die Funktion $f : X \to \widehat{\mathbb{C}}$ ist eine n-blättrige Überlagerung. Wir wählen einen Weg w von 0 nach ∞ in $\widehat{\mathbb{C}}$, der unterwegs keine Verzweigungspunkte trifft. Er besitzt n Liftungen $v_1, \ldots, v_n$ in X, die so numeriert werden, daß v_ν in P_ν beginnt. Es gibt dann eine Permutation σ, so daß v_ν in $Q_{\sigma(\nu)}$ endet. Nach 7.5.1(1) ist $\sum \int_{v_\nu} \omega = \int_w \operatorname{sp}\omega = 0$ wegen $\operatorname{sp}\omega \in \mathcal{E}_1(\widehat{\mathbb{C}}) = 0$. Die Wege $u_1, \ldots, u_n, v_1^-, \ldots, v_n^-$ bilden einen Zykel. Nach 7.5.2(1) ist $\sum \int_{u_\nu} \omega = \sum (\int_{u_\nu} \omega - \int_{v_\nu} \omega) \in \operatorname{Per}(\omega)$.   □

Beispiel. Wie im Beispiel 7.4.4 sei $\eta : \mathbb{C} \to \mathbb{C}/\Omega$ eine Torusprojektion und $\omega \in \mathcal{E}_1(\mathbb{C}/\Omega)$ die durch $\eta^*\omega = dz$ bestimmte Form. Für $X = \mathbb{C}/\Omega$ reduziert sich die abelsche Relation wegen $\mathcal{E}_1(\mathbb{C}/\Omega) = \mathbb{C} \cdot \omega$ auf die Gleichung (1) für die spezielle Form ω. Zur Berechnung des Integrals $\int_{u_\nu} \omega$ liften wir u_ν zum Weg v_ν in $\mathbb{C}$. Für den Anfangspunkt A_ν und den Endpunkt B_ν von v_ν gilt dann $\int_{u_\nu} \omega = B_\nu - A_\nu$. Damit wird (1) zu $\sum(B_\nu - A_\nu) \in \operatorname{Per}(\omega) = \Omega$. Das ist wegen $\eta(A_\nu) = P_\nu$ und $\eta(B_\nu) = Q_\nu$ äquivalent zu $\sum P_\nu = \sum Q_\nu$ in $\mathbb{C}/\Omega$. Die in 2.3.2 bewiesenen Abelsche Relation für Tori ist also ein Spezialfall.

Für Tori wurde in 2.3.6 auch die Umkehrung bewiesen: *Aus* (1) *folgt, daß* $\sum(P_\nu - Q_\nu)$ *ein Hauptdivisor ist*. Wir zeigen in 14.2.4, daß dies für alle kompakten Flächen gilt (*Abelsches Theorem*).

Nachdem Abel die Umkehrung elliptischer Integrale durch doppelt-periodische Funktionen gelungen war, dehnte er seine Untersuchungen auf allgemeinere Integrale aus, die später seinen Namen bekamen. Im Oktober 1826 reichte er der Pariser Akademie ein fast 70 Seiten langes *Mémoire*, [Ab] XII, ein, das erst 1841 gedruckt wurde. Bedeutende Teilergebnisse, die auch die Relation (1) und das darauf aufbauende Additionstheorem 14.1.2 umfassen, veröffentlichte er 1829 in überarbeiteter Form zusätzlich in Crelles Journal.

7.6 Eine Charakterisierung der Tori

Auf jedem Torus gibt es eine holomorphe Differentialform ohne Nullstellen, siehe das Beispiel in 7.3.3. Wir zeigen, daß alle kompakten, zusammenhängenden Flächen mit dieser Eigenschaft, insbesondere alle elliptischen Flächen, Tori sind. Daraus folgt eine zweite Lösung des Jacobischen Problems.

7.6.1 Überlagerung durch $\mathbb{C}$. *Wenn es auf der kompakten, zusammenhängenden Fläche X eine holomorphe Differentialform ω ohne Nullstellen gibt, wird X durch $\mathbb{C}$ universell überlagert.*

Beweis. Sei $\zeta : Z \to X$ die universelle Überlagerung und f eine Stammfunktion von $\zeta^*\omega$. Da $df = \zeta^*\omega$ wie ω holomorph ist und keine Nullstellen hat, ist $f : Z \to \mathbb{C}$ lokal biholomorph. Wir behaupten, daß f ein Isomorphismus ist. Nach 3.2.4(3) genügt dazu, daß f unbegrenzt ist:
Jeder Weg $v : [0,1) \to Z$ ohne Endpunkt läßt sich stetig nach 1 fortsetzen, sobald dies für $fv := f \circ v : [0,1) \to \mathbb{C}$ gilt.
Man wählt eine Folge t_n in $[0,1)$, die monoton nach 1 konvergiert. Weil X kompakt ist, hat die Bildfolge $a_n := \zeta v(t_n)$ einen Häufungspunkt $a \in X$. Es gibt eine holomorphe Karte $h : (U, a) \to (\mathbb{E}_r, 0)$, so daß $dh = \omega|U$ ist. Es gibt einen Index k, so daß $a_k \in U$ ist und $|h(a_k)| < \frac{1}{3}r$ sowie $|fv(t) - fv(1)| < \frac{1}{3}r$ für alle $t_k \le t \le 1$ gelten. Es gibt einen ζ-Schnitt $\sigma : (U, a_k) \to (Z, v(t_k))$, und $f\sigma := f \circ \sigma$ ist eine Stammfunktion von $\omega|U$. Daher ist $f\sigma - h = ef\sigma(a)$ konstant, insbesondere
$$|fv(t_k) - f\sigma(a)| = |h(a_k)| < \tfrac{1}{3}r.$$

Somit gilt für alle $t_k \leq t \leq 1$ die Abschätzung

(1) $|fv(t) - f\sigma(a)| \leq |fv(t) - fv(1)| + |fv(1) - fv(t_k)| + |fv(t_k) - f\sigma(a)| \leq r$.

Wegen $f\sigma = f\sigma(a) + h$ wird die Scheibe $\sigma(U)$ durch f biholomorph auf die Kreisscheibe $D \subset \mathbb{C}$ mit dem Mittelpunkt $f\sigma(a)$ und dem Radius r abgebildet. Die Abschätzung (1) bedeutet, daß der Weg fv für $t_k \leq t \leq 1$ in D verläuft. Es gibt daher eine f-Liftung u von $fv|[t_k, 1]$ in $\sigma(U)$, die in $v(t_k)$ beginnt. Wegen der Eindeutigkeit der Liftung ist $u = v$ auf $[t_k, 1)$, und folglich wird v durch $v(1) := u(1)$ stetig fortgesetzt. □

7.6.2 Charakterisierung der Tori. *Jede kompakte, zusammenhängende Fläche X, auf der es eine holomorphe Differentialform ohne Nullstellen gibt, ist zu einem Torus $\mathbb{C}/\Omega$ isomorph. Insbesondere sind alle elliptischen Flächen Tori.*

Beweis. Nach 7.6.1 wird X durch $\mathbb{C}$ universell überlagert. Wegen der Folgerung in 2.5.1 ist X zu einem Torus isomorph.
Jede elliptische Fläche X tritt im Riemannschen Gebilde (X, η, f) eines Polynoms $w^2 - (z-e_1)(z-e_2)(z-e_3)$ mit paarweise verschiedenen e_j auf. Die Überlagerung η ist zweiblättrig und verzweigt über $\{e_1, e_2, e_3, \infty\}$. Aus $f^2 = (\eta - e_1)(\eta - e_2)(\eta - e_3)$ folgt: Außerhalb der Windungspunkte haben $d\eta$ und f weder Null- noch Polstellen. Für $\eta(x) = e_j$ gilt $2o(f, x) = v(\eta, x) = 2$ und für $\eta(x) = \infty$ ist $2o(f, x) = 3o(\eta, x) = -6$. Daher gilt nach 7.1.4(2) $o(d\eta/f, x) = 0$ für alle $x \in X$, d.h. $d\eta/f$ ist null- und polstellenfrei. □

7.6.3 Zweite Lösung des Jacobischen Problems. *Jede Menge $M \subset \widehat{\mathbb{C}}$ von 4 Punkten ist Verzweigungsort einer elliptischen Funktion vom Grade 2.*

Beweis. Man kann $M = \{e_1, e_2, e_3, \infty\}$ annehmen. Nach 7.6.2 definiert $w^2 - (z-e_1)(z-e_2)(z-e_3)$ eine zweiblättrige Überlagerung $\eta : \mathbb{C}/\Omega \to \widehat{\mathbb{C}}$ durch einen Torus. Durch Vorschalten der Torusprojektion $u : \mathbb{C} \to \mathbb{C}/\Omega$ erhält man die gewünschte Funktion $\eta \circ u$. □

7.6.4 Ausblick. Auf jeder *nicht-kompakten*, zusammenhängenden Riemannschen Fläche X gibt es eine holomorphe Funktion $f : X \to \mathbb{C}$ ohne Windungspunkte, d.h. df hat keine Nullstellen, siehe [GN].
Die Charakterisierung der Tori durch 7.6.2 läßt sich auf höhere Dimensionen verallgemeinern: Jede *kompakte, zusammenhängende, n-dimensionale Kählersche Mannigfaltigkeit ist zu einem Torus $\mathbb{C}^n/\Omega$ isomorph, sobald n holomorphe Differentialformen existieren, die überall linear unabhängig sind.* Man kann den Beweis aus 7.6.1-2 übertragen. Zur weiterführende Lektüre wird [Ak] empfohlen.

7.7 Homologie und Cohomologie

Beim Periodenhomomorphismus $\pi(X,a) \to \mathbb{C}$ geht wie bei jedem Homomorphismus in eine *abelsche* Gruppe die eventuell nicht-kommutative Struktur der Fundamentalgruppe verloren. Dann können wir $\pi(X,a)$ von vorneherein durch *Abelsch-machen* zur *Homologiegruppe* $H_1(X)$ vereinfachen.

7.7.1 Abelsch-machen. Sei G eine beliebige Gruppe. Alle Kommutatoren $[a,b] := aba^{-1}b^{-1}$ der Elemente $a,b,\ldots \in G$ erzeugen die Kommutator-Untergruppe $[G,G] \triangleleft G$, die sogar ein Normalteiler ist. Die Faktorgruppe $\mathcal{A}G := G/[G,G]$ heißt *abelsch gemachte Gruppe* G. Der Restklassen-Epimorphismus $\mathcal{A}: G \to \mathcal{A}G$ hat folgende

Universelle Eigenschaft. *Jeder Homomorphismus $h: G \to H$ in eine abelsche Gruppe faktorisiert über $\mathcal{A}G$; d.h. h bestimmt genau einen Homomorphismus $\mathcal{A}h: \mathcal{A}G \to H$, so daß $h = (\mathcal{A}h) \circ \mathcal{A}$ gilt.* □

7.7.2 Die Homologiegruppe. Die (*erste*) *Homologiegruppe* eines wegzusammenhängenden topologischen Raumes X ist die abelsch gemachte Fundamentalgruppe $H_1(X) := \mathcal{A}\pi(X,a)$.

Auf die Angabe des Basispunktes a kann verzichtet werden, weil $\mathcal{A}\pi(X,a)$ und $\mathcal{A}\pi(X,b)$ in kanonischer Weise isomorph sind: Die Verschiebung $\Phi_w: \pi(X,a) \to \pi(X,b)$ längs eines Weges w von a nach b induziert den Isomorphismus $\mathcal{A}\Phi_w: \mathcal{A}\pi(X,a) \to \mathcal{A}\pi(X,b)$. Er hängt von der Wahl des Weges w nicht ab. Denn für einen zweiten Weg v von a nach b ist $\Phi_v^{-1} \circ \Phi_w$ die Konjugation mit $[w \cdot v^-]$, die bei der abelsch gemachten Gruppe zur Identität wird, so daß $\mathcal{A}\Phi_v = \mathcal{A}\Phi_w$ gilt.

Die *Homologieklasse* einer Schleife u wird mit $\mathrm{kl}\,u := \mathcal{A}([u]) \in H_1(X)$ bezeichnet. Jede stetige Abbildung $\eta: X \to Y$ induziert den Homomorphismus
$$\eta_*: H_1(X) \to H_1(Y), \quad \mathrm{kl}\,u \mapsto \mathrm{kl}(\eta \circ u).$$
Wie in 3.1.5 gilt beim Hintereinanderschalten $(\varphi \circ \eta)_* = \varphi_* \circ \eta_*$.

Man nennt zwei Abbildungen $\eta_0, \eta_1: X \to Y$ *homotop*, wenn es eine stetige Abbildung $h: X \times [0,1] \to Y$ mit $h(x,j) = \eta_j(x)$ für $x \in X$ und $j = 0, 1$ gibt. Für jede Schleife u von und nach a in X und den Weg $w(t) := h(a,t)$ in Y sind die Wege $\eta_0 \circ u$ und $w \cdot (\eta_1 \circ u) \cdot w^-$ homotop. Daher gilt

(1) $\qquad\qquad\qquad \eta_{0*} = \eta_{1*}: H_1(X) \to H_1(Y).$

Beispiel. Sei $A \subset X$ lokal endlich. Für jedes $a \in A$ sind die Homotopieklassen aller einfachen a-Schleifen u_a zueinander konjugiert in $\pi(X \setminus A)$. Somit ist die Homologieklasse $\mathrm{kl}\,u_a \in H_1(X \setminus A)$ durch a allein bestimmt. Für $X = \widehat{\mathbb{C}}$ folgt aus Satz 3.8.4 durch Abelsch-Machen:

Die Homologiegruppe $H_1(\widehat{\mathbb{C}} \setminus \{a_0, \ldots, a_r\})$ ist eine freie abelsche Gruppe mit der Basis $\mathrm{kl}\,u_{a_1}, \ldots, \mathrm{kl}\,u_{a_r}$. Es gilt $\mathrm{kl}\,u_{a_0} + \ldots + \mathrm{kl}\,u_{a_r} = 0$. □

7. Differentialformen und Integration

7.7.3 Integration über Homologieklassen. Sei X eine zusammenhängende Fläche, und sei $\omega \in \mathcal{E}_2(X)$. Der Periodenhomomorphismus aus 7.4.4(1) bestimmt nach 7.7.1 den von a unabhängigen Homomorphismus
$$H_1(X) \to \mathbb{C}, \operatorname{kl} u \mapsto \langle \operatorname{kl} u, \omega \rangle := \int_u \omega \,.$$
Wir nennen die Paarung
(1) $$H_1(X) \times \mathcal{E}_2(X) \to \mathbb{C}, \, (h, \omega) \mapsto \langle h, \omega \rangle ,$$
Integration über Homologieklassen. Sie ist additiv im ersten und $\mathbb{C}$-linear im zweiten Argument.

7.7.4 Cohomologie. Die *(erste, komplexe) Cohomologie* $H^1(X, \mathbb{C})$ eines Raumes X ist der $\mathbb{C}$-Vektorraum aller Homomorphismen $H_1(X) \to \mathbb{C}$. Für jede zusammenhängende Riemannsche Fläche X definieren wir mit der Integration über Homologieklassen die $\mathbb{C}$-lineare Abbildung
$$\Phi : \mathcal{E}_2(X) \to H^1(X, \mathbb{C}), \, \omega \mapsto \langle -, \omega \rangle \,.$$

Satz. *Die mit Φ und der Ableitung d gebildete Sequenz*
(1) $$0 \to \mathbb{C} \hookrightarrow \mathcal{M}(X) \xrightarrow{d} \mathcal{E}_2(X) \xrightarrow{\Phi} H^1(X, \mathbb{C})$$
ist exakt, d.h. es gilt $\operatorname{Kern} d = \mathbb{C}$ *und* $\operatorname{Bild} d = \operatorname{Kern} \Phi$. *Bei kompaktem X ist* $\Phi : \mathcal{E}_1(X) \to H^1(X, \mathbb{C})$ *injektiv.*

Beweis. Nach 7.1.2 ist $\operatorname{Kern} d = \mathbb{C}$. Wegen $\operatorname{Kern} \Phi = \{\omega : \operatorname{Per}(\omega) = 0\}$ gilt $\operatorname{Kern} = \operatorname{Bild} d$ nach Satz 7.4.4. Wenn X kompakt ist, folgt aus $df \in \mathcal{E}_1(X)$, daß $f \in \mathcal{O}(X) = \mathbb{C}$ und somit $df = 0$ ist. □

Die exakte Sequenz (1) spielt im Beweis der Riemann-Rochschen Formel in 13.1.3 eine wichtige Rolle. Die *Surjektivität* von $\Phi : \mathcal{E}_2(X) \to H^1(X, \mathbb{C})$ wird in 13.6.3 für *kompakte* Flächen X gezeigt. Für *offene* Flächen X gilt sogar $\Phi(\mathcal{E}_1(X)) = H^1(X, \mathbb{C})$, siehe z.B. [For], Abschnitt 26.1.

Folgerung (Cauchyscher Integralsatz). *Wenn $H^1(X, \mathbb{C}) = 0$ ist, besitzt jede Differentialform zweiter Gattung eine Stammfunktion.* □

Die Voraussetzung ist sicher dann erfüllt, wenn X *homologisch einfach zusammenhängt*, d.h. wenn $H_1(X) = 0$ ist. Einfach zusammenhängende Flächen sind offenbar homologisch einfach zusammenhängend. Nach dem Riemannschen Abbildungssatz 10.8.7 gilt auch die Umkehrung.

Der Cauchysche Integralsatz war für Riemann ein wichtiges Motiv, um den Begriff des einfachen Zusammenhangs einzuführen. In [Ri 3], Artikel 2 der Einleitung, schreibt er: „Es sei eine Fäche T gegeben und X, Y seien solche stetige Functionen des Orts in dieser Fläche, dass in ihr allenthalben $X\,dx + Y\,dy$ ein vollständiges Integral, also
$$\frac{\partial X}{\partial y} - \frac{\partial Y}{\partial x} = 0$$
ist. Bekanntlich ist dann
$$\int (X\,dx + Y\,dy),$$
um einen Theil der Fläche ... erstreckt, $= 0$. ... Das Integral
$$\int (X\,dx + Y\,dy)$$

hat daher, zwischen zwei festen Punkten auf zwei verschiedenen Wegen erstreckt, denselben Werth, wenn diese beiden Wege zusammengenommen die ganze Begrenzung eines Theils der Fläche T bilden. Dies veranlaßt zu einer Unterscheidung der Flächen in einfach zusammenhängende, in welchen jede geschlossene Curve einen Theil der Fläche vollständig begrenzt – wie z.B. einen Kreis –, und mehrfach zusammenhängende, für welche dies nicht stattfindet, – wie z.B. eine durch zwei concentrische Kreise begrenzte Ringfläche – ."

7.8 Logarithmische Ableitung

Für die Riemannsche Theorie der Abelschen Integrale müssen die Ergebnisse von 7.4.1-4 durch eine Variante ergänzt werden, bei der an die Stelle der Ableitung df die *logarithmische Ableitung* df/f tritt. Sie wird im 10. Kapitel und später gebraucht.– Sei X eine *zusammenhängende* Fläche.

7.8.1 Elementare Eigenschaften. Sei $f \in \mathcal{M}(X) \setminus \{0\}$. Wenn auf dem Gebiet $f(X) \subset \mathbb{C}^\times$ eine Logarithmusfunktion definiert ist, gilt nach 7.1.3 $df/f = d(\log \circ f)$.– Man überträgt aus der klassischen Funktionentheorie für $f, g \in \mathcal{M}(X) \setminus \{0\}$ die Ergebnisse

(1) $\quad \dfrac{d(f \cdot g)}{f \cdot g} = \dfrac{df}{f} + \dfrac{dg}{g}$, *insbesondere* $\dfrac{d(1/f)}{1/f} = -\dfrac{df}{f}$.

(2) $\quad dg/g = df/f \quad \Leftrightarrow \quad g = cf \quad mit \quad c \in \mathbb{C}^\times$. $\square$

Auch das folgende Ergebnis stammt aus der klassischen Theorie und wird mittels Karten auf Riemannsche Flächen übertragen:

(3) *Die logarithmische Ableitung df/f hat einfache Pole in den Null- und Polstellen von f und ist sonst holomorph. Für die Residuen gilt*
$$\mathrm{res}(df/f, a) = o(f, a).$$ $\square$

(4) *Wenn der Weg u von a nach b die Null- und Polstellen von f meidet, ist*
$$\exp\left(\int_u \frac{df}{f}\right) = \frac{f(b)}{f(a)}.$$

Beweis. Sei v eine exp-Liftung des Weges $f \circ u$ in $\mathbb{C}^\times$. Dann gilt $\int_u df/f = \int_{f \circ u} dz/z = v(1) - v(0)$. $\square$

(5) *Wenn $H^1(X, \mathbb{C}) = 0$ ist, gibt es zu jeder Funktion $f \in \mathcal{O}(X)$ ohne Nullstellen eine Funktion $g \in \mathcal{O}(X)$ mit $f = \exp \circ g$.*

Beweis. Die *holomorphe* Form df/f besitzt nach dem Cauchyschen Integralsatz in 7.7.4 eine Stammfunktion g. Dann haben f und $\exp \circ g$ nach 7.1.3 dieselbe logarithmische Ableitung. Also ist $\exp \circ g = c \cdot f$ mit $c \in \mathbb{C}^\times$. Durch Addition einer Konstanten zu g erreicht man $c = 1$. $\square$

7.8.2 Multiplikative Funktionen. Sei $\zeta : Z \to X$ die universelle Überlagerung. Eine Funktion $f \in \mathcal{M}(Z)$ heißt *multiplikativ*, wenn es zu jeder Deckabbildung $\gamma \in \mathcal{D}(\zeta)$ eine Konstante $k(\gamma) \in \mathbb{C}^\times$ mit $f \circ \gamma = k(\gamma) \cdot f$ gibt.

Satz. *Wenn f multiplikativ ist, gibt es eine Form $\omega \in \mathcal{E}_3(X)$ mit $\zeta^*\omega = df/f$. Für den Poincaréschen Isomorphismus $P : \pi(X) \to \mathcal{D}(\zeta)$ gilt: Wenn die Schleife u die Pole von ω meidet, ist*

$$k \circ P[u] = \exp\left(\int_u \omega\right).$$

Beweis. Die logarithmische Ableitung df/f ist $\mathcal{D}(\zeta)$-invariant und daher die Liftung $\zeta^*\omega$ einer Form ω auf X. Wir liften u zu einem Weg v auf Z. Wenn v im Punkte c beginnt, ist $\gamma(c)$ mit $\gamma := P[u]$ sein Endpunkt. Daher ist $\exp(\int_u \omega) = \exp(\int_v df/f) = (f \circ \gamma(c))/f(c) = k(\gamma)$.

7.8.3 Ganzzahlige Residuen. *Wenn die Fläche X einfach zusammenhängt, ist jede Form $\omega \in \mathcal{E}_3(X)$ mit ganzzahligen Residuen eine logarithmische Ableitung.*

Beweis. Wir modifizieren die Argumentation in 7.4.1. Die Menge $L_\omega \subset \mathcal{M}$ aller Keime, die lokal durch meromorphe Funktionen f mit $df/f = \omega$ repräsentiert werden, ist offen und abgeschlossen in $\mathcal{M}$. Die Auswertungsfunktion $e|L_\omega$ hat die logarithmische Ableitung

$$d(e|L_\omega)/(e|L_\omega) = (p^*\omega)|L_\omega.$$

Die Beschränkung der Projektion $p : \mathcal{M} \to X$ ist eine unverzweigte Überlagerung $p : L_\omega \to X$. Denn wegen der ganzzahligen Residuen gibt es zu jedem $a \in X$ eine Karte $z : (U, a) \to (\mathbb{E}, 0)$, so daß $\omega|U = n\,dz/z + dh$ mit $n \in \mathbb{Z}$ und $h \in \mathcal{O}(U)$ gilt. Daher ist $\omega|U$ die logarithmische Ableitung von $f = z^n e^h$. Dann ist $p^{-1}(U) \cap L_\omega$ die disjunkte Vereinigung der Basismengen (U, cf) für $c \in \mathbb{C}^\times$.– Die Behauptung folgt nunmehr analog zu 7.4.1. □

Folgerungen. *Sei $\zeta : Z \to X$ eine universelle Überlagerung und $\omega \in \mathcal{E}_3(X)$ eine Form mit ganzzahligen Residuen. Es gibt eine Funktion $f \in \mathcal{M}(Z)$ mit der logarithmischen Ableitung $df/f = \zeta^*\omega$.*

(1) *Für jede nullhomotope Schleife u auf X, die die Pole von ω meidet, gilt $\int_u \omega \in 2\pi i\mathbb{Z}$.*

(2) *Die Funktion f ist multiplikativ.*

(3) *Genau dann, wenn $\int_u \omega \in 2\pi i\mathbb{Z}$ für alle Schleifen auf X gilt, die die Pole von ω meiden, ist $\omega = dh/h$ die logarithmische Ableitung einer Funktion $h \in \mathcal{M}(X)$.*

Beweis zu (1). Jede ζ-Liftung von u ist eine *Schleife* v auf Z. Daher ist $\exp \int_u \omega = \exp \int_v \zeta^*\omega = 1$.– Zu (2). Für jede Deckabbildung $\gamma \in \mathcal{D}(\zeta)$ haben $f \circ \gamma$ und f dieselbe logarithmische Ableitung $\zeta^*\omega$. Daher ist $(f \circ \gamma)/f$ konstant $\neq 0$.– Zu (3). Nach dem Satz in 7.8.2 ist f eine $\mathcal{D}(\zeta)$-invariante Funktion, also $f = h \circ \zeta$ und $dh/h = \omega$. □

7.9 Aufgaben

1) Übertrage die Ergebnisse über die Ordnung (7.1.4) und über die Liftung (7.1.6) von Differentialformen auf q-Differentialformen. Zeige:
   (a) Das Produkt $\varphi \cdot \omega := \{\varphi_\alpha \cdot \omega_\alpha\}$ einer q-Differentialform $\varphi = \{\varphi_\alpha\}$ mit einer r-Differentialform $\omega = \{\omega_\alpha\}$ ist eine $(q+r)$-Differentialform mit dem Divisor $(\varphi \cdot \omega) = (\varphi) + (\omega)$.
   (b) Ein Divisor D ist genau dann der Null- und Polstellendivisor einer q-Differentialform, wenn es einen kanonischen Divisor K und einen Hauptdivisor H mit $D = qK + H$ gibt.

2) Sei X durch das irreduzible Polynom $w^n - f(y) \in \mathcal{M}(Y)[w]$ definiert. Drücke die Charakteristik $\chi(X)$ durch n, $\chi(Y)$ und die Ordnungen von f aus.
   Sind die durch $w^3 - (z^2+1)^2(z^3-1)$, $w^n + z^n + 1 \in \mathbb{C}(z)[w]$ definierten Flächen zusammenhängend? Welche Charakteristiken haben sie?

3) Sei $\eta: X \to Y$ die durch $w^2 = (z-e_1) \cdot \ldots \cdot (z-e_{2g+1})$ definierte (hyper-)elliptische Überlagerung. Zeige: Für jeden Divisor D auf $\widehat{\mathbb{C}}$ vom Grade $g-1$ ist die Liftung $\eta^* D$ ein kanonischer Divisor.
   Hinweis: Berechne den kanonischen Divisor (dz/w).

4) Welche Flächen vom Geschlecht 3 besitzen einen Automorphismus der Ordnung 8?

5) Sei X die durch $w^2 = P(z) := (z-e_1) \cdot \ldots \cdot (z-e_{2g+1})$ definierte Fläche.
   (a) Sei $(z_0, w_0) \in \mathbb{C}^2$ und $w_0^2 = P(z_0)$. Bestimme die Pole mit ihren Ordnungen und Residuen für folgende Differentialform
   $$\omega = \frac{1}{2} \frac{w + w_0}{z - z_0} \frac{dz}{w}.$$
   (b) Sei $A \subset X$ eine endliche Teilmenge und $r : A \to \mathbb{C}$ eine Funktion mit $\sum r(a) = 0$. Konstruiere eine Form dritter Gattung auf X, die an jeder Stelle $a \in A$ einem Pol mit dem Residuum $r(a)$ hat und sonst holomorph ist. Benutze dazu die in (a) angegebenen Formen ω für verschiedene (z_0, w_0).

6) Sei sp die Spur der endlichen Abbildung $\eta: X \to Y$.
   (a) Finde eine Formel für $\text{sp}(\eta^* \varphi)$.
   (b) Untersuche ob $\omega \mapsto \text{sp}\,\omega$ injektiv oder surjektiv ist.
   (c) Berechne $\text{sp}\,\omega$ für $\eta(z) = z^n$ und $\omega = z^q dz$.

7) Für welche Exponenten n, q sind die Differentialformen $z^n dz/w^q$ auf der durch $w^4 - z^4 + 1$ definierten Fläche holomorph? Wo liegen die Nullstellen dieser Formen? Welche Ordnungen haben sie?

8) Finde eine holomorphe Differentialform ω auf einer kompakten Fläche X, deren Perioden dicht in $\mathbb{C}$ liegen.

Anleitung: Auf der durch $w^2 = z(z^2 - 1)(z^2 + 1)$ definierten Fläche X ist $\omega = dz/w$ holomorph. Wähle eine Schleife u mit $r := \int_u \omega \neq 0$. Mit $\rho = e^{\pi i/4}$ wird durch $h(z) = \rho^2 z$ und $h(w) = \rho w$ ein Automorphismus h von X definiert. Die Integralwerte
$$\int_{h^n \circ u} \omega = \rho^n r$$
gehören zu Per(ω). Die Zahlen r, ρr und $\rho^2 r$ sind über $\mathbb{Q}$ linear unabhängig. Folgere, daß Per(ω) dicht in $\mathbb{C}$ liegt.

9) Deute den Integranden in der Formel 2.4.1(1) für die Länge des Ellipsenbogens als Differentialform auf einem Torus. Zu welcher Gattung gehört diese Form? Ist der Ellipsenumfang eine Periode der Form?

10) Sei $\eta : \mathbb{C} \to \mathbb{C}/\Omega$ eine Torusüberlagerung. Zeige: Für die durch 2.3.4(1) definierte Funktion ζ gilt $d\zeta = \eta^* \varphi$ mit $\varphi \in \mathcal{E}_2(\mathbb{C}/\Omega)$. Folgere: Die in 7.7.4 definierte Abbildung $\Phi : \mathcal{E}_2(X) \to H^1(X, \mathbb{C})$ ist für $X = \mathbb{C}/\Omega$ surjektiv.

11) Sei X die durch $w^2 = (z - e_1) \cdot \ldots \cdot (z - e_5)$ bestimmte hyperelliptische Fläche. Zeige: Für jedes Polynom $Q(z)$ vom Grade ≤ 3 ist $Q(z)dz/w$ eine Form zweiter Gattung, welche für $Q \neq 0$ keine Stammfunktion besitzt. Folgere mit Satz 7.7.4, daß die Cohomologie $H^1(X, \mathbb{C})$ mindestens 4-dimensional ist. Verallgemeinere von 5 auf beliebige ungerade Zahlen ≥ 3.

12) Wie in Aufgabe 3.9.10 sei $A \subset X$ eine lokal endliche Teilmenge der Fläche X, und sei u eine auf X nullhomotope Schleife, die A nicht trifft. Zeige: Den Punkten $a \in A$ lassen sich ganze Zahlen $n(u, a)$ so zuordnen, daß nur endlich viele $n(u, a) \neq 0$ sind und für jede auf $X \setminus A$ holomorphe Differentialform ω folgende *Residuenformel* gilt:
$$\int_u \omega = 2\pi i \sum_{a \in A} n(u, a) \, \text{res}(\omega, a).$$

13) Beweise für die Lambda-Funktion und die Halbperiodenwerte der $\wp$-Funktion, siehe Paragraph 5.4,
$$e_1 d\tau = \frac{\pi i}{3} \lambda^* \left(\frac{2 - z}{z(z - 1)} dz \right).$$
Gewinne entsprechende Formeln für e_2 und e_3.

Anleitung. Wenn $fd\tau$ eine Γ_2-invariante Differentialform ist, gilt $fd\tau = \lambda^* \varphi$ für eine Form φ auf $\mathbb{C}^{\times \times}$, ferner $f(\tau) = \hat{f}(e^{\pi i \tau})$ und $\hat{\lambda}^* \varphi = (\pi i q)^{-1} \hat{f}(q) dq$. Wende dieses Ergebnis auf $e_k d\tau = \lambda^* \varphi_k$ an. Benutze die Reihenentwicklungen 5.5.4(2), $o(\hat{\lambda}, 0) = 1$ nach Satz 5.5.2 sowie $e_1 + e_2 + e_3 = 0$, um die Singularität und das Residuum von φ_k bei 0 zu bestimmen. Transformiere e_k und φ_k gemäß 5.4.3 und 5.4.7, um die Singularitäten bei 1 und ∞ zu erfassen.

14) Bestimme für die Diskriminante Δ aus 2.2.5(3) die Funktion f_Δ so, daß $\Delta (d\tau)^6 = \lambda^*(f_\Delta (dz)^6)$ für die 6-Differentialformen gilt. Gewinne entsprechende Ergebnisse für die Gitterinvarianten g_2 und g_3.

8. Divisoren und Abbildungen in projektive Räume

Bei der Untersuchung kompakter Flächen X spielen *positive Divisoren* und ihre Zusammenfassung zu *Linearscharen* eine bedeutende Rolle. Den Linearscharen entsprechen Abbildungen $X \to \mathbb{P}^n$ in projektive Räume. Dadurch werden kompakte Riemannsche Flächen zu komplex-projektiven Kurven, welche mit Methoden der projektiven Geometrie untersucht werden können. Diese Vorgehensweise hat eine Fülle von Ergebnissen hervorgebracht, siehe [ACGH]. Das vorliegende Kapitel ist nur eine Einführung. Es wird durch ein genaueres Studium des ebenen Falles ($n = 2$) im 9. Kapitel ergänzt.

8.1 Positive Divisoren

Wir betrachten die *additive Gruppe* $\mathrm{Div}(X)$ *aller Divisoren* auf einer kompakten, zusammenhängenden Riemannschen Fläche X, vergleiche 1.6.4, und interessieren uns vorwiegend für *positive Divisoren* D, die durch $D(x) \geq 0$ für alle $x \in X$ definiert sind. Wir schreiben für zwei Divisoren $D \geq E$, wenn $D - E$ positiv ist. Jeder Divisor D ist die Differenz $D = D_0 - D_\infty$ zweier positiver Divisoren, nämlich
$$D_0(x) := \max\{0, D(x)\} \quad \text{und} \quad D_\infty(x) := -\min\{0, D(x)\}$$
Bei einer Funktion $f \in \mathcal{M}(X) \setminus \{0\}$ mit dem Hauptdivisor $(f) = (f)_0 - (f)_\infty$ heißt $(f)_0$ der *Null-* und $(f)_\infty$ der *Polstellendivisor*. Ihr Grad $\mathrm{gr}(f)_0 = \mathrm{gr}(f)_\infty = \mathrm{gr}\, f$ ist der Grad der Abbildung $f : X \to \widehat{\mathbb{C}}$, siehe 1.6.2(3).

8.1.1 Lineare Äquivalenz. In $\mathrm{Div}(X)$ bilden die Hauptdivisoren (f) wegen $(f/g) = (f) - (g)$ eine Untergruppe. Die Restklassen bezüglich dieser Untergruppe heißen *Divisorklassen*. Beispielsweise bilden alle *kanonischen* Divisoren *eine* Klasse, welche *kanonische Divisorklasse* genannt wird.

Zwei Divisoren heißen *linear äquivalent*, wenn sie zur selben Divisorklasse gehören; sie haben dann denselben Grad.

Die Menge aller *positiven* Divisoren, die zum Divisor D linear äquivalent sind, wird mit $|D|$ bezeichnet. Im Falle $\mathrm{gr}\, D < 0$ ist $|D| = \emptyset$. Zur Beschreibung von $|D|$ bildet man den komplexen Vektorraum
(1) $\qquad \mathcal{L}(D) := \{f \in \mathcal{M}(X) : f = 0 \text{ oder } D + (f) \geq 0\}.$
Dann ist

(2) $$|D| = \{D + (f) : f \in \mathcal{L}(D) \setminus \{0\}\}.$$
Der Raum $\mathcal{L}(D)$ ist stets endlich dimensional, siehe 8.1.2. Wir nennen
(3) $$l(D) := \dim \mathcal{L}(D)$$
die *Dimension des Divisors* D. Äquivalente Divisoren haben dieselbe Dimension, da $D - E = (h)$ den Isomorphismus
(4) $$\mathcal{L}(D) \to \mathcal{L}(E), f \mapsto h \cdot f,$$
bestimmt.– Bei jedem positiven Divisor D gehören alle konstanten Funktionen zu $\mathcal{L}(D)$, kurz: $\mathbb{C} \subset \mathcal{L}(D)$. Daher ist $l(D) \geq 1$.

Sei $\eta : X \to Y$ eine Überlagerung. Für jeden Divisor $D \in \text{Div}(Y)$ ist der Untervektorraum $\{f \circ \eta : f \in \mathcal{L}(D)\} \subset \mathcal{L}(\eta^* D)$ zu $\mathcal{L}(D)$ isomorph. Daher gilt
(5) $\quad l(\eta^* D) \geq l(D) \quad$ *für die Dimension gelifteter Divisoren.* □

Auf $\widehat{\mathbb{C}}$ sind wegen 1.6.5 (2) Divisoren gleichen Grades stets linear äquivalent. Insbesondere sind alle Divisoren vom Grade -2 kanonisch. Für $n \geq 0$ ist $\mathcal{L}(n \cdot \infty)$ der Vektorraum aller Polynome vom Grade $\leq n$. Daher gilt
(6) $\quad l(D) = \max\{0, 1 + \text{gr } D\} \quad$ *für Divisoren D auf $\widehat{\mathbb{C}}$.* □

Satz. *Genau dann, wenn auf X ein Divisor D mit $\text{gr } D \leq d$ und $l(D) \geq 2$ existiert, gibt es eine Überlagerung $\eta : X \to \widehat{\mathbb{C}}$ vom Grade $\leq d$.*

Beweis. Man darf $D \geq 0$ annehmen. Die Bedingung $l(D) \geq 2$ ist zur Existenz einer Funktion $\eta \in \mathcal{L}(D) \setminus \mathbb{C}$ äquivalent. Für sie gilt $\text{gr } \eta = \text{gr}(\eta)_\infty \leq \text{gr } D \leq d$. Umgekehrt sei $\eta : X \to \widehat{\mathbb{C}}$ eine Überlagerung vom Grade $r \leq d$. Ihr Polstellendivisor D hat den Grad r. Wegen $\eta \in \mathcal{L}(D) \setminus \mathbb{C}$ ist $l(D) \geq 2$. □

8.1.2 Die Endlichkeit der Dimension $l(D)$ beruht auf folgendem

Lemma. *Seien $D, P \in \text{Div}(X)$ und $P \geq 0$. Dann ist $\mathcal{L}(D) \subset \mathcal{L}(D+P)$ ein Untervektorraum. Es gilt die Abschätzung*
(1) $$l(D) \leq l(D+P) \leq l(D) + \text{gr } P.$$
Beweis durch Induktion über $\text{gr } P$. Für den Induktionsschritt genügt es, einen Punktdivisor P zu betrachten. Dann ist $\mathcal{L}(D) = \{f \in \mathcal{L}(D+P) : o(f, P) \geq -D(P)\}$. Da für alle $f \in \mathcal{L}(D+P)$ ohnehin $o(f, P) \geq -D(P) - 1$ gilt, existiert im Falle $\mathcal{L}(D) \neq \mathcal{L}(D+P)$ ein $g \in \mathcal{L}(D)$ mit $o(g, P) = -D(P) - 1$. Zu jedem $f \in \mathcal{L}(D+P)$ gibt es dann ein $c \in \mathbb{C}$ mit $o(h - cg, P) \geq -D(P)$, also $h - cg \in \mathcal{L}(D)$. Dann ist $\mathcal{L}(D+P) = \mathcal{L}(D) + \mathbb{C} \cdot g$. □

Endlichkeitssatz. *Für jeden Divisor $D \in \text{Div}(X)$ ist $l(D)$ endlich: Aus $\text{gr } D < 0$ folgt $l(D) = 0$. Für Divisoren D vom Grade 0 ist $l(D) = 1$ oder $= 0$ je nachdem, ob D ein Hauptdivisor ist oder nicht. Aus $\text{gr } D \geq 1$ folgt $l(D) \leq 1 + \text{gr } D$. Die Fläche X ist zu $\widehat{\mathbb{C}}$ isomorph, sobald es ein $D \in \text{Div}(X)$ mit $l(D) = 1 + \text{gr } D \geq 2$ gibt.*

Beweis. Aus $\text{gr } D < 0$ folgt $|D| = \emptyset$, also $l(D) = 0$.– Sei $\text{gr } D = 0$. Aus $D = (f)$ folgt $1/f \in \mathcal{L}(D)$, also $l(D) > 0$. Umgekehrt folgt aus $l(D) > 0$, daß $D = (1/h)$ für alle $h \in \mathcal{L}(D) \setminus \{0\}$ gilt. In diesem Falle ist $l(D) = 1$. Denn je zwei Funktionen $g, h \in \mathcal{L}(D) \setminus \{0\}$ sind linear abhängig, da $(g/h) = 0$, also $g/h \in \mathbb{C}^\times$ ist.– Wenn $\operatorname{gr} D > 0$ ist, zerlegt man $D = D_0 + P$, so daß $\operatorname{gr} D_0 = 0$ und $P \geq 0$ ist. Aus dem Lemma folgt $l(D) \leq l(D_0) + \operatorname{gr} P \leq 1 + \operatorname{gr} D$.– Im Falle $l(D) = 1 + \operatorname{gr} D \geq 2$ zerlegt man $D = D_1 + P$, so daß $\operatorname{gr} D_1 = 1$ und $P \geq 0$ ist. Wegen des Lemmas ist $l(D_1) + \operatorname{gr} P \geq l(D) = 1 + \operatorname{gr} D = 2 + \operatorname{gr} P$, also $l(D_1) \geq 2$. Nach Satz 8.1.1 gibt es einen Isomorphismus $X \approx \widehat{\mathbb{C}}$. □

8.1.3 Die Charakteristik eines Divisors. Analog zu 8.1.1(1) bilden wir mit den Differentialformen ω anstelle der Funktionen zu jedem Divisor D den komplexen Vektorraum
(1) $\qquad \mathcal{L}^1(D) = \{\omega \in \mathcal{E}(X) : \omega = 0 \text{ oder } D + (\omega) \geq 0\}$.
Jeder kanonische Divisor $K = (\omega)$ bestimmt den *Isomorphismus*
(2) $\qquad \mathcal{L}(K + D) \to \mathcal{L}^1(D)$, $f \mapsto f \cdot \omega$. □

Wir definieren den *Index i* und die *Charakteristik ch* durch
(3) $\quad i(D) := \dim \mathcal{L}^1(-D) = l(K - D)$ und $ch(D) := l(D) - i(D)$.
Dann ist
(4) $\qquad\qquad\qquad ch(D) + ch(K - D) = 0$. □

Satz. *Für jeden Divisor D und jeden positiven Divisor P gilt*
(5) $\qquad\qquad\qquad ch(D + P) \leq ch(D) + \operatorname{gr} P$.

Beweis. Nach Lemma 8.1.2 ist $l(D + P) \leq l(D) + \operatorname{gr} P$. Das entsprechende Ergebnis gilt für $K - D$ statt D. Wir beweisen (5) durch Induktion über $\operatorname{gr} P$ und müssen für den Induktionsschritt nur einen Punktdivisor P betrachten. Entweder gilt (5), oder wegen Lemma 8.1.2 ist $l(D + P) = l(D) + 1$ und $i(D) = i(D + P) + 1$. Der zweite Fall ist unmöglich: Es gäbe eine Funktion $f \in \mathcal{L}(D + P) \setminus \mathcal{L}(D)$ und eine Form $\omega \in \mathcal{L}^1(-D) \setminus \mathcal{L}^1(-D - P)$. Dann wäre $f\omega$ bis auf einen einfachen Pol bei P holomorph und hätte daher im Widerspruch zu 7.3.6 eine Residuensumme $\neq 0$. □

Die nächsten Abschnitte 8.1.4-5 enthalten Ergänzungen zu 8.1.2, welche erst im 13. Kapitel und später eine Rolle spielen.

8.1.4 Dimensionsverminderung. Das Lemma in 8.1.2 läßt sich mit $E := D + P$ umformulieren:
(1) $\qquad\qquad\qquad l(E - P) \geq l(E) - \operatorname{gr} P$.
Die extreme Dimensionsverminderung $l(E - P) = l(E) - \operatorname{gr} P$ tritt fast immer ein. Um dies zu präzisieren, machen wir die Menge X_n aller positiven Divisoren vom Grade n zu einem topologischen Raum: Die Abbildung
$$p : X^n := X \times \ldots \times X \to X_n, \ p(P_1, \ldots, P_n) := P_1 + \ldots + P_n,$$
ist surjektiv. Wir versehen X_n mit der entsprechenden Quotiententopologie und nennen X_n das *n-fache symmetrische Produkt* der Fläche X. Die Addition $X_r \times X_s \to X_{r+s}$, $(A, B) \mapsto A + B$, ist stetig.

Satz. *Für jeden Divisor E und jede natürliche Zahl $n > 0$ liegen die positiven Divisoren P mit $l(E - P) = \max\{0, l(E) - n\}$ dicht in X_n.*

158   8. Divisoren und Abbildungen in projektive Räume

Wir beweisen die äquivalente Aussage (∗) durch Induktion über n:
(∗) *Seien* $U_1, \ldots, U_n$ *nicht-leere, offene Mengen in* X. *Es gibt Punkte* $P_j \in U_j$, *so daß* $l(E - P_1 - \ldots - P_n) = \max\{0, l(E) - n\}$ *ist*.
Für den Induktionsschritt genügt es, (∗) für $n = 1$ und $l(E) > 0$ zu beweisen. Man wählt ein $f \in \mathcal{L}(E) \setminus \{0\}$. Angenommen, für $Q \subset X$ gilt $l(E - Q) = l(E)$, also $\mathcal{L}(E - Q) = \mathcal{L}(E)$. Dann ist $f \in \mathcal{L}(E - Q)$, somit $E + (f)_0 \geq (f)_\infty + Q$, also $Q \in \mathrm{Tr}(E + (f)_0)$. Daher gilt $l(E - P) = l(E) - 1$ für alle $P \in X$ außerhalb des endlichen Trägers von $E + (f)_0$. □

8.1.5 Freiheitsgrade. *Seien* $0 \leq s \leq n$ *natürliche Zahlen, sei* D *ein Divisor vom Grade* n, *sei* $U \subset X_s$ *offen und* $\neq \emptyset$. *Dann sind* (1) *und* (2) *äquivalent:*
(1) $\qquad\qquad\qquad l(D) \geq s + 1$.
(2) *Zu jedem* $A \in U$ *gibt es ein* $B \in X_{n-s}$ *mit* $A + B \in |D|$.

Beweis. (1) ⇒ (2). Nach 8.1.4 ist $l(D - A) \geq l(D) - s \geq 1$. Daher gibt es einen positiven Divisor B, welcher zu $D - A$ linear äquivalent ist.
(2) ⇒ (1). Die Annahme $r := l(D) \leq s$ wird zum Widerspruch geführt: Es gibt ein Paar $(S, T) \in X_{s-r} \times X_r$ mit $S + T \in U$. Wegen der Stetigkeit der Addition gibt es eine Umgebung V von T in X_r mit $S + V \subset U$. Nach Satz 8.1.4 existiert ein $C \in V$ mit $l(D - C) = 0$. Nach (2), angewendet auf $A = S + C$, gibt es ein $B \in X_{n-s}$ mit $S + C + B \in |D|$. Daher sind $D - C$ und $S + B$ linear äquivalent, insbesondere $l(S + B) = l(D - C) = 0$. Da S und B positiv sind, ist aber $l(S + B) \geq 1$. □

Wenn (1) und (2) gelten, sagt man: $|D|$ *hat mindestens* s *Freiheitsgrade.*

8.2 Holomorphe Differentialformen

Wie in 8.1 werden nur *kompakte Flächen* X betrachtet. Bei ihnen spielt der $\mathbb{C}$-Vektorraum $\mathcal{E}_1(X)$ aller *holomorphen* Differentialformen eine wichtige Rolle. Denn mittels $\mathcal{E}_1(X)$ werden in 8.3 kanonische Abbildungen von X in projektive Räume gewonnen, und $\mathcal{E}_1(X)$ ist im 14. Kapitel ein Grundstein für die Konstruktion des Jacobischen Periodentorus $J(X)$.– Wir benutzen den in 8.1.3 bewiesenen Satz, um $\dim \mathcal{E}_1(X)$ durch die analytische Charakteristik abzuschätzen und berechnen $\mathcal{E}_1(X)$ für spezielle Flächen X.

8.2.1 Das analytische Geschlecht. Für jeden kanonischen Divisor K gilt $\mathcal{L}^1(0) = \mathcal{E}_1(X) \cong \mathcal{L}(K)$, siehe 8.1.3(1)-(2). Man nennt
(1) $\qquad\qquad\qquad g_{an}(X) := \dim \mathcal{E}_1(X) = l(K)$
das *analytische Geschlecht* von X.
Auf $\widehat{\mathbb{C}}$ gibt es keine holomorphen Formen $\neq 0$, also ist $g_{an}(\widehat{\mathbb{C}}) = 0$.
Auf jedem *Torus* T gibt es eine Form ω ohne Null- und Polstellen. Für jedes $\varphi \in \mathcal{E}_1(T)$ ist $\varphi/\omega \in \mathcal{O}(T) = \mathbb{C}$. Daher ist $g_{an}(T) = 1$.

Im allgemeinen besteht zwischen $g := g_{an}(X)$ und der analytischen Charakteristik $\chi := \chi(X)$ folgende Ungleichung:

Satz. *Wenn* $g \geq 1$ *ist, gilt* $2g - 2 \leq -\chi$, *insbesondere* $\chi \leq 0$.

Beweis. Wegen $g \geq 1$ gibt es eine holomorphe Form $\neq 0$, also einen *positiven* kanonischen Divisor K. Die Behauptung folgt aus 8.1.3(5), angewendet auf $D = 0$ und $P = K$. □

Die *Gleichung* $2g - 2 = -\chi$ gilt für die Zahlenkugel und alle Tori. Wir werden sie in den nächsten Abschnitten für weitere Flächen bestätigen. In der Tat gilt sie für alle kompakten Flächen:
In 12.4.1 wird $\chi = 2 - 2g_{top}$ für das topologische Geschlecht g_{top} bewiesen. Die Gleichung $g_{top} = g_{an}$ ist der Spezialfall $D = 0$ der *Formel von Riemann und Roch* für beliebige Divisoren D und kanonische Divisoren K:

(RR) $\qquad l(D) - l(K - D) = \operatorname{gr} D - g_{top} + 1$.

Der Beweis von (RR) wird nach umfangreichen Vorarbeiten in 13.1.5 erreicht.

8.2.2 Holomorphe Formen auf hyperelliptischen Flächen. Für paarweise verschiedene $e_1, \ldots, e_{2m+1} \in \mathbb{C}$ definiert das Polynom
$$w^2 - (z - e_1) \cdot \ldots \cdot (z - e_{2m+1})$$
eine hyperelliptische Fläche X. Mit der bei Abelschen Integralen üblichen Schreibweise, siehe 7.4.6, gilt

(1) $\qquad \mathcal{E}_1(X) = \left\{ \dfrac{P(z)}{w} dz : P(z) \in \mathbb{C}[z],\ \operatorname{gr} P \leq m - 1 \right\}$, $g_{an}(X) = m$.

Beweis zu (1). Im Riemannschen Gebilde (X, η, f) des Polynoms besteht $\eta^{-1}(\infty)$ aus *einem* Punkt a_{2m+2}. Aus den in 6.4.2(3) angegebenen Windungszahlen und Ordnungen folgt: Die Form $d\eta/f$ ist bis auf eine $(2m-2)$-fache Nullstelle bei a_{2m+2} null- und polstellenfrei. Für jedes Polynom $P(z)$ vom Grade r gilt $o(P \circ \eta, a_{2m+2}) = -2r$. An allen anderen Stellen ist $P \circ \eta$ holomorph. Daher sind die Formen $((P \circ \eta)/f)d\eta$ für $\operatorname{gr} P \leq m - 1$ holomorph. Sie bilden einen m-dimensionalen Untervektorraum von $\mathcal{E}_1(X)$. Andererseits folgt aus Satz 8.2.1 $\dim \mathcal{E}_1(X) \leq m$, weil X nach 7.1.5(2) die analytische Charakteristik $\chi = 2 - 2m$ hat. □

8.2.3 Holomorphe Formen auf der Kleinschen Fläche. *Sei* X *die durch* $w^7 - z^2(z-1)$ *definierte Kleinsche Fläche. Die drei Formen*

(1) $\qquad\qquad dz/w^3$, $z\,dz/w^5$, $z\,dz/w^6$

bilden eine Basis von $\mathcal{E}_1(X)$, *also ist* $g_{an}(X) = 3$.

Beweis. Die Windungszahlen von η und die Ordnungen von f im Riemannschen Gebilde (X, η, f) sind im Satz 6.4.4 zusammengestellt. Man entnimmt ihnen, daß die angegebenen Formen holomorph sind. Offenbar sind sie linear unabhängig. Wegen $\chi(X) = -4$ folgt $\dim \mathcal{E}_1(X) \leq 3$ aus Satz 8.2.1. □

8.3 Abbildungen in projektive Räume

Die Kompaktifizierung der Zahlenebene $\mathbb{C}$ zur Zahlenkugel $\widehat{\mathbb{C}}$ wird auf höhere Dimensionen verallgemeinert: Wir definieren die komplex projektiven Räume $\mathbb{P}^n$ als komplex n-dimensionale Mannigfaltigkeiten und betten $\mathbb{C}^n$ in $\mathbb{P}^n$ ein.– Für Riemannsche Flächen X verallgemeinern wir die meromorphen Funktionen $X \to \widehat{\mathbb{C}} = \mathbb{P}^1$ zu holomorphen Abbildungen $X \to \mathbb{P}^n$.

8.3.1 Projektive Räume. Jeder endlich-dimensionale komplexe Vektorraum V ist zugleich ein Hausdorffraum. Seine Topologie ist dadurch charakterisiert, daß jeder Vektorraum-Isomorphismus $V \cong \mathbb{C}^n$ ein Homöomorphismus ist. Wir setzen $\dim V \geq 1$ voraus und nennen die Menge $\mathbb{P}(V)$ aller 1-dimensionalen Untervektorräume den *projektiven Raum zu V*. Jeder Vektor $v \in V \setminus \{0\}$ spannt den 1-dimensionalen Untervektorraum $[v] := \mathbb{C}v$ auf. Wir versehen $\mathbb{P}(V)$ mit der Quotiententopologie bezüglich
$$p : V \setminus \{0\} \to \mathbb{P}(V) \ , \ p(v) = [v] \ .$$
Wir schreiben $\mathbb{P}^n := \mathbb{P}(\mathbb{C}^{n+1})$. Jeder Isomorphismus $F : V \to \mathbb{C}^{n+1}$ der Vektorräume bestimmt den Homöomorphismus $\mathbb{P}(V) \to \mathbb{P}^n$, $[v] \mapsto [F(v)]$. Man nennt $\mathbb{P}^1$ die *projektive Gerade* und $\mathbb{P}^2$ die *projektive Ebene*.

Die Einbettung $W \hookrightarrow V$ jedes Untervektorraums $W \neq 0$ induziert die Einbettung $\mathbb{P}(W) \hookrightarrow \mathbb{P}(V)$. Die abgeschlossene Teilmenge $\mathbb{P}(W) \subset \mathbb{P}(V)$ heißt *projektiver Unterraum*. Wenn W die Codimension 1 hat, also der Kern einer Linearform $L : V \to \mathbb{C}$ ist, nennt man $\mathbb{P}(W)$ eine *projektive Hyperebene*. Man sagt auch: $\mathbb{P}(W)$ *wird durch* $L = 0$ *definiert*, und schreibt $\mathbb{P}(W) =: N(L)$. Für diesen Fall gilt: Jedes $a \in V \setminus W$ bestimmt den Homöomorphismus

(1) $\alpha : W \to \mathbb{P}(V) \setminus N(L)$, $w \mapsto [a+w]$, mit $\alpha^{-1}([v]) = (L(a)/L(v))v - a$.

Insbesondere ist $\mathbb{P}(V) \setminus N(L)$ wie W hausdorffsch. Daraus folgt:

(2) *Der projektive Raum $\mathbb{P}(V)$ ist hausdorffsch.*

Beweis. Zu zwei Punkten $[v], [v'] \in \mathbb{P}(V)$ gibt es eine Linearform L mit $L(v) \neq 0 \neq L(v')$, also $[v], [v'] \in \mathbb{P}(V) \setminus N(L)$. □

Wenn man V mit einer hermiteschen Norm versieht, ist die Einheitssphäre $S \subset V$ kompakt und zusammenhängend. Aus $p(S) = \mathbb{P}(V)$ folgt:

(3) *Der projektive Raum $\mathbb{P}(V)$ ist kompakt und zusammenhängend.* □

8.3.2 Homogene Koordinaten. Atlas. Die Komponenten des Vektors $z = (z_0, z_1, \ldots, z_n) \in \mathbb{C}^{n+1} \setminus \{0\}$ heißen *homogene Koordinaten* des Punktes $[z] \in \mathbb{P}^n$. Man schreibt $[z] = (z_0 : z_1 : \ldots : z_n)$. Offenbar gilt $(z_0 : z_1 : \ldots : z_n) = (w_0 : w_1 : \ldots : w_n)$ genau dann, wenn es ein $u \in \mathbb{C}^\times$ mit $w_j = u z_j$ für alle j gibt.

Die Komplemente $U_j := \mathbb{P}^n \setminus \Theta_j$ der Hyperebenen $\Theta_j := N(z_j)$ sind offen und überdecken für $j = 0, \ldots, n$ den $\mathbb{P}^n$. Jede Abbildung
$$\alpha_j : \mathbb{C}^n \to U_j \ , \ (z_1, \ldots, z_n) \mapsto (z_1 : \ldots : z_{j-1} : 1 : z_j : \ldots : z_n)$$

ist ein Homöomorphismus. Die Umkehrabbildung $h_j := \alpha_j^{-1}$ ist eine topologische Karte des $\mathbb{P}^n$:
$$U_j \to \mathbb{C}^n, (z_0 : \ldots : z_n) \mapsto (z_0/z_j : \ldots : z_{j-1}/z_j, z_{j+1}/z_j, \ldots, z_n/z_j).$$
Diese Karten bilden den holomorphen Atlas $\{(U_j, h_j) : j = 0, \ldots, n\}$, der $\mathbb{P}^n$ zu einer komplexen Mannigfaltigkeit der Dimension n macht.

Für $n = 1$ läßt sich die Karte $h_0 : U_0 \to \mathbb{C}$ durch $h_0(0 : 1) := \infty$ zu einer biholomorphen Abbildung $\mathbb{P}^1 \to \widehat{\mathbb{C}}$ fortsetzen. Durch sie wird die projektive Gerade $\mathbb{P}^1$ mit der Zahlenkugel $\widehat{\mathbb{C}}$ identifiziert.

8.3.3 Projektive Automorphismen. Jede Matrix $A \in \mathrm{GL}_{n+1}(\mathbb{C})$ bestimmt den *projektiven Automorphismus* $\hat{A} : \mathbb{P}^n \to \mathbb{P}^n, [z] \mapsto [A \cdot z]$. Dabei ist z beim Matrizenprodukt $A \cdot z$ ein Spaltenvektor. Projektive Automorphismen sind biholomorph. Sie bilden die Gruppe $\mathrm{Aut}(\mathbb{P}^n)$. Die projektiven Automorphismen von $\mathbb{P}^1 = \widehat{\mathbb{C}}$ sind die Möbius-Transformationen.

Wir nennen zwei Abbildungen $\varphi, \psi : M \to \mathbb{P}^n$ einer Menge M *projektiv äquivalent*, wenn $\psi = \Phi \circ \varphi$ für einen projektiven Automorphismus Φ gilt. Wir interessieren uns für die *projektiven Eigenschaften* von φ; das sind solche, die sich von φ auf alle projektiv äquivalenten ψ vererben.

8.3.4 Abbildungen Riemannscher Flächen in den $\mathbb{P}^n$. Eine Abbildung $\psi : X \to \mathbb{P}^n$ der Fläche X ist genau dann holomorph, wenn es um jeden Punkt in X eine Scheibe U und Funktionen $\varphi_j \in \mathcal{O}(U)$ ohne gemeinsame Nullstellen gibt, so daß für alle $x \in U$ gilt:
$$\varphi(x) = (\varphi_0(x) : \ldots : \varphi_n(x)).$$
Wir nennen $\varphi|U = (\varphi_0 : \ldots : \varphi_n)$ eine *gute (lokale) Darstellung*. Zu jeder anderen guten Darstellung $\varphi|U^* = (\varphi_0^* : \ldots : \varphi_n^*)$ gibt es eine nullstellenfreie Funktion $\lambda \in \mathcal{O}(U \cap U^*)$ mit $\varphi_j^* = \lambda \cdot \varphi_j$ für $j = 0, 1, \ldots, n$.

Die Abbildung $\varphi : X \to \mathbb{P}^n$ der zusammenhängenden Fläche X heißt *nichtentartet*, wenn es keine Hyperebene Θ mit $\varphi(X) \subset \Theta$ gibt.

Dann ist $\varphi^{-1}(\Theta) \subset X$ für jede Hyperebene Θ lokal endlich.

Denn sei $\Theta = N(L)$. Jeder Punkt in X liegt in einer Scheibe U mit einer guten Darstellung $\varphi|U = (\varphi_0 : \ldots : \varphi_n)$. Dann hat $L(\varphi_0, \ldots, \varphi_n) \in \mathcal{O}(U)$ die Nullstellenmenge $U \cap \varphi^{-1}(\Theta)$. Somit ist $\varphi^{-1}(\Theta) \subset X$ analytisch, und die Behauptung folgt mit Satz 1.3.4. □

Auf der zusammenhängenden Fläche X seien $n+1$ meromorphe Funktionen $f_0, \ldots, f_n$ gegeben, die nicht alle konstant $= 0$ sind. Wir nennen $a \in X$ einen *Ausnahmepunkt*, wenn a gemeinsame Nullstelle aller f_j oder Pol von mindestens einem f_k ist. Die Ausnahmepunkte bilden eine lokal endliche Teilmenge $A \subset X$.

Satz. *Die Abbildung $X \setminus A \to \mathbb{P}^n$, $x \mapsto (f_0(x) : \ldots : f_n(x))$, läßt sich in eindeutiger Weise zu einer holomorphen Abbildung $\varphi : X \to \mathbb{P}^n$ fortsetzen, welche mit $\varphi =: (f_0 : \cdots : f_n)$ bezeichnet wird.*

Beweis. Zu jedem $a \in A$ gibt es eine Karte $z : (U, a) \to (\mathbb{E}, 0)$, so daß $U \cap A = \{a\}$ ist. Mit $d := \min\{o(f_j, a)\}$ erhält man die gute Darstellung $(z^{-d}f_0 : \ldots : z^{-d}f_n)$ für die Fortsetzung von φ auf U. □

Wir benötigen drei Ergänzungen.

(1) *Zwei holomorphe Abbildungen* $(f_0 : \ldots : f_n)$, $(g_0 : \ldots : g_n) : X \to \mathbb{P}^n$ *sind genau dann gleich, wenn es eine Funktion* $\lambda \in \mathcal{M}(X)$ *gibt, so daß* $g_j = \lambda f_j$ *für alle* j *gilt.* □

(2) *Die Abbildung* $(f_0 : \ldots : f_n) : X \to \mathbb{P}^n$ *ist genau dann nicht-entartet, wenn* $f_0, \ldots, f_n \in \mathcal{M}(X)$ *über* $\mathbb{C}$ *linear unabhängig sind.* □

(3) *Sei* $\varphi : X \to \mathbb{P}^n$ *holomorph, und sei* $\varphi(X) \not\subset \Theta_0 := N(z_0)$. *Dann gibt es eindeutig bestimmte Funktionen* $f_j \in \mathcal{M}(X)$ *mit* $\varphi = (1 : f_1 : \ldots : f_n)$.

Beweis zu (3). Seien $\varphi|U = (\varphi_0 : \varphi_1 : \ldots : \varphi_n)$, $\varphi|U^* = (\varphi_0^* : \varphi_1^* : \ldots : \varphi_n^*)$ gute Darstellungen. Für jedes j ist $\varphi_j/\varphi_0 = \varphi_j^*/\varphi_0^* \in \mathcal{M}(U \cap U^*)$. Folglich setzen sich die auf den Scheiben U definierten Quotienten φ_j/φ_0 zu einer Funktion $f_j \in \mathcal{M}(X)$ zusammen, so daß $\varphi = (1 : f_1 : \ldots : f_n)$ ist. Die Eindeutigkeit folgt aus (1). □

Beispiele.

(4) Die Abbildung $\rho := \rho_n := (1 : z : z^2 : \ldots : z^n) : \widehat{\mathbb{C}} \to \mathbb{P}^n$ heißt *rationale Raumkurve* vom Grade n.

(5) Die Weierstraßsche $\wp$-Funktion zum Gitter Ω und ihre Ableitung $\wp'$ bestimmen die Abildung $\varphi = (1 : \hat{\wp} : \hat{\wp}') : \mathbb{C}/\Omega \to \mathbb{P}^2$ des Torus.

Die Abbildungen (4) und (5) sind holomorph, nicht-entartet und injektiv, also wegen der Kompaktheit Homöomorphismen von $\widehat{\mathbb{C}}$ auf $\rho_n(\widehat{\mathbb{C}}) \subset \mathbb{P}^n$ bzw. von $\mathbb{C}/\Omega$ auf $\varphi(\mathbb{C}/\Omega) \subset \mathbb{P}^2$.

8.3.5 Kanonische Abbildungen. Sei X eine kompakte, zusammenhängende Fläche vom Geschlecht $g \geq 2$. Zu jeder Basis $\omega_0, \omega_1, \ldots, \omega_{g-1}$ von $\mathcal{E}_1(X)$ bildet man mit $f_j = \omega_j/\omega_0 \in \mathcal{M}(X)$ die *kanonische Abbildung*

$$\kappa := (\omega_0 : \omega_1 : \ldots : \omega_{g-1}) := (1 : f_1 : \ldots : f_{g-1}) : X \to \mathbb{P}^{g-1}.$$

Sie ist nicht-entartet. Wenn man eine andere Basis wählt, erhält man die zu κ projektiv äquivalente Abbildung $\Phi \circ \kappa$, wobei $\Phi \in \mathrm{Aut}(\mathbb{P}^{g-1})$ durch den Basiswechsel bestimmt ist. Umgekehrt sind mit κ alle projektiv äquivalenten Abbildungen $\Phi \circ \kappa$ ebenfalls kanonisch. Für jeden Automorphismus α von X ist die Abbildung $\kappa \circ \alpha = (\alpha^*\omega_0 : \ldots : \alpha^*\omega_{g-1})$ kanonisch und daher zu κ projektiv äquivalent; siehe auch das Lemma in 13.3.1.

Satz. *Sei* $\eta : X \to \widehat{\mathbb{C}}$ *eine zweiblättrige Überlagerung, die über* ∞ *verzweigt. Mit der rationalen Raumkurve* $\rho : \widehat{\mathbb{C}} \to \mathbb{P}^{g-1}$ *entsteht die kanonische Abbildung* $\rho \circ \eta : X \to \mathbb{P}^{g-1}$. *Sie ist nicht injektiv.*

Beweis. Man ergänzt zum Riemannschen Gebilde (X, η, f) mit dem Minimalpolynom $w^2 - (z - e_1) \cdot \ldots \cdot (z - e_{2g+1})$, siehe 6.4.3. Nach 8.2.2 ist $\{\eta^k d\eta/f : k = 0, \ldots, g - 1\}$ eine Basis von $\mathcal{E}_1(X)$. Sie bestimmt die kanonische Abbildung $(1 : \eta : \ldots : \eta^{g-1}) = \rho \circ \eta$. □

Beispiel. Die *Kleinsche Fläche* ist durch das Polynom $w^7 - z^2(z-1)$ definiert und besitzt die Basis zdz/w^6, zdz/w^5 und dz/w^3 von $\mathcal{E}_1(X)$, siehe 8.2.3. *Die entsprechende kanonische Abbildung ist injektiv,*

(1) $\quad\quad \kappa = (zw^{-6} : zw^{-5} : w^{-3}) = (z : zw : w^3) : X \to \mathbb{P}^2.$

Folgerung. *Die Kleinsche Fläche ist nicht hyperelliptisch.* □

8.3.6 Hyperelliptische Überlagerungen. (1) *Zu je zwei hyperelliptischen Überlagerungen* $\eta, \varphi : X \to \widehat{\mathbb{C}}$ *gibt es genau ein* $\gamma \in \mathrm{Aut}(\widehat{\mathbb{C}})$ *mit* $\varphi = \gamma \circ \eta$.
Beweis. Durch zwei Möbius-Transformationen α und β erreicht man, daß $\alpha \circ \eta$ und $\beta \circ \varphi$ über ∞ verzweigen. Nach Satz 8.3.5 sind $\rho \circ \alpha \circ \eta$ und $\rho \circ \beta \circ \varphi$ kanonische Abbildungen und daher projektiv äquivalent: Mit $\Phi \in \mathrm{Aut}(\mathbb{P}^{g-1})$ gilt $\rho \circ \beta \circ \varphi = \Phi \circ \rho \circ \alpha \circ \eta$. Weil $\Phi, \rho, \alpha, \beta$ injektiv sind, haben η und φ dieselben Fasern. Die Behauptung folgt mit Satz 1.3.8. □

Nach (1) haben alle hyperelliptischen Überlagerungen $X \to \widehat{\mathbb{C}}$ dieselbe Deckgruppe $\mathcal{D} < \mathrm{Aut}(X)$ der Ordnung 2. Ihr nicht triviales Element σ heißt *hyperelliptische Involution*. Die Fixpunkte von σ sind die $2g+2$ Windungspunkte jeder hyperelliptischen Überlagerung $X \to \widehat{\mathbb{C}}$.

(2) *Die Involution σ liegt im Zentrum von* $\mathrm{Aut}(X)$.- *Jedes Element in* $\mathrm{Aut}(X) \setminus \mathcal{D}$ *hat höchstens vier Fixpunkte.*

Beweis. Sei $\eta : X \to \widehat{\mathbb{C}}$ hyperelliptisch. Für jedes $\alpha \in \mathrm{Aut}(X)$ gilt id $\neq \alpha^{-1} \circ \sigma \circ \alpha \in \mathcal{D}(\eta \circ \alpha) = \mathcal{D}$, also $\alpha^{-1} \circ \sigma \circ \alpha = \sigma$.- Nach (1) gibt es ein $\gamma \in \mathrm{Aut}(\widehat{\mathbb{C}})$ mit $\eta \circ \alpha = \gamma \circ \eta$. Wenn α mindestens 5 Fixpunkte besitzt, haben diese mindestens 3 verschiedene η-Bilder. Sie sind Fixpunkte von γ. Daher ist $\gamma = \mathrm{id}$ und somit $\alpha \in \mathcal{D}$. □

Aufgabe 6.7.10 enthält Beispiele zu (2).

8.4 Schnittdivisoren und Linearscharen

Wir betrachten nicht-entartete holomorphe Abbildungen $\varphi : X \to \mathbb{P}^n$ kompakter, zusammenhängender Flächen und definieren zu jeder Hyperebene $\Theta \subset \mathbb{P}^n$ einen positiven Schnittdivisor $(\Theta)_\varphi$ auf X. Diese Divisoren bilden die Schnittschar $\mathcal{S}(\varphi)$. Wir ordnen Schnittscharen in die Theorie der Linearscharen ein.

8.4.1 Schnittzahlen und -divisoren. Die Schnittzahl von φ mit Θ an der Stelle $x \in X$ wird folgendermaßen definiert: Man wählt eine Linearform $L(z_0, \ldots, z_n) := a_0 z_0 + \ldots + a_n z_n$, so daß $\Theta := N(L)$ ist, sowie eine gute Darstellung $\varphi|U = (\varphi_0 : \ldots : \varphi_n)$ auf einer Scheibe U mit $x \in U$ und nennt

(1) $\quad\quad (\Theta)_\varphi(x) := o\big(L(\varphi_0, \ldots, \varphi_n), x\big) \in \mathbb{N}$

die *Schnittzahl*. Sie hängt nur von Θ, φ und x ab. Die Abbildung
$$(\Theta)_\varphi : X \to \mathbb{N}, \; x \mapsto (\Theta)_\varphi(x),$$

ist ein positiver Divisor mit dem Träger $\varphi^{-1}(\Theta)$. Sie heißt *Schnittdivisor* von φ mit Θ. Für $\alpha \in \mathrm{Aut}(X)$ gilt $(\Theta)_{\varphi \circ \alpha} = (\Theta)_\varphi \circ \alpha$.

Sei $\varphi = (f_0 : \ldots : f_n)$ mit $f_j \in \mathcal{M}(X)$. Für zwei Hyperebenen Θ_0 und Θ_1 mit den Gleichungen $L_0 = 0$ bzw. $L_1 = 0$ gilt
(2) $\quad (\Theta_1)_\varphi = (\Theta_0)_\varphi + (f) \quad \textit{mit } f := L_1(f_0, \ldots, f_n)/L_0(f_0, \ldots, f_n)$. □

Insbesondere sind alle Schnittdivisoren zu φ linear äquivalent und haben daher denselben Grad. Er wird mit $\mathrm{gr}\,\varphi$ bezeichnet und *Grad von* φ genannt.
(3) $\quad$ *Aus* $(\Theta_1)_\varphi = (\Theta_0)_\varphi$ *folgt* $\Theta_1 = \Theta_0$.
Denn in (2) ist f eine Konstante $c \neq 0$, also $(L_0 - cL_1)(f_0, \ldots, f_n) = 0$, somit $L_0 = cL_1$, weil φ nicht-entartet ist. □

Beispiel. Sei X die Kleinsche Fläche mit $\eta, f \in \mathcal{M}(X)$ wie in 6.4.4 und der kanonischen Abbildung $\kappa = (\eta : \eta f : f^3)$ gemäß 8.3.5(1). Die angegebene Darstellung von κ ist an allen Stellen $\neq a_0, \neq a_\infty$ gut. Gute Darstellungen bei a_0 und a_∞ lauten $(\eta f^{-3} : \eta f^{-2} : 1)$ bzw. $(f^{-1} : 1 : f^2 \eta^{-1})$. Mit den in 6.4.4 angegebenen Ordnungen erhält man für $\Theta := N(z_0)$ die Schnittzahlen $(\Theta)_\varphi(x) = 0$ für $x \neq a_0, \neq a_\infty$ und $(\Theta)_\varphi(a_0) = 1, (\Theta)_\varphi(a_\infty) = 3$, also $\mathrm{gr}\,\kappa = 4$.

8.4.2 Die Schnittschar $\mathcal{S}(\varphi)$ ist die Menge aller Schnittdivisoren von φ. Beispielsweise bilden alle positiven Divisoren vom Grade n auf $\widehat{\mathbb{C}}$ die Schnittschar $\mathcal{S}(\rho_n)$ der rationalen Raumkurve $\rho_n : \widehat{\mathbb{C}} \to \mathbb{P}^n$.

Sei $\varphi = (f_0 : f_1 : \ldots : f_n)$ mit $f_j \in \mathcal{M}(X)$ und $f_0 = 1$. Da φ nicht-entartet ist, spannen $f_0, \ldots, f_n$ einen $(n+1)$-dimensionalen komplexen Untervektorraum $V \subset \mathcal{M}(X)$ auf. Sei $\Theta_0 = N(z_0)$. Nach 8.4.1(2) gilt
(1) $\quad (\Theta)_\varphi = (\Theta_0)_\varphi + (\sum a_j f_j)$ für $\Theta = N(\sum a_j z_j)$ und
(2) $\quad \mathcal{S}(\varphi) = \{(\Theta_0)_\varphi + (f) : f \in V \setminus \{0\}\}$.

Satz. *Zwei nicht-entartete, holomorphe Abbildungen* $\varphi, \psi : X \to \mathbb{P}^n$ *sind genau dann projektiv äquivalent, wenn sie dieselbe Schnittschar besitzen.*

Beweis. Für jeden Automorphismus Φ von $\mathbb{P}^n$ und jede Hyperebene $\Theta \subset \mathbb{P}^n$ gilt $(\Phi(\Theta))_{\Phi \circ \varphi} = (\Theta)_\varphi$. Daher haben φ und $\Phi \circ \varphi$ dieselbe Schnittschar. Umgekehrt seien $\varphi = (1 : f_1 : \ldots : f_n)$ und $\psi = (1 : g_1 : \ldots : g_n)$ zwei Abbildungen $X \to \mathbb{P}^n$ mit gleicher Schnittschar. Für die von $1 = f_0, f_1, \ldots, f_n$ und $1 = g_0, g_1, \ldots, g_n$ aufgespannten $\mathbb{C}$-Untervektorräume V bzw. W von $\mathcal{M}(X)$ gilt also $\{(\Theta_0)_\varphi + (f) : f \in V \setminus \{0\}\} = \{(\Theta_0)_\psi + (g) : g \in W \setminus \{0\}\}$. Es gibt ein $h \in V$ mit $(\Theta_0)_\psi = (\Theta_0)_\varphi + (h)$. Dann ist $W \to V$, $g \mapsto hg$, ein Isomorphismus. Folglich ist $hg_0, \ldots, hg_n$ eine Basis von V, und es gibt eine Matrix $A = (a_{jk}) \in \mathrm{GL}_{n+1}(\mathbb{C})$, so daß $hg_j = \sum_k a_{jk} f_k$ ist. Daher sind $\psi = (hg_0 : \ldots : hg_n)$ und $\varphi = (f_0 : \ldots : f_n)$ projektiv äquivalent. □

Folgerung. *Für jede Möbius-Transformation* α *sind die rationale Raumkurve* ρ_n *und* $\rho_n \circ \alpha$ *projektiv äquivalent.* □

8.4.3 Linearscharen. Wie in 8.1.1 betrachten wir zum Divisor D die Menge $|D|$ und den Vektorraum $\mathcal{L}(D)$. Die Abbildung

(1a) $$\mathcal{L}(D) \setminus \{0\} \to |D|,\ f \mapsto D + (f),$$

induziert eine Bijektion

(1b) $$\mathbb{P}\mathcal{L}(D) \to |D|,$$

welche die Struktur des $(l(D)-1)$-dimensionalen projektiven Raumes $\mathbb{P}\mathcal{L}(D)$ nach $|D|$ überträgt. Die übertragene Struktur hängt nur von $|D|$ und nicht vom Divisor D ab. Denn für jeden zu D äquivalenten Divisor E ist der Isomorphismus $\mathcal{L}(D) \to \mathcal{L}(E)$, $f \mapsto h \cdot f$, aus 8.1.1(4) mit der Projektion (1a) verträglich.

Jeder projektive Unterraum von $|D|$ heißt *Linearschar* auf X; ganz $|D|$ wird *vollständige Linearschar* genannt. Alle Divisoren derselben Linearschar sind linear äquivalent und haben also denselben Grad. Eine n-dimensionale Linearschar von Divisoren des Grades d wird traditionell mit g_d^n bezeichnet.

Sei $\eta : X \to Y$ eine endliche Überlagerung. Aus jeder Linearschar g_d^n auf Y entsteht die *geliftete Linearschar* $\eta^* g_d^n := \{\eta^* D : D \in g_d^n\}$. Sie hat dieselbe Dimension n und den Grad $d \cdot \mathrm{gr}\,\eta$, siehe 7.2.1.

(2) *Die Menge $\widehat{\mathbb{C}}_n$ aller positiven Divisoren vom Grade n auf $\widehat{\mathbb{C}}$ ist eine vollständige n-dimensionale Linearschar.* □

(3) *Alle positiven kanonischen Divisoren auf X bilden die kanonische Linearschar $\mathcal{K}$. Sie ist vollständig. Das analytische Geschlecht g und die analytische Charakteristik χ bestimmen ihre Dimension $g-1$ und ihren Grad $-\chi$.* □

Sei D ein Divisor vom Grade d. Die $(n+1)$-dimensionalen Untervektorräume $V \subset \mathcal{L}(D)$ entsprechen umkehrbar eindeutig den Linearscharen $g_d^n \subset |D|$:

(4) $$g_d^n := \{D + (f) : f \in V \setminus \{0\}\}.$$

(5) *Für jede Linearschar g_d^n auf X gilt $n \leq d$. Im Falle $n = d$ gibt es einen Isomorphismus $\varphi : \widehat{\mathbb{C}} \to X$, so daß $\widehat{\mathbb{C}}_n = \varphi^* g_n^n$ ist.*

Beweis zu (5). Nach 8.1.2 ist $n+1 = \dim V \leq l(D) \leq d+1$, wobei Gleichheit nur eintritt, wenn es einen Isomorphismus $\varphi : \widehat{\mathbb{C}} \to X$ gibt. Die geliftete Schar ist ein n-dimensionaler projektiver Unterraum $\varphi^* g_n^n \subset \widehat{\mathbb{C}}_n$. Wegen $\dim \widehat{\mathbb{C}}_n = n$ ist die Inklusion eine Gleichheit. □

Wenn man (4) mit der Beschreibung der Schnittscharen durch 8.4.2(1) vergleicht, folgt:

(6) *Die Schnittschar $\mathcal{S}(\varphi)$ jeder nicht-entarteten holomorphen Abbildung $\varphi : X \to \mathbb{P}^n$ ist eine Linearschar g_d^n mit $d = \mathrm{gr}\,\varphi$.* □

Eventuell auftretende *Basispunkte* verhindern jedoch, daß umgekehrt jede Linearschar eine Schnittschar ist; siehe dazu den nächsten Abschnitt 8.4.4.

Beispiele. (a) Die Schnittschar der *Neileschen Parabel* $(1 : z^2 : z^3) : \widehat{\mathbb{C}} \to \mathbb{P}^2$ ist eine $g_3^2 \subset \mathcal{S}_3$ und daher nicht vollständig.

166 8. Divisoren und Abbildungen in projektive Räume

(b) Sei $\varphi : \mathbb{C}/\Omega \to \mathbb{P}^2$ die Toruseinbettung aus 8.3.4(5). Die Schnittzahl $(\Theta_0)_\varphi(x)$ ist $= 3$ für $x = 0$ und sonst $= 0$. Somit ist $\mathcal{S}(\varphi)$ eine $g_3^2 \subset |D_0|$. Da es nach (5) keine g_3^3 auf $\mathbb{C}/\Omega$ gibt, ist $\mathcal{S}(\varphi) = |(\Theta_0)_\varphi|$ vollständig.

(c) In 13.2.1(3) wird bewiesen: Die Schnittschar $\mathcal{S}(\kappa)$ jeder kanonischen Abbildung κ ist die kanonische Schar $\mathcal{K}$.

Satz. *Sei X nicht zu $\widehat{\mathbb{C}}$ isomorph. Dann ist jede g_2^1 auf X die Schnittschar einer zweiblättrigen Überlagerung $X \to \widehat{\mathbb{C}} = \mathbb{P}^1$.*

Beweis. Nach (4) gilt $g_2^1 = \{D + (f) : f \in V \setminus \{0\}\}$ für einen Divisor $D \in g_2^1$ und einen zweidimensionalen Untervektorraum $V \subset \mathcal{L}(D)$. Wir wählen eine Basis $1, \eta$ von V und behaupten $\mathcal{S}(\eta) = g_2^1$. Nach 8.4.2(2) ist $\mathcal{S}(\eta) = \{(\Theta_0)_\eta + (f) : f \in V \setminus \{0\}\}$. Daher genügt es, $(\Theta_0)_\eta = D$ zu zeigen: Aus $D + (\eta) \geq 0$ folgt $2 = \operatorname{gr} D \geq \sum_{x \in \eta^{-1}(\infty)} D(x) \geq -\sum_{x \in \eta^{-1}(\infty)} o(\eta, x) = \operatorname{gr} \eta \geq 2$, letzteres wegen $X \not\cong \widehat{\mathbb{C}}$. Somit ist $\operatorname{gr} \eta = 2$ und $D(x) = -o(\eta, x)$ für $x \in \eta^{-1}(\infty)$, $D(x) = 0$ sonst. Der Schnittdivisor $(\Theta_0)_\eta$ hat dieselben Werte. □

Wenn man diesen Satz mit 8.3.6(1) und Satz 8.4.2 kombiniert, folgt:

Auf hyperelliptischen Flächen existiert genau eine g_2^1. Auf nicht-hyperelliptischen Flächen existiert keine g_2^1.

Um für jedes Paar (n, d) sämtliche g_d^n auf X zu erfassen, macht man die Menge $\{g_d^n\}$ zu einer algebraischen Varietät und studiert sie mit Methoden der algebraischen Geometrie. Solche Untersuchungen wurden in den 1970-er Jahren intensiv durchgeführt und in [ACGH] zusammenfassend dargestellt.

8.4.4 Basispunkte. Man nennt $P \in X$ einen Basispunkt der Linearschar g_d^n, wenn $D - P \geq 0$ für alle $D \in g_d^n$ gilt.

(1) *Ein Punkt $P \in X$ ist genau dann Basispunkt der vollständigen Linearschar $|D|$, wenn $l(D - P) = l(D)$ ist.* □

Satz. *Eine Linearschar auf X ist genau dann eine Schnittschar, wenn sie keine Basispunkte hat.*

Beweis. Wenn P ein Basispunkt der Schnittschar $\mathcal{S}(\varphi)$ wäre, müßte der Punkt $\varphi(P)$ auf jeder Hyperebene liegen. Das ist absurd.
Umgekehrt sei $g_d^n = \{D + (f) : f \in V \setminus \{0\}\}$ eine Linearschar ohne Basispunkte gemäß 8.4.3(4) mit $D \in g_d^n$. Es gibt eine Basis $1 = f_0, f_1, \ldots, f_n$ von V. Dann ist $g_d^n = \mathcal{S}(\varphi)$ die Schnittschar der Abbildung
$$\varphi := (1 : f_1 : \ldots : f_n) : X \to \mathbb{P}^n.$$
Denn nach 8.4.2(2) ist $\mathcal{S}(\varphi) = \{(\Theta_0)_\varphi + (f) : f \in V \setminus \{0\}\}$. Es genügt, $D(x) = (\Theta_0)_\varphi(x)$ für alle $x \in X$ zu zeigen. Sei $\varphi = (\varphi_0 : \ldots : \varphi_n)$ eine gute Darstellung bei x. Dann ist $(\Theta_0)_\varphi(x) = o(\varphi_0, x)$ und $f_j = \varphi_j/\varphi_0$ für alle j. Es gibt ein l mit $\varphi_l(x) \neq 0$. Dafür gilt $0 \leq D(x) + o(f_l, x) = D(x) - o(\varphi_0, x)$. Weil x kein Basispunkt ist, gibt es andererseits ein k mit $0 = D(x) + o(f_k, x) = D(x) + o(\varphi_k, x) - o(\varphi_0, x) \geq D(x) - o(\varphi_0, x)$. Also ist $D(x) = o(\varphi_0, x) = (\Theta_0)_\varphi(x)$. □

8.5 Multiplizität. Schnittzahlen

Wir betrachten *nicht-entartete* holomorphe Abbildungen $\varphi : X \to \mathbb{P}^n$ von *kompakten, zusammenhängenden* Flächen. An jeder Stelle $a \in X$ läßt sich die Menge aller Schnittzahlen von φ mit den Hyperebenen in $\mathbb{P}^n$ zu einer Folge $0 = m_0 < m_1 < \ldots < m_n$ mit $n+1$ Elementen ordnen. Ihr erstes Glied m_1 heißt *Multiplizität*. Wir messen die Abweichung von der *trivialen Folge* $0 < 1 < 2 < \ldots$ durch das *Gewicht* $\tau(a) = \sum(m_j - j)$.

8.5.1 Die Multiplizität. Man betrachtet alle Hyperebenen $\Theta \subset \mathbb{P}^n$, die $\varphi(a)$ enthalten, und nennt das Minimum der entsprechenden Schnittzahlen $(\Theta)_\varphi(a)$ die *Multiplizität* $m(\varphi, a)$ von φ bei a.

Zu ihrer Berechnung benutzen wir auf einer Scheibe U um a eine gute Darstellung $\varphi|U = (\varphi_0 : \varphi_1 : \ldots : \varphi_n)$, bei der eine Komponente $\varphi_k = 1$ konstant ist. Weil φ nicht-entartet ist, sind alle anderen Komponenten nicht konstant. Dann ist
$$(1) \qquad m(\varphi, a) = \min\{v(\varphi_j, a) : j \neq k\}.$$
Beweis: Sei $d := \min\{v(\varphi_j, a)\}$. Wir entwickeln $\varphi_j = a_j + b_j z^d + \ldots$ nach den Potenzen einer Karte $z : (U, a) \to (\mathbb{E}, 0)$. Für jede Hyperebene $\Theta = N(\sum c_j z_j)$ durch $\varphi(a)$ gilt $\sum c_j a_j = 0$. Für $f = \sum c_j \varphi_j = (\sum c_j b_j) z^d + \ldots$ ist $(\Theta)_\varphi(a) = o(f, a) \geq d$. Man kann Θ so wählen, daß $(\Theta)_\varphi(a) = d$ ist; denn wegen $a_k = 1$, $b_k = 0$ haben die Gleichungen $\sum c_j a_j = 0$, $\sum c_j b_j = 1$ eine Lösung $(c_0, \ldots, c_n) \neq 0$. $\square$

Wir nennen a eine *kritische Stelle* von φ, wenn $m(\varphi, a) \geq 2$ ist. Unkritische Stellen heißen *regulär*. Wegen (1) ist die Menge der kritischen Stellen endlich. Wenn es keine kritischen Stellen gibt, heißt φ *Immersion*. Injektive Immersionen werden auch *holomorphe Einbettungen* genannt. Letztere bilden X homöomorph auf $\varphi(X)$ ab, da X kompakt ist.

Beispiele. Alle rationalen Raumkurven $\rho : \widehat{\mathbb{C}} \to \mathbb{P}^n$, die *Torus-Abbildung* $(1 : \hat{\wp} : \hat{\wp}') : \mathbb{C}/\Omega \to \mathbb{P}^2$ und die *kanonische Abbildung* $\kappa : X \to \mathbb{P}^2$ der *Kleinschen Fläche* sind Einbettungen vom Grade n, 3 bzw. 4.

Die Neilesche Parabel $\varphi = (1 : z^2 : z^3) : \widehat{\mathbb{C}} \to \mathbb{P}^2$ ist injektiv, aber wegen $m(\varphi, 0) = 2$ keine Immersion. Das Bild $\varphi(0)$ der kritischen Stelle erscheint in der reellen Figur 6.2.1 a (rechts) als Spitze.

Die Parabola nodata $\varphi = (1 : 1-z^2 : z(1-z^2)) : \widehat{\mathbb{C}} \to \mathbb{P}^2$ ist eine Immersion, aber wegen des Doppelpunktes $\varphi(1) = \varphi(-1)$ nicht injektiv, vgl. die reelle Figur 6.2.1 b.

Satz. *Eine vollständige Linearschar $|D|$ ist die Schnittschar einer Einbettung, sobald $l(D-B) = l(D)-2$ für alle positiven Divisoren B vom Grade 2 gilt.*

Beweis. Für jeden Punktdivisor P gilt $l(D-P) = l(D)-1$. Daher ist $|D|$ die Schnittschar einer Abbildung $\varphi : X \to \mathbb{P}^n$ mit $n = \dim |D|$, siehe 8.4.4.

Angenommen, φ ist nicht injektiv, also $\varphi(P) = \varphi(Q)$ für zwei Punkte $P \neq Q$. Dann gilt für jeden Divisor $S \in |D|$ mit $S(P) > 0$ auch $S(Q) > 0$, also $|D-P| = |S-P| \subset |S-P-Q| = |D-P-Q|$, somit $l(D)-1 = l(D-P) \leq l(D-P-Q) = l(D)-2$ im Widerspruch zur Voraussetzung. Wenn φ eine kritische Stelle P besäße, hätte jeder Divisor $S \in |D|$ mit $P \in \mathrm{Tr}(S)$ dort den Wert $S(P) \geq 2$, also $|S-P| \subset |S-2P|$. Wie oben erhält man, diesmal mit $P = Q$, einen Widerspruch zur Voraussetzung. □

8.5.2 Die Folge der Schnittzahlen. *Die Menge $M_\varphi(a) := \{(\Theta)_\varphi(a)\}$ der Schnittzahlen von φ bei $a \in X$ mit den Hyperebenen $\Theta \subset \mathbb{P}^n$ hat $n+1$ Elemente. Es gibt genau eine Hyperebene mit maximaler Schnittzahl.*
Sei $\varphi|U = (\varphi_0 : \ldots : \varphi_n)$ eine gute Darstellung auf einer Scheibe um a. Der von $\varphi_0, \ldots, \varphi_n$ aufgespannte $\mathbb{C}$-Untervektorraum $T \subset \mathcal{O}(U)$ besitzt eine Basis $\psi_0, \ldots, \psi_n$, so daß $M_\varphi(a) = \{o(\psi_j, a) : j = 0, \ldots, n\}$ ist.

Der Beweis beruht auf einem elementaren

Lemma. *Sei $T \subset \mathcal{O}(\mathbb{E})$ ein $\mathbb{C}$-Untervektorraum der Dimension $n+1$. Dann ist $\sharp\{o(f, 0) : f \in T \setminus \{0\}\} = n+1$. Bis auf einen konstanten Faktor gibt es genau ein $h \in T \setminus \{0\}$ mit $o(h, 0) = \max\{o(f, 0)\}$.*

Beweis des Lemmas durch Induktion über n. Sei $m_0 := \min\{o(f, 0)\}$. Die Menge $T_1 := \{f \in T : o(f, a) > m_0\}$ ist ein Untervektorraum der Dimension $\leq n$. Wenn man die Induktionsvoraussetzung darauf anwendet, folgt die Behauptung für T. □

Beweis des Satzes. Für jede Stelle $x \in U$ gilt
(1) $\qquad M_\varphi(x) = \{o(f, x) : f \in T \setminus \{0\}\}$.
Denn der Hyperebene $\Theta = N(\sum a_j z_j) \subset \mathbb{P}^n$ entspricht die Funktion $f = \sum a_j \varphi_j \in T$, deren Ordnung $o(f, x) = (\Theta)_\varphi(x)$ die Schnittzahl ist.– Aus (1) und dem Lemma folgt die Behauptung. □

Wir ordnen die Elemente von $M_\varphi(a)$ der Größe nach zur *Schnittzahlfolge*
(2) $\qquad 0 = m_0 < m(\varphi, a) = m_1 < \ldots < m_n \leq \mathrm{gr}\,\varphi$
von φ bei a. Für jedes $\Phi \in \mathrm{Aut}(\mathbb{P}^n)$ haben $\Phi \circ \varphi$ und φ dieselbe Folge.
Für jede endliche, zusammenhängende Überlagerung $\eta : Z \to X$ gilt $(\Theta)_{\varphi \circ \eta}(c) = (\Theta)_\varphi(\eta(c)) \cdot v(\eta, c)$ an jeder Stelle $c \in Z$. Daher hat $\varphi \circ \eta$ bei $c \in \eta^{-1}(a)$ die Schnittzahlfolge
(3) $\qquad m_0 v(\eta, c) < m_1 v(\eta, c) < \ldots < m_n v(\eta, c)$.

8.5.3 Gewichte. Wendepunkte und Weierstraß-Punkte. Das *Gewicht*
(1) $\qquad \tau(\varphi, a) := \sum_{j=0}^n (m_j - j) = \sum_{j=0}^n m_j - \tfrac{1}{2} n(n+1)$
mißt, wie stark die Schnittzahlfolge $m_0, \ldots, m_n$ von φ bei a die triviale Folge $0, \ldots, n$ übertrifft. Es ist ≥ 0, und zwar genau dann $= 0$, wenn die Schnittzahlfolge trivial ist. Wenn $\tau(\varphi, a) \geq 1$ ist, heißt a *Wendepunkt*.

(2) *Die rationalen Raumkurven* $\rho_n : \widehat{\mathbb{C}} \to \mathbb{P}^n$ *haben keine Wendepunkte.*
Denn wegen $\operatorname{gr}\rho_n = n$ ist jede Schnittzahlenfolge trivial. □

Da alle *kanonischen Abbildungen* $\kappa : X \to \mathbb{P}^{g-1}$ zueinander projektiv äquivalent sind, haben sie an jeder Stelle $a \in X$ dieselbe nur von X und a abhängige Folge $m_0, m_1, \ldots, m_{g-1}$ der Schnittzahlen. Nach Weierstraß nennt man $k_j := 1 + m_{j-1}$ die j-te *Lücke* von X bei a, vgl. 13.5.1(a)-(b). Die Wendepunkte von κ heißen *Weierstraß-Punkte* von X.

Satz. *Die Weierstraß-Punkte einer hyperelliptischen Fläche von Geschlecht g sind die $2g+2$ Windungspunkte ihrer hyperelliptischen Überlagerung η. Jeder hat die ungeraden Zahlen $1, 3, \ldots, 2g-1$ als Lückenfolge und daher das Gewicht $\frac{1}{2}g(g-1)$.*

Beweis. Nach Satz 8.3.5 ist $\kappa = \rho \circ \eta$. Wegen (2) und 8.5.2(3) ist die Schnittzahlenfolge bei $a \in X$ genau dann nicht trivial, wenn a ein Windungspunkt der zweiblättrigen Überlagerung η ist. Für diese Punkte gilt $m_j = 2j$. □

8.5.4 Wronskische Determinanten ermöglichen die Berechnung der Gewichte, ohne Schnittzahlen zu benutzen. Wir stellen zunächst grundlegende Eigenschaften dieser Determinanten zusammen.

Sei $V \subset \mathbb{C}$ offen. Mit $n+1$ Funktionen $f_0, \ldots, f_n \in \mathcal{M}(V)$ und ihren Ableitungen bilden wir die *Matrix*

$$[f_0, \ldots, f_n] = \begin{pmatrix} f_0 & f_0' & \cdots & f_0^{(n)} \\ f_1 & f_1' & \cdots & f_1^{(n)} \\ \vdots & \vdots & & \vdots \\ f_n & f_n' & \cdots & f_n^{(n)} \end{pmatrix}$$

und ihre *Wronskische Determinante* $W(f_0, \ldots, f_n) := \det[f_0, \ldots, f_n] \in \mathcal{M}(V)$.
Für jedes $f \in \mathcal{M}(V)$ gilt
(1) $\qquad W(ff_0, \ldots, ff_n) = f^{n+1} W(f_0, \ldots, f_n)$.

Zum Beweis von (1) berechnet man die Ableitungen $(ff_j)^{(k)}$ mit der Leibnizschen Formel und benutzt dann elementare Spaltenoperationen.– Aus (1) folgt die für Induktionsbeweise nützliche Formel
(2) $\qquad W(f_0, \ldots, f_n) = f_0^{n+1} W((f_1/f_0)', \ldots, (f_n/f_0)')$.

Sei $A = (a_{jk})$ eine konstante $(n+1) \times (n+1)$-Matrix und $g_j = \sum_k a_{jk} f_k$. Dann ist $[g_0, \ldots, g_n] = A \cdot [f_0, \ldots, f_n]$, also
(3) $\qquad W(g_0, \ldots, g_n) = \det A \cdot W(f_0, \ldots, f_n)$. □

Mit (1) und (2) beweist man durch Induktion über n die beiden folgenden Formeln: *Für jede holomorphe Funktion $h : V' \to V$ gilt*
(4) $\qquad W(f_0 \circ h, \ldots, f_n \circ h) = (h')^{\frac{1}{2}n(n+1)} \cdot W(f_0, \ldots, f_n) \circ h$. □

Für die Ordnungen $m_j = o(f_j, a)$ bei $a \in V$ gelte $0 \le m_0 < m_1 < \ldots < m_n$. Dann ist
(5) $\qquad o\big(W(f_0, \ldots, f_n), a\big) = \sum_{j=0}^{n} (m_j - j)$. □

170   8. Divisoren und Abbildungen in projektive Räume

8.5.5 Bestimmung des Gewichtes. *Sei (U, z) eine Karte von X und $\varphi|U = (\varphi_0 : \ldots : \varphi_n)$ eine gute Darstellung von φ. Dann gilt*
$$\tau(\varphi, x) = o\big(W(\varphi_0 \circ z^{-1}, \ldots, \varphi_n \circ z^{-1}), z(x)\big) \quad \text{für} \quad x \in U.$$
Beweis. Sei $m_0 < m_1 < \ldots < m_n$ die Folge der Schnittzahlen von φ bei x. Der von $\varphi_0, \ldots, \varphi_n$ aufgespannte Vektorraum T besitzt nach 8.5.2 eine Basis $(\psi_0, \ldots, \psi_n)$ mit $o(\psi_j, x) = m_j$. Nach 8.5.4(5) hat $W(\psi_0 \circ z^{-1}, \ldots, \psi_n \circ z^{-1})$ bei $z(x)$ die Ordnung $\tau(\varphi, x)$. Wegen $\psi_j = \sum a_{jk} \varphi_k$ mit $(a_{jk}) \in \mathrm{GL}_n(\mathbb{C})$ hat $W(\varphi_0 \circ z^{-1}, \ldots, \varphi_n \circ z^{-1})$ dieselbe Ordnung, siehe 8.5.4(3). □

Folgerung. *Das Gewicht $\tau : X \to \mathbb{N}, x \mapsto \tau(\varphi, x)$, ist ein positiver Divisor. Sein Träger besteht aus den Wendepunkten von φ.* □

Um $\mathrm{gr}\,\tau$ zu bestimmen, benutzen wir

8.5.6 Verteilungen. Sei $\mathcal{A} = \{(U_\alpha, z_\alpha)\}$ ein Atlas von X. Jedem Index α sei eine Funktion $f_\alpha \in \mathcal{M}(U_\alpha)$ mit endlich vielen Null- und Polstellen zugeordnet, so daß für jedes Indexpaar (α, β) die *Übergangsfunktion* $h_{\alpha\beta} := f_\alpha/f_\beta \in \mathcal{M}(U_\alpha \cap U_\beta)$ weder Null- noch Polstellen hat. Dann heißt $F = \{f_\alpha\}$ eine meromorphe *Verteilung* zu $\mathcal{A}$. Beispielsweise ist jede q-Differentialform, siehe 7.1.2(1^q), eine Verteilung mit den Übergangsfunktionen $h_{\alpha\beta} = (dz_\beta/dz_\alpha)^q$.– Zu Verteilung F gehört der *Divisor*
$$(1) \qquad (F)(x) := o(f_\alpha, x) \quad \text{für } x \in U_\alpha.$$
Wenn alle Übergangsfunktionen $h_{\alpha\beta} = 1$ sind, ist die Verteilung $\{f_\alpha\}$ eine meromorphe Funktion, d.h. es gibt genau ein $f \in \mathcal{M}(X)$ mit $f_\alpha = f|U_\alpha$.

Mit der Multiplikation $\{f_\alpha\} \cdot \{g_\alpha\} := \{f_\alpha \cdot g_\alpha\}$ bilden alle Verteilungen zum selben Atlas $\mathcal{A}$ eine kommutative Gruppe. Die Bildung des Divisors $\{\text{Verteilungen zu } \mathcal{A}\} \to \mathrm{Div}(X), F \mapsto (F)$, ist ein Homomorphismus. Für zwei Verteilungen F und G mit denselben Übergangsfunktionen ist $F \cdot G^{-1}$ eine meromorphe Funktion. Daher sind ihre Divisoren (F) und (G) linear äquivalent und haben insbesondere denselben Grad.

Sei $\varphi : X \to \mathbb{P}^n$ eine nicht-entartete holomorphe Abbildung. Jedem α sei eine gute Darstellung $\varphi|U_\alpha = (\varphi_{\alpha 0} : \ldots : \varphi_{\alpha n})$ zugeordnet. Für jedes j ist $\Phi_j := \{\varphi_{\alpha j}\}$ eine holomorphe Verteilung, deren Übergangsfunktionen $\lambda_{\alpha\beta}$ nicht von j abhängen. Der Divisor $(\Phi_j) = (\Theta_j)_\varphi$ ist der Schnittdivisor von φ mit der Hyperebene $\Theta_j := N(z_j)$.

Die Wronskischen Determinanten
$$(2) \qquad W_\alpha := W(\ldots, \varphi_{\alpha j} \circ z_\alpha^{-1}, \ldots) \circ z_\alpha.$$
bilden eine Verteilung $W := \{W_\alpha\}$. Ihr Divisor $(W) = \tau$ ist nach 8.5.5 der Gewichtsdivisor von φ. Die Übergangsfunktionen lauten:
$$(3) \qquad W_\alpha/W_\beta = \lambda_{\alpha\beta}^{n+1} (dz_\beta/dz_\alpha)^{\frac{1}{2}n(n+1)}.$$
Beweis. In (2) setzen wir $\varphi_{\alpha j} = \lambda_{\alpha j} \cdot \varphi_{\beta j}$ und benutzen 8.5.4(2):
$$W_\alpha = \lambda_{\alpha\beta}^{n+1} \cdot W(\ldots, \varphi_{\beta j} \circ z_\alpha^{-1}, \ldots) \circ z_\alpha.$$
Mit $z_\alpha = (z_\alpha \circ z_\beta^{-1}) \circ z_\beta$ und 8.5.4(4) folgt

$$W_\alpha = \lambda_{\alpha\beta}^{n+1} \cdot \left((z_\beta \circ z_\alpha^{-1})' \circ z_\beta\right)^{\frac{1}{2}n(n+1)} \cdot W(\ldots, \varphi_{\beta j} \circ z_\beta^{-1}, \ldots) \circ z_\beta.$$

Wegen $(z_\beta \circ z_\alpha^{-1})' \circ z_\beta = dz_\beta/dz_\alpha$ ist damit (3) erreicht. □

Satz. *Sei D ein Schnittdivisor von φ, und sei K ein kanonischer Divisor. Der Gewichtsdivisor τ von φ ist zu $(n+1)D + \frac{1}{2}n(n+1)K$ linear äquivalent. Insbesondere gilt*

(4) $$\operatorname{gr}\tau = (n+1)\operatorname{gr}\varphi - \tfrac{1}{2}n(n+1)\chi(X).$$

Beweis. Sei $\omega \in \mathcal{E}(X)$. Die Verteilungen W und $F := \Phi_0^{n+1} \cdot \omega^{\frac{1}{2}n(n+1)}$ haben wegen (3) dieselben Übergangsfunktionen. Daher sind τ und $(F) = (n+1)(\Theta_0)_\varphi + \frac{1}{2}n(n+1)(\omega)$ linear äquivalent. Mit den linearen Äquivalenzen $D \sim (\Theta_0)_\varphi$ und $K \sim (\omega)$ folgt die Behauptung. □

8.6 Anzahl der Wendepunkte

Wie im letzten Abschnitt sei $\varphi : X \to \mathbb{P}^n$ eine nicht-entartete holomorphe Abbildung einer Fläche X vom analytischen Geschlecht g. Wir deuten den Grad $\operatorname{gr}\tau$ ihres Gewichtsdivisors als gewichtete Anzahl der Wendepunkte von φ und gewinnen aus 8.5.6(4) Resultate über die Anzahl solcher Punkte.– Nach 8.2.1 ist $\chi(X) \leq 0$, falls $g \geq 1$ ist. Damit folgt sofort die

8.6.1 Existenz von Wendepunkten. *Wenn $g \geq 1$ ist, besitzt jede Abbildung φ Wendepunkte. Insbesondere existieren auf jeder Fläche vom Geschlecht $g \geq 2$ Weierstraß-Punkte.* □

Um genauere Ergebnisse zu erzielen, benutzen wir zusätzlich folgende Resultate aus späteren Kapiteln, siehe 10.7.4, 12.4.1, 13.1.5 und 13.2.1:

(∗) $$g = 0 \Rightarrow X \approx \widehat{\mathbb{C}}. \quad \operatorname{gr}\kappa = -\chi(X) = 2g - 2.$$

8.6.2 Abbildungen ohne Wendepunkte. Die rationalen Raumkurven haben keine Wendepunkte, siehe 8.5.3(2). Umgekehrt gilt:
Wenn φ keine Wendepunkte hat, gibt es einen Isomorphismus $\alpha : \widehat{\mathbb{C}} \to X$, so daß $\varphi \circ \alpha$ eine rationale Raumkurve ist.
Beweis. Nach 8.5.6(4) und 8.6.1(∗) ist $\operatorname{gr}\varphi = n \cdot (1 - g)$, also $\operatorname{gr}\varphi = n$ und $g = 0$. Mit 8.4.3(5) folgt die Behauptung. □

8.6.3 Die gewichtete Anzahl der Weierstraß-Punkte *auf jeder Fläche vom Geschlecht $g \geq 2$ beträgt $(g-1) \cdot g \cdot (g+1)$.*
Das folgt aus 8.5.6(4), angewendet auf die kanonische Abbildung $\varphi = \kappa$, indem man gemäß 8.6.1(∗) einsetzt. □

8.6.4 Automorphismen und Weierstraß-Punkte.
Jede kanonische Abbildung $\kappa : X \to \mathbb{P}^{g-1}$ geht durch Vorschalten von $\alpha \in \mathrm{Aut}(X)$ in die projektiv äquivalente kanonische Abbildung $\kappa \circ \alpha$ über. Daher haben alle Punkte einer jeden $\mathrm{Aut}(X)$-Bahn dieselbe Lückenfolge. Sobald die Bahn *einen* Weierstraß-Punkt enthält, besteht sie aus *lauter* Weierstraß-Punkten.

Satz. *Wenn X eine Automorphismengruppe der Ordnung $84(g-1)$ besitzt, hat X mindestens $12(g-1)$ Weierstraß-Punkte und ist nicht hyperelliptisch.*

Beweis. Es gibt mindestens $12(g-1)$ Weierstraß-Punkte, da jeder Orbit nach 7.2.5 mindestens $12(g-1)$ Punkte hat. Wenn X hyperelliptisch wäre, gäbe es nach Satz 8.5.3 nur $2g+2$, also zu wenig Weierstraß-Punkte. □

Folgerung. *Die Modulfläche X_7 (Kleinsche Fläche) hat 24 Weierstraß-Punkte und ist nicht hyperelliptisch.*

Denn nach der Tabelle in 7.1.5 erfüllt X_7 die Voraussetzung des Satzes. □

8.6.5 Historisches.
Die Definition der Lückenfolgen und Gewichte sowie eine Gewichtsformel gehen auf Vorlesungen von *Weierstraß* zurück, deren Inhalt er in einem Brief vom 3. Okt. 1875 an H. A. Schwarz mitteilte. Wir kommen auf den Anlaß des Briefes (Endlichkeit der Automorphismengruppen) in 11.3.5 zurück.

Hurwitz veröffentlichte 1893 eine Abhandlung [Hur] 1, S. 391 - 430, welche die Weierstraßsche Theorie mit der kanonischen Abbildung verband. Seine Überlegungen lassen sich für beliebige Abbildungen in projektive Räume verallgemeinern.

Der Abschnitt 13.5 enthält Weierstraß' ursprüngliche Definition der Lücken sowie weitere Ergebnisse über Weierstraß-Punkte und ihre Gewichte.

8.7 Aufgaben

Mit X, Y werden *kompakte, zusammenhängende* Riemannsche Flächen bezeichnet. Alle Abbildungen sind holomorph.

1) Sei D ein positiver Divisor auf X. Zeige: Zu jedem $a \in X$ mit $D(a) = 0$ gibt es eine Basis $f_0, \ldots, f_n$ von $\mathcal{L}(D)$ mit $o(f_j, a) \geq j$.

2) Berechne die analytischen Geschlechter der Flächen, die in Aufgabe 7.9.2 angegeben wurden.

3) Beweise die Formel von Riemann-Roch für die Zahlenkugel und alle Tori.

4) Zeige: Bei jeder hyperelliptischen Überlagerung η mit 6 Verzweigungspunkten sind die η-Fasern die Träger der positiven kanonischen Divisoren.

5) Beweise: Die Automorphismengruppen hyperelliptischer Flächen sind endlich.

6) Zeige: Ein positiver Divisor D auf X ist genau dann der Polstellen-Divisor einer meromorphen Funktion, wenn die vollständige Linearschar $|D|$ keine Basispunkte hat.

7) Der Basispunkt-Divisor B der Linearschar g_d^n wird durch
$$B(x) = \min\{D(x) : D \in g_d^n\}$$
definiert. Zeige: Die Basispunkte von g_d^n bilden den Träger von B. Die Menge
$$h = \{D - B : D \in g_d^n\}$$
ist eine Linearschar ohne Basispunkte. Die Abbildung
$$g_d^n \to h, \, D \mapsto D - B,$$
ist ein Isomorphismus zwischen projektiven Räumen. Welchen Grad hat h?

8) Zeige: Für jeden Torus T und jedes $n \geq 2$ gibt es nicht-entartete Abbildungen $\varphi : T \to \mathbb{P}^n$ vom Grade $n + 1$. Jede Abbildung dieser Art ist eine Einbettung. Sind solche Abbildungen paarweise projektiv äquivalent?

9) Die durch $w^2 = (z - e_1) \cdot \ldots \cdot (z - e_5)$ bestimmte hyperelliptische Fläche X wird durch $\psi = (1 : z : w) : X \to \mathbb{P}^2$ holomorph abgebildet. Zeige: ψ ist nicht-entartet und keine Einbettung. Die Schnittschar $\mathcal{S}(\psi)$ ist nicht vollständig. Welchen Grad hat ψ? Finde ein $f \in \mathcal{M}(X)$, so daß $\varphi := (1 : z : w : f)$ eine nicht-entartete Abbildung mit vollständiger Schnittschar $\mathcal{S}(\varphi)$ ist. Ist φ eine Einbettung?

10) Sei $m_0 < m_1 < \ldots < m_n$ die Folge der Schnittzahlen einer nicht-entarteten holomorphen Abbildung $\varphi : X \to \mathbb{P}^n$ bei $a \in X$. Zeige: Der Durchschnitt A_j aller Hyperebenen $\Theta \subset \mathbb{P}^n$ mit $(\Theta)_\varphi(a) \geq m_j$ ist ein $(j-1)$-dimensionaler projektiver Unterraum. Es gilt $\emptyset = A_0 \subset \{a\} = A_1 \subset \ldots \subset A_n$. Durch Nachschalten eines Automorphismus von $\mathbb{P}^n$ kann man
$$A_j = \{(z_0 : \ldots : z_n) : z_j = \ldots = z_n = 0\}$$
erreichen. Für jede gute Darstellung $\varphi = (\varphi_0 : \ldots : \varphi_n)$ bei a gilt dann $o(\varphi_j, a) = m_j$.

11) Sei $\eta : X \to Y$ nicht konstant und $\varphi : Y \to \mathbb{P}^n$ nicht-entartet. Sei $a \in X$, seien τ bzw. τ' die Gewichte von φ bei $\eta(a)$ bzw. von $\varphi \circ \eta$ bei a. Sei $v = v(\eta, a)$ die Windungszahl. Beweise die Formel
$$\tau' = v \cdot \tau + (v - 1) \cdot \tfrac{1}{2} n(n+1).$$

12) Bestimme die Wendepunkte und ihre Gewichte für die Neilesche Parabel $(1 : z^2 : z^3)$ und für die Parabola nodata $(1 : 1 - z^2 : z(1 - z^2)) : \widehat{\mathbb{C}} \to \mathbb{P}^2$. Bestimme auch die Wronkischen Determinanten auf $\mathbb{C}$.

13) Wieviele Wendepunkte hat eine Toruseinbettung $T \to \mathbb{P}^2$ vom Grade 3? Was sind ihre Gewichte? Beantworte dieselben Fragen für die kanonische Einbettung der Kleinschen Fläche, siehe das Beispiel in 8.3.5.

9. Ebene Kurven

Die Kurventheorie begann mit der Untersuchung der Kegelschnitte durch Menächmus (4. Jh. v. Chr.) und Apollonius von Perga (ca. 225 v. Chr.). Nach Erfindung der analytischen Geometrie durch Descartes (1637) stellten sich die Kegelschnitte als *Quadriken* heraus: Sie werden durch polynomiale Gleichungen $P(x,y) = 0$ zweiten Grades definiert. Bei analytischer Betrachtungsweise bilden die *Kubiken* (Kurven dritten Grades) die nächste Klasse. Hier treten zusätzliche Phänomene auf: Es gibt *Wendepunkte* und *Singularitäten* wie den Doppelpunkt der Newtonschen parabola nodata oder die Spitze der Neileschen Parabel. Newton klassifizierte alle möglichen Kubiken, [New 2] 2, p.137 ff., teilweise reproduziert in [BK], S. 113 ff.

Um 1720 wurde vermutet, daß sich eine Kurve m-ter und eine Kurve n-ter Ordnung im allgemeinen in $m\cdot n$ Punkten schneiden. Das ließ sich erst vollständig beweisen, nachdem zwei neue Ideen die Theorie bereichert hatten: die Ergänzung der affinen Ebene zur *projektiven Ebene* durch Poncelet (1822) und die Zulassung von Punkten mit komplexen Koordinaten durch Plücker (1834).

In der komplex projektiven Geometrie werden Kurven zu kompakten Gebilden der reellen Dimension 2. Die bereits seit dem 17. Jahrhundert benutzten Parametrisierungen $(x(t), y(t))$ ebener Kurven durch reelle Parameter t müssen durch Parametrisierungen ersetzt werden, deren Definitionsbereiche statt reeller Intervalle kompakte Flächen sind. Solche Parametrisierungen kommen bereits in Riemanns Abhandlung über Abelsche Funktionen (1857) implizit vor. Man nennt sie heute Normalisierungen; sie stehen im Mittelpunkt des vorliegenden Kapitels.

Eine wichtige Rolle spielen numerische Invarianten für die Singularitäten, welche sich mit dem Grad der Kurve zu einer Formel (Clebsch, 1864) für das Geschlecht der normalisierenden Fläche zusammensetzen. Wir berechnen diese Invarianten in einfachen Fällen. In [BK] und [Wll] werden die Singularitäten und ihre Invarianten ausführlich behandelt.

9.1. Projektive und affine Kurven

Projektive Kurven in $\mathbb{P}^2$ sind Nullstellenmengen homogener Polynome in drei Variablen z_0, z_1, z_2. Wir zerlegen sie in irreduzible Komponenten. Ferner erläutern wir, wie man affine Kurven in $\mathbb{C}^2$, das sind Nullstellenmengen von Polynomen aus $\mathbb{C}[z, w]$, durch Hinzunahme von endlich vielen Punkten zu projektiven Kurven in $\mathbb{P}^2$ ergänzt.– Im folgenden bezeichnen F und G nicht-konstante homogene Polynome in $\mathbb{C}[z_0, z_1, z_2]$.

9.1.1 Projektive Kurven. Die Nullstellenmenge
$$C := N(F) := \{(z_0 : z_1 : z_2) \in \mathbb{P}^2 : F(z_0, z_1, z_2) = 0\}$$
heißt *projektive*, genauer *ebene, projektiv algebraische Kurve*. Sie ist nicht leer und kompakt. Es gilt $N(F \cdot G) = N(F) \cup N(G)$.
Jede Matrix $A \in GL_3(\mathbb{C})$ transformiert F in das homogene Polynom $F \circ A^{-1}$ desselben Grades. Dabei gilt $N(F \circ A^{-1}) = \hat{A}(C)$ für den zugehörigen Automorphismus $\hat{A}$ von $\mathbb{P}^n$. Wir interessieren uns für die *projektiven Eigenschaften*, die sich von C auf alle äquivalenten Kurven $\hat{A}(C)$ übertragen.
Der *Grad* $\operatorname{gr} C$ der Kurve C ist der kleinste Grad, den ein homogenes Polynom F mit $N(F) = C$ haben kann. Er ist eine projektive Invariante. Kurven von Grade 1 sind projektive Geraden. Kurven vom Grade 2, 3, bzw. 4 heißen *Quadriken, Kubiken* bzw. *Quartiken*.

(1) *Für jede projektive Gerade Θ gilt $\Theta \subset C$ oder $1 \leq \sharp(\Theta \cap C) \leq \operatorname{gr} C$.*
Beweis. Nach einem Automorphismus von $\mathbb{P}^2$ ist $\Theta = \Theta_0 := N(z_0)$. Sei F ein homogenes Polynom minimalen Grades n mit $C = N(F)$. Für $\Theta_0 \not\subset C$ hat $F(0, z_1, z_2)$ mindestens eine und höchstens n Nullstellen $(0 : a_1 : a_2) \in \mathbb{P}^2$. Sie bilden die Schnittmenge $\Theta_0 \cap C$. □

(2) *Projektiv algebraische Kurven C haben keine isolierten Punkte.*
Beweis. Sei $c \in C$. Man kann $c = (1 : a : b)$ annehmen. Nach der Folgerung in 1.2.3 gibt es beliebig nahe bei (a, b) weitere Nullstellen von $F(1, z, w)$.

9.1.2 Reduzierte Polynome. Das Produkt $F \cdot G$ zweier Polynome ist genau dann homogen, wenn F und G homogen sind. Daher sind alle Primfaktoren eines homogenen Polynoms ebenfalls homogen, und die Reduktion (siehe 6.1.4) eines homogenen Polynoms bleibt homogen.

Lemma. *Ein reduziertes homogenes Polynom F teilt das homogene Polynom G in $\mathbb{C}[z_0, z_1, z_2]$, wenn $N(F) \subset N(G)$ ist.*
Beweis. Es genügt, das Lemma für ein *irreduzibles* Polynom F zu beweisen. Wir können $F(0, 0, 1) \neq 0$ annehmen. Im Ring $\mathbb{C}(z_0, z_1)[z_2]$ ist F ein Teiler von G oder nicht. Im ersten Fall gilt $M \cdot F = L \cdot G$ mit $M \in \mathbb{C}[z_0, z_1, z_2]$ und $L \in \mathbb{C}[z_0, z_1]$. Wegen $F(0, 0, 1) \neq 0$ ist F kein Teiler von L, also ein Teiler von G. Im zweiten Fall haben F und G im Hauptidealring $\mathbb{C}(z_0, z_1)[z_2]$ den größten gemeinsamen Teiler $1 = (L/R) \cdot F + (M/R) \cdot G$ mit $R \in \mathbb{C}[z_0, z_1]$

und $L, M \in \mathbb{C}[z_0, z_1, z_2]$.. Also gilt $R = L \cdot F + M \cdot G$. Wir wählen a_0, a_1 so daß $R(a_0, a_1) \neq 0$. Es gibt ein a_2, so daß $F(a_0, a_1, a_2) = 0$. Dann führt $G(a_0, a_1, a_2) = 0$ zum Widerspruch. □

9.1.3 Das Minimalpolynom. *Zu jeder projektiven Kurve C gibt es bis auf einen Faktor $c \in \mathbb{C}^\times$ genau ein reduziertes Polynom F mit $N(F) = C$. Ein Polynom F mit $N(F) = C$ hat genau dann den minimalen Grad $\operatorname{gr} F = \operatorname{gr} C$, wenn F reduziert ist.*

Beweis. Sei F ein reduziertes Polynom und G ein Polynom minimalen Grades mit $N(F) = N(G) = C$. Aus dem letzten Lemma folgt $F = c \cdot G$ und damit die Behauptung. □

Das reduzierte Polynom F mit $N(F) = C$ heißt *Minimalpolynom von C*.

9.1.4 Irreduzible Komponenten. Eine projektive Kurve C heißt *irreduzibel*, wenn ihr Minimalpolynom irreduzibel ist.

Satz. *Sei $F = F_1 \cdot \ldots \cdot F_r$ die Primfaktorzerlegung eines homogenen, reduzierten Polynoms. Für $C := N(F)$ und $C_j := N(F_j)$ gilt*
(1) $$C = C_1 \cup \ldots \cup C_r.$$
Die irreduziblen Kurven C_j sind paarweise verschieden. Jede irreduzible Kurve $D \subset C$ ist eine der Kurven C_j.

Beweis. (1) ist trivial. Angenommen, $C_j = C_k$. Aus Lemma 9.1.2 folgt $F_j = cF_k$ mit $c \in \mathbb{C}^\times$, also $j = k$ wegen der Primfaktorzerlegung. Sei $D := N(G)$, wobei G irreduzibel ist. Nach Lemma 9.1.2 ist G ein Teiler von F. Für ein j gilt $G = cF_j$ mit $c \in \mathbb{C}^\times$, also $D = C_j$. □

Man nennt die Kurven C_j die *irreduziblen Komponenten* von C. Sie sind nicht disjunkt, siehe 9.3.

9.1.5 Affine Kurven. Unter einer *affinen Kurve*
$$K := N(P) := \{(z, w) \in \mathbb{C}^2 : P(z, w) = 0\}$$
versteht man die Nullstellenmenge eines Polynoms $P(z, w) \in \mathbb{C}[z, w]$ vom Grade $n \geq 1$. Zur Veranschaulichung benutzt man den reellen Teil $K \cap \mathbb{R}^2$, siehe z.B. die Figuren 6.2.1 a-b.
Wir betten $\mathbb{C}^2 \hookrightarrow \mathbb{P}^2$, $(z, w) \mapsto (1 : z : w)$, als *affine Ebene* in die projektive Ebene ein. Das Komplement $\mathbb{P}^2 \setminus \mathbb{C}^2 = \Theta_0 := N(z_0)$ heißt *unendlich ferne Gerade*. Der *affine Teil* $K := C \cap \mathbb{C}^2$ der projektiven Kurve $C \neq \Theta_0$ ist eine affine Kurve. Aus $C = N(F)$ folgt $K = N(P)$ für $P(z, w) := F(1, z, w)$. Die Menge $C \setminus K = C \cap \Theta_0$ ist endlich oder $= \Theta_0$.
Jedes Polynom $P(z, w) \in \mathbb{C}[z, w]$ vom Grade n wird durch
$$\hat{P}(z_0, z_1, z_2) := z_0^n P(z_1/z_0, z_2/z_0).$$
zu einem homogenen Polynom $\hat{P}$ vom Grade n *homogenisiert*. Es gilt $\hat{P}(1, z, w) = P(z, w)$, und z_0 ist kein Faktor von $\hat{P}$.
Beispiel: Aus $P(z, w) = w^2 - 4(z - e_1)(z - e_2)(z - e_3)$ entsteht $\hat{P}(z_0, z_1, z_2) = z_0 z_2^2 - 4(z_1 - e_1 z_0)(z_1 - e_2 z_0)(z_1 - e_3 z_0)$.

Satz. (a) *Für jede affine Kurve $K = N(P)$ ist der topologische Abschluß $\bar{K}$ in $\mathbb{P}^2$ die projektive Kurve $N(\hat{P})$. Der Durchschnitt $\bar{K} \cap \Theta_0$ ist endlich, und K ist der affine Teil von $\bar{K}$.*
(b) *Jede projektive Kurve C mit endlichem Durchschnitt $C \cap \Theta_0$ ist der topologische Abschluß $C = \bar{K}$ ihres affinen Teils K.*

Beweis. (a) Sei $C := N(\hat{P})$. Dann ist $C \cap \Theta_0$ endlich, weil z_0 kein Faktor von $\hat{P}$ ist. Wegen $P(z,w) = \hat{P}(1,z,w)$ ist K der affine Teil von C. Aus $K \subset C$ folgt $\bar{K} \subset C$, weil C abgeschlossen ist. Da $C \setminus K$ endlich ist und C keine isolierten Punkte hat, gilt sogar $\bar{K} = C$.
(b) Sei $C := N(F)$, und sei $P(z,w) := F(1,z,w)$. Dann ist $K := N(P)$ der affine Teil von C, und $C \cap \Theta_0$ ist endlich. Durch Homogenisieren erhält man $F = \hat{P}$ zurück. Aus (a) folgt $\bar{K} = C$.

Folgerung. *Wenn die projektive Kurve C vom Grade n nicht durch den Punkt $(0:0:1)$ läuft, besitzt sie ein Minimalpolynom F, so daß $P(z,w) := F(1,z,w)$ reduziert ist und folgende normierte Gestalt hat:*
(1) $P(z,w) = w^n + a_1(z)w^{n-1} + \ldots + a_n(z)$ *mit* $a_\nu(z) \in \mathbb{C}[z]$ *und* $\operatorname{gr} a_\nu \leq \nu$.

Beweis. Wegen $(0:0:1) \notin C$ kommt z_2^n in F vor. Nach Multiplikation mit einem Faktor aus $\mathbb{C}^\times$ folgt (1).– Wir reduzieren P zu P_0; dann ist $K := N(P_0)$ der affine Teil von $C := N(F)$. Nach dem Satz ist $C = N(\hat{P}_0)$. Daher ist $\operatorname{gr} P_0 = \operatorname{gr} \hat{P}_0 \geq \operatorname{gr} F = \operatorname{gr} \hat{P}_0$. Somit ist $P = P_0$ reduziert. □

Bemerkung. Durch Übergang zu einer projektiv äquivalenten Kurve kann man stets $(0:0:1) \notin C$ erreichen.

9.2 Normalisierung

Im allgemeinen haben projektive Kurven Singularitäten und sind daher keine Riemannschen Flächen. Aber mit Hilfe der Theorie algebraischer Gebilde, siehe 6.2, lassen sich bei jeder Kurve die Singularitäten so auflösen, daß eine Riemannsche Fläche entsteht.

9.2.1 Definition und Existenz. Eine *Normalisierung* (X, φ) der projektiven Kurve $C \subset \mathbb{P}^2$ besteht aus einer kompakten Riemannschen Fläche X und einer holomorphen Abbildung $\varphi : X \to \mathbb{P}^2$ mit $C = \varphi(X)$, deren Fasern $\varphi^{-1}(c)$ über $c \in C$ bis auf endlich viele Ausnahmen einpunktig sind.

Lemma. *Aus jedem algebraischen Gebilde (X, η, f) mit einem normierten Minimalpolynom $P \in \mathbb{C}[z,w]$ entsteht die Normalisierung $\bigl(X, (1{:}\eta{:}f)\bigr)$ der Kurve $C := N(\hat{P})$ zur Homogenisierung $\hat{P}$ von P.*

Beweis. Sei K der affine Teil von C. Die Ausnahmemenge E aller $a \in \mathbb{C}$, für die $P(a,w)$ mehrfache Wurzeln hat, ist endlich. Dann sind auch $A := \eta^{-1}(E \cup \{\infty\}) \subset X$ und $S := \{(a,b) \in K : a \in E\}$ endlich. Die bijektive Abbildung $\eta \times f : X \setminus A \to K \setminus S$ ist eine Beschränkung von $\varphi := (1{:}\eta{:}f)$.

178   9. Ebene Kurven

Aus $K \setminus S \subset \varphi(X)$ folgt durch Abschluß $C \subset \varphi(X)$. Wegen $P(\eta, f) = 0$ ist $\varphi(X) \subset C$. Für alle $c \in K \setminus S$ ist $\varphi^{-1}(c)$ einpunktig. Das Komplement von $K \setminus S$ in C ist endlich. □

Beispiel. Aus der *parabola nodata*, siehe Beispiel (2) in 6.2.1, entsteht die Normalisierung $\varphi = (1 : 1 - t^2 : t(1 - t^2)) : \widehat{\mathbb{C}} \to \mathbb{P}^2$ der projektiven Kurve $C := N(\hat{P})$ zu $P(z, w) := w^2 + z^3 - z^2$. Die φ-Faser über $(1 : 0 : 0)$ hat zwei Punkte. Alle anderen Fasern über C sind einpunktig.

Normalisierungssatz. *(1) Jede ebene projektive Kurve besitzt eine Normalisierung. (2) Jede kompakte zusammenhängende Riemannsche Fläche X normalisiert eine irreduzible ebene projektive Kurve.*

Beweis. Die Folgerung in 9.1.5, der Existenzsatz 6.2.3 für Riemannsche Gebilde und das Lemma ergeben (1).– Zu (2): Man ergänzt zum algebraischen Gebilde (X, η, f), siehe 6.5.3. Nach 6.1.3 gibt es ein irreduzibles Polynom P mit $P(\eta, f) = 0$. Man homogenisiert zu $\hat{P}$. Die Kurve $N(\hat{P})$ wird durch $(1 : \eta : f) : X \to \mathbb{P}^2$ normalisiert. □

9.2.2 Universelle Eigenschaft. Eindeutigkeit. *Sei (X, φ) eine Normalisierung der Kurve $C \subset \mathbb{P}^2$. Zu jeder nirgends konstanten holomorphen Abbildung $\psi : Z \to \mathbb{P}^2$ einer Fläche Z mit $\psi(Z) \subset C$ gibt es genau eine holomorphe Abbildung $\gamma : Z \to X$, so daß $\psi = \varphi \circ \gamma$ gilt. Ist (Z, ψ) eine Normalisierung von C, so ist γ ein Isomorphismus, d.h. die Normalisierung ist bis auf Isomorphie eindeutig bestimmt.*

Beweis. Es genügt die Behauptung für eine Normalisierung $\varphi = (1 : \eta : f)$ zu beweisen, die aus einem algebraischen Gebilde (X, η, f) entsteht. Es gibt Funktionen $\zeta, g \in \mathcal{M}(Z)$ mit $\psi = (1 : \zeta : g) : Z \to C \subset \mathbb{P}^2$. Aus $\psi(Z) \subset C$ folgt $P(\zeta, g) = 0$. Nach der universellen Eigenschaft 6.2.4 gibt es genau eine holomorphe Abbildung $\gamma : Z \to X$ mit $\zeta = \eta \circ \gamma$ und $g = f \circ \gamma$.– Wenn (Z, ψ) auch eine Normalisierung ist, sind fast alle Fasern $\varphi^{-1}(c)$ und $\psi^{-1}(c)$ über C einpunktig. Dann ist γ ein Isomorphismus. □

Wenn X zu $\widehat{\mathbb{C}}$ bzw. zu einem Torus isomorph ist, nennt man die Kurve C *rational* bzw. *elliptisch*.

9.2.3 Abbildungssatz. *Sei $\psi : Z \to \mathbb{P}^2$ eine nicht-konstante holomorphe Abbildung einer kompakten, zusammenhängenden Fläche Z. Dann ist $\psi(Z)$ eine irreduzible projektive Kurve.*

Beweis. Wir schließen den trivialen Fall $\psi(Z) = \Theta_0$ aus und können dann die Gestalt $\psi = (1 : g : f)$ mit $f, g \in \mathcal{M}(Z)$ annehmen. Nach 6.1.3 gibt es ein irreduzibles Polynom P, so daß $P(g, f) = 0$ ist. Sei $\hat{P}$ die Homogenisierung von P. Dann ist $C := N(\hat{P})$ eine irreduzible Kurve. Sei (X, φ) ihre Normalisierung. Wegen $\psi(Z) \subset C$ gibt es nach der universellen Eigenschaft 9.2.2 eine holomorphe Abbildung $\gamma : Z \to X$ mit $\psi = \varphi \circ \gamma$. Da ψ nicht konstant ist, muß $\gamma(Z) = X$ und folglich $\psi(Z) = C$ sein. □

Beispiele. Das Bild C der *Torus-Einbettung* $\varphi = (1 : \hat{\wp} : \hat{\wp}') : \mathbb{C}/\Omega \to \mathbb{P}^2$ ist eine Kubik: Aus der Differentialgleichung $\wp'^2 = 4\wp^3 - g_2\wp - g_3$ entsteht die affine Kurve $N(w^2 - 4z^3 + g_2 z + g_3)$. Sie wird durch C projektiv abgeschlossen. Offenbar ist $(\mathbb{C}/\Omega, \varphi)$ die Normalisierung von C.

Die in 8.3.5(1) angegebene kanonische Einbettung der *Kleinschen Fläche* $\varphi = (z : zw : -w^3) : X \to \mathbb{P}^2$ ist die Normalisierung der irreduziblen Quartik $C := N(z_0 z_1^3 + z_1 z_2^3 + z_2 z_0^3)$. Denn wegen $w^7 = z^2(z-1)$ ist $\varphi(X) \subset C$, also $\varphi(X) = C$, weil $\varphi(X)$ eine projektive Kurve und C irreduzibel ist.

9.2.4 Komponentenzerlegung. *Sei (X, φ) eine Normalisierung von C. Die Zerlegung in Zusammenhangskomponenten $X = X_1 \uplus \ldots \uplus X_r$ ergibt mit $C_j := \varphi(X_j)$ die Zerlegung $C = C_1 \cup \ldots \cup C_r$ in irreduzible Komponenten.*
Beweis. Nach 9.2.3 ist $C = \varphi(X) = C_1 \cup \ldots \cup C_r$ eine Vereinigung irreduzibler Kurven C_j. Da fast alle φ-Fasern einpunktig sind, gilt $C_j \neq C_k$ für $j \neq k$.

9.2.5 Ausblick. Projektive Kurven sind spezielle *reduzierte komplexe Räume*, deren holomorphe Struktur *garbentheoretisch* beschrieben wird. Die Normalisierung ist ein Spezialfall eines allgemeinen Normalisierungssatzes für komplexe Räume. Bei normalen Räumen hat die Singularitätenmenge eine (komplexe) Codimension ≥ 2 und ist daher bei Kurven leer, siehe [GR], Sec. 6.5.3.— Der Abbildungssatz läßt sich erheblich verallgemeinern, siehe [Re 3] und [GR], p. 213:
Bei jeder eigentlichen holomorphen Abbildung $\varphi : X \to Y$ zwischen komplexen Räumen ist das Bild $\varphi(X)$ eine analytische Menge in Y.

9.3 Schnitt-Theorie

Kurven $C, D \subset \mathbb{P}^2$ ohne gemeinsame Komponenten schneiden sich in endlich vielen Punkten. Wir ordnen jedem Schnittpunkt eine positive Schnittzahl zu und zeigen, daß $\operatorname{gr} C \cdot \operatorname{gr} D$ die Summe der Schnittzahlen ist (*Formel von Bézout*).— Wir bezeichnen mit X eine kompakte Riemannsche Fläche und mit $F, G \in \mathbb{C}[z_0, z_1, z_2]$ nicht-konstante homogene Polynome.

9.3.1 Divisoren homogener Polynome. Sei $\varphi : X \to \mathbb{P}^2$ eine nirgends konstante, holomorphe Abbildung. Wir setzen voraus, daß die Kurve $\varphi(X)$ weder mit $N(F)$ noch mit $N(G)$ eine gemeinsame Komponente hat. Mit einer guten Darstellung $\varphi = (\varphi_0 : \varphi_1 : \varphi_2)$ bei $x \in X$ setzen wir
(1) $\qquad (F)_\varphi(x) := o\big(F(\varphi_0, \varphi_1, \varphi_2), x\big) \in \mathbb{N}$.
Diese Ordnung hängt nicht von der Wahl der Darstellung ab. Somit ist $(F)_\varphi$ ein positiver Divisor auf X.— Es gilt
(2) $\qquad (F \cdot G)_\varphi = (F)_\varphi + (G)_\varphi$.
Wenn F und G denselben Grad haben, hat $(F/G) \circ \varphi \in \mathcal{M}(X)$ den Hauptdivisor $(F)_\varphi - (G)_\varphi$. Daher ist
(3) $\qquad \operatorname{gr}(F)_\varphi = \operatorname{gr}(G)_\varphi$.

180   9. Ebene Kurven

Jede Linearform $L \neq 0$ mit $\varphi(X) \not\subset N(L)$ bestimmt den nur von φ abhängigen Grad
(4) $$\operatorname{gr}\varphi := \operatorname{gr}(L)_\varphi,$$
vgl. 8.4.1. Wenn (X, φ) eine projektive Gerade normalisiert, ist
(4a) $$\operatorname{gr}\varphi = 1.$$
Aus (2)-(4) folgt mit $n := \operatorname{gr} F$ und $G = L^n$:
(5) $$\operatorname{gr}(F)_\varphi = \operatorname{gr} F \cdot \operatorname{gr}\varphi.$$
Für $A \in \operatorname{GL}_3(\mathbb{C})$ und den zugehörigen Automorphismus $\hat{A}$ von $\mathbb{P}^2$ gilt
(6) $$(F)_{\hat{A}\circ\varphi} = (F \circ A)_\varphi. \qquad \square$$

9.3.2 Schnittzahlen. Sei $C \subset \mathbb{P}^2$ eine Kurve, so daß C und $N(F)$ keine gemeinsame Komponente haben. Mit der Normalisierung (X, φ) von C definieren wir für jeden Punkt $c \in \mathbb{P}^2$ die *Schnittzahl*
(1) $$i_c(C; F) := \sum\nolimits_{x \in \varphi^{-1}(c)} (F)_\varphi(x).$$
Sie hat folgende Eigenschaften:
(2) $i_c(C; F) = 0 \Leftrightarrow c \notin C \cap N(F)$.
(3) $i_c(\Theta; L) = 1$, wenn für die Gerade Θ und die Linearform L der Durchschnitt $\Theta \cap N(L) = \{c\}$ ist.
(4a) $i_c(C; F_1 \cdot F_1) = i_c(C; F_1) + i_c(C; F_2)$.
(4b) $i_c(C_1 \cup C_2; F) = i_c(C_1; F) + i_c(C_2; F)$ für zwei Kurven C_1, C_2 ohne gemeinsame Komponenten.
(5) $i_c(C; F + G) = i_c(C; F)$, falls F und G denselben Grad haben und $C \subset N(G)$ gilt.
(6) $i_{\hat{A}(c)}(\hat{A}(C); F) = i_c(C; F \circ A)$ für $A \in \operatorname{GL}_3(\mathbb{C})$. $\qquad \square$

Sei $D \subset \mathbb{P}^2$ eine Kurve mit dem Minimalpolynom G, welche mit C keine gemeinsame Komponente hat. Für jedes $c \in \mathbb{P}^2$ wird die *Schnittzahl* durch
$$i_c(C, D) := i_c(C; G)$$
definiert. Sie ist wegen (6) projektiv invariant. Aber ihre Definition ist unsymmetrisch, da für C eine Normalisierung und für D das Minimalpolynom benutzt werden. Um die Symmetrie zu beweisen, benutzen wir die

9.3.3 Resultante. Sei R ein Integritätsring mit dem Quotientenkörper K. Zu je zwei normierten Polynomen $P, Q \in R[w]$ gibt es eine endliche Körpererweiterung L von K, so daß P und Q über L in Linearfaktoren zerfallen:
(1) $$P(w) = \prod_{\mu=1}^{m}(w - f_\mu) \quad \text{und} \quad Q(w) = \prod_{\nu=1}^{n}(w - g_\nu) \quad \text{mit} \quad f_\mu, g_\nu \in L.$$
Die *Resultante*
$$r := \prod_{\mu=1}^{m}\prod_{\nu=1}^{n}(f_\mu - g_\nu) = \prod_{\mu=1}^{m} Q(f_\mu) = \prod_{\nu=1}^{n} P(g_\nu)$$

liegt im Grundring R und ist unabhängig von der Körpererweiterung. Genau dann, wenn P und Q einen gemeinsamen Faktor haben, ist $r \neq 0$. Siehe z.B [Bos], Abschnitt 4.4.

Satz. *Seien (X, η, f) und (Z, ζ, g) Riemannsche Gebilde über Y mit den Minimalpolynomen P bzw. Q. Wenn diese keinen gemeinsamen Faktor haben, hat ihre Resultante $r \in \mathcal{M}(Y)$ bei $b \in Y$ die Ordnung*

$$(2) \qquad o(r,b) = \sum_{x \in \eta^{-1}(b)} o(Q(\eta, f), x) = \sum_{z \in \zeta^{-1}(b)} o(P(\zeta, g), z).$$

Beweis. Es gibt eine endliche Körpererweiterung L von $\mathcal{M}(Y)$, so daß P und Q über L zerfallen. Wegen 6.6.1(2) können wir annehmen, daß die Erweiterung $\mathcal{M}(Y) \hookrightarrow L$ die Liftung $\sigma^* : \mathcal{M}(Y) \hookrightarrow \mathcal{M}(S)$ einer endlichen, zusammenhängenden Überlagerung $\sigma : S \to Y$ ist. Wegen $P(\sigma, f_\mu) = 0$ läßt sich $\sigma = \eta \circ \varphi_\mu : S \to X \to Y$ so faktorisieren, daß $f_\mu = f \circ \varphi_\mu$ ist, $\mu = 1, \ldots, m$. Für jedes $c \in \sigma^{-1}(b)$ ist

$$\begin{aligned} o(r,b) \cdot v(\sigma, c) = o(r \circ \sigma, c) &= \sum_\mu o(Q(\sigma, f \circ \varphi_\mu), c) \\ &= \sum_\mu o(Q(\eta, f), \varphi_\mu(c)) \cdot v(\varphi_\mu, c). \end{aligned}$$

Wir summieren über $c \in \sigma^{-1}(b) = \varphi_\mu^{-1}(\eta^{-1}(b))$:

$$\begin{aligned} o(r,b) \cdot \mathrm{gr}\,\sigma &= \sum_\mu \sum_{x \in \eta^{-1}(b)} \sum_{c \in \eta_\mu^{-1}(x)} o(Q(\eta, f), x) \cdot v(\varphi_\mu, c) \\ &= \sum_\mu \mathrm{gr}\,\varphi_\mu \sum_{x \in \eta^{-1}(b)} o(Q(\eta, f), x). \end{aligned}$$

Wegen $\sigma = \eta \circ \varphi_\mu$ und $\mathrm{gr}\,\sigma = \sum_\mu \mathrm{gr}\,\varphi_\mu$ folgt die erste Gleichung in (2). Die Vertauschung von P und Q gibt die zweite Gleichung. □

9.3.4 Symmetrie. Seien C und D projektive Kurven ohne gemeinsame Komponenten, so daß $(0:0:1) \notin C \cup D$. Dann besitzen C und D Minimalpolynome F bzw. G, so daß $P(z,w) := F(1,z,w)$ und $Q(z,w) := G(1,z,w)$ die in 9.1.5(1) angegebenen normierten Gestalten haben. Sie sind teilerfremd, und ihre Resultante $r \in \mathbb{C}[z]$ ist daher $\neq 0$.

Lemma. *Sei $c := (1:0:0)$ der einzige Schnittpunkt von C und D auf der Geraden $N(z_1) = 0$. Dann ist die Schnittzahl die Ordnung der Resultante: $i_c(C, D) = o(r, 0)$. Insbesondere ist sie symmetrisch: $i_c(C, D) = i_c(D, C)$.*

Beweis. Es genügt, die erste Behauptung zu beweisen. Die Symmetrie folgt, weil r beim Vertauschen von P und Q höchstens das Vorzeichen wechselt. Sei (X, η, f) das algebraische Gebilde zu P. Nach 9.3.3(2) gilt

$$o(r, 0) = \sum_{x \in \eta^{-1}(0)} o(Q(\eta, f), x).$$

Die Normalisierung $\varphi = (1 : \eta : f)$ von C ergibt

$$(G)_\varphi(x) = o(Q(\eta, f), x)$$

für alle Stellen $x \in X$, wo η und f keine Pole haben. Das gilt insbesondere für $x \in \eta^{-1}(0)$. Es ist $\varphi^{-1}(c) \subset \eta^{-1}(0)$. Wegen $N(z_1) \cap C \cap D = \{c\}$ ist $o(Q(\eta, f), x) = 0$ für $x \in \eta^{-1}(0) \setminus \varphi^{-1}(c)$. Somit folgt

$$o(r, 0) = \sum_{x \in \varphi^{-1}(c)} (G)_\varphi(x) =: i_c(C; G) = i_c(C, D). \qquad \square$$

182   9. Ebene Kurven

Satz. *Wenn zwei projektive Kurven C und D keine gemeinsamen Komponenten haben, gilt: $i_c(C,D) = i_c(D,C)$ für alle $c \in \mathbb{P}^2$.*

Beweis. Durch einen Automorphismus von $\mathbb{P}^2$ erreicht man, daß die Voraussetzungen des Lemmas erfüllt sind. Da die Schnittzahl nach 9.3.2(6) projektiv invariant ist, folgt die Behauptung. □

9.3.5 Grad der Normalisierung. Formel von Bézout. *Wenn (X,φ) die projektive Kurve C normalisiert, ist*

(1) $$\operatorname{gr}\varphi = \operatorname{gr} C\,.$$

Wenn die Kurven C und D keine gemeinsamen Komponenten haben, gilt die Formel von Bézout:

(2) $$\sum\nolimits_{c\in\mathbb{P}^2} i_c(C,D) = \operatorname{gr} C \cdot \operatorname{gr} D\,.$$

Beweis. Seien (X,φ) bzw. (Y,ψ) die Normalisierungen und F bzw. G die Minimalpolynome von C bzw. D. Wegen der Symmetrie gilt
$$\sum\nolimits_{c\in\mathbb{P}^2} i_c(C,D) = \sum\nolimits_{x\in X}(G)_\varphi(x) = \operatorname{gr}(G)_\varphi = \operatorname{gr}\varphi \cdot \operatorname{gr} D = \operatorname{gr}\psi \cdot \operatorname{gr} C.$$
Wenn D eine Gerade ist, folgt (1) wegen $\operatorname{gr}\psi = 1$, siehe 9.3.1(4a). Im allgemeinen Fall folgt dann (2). □

Die Formel (2) wird traditionell nach Bézout (1764) benannt. Sie taucht bereits 1720 bei Maclaurin auf. Auch Euler (1748) hat sich mit ihr beschäftigt. Für ihre allgemeine Gültigkeit war es nötig, die affine zur projektiven Ebene zu vervollständigen (Poncelet, 1822) und Punkte mit komplexen Koordinaten zu berücksichtigen (Plücker, 1834).

9.4 Singularitäten. Tangenten

Jedem Punkt c einer projektiven Kurve $C \subset \mathbb{P}^2$ vom Grade n wird eine ganzzahlige *Multiplizität* $m_c \geq 1$ zugeordnet. Das führt zur Unterscheidung zwischen *regulären* (= *glatten*) Punkten mit $m_c = 1$ und *singulären* Punkten mit $m_c \geq 2$. Fast alle Punkte sind regulär. Wir untersuchen die Singularitäten zunächst mittels des Minimalpolynoms F, dann mittels der Normalisierung (X,φ) und vergleichen die Ergebnisse.

9.4.1 Die Multiplizität m_c des Punktes $c \in C$ wird als Minimum der Schnittzahlen $i_c(C,\Theta)$ zwischen C und den Geraden Θ durch c definiert. Offenbar ist m_c eine projektive Invariante. Zu ihrer Berechnung können wir $c = (1:0:0)$ annehmen. Wir entwickeln $P(z,w) := F(1,z,w)$ nach homogenen Polynomen P_j vom Grade j,
$$P(z,w) = P_m(z,w) + P_{m+1}(z,w) + \ldots + P_n(z,w) \text{ mit } P_m(z,w) \neq 0\,.$$
Wegen $c \in C$ ist $m \geq 1$. Das Anfangspolynom läßt sich eindeutig als Produkt $P_m = L_1 \cdot \ldots \cdot L_m$ von Linearformen L_j darstellen. Die projektiven Abschlüsse Θ_j der affinen Geraden $N(L_j)$ heißen *Tangenten* an C in c.

Satz. *Jede projektive Gerade Θ, welche C in c schneidet, hat eine Schnittzahl $i_c(C,\Theta) \geq m$. Dabei gilt $i_c(C,\Theta) > m$ genau dann, wenn Θ eine Tangente ist. Insbesondere ist $m = m_c$ die Multiplizität.*

Beweis. Jede Gerade Θ durch c wird durch $t \mapsto (1 : -bt : at)$ normalisiert. Die Schnittzahl $i_c(C,\Theta)$ ist die Ordnung von $P(-bt, at)$ an der Stelle $t = 0$. Sie ist stets $\geq m$, und zwar $> m$ genau dann, wenn $P_m(-b, a) = 0$, also $az + bw$ ein Linearfaktor von $P_m(z,w)$ und somit Θ eine Tangente ist. $\square$

Folgerung. *Genau dann, wenn alle partiellen Ableitungen $F_\nu := \partial F/\partial z_\nu$ an der Stelle c verschwinden, ist C bei c singulär. Es gibt höchstens endlich viele Singularitäten.*

Beweis. Wie oben können wir $c = (1 : 0 : 0)$ und $P(z,w) := F(1,z,w)$ annehmen. Wegen der Eulerschen Formel $\sum_\nu z_\nu F_\nu = nF$ sind folgende Aussagen äquivalent: $F_\nu(1,0,0) = 0$ für $\nu = 0,1,2 \Leftrightarrow a := \frac{\partial P}{\partial z}(0,0) = 0$ und $b := \frac{\partial P}{\partial w}(0,0) = 0 \Leftrightarrow P_1(z,w) := az + bw = 0 \Leftrightarrow m_c = m \geq 2$. $\square$

9.4.2 Tangenten. Jede nirgends konstante, holomorphe Abbildung $\varphi : X \to \mathbb{P}^2$ besitzt an jeder Stelle $a \in X$ drei Schnittzahlen m_j, welche die Folge $0 = m_0 < m_1 < m_2 \leq \operatorname{gr} \varphi$ bilden, siehe 8.5.2. (Man ersetze X durch die Komponente, in der a liegt, damit die Zusammenhangsvoraussetzung des Abschnitts 8.5 erfüllt ist.) Dabei ist $m(\varphi, a) := m_1$ die *Multiplizität* von φ bei a, vgl. 8.5.1. Die eindeutig bestimmte projektive Gerade Θ mit der maximalen Schnittzahl $(\Theta)_\varphi(a) = m_2$ heißt *Tangente* von φ an der Stelle a und wird mit $T_a\varphi$ bezeichnet. Man nennt $k(\varphi,a) := m_2 - m_1$ *Vielfachheit der Tangente* oder *Klasse* von φ bei a. Wenn $k(\varphi,a) \geq 2$ ist, heißt a *Wendepunkt* und $T_a\varphi$ *Wendetangente*.

Die Schnittzahlen von φ mit einer projektiven Geraden Θ haben also die folgenden Werte:

(1) $\qquad (\Theta)_\varphi(a) = \begin{cases} 0 & \text{, falls } \varphi(a) \notin \Theta \\ m(\varphi,a) & \text{, falls } \varphi(a) \in \Theta \neq T_a\varphi \\ m(\varphi,a) + k(\varphi,a) & \text{, falls } \Theta = T_a\varphi. \end{cases}$

9.4.3 Schnitte von Kurven mit Geraden. Sei (X,φ) die Normalisierung der Kurve $C \subset \mathbb{P}^2$. Aus 9.3.2(1) folgt für jede Gerade Θ durch $c \in C$:

(1) $\qquad i_c(C,\Theta) = \sum m(\varphi, x) + \sum k(\varphi, y)$,
summiert über $x \in \varphi^{-1}(c)$ und $y \in \varphi^{-1}(c)$ mit $T_y\varphi = \Theta$. $\square$

Der minimale Wert dieser Schnittzahlen ist nach 9.4.1 die Multiplizität

(2) $\qquad m_c = \sum m(\varphi,x)$, *summiert über $x \in \varphi^{-1}(c)$.* $\square$

Aus Satz 9.4.1 folgt:

(3) $\qquad$ *Eine Gerade Θ ist genau dann eine Tangente an C in c, wenn es ein $x \in \varphi^{-1}(c)$ mit $\Theta = T_x\varphi$ gibt.* $\square$

9.5 Die duale Kurve. Eine Formel von Clebsch

Jeder Kurve $C \subset \mathbb{P}^2$ wird nach Plücker (1834) eine duale Kurve $C^* \subset \mathbb{P}^2$ zugeordnet, deren Punkte umkehrbar eindeutig den Tangenten an C entsprechen. Beide Kurven werden durch dieselbe Fläche X normalisiert. Durch den Vergleich der Normalisierungen gewinnen wir für jeden Punkt $c \in C$ die Delta-Invariante δ_c, welche mißt, wie singulär C bei c ist. Eine Formel von Clebsch (1864) drückt das Geschlecht von X durch den Grad von C und die Summe der Multiplizitäten und Delta-Invarianten aller Punkte $c \in C$ aus.

9.5.1 Dualität. Seien $\varphi, \psi : X \to \mathbb{P}^2$ holomorphe Abbildungen der zusammenhängenden Fläche X. Die Darstellungen $\varphi = (f_0 : f_1 : f_2)$ und $\psi = (g_0 : g_1 : g_2)$ mit Funktionen $f_j, g_j \in \mathcal{M}(X)$ heißen *dual*, wenn

(1a) $\quad \sum f_j g_j = 0,\qquad$ (1b) $\quad \sum g_j df_j = 0,\qquad$ (1c) $\quad \sum f_j dg_j = 0$

gelten. Die Dualität ist symmetrisch. Wenn (1a) gilt, sind (1b) und (1c) äquivalent. Die Dualität hängt nur von den Abbildungen φ, ψ ab.

(2) *Sei $A \in \mathrm{GL}_3(\mathbb{C})$, und sei B die zu A^{-1} transponierte Matrix. Wenn φ und ψ dual sind, gilt dasselbe für $\hat{A} \circ \varphi$ und $\hat{B} \circ \psi$. Dabei sind $\hat{A}, \hat{B}$ die induzierten Automorphismen von $\mathbb{P}^2$.* $\square$

(3) *Seien φ und ψ zueinander dual. Dann gilt: φ konstant $\Rightarrow \psi$ entartet; φ entartet, aber nicht konstant $\Rightarrow \psi$ konstant.*

Beweis. Die erste Behauptung folgt aus (1a). Zum Beweis der zweiten Behauptung genügt es wegen (2) den Fall $\varphi = (0 : 1 : f)$, $df \neq 0$, zu betrachten. Dann ist $\psi = (1 : 0 : 0)$ die einzige duale Abbildung. $\square$

Existenz- und Eindeutigkeitssatz. *Zu jeder nicht-entarteten Abbildung φ gibt es genau eine duale Abbildung ψ. Sie ist ebenfalls nicht-entartet.*

Beweis. Es eine Darstellung $\varphi = (1 : f_1 : f_2)$ mit $df_1 \neq 0$. Wenn es eine duale Abbildung ψ gibt, ist sie wegen (3) nicht-entartet und hat daher eine Darstellung $\psi := (g_0 : g_1 : 1)$. Die Existenz und Eindeutigkeit folgt aus (1a) und (1b): $g_0 = f_1 df_2/df_1 - f_2$, $g_1 = -df_2/df_1$. $\square$

9.5.2 Eigenschaften dualer Abbildungen. Sei φ^* die duale Abbildung der nicht-entarteten Abbildung φ. Dann ist $\varphi^{**} = \varphi$.- Sei $x \in X$.

(1) *Die homogenen Koordinaten von $\varphi^*(x) = (c_0 : c_1 : c_2)$ sind die Koeffizienten in der Gleichung $\sum c_j z_j = 0$ der Tangente $T_x \varphi$.*

(2) *Multiplizität und Klasse werden vertauscht:*
$$m(\varphi^*, x) = k(\varphi, x) \quad , \quad k(\varphi^*, x) = m(\varphi, x).$$

Beweis. Wegen 9.5.1(2) kann man $\varphi(x) = (1 : 0 : 0)$ und $T_x \varphi = N(z_2)$ annehmen. Dann gibt es bei x gute Darstellungen $\varphi = (1 : f_1 : f_2)$ mit $o(f_1, x) = m(\varphi, x)$ sowie $o(f_2, x) = m(\varphi, x) + k(\varphi, x)$ und $\varphi^* = (g_0 : g_1 : 1)$. Aus 9.5.1(1b) folgt $g_1 df_1 + df_2 = 0$, also $o(g_1, x) = k(\varphi, x)$. Aus 9.5.1(1a) folgt $g_0 + g_1 f_1 + f_2 = 0$, also $o(g_0, x) \geq o(g_1 f_1, x) = m(\varphi, x) + k(\varphi, x)$.

Daher gilt $\varphi^*(x) = (0:0:1)$ und damit (1).– Nach 8.5.1(1) ist $m(\varphi^*,x) = o(g_1,x) = k(\varphi,x)$. Mit φ^* statt φ folgt $m(\varphi,x) = m(\varphi^{**},x) = k(\varphi^*,x)$. □

9.5.3 Die duale Kurve. Wenn (X,φ) die irreduzible Kurve C vom Grade $n \geq 2$ normalisiert, hängt X zusammen, und nach 9.2.3 ist die *duale Kurve* $C^* := \varphi^*(X)$ ebenfalls irreduzibel. Ihr Grad $k(C) := \operatorname{gr}\varphi^*$ wird *Klasse* von C genannt. Eine geometrische Deutung von $k(C)$ enthält Aufgabe 9.7.2.

Satz. *Die duale Kurve C^* wird durch die duale Abbildung φ^* normalisiert. Es gilt $C^{**} = C$.*

Beweis. Sei (Y,ψ) die Normalisierung von C^*. Nach der universellen Eigenschaft 9.2.2 faktorisiert $\varphi^* = \psi \circ \gamma$ über eine holomorphe Abbildung $\gamma: X \to Y$. Dualisieren ergibt $\varphi = \varphi^{**} = \psi^* \circ \gamma$. Da fast alle φ-Fasern einpunktig sind, ist $\operatorname{gr}\gamma = 1$.– Aus $\varphi^{**} = \varphi$ folgt $C^{**} = C$. □

9.5.4 Die Delta-Invariante. Sei F das Minimalpolynom der irreduziblen Kurve $C \subset \mathbb{P}^2$ vom Grade $n \geq 2$. Die *partiellen Ableitungen* $F_j := \partial F/\partial z_j$, $j = 0,1,2$, sind homogene Polynome vom Grade $n-1$.

(1) *Aus jeder Darstellung $\varphi = (f_0 : f_1 : f_2) : X \to \mathbb{P}^2$ der Normalisierung von C mit Funktionen $f_j \in \mathcal{M}(X)$ erhält man die duale Abbildung $\varphi^* = (g_0 : g_1 : g_2) : X \to \mathbb{P}^2$ mit $g_j := F_j(f_0, f_1, f_2) \in \mathcal{M}(X)$.*

Beweis. Aus der Eulerschen Formel $\sum z_j F_j = n \cdot F$ folgt $\sum f_j g_j = 0$. Die Ableitung der Gleichung $F(f_0, f_1, f_2) = 0$ ergibt $\sum g_j df_j = 0$. □

Für jede gute Darstellung $\varphi|U = (f_0:f_1:f_2)$ sind die Funktionen g_j auf U holomorph. Wir definieren die *Delta-Invariante*
(2) $$\delta(\varphi,x) = \min\{o(g_j,x) : j = 0,1,2\} \in \mathbb{N}.$$
Sie hängt nicht von der Wahl der Darstellung ab. Denn für jede andere gute Darstellung $\varphi = (h_0 : h_2 : h_2)$ bei x gilt $h_j = \lambda f_j$ mit $o(\lambda,x) = 0$ und $F_j(h_0, h_1, h_2) = \lambda^{n-1} g_j$.– Es gilt

(3) $\delta(\varphi,x) \geq 1 \quad \Leftrightarrow \quad x$ ist gemeinsame Nullstelle von g_0, g_1, g_2. $\Leftrightarrow$
$\varphi(x) \in N(F_0) \cap N(F_1) \cap N(F_2) \quad \Leftrightarrow \quad C$ ist bei $\varphi(x)$ singulär. □

Für die Koeffizienten in der Gleichung $\sum c_j z_j = 0$ der Tangente $T_x\varphi$ gilt:
(4) $\qquad\qquad c_k \neq 0 \quad \Leftrightarrow \quad o(g_k,x) = \delta(\varphi,x)$.

Beweis. Für eine gute Darstellung $\varphi^*|U = (h_0:h_1:h_2)$ auf einer Umgebung von x ist $c_j = h_j(x)$. Es gibt ein $\lambda \in \mathcal{O}(U)$ mit $\lambda \cdot h_j = g_j$, also $c_k \neq 0 \Leftrightarrow o(h_k,x) = \min\{o(h_j,x)\} \Leftrightarrow o(g_k,x) = \min\{o(g_j,x)\} =: \delta(\varphi,x)$. □

Wir bilden mit der Multiplizität m die *Ny-Invariante*
(5) $$\nu(\varphi,x) := \delta(\varphi,x) - m(\varphi,x) + 1.$$
Sie ist $= 0$, wenn C bei $\varphi(x)$ glatt ist.

9.5.5 Die polaren Differentialformen $\omega_0, \omega_1, \omega_2$ auf X werden folgendermaßen definiert: Sei (j,k,l) eine zyklische Permutation von $(0,1,2)$. Wir legen die Darstellung $\varphi = (f_0 : f_1 : f_2)$ der Normalisierung von C durch $f_j = 1$ fest und definieren mit g_j wie in 9.5.4(1)

(1) $$\omega_j := df_k/g_l = -df_l/g_k\,.$$

Dann gilt

(2) $$\omega_k = f_k^{n-3}\omega_j\,,\ \omega_l := f_l^{n-3}\omega_j\,.\qquad\square$$

(3) $\qquad Aus\ \varphi(x) \notin \Theta_j\ folgt\ o(\omega_j, x) = -\nu(\varphi, x)\,.$

Beweis zu (3). Wegen $\varphi(x) \notin \Theta_j$ ist $f_\mu(x) \neq \infty$ für $\mu = 0,1,2$. Sei $v_\mu := v(f_\mu, x)$ und $o_\mu := o(g_\mu, x)$, also $o(\omega_j, x) = v_k - 1 - o_l = v_l - 1 - o_k$. Sei $v_k \leq v_l$. Dann ist $o_k \geq o_l$ und $o_j \geq o_l$, letzteres wegen $g_j = -g_k f_k - g_l f_l$ und $o(f_l, x) \geq 0$. Somit ist $\delta(\varphi, x) = o_l$. Nach 8.5.1(1) ist $v_k = m(\varphi, x)$. Daraus folgt die Behauptung für $v_k \leq v_l$. Durch Vertauschen von k und l erhält man den Beweis für den Fall $v_l \leq v_k$. $\qquad\square$

Satz. *Für $j = 0,1,2$ gilt an jede Stelle $x \in X$*
$$o(\omega_j, x) = (n-3)(\Theta_j)_\varphi(x) - \nu(\varphi, x)\,.$$

Beweis. Wegen (3) muß nur der Fall $\varphi(x) \in \Theta_j$ betrachtet werden. Es gibt ein k mit $\varphi(x) \notin \Theta_k$, also $o(\omega_k, x) = -\nu(\varphi, x)$ nach (3). Aus (2) folgt $o(\omega_k, x) = (n-3)o(f_k, x) + o(\omega_j, x)$. Eine gute Darstellung bei x lautet $\varphi = (f_0/f_k : f_1/f_k : f_2/f_k)$. Daher folgt mit $(\Theta_j)_\varphi(x) = o(f_j/f_k, x) = o(1/f_k, x) = -o(f_k, x)$ die Behauptung. $\qquad\square$

Folgerung. *Glatte Kubiken sind elliptische Kurven.*

Beweis. Wegen $\nu(\varphi, x) = 0$ und $n = 3$ folgt aus dem Satz $o(\omega_0, x) = 0$ für alle $x \in X$. Nach 7.6.2 ist X ein Torus. $\qquad\square$

Singuläre Kubiken sind rationale Kurven (Aufgabe 9.7.1).

Unsere rudimentäre Betrachtung polarer Differentialformen läßt nicht erkennen, was solche Formen mit den polaren Kurven $N(\sum a_j F_j)$ zu tun haben. Für eine ausführliche Behandlung siehe [BK], S. 845-883.

9.5.6 Die Formel von Clebsch. Sei (X, φ) die Normalisierung einer irreduziblen Kurve C vom Grade n. Wir definieren für $c \in C$ die Invarianten

(1) $\quad \delta_c := \sum \delta(\varphi, x)$ und $\nu_c := \sum \nu(\varphi, x)$, *summiert über* $x \in \varphi^{-1}(c)$.

Mit $r_c := \sharp\varphi^{-1}(c)$ gilt wegen 9.4.3(2)

(2) $$\nu_c = \delta_c - m_c + r_c\,.\qquad\square$$

Wenn C bei c glatt ist, gilt $\nu_c = 0$.– Wir addieren die Ordnungsformel für die polare Differentialform aus Satz 9.5.5 über $x \in X$ und erhalten für die analytische Charakteristik die *Formel von Clebsch*:

(3) $$-\chi(X) = n(n-3) - \sum_{c \in C} \nu_c\,.\qquad\square$$

Bei glatten Kurven ist $-\chi = n(n-3)$. Beispielsweise entsteht bei jeder Einbettung eines Torus wegen $\chi = 0$ eine Kubik. Flächen der Charakteristik -2 lassen sich nicht in $\mathbb{P}^2$ einbetten.

Die Abschätzung des analytischen Geschlechts $g_{an}(X)$ gemäß Satz 8.2.1 zusammen mit (3) ergibt
(4) $\qquad g_{an}(X) \leq \frac{1}{2}(n-1)(n-2) - \frac{1}{2}\sum_{c \in C} \nu_c$,
mit Gleichheit, sobald $\chi = 2 - 2g_{an}$ bewiesen ist (erste Folgerung in 13.1.5).

9.5.7 Glatte Quartiken $C \subset \mathbb{P}^2$ *werden durch die kanonischen Abbildungen* $\varphi = (\omega_0 : \omega_1 : \omega_2) : X \to \mathbb{P}^2$ *der nicht-hyperelliptischen Flächen* X *vom analytischen Geschlecht 3 normalisiert.*

Beweis. Sei $\varphi = (1 : f_1 : f_2) : X \to \mathbb{P}^2$ die Normalisierung von C. Nach Satz 9.5.5 sind die polaren Differentialformen ω_0, $\omega_1 = f_1\omega_0$, $\omega_2 = f_2\omega_0$ holomorph. Sie sind wie $1, f_1, f_2$ linear unabhängig und bilden wegen 9.5.6(4) eine Basis von $\mathcal{E}_1(X)$. Daher ist $\varphi = (\omega_0 : \omega_1 : \omega_2)$ die kanonische Abbildung. Nach Satz 8.3.5 ist X nicht hyperelliptisch. □

Durch φ identifiziert man X mit C. Jede holomorphe Form $\omega = \sum a_j\omega_j \neq 0$ bestimmt die Gerade $\Theta_\omega := N(\sum a_j z_j)$. Alle Geraden in $\mathbb{P}^2$ haben diese Gestalt. Die *Schnittzahlen* sind
(1) $\qquad i_c(\Theta_\omega, C) = o(\omega, c)$ *für* $c \in C$.
Beweis. Wegen Satz 9.5.5 haben $\omega_0, \omega_1, \omega_2$ keine gemeinsame Nullstelle. Mit jeder Karte (U, z) und $\omega_j = \varphi_j dz$ erhält man die gute Darstellung $\varphi|U = (\varphi_0 : \varphi_1 : \varphi_2)$. Dann ist $i_c(\Theta_\omega, C) = o(\sum a_j\varphi_j, c) = o(\omega, c)$. □

Nach (1) liegen die Nullstellen jeder holomorphen Form $\omega \neq 0$ auf Θ_ω. Jede spezielle Lage von Θ_ω zu C (Tangente, Wendetangente, Doppeltangente) läßt sich durch die Ordnungen von ω charakterisieren (Aufgabe 9.7.4(ii)).

9.6 Plückersche Formeln

Um die Formel von Clebsch auf Kurven mit Singularitäten anzuwenden, wird die Delta-Invariante genauer untersucht. Wir betrachten wie bisher eine irreduzible Kurve $C \subset \mathbb{P}^2$ vom Grade $n \geq 2$ mit dem Minimalpolynom F und der Normalisierung (X, φ). Für einen Punkt $c \in C$ sei $\varphi^{-1}(c) = \{a_1, \ldots, a_r\}$. Sei $m_j := m(\varphi, a_j)$ und $k_j := k(\varphi, a_j)$.

9.6.1 Die Zerlegung der Delta-Invarianten *lautet*
(1) $\qquad \delta_c = \sum_{j,l=1}^{r} \delta_{jl}$.
Dabei haben die Invarianten $\delta_{jl} \in \mathbb{N}$ *(keine Kronecker-Symbole) folgende Eigenschaften:*
(2) $\delta_{jl} \geq m_j m_l$ *für* $j \neq l$, *und zwar* $\delta_{jl} = m_j m_l$ *genau dann, wenn die Tangenten* $T_{a_j}\varphi \neq T_{a_l}\varphi$ *verschieden sind.*
(3) $\delta_{jj} \geq (m_j - 1)(m_j + k_j)$, *und zwar* $\delta_{jj} = (m_j - 1)(m_j + k_j)$ *genau dann, wenn* m_j *und* k_j *teilerfremd sind.*

Beweis. Durch einen Automorphismus von $\mathbb{P}^2$ erreicht man $c = (1:0:0)$ und $(0:0:1) \notin C$ sowie $T_{a_j}\varphi \neq N(z_1)$ für $j = 1,\ldots,r$. Das reduzierte Polynom $P(z,w) := F(1,z,w)$ hat die in 9.1.5(1) angegebene normierte Gestalt. Das algebraische Gebilde (X,η,f) zu P ergibt die Normalisierung $\varphi = (1{:}\eta{:}f)$ von C. Eine Scheibe $V \subset \mathbb{C}$ mit dem Zentrum 0 wird durch η elementar überlagert, $\eta^{-1}(V) = U_1 \uplus \ldots \uplus U_{r+s}$.

Dabei werden die Punkte von $\eta^{-1}(0) = \{a_1,\ldots,a_r,\ldots,a_{r+s}\}$ so numeriert, daß $\{a_1,\ldots,a_r\} = \varphi^{-1}(c) \subset \eta^{-1}(0)$ gilt. Durch die Beschränkungen $\eta_j := \eta|U_j$ und $f_j := f|U_j$ entstehen gute Darstellungen $\varphi|U_j = (1:\eta_j:f_j)$ mit
$$o(\eta_j,a_j) = m_j \quad \text{und} \quad o(f_j,a_j) \geq m_j \quad \text{für } j = 1,\ldots,r.$$
Denn nach 8.5.1(1) ist m_j das Minimum der Ordnungen von η_j und f_j bei a_j, und $o(\eta_j,a_j) > m_j$ wird durch $T_{a_j}\varphi \neq N(z_1)$ ausgeschlossen.

Mit $b \in \mathbb{C}$ gilt $T_{a_j}\varphi = N(z_2 - bz_1)$. Nach 9.5.4(4) ist

(4) $$\delta(\varphi,a_j) = o\left(\frac{\partial P}{\partial w}(\eta_j,f_j),a_j\right).$$

Nach Beschränkung auf V zerfällt $P|V = P_1 \cdot \ldots \cdot P_r \cdot \ldots \cdot P_{r+s}$ in das Produkt der Minimalpolynome $P_j \in \mathcal{O}(V)[w]$ der Puiseux-Gebilde (U_j,η_j,f_j). Wir fassen zum Restfaktor $R = P_{r+1} \cdot \ldots \cdot P_{r+s}$ zusammen (mit $R = 1$, falls $s = 0$). Da $P_j(\eta_j,f_j)$ die Nullfunktion ist, gilt

(5) $$\frac{\partial P}{\partial w}(\eta_j,f_j) = \frac{\partial P_j}{\partial w}(\eta_j,f_j) \cdot \prod_{l=1,\, l\neq j}^{r} P_l(\eta_j,f_j) \cdot R(\eta_j,f_j).$$

Aus (4),(5) und $R(\eta(a_j),f(a_j)) \neq 0$ für $j = 1,\ldots,r$ folgt (1) für

(6) $$\delta_{jj} := o\left(\frac{\partial P_j}{\partial w}(\eta_j,f_j),a_j\right), \quad \delta_{lj} := o(P_l(\eta_j,f_j),a_j) \quad \text{mit } l \neq j.$$

Zu (2). Wir entwickeln nach Potenzen von $w - bz$,

(7) $$P_j(z,w) = (w-bz)^{m_j} + \sum_{\nu=1}^{m_j} c_\nu(z)(w-bz)^{m_j-\nu}$$

mit Koeffizienten $c_\nu \in \mathcal{O}(V)$, und setzen $z = \eta_j$ ein:
$$(w-b\eta_j)^{m_j} + \sum_{\nu=1}^{m_j}(c_\nu \circ \eta_j)(w-b\eta_j)^{m_j-\nu} = P_j(\eta_j,w) =$$
$$\prod_{\alpha \in \mathcal{D}(\eta_j)}(w - f_j \circ \alpha) = \prod_{\alpha \in \mathcal{D}(\eta_j)}(w - b\eta_j - [f_j - b\eta_j]\circ\alpha).$$

Der Koeffizientenvergleich zeigt, daß $c_\nu \circ \eta_j$ das ν-te elementarsymmetrische Polynom zu $\{(f_j - b\eta_j)\circ\alpha\}_{\alpha\in\mathcal{D}(\eta_j)}$ ist und somit bei a_j eine Ordnung $\geq \nu(m_j + k_j) > \nu \cdot m_j$ hat. Daher ist $o(c_\nu,0) > \nu$.

Zur Berechnung von $\delta_{jl} = o(P_j(\eta_l,f_l),a_l)$ für $l \neq j$ setzen wir $z = \eta_l$ und $w = f_l$ in (7) ein: $P_j(\eta_l,f_l) = (f_l - b\eta_l)^{m_j} + \Sigma$. Aus $o(f_l - b\eta_l,a_l) \geq m_l$ und $o(c_\nu \circ \eta_l,a_l) > \nu \cdot m_l$ folgt $o(\Sigma,a_l) > m_j m_l$. Da $o(f_l - b\eta_l,a_l) > m_l$ genau dann eintritt, wenn $T_{a_l}\varphi = N(z_2 - bz_1) = T_{a_j}\varphi$ ist, folgt (2).

Zu (3). Für den Rest des Beweises ist der Index j konstant. Wir lassen ihn weg: $a := a_j,\, \eta := \eta_j,\, f := f_j,\, P := P_j,\, \delta := \delta_{jj},\, m := m_j,\, k := k_j$. Die Darstellung $P(\eta,w) = \prod_{\alpha\in\mathcal{D}(\eta)}(w - f\circ\alpha)$ gemäß 6.3.2(2) ergibt $(\partial P/\partial w)(\eta,f) = \prod_{\alpha\in\mathcal{D}(\eta)\setminus\{\mathrm{id}\}}(f - f\circ\alpha)$, also

(8) $$\delta = \sum_{\alpha\in\mathcal{D}(\eta)\setminus\{\mathrm{id}\}} o(f - f\circ\alpha, a).$$

Aus $T_a\varphi = N(z_2 - bz_1)$ folgt wegen 9.4.2(1) $o(f - b\eta, a) = m + k$ und somit $o(f - f \circ \alpha, a) \geq m + k$ für $\alpha \in \mathcal{D}(\eta) \setminus \{\text{id}\}$. Mit (8) folgt $\delta \geq (m-1)(m+k)$. Um zu untersuchen, wann diese Ungleichung strikt ist, benutzen wir bei a eine Karte t mit $t(a) = 0$ und $\eta = t^m$. Sei $\mathcal{D}(\eta) \to \mu_m$, $\alpha \mapsto \omega_\alpha$, der Isomorphismus mit $t \circ \alpha = \omega_\alpha \cdot t$. Dann gilt $f - b\eta = t^{m+k} \cdot f^*$ mit $f^*(a) \neq 0$ und $f - f \circ \alpha = t^{m+k}[f^* - \omega_\alpha^k \cdot (f^* \circ \alpha)]$ wegen $\omega_\alpha^m = 1$. Der Faktor [...] hat bei a den Wert $(1 - \omega_\alpha^k) \cdot f^*(a)$. Er ist genau dann $= 0$, wenn die m-te Einheitswurzel $\omega_\alpha \neq 1$ auch eine k-te Einheitswurzel ist, also m und k einen gemeinsamen Teiler ≥ 2 haben. □

9.6.2 Folgerungen.
(1) $\delta_{jj} = 0 \Leftrightarrow m_j = 1$; $\delta_{jj} \notin \{1, 2\}$; $\delta_{jj} = 3 \Leftrightarrow m_j = 2$, $k_j = 1$.
(2) Für $j \neq l$: $\delta_{jl} \geq 1$; $\delta_{jl} = 1 \Leftrightarrow m_j = m_l = 1$ und $T_{a_j}\varphi \neq T_{a_l}\varphi$.
(3) $\nu_c \geq 0$. $\nu_c = 0 \Leftrightarrow C$ ist bei c regulär.
(4) $\nu_c \neq 1$.
(5) Für $\nu_c = 2$ gibt es genau zwei Möglichkeiten:
 (a) $r_c = 2$, $m_1 = m_2 = 1$, $T_{a_1}\varphi \neq T_{a_2}\varphi$, $\delta_c = 2$ und
 (b) $r_c = 1$, $m_1 = 2$, $k_1 = 1$, $\delta_c = 3$. □

Man nennt c im Falle (5a) einen *gewöhnlichen Doppelpunkt* und im Falle (5b) eine *gewöhnliche Spitze* der Kurve C. Wenn es keine anderen Singularitäten gibt, heißt C eine *Plückersche Kurve*.

9.6.3 Plückersche Kurven. *Wenn die Fläche X eine Plückersche Kurve C vom Grade n mit d Doppelpunkten und s Spitzen normalisiert, hat sie das analytische Geschlecht $g := \frac{1}{2}(n-1)(n-2) - (d+s)$ und die analytische Charakteristik $\chi = 2 - 2g$.*

Beweis. Nach einer projektiven Transformation hat C keine Singularitäten auf der Geraden $\Theta_0 := N(z_0)$. Wegen 9.5.6(4) genügt es, in $\mathcal{E}_1(X)$ einen Untervektorraum der Dimension $\geq \frac{1}{2}(n-1)(n-2) - (d+s)$ anzugeben: Im $\frac{1}{2}(n-1)(n-2)$-dimensionalen Vektorraum $V \subset \mathbb{C}[z,w]$ der Polynome vom Grade $\leq n-3$ bilden sämtliche Polynome p mit $p(c_1, c_2) = 0$ für alle Singularitäten $c = (1 : c_1 : c_2)$ einen Untervektorraum U der Dimension $\geq \frac{1}{2}(n-1)(n-2) - (d+s)$. Denn jede der $d+s$ Gleichungen $p(c_1, c_2) = 0$ ist *eine* lineare Bedingung für p und erniedrigt daher die Dimension um ≤ 1. Sei $\varphi = (1 : f_1 : f_2)$ die Normalisierung von C, und sei ω_0 die polare Differentialform. Sei $\tilde{p} := p(f_1, f_2) \in \mathcal{M}(X)$. Alle Formen der Gestalt $\tilde{p}\omega_0$ mit $p \in U$ bilden einen zu U isomorphen Vektorraum. Es genügt zu zeigen, daß $\tilde{p}\omega_0$ für $p \in U$ holomorph ist. Wegen Satz 9.5.5 ist dies äquivalent zu
(1) $o(\tilde{p}, x) + (n-3)(\Theta_0)_\varphi(x) \geq \nu(\varphi, x)$ für $p \in U$ und $x \in X$.
Wir zeigen zunächst:
(2) $o(\tilde{p}, x) + (n-3)(\Theta_0)_\varphi(x) \geq 0$ für $p \in V$ und $x \in X$.
Für eine gute Darstellung $\varphi = (\varphi_0 : \varphi_1 : \varphi_2)$ bei x gilt $\tilde{p} = p(\varphi_1/\varphi_0, \varphi_2/\varphi_0)$. Da φ_1, φ_2 holomorph sind und $\text{gr } p \leq n-3$ ist, folgt $o(\tilde{p}, x) \geq (3-n) \cdot o(\varphi_0, x)$ und damit (2) wegen $(\Theta_0)_\varphi(x) = o(\varphi_0, x)$.

Aus (2) folgt (1), wenn C bei $\varphi(x)$ glatt ist. Die Singularitäten $\varphi(x)$ liegen nicht auf Θ_0. Daher ist $(\Theta_0)_\varphi(x) = 0$. Nach 9.6.2(5) gilt $\nu(\varphi, x) = 1$ bzw. $= 2$ für gewöhnliche Doppelpunkte bzw. Spitzen $c = \varphi(x)$. Zum Beweis von (1) muß nur noch $o(\tilde{p}, x) \geq 1$ bzw. ≥ 2 für Doppelpunkte bzw. Spitzen gezeigt werden: Aus $p(c_1, c_2) = 0$ folgt $\tilde{p}(x) = 0$, also $o(\tilde{p}, x) \geq 1$. Wenn c eine Spitze ist, gilt $\min\{v(f_1, x), v(f_2, x)\} = m(\varphi, x) = 2$. Wegen $p(c_1, c_2) = 0$ ist dann $o(\tilde{p}, x) \geq 2$. □

Bemerkung. Der Satz gilt für beliebige Kurven $C \subset \mathbb{P}^2$ mit $\frac{1}{2}\sum \nu_c$ statt $d+s$. Die Argumentation für Doppelpunkte und Spitzen wird durch folgendes Lemma ersetzt, dessen Beweis Methoden der Funktionentheorie mehrerer Variabler erfordert, siehe z.B. die Aufgabenserie in [ACGH], p. 57 ff.

Lemma. *Zu jeder Singularität $c \in C$ genügen $\frac{1}{2}\nu_c$ lineare Bedingungen an $p \in V$, um zu garantieren, daß $o(\tilde{p}, x) \geq \nu(\varphi, x)$ für alle $x \in \varphi^{-1}(c)$ gilt.*

9.6.4 Klassenformel. *Jede irreduzible Kurve $C \subset \mathbb{P}^2$ vom Grade $n \geq 2$ hat die Klasse*
(1) $$k = n(n-1) - \sum\nolimits_{c \in C} \delta_c.$$
Beweis. Sei F das Minimalpolynom und (X, φ) die Normalisierung von C. Mit den partiellen Ableitungen $F_j := \partial F/\partial z_j$ und $(a_0, a_1, a_2) \in \mathbb{C}^3 \setminus \{0\}$ bilden wir das homogene Polynom $\sum a_j F_j$ vom Grade $n-1$ und den Divisor $D := (\sum a_j F_j)_\varphi$ vom Grade $n(n-1)$ auf X. Mit einer guten Darstellung $\varphi|U = (\varphi_0, \varphi_1, \varphi_2)$ und $g_j := F_j(\varphi_0, \varphi_1, \varphi_2)$ gilt
(2) $$D(x) = o(\sum a_j g_j, x) \quad \text{für } x \in U.$$
Nach 9.5.4(1) ist $\varphi^*|U = (g_0 : g_1 : g_2)$ eine Darstellung der dualen Abbildung, die mit $\lambda \in \mathcal{O}(U)$ und $\psi_j := g_j/\lambda$ zur *guten* Darstellung $(\psi_0 : \psi_1 : \psi_2)$ wird. Sei $\Theta = N(\sum a_j z_j)$. Aus (2) entsteht
$$D(x) = o(\lambda, x) + o(\sum a_j \psi_j, x) = \delta(\varphi, x) + (\Theta)_{\varphi^*}(x).$$
Die Summation über alle $x \in X$ ergibt die Behauptung. □

Bei einer Plückerschen Kurve mit d Doppelpunkten und s Spitzen bekommt die Klassenformel die 1834 von Plücker [Plü], S. 298-301, angegebene Gestalt
(3) $$k = n(n-1) - 2d - 3s.$$
□

9.6.5 Wendepunktsformeln. Wir benutzen die Klassenformel, um in der Formel 9.5.6(3) von Clebsch $\sum \nu_c$ durch k zu ersetzen:
(1) $$\chi = 2n - k - \sum\nolimits_c (m_c - r_c) = 2n - k - \sum\nolimits_x [m(\varphi, x) - 1].$$
Die entsprechende Formel für die duale Kurve lautet
(2) $$\chi = 2k - n - \sum\nolimits_x [k(\varphi, x) - 1].$$
Denn die Charakteristik χ bleibt erhalten, während n und k sowie $m(\varphi, x)$ und $k(\varphi, x)$ vertauscht werden.
Die mit Vielfachheiten berechnete Anzahl der Wendepunkte ist
(3) $$w := \sum\nolimits_x [k(\varphi, x) - 1] \in \mathbb{N}.$$
Durch Gleichsetzen von (1) und (2) entsteht die *Wendepunktsformel*
(4a) $$w = 3(k - n) + \sum\nolimits_c (m_c - r_c).$$

Wenn man k mittels der Klassenformel wieder durch $\sum \delta_c$ ersetzt, bekommt die Wendepunktsformel die Gestalt
(4b) $$w = 3n(n-2) - \sum_c (3\delta_c - m_c + r_c).$$
Für eine Plückersche Kurve mit d Doppelpunkten und s Spitzen wird (4b) zu
(4c) $$w = 3n(n-2) - 6d - 8s.$$
Auch diese Formel stammt von Plücker [loc. cit.].

9.6.6 Historisches. *Poncelet* entdeckte 1822 ein Dualitätsprinzip der zweidimensionalen projektiven Geometrie, gemäß dem aus jedem Lehrsatz über Punkte, Geraden und Kegelschnitte (= Quadriken) durch Vertauschung von Punkten und Geraden ein dualer Lehrsatz entsteht. *Plücker* übertrug 1834 dieses Prinzip auf Kurven C höheren Grades, indem er sämtliche Tangenten an C als Punkte einer neuen dualen Kurve C^* deutete.

Klein, der 1866-68 sein Schüler und physikalischer Assistent war, nennt die Formeln 9.6.4(3) und 9.6.5(4) von 1834 Plückers Hauptleistung in der Theorie der algebraischen Kurven, siehe [Klei 5], S. 124. Plücker widmete sich von 1834 an 30 Jahre lang der Experimentalphysik (Kristallmagnetismus, elektrische Entladungen, Spektrallinien). Danach kehrte er zur Geometrie zurück, ohne allerdings die Ideen aus Riemanns inzwischen erschienener Abhandlung [Rie 3] über Abelsche Funktionen (1857) in seine Überlegungen einzubeziehen.

Die Betrachtung polarer Differentialformen geht auf *Abel*, [Ab] XII, Artikel 2 ff., und *Riemann*, [Ri 3], Artikel 9, zurück. Riemann hat die Bedeutung seiner Flächen für die algebraische Geometrie sehr wohl erkannt, aber nur am Beispiel ebener Quartiken in Vorlesungen eingehender erläutert.

Erst *Clebsch* brachte mit seiner viel mehr nach außen wirkenden Natur die Bearbeitung auf breiter Grundlage in Gang; vgl. [Klei 5], S. 296. Die Geschlechtsformel für Plückersche Kurven (Satz 9.6.3) bewies er 1864 mit Hilfe der Riemannschen Resultate über Abelsche Funktionen, siehe [Cle]. Seine Schüler *Brill* und *Noether* entwickelten zehn Jahre später in [BN 1] eine algebraische Theorie, in deren Rahmen die Ergebnisse von Clebsch ohne Rückgriff auf Abelsche Funktionen und transzendente Methoden begründet wurden. Dabei gelang es auch, den Einfluß beliebiger Singularitäten auf das Geschlecht zu erfassen, siehe [Noe].

Mit der Abhandlung [Cle] begründete Clebsch eine damals neue, abstraktere Sichtweise in der Geometrie: Zwei Kurven werden als isomorph angesehen, wenn ihre normalisierenden Flächen isomorph sind. Die projektiven Eigenschaften der Kurven, z.B ihre Grade und Singularitäten, können verschieden sein. Shafarevich schrieb 1983 zu Clebschs 150. Geburtstag, [Sha 2]: „Diese Abhandlung kann als Zeugnis der Geburt der algebraischen Geometrie angesehen werden, als erster Schrei des Neugeborenen."

9.7 Aufgaben

Falls nichts anderes gesagt wird, bezeichnet (X, φ) die Normalisierung einer irreduziblen projektiven Kurve $C \subset \mathbb{P}^2$ vom Grade $n \geq 2$.

1) Sei $\varphi = (f_0 : f_1 : f_2)$ mit $f_j \in \mathcal{M}(X)$. Die Funktion $\eta := f_1/f_2 : X \to \widehat{\mathbb{C}}$ heißt Projektion mit dem Zentrum $c := (1 : 0 : 0)$.
   (i) Drücke $v(\eta, x)$ durch $m(\varphi, x)$ und $k(\varphi, x)$ aus. Folgere: $\operatorname{gr} \eta = n - m_c$. Wenn es einen Punkt $c \in C$ mit $m_c = n-1$ gibt, ist C rational.

9. Ebene Kurven

(ii) Zeige: Jede Normalisierung einer glatten Quadrik ist zu $\varphi = (1 : z : z^2)$: $\widehat{\mathbb{C}} \to \mathbb{P}^2$ projektiv äquivalent. Singuläre Kubiken sind rational. Wenn es einen Punkt $c \in C$ mit $m_c = n - 2$ gibt, ist C rational, elliptisch oder hyperelliptisch.

(iii) Vergleiche die Riemann-Hurwitzsche Formel für η mit der Formel 9.5.6(3) von Clebsch für C und der Formel 8.5.6(4) für das Gewicht von φ.

2) Zeige: Die Klasse von C ist die mit Vielfachheiten berechnete Anzahl der Tangenten, die durch einen festen Punkt außerhalb von C laufen. Die einzige selbstduale Kurve $C = C^*$ ist $C = N(z_0^2 + z_1^2 + z_2^2)$.

3) Deute Wendetangenten und Mehrfachtangenten (= Tangenten mit ≥ 2 Berührungspunkten) von C als Singularitäten der dualen Kurve C^*. Zeige: Eine glatte Kubik hat neun Wendetangenten und keine Mehrfachtangenten.

4) Sei C eine glatte Quartik.
   (i) Zeige: Es gibt 24 gewöhnliche Wendetangenten und 28 Doppeltangenten. Dabei wird jede Tangente $T_x \varphi$ mit $k(\varphi, x) = 3$ als zwei gewöhnliche Wendetangenten plus eine Doppeltangente gezählt.
   Die 28 Doppeltangenten sind reell sichtbar, siehe z.B. [Fi], S. 9.
   (ii) Charakterisiere Tangenten, Wendetangenten und Doppeltangenten durch die entsprechenden holomorphen Differentialformen, vgl. 9.5.7.
   (iii) Zeige: Für jede Wendetangente $T_x \varphi$ von $C = N(z_0^4 + z_1^4 + z_2^4)$ gilt $k(\varphi, x) = 3$. Wieviele echte Doppeltangenten gibt es?

5) Zeige: Hyperelliptische Flächen vom Geschlecht 3 lassen sich nicht glatt in $\mathbb{P}^2$ einbetten.

6) Sei φ die Normalisierung einer glatten Kubik C, so daß $\varphi(0)$ ein Wendepunkt ist. Durch φ wird die additive Gruppenstruktur des Torus auf C übertragen. Zeige: Je drei Punkte a, b, c der Kubik liegen genau dann auf einer Geraden Θ, wenn $a + b + c = 0$ ist, siehe Figur 9.7.6. Wenn zwei Punkte zusammenfallen, ist Θ die entsprechende Tangente. Genau dann, wenn $3c = 0$ ist, ist c ein Wendepunkt. Es gibt neun Wendepunkte.

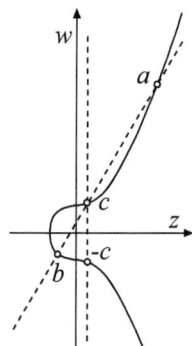

Fig. 9.7.6. Die kubische Kurve $w^2 = z^3 + 1$. Ihr unendlich ferner Punkt $(0 : 1 : 0)$ wird als Nullelement gewählt. Dann gilt $a + b + c = 0$.

Hinweis: Sei $\varphi = (f_0 : f_1 : f_2)$. Sei $\Theta = N(L)$, und sei $N(L_0)$ die Wendetangente durch $\varphi(0)$. Wende die Abelsche Relation 2.3.2 auf die Funktion $L(f_0, f_1, f_2)/L_0(f_0, f_1, f_2)$ an.
Folgere: Wenn die Koeffizienten der Gleichung der Kubik und die Koordinaten von $\varphi(0)$ in einem Teilkörper $k \subset \mathbb{C}$ liegen, bilden alle Punkte der Kubik, deren Koordinaten in k liegen, eine Untergruppe.– Für $k = \mathbb{Q}$ kann diese Gruppe endlich oder unendlich sein. Eine Einführung in die daran anschließenden zahlentheoretischen Probleme findet man in [Bu], Kap.4, §2.4.

7) Sei $n \geq 3$. Zeige: Zu jedem $c \in C$ gibt es ein homogenes Polynom F zweiten Grades, so daß die Schnittzahl $i_c(C; F) \geq 5$ ist. Man nennt c einen *sextaktischen Punkt*, wenn $i_c(C; F) \geq 6$ erreicht werden kann. Zeige:
Alle Singularitäten und Wendepunkte sind sextaktisch. Die Anzahl der sextaktischen Punkte ist endlich.
Beweise für eine glatte Kubik (Aufgabe 6) die Äquivalenz der Aussagen: $\varphi(x)$ *ist sextaktisch.* $\Leftrightarrow$ $6x = 0$ $\Leftrightarrow$ *Die Tangente $T_x\varphi$ trifft die Kubik in einem Wendepunkt.*
Zeige: Der Punkt $(2,3)$ in Figur 9.7.6 ist sextaktisch.

8) Zeige, daß die Polynome $w^2 - (1-z^2)(1-\mu^2 z^2)$ für $\mu \in \mathbb{C} \setminus \{0, \pm 1\}$ elliptische Kurven $C_\mu \subset \mathbb{P}^2$ mit genau einer Singularität c definieren und jeder Torus eine solche Kurve normalisiert. Wie lauten die Invarianten r_c, m_c und δ_c?

Das Studium der δ-Invarianten in 9.6.1 wird mit den Aufgaben 9)-11) fortgesetzt.

9) Beweise die Symmetrie $\delta_{jk} = \delta_{kj}$.

10) Wir betrachten 9.6.1(8) und lassen den konstanten Index j weg. Sei $\eta = t^{m_0}$, und sei $f = c_1 t^{m_1} + c_2 t^{m_2} + \ldots$ die Puiseux-Entwicklung mit $c_\nu \neq 0$ und $m_0 \leq m_1 < m_2 < \ldots$. Sei $D_\nu := \mathrm{ggT}\{m_0, \ldots, m_{\nu-1}\}$. Zeige ([Mil], p. 92 f):
   (i) $m_0 = D_1 \geq D_2 \geq \cdots \geq D_{k+1} = 1$ nach endlich vielen Schritten, und $D_{\nu+1}$ teilt D_ν.
   (ii) $\delta := o\left(\prod_{\mathrm{id} \neq \alpha \in \mathcal{D}(\eta)} (f - f \circ \alpha), a\right) = \sum_{\nu=1}^{k} m_\nu (D_\nu - D_{\nu+1})$.
   Hinweis: Sei $A_\nu := \{\alpha \in D(\eta) : \alpha^{D_\nu} = \mathrm{id}$ aber $\alpha^{D_{\nu+1}} \neq \mathrm{id}\}$. Dann ist $\sharp A_\nu = D_\nu - D_{\nu+1}$ und $o(f - f \circ \alpha, a) = m_\nu \Leftrightarrow \alpha \in A_\nu$.
   (iii) $\delta - m_0 + 1$ ist gerade.
   (iv) Folgere: Für jeden Punkt $c \in C$ ist $\nu_c = \delta_c - m_c + r_c$ gerade.

11) Man nennt $c \in C$ einen *gewöhnlichen r-fachen Punkt*, wenn die Faser $\varphi^{-1}(c)$ der Normalisierung aus r Punkten $a_1, \ldots, a_r$ mit $m(\varphi, a_j) = 1$ und paarweise verschiedenen Tangenten $T_{a_j}\varphi$ besteht. Zeige: Dann ist
$$\delta_c = r(r-1) \ .$$

10. Harmonische Funktionen

Ein Fundamentalproblem der Funktionentheorie auf Riemannschen Flächen ist die Existenz nicht-konstanter meromorpher Funktionen. Nach dem Vorbild von Riemanns Dissertation (1851) werden zunächst reelle *harmonische Funktionen* konstruiert, die lokal Realteile holomorpher Funktionen sind. Dazu benutzte Riemann eine Methode der Potentialtheorie, die er als Dirichletsches Prinzip bezeichnete und nicht weiter begründete; siehe die historischen Bemerkungen in 10.3.4. Wir folgen statt dessen einem 1923 von Perron ersonnenen Verfahren.

Es beginnt mit *subharmonischen Funktionen*. Sie sind noch nicht so starr wie harmonische Funktionen und lassen sich ähnlich wie stetige Funktionen durch „Zusammenstückeln" an Vorgaben anpassen. Harmonische Funktionen auf Flächen, die ein Kreisscheiben-Loch besitzen, werden als Suprema von Familien subharmonischer Funktionen gewonnen. Mit ihnen läßt sich (als Nebenergebnis) die *Abzählbarkeit der Topologie* für jede zusammenhängende Riemannsche Fläche beweisen.

Wenn man das Scheibenloch zu einem Punkt a schrumpfen läßt, entstehen *Greensche Funktionen* bzw. *Elementarpotentiale* n-ter Ordnung, die außerhalb von a harmonisch sind und in a eine vorgegebene Singularität wie $\log|z|$ bzw. $\operatorname{Re}(z^{-n})$ in 0 haben.

Eine harmonische Funktion u mit isolierter Singularität in a ist im allgemeinen nicht der Realteil einer außerhalb von a holomorphen Funktion, wie das Beispiel $u(z) = \log|z|$ mit $a = 0$ zeigt. Aber u hat eine meromorphe Differentialform $d'u$ als „Ableitung" (im Beispiel $d'\log|z| = dz/z$).

Durch die Quotienten dieser Formen zu den Greenschen Funktionen bzw. Elementarpotentialen erhält man genug meromorphe Funktionen, um den in 6.5 angekündigten *Riemannschen Existenzsatz* zu beweisen.

Die Ableitungen $d'u$ der Elementarpotentiale auf *kompakten* Flächen bilden in 13.1.2 den Ausgangspunkt für den Beweis des *Satzes von Riemann-Roch*.

Schließlich läßt sich ausgehend von den Greenschen Funktionen bzw. den Elementarpotentialen erster Ordnung der *Abbildungssatz* beweisen, den Riemann im 21. Artikel seiner Dissertation [Ri 2] aufstellte, aber nicht begründete:

Jede einfach zusammenhängende Fläche ist zu $\widehat{\mathbb{C}}, \mathbb{C}$ oder $\mathbb{E}$ isomorph.

Die Ausführung der Existenzbeweise für die Greenschen Funktionen und Elementarpotentiale sowie die darauf aufbauenden Beweise der Riemannschen Sätze wurden durch Vorlesungen von Huber angeregt, siehe [Hub].

Mit X wird stets eine *zusammenhängende* Riemannsche Fläche bezeichnet.

10.1 Grundlagen

Harmonische Funktionen $u : X \to \mathbb{R}$ sind lokal Realteile holomorpher Funktionen f_U. Die Ableitungen df_U fügen sich zu einer global definierten holomorphen Differentialform $d'u$ zusammen.

10.1.1 Harmonische Funktionen und ihre Ableitungen. Eine Funktion $u : X \to \mathbb{R}$ heißt *harmonisch*, wenn X durch Scheiben U überdeckt wird, zu denen Funktionen $f_U \in \mathcal{O}(U)$ existieren, so daß $u|U = \mathrm{Re}\, f_U$ ist. Jede Funktion f_U ist durch u bis auf die Addition einer rein imaginären Konstanten eindeutig bestimmt und hat somit eine Ableitung $df_U \in \mathcal{E}_1(U)$, die nur von $u|U$ abhängt. Alle df_U setzen sich zu einer Form $d'u \in \mathcal{E}_1(X)$ so zusammen, daß $(d'u)|U = df_U$ gilt. Man nennt $d'u$ die *holomorphe Ableitung*.
Alle in X harmonischen Funktionen bilden einen reellen Vektorraum $\mathcal{H}(X)$. Für jede holomorphe Abbildung $\eta : X \to Y$ und jedes $v \in \mathcal{H}(Y)$ gehört $v \circ \eta$ zu $\mathcal{H}(X)$. Es gilt $d'(v \circ \eta) = \eta^*(d'v)$. Mittels der universellen Überlagerung $\zeta : Z \to X$ beweist man für jeden Weg γ in X von a nach b

$$(1) \qquad \mathrm{Re} \int_\gamma d'u = u(b) - u(a).$$

Satz. *Die Ableitung $d' : \mathcal{H}(X) \to \mathcal{E}_1(X)$ ist $\mathbb{R}$-linear; ihr Kern besteht aus den konstanten Funktionen, und ihr Bild besteht aus allen Formen in $\mathcal{E}_1(X)$ mit rein imaginären Perioden.*

Beweis. Die meisten Behauptungen lassen sich direkt verifizieren. Wir zeigen nur, wie man zu einer Form $\omega \in \mathcal{E}_1(X)$ mit rein imaginären Perioden eine Funktion $u \in \mathcal{H}(X)$ findet, so daß $\omega = d'u$ ist: Auf der universellen Überlagerung Z gibt es eine Funktion $f \in \mathcal{O}(Z)$ mit $df = \zeta^*\omega$. Wegen der rein imaginären Perioden ist $\mathrm{Re}\, f$ längs jeder ζ-Faser konstant. Daher gibt es eine Funktion $u : X \to \mathbb{R}$ mit $\mathrm{Re}\, f = u \circ \zeta$. Für sie gilt $u \in \mathcal{H}(X)$ und $d'u = \omega$. □

Für jedes Gebiet $X \subset \mathbb{C}$ besteht $\mathcal{H}(X)$ aus allen $\mathcal{C}^2$-Funktionen u, welche mit $z = x + iy$ die *Laplacesche Differentialgleichung* $\Delta u := u_{xx} + u_{yy} = 0$ erfüllen. Zu u gehört die Form $d'u = (u_x - iu_y)dz$.
Beispiel. $\log|z| \in \mathcal{H}(\mathbb{C}^\times)$ hat die Ableitung $d'\log|z| = dz/z$.

10.1.2 Fundamentaleigenschaften holomorpher Funktionen vererben sich auf harmonische Funktionen:

Offenheitssatz. *Jede nicht konstante Funktion $u \in \mathcal{H}(X)$ ist eine offene Abbildung $u : X \to \mathbb{R}$ mit lokal endlichen Fasern.*

Beweis. Jeder Punkt liegt in einer Scheibe U, so daß $u|U = \mathrm{Re}\, f$ für ein $f \in \mathcal{O}(U)$ gilt. Die Funktion f ist nach 1.3.3 offen und hat lokal endliche Fasern. Dasselbe gilt dann für $u|U = \mathrm{Re}\, f$ und daher für u auf ganz X. □

Mit dem Satz von Poicaré-Volterra in 3.5.2 folgt die

Abzählbarkeit der Topologie. *Wenn es eine nicht-konstante Funktion $u \in \mathcal{H}(X)$ gibt, ist die Topologie von X abzählbar.* □

Maximumprinzipien. (i) *Hat $u \in \mathcal{H}(X)$ an einer Stelle $a \in X$ ein lokales Maximum bzw. Minimum, so ist u konstant in X. Auf kompakten, zusammenhängenden Flächen sind harmonische Funktionen konstant.*
(ii) *Sei $G \subset X$ ein Gebiet mit kompakter Hülle $\bar{G}$. Sei $\partial G := \bar{G} \setminus G$. Wenn u auf $\bar{G}$ stetig und in G harmonisch aber nicht konstant ist, gilt*
$$\min u(\partial G) < u(x) < \max u(\partial G) \quad \text{für alle } x \in G.$$

Beweis. (i) Es gibt offene Umgebungen von a mit nicht-offenen u-Bildern.
(ii) Wegen (i) gilt $\min u(\bar{G}) < u(x) < \max u(\bar{G})$ für alle $x \in G$. Daher ist $\min u(\bar{G}) = \min u(\partial G)$ und $\max u(\bar{G}) = \max u(\partial G)$ □

Folgerung. *Sei X kompakt. Wenn alle Perioden von $\omega \in \mathcal{E}_1(X)$ reell sind, ist $\omega = 0$.*
Denn nach Satz 10.1.1 gilt $i\omega = d'u$ für eine Funktion $u \in \mathcal{H}(X)$. Wegen (i) ist u konstant, also $d'u = 0$. □

Identitätssatz. (i) *Zwei Funktionen $u, v \in \mathcal{H}(X)$, die in einer nicht-leeren offenen Menge U übereinstimmen, sind identisch.*
(ii) *Sei $G \subset X$ ein Gebiet mit kompakter Hülle $\bar{G}$. Seien u, v stetig auf $\bar{G}$ und harmonisch in G. Aus $u|\partial G = v|\partial G$ folgt $u = v$ in $\bar{G}$.*

Beweis. (i) Die Funktion $u - v \in \mathcal{H}(X)$ ist auf U konstant $= 0$ und daher nach dem Offenheitssatz auf ganz X konstant $= 0$.– (ii) Man wende das Maximumprinzip (ii) auf $u - v$ an. □

10.1.3 Harmonische Funktionen in Ringgebieten.
Sei $A := \{z \in \mathbb{C} : r < |z| < R\}$ ein Ringgebiet um 0, wobei $0 \leq r < R \leq \infty$.

Satz. *Jede Funktion $u \in \mathcal{H}(A)$ läßt sich als*
$$(1) \qquad u(z) = \beta_0 \log|z| + \operatorname{Re} f(z) \quad \text{mit } \beta_0 \in \mathbb{R} \text{ und } f \in \mathcal{O}(A)$$
darstellen. Sie hat die Ableitung
$$(2) \qquad d'u = \beta_0 dz/z + df.$$
Die Funktion u läßt sich in eine normal konvergente reelle Fourier-Reihe entwickeln: Für $r < t < R$ und $\varphi \in \mathbb{R}$ gilt
$$u(te^{i\varphi}) = \alpha_0 + \beta_0 \log t + \sum_{\nu=1}^{\infty} \left((\alpha_\nu t^\nu + \alpha_{-\nu} t^{-\nu})\cos\nu\varphi + (\beta_\nu t^\nu + \beta_{-\nu} t^{-\nu})\sin\nu\varphi\right)$$

Beweis. Jede Funktionen $u \in \mathcal{H}(A)$ hat eine Ableitung $d'u$ der Gestalt (2). Daraus folgt für u die Gestalt (1). Durch den Realteil der Laurent-Entwicklung $f = \sum a_\nu z^\nu$ erhalten wir die angegebene normal konvergente Fourier-Reihe. Bis auf β_0 sind ihre Koeffizienten die Real- und Imaginärteile der Laurent-Koeffizienten: $a_\nu = \alpha_\nu - i\beta_\nu$. □

Für $r < t < R$ folgen aus der Fourier-Reihe die *Integralformeln*:
$$(3a) \qquad a_{0,t} := \frac{1}{2\pi} \int_0^{2\pi} u(te^{i\varphi})\, d\varphi = \alpha_0 + \beta_0 \log t$$

(3b) $a_{\nu,t} := \dfrac{1}{\pi} \displaystyle\int_0^{2\pi} u(te^{i\varphi}) \cos \nu\varphi \, d\varphi = \alpha_\nu t^\nu + \alpha_{-\nu} t^{-\nu} \quad \text{für } \nu \geq 1$

(3c) $b_{\nu,t} := \dfrac{1}{\pi} \displaystyle\int_0^{2\pi} u(te^{i\varphi}) \sin \nu\varphi \, d\varphi = \beta_\nu t^\nu + \beta_{-\nu} t^{-\nu} \quad \text{für } \nu \geq 1.$

Ergänzung: Wenn $0 < r < R < \infty$ gilt und u auf $\bar{A}$ stetig ist, kann man beide Radien $t = r$ und $= R$ in (3) einsetzen und nach den Fourier-Koeffizienten auflösen. Das führt auf die in 10.7.6-7 benötigten Formeln:

(4a) $\alpha_0 = \dfrac{a_{0,r} \log R - a_{0,R} \log r}{\log R - \log r} \quad , \quad \beta_0 = \dfrac{a_{0,R} - a_{0,r}}{\log R - \log r}$

(4b) $\alpha_\nu = \dfrac{R^\nu a_{\nu,R} - r^\nu a_{\nu,r}}{R^{2\nu} - r^{2\nu}} \quad , \quad \alpha_{-\nu} = r^\nu(a_{\nu,r} - r^\nu \alpha_\nu) \quad \text{für } \nu \geq 1$

(4c) $\beta_\nu = \dfrac{R^\nu b_{\nu,R} - r^\nu b_{\nu,r}}{R^{2\nu} - r^{2\nu}} \quad , \quad \beta_{-\nu} = r^\nu(b_{\nu,r} - r^\nu \beta_\nu) \quad \text{für } \nu \geq 1.$ □

10.1.4 Isolierte Singularitäten. Sei $z : (U, a) \to (\mathbb{E}, 0)$ eine Karte. Wir benutzen Satz 10.1.3 für $r = 0$. Für jede Funktion $u \in \mathcal{H}(U \setminus \{a\})$ gilt $d'u = \beta dz/z + df$ mit $\beta \in \mathbb{R}$ und $f \in \mathcal{O}(U \setminus \{a\})$. Das Residuum $\beta = \operatorname{res}(d'u, a)$ und der Typ der isolierten Singularität von f in a hängen nicht von z ab. Wir nennen a einen *n-fachen Pol* von u, wenn $\beta = 0$ ist und f in a einen n-fachen Pol hat. Wenn $\beta \neq 0$ ist und f holomorph nach a fortsetzbar ist, nennen wir a eine *logarithmische Singularität* von u; sie heißt *normiert*, wenn $\beta = \operatorname{res}(d'u, a) = -1$ ist. Das ist genau dann der Fall, wenn sich $u + \log|z|$ harmonisch nach a fortsetzen läßt.

Hebbarkeitssatz. *Sei $a \in X$. Jede auf $X \setminus \{a\}$ harmonische Funktion, die um a beschränkt ist, läßt sich nach a harmonisch fortsetzen.*

Beweis. Für eine Karte $z : (U, a) \to (\mathbb{E}, 0)$ gilt $u|(U \setminus \{a\}) = \beta \log|z| + \operatorname{Re} f$ mit $\beta \in \mathbb{R}$ und $f \in \mathcal{O}(U \setminus \{a\})$. Da u um a beschränkt ist, folgt $\beta = 0$ aus 10.1.3(3a). Somit hat f um a einen beschränkten Realteil und läßt sich daher holomorph nach a fortsetzen. □

10.1.5 Homologisch einfach zusammenhängende Flächen. *Sei $E \subset X$ lokal endlich und $H_1(X) = 0$. Für $u \in \mathcal{H}(X \setminus E)$ gilt:*
(i) *Wenn alle Punkte von E Pole von u sind, gibt es ein $f \in \mathcal{M}(X)$ mit $\operatorname{Re} f = u$ auf $X \setminus E$.*
(ii) *Wenn u in allen Punkten von E logarithmische Singularitäten hat und die entsprechenden Residuen von $d'u$ ganzzahlig sind, gibt es ein $f \in \mathcal{M}(X)$ mit $|f| = e^u$ auf $X \setminus E$ und $o(f, x) = \operatorname{res}(d'u, x)$ für $x \in X$.*

Beweis. (i) Man kann $d'u$ zu einer Form zweiter Gattung auf X fortsetzen. Nach dem Cauchyschen Integralsatz in 7.7.4 gibt es ein $f \in \mathcal{M}(X)$ mit $d'u = df$. Durch Addition einer reellen Konstanten erreicht man $\operatorname{Re} f|(X \setminus E) = u$.
(ii) Die Form $d'u$ läßt sich zu einer Form dritter Gattung auf X fortsetzen, welche ganzzahlige Residuen hat. Nach 7.8.3(3) ist $d'u = df/f$ die logarithmische Ableitung einer Funktion $f \in \mathcal{M}(X)$. Man wählt einen Basispunkt

$a \in X \backslash E$ und zu jedem $x \in X \backslash E$ einen Weg γ in $X \backslash E$ von a nach x. Nach 7.8.1(4) gilt $\exp \int_\gamma d'u = f(x)/f(a)$, also $\exp[u(x) - u(a)] = |f(x)/f(a)|$. Man bestimmt den bei f frei verfügbaren Faktor so, daß $|f(a)| = \exp u(a)$ ist und erhält $|f| = e^u$. □

10.2 Die Poissonsche Integralformel

Der Cauchyschen Integralformel für holomorphe Funktionen entspricht die Poissonsche Integralformel für harmonische Funktionen. Die Rolle des Cauchy-Kerns $1/(\zeta - z)$ übernimmt der Poisson-Kern

$$P(z,\zeta) := \frac{|\zeta|^2 - |z|^2}{|\zeta - z|^2} = \operatorname{Re} \frac{\zeta + z}{\zeta - z} = \operatorname{Re}\left[\zeta\left(\frac{2}{\zeta - z} - \frac{1}{\zeta}\right)\right], \quad z, \zeta \in \mathbb{C}, z \neq \zeta,$$

der sich in Polarkoordinaten so schreibt:

$$P(re^{i\varphi}, Re^{i\theta}) = \frac{R^2 - r^2}{R^2 - 2Rr\cos(\theta - \varphi) + r^2}.$$

Die Poissonsche Formel ermöglicht die Übertragung der Konvergenzsätze von Weierstraß und Montel auf harmonische Funktionen (10.2.3-4). Wir ergänzen sie durch Harnacks Ergebnisse zur monotonen Konvergenz. Auf ihnen und ihrer Weiterentwicklung durch Perron beruhen die wichtigen Beiträge harmonischer Funktionen zur komplexen Funktionentheorie.

10.2.1 Cauchysche und Poisssonsche Integralformel. Wir zerlegen die Cauchysche Integralformel in Real- und Imaginärteil. Sei $B = \mathbb{E}_R$, $R < \infty$. Sei f holomorph um $\bar{B}$. Für $z \in B$ gilt

(1) $\quad f(z) = \frac{1}{2\pi i} \int_{\partial B} P(z,\zeta) f(\zeta) \frac{d\zeta}{\zeta} = \frac{1}{2\pi} \int_0^{2\pi} P(z, Re^{i\theta}) f(Re^{i\theta}) d\theta.$

Beweis. Für jeden Punkt $w \in B$ ist $f(z)/(R^2 - \bar{w}z)$ als Funktion von z holomorph um $\bar{B}$. Daher gilt nach der Cauchyschen Integralformel

$$\frac{f(z)}{R^2 - \bar{w}z} = \frac{1}{2\pi i} \int_{\partial B} \frac{f(\zeta)}{R^2 - \bar{w}\zeta} \frac{d\zeta}{\zeta - z} \quad \text{für } w, z \in B.$$

Setzt man $w := z$ und beachtet $R^2 - \bar{z}\zeta = \zeta(\bar{\zeta} - \bar{z})$, so folgt (1). □

Nach Satz 10.1.1 ist jede um $\bar{B}$ harmonische Funktion u der Realteil einer holomorphen Funktion f. Daher folgt aus (1) die

Poissonsche Integralformel

(2) $$u(z) = \frac{1}{2\pi} \int_0^{2\pi} P(z, \mathrm{Re}^{i\theta}) u(\mathrm{Re}^{i\theta}) d\theta \quad \textit{für } z \in B.$$

Die Spezialfälle $z=0$ bzw. $u=1$ ergeben

(3) $$u(0) = \frac{1}{2\pi} \int_0^{2\pi} u(\mathrm{Re}^{i\theta}) d\theta \quad (\textit{Mittelwertgleichung}),$$

(4) $$\frac{1}{2\pi} \int_0^{2\pi} P(z, \mathrm{Re}^{i\theta}) d\theta = 1 \quad \textit{für } z \in B.$$

10.2.2 Vorgabe von Randwerten. *Für B wie in 10.2.1 und jede stetige Funktion $f : \partial B \to \mathbb{R}$ ist*

(1) $$u(z) := \frac{1}{2\pi} \int_0^{2\pi} P(z, \mathrm{Re}^{i\theta}) f(\mathrm{Re}^{i\theta}) d\theta \quad \textit{für } z \in B$$

der Realteil der holomorphen Funktion

(2) $$h(z) := \frac{1}{2\pi} \int_{\partial B} \frac{\zeta + z}{\zeta - z} f(\zeta) \frac{d\zeta}{\zeta} = \frac{1}{2\pi} \int_0^{2\pi} \frac{\mathrm{Re}^{i\theta} + z}{\mathrm{Re}^{i\theta} - z} f(\mathrm{Re}^{i\theta}) d\theta.$$

Insbesondere ist u harmonisch in B. Für z mit $|z| \leq r < R$ gilt:

(3) $$|u(z)| \leq |h(z)| \leq \frac{1}{2\pi} \frac{R+r}{R-r} \int_0^{2\pi} |f(\mathrm{Re}^{i\theta})| d\theta \leq \frac{R+r}{R-r} |f|_{\partial B}.$$

Dabei ist $|f|_A := \sup\{|f(x)| : x \in A\}$.– (3) folgt aus $|\zeta + z|/|\zeta - z| \leq (R+r)/(R-r)$ für $|\zeta| = R$ und $|z| \leq r$. □

10.2.3 Weierstraßscher Konvergenzsatz. (a) *Jede kompakt konvergente Folge $u_n \in \mathcal{H}(X)$ hat eine Grenzfunktion $u \in \mathcal{H}(X)$.*
(b) *Sei $G \subset X$ ein Gebiet mit kompakter Hülle $\bar{G}$, und sei u_n eine Folge stetiger Funktionen auf $\bar{G}$, die in G harmonisch sind. Wenn u_n auf ∂G gleichmäßig konvergiert, gilt dasselbe auf $\bar{G}$, und die auf $\bar{G}$ stetige Grenzfunktion ist in G harmonisch.*

Beweis. Es genügt, (a) für $X = \mathbb{E}$ zu beweisen. Sei $0 < R < 1$. Nach 10.2.1(2) gilt
$$u_n(z) = \tfrac{1}{2\pi} \int_0^{2\pi} P(z, \mathrm{Re}^{i\theta}) u_n(\mathrm{Re}^{i\theta}) d\theta$$
für alle $z \in B := \mathbb{E}_R$. Da die Folge $u_n|\partial B$ gleichmäßig gegen $u|\partial B$ konvergiert, kann man Integration und Limes vertauschen:
$$u(z) = \tfrac{1}{2\pi} \int_0^{2\pi} P(z, \mathrm{Re}^{i\theta}) u(\mathrm{Re}^{i\theta}) d\theta \quad \textit{für } z \in B.$$
Nach 10.2.2 ist dann $u \in \mathcal{H}(\mathbb{E}_R)$ für alle $R \in (0, 1)$, also $u \in \mathcal{H}(\mathbb{E})$.
Zu (b). Sei $\varepsilon > 0$. Es gibt ein $k \in \mathbb{N}$, so daß $|u_m - u_n|_{\partial G} \leq \varepsilon$ für alle $m, n \geq k$. Das Maximumprinzip gibt $|u_m - u_n|_{\bar{G}} \leq \varepsilon$ für alle $m, n \geq k$. Die Folge u_n konvergiert daher gleichmäßig auf $\bar{G}$. □

10.2.4 Satz von Montel. *Jede lokal beschränkte Folge $u_1, u_2, \ldots$ in $\mathcal{H}(X)$ hat eine kompakt konvergente Teilfolge, deren Limes zu $\mathcal{H}(X)$ gehört.*

Beweis. Zunächst sei X eine Umgebung von $\bar{\mathbb{E}}_R$. Dann existiert eine Schranke M mit $|u_\nu(z)| \leq M$ für $|z| \leq R$ und alle ν. Nach 10.2.2(3) gibt es Funktionen $h_\nu \in \mathcal{O}(\mathbb{E}_R)$ mit $\mathrm{Re}\, h_\nu = u_\nu|\mathbb{E}_R$, so daß $|h_\nu(z)| \leq M(R+r)/(R-r)$ für $|z| \leq r < R$ und alle ν gilt. Die Folge h_ν ist somit lokal beschränkt. Nach dem kleinen Satz von Montel, siehe 5.6.3, konvergiert eine Teilfolge der h_ν kompakt auf $\mathbb{E}_R$. Dasselbe gilt dann für die Realteile. Die Fläche X wird wegen der Abzählbarkeit der Topologie, siehe 10.1.2, durch abzählbar viele Scheiben $B_1, B_2, \ldots$ mit kompakten Hüllen überdeckt. Eine Teilfolge $u_{1,\nu}$ von u_ν konvergiert auf $\bar{B}_1$ gleichmäßig. Von $u_{1,\nu}$ gibt es eine Teilfolge $u_{2,\nu}$, welche auf $\bar{B}_2$, also auch auf $B_1 \cup B_2$ gleichmäßig konvergiert, usw. Die Diagonalfolge $u_{\nu,\nu}$ konvergiert kompakt auf X. □

10.2.5 Harnacksches Prinzip. Wir verlassen die Analogie zu den holomorphen Funktionen und betrachten nach Harnack [Harn], S. 62-68, die *monotone Konvergenz* harmonischer Funktionen.– Der Mathematiker Axel Harnack (1855-1888), ein Schüler von Felix Klein, war ein Bruder des später geadelten Theologen Adolf von Harnack (1851-1930).– Der Ausgangspunkt ist die direkt aus der Mittelwertgleichung und 10.2.2(3) folgende

Harnacksche Ungleichung. *Sei $0 < r < R < 1$, sei u harmonisch in $\mathbb{E}$ und nie negativ. Dann gilt*

(1) $\qquad u(z) \leq u(0)(R+r)/(R-r) \quad \text{für alle } z \in \bar{\mathbb{E}}_r$ □

Harnackscher Konvergenzsatz. *Sei u_n eine monoton wachsende Folge von Funktionen in $\mathcal{H}(\mathbb{E})$. Wenn die Folge $u_n(a)$ an einer Stelle $a \in \mathbb{E}$ beschränkt ist, konvergiert u_n kompakt gegen eine in $\mathbb{E}$ harmonische Funktion.*

Beweis. Ohne Beschränkung der Allgemeinheit sei $a = 0$. Wegen der Monotonie existiert $\lim u_n(0) \in \mathbb{R}$. Zu $\varepsilon > 0$ gibt es also ein N, so daß $u_m(0) - u_n(0) \leq \varepsilon$ für $m \geq n \geq N$ gilt. Mit (1) folgt, wenn $0 < r < R < 1$ ist, $0 \leq u_m(z) - u_n(z) \leq \varepsilon(R+r)/(R-r)$ für $m \geq n \geq N$ und $z \in \bar{\mathbb{E}}_r$. Da $r \in (0,1)$ beliebig ist, konvergiert die Folge u_n in $\mathbb{E}$ kompakt. Nach 10.2.3 ist ihre Grenzfunktion harmonisch in $\mathbb{E}$. □

Harnacksches Prinzip. *Es sei $\mathcal{F}$ eine nicht leere Menge von harmonischen Funktionen in $\mathbb{E}$. Zu je zwei Funktionen $u_1, u_2 \in \mathcal{F}$ gebe es eine Funktion $u \in \mathcal{F}$ mit $u \geq \max\{u_1, u_2\}$. Die obere Einhüllende $\tilde{u}$ mit $\tilde{u}(z) := \sup\{u(z) : u \in \mathcal{F}\}$, ist harmonisch in $\mathbb{E}$ oder konstant ∞.*

Beweis. Sei $a \in \mathbb{E}$ und $\tilde{u}(a) < \infty$. Es gibt eine Folge von Funktionen $u_n \in \mathcal{F}$ mit $\lim u_n(a) = \tilde{u}(a)$. Wir wählen induktiv Funktionen $\hat{u}_n \in \mathcal{F}$, so daß $\hat{u}_1 = u_1$ und $\hat{u}_n \geq \max\{u_n, \hat{u}_{n-1}\}$. Dann gilt $\hat{u}_1 \leq \hat{u}_2 \leq \ldots$ in $\mathbb{E}$ und $\hat{u}_n(a) \leq \tilde{u}(a)$. Nach dem Harnackschen Konvergenzsatz konvergiert $\hat{u}_n$ in $\mathbb{E}$ gegen eine harmonische Funktion $\hat{u}$. Wegen $u_n(a) \leq \hat{u}_n(a)$ gilt $\hat{u}(a) = \tilde{u}(a)$. Wir behaupten, daß $\hat{u} = \tilde{u}$ in ganz $\mathbb{E}$ gilt: Sei $b \in \mathbb{E}$. Es gibt Funktionen

$v_n \in \mathcal{F}$ mit $\lim v_n(b) = \tilde{u}(b)$. Wir wählen $\hat{v}_n \in \mathcal{F}$ so, daß $\hat{v}_1 = v_1$ und $\hat{v}_n \geq \max\{v_n, \hat{v}_{n-1}, \hat{u}_n\}$. Wegen $\hat{v}_n(a) \leq \tilde{u}(a)$ konvergiert die Folge $\hat{v}_n$ in $\mathbb{E}$ kompakt gegen eine harmonische Funktion $\hat{v}$. Nach Wahl der $\hat{v}_n$ gilt $\hat{v} \geq \hat{u}$ in $\mathbb{E}$ und $\hat{v}(a) = \tilde{u}(a)$, $\hat{v}(b) = \tilde{u}(b)$. Die harmonische Funktion $\hat{u} - \hat{v} \leq 0$ nimmt also in a ein Maximum an. Mit dem Maximumsprinzip folgt $\hat{u} = \hat{v}$ in $\mathbb{E}$, also $\hat{u}(b) = \tilde{u}(b)$. □

10.3 Dirichletsches Randwertproblem

Sei $f : \partial G \to \mathbb{R}$ auf dem Rande eines Gebietes $G \subset X$ stetig. Die Aufgabe, f zu einer auf $\bar{G}$ stetigen und in G harmonischen Funktion fortzusetzen, heißt *Dirichletsches Randwertproblem*. Ausgehend von 10.2.2 lösen wir es für Kreisscheiben und anschließend für Ringgebiete. Sei $B := \mathbb{E}_R$ und $R < \infty$.

10.3.1 Satz von Schwarz (Lösung für Kreisscheiben). *Zu jeder stetigen Funktion $f : \partial B \to \mathbb{R}$ gibt es genau eine auf $\bar{B}$ stetige und in B harmonische Funktion u mit $u|\partial B = f$. Mit dem Poisson-Kern P gilt*

(1) $$u(z) = \frac{1}{2\pi} \int_0^{2\pi} P(z, Re^{i\theta}) f(Re^{i\theta}) \, d\theta \quad \text{für } z \in B.$$

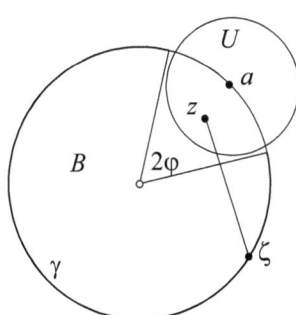

Fig. 10.3.1 Die durch das Integral (1) definierte harmonische Funktion u auf B schließt sich in jedem Randpunkt a stetig an die gegebene Funktion f an.

Beweis. Die Eindeutigkeit von u folgt aus dem Identitätssatz (ii) in 10.1.2. Wir definieren $u : \bar{B} \to \mathbb{R}$ auf B durch (1) und auf ∂B als f. Nach 10.2.2 ist $u|B$ harmonisch. Es bleibt zu zeigen (und das ist die crux), daß u an jeder Stelle $a \in \partial B$ stetig ist. Folgendermaßen finden wir zu jedem $\varepsilon > 0$ eine Umgebung U von a, so daß $|u(z) - f(a)| < \varepsilon$ für $z \in U \cap B$ gilt, siehe Figur 10.3.1: In (1) können wir R durch a ersetzen. Wegen 10.2.1(4) gilt

$$u(z) - f(a) = \tfrac{1}{2\pi} \int_0^{2\pi} P(z, ae^{i\theta})(f(ae^{i\theta}) - f(a)) d\theta.$$

Durch ein $\varphi \in (0, \pi)$ zerlegen wir die rechte Seite in zwei Integrale $v_1(z)$ für $-\varphi \leq \theta \leq \varphi$ und $v_2(z)$ für $\varphi \leq \theta \leq 2\pi - \varphi$. Wenn man φ klein genug macht, gilt $|v_1(z)| < \varepsilon/2$ für alle $z \in B$. Zur Abschätzung von $v_2(z)$ wählen wir U so klein, daß $\bar{U}$ den Bogen $\gamma = \{ae^{i\theta} : \varphi \leq \theta \leq 2\pi - \varphi\}$ nicht trifft.

Es gibt dann ein $d > 0$, so daß für alle $(z,\zeta) \in (U \cap B) \times \gamma$ der Abstand $|\zeta - z| \geq d$ ist und
$$P(z,\zeta) = \frac{|a|^2 - |z|^2}{|\zeta - z|^2} < \frac{2R}{d^2}(|a| - |z|) \leq \frac{2R}{d^2}|z - a|$$
gilt. Damit schätzen wir das Integral $v_2(z)$ ab:
$$|v_2(z)| < 2R|z - a| \cdot M/d^2 \quad \text{mit } M = \max\{|f(\zeta) - f(a)| : \zeta \in \partial B\}.$$
Wenn man U klein genug macht, folgt $|v_2(z)| < \varepsilon/2$ für $z \in U \cap B$. □

Unter dem Einfluß von Weierstraß und Heine legte Schwarz in [Sch] 2, S. 178 und 188, größten Wert auf einen genauen Stetigkeitsbeweis.– Es gibt kein entsprechendes Ergebnis für holomorphe Funktionen: Eine stetige Funktion $f : \partial \mathbb{E} \to \mathbb{C}$ hat i.a. keine stetige Fortsetzung nach $\overline{\mathbb{E}}$, die auf $\mathbb{E}$ holomorph ist.

10.3.2 Trigonometrische Approximation. *Zu jeder stetigen Funktion $f : \partial \mathbb{E} \to \mathbb{R}$ und zu jedem $\varepsilon > 0$ existiert ein Polynom $p \in \mathbb{C}[z]$, so daß gilt:*
$$|f - \operatorname{Re} p|_{\partial \mathbb{E}} \leq \varepsilon.$$

Beweis. Wählt man u zu f wie im Schwarzschen Satz, so gibt es ein $t \in (0,1)$ mit $|f(\zeta) - u(t\zeta)| \leq \varepsilon/2$ für alle $\zeta \in \partial \mathbb{E}$ (gleichmäßige Stetigkeit auf Kompakta). Es gibt ein $h \in \mathcal{O}(\mathbb{E})$ mit $u|\mathbb{E} = \operatorname{Re} h$. Wegen der normalen Konvergenz der Taylorreihe $h(z) = \sum_0^\infty a_\nu z^\nu$ in $\mathbb{E}$ gilt $|h(t\zeta) - \sum_0^n a_\nu t^\nu \zeta^\nu| \leq \varepsilon/2$ für alle $\zeta \in \partial \mathbb{E}$ und große n. Die Behauptung folgt für $p(z) := \sum_0^n a_\nu t^\nu z^\nu$ wegen $f(\zeta) - \operatorname{Re} p(\zeta) = f(\zeta) - u(t\zeta) + \operatorname{Re}(h(t\zeta) - p(\zeta))$ für alle $\zeta \in \partial \mathbb{E}$. □

Bemerkung. Wegen $\zeta = e^{i\varphi} = \cos\varphi + i\sin\varphi$ spricht man von trigonometrischer Approximation.

10.3.3 Lösung für Ringgebiete. Seien $0 < r < R$ reelle Zahlen.

(1) *Zu zwei komplexen Polynomen $p(z)$ und $P(z)$ gibt es eine auf $\mathbb{C}^\times$ harmonische Funktion u mit $u = \operatorname{Re} p$ auf $\partial \mathbb{E}_r$ und $u = \operatorname{Re} P$ auf $\partial \mathbb{E}_R$.*

Beweis. Zunächst sei $p(z) = az^n$ ein Monom $\neq 0$ und $P(z) = 0$. Im Falle $n = 0$ leistet $u(z) = \alpha \log|z| + \beta$ mit geeigneten reellen Zahlen α, β das Gewünschte. Im Falle $n \geq 1$ bildet man $u(z) = \operatorname{Re}(bz^n - \bar{b}R^{2n}z^{-n})$. Dann ist $u|\partial \mathbb{E}_R = 0$, und mit $b := a/(1 - (R/r)^{2n})$ erreicht man zusätzlich $u = \operatorname{Re}(az^n)$ längs $\partial \mathbb{E}_r$. Ebenso folgt (1), wenn $p(z) = 0$ und $P(z) = az^n$ ist. Der allgemeine Fall ergibt sich durch Bildung endlicher Summen. □

Satz. *Jede auf dem Rande ∂A des Ringgebietes $A := \{z \in \mathbb{C} : r < |z| < R\}$ stetige, $\mathbb{R}$-wertige Funktion f läßt sich in eindeutiger Weise zu einer auf $\bar{A}$ stetigen und in A harmonischen Funktion fortsetzen.*

Beweis. Zu jeder natürlichen Zahl n gibt es wegen der trigonometrischen Approximation 10.3.2 zwei komplexe Polynome p_n und P_n mit

(2) $\qquad |f - p_n|_{\partial \mathbb{R}_r} < n^{-1} \quad und \quad |f - P_n|_{\partial \mathbb{E}_R} < n^{-1}$.

Nach (1) kann man in (2) *beide* Polynome durch *eine* Funktion $u_n \in \mathcal{H}(\mathbb{C}^\times)$ ersetzen. Dann konvergiert $u_n|\partial A$ gleichmäßig nach f. Nach 10.2.3 (b) konvergiert u_n auf $\bar{A}$ gegen eine stetige Funktion u, die in A harmonisch ist. Der Identitätssatz (ii) in 10.1.2 zeigt die Eindeutigkeit. □

10.3.4 Historisches. Riemann lernte in Dirichlets Vorlesungen den um 1850 aktuellen Stand der Potentialtheorie kennen, welcher kurz zuvor durch Arbeiten von W. Thompson (Lord Kelvin) erreicht worden war. Durch Riemanns Vorbild werden noch heute potentialtheoretische Probleme und Methoden nach Dirichlet benannt, obwohl er nicht der Urheber sondern nur der Vermittler war.

Das *Dirichletsche Prinzip*, welches Riemann zur Lösung der Randwertaufgabe heranzog, wird von uns nicht benutzt. Die berechtigte Kritik an diesem Prinzip, die schon zu Riemanns Lebzeiten laut wurde, erweckte seinerzeit Zweifel, ob die Riemannsche Funktionentheorie sicher begründet sei. Siehe dazu S. Hildebrandt, *Bemerkung zum Dirichletschen Prinzip*, in [Wyl 1].

10.4 Subharmonische Funktionen

Der Weg zur Konstrukion harmonischer Funktionen mit vorgegebenen Singularitäten wäre weniger mühsam, wenn mit je zwei harmonischen Funktionen u, v auch $\max(u, v)$ harmonisch wäre. Subharmonische Funktionen haben diese Eigenschaft und erfüllen wie die harmonischen das Maximumprinzip. Perron schlug daher 1923 vor, Familien subharmonischer Funktionen heranzuziehen, welche in Verallgemeinerung des Harnackschen Prinzips ebenfalls harmonische Suprema besitzen.

10.4.1 Definition. Elementare Eigenschaften. Eine stetige Funktion $v : X \to \mathbb{R}$ heißt *subharmonisch*, wenn für jedes Gebiet $G \subset X$ und jede Funktion $h \in \mathcal{H}(G)$ gilt: Aus $v|G \leq h$ folgt $v(x) < h(x)$ für alle $x \in G$ oder $v|G = h$.

Die Subharmonizität ist eine *lokale Eigenschaft*, d.h. v ist genau dann subharmonisch, wenn jeder Punkt eine Umgebung U besitzt, so daß $v|U$ subharmonisch ist. Wir bezeichnen die Menge aller in X subharmonischen Funktionen mit $\mathcal{S}(X)$. Das Maximumprinzip für harmonische Funktionen gibt sofort $\mathcal{H}(X) \subset \mathcal{S}(X)$. Für $v, v^* \in \mathcal{S}(X)$ und reelle $\lambda \geq 0$ gilt:
$$v + v^* \in \mathcal{S}(X) \quad , \quad \lambda v \in \mathcal{S}(X).$$

10.4.2 Maximumprinzipien. (1) *Wenn die subharmonische Funktion v an einer Stelle $a \in X$ ein Maximum hat, ist sie konstant.*

(2) *Sei $G \subset X$ ein Gebiet mit kompakter Hülle $\bar{G}$. Für die stetigen Funktionen $v, u : \bar{G} \to \mathbb{R}$ gelte, daß v subharmonisch und u harmonisch in G ist. Aus $v|\partial G \leq u|\partial G$ folgt $v \leq u$ auf $\bar{G}$.*

Beweis zu (1). Man benutzt die Definition mit der konstanten harmonischen Funktion $v(a)$. Zu (2). Die Differenz $v - u$ nimmt an einer Stelle $a \in \bar{G}$ ihr Maximum an. Wenn $a \in \partial G$ ist, folgt die Behauptung sofort. Bei $a \in G$ ist $v - u$ nach (1) auf G, also auch auf $\bar{G}$ konstant, so daß sich $v \leq u$ wieder von ∂G nach $\bar{G}$ fortsetzt. □

Wir besprechen eine *Variante des Maximumprinzips für nicht-kompakte Flächen* X. Eine stetige Funktion $f: X \to \mathbb{R}$ heißt *längs des idealen Randes von X durch $m \in \mathbb{R}$ (nach oben) beschränkt*, wenn es zu jedem $\varepsilon > 0$ ein Kompaktum K gibt, so daß $f < m + \varepsilon$ außerhalb K gilt. Dann ist f auf ganz X durch m beschränkt, oder f nimmt in X ein Maximum $M > m$ an. Letzteres geht für subharmonische Funktionen nicht, denn nach dem Maximumprinzip wäre $f = M$ konstant. Da X nicht kompakt ist, gäbe es also zu jedem $\varepsilon > 0$ einen Punkt $x \in X$, wo $M = f(x) < m + \varepsilon$, was $M > m$ widerspricht. Damit wurde bewiesen:

Satz. *Sei X nicht-kompakt. Wenn $v \in \mathcal{S}(X)$ längs des idealen Randes durch $m \in \mathbb{R}$ beschränkt ist, gilt $v \leq m$ auf ganz X.* □

10.4.3 Heftungsprinzip. Sind X_1, X_2 offen in X, so bestimmen zwei stetige Funktionen $v_j : X_j \to \mathbb{R}$ die (im allgemeinen unstetige) *Heftungsfunktion* $v := v_1 \vee v_2 : X_1 \cup X_2 \to \mathbb{R}$ durch $v := v_j$ auf $X_j \setminus (X_1 \cap X_2)$ und $v := \max(v_1, v_2)$ auf $X_1 \cap X_2$. Für sie gilt $v|X_j \geq v_j$.

Satz. *Jede stetige Heftung subharmonischer Funktionen ist subharmonisch. Insbesondere gilt $\max(v_1, v_2) \in \mathcal{S}(X)$ für alle $v_1, v_2 \in \mathcal{S}(X)$.*

Beweis. Sei $G \subset X_1 \cup X_2$ ein Gebiet und $v|G \leq h \in \mathcal{H}(G)$. An der Stelle $a \in G$ sei $v(a) = h(a)$. Für $j = 1$ oder $= 2$ ist dann $v(a) = v_j(a)$, und es gilt $v_j(x) \leq v(x) \leq h(x)$ für $x \in G \cap X_j$. Weil v_j subharmonisch ist, folgt $v_j = h$ auf der Komponente G_0 von $G \cap X_j$, die a enthält. Somit ist die abgeschlossene Menge $A = \{x \in G : v(x) = h(x)\}$ offen, also $= G$. □

10.4.4 Harmonische Majorisierung. Nach dem Satz von Schwarz gibt es zu jeder auf X stetigen Funktion v und zu jeder kompakten Scheibe $\bar{B} \subset X$ genau eine auf X stetige Funktion $H_B v$, die in B harmonisch ist und auf $X \setminus B$ mit v übereinstimmt. Mit dem Maximumprinzip 10.4.2(2) folgt der

Satz. *Für $v, v^* \in \mathcal{S}(X)$ und jede kompakten Scheibe $\bar{B} \subset X$ gilt*
(1) $\qquad\qquad v \leq H_B v \in \mathcal{S}(X)$,
(2) $\qquad \max(H_B v, H_B v^*) \leq H_B \max(H_B v, H_B v^*) = H_B \max(v, v^*)$. □

10.4.5 Perronsche Familien. Eine nicht-leere Teilmenge $\mathcal{P} \subset \mathcal{S}(X)$ heißt *Perronsche Familie*, wenn für alle $v, v^* \in \mathcal{P}$ und jede kompakte Scheibe $\bar{B} \subset X$ gilt: $\max(v, v^*) \in \mathcal{P}$ und $H_B v \in \mathcal{P}$.

Perronsches Prinzip. *Das Supremum $u := \sup\{v : v \in \mathcal{P}\}$ jeder Perronschen Familie $\mathcal{P}$ ist harmonisch oder konstant ∞.*

Beweis. Sei $\bar{B} \subset X$ eine kompakte Scheibe. Aus $v \leq H_B v \in \mathcal{P}$ folgt:
$$u = \sup\{v : v \in \mathcal{P}\} \leq \sup\{H_B v : v \in \mathcal{P}\} \leq \sup\{v : v \in \mathcal{P}\}.$$
Somit ist $u|B$ das Supremum der Familie $\{(H_B v)|B : v \in \mathcal{P}\}$. Sie enthält wegen Satz 10.4.4 mit u_1, u_2 eine harmonische Funktion $u^* \geq \max(u_1, u_2)$. Nach dem Harnackschen Prinzip in 10.2.5 ist u harmonisch in B oder konstant ∞. Somit sind beide Mengen $A := \{x \in X : u \text{ ist harmonisch um } x\}$

und $Z := \{x \in X : u(x) = \infty\}$ offen in X. Da $A \uplus Z = X$ zusammenhängt, ist eine dieser Menge leer. □

Perron hat sein Prinzip 1923 zur Lösung des Dirichletschen Randwertproblems entwickelt. Zwei Jahre später wurde es in [RR] von Radó und Riesz vereinfacht.

10.4.6 Beschränkte Perronsche Familien. Wichtige Beispiele sind:
(1) $\{v \in \mathcal{S}(X) : v \le -v_0\}$ *für eine feste Funktion* $v_0 \in \mathcal{S}(X)$,
(2) $\{v \in \mathcal{S}(G) : \limsup_{x \to \xi} v(x) \le \lambda\}$ *für ein Gebiet* $G \subset X$, *einen Punkt* $\xi \in \partial G$ *und eine Schranke* $\lambda \in \mathbb{R}$.

Die Mengen in (1) und (2) sind leer oder Perronsche Familien zu X bzw. G; in beiden Fällen gehören die Suprema zur Familie und sind daher harmonisch.

10.5 Gelochte Flächen. Abzählbarkeit der Topologie

Sei $\bar{B} \subset X$ eine kompakte Scheibe in einer Fläche X. Wir lösen das Dirichletsche Randwertproblem für die gelochte Fläche $X \setminus \bar{B}$ und jede auf dem Rand ∂B des Loches stetige reelle Funktion. Eine einfache Folgerung ist die Abzählbarkeit der Topologie von X. Je nachdem, ob die Lösung des Randwertproblems für $X \setminus \bar{B}$ eindeutig ist oder nicht, unterscheiden wir ab 10.5.4 zwischen *armen* und *reichen* Flächen.

10.5.1 Existenzsatz. *Sei* $f : \partial B \to [m, M]$ *surjektiv und stetig. Es gibt eine stetige Funktion* $u : X \setminus B \to [m, M]$, *die in* $X \setminus \bar{B}$ *harmonisch ist und* $u|\partial B = f$ *erfüllt. Insbesondere gibt es auf jeder gelochten Fläche nichtkonstante, beschränkte harmonische Funktionen.*

Beweis. Es gibt eine Karte $z : V \to \mathbb{E}$ und einen Radius $r < 1$, so daß $B = \{x \in V : |z(x)| < r\}$ gilt. Seien $r < R < 1$ und $B_R = \{x \in V : |z(x)| < R\}$. Durch die Lösung des Randwertproblems für den Ring $A = B_R \setminus \bar{B}_r$ erhält man zwei auf $X \setminus B$ stetige und in A harmonische Funktionen v_1, v_2 mit

$$v_1 = v_2 = f \text{ auf } \partial B \quad \text{und} \quad v_1 = m, v_2 = M \text{ auf } X \setminus B_R.$$

Die Funktionen v_1 und $-v_2$ sind Heftungen harmonischer Funktionen und daher auf $X \setminus \bar{B}$ subharmonisch. Die Menge

$$\mathcal{P} = \{v \in \mathcal{S}(X \setminus \bar{B}) : v \le v_2\}$$

enthält v_1 und ist nach 10.4.6(1) eine Perronsche Familie. Daher ist $u := \sup \mathcal{P} \in \mathcal{H}(X \setminus \bar{B})$ und $m \le v_1 \le u \le v_2 \le M$. Wegen $v_1 = v_2 = f$ längs ∂B wird u durch $u|\partial B = f$ stetig nach ∂B fortgesetzt. □

10.5.2 Abzählbarkeit der Topologie. *Jede zusammenhängende Riemannsche Fläche* X *hat eine abzählbare Topologie.*

Beweis. Sei $\bar{B}$ eine kompakte Scheibe in X. Da es, wie gerade gezeigt wurde, eine nicht-konstante Funktion $u \in \mathcal{H}(X \setminus \bar{B})$ gibt, ist nach 10.1.2 die Topologie von $X \setminus \bar{B}$ und damit auch die Topologie von ganz X abzählbar. □

10.5.3 Historisches. Im Jahre 1913 postulierte H. Weyl in [Wyl 1] die Triangulierbarkeit Riemannscher Flächen, um die Anwendbarkeit der „Exhaustionsmethode" zu gewährleisten. Triangulierbare Flächen haben eine abzählbare Topologie. Die Umkehrung gilt ebenfalls, der Beweis ist allerdings mühsam.
Radó [Rad 1] entdeckte 1923, daß die Existenz einer komplexen Struktur auf einer Fäche die Abzählbarkeit ihrer Topologie zur Folge hat. Erst nachdem Prüfer seine eigene Vermutung, daß jede topologische Fläche triangulierbar sei, widerlegt hatte, veröffentlichte Radó den Beweis seines Satzes und das Prüfersche Beispiel einer zusammenhängenden Fläche mit überabzählbarer Topologie in [Rad 2]. Es war damals unbekannt, daß Hausdorff schon 1915 solche Flächen gefunden, aber nicht publiziert hatte. Eine vereinfachte Darstellung der Prüferschen Fläche und die ersten Beispiele von zusammenhängenden komplexen Mannigfaltigkeiten der Dimension $n \geq 2$, deren Topologie nicht abzählbar ist, enthält [CR].

10.5.4 Reiche und arme Flächen. Eine zusammenhängende Fläche X heißt *reich*, wenn es auf X nicht-konstante subharmonische Funktionen gibt, die nach oben beschränkt sind. Wenn jede nach oben beschränkte subharmonische Funktion auf X konstant ist, heißt die Fläche X arm.

(1) *Jedes beschränkte Gebiet in* $\mathbb{C}$ *ist wegen* $\operatorname{Re} z$ *reich.*

(2) *Kompakte Flächen sind arm* auf Grund des Maximumprinzips 10.4.2.

Weitere Beispiele geben wir in den Folgerungen des nächsten Abschnitts.

Die Unterscheidung zwischen reichen und armen Flächen ist seit Ahlfors' Note [Ah 2] üblich. Er nennt allerdings reiche Flächen *hyperbolisch*; wir vermeiden diese Redeweise, da „hyperbolisch" üblicherweise in einem anderen Sinne benutzt wird, vgl. 11.1.2.

10.5.5 Harmonische Maße. Sei $\bar{B} \subset X$ eine kompakte Scheibe. Der Existenzsatz in 10.5.1 läßt offen, ob für die Randfunktion $f = 0$ andere Lösungen des Dirichletschen Problems als $u = 0$ existieren. Wenn X reich ist, gibt es sie. Zu ihnen gehören die *harmonischen Maße*. Das sind Funktionen in $\mathcal{H}(X \setminus \bar{B})$ mit Werten im offenen Intervall $(0,1)$, die sich durch Null stetig nach $\bar{B}$ fortsetzen lassen. Die Fortsetzung entsteht durch Verheften von w_B auf $X \setminus \bar{B}$ mit der Nullfunktion auf X und ist daher eine beschränkte, nicht-konstante Funktion in $\mathcal{S}(X)$, die auch mit w_B bezeichnet wird. Es folgt:

(1) *Auf armen Flächen gibt es keine harmonischen Maße.* □

Beispiel. Sei $R > 1$. Für $X = \mathbb{E}_R$ und $B = \mathbb{E}$ ist $w(z) := \log|z|/\log R$ ein harmonisches Maß.

Satz. *Zu jeder kompakten Scheibe $\bar{B}$ in einer reichen Fläche X existiert ein harmonisches Maß w_B.*

Beweis. Wir bilden gemäß 10.4.6(2) die Perronsche Familie
$$\mathcal{P}(X, B) := \{v \in \mathcal{S}(X \setminus \bar{B}) : v \leq 1, \limsup_{x \to \xi} v(x) \leq 0 \quad \forall \xi \in \partial B\}.$$

(2) *Es gibt ein $v^* \in \mathcal{P}(X, B)$ und ein $a \in X \setminus \bar{B}$ mit $v^*(a) > 0$.*

Beweis zu (2). Da X reich ist, gibt es eine nicht-konstante Funktion $v \in \mathcal{S}(X)$ mit $v < 0$. Dann ist $-M := \max v(\bar{B}) < 0$, aber $v(a) > -M$ an einer Stelle $a \in X \setminus \bar{B}$; denn sonst wäre $v = -M$. Man nimmt $v^* := 1 + v/M$.

Für das Supremum w_B von $\mathcal{P}(X,B)$ gilt $0 \leq w_B \leq 1$, und wegen (2) ist $w_B \neq 0$. Nach dem Perronschen Prinzip gehört w_B zu $\mathcal{H}(X \setminus \bar{B})$. Nach dem Minimum- und Maximumprinzips kann w_B die Werte 0 und 1 nicht annehmen, also ist $0 < w_B < 1$. Aus $w_B \in \mathcal{P}(X,B)$ folgt $\lim_{x \to \xi} v(x) = 0$ für alle $\xi \in \partial B$. Somit ist w_B ein harmonisches Maß. □

Folgerungen. (a) *Ist Y reich und $\eta: X \to Y$ holomorph und offen, so ist X reich. Insbesondere ist jedes Gebiet $X \subset Y$ reich.*
(b) *Wenn X arm und $A \subset X$ lokal endlich ist, bleibt $X \setminus A$ arm. Insbesondere ist $\mathbb{C}$ arm.*

Beweis. (a) Es gibt ein harmonisches Maß $w_B \in \mathcal{S}(Y)$ zu $\bar{B} \subset \eta(X)$. Dann entsteht $w_B \circ \eta$ durch Verheften der harmonischen Funktion $w_B \circ \eta$ auf $X \setminus \eta^{-1}(\bar{B})$ mit der Nullfunktion auf X. Somit ist $w_B \circ \eta \in \mathcal{S}(X)$. Wie w_B ist $w_B \circ \eta$ beschränkt und nicht konstant.
(b) Angenommen $X \setminus A$ ist reich. Es gibt dann ein harmonisches Maß $w_B \in \mathcal{S}(X \setminus A)$. Zu jedem $a \in A$ gibt es eine punktierte Umgebung $U \setminus a$, auf der w_B harmonisch und beschränkt ist. Daher kann w_B harmonisch nach a fortgesetzt werden. Die für alle $a \in A$ durchgeführte Fortsetzung ist ein harmonisches Maß $w_B \in \mathcal{S}(X)$. □

10.5.6 Scharfes Maximum- und Minimumprinzip. Sei $\bar{B}$ eine kompakte Scheibe in der *armen* Fläche X. Mit $\mathcal{H}(X \setminus B)$ wird der $\mathbb{R}$-Vektorraum aller auf $X \setminus B$ stetigen und in $X \setminus \bar{B}$ harmonischen Funktionen bezeichnet.

Scharfes Maximumprinzip. *Jede nach oben beschränkte Funktion $u \in \mathcal{H}(X \setminus B)$ nimmt ihr Maximum auf ∂B an.*

Beweis. Sei $M := |u|_{\partial B}$. Dann wird $\max\{u, M\} \in \mathcal{S}(X \setminus \bar{B})$ durch $v|\bar{B} := M$ stetig nach X fortgesetzt. Die Fortsetzung v ist nach oben beschränkt und wegen des Heftungsprinzips subharmonisch auf X, also konstant $= M$. Aus $M = \max\{u, M\}$ folgt die Behauptung. □

Das scharfe Maximumprinzip für $-u$ ist ein *scharfes Minimumprinzip* für u. Beide Prinzipien haben direkt zur Folge:

(1) *Jede beschränkte Funktion $u \in \mathcal{H}(X \setminus B)$ nimmt ihr Maximum und ihr Minimum auf ∂B an.*

(2) *Zwei beschränkte Funktionen $u, u^* \in \mathcal{H}(X \setminus B)$ stimmen bereits dann auf $X \setminus B$ überein, wenn sie auf ∂B übereinstimmen.* □

Wenn man dieses Ergebnis mit dem Existenzsatz 10.5.1 kombiniert, folgt die eindeutige Lösung des Dirichletschen Problems:

(3) *Jede auf ∂B stetige Funktion läßt sich eindeutig zu einer beschränkten Funktion in $\mathcal{H}(X \setminus B)$ fortsetzen.* □

Schließlich liefert (1) eine Abschätzung für holomorphe Funktionen:

(4) *Ist f in einer Umgebung von $X \setminus B$ holomorph und beschränkt, so gilt $|f|_{X \setminus B} \leq |f|_{\partial B}$.*

Beweis. Sei $u := \operatorname{Re} f$, $v := \operatorname{Im} f$. Mit (1) folgt

$$|f|^2_{X\setminus B} \leq |u|^2_{X\setminus B} + |v|^2_{X\setminus B} = |u|^2_{\partial B} + |v|^2_{\partial B} \leq 2|f|^2_{\partial B},$$

also $|f|_{X\setminus B} \leq \sqrt{2}|f|_{\partial B}$. Wegen $|f^n| = |f|^n$ folgt ebenso $|f|^n_{X\setminus B} \leq \sqrt{2}|f|^n_{\partial B}$ für alle $n \in \mathbb{N}$. Mit $n \to \infty$ ergibt sich die Behauptung. □

10.6 Greensche Funktionen

Zu jedem Punkt $a \in X$ einer reichen Fläche konstruieren wir die *Greensche Funktion* g_a, welche bis auf eine logarithmische Singularität bei a harmonisch ist. Mit diesen Funktionen g_a beweisen wir den in 6.5 angekündigten Riemannschen Existenzsatz über die Punktetrennung und den Riemannscher Abbildungssatz.

Die entsprechenden Überlegungen für arme Flächen folgen in den Paragraphen 10.7-8. Sie sind im Detail komplizierter.

In den folgenden Abschnitten bezeichnen wir mit X eine *reiche* Fläche und benutzen die kurze Schreibweise $X\setminus a := X \setminus \{a\}$.

10.6.1 Definition und Existenz. Unter einer *Greenschen Funktion* g_a verstehen wir eine auf $X \setminus a$ harmonische, überall positive Funktion, die längs des idealen Randes von X durch Null nach oben beschränkt ist und bei a eine normierte logarithmische Singularität besitzt, vgl. 10.1.4. In 10.6.4 beweisen wir das

Existenztheorem. *Zu jedem $a \in X$ gibt es eine Greensche Funktion g_a.*

10.6.2 Punktetrennung. *Zu je zwei Punkten $a \neq b$ in X gibt es eine Funktion $f \in \mathcal{M}(X)$ mit $f(a) \neq f(b)$.*

Beweis. Die Ableitung $\omega_x := d'g_x$ ist bis auf einen einfachen Pol bei x holomorph. Für $f := \omega_a/\omega_b \in \mathcal{M}(X)$ gilt $f(a) = \infty$, $f(b) = 0$. □

10.6.3 Riemannscher Abbildungssatz. *Jede homologisch einfach zusammenhängende, reiche Fläche X ist zur Kreisscheibe $\mathbb{E}$ isomorph.*

Beweis. Zur Greenschen Funktion g_a gehört gemäß Satz 10.1.5(ii) eine Funktion $f \in \mathcal{O}(X)$ mit $o(f,a) = 1$ und $|f| = \exp[-g_a]$ auf $X \setminus a$. Wegen $g_a > 0$ ist $f(X) \subset \mathbb{E}$. *Die Abbildung* $f : X \to \mathbb{E}$ *ist endlich.* Denn sei $K \subset \mathbb{E}$ kompakt. Es gibt ein $r < 1$ mit $|z| < r$ für alle $z \in K$. Für jedes $x \in f^{-1}(K)$ folgt $g_a(x) \geq -\log r > 0$. Wegen der Beschränkung längs des idealen Randes gibt es ein Kompaktum $A \subset X$ mit $g_a(x) < -\log r$ für $x \in X \setminus A$. Somit ist $f^{-1}(K) \subset A$, d.h. $f^{-1}(K)$ ist kompakt.

Nach 1.4.4 besitzt f einen Abbildungsgrad $\mathrm{gr} f$. Wegen $f^{-1}(0) = \{a\}$ und $v(f,a) = 1$ ist $\mathrm{gr} f = 1$, d.h. $f : X \to \mathbb{E}$ ist ein Isomorphismus. □

Folgerung. *Jedes Gebiet $G \subset \mathbb{C}, G \neq \mathbb{C}$, das homologisch einfach zusammenhängt, ist zu $\mathbb{E}$ isomorph.*

Beweis. Man kann $G \subset \mathbb{C}^{\times\times}$ annehmen. Nach dem Monodromiesatz, angewendet auf die Überlagerung $\lambda: \mathbb{H} \to \mathbb{C}^\times$ aus 5.4.4, ist G zu einem Gebiet in $\mathbb{H} \approx \mathbb{E}$ isomorph und somit reich, siehe 10.5.4(1). □

Diese Folgerung läßt sich allein mit Methoden der klassischen Funktionentheorie beweisen, siehe z.B. [Re 2], Kap. 8, §2.

10.6.4 Existenzbeweis. Alle Funktionen $v \in \mathcal{S}(X \setminus a)$ mit den Eigenschaften (a) und (b) bilden eine Perronsche Familie $\mathcal{G}_a$ auf $X \setminus a$.
(a) $v + \log|z|$ ist subharmonisch nach a fortsetzbar.
(b) Längs des idealen Randes von X ist 0 eine obere Schranke von v.

Beispielsweise erhält man durch Verheften der Nullfunktion auf $X \setminus a$ mit $-\log|z|$ auf $U \setminus a$ eine Funktion $v_0 \in \mathcal{G}_a$. Für $(X, a) = (\mathbb{C}, 0)$ wäre ∞ das unbrauchbare Supremum dieser Familie. Aber bei *reichen* Flächen können wir ∞ ausschließen:

Sei $0 < r < 1$ und $B_r := \{x \in U : |z(x)| < r\}$. Wir bezeichnen mit $M_r(v)$ bzw. $m_r(v)$ das Supremum bzw. Infimum einer Funktion $v: \partial B_r \to \mathbb{R}$ längs des Randes ∂B_r der Scheibe. Es genügt ein r zu fixieren und zu beweisen, daß $\{M_r(v) : v \in \mathcal{G}_a\}$ nach oben beschränkt ist: Sei w ein harmonisches Maß zu $B_r \subset X$ und $r < R < 1$. Dann gilt

$$(1) \qquad M_r(v) \leq \frac{\log(R/r)}{m_R(w)} =: \alpha \quad \text{für alle } v \in \mathcal{G}_a.$$

Man beachte dabei, daß $0 < m_R(w) < 1$ ist und α nicht von v abhängt.

Beweis zu (1). Für jedes $v \in \mathcal{G}_a$ ist $v - M_r(v) \cdot (1-w)$ auf $X \setminus \bar{B}_r$ subharmonisch und längs des idealen Randes dieses Gebietes (d.h. auf ∂B_r und längs des idealen Randes von X) durch 0 nach oben beschränkt. Daraus folgt wegen Satz 10.4.2 $v < M_r(v) \cdot (1-w)$ auf $X \setminus \bar{B}_r$, insbesondere

$$M_R(v) \leq M_r(v) \cdot [1 - m_R(w)].$$

Hieraus folgt (1). Denn nach dem Maximumprinzip für die auf U subharmonische Funktion $v + \log|z|$ ist $M_r(v) + \log r \leq M_R(v) + \log R$.

Wegen (1) hat die Familie $\mathcal{G}_a$ ein Supremum $u \in \mathcal{H}(X \setminus a)$. Für alle $v \in \mathcal{G}_a$ ist $M_r(v + \log|z|) \leq \alpha + \log r$, also nach dem Maximumprinzip

$$v + \log|z| \leq \alpha + \log r \quad \text{auf } \bar{B}_r.$$

Es folgt $u + \log|z| \leq \alpha + \log r$ auf $B_r \setminus a$. Nach dem Hebbarkeitssatz in 10.1.4 läßt sich $u + \log|z|$ harmonisch nach a fortsetzen. Schließlich folgt aus $0 \leq v_0 \leq u$ und dem Minimumprinzip $u > 0$. Daher ist $g_a := u$ eine Greensche Funktion zu a. □

10.6.5 Historisches. Die Konstruktion der Greenschen Funktion g_a mittels einer Perronschen Familie und ihre Benutzung zum Beweis des Abbildungssatzes wurden von Ahlfors [Ah 1] vorgeschlagen. Die Benennung dieser Funktionen erinnert an George Green und seine bahnbrechende, 1828 veröffentlichte, aber zunächst kaum beachteten Schrift *An Essay on the Application of Mathematical Analysis* *to the Theories of Electricity and Magnetism.* Er benutzt in dieser Schrift harmonische Funktionen mit isolierten Singularitäten, um das elektrostatische Potential punktförmiger Ladungen zu beschreiben.

10.7 Elementarpotentiale

Auf *armen* Flächen X gibt es keine Greenschen Funktionen, siehe Aufgabe 10.9.8. Ihre Rolle übernehmen Funktionen h_a, welche an *einer* Stelle $a \in X$ eine Singularität vom Typ $\alpha \log|z| + \text{Re}(z^{-n})$ haben und sonst harmonisch sind. In günstigen Fällen ist $\alpha = 0$, und h_a wird dann *Elementarpotential* genannt. Wir beweisen in 10.7.5-7 folgenden

10.7.1 Existenzsatz. *Zu $n \in \mathbb{N}_{>0}$ und jeder Karte $z : (U, a) \to (\mathbb{E}, 0)$ gibt es zwei Konstanten $\alpha, \hat{\alpha} \in \mathbb{R}$ und zwei Funktionen $h_a, \hat{h}_a \in \mathcal{H}(X \setminus a)$, die außerhalb jeder Umgebung von a beschränkt sind, so daß*

(1) $\qquad h_a - \alpha \log|z| - \text{Re}(z^{-n}) \quad und \quad \hat{h}_a - \hat{\alpha} \log|z| - \text{Re}(iz^{-n})$

harmonisch nach a fortgesetzt werden können.

Die Ableitungen $d'h_a$ bzw. $d'\hat{h}_a$ sind Differentialformen, welche bei a die Hauptteile $(\alpha z^{-1} - nz^{-n-1})dz$ bzw. $(\hat{\alpha} z^{-1} - inz^{-n-1})dz$ haben und auf $X \setminus a$ holomorph sind. Wenn X kompakt ist, folgt $\alpha = \hat{\alpha} = 0$, weil die Residuensumme $= 0$ ist.

Man nennt die Funktion $v \in \mathcal{H}(X \setminus a)$ ein *Elementarpotential n-ter Ordnung,* wenn sie außerhalb jeder Umgebung von a beschränkt ist und ein $c \in \mathbb{C}^\times$ existiert, so daß $v - \text{Re}(c z^{-n})$ harmonisch nach a fortgesetzt werden kann. Die Funktionen h_a bzw. $\hat{h}_a$ des Existenzsatzes sind Elementarpotentiale, wenn $\alpha = 0$ bzw. $\hat{\alpha} = 0$ ist. Für $\alpha \neq 0$ oder $\hat{\alpha} \neq 0$ ist $\hat{\alpha} h_a - \alpha \hat{h}_a$ ein Elementarpotential mit $c = \hat{\alpha} - i\alpha$.

10.7.2 Punktetrennung (Riemannscher Existenzsatz). *Auf jeder Riemannschen Fläche X gibt es zu je zwei Punkten $a \neq b$ eine meromorphe Funktion f mit $f(a) \neq f(b)$.*

Dieses in 6.5 angekündigte Ergebnis wurde in 10.6.2 mittels Greenscher Funktionen für reiche Flächen bewiesen. Der Beweis läßt sich direkt auf arme Flächen übertragen, indem man die Greensche Funktionen g_a durch die Funktionen h_a des Existenzsatzes 10.7.1 ersetzt. □

10.7.3 Differentialformen auf kompakten Flächen. *Auf jeder kompakten Fläche X gibt es zu jeder Karte $z : (U, a) \to (\mathbb{E}, 0)$ und jedem Hauptteil $p = c_1 z^{-1} + \ldots + c_n z^{-n}$ eine Differentialform $\omega \in \mathcal{E}_2(X)$, die bei a den Hauptteil dp hat, auf $X \setminus a$ holomorph ist und rein imaginäre Perioden besitzt.*

Beweis. Es genügt, die Behauptung für $p = c\, z^{-n}$ zu beweisen. Gemäß der Zerlegung $c = \gamma_1 + i\gamma_2$ in Real- und Imaginärteil bilden wir die Funktion $v := \gamma_1 h_a + \gamma_2 \hat{h}_a \in \mathcal{H}(X \setminus a)$ mit den Funktionen h_a und $\hat{h}_a$ des Existenzsatzes 10.7.1. Da X kompakt ist, gilt 10.7.1(1) mit $\alpha = \hat{\alpha} = 0$. Daher läßt sich die Differenz $v - \operatorname{Re}(c\, z^{-n})$ harmonisch nach a fortsetzen. Die Ableitung $\omega := d'v$ hat alle behaupteten Eigenschaften. □

10.7.4 Charakterisierung der Zahlenkugel. *Jede zusammenhängende und homologisch einfach zusammenhängende, kompakte Riemannsche Fläche X ist zur Zahlenkugel isomorph.*

Beweis. Nach 10.7.3 gibt es eine Differentialform ω, welche in einen Punkt $a \in X$ einen doppelten Pol mit dem Residuum Null hat und sonst holomorph ist. Nach 7.7.4 besitzt ω eine Stammfunktion f, die bis auf einen einfachen Pol bei a holomorph ist. Dann hat $f : X \to \widehat{\mathbb{C}}$ den Grad eins. □

10.7.5 Beweisplan zum Existenzsatz. Der Beweis des Existenzsatzes 10.7.1, den wir [Hei 2] entnehmen, arbeitet nur mit harmonischen Funktionen in Ringgebieten. Wir beginnen mit einem Beweisplan, damit unter zahlreichen Abschätzungen der Überblick erhalten bleibt und deutlich wird, wie sich dank des scharfen Maximumprinzips 10.5.6 die Konstruktion der Funktion h_a und ihre Eigenschaften von einer punktierten Scheibe $U \setminus a$ auf $X \setminus a$ fortsetzen lassen. Sei $z : (U, a) \to (\mathbb{E}_3, 0)$ eine Karte. Für $0 < r < 3$ sei $U_r := \{x \in U : |z(x)| < r\}$.

Die gesuchte Funktion h_a hat idealerweise auf U die einfache Gestalt $\operatorname{Re} z^{-n}$. Nun gibt es nach 10.5.6(3) zu jedem $0 < s < 1$ genau eine beschränkte Funktion $v_s \in \mathcal{H}(X \setminus U_s)$ mit den Randwerten $v_s(x) = \operatorname{Re}[z(x)^n]$ für $x \in \partial U_s$, und es liegt nahe, h_a als Limes der v_s für $s \to 0$ zu gewinnen. Da v_s nicht konstant ist, gilt dasselbe für $v_s | \partial U_1$, d.h. die Bilder $v_s(\partial U_1)$ sind *echte*, kompakte Intervalle. Um auszuschließen, daß die Grenzfunktion konstant wird, ersetzen wir v_s durch die Startfunktion $u_s = b_s v_s + d_s$, wobei $c_s, d_s \in \mathbb{R}$ so gewählt sind, daß $u_s(\partial U_1) = [-1, 1]$ ist.

Die kompakte Konvergenz von (u_{s_k}) für eine Nullfolge (s_k) und die Harmonizität der Grenzfunktion u_0 folgen aus dem Satz von Montel 10.2.4, sobald sicher gestellt ist, daß die Funktionen u_s auf jedem Kompaktum $K \subset X \setminus a$ gleichmäßig beschränkt sind. Man muß auch noch berücksichtigen, daß K nur für hinreichend kleine s im Definitionsbereich von u_s liegt: Es gibt ein $t \in (0, 1)$ mit $K \subset X \setminus \bar{U}_t$. Dann ist u_s für $0 < s < t$ auf K definiert. Nach dem scharfen Maximumprinzip 10.5.6 gilt $|u_s|_K \leq |u_s|_{\partial U_t}$. Es genügt daher eine von s unabhängige Schranke $M_t \geq |u_s|_{\partial U_t}$ für $0 < s < t$ zu finden.

Sie wird in 10.7.6 durch Abschätzung der Fourier-Koeffizienten von u_s im Ringgebiet $A_s = U_3 \setminus U_s$ gewonnen.
Die Koeffizienten hängen von s ab und gehen für $s \to 0$ in die Fourier-Koeffizienten der Grenzfunktion u_0 über. An ihnen lesen wir in 10.7.7 ab, daß u_0 bei a bis auf einen Faktor $\neq 0$ die für h_a gewünschte Gestalt hat. Wenn man in den Startfunktionen statt des Realteils den Imaginärteil $v_s(x) = \text{Im}[z(x)^n]$ wählt, folgt die Existenz von $\hat{h}_a$ analog.

10.7.6 Abschätzung der Fourier-Koeffizienten. Wir benutzen die Fourier-Reihe aus 10.1.3 für $u = u_s$ und $r = 1$, $R = 2$. Wegen $|u_s|_{\partial U_2} \leq |u_s|_{\partial U_1} = 1$ (scharfes Maximumprinzip) gelten für die Integrale 10.1.3(3) die Abschätzungen
$$|a_{0,1}|, |a_{0,2}| \leq 1 \quad und \quad |a_{\nu,1}|, |a_{\nu,2}|, |b_{\nu,1}|, |b_{\nu,2}| \leq 2 \; für \; \nu \geq 1.$$
Mit 10.1.3(4) folgt für die Fourier-Koeffizienten von u_s:
(1) $|\alpha_0| \leq 1$; $|\beta_0| \leq \frac{2}{\log 2}$; $|\alpha_\nu| \leq 2^{2-\nu}$, $|\beta_\nu| \leq 2^{2-\nu}$ für $\nu \geq 1$; $|\alpha_{-n}| \leq 4$.
Wegen $u_s(x) = c_s \cos n\varphi + d_s$ für $z(x) = se^{i\varphi}$ folgt aus 10.1.3(3), angewendet auf $t = s$:
Für $\nu \geq 1$ gilt $\alpha_\nu s^\nu + \alpha_{-\nu} s^{-\nu} = 0$ falls $\nu \neq n$ und $\beta_\nu s^\nu + \beta_{-\nu} s^{-\nu} = 0$.
Zusammen mit (1) folgt
(2) $|\alpha_{-\nu}| \leq 2^{2-\nu} s^{2\nu}$ für $\nu \geq 1$, $\nu \neq n$ und $|\beta_{-\nu}| \leq 2^{2-\nu} s^{2\nu}$ für $\nu \geq 1$.
Die Fourier-Reihe in 10.1.3 für $u = u_s$ wird mit (1) und (2) für $t \in (s,1)$ abgeschätzt:
$$|u_s|_{\partial U_t} \leq 1 + \frac{2|\log t|}{\log 2} + 8 \sum_{\nu=1}^\infty \left(\frac{t}{2}\right)^\nu + \frac{4}{t^n} + 8 \sum_{\nu=1}^\infty \left(\frac{s^2}{2t}\right)^\nu$$
$$\leq 1 + \frac{2|\log t|}{\log 2} + 16 \sum_{\nu=1}^\infty \left(\frac{t}{2}\right)^\nu + \frac{4}{t^n} =: M_t < \infty.$$
Damit existiert die *Grenzfunktion* $u_0 = \lim u_{s_k} \in \mathcal{H}(X \setminus a)$ für eine Nullfolge s_k bei lokal gleichmäßiger Konvergenz.

10.7.7 Eigenschaften der Grenzfunktion. Die für alle $0 < s < t$ gültige Ungleichung $|u_s|_{\partial U_t} \leq M_t$ ergibt nach dem scharfen Maximumprinzip $|u_s|_{X \setminus U_t} \leq M_t$ und damit $|u_0|_{X \setminus U_t} \leq M_t$, d.h. u_0 ist außerhalb jeder Umgebung von a beschränkt.
Die Fourier-Koeffizienten und die Integrale 10.1.3(3) von $u = u_s$ hängen von s ab und werden daher mit $\alpha_0(s), \ldots, b_{\nu,t}(s)$ bezeichnet. Wegen der lokal gleichmäßigen Konvergenz von $u_0 = \lim u_{s_k}$ gilt für die Integrale
$$\lim_{k \to \infty} a_{\nu,t}(s_k) = a_{\nu,t}(0) \quad, \quad \lim_{k \to \infty} b_{\nu,t}(s_k) = b_{\nu,t}(0).$$
Nach 10.1.3(4) mit $r = 1$, $R = 2$ folgt für die Fourier-Koeffizienten:
$$\lim_{k \to \infty} \alpha_\nu(s_k) = \alpha_\nu(0) \quad, \quad \lim_{k \to \infty} \beta_\nu(s_k) = \beta_\nu(0),$$
also wegen 10.7.6(2)
$$\alpha_{-\nu}(0) = 0 \; für \; \nu \geq 1, \nu \neq n \quad und \quad \beta_{-\nu}(0) = 0 \; für \; \nu \geq 1.$$
Das ergibt bei a die Gestalt
$$u_0 = \beta_0(0) \log |z| + \alpha_{-n}(0) \cdot \text{Re}\, z^{-n} + f$$

mit einer Funktion f, die auf einer Umgebung von a harmonisch ist. Wir zeigen $\alpha_{-n}(0) \neq 0$: Anderenfalls wäre u_0 auf $X \setminus a$ je nach dem Vorzeichen von $\beta_0(0)$ nach oben oder unten beschränkt. Jedenfalls müßte u_0 konstant sein, da $X \setminus a$ arm ist. Aber aus $u_{s_k}(\partial U_1) = [-1, 1]$ folgt $u_0(\partial U_1) = [-1, 1]$, d.h. u_0 ist nicht konstant.– Die Funktion $h_a := u_0/\alpha_{-n}(0)$ hat alle im Existenzsatz 10.7.1 behaupteten Eigenschaften. □

10.8 Der Abbildungssatz für arme Flächen

Sei X eine homologisch einfach zusammenhängende, arme Fläche. Wir gewinnen aus den Elementarpotentialen erster Ordnung eine injektive holomorphe Abbildung $f : X \to \widehat{\mathbb{C}}$. Dann ist $f(X) \subset \widehat{\mathbb{C}}$ ein homologisch einfach zusammenhängendes, armes Gebiet, also $f(X) = \widehat{\mathbb{C}}$ oder $= \widehat{\mathbb{C}} \setminus \{ein\ Punkt\}$ wegen der Folgerung in 10.6.3. Der Beweis der Injektivität ist viel aufwendiger als bei reichen Flächen, da Elementarpotentiale nicht die einfache Durchschlagkraft der Greenschen Funktionen besitzen.

10.8.1 Normalfunktionen. Eine auf $X \setminus a$ holomorphe Funktion f_a heißt *Normalfunktion zur Stelle* $a \in X$, wenn sie in a einen einfachen Pol hat und $|f_a|$ außerhalb jeder Umgebung von a beschränkt ist. Beispiele sind $f_a(z) = (z-a)^{-1}$ auf $X = \mathbb{C}$ oder $\widehat{\mathbb{C}}$ und $f_\infty(z) = z$ auf $\widehat{\mathbb{C}}$.

Wenn statt $|f_a|$ nur $|\mathrm{Re} f_a|$ beschränkt ist, nennen wir f_a eine *schwache* Normalfunktion. Der Realteil $h_a := \mathrm{Re}\, f_a$ ist dann ein Elementarpotential erster Ordnung. Da X homologisch einfach zusammenhängt, ist umgekehrt jedes Elementarpotential erster Ordnung h_a der Realteil einer schwachen Normalfunktion f_a, siehe Satz 10.1.5(i). Wegen 10.7.1 folgt ein

Schwacher Existenzsatz. *Zu jeder Stelle $a \in X$ gibt es eine schwache Normalfunktion f_a.* □

Wir benötigen jedoch Normalfunktionen, die nicht schwach sind. Denn nur für sie gilt folgender

10.8.2 Eindeutigkeitssatz. *Sei f_a eine Normalfunktion. Die Menge aller Normalfunktionen zur Stelle a lautet $\{pf_a + q : p \in \mathbb{C}^\times, q \in \mathbb{C}\}$.*

Beweis. Offenbar sind alle $pf_a + q$ Normalfunktionen zu a. Sei umgekehrt g eine Normalfunktion. Dann gibt es ein $p \in \mathbb{C}^\times$, so daß $h := pf_a - g \in \mathcal{O}(X)$ ist. Mit $|f_a|$ und $|g|$ ist auch $|h|$ außerhalb jeder Umgebung von a beschränkt. Dann ist $|h|$ auf ganz X beschränkt und wegen der Armut von X ist h konstant. □

Auf einem eleganten Umweg, den Heins 1949 in [Hei 1] aufzeigte, läßt sich zu jeder Stelle a aus einer schwachen Normalfunktionen eine Normalfunktion gewinnen, die nicht mehr schwach ist. Zunächst zeigt man die

214   10. Harmonische Funktionen

10.8.3 Dichtheit. *Sei F eine schwache Normalfunktion zur Stelle $a \in X$. Es gibt eine Umgebung V von a, so daß $f_b := 1/[F(b) - F]$ für jedes $b \in V \setminus a$ eine Normalfunktion ist.*

Beweis. Wegen $o(F,a) = -1$ gibt es eine Umgebung $U \subset X$ von a, so daß $F|U$ injektiv ist. Dann ist $0 < A := |\mathrm{Re}F|_{X \setminus U} < \infty$. Wir verkeinern U zur Umgebung $V := \{x \in U : |\mathrm{Re}F| > 2A\}$ von a. Die Funktion $f_b : U \to \widehat{\mathbb{C}}$ ist wie $F|U$ injektiv. Sie hat bei b einen einfachen Pol. Zu jeder Umgebung W von b gibt es ein $\epsilon > 0$, so daß $|f_b(x)| \leq \epsilon$ für alle $x \in U \setminus W$ gilt. Für $x \in X \setminus U$ ist $|F(b) - F(x)| \geq |\mathrm{Re}[F(b) - F(x)]| \geq |\mathrm{Re}F(b)| - |\mathrm{Re}F(x)| \geq A$, also $|f_b(x)| \leq 1/A$. Somit ist f_b eine Normalfunktion. □

10.8.4 Konvergenz normierter Normalfunktionen. Sei $\bar{B} \subset X$ eine kompakte Scheibe. Eine Normalfunktion zu $a \in B$ heißt *längs ∂B normiert*, wenn $|f|(\partial B) = [1,2]$ gilt. Dann ist $|f|_{X \setminus B} = 2$ wegen des scharfen Maximumprinzips 10.5.6.

(1) *Wenn es zu $a \in B$ überhaupt eine Normalfunktion F gibt, dann auch eine längs ∂B normierte.*

Beweis. Da $F|\partial B$ nicht konstant ist, gibt es im kompakten Bild $F(\partial B)$ zwei Punkte b,c mit maximalem Abstand $|c-b| > 0$. Nach 10.8.2 ist $f := (c-b)^{-1}(F+b-2c)$ eine normierte Normalfunktion zur selben Stelle a. □

Existenzsatz. *Auf jeder homologisch einfach zusammenhängenden, armen Fläche gibt es zu jeder Stelle eine Normalfunktion.*

Beweis. Nach dem schwachen Existenzsatz gibt es zu jeder Stelle a eine schwache Normalfunktion. Wegen der Dichtheit existiert eine Folge a_n mit Normalfunktionen f_n zu den Stellen a_n, so daß $\lim a_n = a$ ist. Wir wählen eine Karte $z : (U,a) \to (\mathbb{E}_3, 0)$. Sei $B_r := \{x \in U : |z(x)| < r\}$. Wegen (1) können wir annehmen, daß alle Punkte $a_n \in B := B_1$ liegen und die Funktionen f_n längs ∂B normiert sind. Die Behauptung folgt nunmehr aus

(2) *Die Folge f_n besitzt ein Teilfolge, die kompakt gegen eine Normalfunktion f zur Stelle a konvergiert.*

Beweis zu (2). Die Funktionen $g_n := (z - z_n)f_n$ sind auf U holomorph und werden längs ∂B_2 wegen $|f_n|_{X \setminus B} = 2$ durch $|g_n| \leq \frac{9}{4}|f_n| \leq \frac{9}{2}$ abgeschätzt. Wegen des Maximumprinzips gilt die Abschätzung auch auf B_2. Nach dem kleinen Satz von Montel konvergiert eine Teilfolge, die wir wieder mit g_n bezeichnen, auf B_2 kompakt gegen eine Funktion $g \in \mathcal{O}(B_2)$. Längs ∂B ist $\frac{3}{4}|f_n| \leq |g_n| \leq \frac{5}{4}|f_n|$. Für Stellen $x,y \in \partial B$, wo gemäß der Normierung $|f_n(x)| = 1$ bzw. $|f_n(y)| = 2$ wird, ist $|g_n(x)| \leq \frac{5}{4}$ bzw. $|g_n(y)| \geq \frac{3}{2}$. Dasselbe gilt für $g = \lim g_n$. Insbesondere ist $|g|$ auf ∂B nicht konstant. Die Folge $f_n = g_n/(z - z_n)$ konvergiert auf $B_2 \setminus a$ kompakt gegen g/z. Längs ∂B konvergiert f_n gleichmäßig. Nach dem scharfen Maximumprinzip ist $|f_m - f_n|_{X \setminus B} = |f_m - f_n|_{\partial B}$. Daher konvergiert f_n auf $X \setminus B$ gleichmäßig.

Insgesamt konvergiert f_n auf $X\setminus a$ lokal gleichmäßig gegen eine dort holomorphe Funktion f mit $f|B_2 = g/z$. Die aus der Normierung folgende Gleichung $|f_n|_{X\setminus B} = 2$ bleibt für f gültig; also ist f außerhalb a beschränkt.

Wegen $g \in \mathcal{O}(B_2)$ gilt $o(f,a) \geq -1$. Wäre a kein Pol von f, so wäre f auf ganz X holomorph und beschränkt, also konstant, weil X arm ist. Das geht nicht, da $|g|$ auf ∂B nicht konstant ist. Also hat f in a einen einfachen Pol und ist eine Normalfunktion. □

10.8.5 Transformation der Normalfunktionen. *Sei f_a eine Normalfunktion. Zu jedem Punkt $b \in X$ gibt es einen Automorphismus A von $\widehat{\mathbb{C}}$, so daß $A \circ f_a$ eine Normalfunktion zu b ist.*

Beweis. Wegen der Dichtheit ist die Menge M_a aller Stellen x, zu denen Normalfunktionen der Gestalt $A \circ f_a$ existieren, offen und nicht leer. Nach dem Existenzsatz gibt es zu jedem Punkt b der abgeschlossenen Hülle von M_a eine Normalfunktion f_b. Der Durchschnitt $M_a \cap M_b$ enthält einen Punkt c. Es gibt Automorphismen A, B von $\widehat{\mathbb{C}}$, so daß $A \circ f_a$ und $B \circ f_b$ Normalfunktionen zu c sind. Wegen der Eindeutigkeit, siehe 10.8.2, gibt es ein $C \in \mathrm{Aut}(\widehat{\mathbb{C}})$ mit $B \circ f_b = C \circ A \circ f_a$. Also ist $b \in M_a$. Damit ist $M_a \neq \emptyset$, offen, abgeschlossen und folglich $= X$. □

10.8.6 Injektivität. *Jede Normalfunktion f_c ist injektiv und somit ein Isomorphismus der homologisch einfach zusammenhängenden armen Fläche X auf $\widehat{\mathbb{C}}$ oder $\widehat{\mathbb{C}} \setminus \{\text{ein Punkt}\}$.*

Beweis. Angenommen $f_c(a) = f_c(b)$. Nach 10.8.5 gibt es ein $A \in \mathrm{Aut}(\widehat{\mathbb{C}})$, so daß $f_b := A \circ f_c$ eine Normalfunktion zur Stelle b ist. Dann ist $f_b(a) = f_b(b) = \infty$. Weil b der einzige Pol von f_b ist, folgt $a = b$. □

Wir fassen mit dem Abbildungssatz 10.6.3 für reiche Flächen zusammen:

10.8.7 Riemannscher Abbildungssatz. *Jede homologisch einfach zusammenhängende Riemannsche Fläche ist zu $\widehat{\mathbb{C}}, \mathbb{C}$ oder $\mathbb{E}$ isomorph.* □

10.9 Aufgaben

1) Zeige: Die normale Konvergenz einer reellen Fourier-Reihe
$$u(te^{i\varphi}) = \alpha_0 + \beta_0 \log t + \sum_{n=1}^{\infty} \left((\alpha_n t^n + \alpha_{-n} t^{-n}) \cos n\varphi + (\beta_n t^n + \beta_{-n} t^{-n}) \sin n\varphi \right)$$
setzt sich vom Rande ∂A eines Ringgebietes $A = \{z \in \mathbb{C} : r < |z| < R\}$ auf die abgeschlossene Hülle $\bar{A}$ fort. Die Reihe stellt eine auf $\bar{A}$ stetige und in A harmonische Funktion dar.

2) Seien $r \neq R$ zwei Radien > 0. Wie lautet eine auf $\mathbb{C}^\times$ harmonische Funktion u, die längs $\partial \mathbb{E}_R$ verschwindet und längs $\partial \mathbb{E}_r$ mit dem Realteil des komplexen Monoms az^n übereinstimmt? Ist u eindeutig bestimmt?

3) Zum Poisson-Kern $P(z,\zeta)$: Zeige für den Diametralpunkt $R\exp i\eta$ zu $R\exp i\theta$ bezüglich z die Gleichung $d\eta/d\theta = P(z, R\exp i\theta)$ für die Ableitung der Funktion $\eta(\theta)$.

4) Zeige: Eine auf einem Gebiet $G \subset \mathbb{C}$ stetige, reellwertige Funktion v ist genau dann subharmonisch, wenn für jede Scheibe $B = \{z : |z - z_0| \leq r\} \subset G$ gilt:

(1) $$v(z_0) \leq \frac{1}{2\pi} \int_0^{2\pi} v(z_0 + re^{i\varphi})\, d\varphi.$$

Wenn v subharmonisch ist und in (1) das Gleichheitszeichen steht, ist v im Innern von B harmonisch.

5) Zeige: (i) Wenn v und $-v$ subharmonisch sind, ist v harmonisch.
(ii) Für jede holomorphe Funktion f ist $|f|$ subharmonisch.

6) Sei v_n eine Folge subharmonischer Funktionen, welche nach v kompakt konvergiert. Zeige, daß v auch subharmonisch ist.

7) Zeige: Eine auf einem Gebiet $G \subset \mathbb{C}$ reellwertige $\mathcal{C}^2$-Funktion v ist genau dann subharmonisch, wenn $\Delta v := v_{xx} + v_{yy} \geq 0$ ist.
Anleitung: Wenn f bei z_0 ein lokales Minimum hat, ist $\Delta f(z_0) \geq 0$. Folgere damit aus $\Delta v > 0$, daß v subharmonisch ist. Finde sodann eine Funktion u auf $\mathbb{C}$ mit $\Delta u = 1$ und folgere mit Aufgabe 5, daß $\Delta v \geq 0$ genügt, damit v subharmonisch ist. Benutze für die Umkehrung: Aus $\Delta v(z_0) < 0$ folgt, daß $-v$ bei z_0 subharmonisch ist.

8) Zeige die Äquivalenz folgender Eigenschaften einer zusammenhängenden Riemannschen Fläche:
Reichtum, Existenz *eines* harmonischen Maßes, Existenz harmonischer Maße zu jeder Scheibe, Existenz *einer* Greenschen Funktion, Existenz Greenscher Funktionen zu jeder Stelle, Ungültigkeit des scharfen Maximum-Prinzips.

9) Sei $\eta : X \to Y$ eine nicht-konstante holomorphe Abbildung zwischen reichen Flächen mit $f(a) = b$. Zeige, daß für die Greenschen Funktionen $v(\eta, a) \cdot g_a \leq g_b \circ \eta$ gilt.

10) Gib zu jeder Stelle a in $\mathbb{C}$ bzw. $\widehat{\mathbb{C}}$ alle Normalfunktionen an. Folgere, daß jede schwache Normalfunktion auf einer einfach zusammenhängenden, armen Fläche bereits eine richtige Normalfunktion ist.

11. Uniformisierung. Dreiecksgruppen

Für jedes Polynom $P(z)$ dritten oder vierten Grades mit einfachen Nullstellen ist die durch $w^2 = P(z)$ definierte Riemannsche Fläche ein Torus und wird daher durch $\mathbb{C}$ unverzweigt überlagert, siehe 7.6.1-2. Nachdem es Klein gelungen war, für die durch $w^7 = z^2(z-1)$ definierte Modulfläche X_7 eine unverzweigte Überlagerung $\mathbb{E} \to X_7$ zu konstruieren und diese Konstruktion auf ähnlich definierte Flächen auszudehnen, vermutete er, daß alle durch Polynome definierte Flächen, die nicht zur Zahlenkugel oder zu einem Torus isomorph sind, durch $\mathbb{E}$ unverzweigt überlagert werden. Auch Poincaré war auf diese Vermutung gestoßen. Beide führten darüber in den Jahren 1881/82 einen intensiven Briefwechsel, den man in [Klei 1] 3, S. 587-621, findet. Zumindest Klein faßte die gleichzeitigen Bemühungen als Wettstreit auf, in dem er bis zur Erschöpfung kämpfte; siehe dazu seinen fast 40 Jahre später verfaßten Bericht in [Klei 5], S. 379/80. Weder Klein noch Poincaré gelang damals der angestrebte Beweis. Er wurde erst 1907 von Koebe und Poincaré gefunden, siehe [Koe] und [Po 4], p. 70-139. Sechs Jahre später gab Hermann Weyl als Höhepunkt und Abschluß seines Buches [Wyl 1] der Theorie eine klare Form: Jede Fläche X läßt sich *uniformisieren*, d.h. durch $\widehat{\mathbb{C}}, \mathbb{C}$ oder $\mathbb{E}$ unverzweigt überlagern, indem man die universelle Überlagerung $u : Z \to X$ bildet und auf Z den Riemannschen Abbildungssatz anwendet.

Nach einigen unmittelbaren Anwendungen der Uniformisierung besprechen wir im zweiten Teil des Kapitels die *Dreiecksgruppen*, deren Studium Klein seinerzeit auf die Vermutung des allgemeinen Uniformisierungssatzes führte.

11.1 Uniformisierung

Wenn man die Existenz der universellen Überlagerung, siehe 3.7.2(2), mit dem Riemannschen Abbildungssatz kombiniert, folgt sofort der

11.1.1 Uniformisierungssatz. *Jede zusammenhängende Fläche wird durch $\widehat{\mathbb{C}}$, $\mathbb{C}$ oder $\mathbb{H}$ unverzweigt überlagert.* □

Man nennt jede unverzweigte Überlagerung $\eta : Z \to X$ durch $Z = \widehat{\mathbb{C}}, \mathbb{C}$ oder $\mathbb{H} (\approx \mathbb{E})$ eine *Uniformisierung* von X. Sie ist wie jede universelle Überlagerung normal. Nach 3.6.3 ist die Fundamentalgruppe $\pi(X)$ zur Deckgruppe $\mathcal{D}(\eta)$ isomorph. Letztere ist eine Untergruppe von $\mathrm{Aut}(Z)$, welche frei und diskontinuierlich operiert. Umgekehrt ist jede freie und diskontinuierliche Untergruppe von $\mathrm{Aut}(\widehat{\mathbb{C}})$, $\mathrm{Aut}(\mathbb{C})$ oder $\mathrm{Aut}(\mathbb{H})$ die Deckgruppe einer Uniformisierung, siehe 4.4.5.

11.1.2 Hyperbolische Flächen. Da jeder Automorphismus von $\widehat{\mathbb{C}}$ einen Fixpunkt hat, ist jede Uniformisierung $\widehat{\mathbb{C}} \to X$ ein Isomorphismus. Auch die Möglichkeiten für Uniformisierungen $\eta : \mathbb{C} \to X$ sind nach der Folgerung in 2.5.1 sehr beschränkt:

(1) η *ist ein Isomorphismus;* oder
(2) *es gibt einen Isomorphismus* $\varphi : X \to \mathbb{C}^\times$ *mit* $\varphi \circ \eta = \exp;$ *oder*
(3) *es gibt ein Gitter* $\Omega \subset \mathbb{C}$ *und einen Isomorphismus* $\varphi : X \to \mathbb{C}/\Omega$, *so daß* $\varphi \circ \eta$ *die Torusprojektion ist.* □

Eine Riemannsche Fläche heißt *hyperbolisch*, wenn sie durch $\mathbb{H}$ uniformisiert wird, also nicht zu $\widehat{\mathbb{C}}, \mathbb{C}, \mathbb{C}^\times$ oder einem Torus isomorph ist.

11.1.3 Eindeutigkeit. *Seien* $\eta_j : Z_j \to X_j$ *mit* $j \in \{0,1\}$ *zwei Uniformisierungen durch* $Z_j = \mathbb{C}$ *oder* $\mathbb{H}$. *Genau dann, wenn* X_0 *und* X_1 *isomorph sind, ist* $Z_0 = Z_1$ *und* $\mathcal{D}(\eta_0)$ *konjugiert zu* $\mathcal{D}(\eta_1)$ *in* $\mathrm{Aut}(Z_0)$.

Beweis. Zu jedem Isomorphismus $\varphi : X_0 \to X_1$ gibt es nach dem Monodromiesatz einen Isomorphismus $\alpha : Z_0 \to Z_1$, so daß $\varphi \circ \eta_0 = \eta_1 \circ \alpha$ ist. Dann ist $Z_0 = Z_1$, $\alpha \in \mathrm{Aut}(Z_0)$, und es gilt $\alpha \mathcal{D}(\eta_0) \alpha^{-1} = \mathcal{D}(\eta_1)$.
Umgekehrt: Wenn $Z_0 = Z_1$ und $\alpha \mathcal{D}(\eta_0)\alpha^{-1} = \mathcal{D}(\eta_1)$ gelten, gibt es genau einen Isomorphismus $\varphi : X_0 \to X_1$ mit $\varphi \circ \eta_0 = \eta_1 \circ \alpha$. □

11.2 Abelsche Fundamentalgruppen

Wir suchen nach abelschen Untergruppen von $\mathrm{Aut}(\mathbb{H})$, welche frei und diskontinuierlich operieren. Dank des Uniformisierungssatzes ergibt die Klassifikation dieser Gruppen die Klassifikation aller Flächen mit abelschen Fundamentalgruppen.

11.2.1 Translationen und Homothetien. Eine Möbiustransformation ist genau dann eine *Translation* $\neq \mathrm{id}$, wenn ∞ der einzige Fixpunkt ist. *Homothetien* heißen diejenigen Möbiustransformationen, welche 0 und ∞ als Fixpunkte haben. Sie bilden die zu $\mathbb{C}^\times$ isomorphe Gruppe $\{z \mapsto cz : c \in \mathbb{C}^\times\}$.

Lemma. *Jede Möbiustransformation* α, *die mit einer Translation bzw. Homothetie* $\gamma \neq \pm\mathrm{id}$ *vertauscht werden kann, ist selbst eine Translation bzw. Homothetie.*

Beweis. Wegen $\alpha\gamma = \gamma\alpha$ und $\gamma(\infty) = \infty$ ist $\alpha(\infty)$ ein Fixpunkt von γ. Falls γ eine Translation ist, folgt $\alpha(\infty) = \infty$, und α ist eine Translation, wenn es keinen anderen Fixpunkt gibt. Wenn c ein weiterer Fixpunkt ist, gibt es drei verschiedene Fixpunkte $\infty, c, \gamma(c)$, also ist $\alpha = \mathrm{id}$. Wenn γ eine Homothetie ist, folgt $\alpha(0) = 0$, $\alpha(\infty) = \infty$ oder $\alpha(0) = \infty$, $\alpha(\infty) = 0$. Im ersten Fall ist α eine Homothetie. Im zweite Fall wäre $1/\alpha(z) = az$ eine Homothetie und die Vertauschung $\alpha \circ \gamma = \gamma \circ \alpha$ mit $\gamma(z) = cz$ ergäbe $c = \pm 1$. □

11.2.2 Die Automorphismen von $\mathbb{H}$ sind die Möbius-Transformationen mit reellen Koeffizienten. Nach ihrem Fixpunkt-Verhalten unterscheidet man drei Typen:
(1) Jeder *elliptische* Automorphismus hat einen Fixpunkt in $\mathbb{H}$ und einen dazu konjugiert komplexen Fixpunkt in $-\mathbb{H}$.
(2) Jeder *hyperbolische* Automorphismus hat *zwei* verschiedene Fixpunkte in $\mathbb{R} \cup \{\infty\}$.
(3) Jeder *parabolische* Automorphismus hat *einen* Fixpunkt in $\mathbb{R} \cup \{\infty\}$.

Jeder Typ bleibt bei den Konjugationen mit reellen Möbius-Transformationen erhalten. Wir interessieren uns hauptsächlich für Transformationen ohne Fixpunkte in $\mathbb{H}$, also für hyperbolische und parabolische Automorphismen.

(4) *Jeder parabolische Automorphismus* α *ist in* $\mathrm{Aut}(\mathbb{H})$ *zu* $z \mapsto z \pm 1$ *konjugiert.*

Beweis. Durch Konjugation mit einer Transformation, welche den einzigen Fixpunkt von α nach ∞ legt, bekommt α die Gestalt $\alpha(z) = z + r$ mit $0 \neq r \in \mathbb{R}$. Man konjugiert sodann mit $z \mapsto z/|r|$. □

Die beiden Translationen $z \mapsto z+1$ und $z \mapsto z-1$ sind zwar in $\mathrm{Aut}(\widehat{\mathbb{C}})$ aber nicht in $\mathrm{Aut}(\mathbb{H})$ zueinander konjugiert.

(5) *Jeder hyperbolische Automorphismus* α *ist in* $\mathrm{Aut}(\mathbb{H})$ *zu einer Homothetie* $z \mapsto rz$ *konjugiert, deren Dehnungsfaktor* $r > 1$ *durch* α *eindeutig bestimmt ist.*

Beweis. Durch Konjugation mit einer Transformation, welche die beiden Fixpunkte von α nach 0 und ∞ legt, bekommt α die Gestalt $\alpha(z) = rz$ mit $r > 0$. Durch eine weitere Konjugation mit $z \mapsto -1/z$ geht α in $z \mapsto z/r$ über. Man kann also $r > 1$ erreichen.– Zur Eindeutigkeit von r: Wenn $z \mapsto rz$ zu $z \mapsto sz$ konjugiert ist, gilt $\alpha(sz) = r\alpha(z)$ für die konjugierende Transformation α. Dann sind $\alpha(0)$ und $\alpha(\infty)$ Fixpunkte von $z \mapsto rz$, also $\alpha(0) = 0$, $\alpha(\infty) = \infty$ oder $\alpha(0) = \infty$, $\alpha(\infty) = 0$. Im ersten Fall ist α eine Homothetie, und folglich $r = s$. Im zweiten Fall ist $\alpha(z) = t/z$ mit $t < 0$, und folglich $r = 1/s$. Letzteres ist unmöglich, wenn r und s beide > 1 sind. □

11.2.3 Abelsche Deckgruppen. *Jede nicht-triviale abelsche Untergruppe* $G < \mathrm{Aut}(\mathbb{H})$*, welche frei und diskontinuierlich operiert, ist zu*
$$\{z \mapsto z + n : n \in \mathbb{Z}\} \quad \textit{oder} \quad \{z \mapsto e^{ns} z : n \in \mathbb{Z}\} \text{ mit } s > 0$$
konjugiert. Im zweiten Fall ist s *durch* G *eindeutig bestimmt. Eine holomorphe Orbitprojektion lautet im ersten Fall*

(1) $$\eta : \mathbb{H} \to \mathbb{E}^\times, \ \eta(z) = e^{2\pi i z},$$

und im zweiten Fall

(2) $$\eta : \mathbb{H} \to \{z \in \mathbb{E} : |z| > r\}, \ \eta(z) = e^{iq \log z},$$
$$\text{mit } q = 2\pi/s \quad \textit{und} \quad r = e^{-\pi q} < 1.$$

Dabei ist $\log z = \log|z| + i\varphi$ *für* $z = |z|e^{i\varphi}$ *und* $0 < \varphi < \pi$.

Beweis. Es gibt keine elliptischen Elemente in G. *Erster Fall.* Wenn es ein parabolisches Element α gibt, kann man nach einer Konjugation annehmen, daß α eine Translation ist, siehe 11.2.2(4). Weil G abelsch ist, folgt aus 11.2.1, daß alle Elemente von G Translationen sind, also $G = \{z \mapsto z + b\}$, wobei b eine additive Untergruppe A von $\mathbb{R}$ durchläuft. Weil G diskontinuierlich operiert, gibt es ein kleinstes $a > 0$ in A, und G wird von $z \mapsto z + a$ erzeugt. Nach einer weiteren Konjugation wird $a = 1$ erreicht. Die Orbitprojektion (1) ist dann leicht zu verifizieren.

Zweiter Fall. Wenn es ein hyperbolisches Element $\alpha \in G$ gibt, kann man nach einer Konjugation annehmen, daß α eine Homothetie ist, siehe 11.2.2(5). Weil G abelsch ist, folgt aus 11.2.1, daß alle Elemente von G Homothetien sind, also $G = \{z \mapsto e^r z\}$ ist, wobei r eine additive Untergruppe A von $\mathbb{R}$ durchläuft. Analog zum ersten Fall gibt es ein kleinstes $s > 0$ in A, und G wird von $\gamma(z) = e^s z$ erzeugt. Wegen der Eindeutigkeit des Dehnungsfaktors ist s durch G eindeutig bestimmt. Man verifiziert sodann die angegebene Orbitprojektion (2). □

11.2.4 Ausnahmeflächen heißen die zusammenhängenden Riemannschen Flächen mit abelschen Fundamentalgruppen. Dazu gehören alle nicht-hyperbolischen Flächen, nämlich $\widehat{\mathbb{C}}$, $\mathbb{C}$, $\mathbb{C}^\times$ und die Tori. Darüber hinaus gilt der

Satz. *Bis auf Isomorphie sind* $\mathbb{E}$, $\mathbb{E}^\times$ *und die Ringgebiete*
$$A_r := \{z \in \mathbb{C} : 0 < r < |z| < 1\}$$
die einzigen hyperbolischen Ausnahmeflächen. Die angegebenen Ringgebiete sind weder untereinander noch zu $\mathbb{E}^\times$ *isomorph.*

Beweis. Sei $\eta : \mathbb{H} \to X$ die Uniformisierung einer hyperbolischen Ausnahmefläche. Die Deckgruppe $\mathcal{D}(\eta) < \text{Aut}(\mathbb{H})$ ist abelsch; denn sie ist zur Fundamentalgruppe $\pi(X)$ isomorph. Aus 11.2.3 und der Eindeutigkeit gemäß 11.1.3 folgt die Behauptung. □

11.3 Der Satz von Poincaré-Weyl

Dieser Satz charakterisiert die Ausnahmeflächen X dadurch, daß $\text{Aut}(X)$ nicht diskontinuierlich ist. Für den Beweis benötigen wir die Beschreibung der diskontinuierlichen Untergruppen von $\text{Aut}(\mathbb{H})$ durch diskrete Matrizengruppen (11.3.1-2) und die universelle Liftung aus 4.8.4.

11.3.1 Beschränkte Matrizen. Sei $\iota : \text{SL}_2(\mathbb{R}) \to \text{Aut}(\mathbb{H})$ der Epimorphismus, welcher jeder Matrix A den Automorphismus $A(z)$ zuordnet:

(1) $$A = \begin{pmatrix} a & b \\ c & d \end{pmatrix} \quad , \quad A(z) = \frac{az+b}{cz+d}.$$

Um die Untergruppen $G < \text{SL}_2(\mathbb{R})$ zu charakterisieren, deren Bild $\iota(G) < \text{Aut}(\mathbb{H})$ diskontinuierlich ist, benötigen wir folgendes

Lemma. *Für jedes Kompaktum $K \subset \mathbb{H}$ ist die Menge*
$$M := \{A \in \mathrm{SL}_2(\mathbb{R}) : A(K) \cap K \neq \emptyset\}$$
beschränkt im Zahlenraum $\mathbb{R}^4$ der 4-Tupel (a, b, c, d).

Beweis. Zu K gibt es eine reelle Schranke $r > 0$, so daß gilt:
(2) $\qquad r^{-1} \leq \mathrm{Im}\, \tau \leq r \quad \text{und} \quad |\tau| \leq r \quad \text{für alle } \tau \in K$.
Sei $\tau := s + it \in K$, und sei $A(\tau) \in K$. Mit $\mathrm{Im}\, A(\tau) = |c\tau + d|^{-2} \mathrm{Im}\, \tau$ und (2) ergibt sich:
$$|c\tau + d|^2 \leq r^2, \ |a\tau + b| = |c\tau + d| \, |A(\tau)| \leq r^2.$$
Wegen $|c\tau + d|^2 = (cs + d)^2 + c^2 t^2$ ist $|c|t \leq r$ und analog $|a|t \leq r^2$. Mit $t \geq r^{-1}$ folgt: $|c| \leq r^2$ und $|a| \leq r^3$. Wegen $|\tau| \leq r$ folgt weiter
$$|d| \leq |c\tau + d| + |c||\tau| \leq r + r^3, \ |b| \leq |a\tau + b| + |a||\tau| \leq r^2 + r^4.$$
Damit hat man Schranken für a, b, c, d. □

11.3.2 Diskrete Gruppen. Eine Untergruppe $G < \mathrm{SL}_2(\mathbb{R})$ heißt *diskret*, wenn die Einheitsmatrix E isoliert in G liegt: Es gibt eine Umgebung U von E in $\mathrm{SL}_2(\mathbb{R}) \subset \mathbb{R}^4$, so daß $U \cap G = \{E\}$ ist.

(1) *Diskrete Gruppen sind lokal endlich.*

Beweis. Angenommen, G trifft ein Kompaktum $K \subset \mathbb{R}^4$ unendlich oft. Es gäbe eine Folge A_n in $G \cap K$ mit paarweise verschiedenen Gliedern, welche in K konvergiert. Dann konvergiert $A_n A_{2n}^{-1}$ nach E. Jede Umgebung U von E enthält ein von E verschiedenes Element $A_n A_{2n}^{-1} \in G$. □

Satz. *Folgende Aussagen über eine Untergruppe $G < \mathrm{SL}_2(\mathbb{R})$ sind äquivalent:*
(a) *G operiert diskontinuierlich auf $\mathbb{H}$.*
(b) *Es gibt mindestens zwei verschiedene Punkte $\alpha, \beta \in \mathbb{H}$, die auf lokal endlichen G-Bahnen liegen.*
(c) *G ist diskret in $\mathrm{SL}_2(\mathbb{R})$.*

Beweis. (a) $\Rightarrow$ (b) gilt, weil alle Bahnen lokal endlich sind.
(b) $\Rightarrow$ (c): Wenn G nicht diskret wäre, gäbe es eine Folge A_n in $G \setminus \{E\}$ mit $\lim A_n = E$. Für fast alle n gilt $A_n(\alpha) = \alpha$, $A_n(\beta) = \beta$, weil α und β isoliert in $G(\alpha)$ bzw. $G(\beta)$ liegen. Da jeder Automorphismus von $\mathbb{H}$ mit zwei Fixpunkten die Identität ist, folgt $A_n = -E$ für fast alle n im Widerspruch zu $\lim A_n = E$.
(c) $\Rightarrow$ (a): Für jedes kompakte $K \subset \mathbb{H}$ ist $M := \{A \in G : A(K) \cap K \neq \emptyset\}$ nach Lemma 11.3.1 beschränkt in $\mathbb{R}^4$ und daher wegen (1) sogar endlich. □

Die Folgerung (a) $\Rightarrow$ (c) läßt sich mit denselben Methoden verallgemeinern:
> *Wenn eine Untergruppe $G < \mathrm{SL}_2(\mathbb{C})$ auf einer nicht-leeren Menge $U \subset \widehat{\mathbb{C}}$ diskontinuierlich operiert, ist G diskret.* □

Die Vermutung, daß umgekehrt *jede* diskrete Untergruppe von $\mathrm{SL}_2(\mathbb{C})$ auf einem Gebiet in der Zahlenkugel diskontinuierlich operiert, hat Picard 1884 durch ein Beispiel widerlegt, siehe Aufgabe 11.7.7. Man kennt notwendige und hinreichende Bedingungen für die Existenz solcher Diskontinuitätsbereiche und kann diese genau beschreiben, siehe [Be], Sec. 5.3.

11.3.3 Satz von Poincaré-Weyl. *Eine zusammenhängende Riemannsche Fläche X ist genau dann eine Ausnahmefläche, wenn ihre Automorphismengruppe nicht diskontinuierlich ist.*

Beweis. Es genügt zu zeigen, daß jede hyperbolische Fläche X, deren Automorphismengruppe $\mathrm{Aut}(X)$ nicht diskontinuierlich ist, eine abelsche Fundamentalgruppe $\pi(X)$ hat. Wir benutzen die Uniformisierung $\eta : \mathbb{H} \to X$ und die Normalisierung N der zu $\pi(X)$ isomorphen Deckgruppe $\mathcal{D} := \mathcal{D}(\eta)$ in $\mathrm{Aut}(\mathbb{H})$. Nach 4.8.4(1)-(2) ist N nicht diskontinuierlich.
Wir finden zunächst eine Folge $f_n \in N \setminus \{\mathrm{id}\}$, so daß für jedes $g \in \mathcal{D}$ gilt:
$$(*) \qquad f_n \circ g = g \circ f_n \quad \text{für fast alle } n\,.$$
Seien $\mathcal{D}', N'$ die Urbilder von $\mathcal{D}, N$ unter dem Epimorphismus $\iota : \mathrm{SL}_2(\mathbb{R}) \to \mathrm{Aut}(\mathbb{H})$, vergleiche 11.3.1. Offenbar ist N' der Normalisator von $\mathcal{D}'$ in $\mathrm{SL}_2(\mathbb{R})$. Nach Satz 11.3.2 ist $\mathcal{D}'$ diskret, aber N' nicht. Es gibt also eine Folge A_n in $N' \setminus \{\pm E\}$ mit $\lim A_n = E$. Für jedes $B \in \mathrm{SL}_2(\mathbb{R})$ gilt dann $\lim A_n B A_n^{-1} = B$. Aus $B \in \mathcal{D}'$ folgt $A_n B A_n^{-1} \in \mathcal{D}'$, und weil $\mathcal{D}'$ diskret ist, sogar $A_n B A_n^{-1} = B$ für fast alle n. Mit $f_n := \iota(A_n)$ folgt $(*)$.
Da $\mathcal{D}$ keine elliptischen Elemente enthält, können wir $\mathcal{D}$ gemäß 11.2.2 durch eine konjugierte Gruppe ersetzen, die eine Translation oder Homothetie $h \neq \mathrm{id}$ enthält. Aus $(*)$, angewendet auf $g = h$, folgt mit Lemma 11.2.1, daß fast alle f_n Translationen bzw. Homothetien $\neq \mathrm{id}$ sind. Da $(*)$ für jedes $g \in \mathcal{D}$ gilt, sind alle $g \in \mathcal{D}$ Translationen bzw. Homothetien. Jedenfalls ist $\mathcal{D}$ abelsch. □

11.3.4 Kompakte Flächen. *Jede kompakte, zusammenhängende Riemannsche Fläche X, die nicht zur Zahlenkugel oder einem Torus isomorph ist, hat eine endliche Automorphismengruppe.*

Denn X ist keine Ausnahmefläche. Somit ist $\mathrm{Aut}(X)$ diskontinuierlich und wegen der Kompaktheit sogar endlich. □

11.3.5 Historisches. Das letzte Ergebnis über die Automorphismengruppen kompakter Flächen wird auch als *Satz von Schwarz* bezeichnet. Denn er bewies 1875 in [Sch] 2, S. 285-291: Eine algebraische Fläche, die „durch eine Schaar abbildender Functionen auf sich selbst eindeutig, zusammenhängend und in den kleinsten Theilen ähnlich abgebildet werden kann", hat das Geschlecht 0 oder 1. Da die „Schaar" analytisch von einem Parameter abhängt, zeigte Schwarz noch nicht, daß die Automorphismengruppe für Flächen vom Geschlecht ≥ 2 endlich ist.
Klein formulierte in seiner Schrift über Riemann, [Klei 1] 3, S. 560, vage, daß „Gleichungen $p > 1$ niemals unendlich oft eindeutig in sich transformiert werden können". Er gab ein Plausibilitätsargument und zitierte die Arbeit von Schwarz. In einem Brief an H. Poincaré vom 3. April 1882 erwähnte Klein den Satz, [Klei 1] 3, S. 610. Darauf veröffentlichte Poincaré 1885 unter Bezug auf Kleins Brief den Beweis, welchem wir oben gefolgt sind, siehe [Po] 3, p. 4-31.
Klein und Poincaré wußten nicht, daß Weierstraß bereits in einem Brief vom 3. Oktober 1875 an Schwarz, [Wst] 2, S. 325-244, dessen Ergebnis kritisiert hatte, weil die Endlichkeit der Automorphismengruppe „als sozusagen selbstverständliche Wahrheit" aus der Theorie der Weierstraß-Punkte folgt, siehe hierzu 13.5.6. Dieser Brief wurde erst 1895 veröffentlicht.

Die Beweise von Schwarz und Weierstraß hätten nicht vermuten lassen, daß die Kompaktheit (oder Algebraizität) der Fläche entbehrlich ist, wenn man nur die Diskontinuität der Automorphismengruppe zeigen will. Erst Weyl hob hervor, daß Poincarés Beweis „wörtlich auch für offene Flächen gültig" bleibt. In dieser Form nahm er das Ergebnis und den Beweis in sein Buch [Wyl 1], S. 163, auf.

11.4 Dreiecksgruppen

Diskontinuierliche Automorphismengruppen von $\mathbb{C}, \widehat{\mathbb{C}}$ und $\mathbb{E}$, deren Orbitprojektionen die Zahlenkugel $\widehat{\mathbb{C}}$ mit drei Verzweigungspunkten überlagern, heißen *Dreiecksgruppen*, da sie sich durch schachbrettartige Parkettierungen von $\mathbb{C}$, $\widehat{\mathbb{C}}$ bzw. $\mathbb{E}$ veranschaulichen lassen, deren Felder dreieckig sind, siehe 2.6.4, 4.2.7-8 bzw. 11.5. Wir beginnen mit einem Überblick über alle möglichen Dreiecksgruppen und schließen elementare Ergebnisse aus der Geometrie der Kreisverwandtschaften an, die benötigt werden, um die Parkettierungen von $\mathbb{E}$ zu konstruieren.

11.4.1 Definition. Eindeutigkeit und Existenz. Sei $Z \in \{\widehat{\mathbb{C}}, \mathbb{C}, \mathbb{E}\}$. Eine Untergruppe $G \subset \mathrm{Aut}(Z)$ heißt *Dreiecksgruppe*, wenn es eine holomorphe G-Orbitprojektion $\eta : Z \to \widehat{\mathbb{C}}$ gibt, deren Verzweigungsort aus drei Punkten besteht. Nach 4.3.4 sind Dreiecksgruppen diskontinuierlich. Man kann annehmen, daß η über $0, 1, \infty$ mit den Windungszahlen p, q, r verzweigt ist, wobei $2 \leq p \leq q \leq r$ gilt. Das Tripel (p, q, r) heißt *Typ* der Dreiecksgruppe. Es ist manchmal bequem, alle Tripel (q_1, q_2, q_3), die durch eine Permutation aus den festen Tripel (p, q, r) hervorgehen, als Typenbezeichnung derselben Dreiecksgruppe zuzulassen.

Existenz und Eindeutigkeit. *Jedes Tripel (p, q, r) ganzer Zahlen ≥ 2 ist der Typ einer Dreiecksgruppe G. Durch (p, q, r) ist die Fläche $Z \in \{\widehat{\mathbb{C}}, \mathbb{C}, \mathbb{E}\}$ eindeutig bestimmt, und die Gruppe G ist bis auf Konjugation in $\mathrm{Aut}(Z)$ eindeutig bestimmt.*

Beweis. Wegen des Riemannschen Abbildungssatzes entsprechen die Dreiecksgruppen vom Typ (p, q, r) umkehrbar eindeutig den universellen verzweigten Überlagerungen $\eta : Z \to \widehat{\mathbb{C}}$, deren Signaturen die Werte $S(0) = p$, $S(1) = q$, $S(\infty) = r$ *und* $S(z) = 1$ *für* $z \in \mathbb{C}^{\times \times}$ haben. Die Behauptung folgt daher aus der Existenz und Eindeutigkeit solcher Überlagerungen, siehe 4.8. □

Die Dreiecksgruppen $G < \mathrm{Aut}(\widehat{\mathbb{C}})$ sind die endlichen, nicht-zyklischen Untergruppen von $\mathrm{Aut}(\widehat{\mathbb{C}})$, welche in 4.2 klassifiziert wurden:

$G < \mathrm{Aut}(\widehat{\mathbb{C}})$	r-Dieder	Tetraeder	Oktaeder	Ikosaeder
Typ	$2, 2, r$	$2, 3, 3$	$2, 3, 4$	$2, 3, 5$

Die Dreiecksgruppen $G < \mathrm{Aut}(\mathbb{C})$ traten in 2.6 als Flächengruppen auf:

$G < \mathrm{Aut}(\mathbb{C})$	$F_3(\Omega)$	$F_4(\Omega)$	$F_6(\Omega)$
Typ	3,3,3	2,4,4	2,3,6

Durch diese Beispiele wird jedes Tripel (p,q,r) mit $p^{-1}+q^{-1}+r^{-1} > 1$ bzw. $= 1$ als Typ einer Dreiecksgruppe in $\mathrm{Aut}(\widehat{\mathbb{C}})$ bzw. $\mathrm{Aut}(\mathbb{C})$ erfaßt. Die entsprechenden Parkettierungen von $\widehat{\mathbb{C}}$ und $\mathbb{C}$, siehe 4.2.7-8 bzw. 2.6.4, erklären die Bezeichnung „Dreiecksgruppe". Nach der Klassifikation der diskontinuierlichen Automorphismengruppen von $\widehat{\mathbb{C}}$ und $\mathbb{C}$ in 4.2.3 und 2.6.3 kommen unter ihnen keine Dreiecksgruppen der Typen (p,q,r) mit $p^{-1}+q^{-1}+r^{-1} < 1$ vor. Letztere sind also Untergruppen von $\mathrm{Aut}(\mathbb{E})$. Die Konstruktion entsprechender Parkettierungen von $\mathbb{E}$ wird in den nächsten Abschnitten vorbereitet.

Beispiel. Die Modulgruppe G_n ist die Deckgruppe der Modulüberlagerung $\eta_n : X_n \to \widehat{\mathbb{C}}$, welche über $0, 1, \infty$ mit den Windungszahlen $3, 2, n$ verzweigt ist, siehe 5.7.1-2. Daher ist die universelle Liftung $\widehat{G}_n$ von G_n die Dreiecksgruppe vom Typ $(3, 2, n)$.

11.4.2 Drehungen. Die Abbildungen $\rho : \widehat{\mathbb{C}} \to \widehat{\mathbb{C}}, z \mapsto e^{i\alpha}$ mit $\alpha \in \mathbb{R}$ und alle zu ρ konjugierten Elemente $g\rho g^{-1}$ mit $g \in \mathrm{Aut}(\widehat{\mathbb{C}})$ heißen α-Drehungen. Sie haben zwei Fixpunkte $A \neq A'$ mit den Ableitungen $e^{\pm i\alpha}$. Eine Drehung gehört genau dann zur Untergruppe $\mathrm{Aut}(\mathbb{C})$, wenn ∞ ein Fixpunkt ist. Sie gehört zu $\mathrm{Aut}(\mathbb{H})$ bzw. $\mathrm{Aut}(\mathbb{E})$, wenn für ihre Fixpunkte $A' = \bar{A}$ bzw. $A' = 1/\bar{A}$ gilt. Für $Z \in \{\mathbb{C}, \mathbb{H}, \mathbb{E}\}$ hat jede Drehung ρ in $\mathrm{Aut}(Z)$ genau einen Fixpunkt $A \in Z$. Zu jedem Paar $(A, \omega) \in Z \times S^1$ gibt es genau eine Drehung $\rho \in \mathrm{Aut}(Z)$ mit $\rho'(A) = \omega$.

11.4.3 Kreisverwandtschaften. Wir fassen $\mathbb{C}$ als euklidische Ebene auf, fügen jeder Geraden $l \subset \mathbb{C}$ den Punkt ∞ zu und nennen $l \cup \{\infty\} \subset \widehat{\mathbb{C}}$ einen *Kreis durch* ∞. Diese Kreise zusammen mit den euklidischen Kreisen in $\mathbb{C}$ sind dann genau die Teilmengen $g(\mathbb{R} \cup \{\infty\})$ für $g \in \mathrm{Aut}(\widehat{\mathbb{C}})$.
Man erweitert die komplexe Konjugation $z \mapsto \bar{z}$ durch $\overline{\infty} = \infty$ zu einem Homöomorphismus $\widehat{\mathbb{C}} \to \widehat{\mathbb{C}}$. Die *erweiterte Automorphismengruppe* $\mathrm{Aut}^*(\widehat{\mathbb{C}})$ besteht aus $\mathrm{Aut}(\widehat{\mathbb{C}})$ und den *antiholomorphen Möbius-Transformationen* $z \mapsto g(\bar{z})$ mit $g \in \mathrm{Aut}(\widehat{\mathbb{C}})$. Sie enthält $\mathrm{Aut}(\widehat{\mathbb{C}})$ als Normalteiler vom Index zwei. Sämtliche Elemente von $\mathrm{Aut}^*(\widehat{\mathbb{C}})$ sind *Kreisverwandtschaften*, d.h. sie transformieren Kreise in Kreise.
Alle zu $\kappa(z) := \bar{z}$ konjugierten Elemente $\sigma = g^{-1} \circ \kappa \circ g$ mit $g \in \mathrm{Aut}^*(\widehat{\mathbb{C}})$ heißen *Spiegelungen*. Der *Spiegelkreis* $g(\mathbb{R} \cup \{\infty\})$ ist die Menge der Fixpunkte von σ. Jeder Kreis in $\widehat{\mathbb{C}}$ ist Spiegelkreis genau einer Spiegelung.

Satz (siehe die linke Figur 11.4.3). *Seien $A \neq A' \in \widehat{\mathbb{C}}$. Sämtliche Drehungen mit den Fixpunkten A, A' zusammen mit allen Spiegelungen an Kreisen durch A und A' bilden eine Untergruppe von $\mathrm{Aut}^*(\widehat{\mathbb{C}})$. Dabei ist das Produkt $\rho := \sigma_1 \circ \sigma_2$ der Spiegelungen an zwei Kreisen l_1 und l_2, welche sich bei A unter dem Winkel α schneiden, eine Drehung ρ mit $\rho'(A) = e^{2\alpha i}$.*

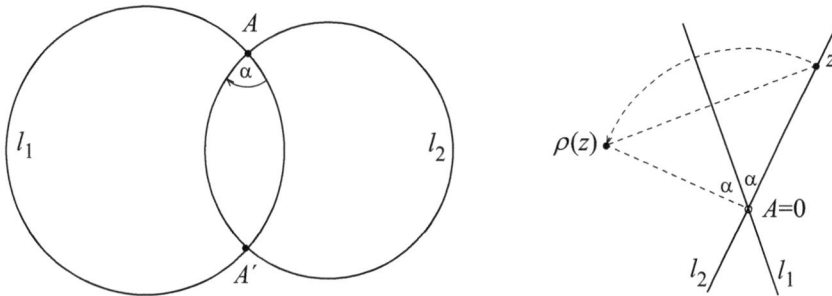

Fig. 11.4.3. Links: Zwei Spiegelkreise in $\widehat{\mathbb{C}}$. Das Produkt ρ der entsprechenden Spiegelungen ist eine 2α-Drehung mit den Fixpunkten A und A'. Die rechte Figur zeigt den euklidischen Spezialfall $A' = \infty$.

Beweis. Man kann $A = 0$, $A' = \infty$ annehmen. Dann sind die Kreise durch A und A' euklidische Geraden, und die Behauptung wird zu einem Ergebnis der elementaren Geometrie, siehe die rechte Figur 11.4.3. □

11.4.4 Euklidische und hyperbolische Automorphismen. Im folgenden sei $Z \in \{\mathbb{C}, \mathbb{H}, \mathbb{E}\}$. Die erweiterte Automorphismengruppe $\mathrm{Aut}^*(Z)$ besteht aus allen Elementen $g \in \mathrm{Aut}^*(\widehat{\mathbb{C}})$, für die $g(Z) = Z$ ist. Die Transformationen in $\mathrm{Aut}^*(Z) \setminus \mathrm{Aut}(Z)$ haben die Gestalt $g \circ \tau$. Dabei ist τ die Spiegelung an der imaginären Achse und $g \in \mathrm{Aut}(Z)$.
Die Elemente von $\mathrm{Aut}^*(\mathbb{C})$ transformieren euklidische Geraden in euklidische Geraden. Das entsprechende Ergebnis gilt für $\mathrm{Aut}^*(\mathbb{H})$ und $\mathrm{Aut}^*(\mathbb{E})$, wenn man die euklidischen durch hyperbolische Geraden ersetzt, die folgendermaßen definiert werden: Die Halbgeraden und Halbkreise in $\mathbb{H}$, welche auf der reellen Achse senkrecht stehen, heißen *hyperbolische Geraden in* $\mathbb{H}$, siehe die linke Figur 11.4.4. Die Durchmesser von $\mathbb{E}$ und die Kreisbögen in $\mathbb{E}$, welche auf dem Randkreis $\partial \mathbb{E}$ senkrecht stehen, heißen *hyperbolische Geraden in* $\mathbb{E}$, siehe die rechte Figur 11.4.4. Der Cayleysche Isomorphismus $\mathbb{H} \to \mathbb{E}$, $z \mapsto (z-i)/(z+i)$, vgl. 1.1.3, transformiert hyperbolische Geraden in hyperbolische Geraden. Eine Spiegelung gehört genau dann zu $\mathrm{Aut}^*(\mathbb{C})$ bzw. $\mathrm{Aut}^*(\mathbb{H}) \cong \mathrm{Aut}^*(\mathbb{E})$, wenn ihr Spiegelkreis eine euklidische bzw. eine hyperbolische Gerade ist.

Die hyperbolische Ebene $\mathbb{H} \cong \mathbb{E}$ läßt sich mit einer Metrik versehen, so daß $\mathrm{Aut}^*(\mathbb{H}) \cong \mathrm{Aut}^*(\mathbb{E})$ die Gruppe aller Isometrien ist.- Bis auf das Parallelenaxiom gelten alle Axiome der euklidischen Geometrie auch für die hyperbolische Geometrie. Durch jeden Punkt außerhalb einer hyperbolischen Geraden l lassen sich unendlich viele hyperbolische Geraden ziehen, die l nicht treffen. Die Winkelsumme im Dreieck ist $< \pi$. Zwei Dreiecke sind bereits dann isomorph, wenn ihre Innenwinkel übereinstimmen.

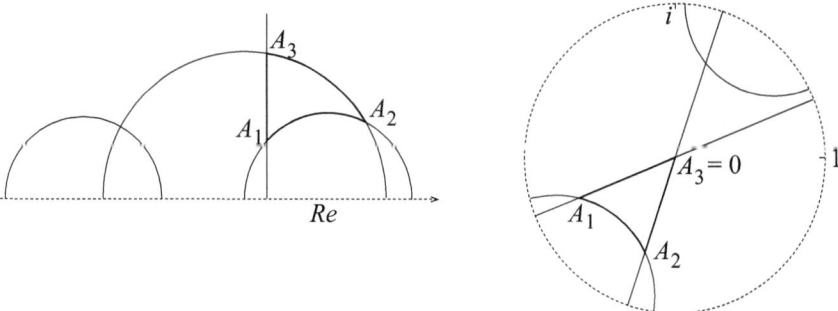

Fig. 11.4.4. Hyperbolische Geraden und je ein hyperbolisches Dreieck mit den Ecken A_1, A_2, A_3 in der Halbebene $\mathbb{H}$ (links) und im Einheitskreis $\mathbb{E}$ (rechts).

11.4.5 Hyperbolische Dreiecksgruppen. *Sei $\Delta \subset \mathbb{E}$ ein hyperbolisches Dreieck mit den Ecken A_1, A_2, A_3 und den Innenwinkeln α_ν bei A_ν. Sei σ_ν die Spiegelung an der Seite a_ν, die A_ν gegenüberliegt. Für drei hyperbolische Drehungen ρ_ν um A_ν sind folgende Aussagen äquivalent:*
(1) *ρ_ν hat den Drehwinkel $2\alpha_\nu$.*
(2) *Für jede zyklische Permutation (λ, μ, ν) von $(1,2,3)$ gilt $\rho_\nu = \sigma_\lambda \circ \sigma_\mu$.*
(3) *$\rho_1 \circ \rho_2 \circ \rho_3 = \mathrm{id}$.*

Beweis. (1) $\Rightarrow$ (2): Nach Satz 11.4.3 ist $\rho := \sigma_\lambda \circ \sigma_\mu$ wie ρ_ν eine hyperbolische Drehung mit dem Fixpunkt A_ν und der Ableitung $e^{2\alpha_\nu i}$. Wegen der Eindeutigkeit folgt $\rho = \rho_\nu$. – Aus (2) folgt (3) wegen $(\sigma_\nu)^2 = \mathrm{id}$. –
(3) $\Rightarrow$ (1): Nach Satz 11.4.3 sind $s_1 := \sigma_3 \rho_2$ und $s_2 := \rho_1 \sigma_3$ Spiegelungen an hyperbolischen Geraden k_1 durch A_2 bzw. k_2 durch A_1. Wegen $\rho_1 \rho_2 s_1 s_2 = s_2 \sigma_3 \sigma_3 s_1 s_1 s_2 = \mathrm{id} = \rho_1 \rho_2 \rho_3$ ist $s_1 s_2 = \rho_3$. Daher schneiden sich k_1 und k_2 in A_3. Somit liegen die Seiten a_1 auf k_1 und a_2 auf k_2. Es folgt $s_1 = \sigma_1$, $s_2 = \sigma_2$ und somit (1). □

Die Untergruppe $G^* < \mathrm{Aut}^*(\mathbb{E})$, welche die drei Spiegelungen σ_1, σ_2, σ_3 erzeugen, heißt *hyperbolische Dreiecksgruppe* zu Δ. Alle Elemente in G^*, die als Produkte einer *geraden* Anzahl der erzeugenden Spiegelungen darstellbar sind, bilden den Durchschnitt $G = G^* \cap \mathrm{Aut}(\mathbb{E})$. Er ist ein Normalteiler $G \triangleleft G^*$ vom Index zwei.

Im folgenden sollen die in 11.4.1 eingeführten Dreiecksgruppen $G < \mathrm{Aut}(\mathbb{E})$ durch die Wahl geeigneter Dreiecke $\Delta \subset \mathbb{E}$ zu hyperbolischen Dreiecksgruppen G^* erweitert werden.

11.4.6 Präsentation. *In jeder Dreiecksgruppe G vom Typ (q_1, q_2, q_3) gibt es drei Elemente ρ_ν mit Fixpunkten A_ν und Ableitungen $\rho'_\nu(A_\nu) = e^{2\pi i/q_\nu}$, so daß G von ρ_1, ρ_2, ρ_3 erzeugt wird und*
(1) $$\rho_1^{q_1} = \rho_2^{q_2} = \rho_3^{q_3} = \rho_1 \circ \rho_2 \circ \rho_3 = \mathrm{id}$$
die einzigen Relationen sind.

Beweis. Die G-Orbitprojektion $\eta: Z \to \widehat{\mathbb{C}}$ ist die universelle Überlagerung mit drei Verzweigungspunkten $b_\nu \in \{0, 1, \infty\}$ und der Verzweigungssignatur $S(b_\nu) = q_\nu$. In $\mathbb{C}^{\times\times} := \mathbb{C} \setminus \{0, 1\}$ gibt es einfache Schleifen v_ν um b_ν, so daß $\pi(\mathbb{C}^{\times\times})$ von $[v_1], [v_2]$ frei erzeugt wird und $[v_1] \cdot [v_2] \cdot [v_3] = 1$ gilt. Mit dem Poincaréschen Epimorphismus $P: \pi(\mathbb{C}^{\times\times}) \to G$ bilden wir die Elemente $\rho_\nu := P[v_\nu]$. Sie erzeugen G und erfüllen $\rho_1 \circ \rho_2 \circ \rho_3 = \mathrm{id}$. Nach 4.7.2 besitzt $\rho_\nu := P[v_\nu]$ einen Fixpunkt $A_\nu \in \varphi^{-1}(b_\nu)$ mit $\rho'_\nu(A_\nu) = e^{2\pi i/q_\nu}$. Aus der Beschreibung des Kernes von P in 4.8.2 folgt, daß die Relationen (1) die einzigen sind. □

11.4.7 Erweiterte Dreiecksgruppen. *Zu jeder Dreiecksgruppe G in* $\mathrm{Aut}(\mathbb{E})$ *vom Typ* (q_1, q_2, q_3) *gibt es ein hyperbolisches Dreieck* $\Delta \subset \mathbb{E}$ *mit den Innenwinkeln* $\pi/q_1, \pi/q_2, \pi/q_3$, *so daß* $G = G^* \cap \mathrm{Aut}(\mathbb{E})$ *für die hyperbolische Dreiecksgruppe G^* zu Δ gilt. Für die G-Orbitprojektion* $\eta: \mathbb{E} \to \widehat{\mathbb{C}}$, *welche über $0, 1$ und ∞ mit den Windungszahlen q_1, q_2 bzw. q_3 verzweigt, und die komplexe Konjugation κ gilt*

(1) $\qquad\qquad\kappa \circ \eta = \eta \circ g \quad \textit{für} \quad g \in G^* \setminus G.$

Wir nennen Δ ein *Fundamentaldreieck* und G^* die *Erweiterung* der Dreiecksgruppe G.

Beweis. Sei $\nu \in \{1, 2, 3\}$. Nach 11.4.6 gibt es drei paarweise verschiedene Punkte $A_\nu \in \mathbb{E}$, so daß G von den Drehungen ρ_ν um A_ν mit den Drehwinkeln $2\pi/q_\nu$ erzeugt wird und $\rho_1 \circ \rho_2 \circ \rho_3 = \mathrm{id}$ gilt. Wenn man 11.4.5 auf das hyperbolische Dreieck Δ mit den Ecken A_1, A_2, A_3 anwendet, folgt die erste Behauptung des Satzes.
Zu (1). Es genügt, $\kappa \circ \eta = \eta \circ g$ für die Spiegelungen $g = \sigma$ an den Seiten von Δ zu zeigen. Die Abbildung $\kappa \circ \eta \circ \sigma$ ist wie η eine holomorphe G-Orbitprojektion. Daher gibt es ein $\alpha \in \mathrm{Aut}(\widehat{\mathbb{C}})$ mit $\kappa \circ \eta \circ \sigma = \alpha \circ \eta$. An den Ecken A_1, A_2, A_3 haben $\kappa \circ \eta \circ \sigma$ und η dieselben Werte $0, 1, \infty$. Letztere sind also Fixpunkte von α, und somit ist $\alpha = \mathrm{id}$. □

11.5 Dreiecksparkettierungen

Zu jeder Dreiecksgruppe $G < \mathrm{Aut}(\mathbb{E})$ vom Typ (q_1, q_2, q_3) wird eine Parkettierung von $\mathbb{E}$ durch hyperbolische Dreiecke konstruiert, die den Parkettierungen der Ebene $\mathbb{C}$ und der Sphäre $\widehat{\mathbb{C}} \approx S^2$ durch euklidische bzw. sphärische Dreiecke entspricht, vgl. 2.6.4 und 4.2.7-8. Wir gehen von einem Fundamentaldreieck Δ aus und übernehmen aus 11.4.5-7 die Bezeichnungen a_ν, A_ν, σ_ν und ρ_ν für die Seiten, Ecken, Spiegelungen und Drehungen.

11.5.1 Der Stern. Im folgenden sei (λ, μ, ν) eine zyklische Permutation von $(1, 2, 3)$. Offenbar ist $\Delta \cap \sigma_\nu(\Delta) = a_\nu$. Die Standgruppe $G_\nu < G$ der Ecke A_ν wird von der (π/q_ν)-Drehung ρ_ν erzeugt. Die erweiterte Standgruppe

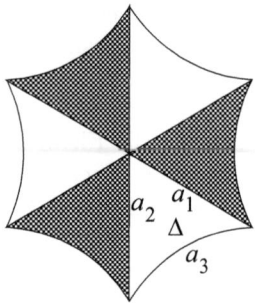

Fig. 11.5.1. Der Stern $S_3 = \cup_{g \in G_3^*} g(\Delta)$ mit dem Zentrum $A_3 = 0$ für $q_\nu = 3$. Die Dreiecke $g(\Delta)$ sind weiß für $g \in G_3$ und dunkel für $g \in G_3^* \setminus G_3$.

$G_\nu^* < G^*$ von A_ν enthält die Spiegelungen σ_λ, σ_μ mit $\sigma_\lambda \circ \sigma_\mu = \rho_\nu$. Da $G_\nu \triangleleft G_\nu^*$ ein Normalteiler vom Index zwei ist, wird G_ν^* von σ_λ und σ_μ erzeugt. Die Vereinigung

$$S_\nu := \cup_{g \in G_\nu^*} g(\Delta) \subset \mathbb{E}$$

heißt *Stern* mit dem Zentrum A_ν, siehe Figur 11.5.1. Er ist kompakt und hat den Rand $\partial S_\nu := S_\nu \setminus S_\nu^\circ = \cup_{g \in G_\nu^*} g(a_\nu)$. Ferner ist $A_\nu \in S_\nu^\circ$, und es gilt

$$\Delta \cap g(\Delta) = \{A_\nu\} \text{ für } g \in G_\nu^* \setminus \{\text{id}, \sigma_\lambda, \sigma_\mu\}.$$

11.5.2 Parkettierungssatz. *Jeder G^*-Orbit trifft das Fundamentaldreieck Δ in genau einem Punkt. Jeder Punkt $t \in \Delta^\circ$ hat die erweiterte Standgruppe $G_t^* = \{\text{id}\}$. Wenn $t \in a_\nu$ keine Ecke ist, gilt $G_t^* = \{\text{id}, \sigma_\nu\}$.*

Anschauliche Deutung: *Ganz $\mathbb{E}$ ist die Vereinigung aller Dreiecke $g(\Delta)$ für $g \in G^*$. Zwei verschiedene Dreiecke treffen sich längs einer gemeinsamen Seite oder in einer gemeinsamen Ecke oder gar nicht.*
Man färbe jedes Dreieck $g(\Delta)$ schwarz bzw. weiß, je nachdem ob $g \notin G$ oder $\in G$ ist. Dreiecke mit gemeinsamer Seite haben dann wie die Felder auf dem Schachbrett verschiedene Farben.

Beweis. Wir versehen G^* mit der diskreten Topologie und erzeugen auf $G^* \times \Delta$ durch $(g \circ \sigma_\nu, t) \sim (g, t)$ für $t \in a_\nu$ und $\nu = 1, 2, 3$ eine Äquivalenzrelation. Die Äquivalenzklasse $[g, t]$ von (g, t) besteht für $t \in \Delta^\circ$ aus (g, t) allein. Sie besteht aus (g, t) und $(g \circ \sigma_\nu, t)$, wenn $t \in a_\nu$ keine Ecke ist. Für $t = A_\nu$ ist $[g, A_\nu] = \{(g \circ \alpha, t) : \alpha \in G_\nu^*\}$.
Sei X die Menge der Äquivalenzklassen, versehen mit der Quotiententopologie bezüglich $G^* \times \Delta \to X$, $(g, t) \to [g, t]$. Durch $h[g, t] := [hg, t]$ operiert G^* auf X. Die Abbildung $\varphi : X \to \mathbb{E}$, $\varphi[g, t] := g(t)$, ist stetig und mit den G^*-Operationen verträglich. Jedes Dreieck $[g, \Delta] := \{[g, t] : t \in \Delta\}$ wird durch φ homöomorph auf $g(\Delta)$ abgebildet. Aus der Theorie unverzweigter Überlagerungen folgt sogar, daß $\varphi : X \to \mathbb{E}$ ein Homöomorphismus ist. Denn die in 3.2.4(3) genannten Voraussetzungen sind erfüllt:

(1) *X hängt wegweise zusammen.* (2) *η ist lokal topologisch.*
(3) *η ist unbegrenzt,* vergleiche 3.2.2.

Zu (1). Zu jedem $g \in G^*$ gibt es eine endliche Folge id $= g_0, .., g_k, .., g_n = g$ in G^* mit $g_k^{-1} g_{k+1} \in \{\sigma_1, \sigma_2, \sigma_3, \}$. Wegen $[\mathrm{id}, \Delta] \cap [\sigma_\nu, \Delta] \neq \emptyset$ ist $[g_0, \Delta], \ldots, [g_n, \Delta]$ eine zusammenhängende Kette von Dreiecken, d.h. der Durchschnitt von je zwei aufeinanderfolgenden Dreiecken ist nicht leer. Daher kann $[\mathrm{id}, A_1]$ mit jedem Punkt $[g, t]$ durch einen Weg verbunden werden.

Zu (2). Der *Stern* $\Sigma_\nu := \cup_{g \in G_\nu^*} [g, \Delta] \subset X$ wird durch φ homöomorph auf den Stern $S_\nu := \cup_{g \in G_\nu^*} g(\Delta) \subset \mathbb{E}$ abgebildet, siehe Figur 11.5.1. Jeder Punkt in X liegt im Innern eines Sternes $g(\Sigma_\nu)$ für $g \in G^*$ und $\nu \in \{1, 2, 3\}$. Daher ist φ lokal topologisch.

Zu (3). Jeder Weg $u : [0, 1) \to X$ ohne Endpunkt kann stetig nach 1 fortgesetzt werden, sobald dies für $\varphi \circ u$ gilt:
Denn $K := \{\varphi \circ u(s) : s \in [0, 1]\}$ und Δ sind kompakt. Wie G operiert auch G^* diskontinuierlich auf $\mathbb{E}$. Daher ist $M := \{g \in G^* : g(\Delta) \cap K \neq \emptyset\}$ endlich und $L := \cup_{g \in M} [g, \Delta]$ ist kompakt. Wegen $u(s) \in L$ für $0 \leq s < 1$ ist $\varphi \circ u(1) \in \varphi(L)$, d.h. $\varphi \circ u(1) = g(t)$ für ein $g \in M$ und ein $t \in \Delta$. Dann wird u durch den Wert $u(1) := [g, t]$ stetig fortgesetzt.

Da φ surjektiv ist, gibt es zu jedem $z \in \mathbb{E}$ ein Paar $(g, t) \in G^* \times \Delta$ mit $z = g(t)$, d.h. jeder G^*-Orbit trifft Δ. Der Treffpunkt ist eindeutig. Denn aus $t \in \Delta$ und $g(t) \in \Delta$ folgt wegen der Injektivität von φ, daß $[\mathrm{id}, g(t)] = [g, t]$, also $g(t) = t$ ist. Dieser Fall $g(t) = t \Leftrightarrow (g, t) \in [\mathrm{id}, t]$ zusammen mit der Beschreibung der Äquivalenzklassen ergibt die Standgruppen $G_t^* = \{\mathrm{id}\}$ für $t \in \Delta^\circ$ bzw. $G_t^* = \{\mathrm{id}, \sigma_\nu\}$, wenn $t \in a_\nu$ keine Ecke ist.

Aus den soweit bewiesenen Ergebnissen und der Beschreibung der Sterne S_ν im vorigen Abschnitt folgt die anschauliche Deutung der Parkettierung. □

11.5.3 Orbitprojektion und Fundamentalbereich. Die Ergebnisse aus 11.4.7 über die G-Orbitprojektion $\eta : \mathbb{E} \to \widehat{\mathbb{C}}$ werden ergänzt.

Satz. *Durch η wird Δ homöomorph auf $\mathbb{H} \cup \mathbb{R} \cup \{\infty\}$ abgebildet. Die Beschränkung $\eta : \Delta^\circ \to \mathbb{H}$ ist biholomorph. Längs des Randes $\partial \Delta$ sind die η-Werte reell und wachsen streng monoton von $\eta(A_3) = \infty = -\infty$ über $\eta(A_1) = 0$ und $\eta(A_2) = 1$ nach $\eta(A_3) = \infty = +\infty$.*

Beweis. Sei $t \in \Delta$. Aus der Beschreibung der Standgruppen G_t^* und der Gleichung $\kappa \circ \eta = \eta \circ g$ für $g \in G^* \setminus G$ folgt $t \in \partial \Delta \Leftrightarrow \eta(t) \in \mathbb{R} \cup \{\infty\}$. Wenn man Δ eventuell durch $\sigma_1(\Delta)$ ersetzt, ist $\eta(\Delta^\circ) \subset \mathbb{H}$. Es gilt sogar $\eta(\Delta^\circ) = \mathbb{H}$. Denn sei $t_0 \in \Delta^\circ$. Zu jedem $z \in \mathbb{H}$ gibt es in $\mathbb{H}$ einen Weg w von $\eta(t_0)$ nach z. Da die Überlagerung η über $\mathbb{H}$ unverzweigt ist, läßt sich w zu einem Weg v in $\mathbb{E}$ liften, der in t_0 beginnt. Er trifft den Rand $\partial \Delta$ nicht. Daher liegt sein Endpunkt in Δ° und hat den η-Wert z. Wie Δ ist das Bild $\eta(\Delta)$ kompakt und somit die abgeschlossene Hülle $\mathbb{H} \cup \mathbb{R} \cup \{\infty\}$ von $\mathbb{H}$ in $\widehat{\mathbb{C}}$. Die Beschränkung $\eta | \Delta$ ist injektiv, weil jeder G^*-Orbit das Dreieck Δ in *genau* einem Punkt trifft. Die Beschränkung $\eta : \Delta^\circ \to \mathbb{H}$ ist bijektiv und holomorph, also biholomorph. Wegen der bereits bekannten Werte $\eta(A_1) = 0$, $\eta(A_2) = 1$, $\eta(A_3) = \infty$ folgt die letzte Behauptung über die η-Werte längs $\partial \Delta$. □

Folgerung. *Für jede Spiegelung σ_ν ist das Doppeldreieck $\Delta \cup \sigma_\nu(\Delta)$ ein Fundamentalbereich der G-Operation.* □

Die Ergebnisse in 11.4.7 und 11.5.1-3 über hyperbolische Dreiecksgruppen und die zugehörigen Parkettierungen von $\mathbb{E}$ lassen sich wörtlich auf euklidische bzw. sphärische Dreiecksgruppen und die entsprechenden Parkettierungen von $\mathbb{C}$ bzw. $\widehat{\mathbb{C}} \approx S^2$ übertragen. Diese Parkettierungen wurden bereits in 2.6.4 bzw. 4.2.7-8 beschrieben.

11.5.4 Historisches. Die euklidischen und sphärischen Parkettierungen sind jahrtausende altes Kulturgut, vgl. 4.2.9. Eine hyperbolische Dreiecksparkettierung der Kreisscheibe wurde zum ersten Mal von H. A. Schwarz im Jahre 1871 angegeben, siehe [Sch] 2, S. 240. Sie hat den Typ (2,4,5). Der Ausgangspunkt seiner Überlegungen war die *hypergeometrische Differentialgleichung*

$$x(x-1)y'' + (\gamma - \alpha - \beta - 1)y' - \alpha\beta y = 0,$$

die Euler 1769 eingeführt und durch die *hypergeometrische Reihe*

$$y(x) = 1 + \frac{\alpha\beta}{\gamma}x + \frac{\alpha(\alpha+1)\beta(\beta+1)}{1\cdot 2\cdot \gamma\cdot(\gamma+1)}x^2 + \ldots$$

gelöst hatte. Diese Differentialgleichung war seither von Gauss, Riemann und vielen anderen Mathematikern studiert worden. Schwarz verknüpfte zwei linear unabhängige Lösungen y_1, y_2 mit den Matrizen $\begin{pmatrix}a & b\\ c & d\end{pmatrix} \in \mathrm{SL}(2,\mathbb{C})$ gebrochen linear zu $s = (ay_1 + by_2)/(cy_1 + dy_2)$ und gewann für s die *Schwarzsche Differentialgleichung*

$$\frac{s'''}{s'} - \frac{3}{2}\left(\frac{s''}{s'}\right)^2 = \frac{1-\lambda^2}{2x^2} + \frac{1-\mu^2}{2(1-x)^2} - \frac{\lambda^2 + \mu^2 - \nu^2 - 1}{2x(1-x)}$$

mit $\lambda^2 = (1-\gamma)^2, \mu^2 = (\gamma - \alpha - \beta)^2$ und $\nu^2 = (\alpha - \beta)^2$. Er zeigte, daß sie für reelle α, β, γ eine spezielle Lösung s besitzt, die $\mathbb{H}$ biholomorph auf das Innere eines Kreisbogen-Dreiecks Δ mit den Innenwinkeln $\lambda\pi, \mu\pi,, \nu\pi$ abbildet und zu einem Homöomorphismus $\mathbb{H} \cup \mathbb{R} \cup \infty \to \Delta$ fortgesetzt werden kann, der $0, 1, \infty$ auf die Ecken abbildet. Jeder Spiegelung an einer Seite von Δ entspricht eine analytische Fortsetzung von s in die untere Halbebene $-\mathbb{H}$. Durch iterierte Spiegelungen läßt sich jede analytische Fortsetzung und damit wieder eine Lösung der Schwarzschen Differentialgleichung erreichen. Schwarz bemerkte, daß die gesamte analytische Fortsetzung besonders übersichtlich wird, wenn die iterierten Spiegelbilder von Δ ein Gebiet $\Omega \subset \widehat{\mathbb{C}}$ parkettieren. Denn dann entsteht eine Funktion $\eta : \Omega \to \widehat{\mathbb{C}}$ mit dem Verzweigungsort $\{0, 1, \infty\}$, so daß die Fortsetzungen von s die lokalen η-Schnitte, d.h. die Umkehrfunktionen $\tilde{s}$ mit $\eta \circ \tilde{s} = \mathrm{id}$ sind. Er illustrierte diese Bemerkung durch die erwähnte Zeichnung einer (2,4,5)-Parkettierung von $\Omega = \mathbb{E}$.

Während Schwarz die Untersuchung hyperbolischer Parkettierungen nicht weiter verfolgte, begann F. Klein sein eigenes erfolgreiches Studium der sphärischen Parkettierungen mit ihren funktionentheoretischen und algebraischen Implikationen auf hyperbolische Parkettierungen auszudehnen. Wegen der Modulflächen interessierten ihn besonders die Typen $(3,2,n)$, die für alle $n \geq 7$ hyperbolisch sind. Dem einfachsten Fall $(3,2,7)$ widmete er eine ausführliche Abhandlung, die seine berühmte Darstellung der Modulfläche X_7 durch ein 14-Eck enthält, siehe dazu den folgenden Paragraphen 11.6.

Die Untersuchung der hypergeometrischen Differentialgleichung mit funktionentheoretischen Methoden wurde im Laufe des 19. Jahrhunderts auf lineare Differentialgleichungen

$$y^{(n)} + p_1 y^{(n-1)} + \ldots + p_n y = 0$$

ausgedehnt, deren Koeffizienten p_j rationale Funktionen sind. L. Fuchs, der wie Schwarz ein Schüler von Weierstraß war, versuchte durch Bedingungen an die Koeffizienten sicherzustellen, daß das Lösungsverhalten bei den Singularitäten ebenso einfach wie bei der hypergeometrischen Gleichung bleibt. Seine Arbeiten veranlaßten H. Poincaré, sich mit dem globalen Verhalten der Lösungen zu befassen, das er ähnlich wie Schwarz, aber zunächst ohne Kenntnis von dessen Arbeit mit Abbildungen auf Kreisbogenpolygone verband. Er bewies ein Theorem über die Parkettierung von $\mathbb{E}$ durch solche Polygone, siehe [Po] 2, p. 108-168, welches den Parkettierungssatz aus 11.5.2 verallgemeinert. Eine moderne Darstellung findet man in [Mask], vgl. auch [DR]. Wie Klein durch seine 14-Eck-Parkettierung kam auch Poincaré auf die Vermutung des Uniformisierungstheorems, welches jedoch erst 25 Jahre später mit anderen Methoden bewiesen wurde. Die Automorphismengruppen seiner Parkettierungen nannte Poincaré *Fuchssche Gruppen*. Er zeigte, wie man zu ihnen invariante Funktionen konstruieren kann. In der Korrespondenz zwischen Klein und ihm, die in der Einleitung des Kapitels erwähnt wurde, kam es über die Bezeichnung „Fuchssche Gruppen" zum Streit, da nach Kleins Meinung „Fuchs hier keine Verdienste hat". Poincaré blieb bei seiner Bezeichnung und beendete den Streit mit den Goethe-Zitat: „Name ist Schall und Rauch."

Für die ausführliche Geschichte aller hier erwähnten Ideen von Euler bis Poincaré wird [Gra] empfohlen. Für Parkettierungen durch Polygone mit mehr als drei Ecken und ihre Automorphismengruppen wird auf [Be] verwiesen. Ferner ist [Mag] wegen seiner zahlreichen Bilder empfehlenswert. Eine neuere Darstellung der Fuchsschen Gruppen findet man in [Ka].

11.6 Das Kleinsche 14-Eck

Zu F. Kleins schönsten Arbeiten gehört die 1878 veröffentlichte anschauliche Beschreibung der Modulfläche X_7 und ihrer 168 Automorphismen durch ein 14-Eck, das aus 2 mal 168 Dreiecken der Parkettierung von $\mathbb{E}$ zum Typ (3,2,7) zusammengesetzt ist, siehe [Klei 1], Bd. 3, S. 126 ff., und die daraus entnommene Figur 11.6.1. Wir folgen Kleins Gedankengang und begründen insbesondere seinen Sprung von der Dreiecksparkettierung des Typs (3,2,7) auf die Modulparkettierung der Figur 5.1.5, den Klein nicht erläuterte.

11.6.1 Die Parkettierung der Modulfläche. Sei $\eta_n : X_n \to \widehat{\mathbb{C}}$ die Modulüberlagerung, d.h. die Orbitprojektion der Modulgruppe G_n, vgl. 5.7.2. Durch Vorschalten der unverzweigten universellen Überlagerung ζ_n entsteht für $n \geq 7$ die Orbitprojektion

$$\eta : \mathbb{E} \xrightarrow{\zeta_n} X_n \xrightarrow{\eta_n} \widehat{\mathbb{C}}$$

einer Dreiecksgruppe $G < \mathrm{Aut}(\mathbb{E})$ vom Typ $(3,2,n)$. Zu ihr gehört eine Dreiecksparkettierung von $\mathbb{E}$. Im nächsten Abschnitt 11.6.2 wird gezeigt, wie man 2 mal $\sharp G_n$ viele Dreiecke dieser Parkettierung auswählen kann, so daß ihre Vereinigung K ein Fundamentalbereich der $\mathcal{D}(\zeta_n)$-Operation ist. Für $n=7$ mit $\sharp G_7=168$ zeigt Figur 11.6.1 diesen 14-eckigen Fundamentalbereich. Durch die angegebenen paarweisen Identifikationen der 14 Seiten entsteht die durch Dreiecke parkettierte Modulfläche X_7.

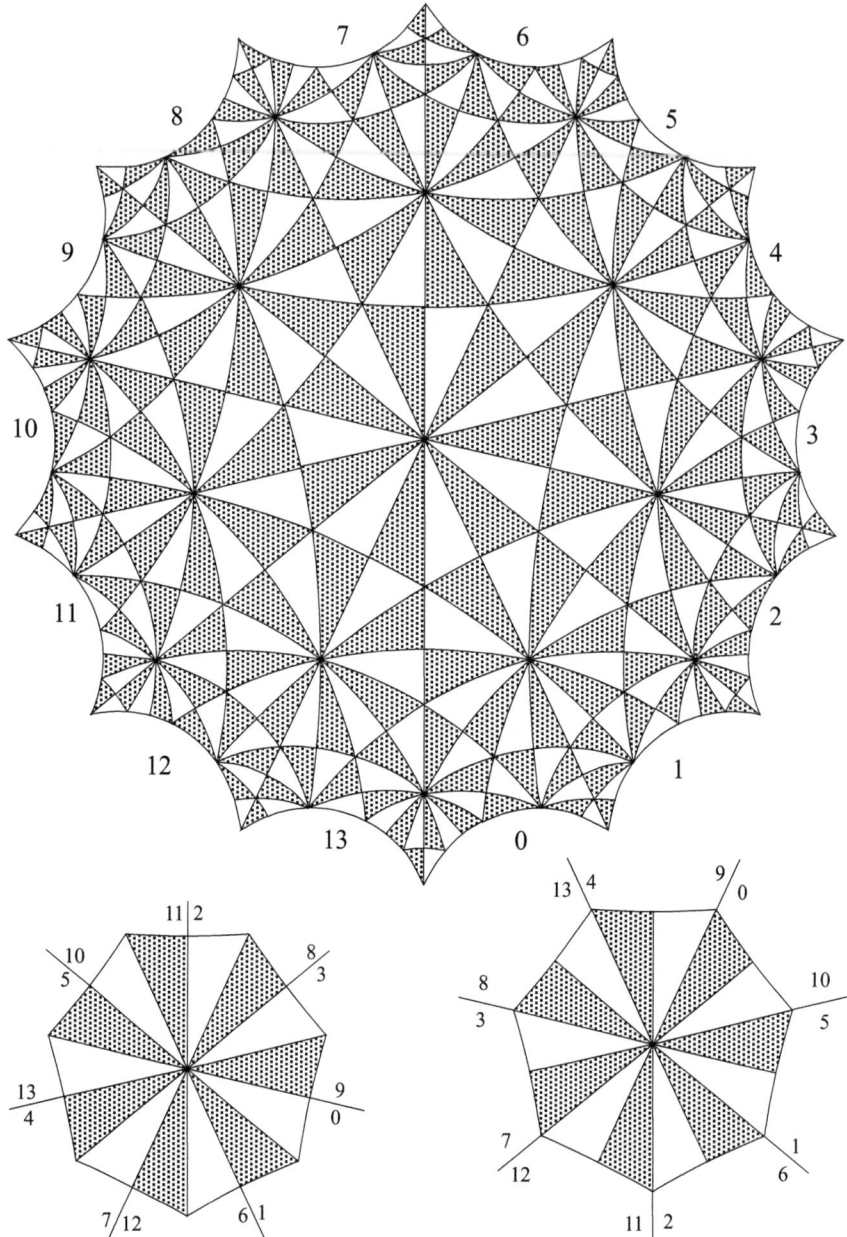

Fig. 11.6.1. Das Kleinsche 14-Eck ist Teil einer Dreiecksparkettierung des Typs (3,2,7) von $\mathbb{E}$. Durch richtungsumkehrende Identifikationen der Seiten 1 mit 6, 3 mit 8, 5 mit 10, 7 mit 12, 9 mit 0, 11 mit 2 und 13 mit 4 entsteht die Modulfläche X_7. Wenn man die 14 Ecken beim Durchlaufen des Randes abwechselnd mit 0 und 1 bezeichnet, werden alle 0-Ecken zu einem und alle 1-Ecken zu einem anderen Punkt der Modulfläche identifiziert. Die Figuren rechts und links unten zeigen, wie die identifizierten Seiten in den einen bzw. anderen Punkt der Modulfläche einmünden.

11.6.2 Fundamentalbereiche von Untergruppen.
Wir ergänzen die Abschnitte 11.4.7 und 11.5.2. Die Dreiecksgruppe $G < \mathrm{Aut}(\mathbb{E})$ wird nach Wahl eines Fundamentaldreiecks Δ zu G^* erweitert.

Lemma. *Sei $\zeta : \mathbb{E} \to X$ die Orbitprojektion einer Untergruppe $H < G$ vom Index n. Sei $M \subset G^*$ einen Teilmenge von $2n$ Elementen, und sei $K := \bigcup_{m \in M} m(\Delta)$. Aus $\zeta(K) = X$ folgt, daß K ein Fundamentalbereich der H-Operation ist.*

Beweis. Wir zeigen zunächst: *Für jedes $g \in G^*$ ist $M \cap Hg \neq \emptyset$.*
Sei $x \in \Delta^\circ$. Wegen $\zeta(K) = X$ gibt es ein Tripel $(x_1, m, h) \in \Delta \times M \times H$ mit $hm(x_1) = g(x)$. Dann ist $x = x_1$ und $g^{-1}hm \in G_x^* = \{\mathrm{id}\}$.
Da es genauso viele Restklassen wie Elemente in M gibt, enthält jede Klasse Hg genau ein $m \in M$. - Wegen $\overline{\Delta^\circ} = \Delta$ ist $\overline{K^\circ} = K$. Aus $\zeta(K) = X$ folgt: Jeder H-Orbit trifft K. Für die Behauptung des Lemmas bleibt zu zeigen: Für $(h, z) \in H \times K^\circ$ folgt aus $h(z) \in K$, daß $h(z) = z$ ist: Es gibt ein $(m, x) \in M \times \Delta$ mit $z = m(x)$. Wegen $z \in K^\circ$ ist $mG_x^* \subset M$. Aus $hm(x) \in K$ folgt $hm(x) = m_1(x_1)$ mit $(m_1, x_1) \in M \times \Delta$. Somit gilt $x = x_1$ und $m_1^{-1}hm \in G_x^*$. Dann ist $h^{-1}m_1 \in mG_x^* \subset M$, also $h = \mathrm{id}$. □

11.6.3 Die Dominanz der Modulparkettierung.
Nach 5.1.5 wird die erweiterte Modulgruppe Γ^* von drei Spiegelungen r_1, r_2, r_3 an den Seiten der halben Modulfigur D_- erzeugt. Aus der Präsentation der Modulgruppe Γ mit den Erzeugenden $R = r_3 r_2$ und $S = r_3 r_1$ gemäß 5.3.6 folgt die Präsentation von Γ^* durch die Erzeugenden r_1, r_2, r_3 mit den Relationen $r_1^2 = r_2^2 = r_3^2 = (r_3 r_1)^2 = (r_3 r_2)^3 = \mathrm{id}$. Wir betrachten andererseits eine erweiterte Dreiecksgruppe G^* vom Typ $(3, 2, n)$ mit $n \geq 7$. Sie wird von den Spiegelungen $\sigma_1, \sigma_2, \sigma_3$ an den Seiten eines Fundamentaldreiecks Δ erzeugt. Wegen $\sigma_1^2 = \sigma_2^2 = \sigma_3^2 = (\sigma_3 \sigma_1)^2 = (\sigma_3 \sigma_2)^3 = \mathrm{id}$ folgt aus dem Vergleich mit der Präsentation von Γ^*:

Es gibt genau einen Epimorphismus $h : \Gamma^* \to G^*$ mit $h(r_\nu) := \sigma_\nu$ für $\nu = 1, 2, 3$.

Um h durch Orbitprojektionen zu realisieren, betrachten wir wie in 5.7.1-2 die Kongruenzgruppe Γ_n und ihre Orbitprojektion $\lambda_n : \mathbb{H} \to X_n^*$ mit der Faktorisierung $J = \eta_n^* \circ \lambda_n : \mathbb{H} \to X_n^* \to \mathbb{C}$. Die normale Überlagerung η_n^* wird zur Modulüberlagerung $\eta_n : X_n \to \widehat{\mathbb{C}}$ fortgesetzt, die über $0, 1, \infty$ mit den Windungszahlen $3, 2, n$ verzweigt und sonst unverzweigt ist. Durch Vorschalten der universellen Überlagerung $\zeta_n : \mathbb{E} \to X_n$ entsteht die Orbitprojektion $\eta = \eta_n \circ \zeta_n : \mathbb{E} \to X_n \to \widehat{\mathbb{C}}$ einer Dreiecksgruppe G vom Typ $(3, 2, n)$.
Wir wählen Basispunkte $P_0 \in D_-^\circ$ und $Q_0 \in \mathbb{E}$ mit $\lambda_n(P_0) = \zeta_n(Q_0) \in X_n$. Dann liegt Q_0 im Inneren eines Fundamentaldreiecks Δ; denn $\eta(Q_0) = J(P_0)$ hat nach 5.3.5 einen Imaginärteil > 0. Wir entfernen aus $\mathbb{E}$ die Faser $\eta^{-1}(\infty)$, d.h. entfernen aus jedem Dreieck der $(3, 2, n)$-Parkettierung die Ecke mit dem Innenwinkel π/n. Die Beschränkung $\zeta_n^* : \mathbb{E}^* := \mathbb{E} \setminus \eta^{-1}(\infty) \to X_n^*$ von ζ_n wird durch die universelle Überlagerung $\lambda_n : \mathbb{H} \to X_n^*$ dominiert; beide haben dieselbe Verzweigungssignatur. Daher ist die *dominierende Abbildung* eine unverzweigte Überlagerung $\varphi : (\mathbb{H}, P_0) \to (\mathbb{E}^*, Q_0)$ mit $\lambda_n = \zeta_n^* \circ \varphi$.

Satz. *Durch φ wird D_- homöomorph auf $\Delta \setminus \{0\}$ abgebildet. Für alle $g \in \Gamma^*$ gilt $\varphi \circ g = h(g) \circ \varphi$.*

Beweis. Wir zeigen zunächst $\varphi(P) \in \Delta$ für alle $P \in D_-$: Es gibt einen Weg p in D_- von P_0 nach P, der den Rand ∂D_- höchstens im Endpunkt trifft. Dann ist $\eta \circ \varphi \circ p = J \circ p$ höchstens im Endpunkt reellwertig. Der Bildweg $\varphi \circ p$ beginnt in $Q_0 \in \Delta^\circ$ und trifft den Rand $\partial \Delta$ höchstens im Endpunkt. Daher liegt der ganze Weg $\varphi \circ p$ und insbesondere sein Endpunkt $\varphi(P)$ in Δ. Mit den Homöomorphismen $J : D_- \to \mathbb{H} \cup \mathbb{R}$ und $\eta : \Delta \setminus \{0\} \to \mathbb{H} \cup \mathbb{R}$, vgl. 5.3.5 und 11.5.3, folgt die erste Behauptung.

234 11. Uniformisierung. Dreiecksgruppen

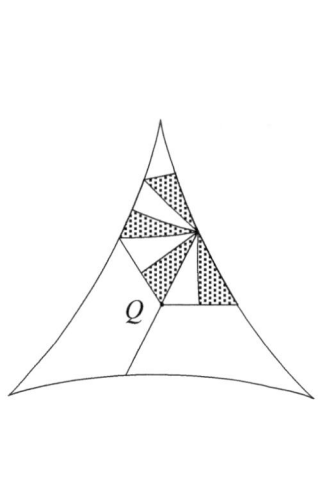 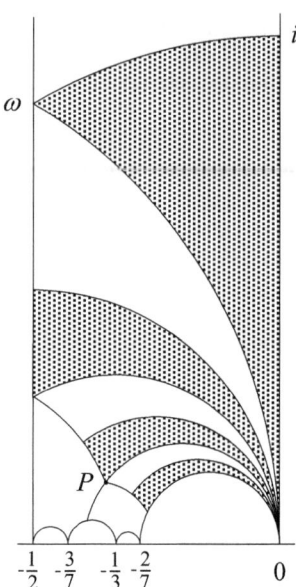

Fig. 11.6.4. Links: Ein Sektor Σ des Kleinschen 14-Ecks nach Verschiebung seines Zentrums Q in den Ursprung. Die Zusammensetzung aus 24 kleinen Dreiecken der Parkettierung ist nur in einem Drittel des dreifach drehsymmetrischen Sektors eingezeichnet. Rechts: Das entsprechende Aggregat (Σ', P) von Dreiecken der Modulparkettierung, welches durch φ auf (Σ, Q) abgebildet wird.

Es genügt, die zweite Behauptung für die drei Erzeugenden $g = r_\nu$, d.h. die Gleichungen $\sigma_\nu \circ \varphi \circ r_\nu = \varphi$ zu beweisen. Dabei kann man sich wegen des Identitätssatzes auf D_-° beschränken. Die Werte der linken und der rechten Seite liegen dann in Δ°. Weil $\eta | \Delta^\circ$ injektiv ist, genügt es, $\eta \circ \sigma_\nu \circ \varphi \circ r_\nu = \eta \circ \varphi$ zu zeigen. Das folgt aus $\eta \circ \sigma_\nu = \kappa \circ \eta$, $\eta \circ \varphi = J$ und $J \circ r_\nu = \kappa \circ J$. □

11.6.4 Analyse des 14-Ecks. Das Kleinsche 14-Eck K (Figur 11.6.1) ist aus 14 Sektoren zusammengesetzt, die im Ursprung zusammenstoßen. Jeder Sektor ist ein großes hyperbolisches Dreieck mit drei gleichen Innenwinkeln $\pi/7$, welches aus 24 kleinen Dreiecken der (3,2,7)-Parkettierung besteht. Aus dem Sektor Σ, der das Fundamentaldreieck Δ enthält, entstehen die anderen Sektoren durch fortlaufende Spiegelungen an Geraden durch 0. Die 24 Dreiecke von Σ verteilen sich auf 3 Vierecke, die durch Drehungen um das Zentrum Q von Σ auseinander hervorgehen. Wenn man Q, wie die linke Figur 11.6.4 zeigt, in den Ursprung verschiebt, fällt die dreifache Drehsymmetrie sofort ins Auge. Die Zusammensetzung der drei Vierecke aus je acht Dreiecken der Parkettierung ist in der Figur nur in einem Viereck ausgeführt.

Klein benutzt die dreifache Drehsymmetrie von Σ mit dem Zentrum Q, um ein entsprechendes „Aggregat" Σ' von Moduldreiecken zu zeichnen, welches von der halben Modulfigur D_- anstelle von Δ ausgeht, siehe die rechte Figur 11.6.4. Das Drehzentrum von Σ' liegt bei $P := \omega/(-2\omega + 1)$ mit $\omega = \exp(2\pi i/3)$. Die beiden Drehungen um P sind $g(z) := (3z + 1)/(-7z - 2)$ und $g^2 = g^{-1}$. Durch sie erhält man aus den Spitzen 0 und ∞ die weiteren Spitzen $-\frac{2}{7}, -\frac{1}{3}, -\frac{3}{7}, -\frac{1}{2}$ von

Σ'. Die dominierende Abbildung φ bildet P auf Q und Σ' homöomorph auf $\Sigma^* := \Sigma \cap \mathbb{E}^*$ ab.

Um die Gewinnung der anderen Sektoren des 14-Ecks K aus Σ zu imitieren, vereinigt Klein Σ' mit dem Spiegelbild $r(\Sigma')$ an der imaginären Achse und legt 7 Exemplare nebeneinander, d.h. er bildet mit $T(z) = z + 1$ das große Aggregat

$$\Omega := \bigcup_{j=0}^{6} T^j(\Sigma' \cup r(\Sigma')) \quad \text{mit} \quad \varphi(\Omega) = K \cap \mathbb{E}^*.$$

Dann ist $\lambda_7(\Omega) = \zeta_7^* \circ \varphi(\Omega) = \zeta_7^*(K \cap \mathbb{E}^*)$, d.h. aus

(1) $\qquad \lambda_7(\Omega) = X_7^*$

folgt nach topologischem Abschluß $\zeta_7(K) = X_7$. Damit sind die Voraussetzungen des Lemmas in 11.6.2 für $H = \mathcal{D}(\zeta_7)$ und das 14-Eck K erfüllt, so daß Kleins Behauptung bewiesen ist:

Das 14-Eck ist ein Fundamentalbereich der $\mathcal{D}(\zeta_7)$-Operation auf $\mathbb{E}$.

Beweis zu (1). Wir zeigen, daß Ω von jedem Γ_7-Orbit getroffen wird und benutzen dazu eine bereits in 5.1.4 angewendete Idee: Auf dem Orbit nimmt Im z einen maximalen Wert an. Die Stelle z, an der dies passiert, kann man, ohne den maximalen Wert zu ändern, durch $T^{7n} \in \Gamma_7$ so verschieben, daß $-\frac{1}{2} \leq \mathrm{Re}\, z \leq 6 + \frac{1}{2}$ ist. Dann ist $z \in \Omega$, oder z liegt in einem der 56 offenen Halbkreise, deren Zentren und Radien in der folgenden Tabelle angegeben sind, $j = 0, \ldots, 6$.

Zentrum	$j \pm \frac{1}{7}$	$j \pm \frac{13}{42}$	$j \pm \frac{8}{21}$	$j \pm \frac{13}{28}$
Radius	$\frac{1}{7}$	$\frac{1}{42}$	$\frac{1}{21}$	$\frac{1}{28}$

Aber die Lage von z in einem der Halbkreise widerspricht der Maximalität von Im z. Wir zeigen dies am Beispiel des Halbkreises mit dem Zentrum $\frac{13}{42}$ und dem Radius $\frac{1}{42}$: Aus $|z - \frac{13}{42}| < \frac{1}{42}$ folgt $|42z - 13| < 1$. Es gibt ganze Zahlen a, b, so daß die Matrix

$$U = \begin{pmatrix} 7a + 1 & 7b \\ 42 & -13 \end{pmatrix}$$

ein Element in Γ_7 bestimmt. Denn die einzige Bedingung $\det U = 1$ ist äquivalent zu $13a + 42b = -2$. Da 13 und 42 teilerfremd sind, gibt es eine ganzzahliges Lösungspaar (a, b), z.B. $(16, -5)$. Im Widerspruch zur Maximalität folgt

$$\mathrm{Im}\, U(z) = \frac{\mathrm{Im}\, z}{|42z - 13|} > \mathrm{Im}\, z.$$

Für die anderen Halbkreise der zweiten Spalte der Tabelle ersetzt man U durch $T^j U T^{-j}$ beim Zentrum $j + \frac{13}{42}$ bzw. $T^j r U r T^{-j}$ beim Zentrum $j - \frac{13}{42}$. Dabei ist r die Spiegelung an der imaginären Achse.

11.6.5 Paarweise Zuordnung der 14 Seiten. Wir kompaktifizieren das große Aggregat Ω durch Hinzufügen aller seiner Spitzen zu $\hat{\Omega} \subset \widehat{\mathbb{C}}$ und setzen $\varphi|\Omega$ stetig in die Spitzen fort. Dann ist $\varphi(\hat{\Omega}) = K$ das 14-Eck ohne Löcher. Der Rand von $\hat{\Omega}$ besteht aus den Halbkreisbögen

k_j von $j + \frac{2}{7}$ nach $j + \frac{1}{3}$, l_j von $j + \frac{1}{3}$ nach $j + \frac{3}{7}$,

k_j' von $j - \frac{2}{7}$ nach $j - \frac{1}{3}$, l_j' von $j - \frac{1}{3}$ nach $j - \frac{3}{7}$

für $j = 0, \ldots, 6$ und weiteren Bögen und Strecken, die nicht mehr interessieren, weil sie durch φ ins Innere von K gelangen. Die Seite mit der Nummer $2j + 1$ bzw. $2j$ in der Figur 11.6.1 ist das φ-Bild von $k_j \cup l_j$ bzw. $k_j' \cup l_j'$.

Die beiden Transformationen

$$U := \begin{pmatrix} 113 & -35 \\ 42 & -13 \end{pmatrix} \quad \text{und} \quad V := \begin{pmatrix} -55 & 21 \\ -21 & 8 \end{pmatrix}$$

gehören zu Γ_7. Für sie gilt
$$U(\tfrac{2}{7}) = 3 - \tfrac{2}{7}\,,\ U(\tfrac{1}{3}) = 3 - \tfrac{1}{3} = V(\tfrac{1}{3})\,,\ V(\tfrac{3}{7}) = 3 - \tfrac{3}{7}\,;\ UV^{-1} \in \mathcal{D}(\varphi)\,.$$
Daher bildet U den Bogen k_0 auf k'_3 und V den Bogen l_0 auf l'_3 jeweils richtungsumkehrend ab. Wenn man dieses Ergebnis mit φ auf das 14-Eck überträgt, folgt: Die Seite 1 wird durch $h(U) = h(V) \in \mathcal{D}(\zeta_7)$ richtungsumkehrend auf die Seite 6 abgebildet. Dementsprechend werden diese beiden Seiten bei der Abbildung $\zeta_7 : K \to X_7$ identifiziert.
Analog zeigt man mit $U_j := T^j U T^{-j}$ und $V_j := T^j V T^{-j}$ die Identifikation der Seite $2j + 1$ mit der Seite $2j + 6$ mod 14 und bestätigt dadurch die Angaben in der Legende der Figur 11.6.1.
Durch die Seitenidentifikationen entstehen aus den vierzehn Ecken von K zwei Punkte, so daß das ζ_7-Bild jeder Seite den einen mit dem anderen verbindet. □

11.7 Aufgaben

1) Sei X eine zusammenhängende Fläche. Zeige:
   (i) Jede holomorphe Abbildung von X in eine hyperbolische Fläche ist konstant, wenn X nicht-hyperbolisch ist.
   (ii) Jede injektive holomorphe Abbildung $f : \mathbb{C} \to X$ ist ein Isomorphismus; oder X ist zu $\widehat{\mathbb{C}}$ isomorph, und $X \setminus f(\mathbb{C})$ besteht aus einem Punkt.
   (iii) Wenn es eine nicht-konstante holomorphe Abbildung $\widehat{\mathbb{C}} \to X$ gibt, ist X zur Zahlenkugel isomorph (Satz von Lüroth, vgl. 7.2.2(2)).

2) Finde in der Fundamentalgruppe einer Fläche die Elemente endlicher Ordnung.

3) Welche Elemente in der Deckgruppe $\mathcal{D}(\lambda)$ der λ-Funktion sind parabolisch bzw. hyperbolisch?

4) Zeige: Die einzigen zusammenhängenden Riemannschen Flächen, welche nicht durch Ring-Gebiete unverzweigt überlagert werden können, sind die Ausnahmeflächen, welche keine Ring-Gebiete sind.

5) Zeige, daß jedes Ring-Gebiet zu $A_r := \{z \in \mathbb{C} : r^{-1} < |z| < r\}$ mit $r > 1$ isomorph ist. Wann sind zwei Ring-Gebiete dieser Gestalt zueinander isomorph? Bestimme $\mathrm{Aut}(A_r)$ und alle nicht-trivialen Standgruppen.

6) Zeige für Untergruppen $G < \mathrm{Aut}(\mathbb{C})$ bzw. $< \mathrm{Aut}(\widehat{\mathbb{C}})$: Wenn mindestens zwei bzw. drei Punkte auf lokal endlichen Bahnen liegen, ist G diskontinuierlich.

7) Der Gaußsche Zahlenring $\mathbb{Z}[i] := \{\alpha + \beta i : \alpha, \beta \in \mathbb{Z}\}$ ist ein euklidischer Unterring von $\mathbb{C}$. Zeige: $\mathrm{SL}_2(\mathbb{Z}[i]) < \mathrm{SL}_2(\mathbb{C})$ ist diskret. Der Quotientenkörper K von $\mathbb{Z}[i]$ liegt dicht in $\mathbb{C}$. Wenn $b, d \in \mathbb{Z}[i]$ teilerfremd sind, gibt es Zahlen $a, c \in \mathbb{Z}[i]$, so daß $\left(\begin{smallmatrix} a & b \\ c & d \end{smallmatrix}\right) \in \mathrm{SL}_2(\mathbb{Z}[i])$ ist. Es gibt kein Gebiet in $\widehat{\mathbb{C}}$, auf dem $\mathrm{SL}_2(\mathbb{Z}[i])$ diskontinuierlich operiert.– Dieses Beispiel wurde 1884 von Picard angegeben.

8) Zeige: Eine Möbius-Transformation $z \to (az+b)/(cz+d)$ mit $ad - bc = 1$ ist genau dann eine Drehung $\neq$ id, wenn die Spur $a + d$ reell und ihr Betrag $|a + d| < 2$ ist. Welche Beziehung besteht zwischen dem Drehwinkel und der Spur?

9) Wenn eine Spiegelung von $\mathbb{E}$ zur erweiterten Dreiecksgruppe vom Typ (3,2,7) gehört, heißt ihre Spiegelgerade Symmetrielinie der entsprechenden Dreiecksparkettierung. Die Bilder dieser Symmetrielinien bei der universellen Überlagerung $\zeta_7 : \mathbb{E} \to X_7$ heißen (Symmetrie-)Achsen der Modulfläche X_7. Man begründe anhand des 14-Ecks (Fig. 11.6.1) und der Resultate über G_7 (Aufgabe 5.8.9) folgende von Klein in [Klei 1], Bd. 3, S. 129 f. angegebenen Ergebnisse. Dabei wird jeder Punkt $P \in X_7$ mit der Ordnung seiner Standgruppe $(G_7)_P < G_7 = \mathrm{Aut}(X_7)$ versehen:
Der Wert $\eta_7(P)$ der Modulprojektion $\eta_7 : X_7 \to \widehat{\mathbb{C}}$ ist genau dann reell oder ∞, wenn P auf einer Achse liegt.– Die Gruppe G_7 operiert transitiv auf der Menge aller Achsen.– Die Mittelsenkrechte des 14-Ecks zusammen mit der Seite 2 in der Figur 11.6.1 repräsentiert eine Achse von X_7.– Jede Achse enthält je 6 Punkte der Ordnungen 2, 3 und 7, siehe Fig. 11.7.9 .– Es gibt genau 28 Achsen.– Durch jeden Punkt der Ordnung 7 laufen 7 Achsen. Sie haben zwei weitere gemeinsame Punkte der Ordnung 7. Diese drei Punkte haben dieselbe Standgruppe. Durch je zwei Punkte der Ordnung 7 mit verschiedenen Standgruppen läuft genau eine Achse.– Durch jeden Punkt P der Ordnung 3 laufen 3 Achsen. Sie treffen sich in einem weiteren Punkt der Ordnung 3, der dieselbe Standgruppe wie P hat.– Die 6 Punkte der Ordnung 2 auf einer Achse a haben paarweise dieselbe Standgruppe. Jedes Paar liegt auf genau einer weiteren Achse. Die Isotropiegruppe $\{g \in G_7 : g(a) = a\}$ der Achse a ist die Permutationsgruppe $\mathcal{S}_3$ der drei weiteren Achsen. Letztere haben zwei gemeinsame Punkte der Ordnung 3 mit gleicher Standgruppe. Indem man sie der Achse a zuordnet, erhält man eine Bijektion von der Menge aller Achsen auf die Menge aller Untergruppen der Ordnung 3.

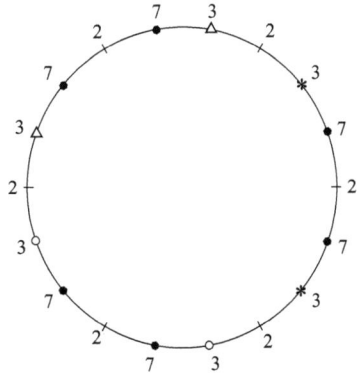

Fig. 11.7.9. Die Reihenfolge der Punkte der Ordnungen 2, 3 und 7 beim Durchlaufen einer Achse. Die Punkte mit gleicher Standgruppe treten bei der Ordnung 7 abwechselnd auf. Bei der Ordnung 3 sind sie mit $*$, $\triangle$ bzw. $\circ$ gleich markiert. Bei der Ordnung 2 liegen sie diametral zueinander. Die Elemente der Isotropiegruppe entsprechen den drei Spiegelungen an den Durchmessern durch Punkte der Ordnung 2 und den drei Drehungen um Vielfache von $120°$.

12. Polyederflächen

Um Integrale auf einer kompakten Fläche X zu untersuchen, zerschnitt Riemann X in ein einfach zusammenhängendes ebenes Flächenstück und gewann durch Integration längs der Schnitte *Periodenrelationen* der Differentialformen, die für ein tieferes Verständnis der Abelschen Integrale eine wichtige Rolle spielen.

Riemann ging davon aus, daß jede kompakte Fläche in einer kanonischen Weise zerschnitten werden kann. Für den genauen Beweis entwickeln wir kombinatorische Methoden der Flächentopologie. Aus der kanonischen Zerschneidung ergibt sich die *topologische Klassifikation* aller kompakten, zusammenhängenden Riemannschen Flächen durch ihr Geschlecht g. Es bestimmt die analytische Charakteristik $\chi = 2 - 2g$, und die Homologie $H_1(X)$ ist eine freie abelsche Gruppe vom Rang $2g$.

Das vorliegende Kapitel enthält alle notwendigen Begriffe und Ergebnisse aus der kombinatorischen Topologie im Normaldruck. Im Kleindruck abgesetzt sind die Beweise dieser Ergebnisse und einige historische Bemerkungen.

12.1 Flächenkomplexe

Die Zerschneidung Riemannscher Flächen in Polygone wird durch das umgekehrte Verfahren vorbereitet: Unter einen *Flächenkomplex* verstehen wir eine Menge von Polygonen zusammen mit einer Anleitung, wie man sie zu einer Fläche zusammenfügt.

12.1.1 Topologische Polygone. Wenn der Rand $\partial \mathbb{E}$ der abgeschlossenen Kreisscheibe $\overline{\mathbb{E}}$ durch $n \geq 2$ Punkte in n Bögen unterteilt wird, spricht man von einem *topologischen n-Eck*. Die Teilungspunkte heißen *Ecken*, und die Bögen heißen *Seiten*. Man durchläuft $\partial \mathbb{E}$ gegen den Uhrzeigersinn und legt dadurch eine Reihenfolge der Seiten bis auf zyklische Vertauschung fest. Außerdem bekommt jede Seite a dabei eine Richtung und je eine Ecke als Anfangs- bzw. Endpunkt zugeteilt. Wenn man die Eckenzahl nicht betonen will, sagt man *topologisches Polygon* statt n-Eck. Homöomorphe Bilder topologischer Polygone heißen ebenfalls topologische Polygone. Man schreibt $\partial A = a_1 a_2 \ldots a_n$, um auszudrücken, daß im Rande des topologischen n-Ecks A die Seiten $a_1, a_2, \ldots, a_n$ zyklisch aufeinander folgen, siehe Figur 12.1.1.

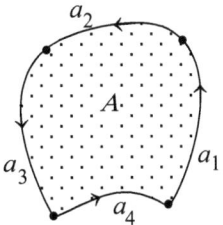

Fig. 12.1.1. Ein topologisches Viereck A mit dem Rand $\partial A = a_1 a_2 a_3 a_4$.

12.1.2 Flächenkomplexe. Wir bilden zu jeder Menge M die *Menge der orientierten Objekte* $M \times \mu_2$ mit der Involution $(a,\varepsilon) \mapsto (a,\varepsilon)^- := (a,-\varepsilon)$ für $a \in M$ und $\varepsilon = \pm 1$. Wir identifizieren $a \in M$ mit $(a,1) \in M \times \mu_2$. Dann ist $a^- = (a,-1)$.

Ein *Flächenkomplex* $K = (K_0, K_1, K_2, \partial, \text{st})$ besteht aus drei endlichen Mengen K_j und zwei Operatoren ∂ (*Rand*) und st (*Stern*). Die Elemente von K_0, K_1 bzw. K_2 heißen *Ecken*, *Kanten*, bzw. *Polygone*. Die orientierten Kanten, d.h. die Elemente von $K_1 \times \mu_2$, heißen *Seiten*. Der *Randoperator* ∂ ordnet jedem Polygon A eine zyklische, d.h. eine endliche, bis auf zyklische Vertauschung eindeutig bestimmte Folge $\partial A = a_1 \ldots a_n$ von Seiten zu. Analog ordnet der *Sternoperator* st jeder Ecke α eine zyklische Folge $\text{st}\,\alpha = (b_1, \ldots, b_m)$ von Seiten zu. Dabei gelten die *Axiome* :

(1) *Jeder Rand besteht aus mindestens zwei Seiten.*
(2) *Jeder Stern besteht aus mindestens einer Seite.*
(3) *Jede Seite kommt genau einmal in einem Rand vor.*
(4) *Jede Seite kommt genau einmal in einem Stern vor.*
(5) *Für jedes Seitenpaar (a,b) gilt:*
    $\exists\, \alpha \in K_0$ mit $\text{st}\,\alpha = (a,b,\ldots) \Leftrightarrow \exists\, A \in K_2$ mit $\partial A = b^- a \ldots\,.$

Das Polygon A wird n-*Eck* genannt, wenn sein Rand ∂A aus n Seiten besteht. Wenn die Seite a im Stern der Ecke α vorkommt, heißt α *Anfangspunkt* von a. Die Anzahl der Seiten in $\text{st}\,\alpha$ heißt *Ordnung* $o(\alpha)$ von α. Wir nennen
$$e(K) := \sharp K_0 - \sharp K_1 + \sharp K_2$$
die *Euler-Poincarésche Charakteristik* von K.

Satz. *Jeder Flächenkomplex ist durch sein Datum (K_1, K_2, ∂) eindeutig bestimmt. Letzteres kann unter Beachtung der Axiome (1) und (3) beliebig vorgegeben werden.*

Beweis. Man definiert durch (5), wann eine zyklische Folge von Seiten *Stern* genannt wird. Dann gelten (2) und (4). Man definiert sodann K_0 als Menge der Sterne. □

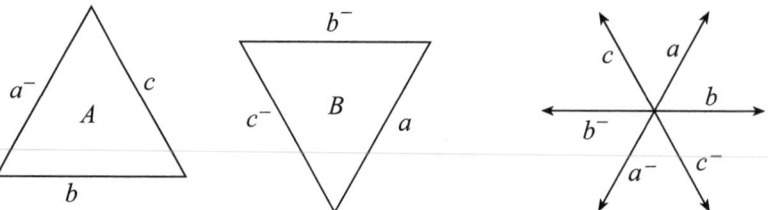

Fig. 12.1.2. Ein Flächenkomplex mit einer Ecke, drei Kanten und zwei Polygonen. Das rechte Bild zeigt den Stern der einzigen Ecke.

Beispiel, siehe Figur 12.1.2: $K_0 = \{\alpha\}$, $K_1 = \{a,b,c\}$, $K_2 = \{A,B\}$ mit $\partial A = a^-bc$, $\partial B = ab^-c^-$; st $\alpha = (b,a,c,b^-,a^-,c^-)$. Beide Polygone sind Dreiecke. Die Ecke hat die Ordnung $o(\alpha) = 6$. Der Komplex hat die Charakteristik $e(K) = 1 - 3 + 2 = 0$.

12.1.3 Realisierung. Der Flächenkomplex K ist eine kombinatorische Vorschrift, um topologische Polygone zu einer Polyederfläche zusammenzusetzen. Dazu wählen wir zu jedem n-Eck $A \in K_2$ ein topologisches n-Eck A^*. Gemäß dem Rand $\partial A = a_1 \ldots a_n$ ordnen wir jeder Seite a_j unter Wahrung der Reihenfolge eine Seite a_j^* von A^* zu. Zu jeder Kante $a \in K_1$ wählen wir als *Kantenheftung* einen Homöomorphismus $h_a : a^* := (a^+)^* \to (a^-)^*$, der die Richtung umkehrt. Wir bilden sodann die disjunkte Vereinigung $K^* = \biguplus A^*$ über alle $A \in K_2$ und identifizieren für jede Kante a den Punkt $x \in a^*$ mit $h_a(x) \in (a^-)^*$. Der Identifikationsraum wird mit $|K|$ und die Projektion mit $\rho : K^* \to |K|$, $\rho(t) = |t,A|$ für $t \in A^*$ und $A \in K_2$, bezeichnet. Wir nennen $|K|$ eine *Polyederfläche* und ρ eine *Realisierung* von K, siehe Figur 12.1.3.

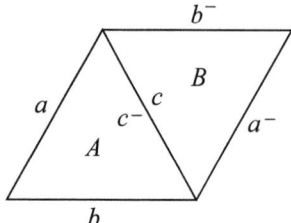

Fig. 12.1.3. Im Flächenkomplex der Figur 12.1.2 wird c mit c^- identifiziert. (Anschließend werden a mit a^- und b mit b^- identifiziert, so daß wie in Figur 2.3.1 b ein Torus entsteht.)

Lemma. *Die Polyederfläche $|K|$ ist durch den Komplex K bis auf Homöomorphie eindeutig bestimmt.*

Man beachte im folgenden *Beweis* die Unterscheidung zwischen $*$ und $\star$. Seien (K^*, ρ) und $(K^\star, \sigma)$ zwei Realisierungen mit den Kantenheftungen h_a bzw. k_a. Für jede Kante a wird ein richtungstreuer Homöomorphismus $f_a : a^* \to a^\star$ gewählt. Man definiert $f_a^- = k_a f_a h_a^{-1} : (a^-)^* \to (a^-)^\star$. Die f_a und f_a^- setzen sich für jedes Polygon A zu einem Homöomorphismus $\partial A^* \to \partial A^\star$ der Ränder zusammen. Dieser wird zu einem Homöomorphismus $f_A : A^* \to A^\star$ der topologischen Polygone erweitert. Dadurch erhält man einen Homöomorphismus $f: K^* \to K^*$, welcher mit den Kantenheftungen h_a, k_a verträglich ist und folglich einen Homöomorphismus der Polyederflächen induziert. □

Nach Wahl einer Realisierung $\rho: K^* \to |K|$ bezeichnen wir die topologischen Polygone und ihrer Seiten kurz mit A und a_j statt A^* und a_j^*.
Die Eckenmenge K_0 wird mit einer Teilmenge von $|K|$ identifiziert, also $K_0 \subset |K|$: Sei a eine Seite von $A \in K_2$ mit dem Anfangspunkt $\alpha \in K_0$. Als Seite des topologischen Polygons A beginnt a in einer Ecke Q von A. Man identifiziert $\alpha \in K_0$ mit $\rho(Q) \in |K|$. Wegen Axiom (5) in 12.1.2 hängt $\rho(Q)$ nicht von der Wahl der Seite a ab.
Für jede ρ-Faser gibt es drei Möglichkeiten:
(1) Sie besteht aus genau einem *inneren* Punkt eines Polygons A.
(2) Sie besteht aus dem *inneren* Punkt x einer Polygonseite a und dem entsprechenden Punkt $h_a(x) \in a^-$.
(3) Sie besteht aus endlich vielen Polygonecken.

Satz. *Die Polyederfläche $|K|$ ist ein kompakter Hausdorffraum.*

Beweis. Die Realisierung $\rho: K^* \to |K|$ ist eine abgeschlossene Abbildung. Denn für jede abgeschlossene Menge $M \subset K^*$ ist
$$\rho^{-1}\big(\rho(M)\big) = M \cup \bigcup_{a \in K_1} h_a(M \cap a) \cup E \quad mit \quad E \subset K_0.$$
abgeschlossen in K^*, also auch $\rho(M)$ abgeschlossen in $|K|$.
Nun seien x, y zwei verschiedene Punkte in $|K|$. Weil ρ endliche Fasern hat und K^* hausdorffsch ist, gibt es disjunkte Umgebungen U von $\rho^{-1}(x)$ und V von $\rho^{-1}(y)$. Da ρ abgeschlossen ist, gibt es Umgebungen U' von x und V' von y mit $\rho^{-1}(U') \subset U$ und $\rho^{-1}(V') \subset V$. Daraus folgt $U' \cap V' = \emptyset$.
Die Fläche $|K| = \rho(K^*)$ ist kompakt, weil K^* eine endliche Vereinigung kompakter Polygone ist. □

12.1.4 Brezelflächen. Bei Flächenkomplexen mit einem einzigen Polygon A genügt es wegen Satz 12.1.2, den Rand ∂A anzugeben. In diesem Sinne sind folgende *kanonische Komplexe T_g vom Geschlecht g* zu verstehen.
$$T_0 \; : \; aa^-$$
$$T_g \; : \; a_1 b_1 a_1^- b_1^- \ldots a_g b_g a_g^- b_g^- \quad \text{für } g = 1, 2, \ldots \, .$$
Bei T_0 gibt es zwei und sonst nur einen Ecke. Die Charakteristik lautet
(1) $$e(T_g) = 2 - 2g \, .$$
Um die Polyederfläche $|T_0|$ konkret anzugeben, nehmen wir als topologisches Polygon A die kompakte Scheibe $\overline{\mathbb{E}}$, deren Rand durch die beiden Ecken ± 1 in zwei Seiten a und a^- unterteilt wird. Als Kantenheftung dient die komplexe Konjugation. Dann ist $|T_0|$ zu $\widehat{\mathbb{C}}$ homöomorph.
Um T_g für $g \geq 1$ zu realisieren, nehmen wir als topologisches Polygon A ein regelmäßiges $4g$-Eck. Als Kantenheftungen dienen Isometrien, siehe Figur 2.3.1 b für $g = 1$ (Torus) und Figur 12.1.4 für $g = 2$. Die Polyederfläche $|T_g|$ heißt *Brezelfläche vom Geschlecht g*.

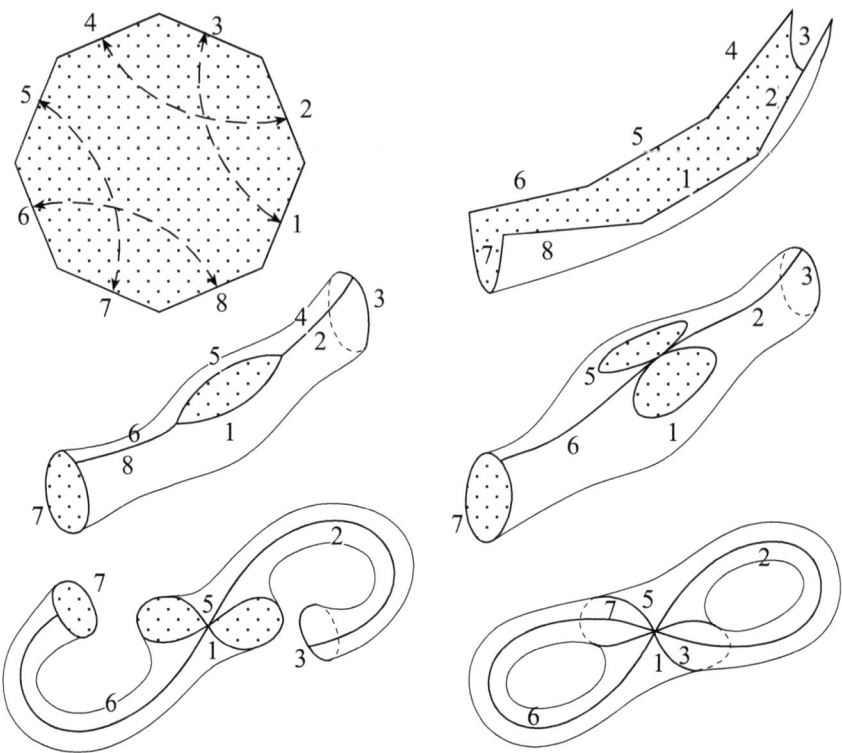

Fig. 12.1.4. Herstellung der Brezelfläche vom Geschlecht 2 aus einem Achteck mit numerierten Seiten. Zu verheftende Seiten sind durch gebogene Doppelpfeile verbunden. Um die Notation des Textes auf die Figur zu übertragen, muß man die Seitennummern 1, 2, ..., 8 durch $a_1, b_1, \ldots, b_2^-$ ersetzen. (Entsprechendes gilt für Figur 2.3.1 b.)

Ein Flächenkomplex K heißt *zusammenhängend*, wenn die Polyederfläche $|K|$ zusammenhängt. Das ist genau dann der Fall, wenn sich K nicht als disjunkte Vereinigung von zwei nicht-leeren Flächenkomplexen darstellen läßt.

12.1.5 Klassifikationstheorem. *Zu jedem zusammenhängenden Flächenkomplex K gibt es einen kanonischen Flächenkomplex T_g mit gleicher Charakteristik wie K, so daß $|K|$ und $|T_g|$ homöomorph sind.*

Der Beweis folgt im nächsten Paragraphen. Wegen $e(K) = e(T_g) = 2 - 2g$ ist das *Geschlecht* g durch K eindeutig bestimmt. Es nimmt alle ganzen Zahlen ≥ 0 als Werte an. Das Klassifikationstheorem wird in 12.3 durch die Berechnung der Fundamentalgruppe $\pi(|T_g|)$ und Homologie $H_1(|T_g|)$ ergänzt.

12.2 Kombinatorische Klassifikation

Die kombinatorische Äquivalenz von Flächenkomplexen K wird durch Teilen von Kanten und Polygonen erklärt. Dabei ändert sich die Charakteristik nicht, und die Polyederflächen $|K|$ bleiben homöomorph. Jeder zusammenhängende Flächenkomplex ist zu einem kanonischen Komplex T_g kombinatorisch äquivalent.

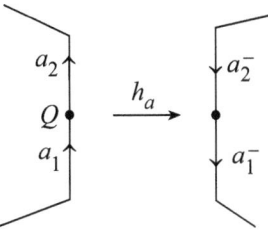

Fig. 12.2.1. Die Teilung der Seite a wird durch die Kantenheftung h_a auf die Seite a^- übertragen.

12.2.1 Teilung einer Kante. Eine Kante $a \in K_1$ wird dadurch geteilt, daß man sie durch zwei Kanten a_1, a_2 ersetzt und gleichzeitig in den Polygonrändern a durch $a_1 a_2$ sowie a^- durch $a_2^- a_1^-$ (Reihenfolge!) ersetzt. Dabei kommt der Anfangspunkt von a_2 als neue Ecke hinzu, und die Charakteristik ändert sich nicht. In der Realisierung $\rho : K^* \to |K|$ teilt man die Seite a durch einen inneren Punkt Q in zwei Seiten a_1, a_2 und überträgt mit der Kantenheftung h_a diese Teilung auf die Seite a^-, siehe Figur 12.2.1. Die Seitenheftungen h_{a_1} und h_{a_2} sind die Beschränkungen von h_a. Daher ändert sich die Polyederfläche $|K|$ nicht. □

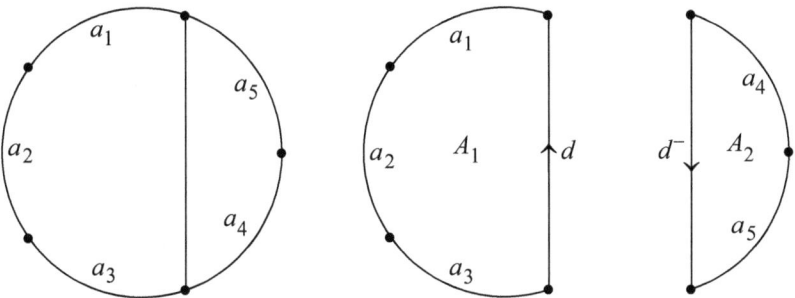

Fig. 12.2.2. Teilung eines Polygons durch eine neue Kante d.

12.2.2 Teilung eines Polygons. Ein n-Eck A mit dem Rand $\partial A = a_1 \ldots a_n$ wird durch eine neue Kante d geteilt, indem man A durch zwei neue Polygone A_1, A_2 mit den Rändern

$$\partial A_1 = a_1 \ldots a_r d \quad , \quad \partial A_2 = d^- a_{r+1} \ldots a_n$$

ersetzt. Die Charakteristik ändert sich nicht. In der Realisierung $\rho : K^* \to |K|$ können wir annehmen, daß A eine Kreisscheibe mit den Seiten $a_1, \ldots, a_n$ und den Ecken $Q_0, \ldots, Q_{n-1}$ ist. Sie wird durch die Sekante d von Q_0 nach Q_r in zwei topologische Polygone A_1 und A_2 zerschnitten, siehe Figur 12.2.2. Die Heftungen aller alten Kanten bleiben erhalten. Als neue Heftung kommt $h_d = \mathrm{id}$ hinzu. Daher ändert sich die Realisierung $|K|$ nicht. □

12.2.3 Kombinatorische Äquivalenz. Auf der Menge aller Flächenkomplexe werden die Relationen $K \to L$ und $K \Rightarrow L$ dadurch definiert, daß L aus K durch Teilung einer Kante bzw. eines Polygons hervorgeht. Die durch $\to$ und $\Rightarrow$ erzeugte Äquivalenzrelation heißt *kombinatorische Äquivalenz*. Kombinatorisch äquivalente Komplexe haben dieselbe Charakteristik und besitzen homöomorphe Polyederflächen. Das Klassifikationstheorems 12.1.5 folgt aus dem

Klassifikationssatz. *Jeder zusammenhängende Flächenkomplex ist zu einem kanonischen Komplex T_g kombinatorisch äquivalent.*

Dieser Satz wird in den Abschnitten 12.2.4-9 bewiesen.

12.2.4 Zusammenhang. *Jeder zusammenhängende Komplex K ist zu einem Komplex äquivalent, der nur ein Polygon besitzt.*

Beweis. Wenn K mindestens zwei Polygone besitzt, muß es wegen des Zusammenhangs eine Kante a geben, so daß a^+ und a^- zu verschiedenen Polygonen A_1 und A_2 gehören: $\partial A_1 = ua$, $\partial A_2 = a^- v$ mit nicht-leeren Seitenfolgen u, v. Man ersetzt A_1 und A_2 durch ein Polygon A mit dem Rand $\partial A = uv$ und erhält einen äquivalenten Komplex, weil A_1 und A_2 durch Teilung des Polygons A entstehen. Man wiederholt dieses Verfahren, bis nur noch ein Polygon vorhanden ist. □

12.2.5 Kürzung. Im Rande eines Polygons treten die beiden Seiten a^- und a genau dann unmittelbar hintereinander auf, wenn der Anfangspunkt von a die Ordnung eins hat. Von dieser Situation handelt das

Lemma. *Wenn im Rande eines n-Ecks A $(n \geq 4)$ die Seiten a und a^- unmittelbar hintereinander auftreten, kann man a und a^- streichen: Man erhält einen äquivalenten Komplex, der gleich viele Polygone aber eine Kante und eine Ecke weniger besitzt.*

Beweis. Man hat $\partial A = a^- uva$ mit nicht-leeren Folgen u, v. Dann gilt:
$$\partial A = a^- uva \quad \Rightarrow \quad \partial A_1 = a^- ud = uda^-,\ \partial A_2 = d^- va = ad^- v$$
$$\Leftarrow \quad \partial A_1 = ub,\ \partial A_2 = b^- v \quad \Leftarrow \quad \partial B = uv.$$
□

12.2.6 Erniedrigung der Ordnung. *Vom Komplex K wird vorausgesetzt: Er enthält nur ein Polygon A. Es gibt wenigstens zwei Ecken. Die minimale Eckenordnung ist $r \geq 2$.– Dann gibt es einen äquivalenten Komplex mit gleicher Anzahl von Ecken, Kanten und Polygonen, bei dem die minimale Ordnung $\leq r - 1$ ist.*

Beweis. Es gibt eine Seite c, deren Anfangspunkt α die minimale Ordnung $o(\alpha) = r$ hat und deren *Endpunkt* $(:=$ Anfangspunkt von $c^-)$ $\beta \neq \alpha$ ist. Sei b der Vorgänger von c in ∂A, also $\partial A = bcu$. Es ist $b \neq c^-$, da sonst die minimale Ordnung 1 aufträte. Daher muß b^- in der Seitenfolge u vorkommen, $u = xb^- y$. Wir gehen zu einen äquivalenten Komplex über
$$\partial A = ubc \quad \Rightarrow \quad \partial A_1 = ud = xb^- yd = b^- ydx,\ \partial A_2 = d^- bc = cd^- b$$
$$\Leftarrow \quad \partial B = cd^- ydx.$$
Damit ist die Kante b verschwunden und die neue Kante d aufgetaucht. Die Seitenfolge y hat denselben Anfangs- und Endpunkt γ, welcher zunächst auch Anfangspunkt von b ist und nach der Änderung Anfangspunkt von d wird. Erster Fall $\gamma = \alpha$: Der Stern st α verliert zwei Seiten b, b^- und gewinnt nur eine Seite d. Denn d^- beginnt in β. Zweiter Fall $\gamma \neq \alpha$: Der Stern st α verliert eine Seite b und gewinnt nichts, weil d den Anfangspunkt γ und d^- den Anfangspunkt β hat. In beiden Fällen sinkt $r = o(\alpha)$ um 1. □

12.2.7 Reduzierte Komplexe haben nur *eine* Ecke und *ein* Polygon. Alle Normalformen T_g außer T_0 sind reduziert.

Lemma. *Jeder zusammenhängende Flächenkomplex K ist zur Normalform T_0 oder zu einem reduzierten Komplex äquivalent.*

Beweis. Nach 12.2.4 können wir annehmen, daß K nur ein Polygon besitzt. Wenn K wenigstens zwei Ecken hat, erniedrigen wir mit 12.2.6 die minimale Ordnung, bis sie $= 1$ ist. Die Eckenzahl bleibt erhalten. Dann ist entweder T_0 erreicht, oder man kann kürzen (12.2.5). Dabei nimmt die Eckenzahl um eins ab. Wir wiederholen das Verfahren, bis T_0 oder ein Komplex mit nur einer Ecke erreicht ist. □

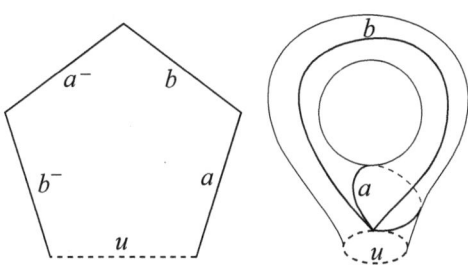

Fig. 12.2.8. Herstellung eines Henkels.

12.2.8 Henkel. Man nennt die Seitenfolge aba^-b^- in einem Rande $\partial A = aba^-b^-u$ einen *Henkel*. Denn die Verheftung von a mit a^- und b mit b^- macht aus dem Polygon A einen Henkel (= Torus mit einem Loch), wie Figur 12.2.8 zeigt.

Lemma. *Wenn der Rand eines Polygons die Gestalt $\partial A = axbya^-zb^-w$ hat, wobei a,b Seiten und x,y,z,w (eventuell leere) Seitenfolgen sind, gibt es einen äquivalenten Komplex, in dem a,b,a^-,b^- durch neue Seiten c,d,c^-,d^- und das Polygon A durch ein Polygon C mit dem Rande $\partial C = cdc^-d^-yxwz$ ersetzt sind.*

Beweis durch Teilen und Zusammenfügen von Polygonen:

$$\partial A = b^-waxbya^-z \Rightarrow$$
$$\partial A_1 = b^-waxbd = xbdb^-wa, \; \partial A_2 = d^-ya^-z = a^-zd^-y \Leftarrow$$
$$\partial B = xbdb^-wzd^-y = b^-wzd^-yxbd \Rightarrow$$
$$\partial C_1 = b^-wzc, \; \partial C_2 = c^-d^-yxbd = dc^-d^-yxb \Leftarrow$$
$$\partial C = dc^-d^-yxwzc = cdc^-d^-yxwz.$$

Die Anzahl der Polygone und Kanten sowie die Charakteristik ändern sich bei der Bildung eines Henkels nicht. Daher ist auch die Anzahl der Ecken dieselbe. Insbesondere bleibt ein reduzierter Komplex reduziert. □

12.2.9 Ende des Beweises. *Jeder reduzierte Komplex ist zu einem kanonischen Komplex T_g äquivalent.*

Beweis durch Induktion über die Anzahl n der Kanten, die nicht in einem Henkel erfaßt sind: Bei $n = 0$ liegt eine Normalform vor. Schluß von n auf $n+1$: Es sei a eine Kante, die nicht in einem Henkel liegt, also $\partial A = aua^-v$ mit nicht-leeren Seitenfolgen u und v. Wir zeigen zunächst:

(1) *Es gibt eine Seite b in u, deren Partner b^- in v vorkommt.*

Beweis durch Widerspruch: Der Endpunkt α von a ist Anfangs- und Endpunkt der Seitenfolge u. Wenn u mit jeder Seite b auch ihren Partner b^- enthielte, würden alle Seiten $\neq a$ mit dem Endpunkt α zu u gehören. Weil a^- nicht zu u gehört, hätte a einen Anfangspunkt $\neq \alpha$. Aber es gibt nur eine Ecke.

Wegen (1) lautet der Rand genauer $\partial A = axbya^-zb^-w$. Alle vorhandenen Henkel sind in x, y, z oder w enthalten. Nach dem letzten Lemma kann man einen weiteren Henkel bilden, ohne die vorhandenen zu zerstören und ohne die Ecken- oder Kantenzahl zu erhöhen. Die Anzahl der nicht in Henkeln erfaßten Kanten vermindert sich, und der Komplex bleibt reduziert. □

12.3 Fundamentalgruppe und Homologie

Für jede zusammenhängende Polyederfläche $|K|$ werden die Fundamentalgruppe und die Homologie berechnet. Wegen des Klassifikationstheorems 12.1.5 genügt es, die Brezelflächen $|T_g|$ für $g \geq 1$ zu betrachten.

12.3.1 Rückkehrschnitte. Das einzige Polygon von T_g ist ein regelmäßiges $4g$-Eck A, dessen Seiten den Rand $\partial A = a_1 b_1 a_1^- b_1^- \ldots a_g b_g a_g^- b_g^-$ bilden. Alle Ecken von A werden durch die Realisierung $\rho : A \to |T_g|$ auf die einzige Ecke $P \in |T_g|$ abgebildet, die im folgenden als Basispunkt dient. Wir bezeichnen mit $a_j : [0, 1] \to A$ auch die lineare, richtungstreue Parametrisierung der Seite a_j. Entsprechendes gilt für b_j. Dadurch erhalten wir $2g$ Schleifen $\rho \circ a_j$ und $\rho \circ b_j$ in $|T_g|$ von und nach P. Sie heißen *Rückkehrschnitte*. Ihre Homotopieklassen werden mit $\alpha_j := [\rho \circ a_j]$ und $\beta_j := [\rho \circ b_j] \in \pi(|T_g|, P)$ bezeichnet.

Satz. *Die Fundamentalgruppe $\pi(|T_g|, P)$ wird durch die $2g$ Erzeugenden $\alpha_1, \beta_1, \ldots, \alpha_g, \beta_g$ mit der einzigen Relation $[\alpha_1, \beta_1] \cdot \ldots \cdot [\alpha_g, \beta_g] = 1$ (Produkt der Kommutatoren $[\alpha_j, \beta_j] := \alpha_j \beta_j \alpha_j^{-1} \beta_j^{-1}$) präsentiert.*

Das bedeutet: Zu jeder Abbildung $\varphi : \{\alpha_1, \beta_1, \ldots, \alpha_g, \beta_g\} \to G$ in eine Gruppe G, welche $[\varphi(\alpha_1), \varphi(\beta_1)] \cdot \ldots \cdot [\varphi(\alpha_g), \varphi(\beta_g)] = 1$ erfüllt, gibt es genau einen Homomorphismus $f : \pi(|T_g|, P) \to G$, welcher φ fortsetzt. Der Beweis folgt nach vorbereitenden Überlegungen (12.3.4-5) in 12.3.6.

12.3.2 Homologie. Die im Satz 12.3.1 angegebene Relation ist trivial erfüllt, wenn man zur Homologie übergeht, vgl. 7.7:

Satz. *Die Homologie $H_1(|T_g|)$ ist die von den $2g$ Homologieklassen der Rückkehrschnitte $\rho \circ a_1, \rho \circ b_1, \cdots, \rho \circ a_g, \rho \circ b_g$ frei erzeugte abelsche Gruppe. Daher sind Brezelflächen verschiedenen Geschlechtes nicht homöomorph.* □

Mit dem Klassifikationstheorem 12.1.5 erhält man die

Folgerung. *Die Homologie $H_1(|K|)$ der Realisierung eines jeden zusammenhängenden Flächenkomplexes K vom Geschlecht g ist eine freie abelsche Gruppe vom Rang $2g$. Zwei zusammenhängende Komplexe haben genau dann homöomorphe Realisierungen, wenn ihre Geschlechter gleich sind.* □

Der Spezialfall $g = 0$ ist der

Eulersche Polyedersatz. *Jeder Flächenkomplex, dessen Realisierung zur Zahlenkugel homöomorph ist, hat die Charakteristik 2.* □

12.3.3 Historisches. Die kombinatorische Topologie entstand aus der Formel $e - k + f = 2$ für die Anzahlen e der Ecken, k der Kanten und f der Seitenflächen eines Polyeders, die *Euler* in einem Brief vom 14.11.1750 an Goldbach mitteilte und später mit einem „Beweis" veröffentlichte, [Eu] 1, Bd. 26, S. 71-108. Dieser und viele spätere Beweise waren unvollständig: Es fehlte eine genaue Definition der Polyeder, und man konnte nicht auf anschaulich plausible Argumente verzichten, deren strenge Begründung offen blieb.

Zu Beginn des 19. Jahrhunderts wurden (nicht-konvexe) Polyeder entdeckt, bei denen die Eulersche Formel nicht gilt. *S. L'Huilier*, siehe [*Ann. math. pures et appl.* (*Gergonne*), vol. 3 (1812-13), S. 169-192], verallgemeinerte sie zu $e - k + f = 2 - 2g$, wenn die Oberfläche des Polyeders das Geschlecht g hat. Aber der Beschäftigung mit solchen Kuriositäten fehlte zunächst die Beziehung zu anderen Gebieten der Mathematik, die damals schon weiter entwickelt waren und ernster genommen wurden. Das änderte sich, nachdem *Riemann* in seiner Dissertation und der Abhandlung über Abelsche Funktionen gezeigt hatte, welche Bedeutung das Studium der Geschlechter geschlossener Flächen für die Klärung der von Abel und Jacobi hinterlassenen Probleme der Funktionentheorie hat.

Möbius bewies, daß das Geschlecht die einzige topologische Invariante für kompakte Flächen im dreidimensionalen Raum ist. Er verfaßte die entsprechende Abhandlung [Mö] 2, S. 435-471, mit 71 Jahren und reichte sie erfolglos für den Grand Prix de Mathematique der Pariser Akademie ein.

In den folgenden Jahrzehnten wurden auch berandete und (für die Funktionentheorie uninteressante) nicht-orientierbare Flächen wie das Möbius-Band in die Klassifikation einbezogen. Die von *Poincaré* erfundene Fundamentalgruppe und Homologie kamen als Werkzeuge hinzu.

12.3.4 Deformationsretrakt. Ein topologischer Raum X läßt sich auf den Teilraum $A \subset X$ *zusammenziehen*, wenn es mit dem Intervall $I := [0, 1] \subset \mathbb{R}$ eine stetige Abbildung $D : X \times I \to X$ gibt, so daß $D(x, 0) = x$ und $D(x, 1) \in A$ für alle $x \in X$ sowie $D(a, t) = a$ für alle $a \in A$ und $0 \leq t \leq 1$ gelten. Man nennt D eine *Deformationsretraktion* und A einen *Deformationsretrakt* von X. Beispielsweise läßt sich jede sternförmige Menge $X \subset \mathbb{R}^n$ auf ihr Zentrum $\{c\}$ zusammenziehen, $D(x, t) = tc + (1-t)x$. Die Einheitssphäre S^{n-1} ist Deformationsretrakt von $\mathbb{R}^n \setminus \{0\}$ wegen $D(x, t) = (1 - t + t/|x|)x$.

Lemma. *Wenn sich X auf A zusammenziehen läßt, gilt $\pi(A) = \pi(X)$ für die Fundamentalgruppen, genauer: Nach Wahl eines Basispunktes $a \in A$ induziert die Einbettung $j : A \hookrightarrow X$ einen Isomorphismus $j_* : \pi(A, a) \to \pi(X, a)$.*

Beweis. Man definiert $r : X \to A$, $r(x) = D(x, 1)$. Dann ist $r \circ j = \text{id}$, und es folgt, daß j_* monomorph ist. Zur Epimorphie: Jede Schleife u in X mit dem Basispunkt a ist zur Schleife $r \circ u$ in A homotop. □

Beispiel. Wie $\pi(\mathbb{C}^\times)$, siehe 3.6.4, ist $\pi(S^1)$ die von $\gamma := [u]$ mit $u(s) := \exp(is)$ für $0 \leq s \leq 2\pi$ erzeugte unendlich zyklische Gruppe.

12.3.5 Die Ein-Punkt-Vereinigung von zwei topologischen Räumen (X, a) und (Y, b) mit Basispunkten entsteht dadurch, daß man in der disjunkten Vereinigung $X \uplus Y$ durch $a \sim b$ eine Äquivalenzrelation erzeugt und den Quotientenraum $X \vee Y$ bildet, dessen Basispunkt die Äquivalenzklasse $c = \{a, b\}$ ist. Man faßt X und Y als Teilräume von $X \vee Y$ auf.

Lemma. *Wenn es Umgebungen U und V gibt, die sich auf a bzw. b zusammenziehen lassen, ist $\pi(X \vee Y, c) = \pi(X, a) * \pi(Y, b)$ das freie Produkt.*

Beweis. Die Teilmengen $X' = X \vee V$ und $Y' = U \vee Y$ bilden eine offene Überdeckung von $X \vee Y$. Der Durchschnitt $X' \cap Y' = U \vee V$ läßt sich auf c zusammenziehen. Nach dem Satz von Seifert und van Kampen ist $\pi(X \vee Y) = \pi(X') * \pi(Y')$, siehe 3.8.3(1). Da X und Y Deformationsretrakte von X' bzw. Y' sind, ist $\pi(X) = \pi(X')$ und $\pi(Y) = \pi(Y')$. □

Folgerung. *Bei der Einpunkt-Vereinigung $S_1 \vee \ldots \vee S_n$ von n Kreislinien wird $\pi(S_1 \vee \ldots \vee S_n)$ von den n Elementen $\gamma_j \in \pi(S_j) \cong \mathbb{Z}$ frei erzeugt.* □

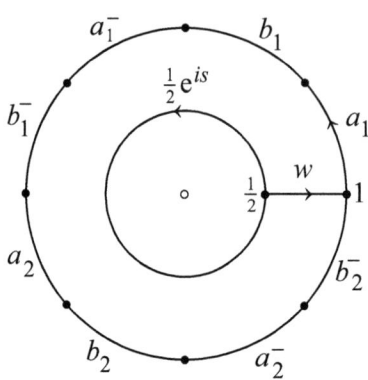

Fig. 12.3.6. Die Schleife $\frac{1}{2}e^{is}$ ($0 \leq s \leq 2\pi$) wird längs w in die Schleife e^{is} verschoben, welche der Reihe nach die $4g$ Seiten $a_1, b_1, \ldots, a_g^-, b_g^-$ durchläuft ($g = 2$).

12.3.6 Berechnung der Fundamentalgruppe. Zum Beweis von Satz 12.3.1 benutzen wir als $4g$-Eck A die Scheibe $\overline{\mathbb{E}}$ mit den $4g$-ten Einheitswurzeln als Ecken. Sie unterteilen den Rand $\partial \mathbb{E}$ in die $4g$ Seiten $a_1, \ldots, b_g^-$, siehe Figur 12.3.6. Die beiden Mengen $U = \rho(\mathbb{E})$ und $V = |T_g| \setminus \{\rho(0)\}$ bilden eine offene Überdeckung von $|T_g|$. Durch ρ wird $\mathbb{E}$ homöomorph auf U und $\mathbb{E}^\times$ homöomorph auf $U \cap V$ abgebildet. Die Homotopieklasse der Schleife $u(s) = \rho(\frac{1}{2}e^{is})$, $0 \leq s \leq 2\pi$, erzeugt die unendlich zyklische Fundamentalgruppe $\pi(U \cap V, Q)$ mit $Q := \rho(\frac{1}{2})$. Nach dem Satz von Seifert und van Kampen (Beispiel in 3.8.1) gilt:

(1) *Die Einbettung $V \hookrightarrow |T_g|$ induziert einen Epimorphismus $\pi(V, Q) \to \pi(|T_g|, Q)$, dessen Kern der von $[u]$ erzeugte Normalteiler ist.*

Nach 12.3.4 folgt $\pi(\rho(\partial \mathbb{E})) = \pi(V)$ wegen der Deformationsretraktion
$$D: V \times I \to V, \quad D(\rho(z), t) := \rho((1 - t + t/|z|) \cdot z)$$
von V auf $\rho(\partial \mathbb{E})$. Da $\rho(\partial \mathbb{E})$ die Einpunkt-Vereinigung von $2g$ Kreislinien ist, die sich in der einzigen Ecke P treffen, wird $\pi(\rho(\partial \mathbb{E}), P)$ nach der Folgerung in 12.3.5 von $\alpha_1, \beta_1, \ldots, \alpha_g, \beta_g$ frei erzeugt.

Sei w der lineare Weg von $\frac{1}{2}$ nach 1 in $\overline{\mathbb{E}}$, siehe Figur 12.3.6. Bei der Verschiebung des Basispunktes Q längs $\rho \circ w$ nach P geht die Homotopieklasse $[u]$ in $[v]$ über, wobei $v(t) = \rho(e^{is})$ mit $0 \leq s \leq 2\pi$ gilt. Der Weg e^{is} durchläuft der Reihe nach alle Seiten $a_1, b_1, \ldots, a_g^-, b_g^-$ des Randes $\partial \mathbb{E}$. Daher gilt in $\pi(\rho(\partial \mathbb{E}), P)$
$$[v] = [\rho \circ a_1][\rho \circ b_1][\rho \circ a_1^-][\rho \circ b_1^-] \cdot \ldots \cdot [\rho \circ a_g][\rho \circ b_g][\rho \circ a_g^-][\rho \circ b_g^-].$$
Durch die Deformationsretraktion und die Verschiebung des Basispunktes geht (1) in die Aussage (2) über, welche mit der Gleichung für $[v]$ den Satz 12.3.1 ergibt.

(2) *Durch $\rho(\partial \overline{\mathbb{E}}) \hookrightarrow |T_g|$ wird ein Epimorphismus $\pi(\rho(\partial \mathbb{E}), P) \to \pi(|T_g|, P)$ induziert, dessen Kern der von $[v]$ erzeugte Normalteiler ist.* □

12.4 Die Zerschneidung Riemannscher Flächen

Um die Ergebnisse der kombinatorischen Flächentopologie zum Studium kompakter Riemannscher Flächen einzusetzen, wird gezeigt, daß sie zu Polyederflächen homöomorph sind.

12.4.1 Zerschneidung in Polygone. Eine *Zerschneidung* (K, ρ) der Riemannschen Fläche X besteht aus einem zusammenhängenden Flächenkomplex K und einer stetigen Abbildung $\rho : K^* \to X$, die einen Homöomorphismus $|K| \to X$ induziert. Offenbar ist dann X kompakt und zusammenhängend. Bei einem kanonischen Flächenkomplex $K = T_g$ ist $\Delta := K^*$ ein $4g$-Eck. Wir nennen $\rho : \Delta \to X$ eine *kanonische Zerschneidung*.

Satz. *Jede kompakte, zusammenhängende Riemannsche Fläche X läßt sich in einen Flächenkomplex K zerschneiden, dessen Euler-Poincarésche Charakteristik $e(K) = \chi(X)$ die analytische Charakteristik von X ist.*

Dieser Satz wird in 12.4.2-4 bewiesen.– Mit dem Klassifikationstheorem 12.1.5 und der Homologieberechnung in 12.3.2 erhalten wir die

Folgerung. *Jede kompakte, zusammenhängende Riemannsche Fläche X kann kanonisch zerschnitten werden und ist daher zu einer Brezelfläche $|T_g|$ homöomorph. Das Geschlecht g ist dadurch charakterisiert, daß die Homologie $H_1(X)$ eine freie abelsche Gruppe vom Rang $2g$ ist. Für die analytische Charakteristik gilt $\chi(X) = 2 - 2g$. Genau dann, wenn X zu $\widehat{\mathbb{C}}$ isomorph ist, gilt $g = 0$.* □

Die letzte Behauptung, welche aus 10.7.4 folgt, und $\chi = 2 - 2g$ wurden schon in 7.2.2-6 benutzt.

Wir nennen $g =: g_{top}(X)$ das *topologische Geschlecht* der Fläche X und müssen es vorerst noch vom analytischen Geschlecht $g_{an}(X) := \dim \mathcal{E}_1(X)$ unterscheiden, das in 8.2.1 eingeführt wurde. Aus Satz 8.2.1 folgt $g_{an} \leq g_{top}$. Der Satz von Riemann-Roch wird $g_{an} = g_{top}$ ergeben, siehe 13.1.5.

12.4.2 Verzweigte Überlagerungen. Sei $\eta : X \to Y$ eine *n-blättrige verzweigte Überlagerung* zwischen kompakten, zusammenhängenden Riemannschen Flächen. Angenommen, Y läßt sich in einen Flächenkomplex L zerschneiden, so daß alle Verzweigungspunkte Ecken sind. Dann läßt sich X in einen Flächenkomplex K zerschneiden. Für die Euler-Poincaréschen Charakteristiken gilt in Analogie zur Riemann-Hurwitzsche Formel

(1) $\qquad e(K) = n \cdot e(L) - \sum_{x \in X} [v(\eta, x) - 1]$.

Beweis. Sei $\sigma : L^* \to Y$ die Zerschneidung. Mit dem induzierten Homöomorphismus identifizieren wir $|L| = Y$.– Sei $A \in L_2$. Zu jedem $t \in \check{A} := A \setminus \{\text{Ecken}\}$ und jedem $x \in X$ mit $\eta(x) = |t, A|$ gehört genau eine η-Liftung φ von $\sigma|\check{A}$ mit $\varphi(t) = x$. Sie läßt sich nach 4.6.3 in die Ecken von A stetig fortsetzen. Die Paare (A, φ) sind die Polygone des Flächenkomplexes K. Seine Kanten sind die Paare (a, ψ) mit $a \in L_1$ und einer η-Liftung ψ von $\sigma|a$. Daher ist $\sharp K_j = n \cdot \sharp L_j$ für $j = 1, 2$. Der Rand $\partial(A, \varphi)$ entsteht aus dem Rand ∂A, indem man dort jede Seite a^+ durch $(a, \varphi|a)^+$ und jede Seite b^- durch $(b, \varphi \circ h_b)^-$ ersetzt.

Die Punkte in (A,φ) werden als Paare (t,φ) mit $t \in A$ notiert. Die Kantenheftung $h_{(a,\psi)}$ zu $(a,\psi) \in K_1$ wird wie folgt definiert: Es gibt eindeutig bestimmte Polygone $A, B \in L_2$, so daß a^+ und a^- Seiten von A bzw. B sind. Es gibt eindeutig bestimmte Liftungen φ^+ von $\sigma|A$ bzw. φ^- von $\sigma|B$, so daß $\varphi^+|a = \psi = \varphi^- \circ h_a$ ist. Für jedes $t \in a$ ist $(t,\varphi^+) \in (A,\varphi^+)$ sowie $h_a(t) \in a^- \subset B$. Man definiert $h_{(a,\psi)}(t,\varphi^+) = (h_a(t),\varphi^-)$. Durch diese Kantenheftungen entsteht aus $K^* = \uplus(A,\varphi)$ die Polyederfläche $|K|$ mit der Projektion $K^* \to |K|$, $(t,\varphi) \mapsto |t,\varphi|$.

Schließlich wird die stetige Abbildung $p : K^* \to X$ durch $p(t,\varphi) = \varphi(t)$ definiert. Sie ist mit den Kantenheftungen verträglich und induziert daher die stetige Abbildung $r : |K| \to X$, $|t,\varphi| \mapsto \varphi(t)$. Für $(A,\varphi) \in K_2$ und $t \in \mathring{A}$ ist $\eta \circ r|t,\varphi| = |t,A|$. Daher gilt $K_0 = (\eta \circ r)^{-1}(L_0)$ für die Eckenmenge.

(2) *Die Abbildung $r : |K| \to X$ ist surjektiv.*

Beweis zu (2): Sei $x \in X$ und $\eta(x) \notin L_0$, also $\eta(x) = |t,A|$ für ein $A \in L_2$ und ein $t \in \mathring{A}$. Da η über $Y \setminus L_0$ unverzweigt ist, gibt es eine η-Liftung φ von $\sigma|A^*$ mit $\varphi(t) = x$. Somit ist $r|t,\varphi| = x$, also $X \setminus \eta^{-1}(L_0) \subset \text{Bild } r$. Da X die abgeschlossene Hülle von $X \setminus \eta^{-1}(L_0)$ ist und $|K|$ kompakt ist, folgt $X \subset \text{Bild } r$.

(3) *Wenn $y \in Y \setminus L_0$ ist, gibt es zu jedem $x \in \eta^{-1}(y)$ höchstens einen Punkt $z \in |K|$ mit $r(z) = x$.*

Beweis zu (3): Es gibt ein $A \in K_2$ und ein $t \in \mathring{A}$ mit $y = |t,A|$. Das Paar (t,A) ist durch y eindeutig bestimmt, wenn t innerer Punkt von A^* ist. Aus $r(z) = x$ folgt $\eta \circ r(z) = y = |t,A|$, also $z = |t,\varphi|$ für eine η-Liftung φ von $\sigma|A$. Diese ist durch $x = r(z) = \varphi(t)$ eindeutig bestimmt. Wenn t kein innerer Punkt eines Polygons ist, gibt es genau eine Kante $a \in L_2$, so daß t innerer Punkt von a ist. Seien A und B die Polygone, welche a^+ bzw. a^- als Seiten haben. Dann ist $y = |t,A| = |h_a(t),B|$, also $z = |t,\varphi|$ oder $= |h_a(t),\psi|$, wobei die η-Liftungen φ bzw. ψ von $\sigma|A$ bzw. $\sigma|B$ durch $\varphi(t) = \psi h_a(t) = x$ eindeutig bestimmt sind. Es folgt $\varphi|a = \psi h_a$, also $h_{(a,\varphi)}(t,\varphi) = (h_a(t),\psi)$ und somit $|t,\varphi| = |h_a(t),\psi|$. □

Nach (2) und (3) ist die Beschränkung $r' : |K| \setminus (\eta \circ r)^{-1}(L_0) \to X \setminus \eta^{-1}(L_0)$ von r bijektiv. Sie ist wie r eigentlich, also ein Homöomorphismus. Wir zeigen: Für jedes $x \in \eta^{-1}(L_0)$ besteht $r^{-1}(x)$ aus *einem* Punkt: Wir wählen paarweise disjunkte Umgebungen V_z der Punkte $z \in r^{-1}(x)$ so klein, daß z die einzige Ecke in V_z ist. Weil r abgeschlossen ist, gibt es eine Scheibenumgebung U von x in X, so daß $r^{-1}(U) \subset \uplus V_z$. Die Menge $U \setminus \{x\}$ ist die disjunkte Vereinigung der offenen Mengen $r'(V_z \setminus \{z\})$ für $z \in r^{-1}(x)$. Da $U \setminus \{x\}$ zusammenhängt, gibt es nur *ein* $z \in r^{-1}(x)$.

Durch r wird $\eta^{-1}(L_0)$ bijektiv auf $K_0 \subset |K| = X$ abgebildet. Daher ist $\sharp K_0 = \sum_{x \in L_0}[v(\eta,x) - 1]$. Zusammen mit $\sharp K_j = n \cdot \sharp L_j$ für $j = 1,2$ folgt (1). □

12.4.3 Beweis des Zerschneidungssatzes 12.4.1.
Die Fläche X läßt sich durch eine nicht-konstante meromorphe Funktion η der Zahlenkugel $\widehat{\mathbb{C}}$ verzweigt überlagern. Sei $n = \text{gr}\,\eta$. Wir zeigen unten:

(1) *Man kann $\widehat{\mathbb{C}}$ so in einen Flächenkomplex L zerschneiden, daß eine vorgegebene endliche Menge $B \subset \widehat{\mathbb{C}}$ nur aus Ecken besteht.*

Nach dem Eulerschen Polyedersatz in 12.3.2 ist $e(L) = 2$. Wenn man B als Verzweigungsort von η wählt, ist die Voraussetzung von 12.4.2 erfüllt: Man kann X in einen Flächenkomplex K zerschneiden, so daß $e(K) = 2n - \sum[v(\eta,x) - 1]$ ist. Rechts steht die analytische Charakteristik $\chi(X)$. Das folgt aus der Riemann-Hurwitzschen Formel 7.2.1(RH) für $\eta : X \to \widehat{\mathbb{C}}$ wegen $\chi(\widehat{\mathbb{C}}) = 2$.

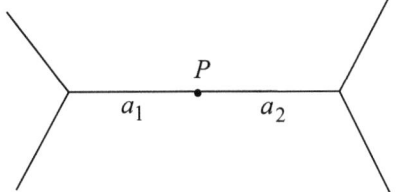 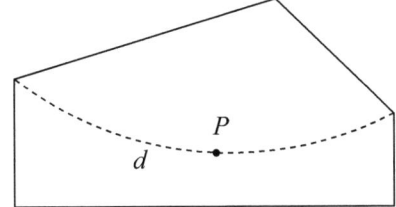

Fig. 12.4.3 a. Ein innerer Kantenpunkt P wird neue Ecke.

Fig.12.4.3 b. Ein innerer Flächenpunkt P wird neue Ecke.

Beweis zu (1) durch Induktion über $\sharp B$. Für $B = \emptyset$ kann man jede Zerschneidung nehmen. Induktionsschritt: Bei einer Zerschneidung seien mit *einer* Ausnahme alle Punkte von B Ecken. Wenn der Ausnahmepunkt P innerer Punkt einer Kante a ist, teilt man diese durch P in zwei Kanten a_1, a_2, siehe Figur 12.4.3 a, und macht dadurch P zur Ecke eines neuen Komplexes L', der wie in 12.2.1 aus L durch Kantenteilung entsteht. Wenn P innerer Punkt eines Flächenstücks ist, teilt man es wie in 12.2.2 durch eine neue Kante d, auf der P liegt, und teilt anschließend diese Kante durch die neue Ecke P, siehe Figur 12.4.3 b. $\square$

12.5 Riemannsche Periodenrelationen

Sei $\eta : Z \to X$ eine Uniformisierung der Fläche X vom Geschlecht $g \geq 1$. Mit einem topologischen $4g$-Eck $\Delta \subset Z$ wird X durch $\eta|\Delta$ kanonisch zerschnitten. Durch Integration längs des Randes $\partial\Delta$ entstehen die *Periodenrelationen* aus [Ri 3], Artikel 19-21, welche im 14.-16. Kapitel eine wichtige Rolle spielen werden. Um $\partial\Delta$ von Polen des Integranden fern zu halten, beginnen wir mit einem Ergebnis über die

12.5.1 Allgemeine Lage. *Zu jeder kanonischen Zerschneidung $\rho : \Delta \to X$ und jeder endliche Menge $M \subset X$ gibt es einen zur Identität homotopen Homöomorphismus $h : X \to X$, so daß $(h \circ \rho)(\partial\Delta) \cap M = \emptyset$. Die Rückkehrschnitte der Zerschneidungen ρ und $h \circ \rho$ haben dieselben Homologieklassen.*

Beweis. Das Komplement $X \setminus \rho(\partial\Delta)$ liegt offen und dicht in X. Zu jedem $c \in M$ gibt es eine topologische Karte $z_c : (U_c, c) \to (\mathbb{E}, 0)$, so daß die Scheiben U_c paarweise disjunkt sind. Es gibt ein $b_c \in U_c \setminus \rho(\partial\Delta)$ mit $|z_c(b_c)| < \frac{1}{3}$ und einen zur Identität homotopen Homöomorphismus h_c von $\mathbb{E}$ auf sich, so daß $h_c(0) = z_c(b_c)$ und $h_c(t) = t$ für $|t| \geq \frac{1}{2}$ gelten. Durch $h(x) = x$ für $x \notin \bigcup U_a$ und $h|U_c = z_c^{-1} \circ h_c \circ z_c$ wird ein Homöomorphismus h mit der gewünschten Eigenschaft definiert. Die letzte Behauptung folgt, weil ρ und $h \circ \rho$ homotop sind, siehe 7.7.2(1). $\square$

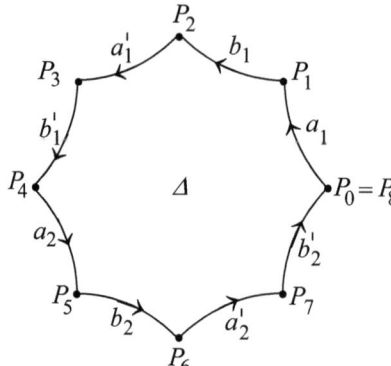

Fig. 12.5.2. Ein kanonisches Polygon Δ mit seinen Ecken und Seiten ($g = 2$).

12.5.2 Das kanonische Polygon. Sei $\rho : \Delta \to X$ eine kanonische Zerschneidung. Die Ecken und Seiten des topologischen $4g$-Ecks Δ werden so bezeichnet, wie es die Figur 12.5.2 für $g = 2$ zeigt. Der Weg in Δ, der die Seite c durchläuft, wird ebenfalls mit c bezeichnet. Wegen der Kantenheftung (siehe 12.1.3) ist $\rho \circ c' = \rho \circ c^- = (\rho \circ c)^-$ der inverse Weg. Alle Ecken haben denselben Bildpunkt $Q := \rho(P_j) \in X$. Die Homotopieklassen $\alpha_j := [\rho \circ a_j]$, $\beta_j := [\rho \circ b_j]$ erzeugen nach Satz 12.3.1 die Fundamentalgruppe $\pi(X, Q)$. Das Kommutatorenprodukt $[\alpha_1, \beta_1] \cdot \ldots \cdot [\alpha_g, \beta_g] = 1$ ist die einzige Relation. Wir identifizieren $\pi(X, Q)$ durch den Poincaréschen Isomorphismus mit der Deckgruppe $\mathcal{D} := \mathcal{D}(\eta)$ einer Uniformisierung $\eta : (Z, P) \to (X, Q)$. Sei $\tilde{\rho} : (\Delta, P_0) \to (Z, P)$ die η-Liftung von ρ.

Satz. *Durch $\tilde{\rho}$ wird Δ homöomorph auf $\tilde{\rho}(\Delta)$ abgebildet. Dabei ist $\tilde{\rho}(\Delta)$ ein Fundamentalbereich der Deckgruppe $\mathcal{D}(\eta)$.*

Beweis. Die Ecken $\tilde{\rho}(P_j)$ gehen aus P wie folgt hervor: $\tilde{\rho}(P_1) = \alpha_1(P)$, $\tilde{\rho}(P_2) = \alpha_1\beta_1(P)$, $\tilde{\rho}(P_3) = \alpha_1\beta_1\alpha_1^{-1}(P)$, $\tilde{\rho}(P_4) = [\alpha_1, \beta_1](P)$, ... Da $\mathcal{D}(\eta)$ frei operiert und das Kommutatorenprodukt die einzige Relation ist, sind alle $\tilde{\rho}(P_j)$ paarweise verschieden.

Zur Homöomorphie. Es genügt zu zeigen, daß $\tilde{\rho}$ injektiv ist. Angenommen, $\tilde{\rho}(x) = \tilde{\rho}(y)$, also auch $\rho(x) = \rho(y)$. Ist x eine Ecke, so auch y und somit $x = y$. Wenn x keine Ecke ist, gilt $x = y$, oder es gibt zwei Seiten c, c', die wir als Wege auffassen, und ein t mit $c^-(t) = x$ sowie $c'(t) = y$. Die Wege c^- und c' beginnen in verschiedenen Ecken. Daher haben $\tilde{\rho} \circ c^-$ und $\tilde{\rho} \circ c'$ verschiedene Anfangspunkte. Da sie Liftungen desselben Weges $\rho \circ c^- = \rho \circ c'$ sind, ist $\tilde{\rho} \circ c^-(t) = \tilde{\rho} \circ c'(t)$ unmöglich.

Zum Fundamentalbereich. Wegen $\eta(\tilde{\rho}(\Delta)) = \rho(\Delta) = X$ wird $\tilde{\rho}(\Delta)$ von jedem $\mathcal{D}(\eta)$-Orbit getroffen. Wenn für zwei verschiedene Punkte $x, y \in \Delta$ die Bilder $\tilde{\rho}(x), \tilde{\rho}(y) \in \Delta$ im selben Orbit liegen, ist $\rho(x) = \rho(y)$, also $x, y \in \partial\Delta$ und somit $\tilde{\rho}(x), \tilde{\rho}(y) \in \partial\tilde{\rho}(\Delta)$. □

Wenn man Δ durch $\tilde{\rho}$ mit $\tilde{\rho}(\Delta)$ identifiziert, geht ρ in die Zerschneidung $\eta|\Delta$ über. Wir nennen $\Delta \subset Z$ ihr *kanonisches Polygon*. Unter Berücksichtigung der allgemeinen Lage (12.5.1) erhält man die

Folgerung. *Zu jeder kanonischen Zerschneidung ρ von X und jeder endlichen Menge $M \subset X$ gibt es ein kanonisches Polygon $\Delta \subset Z$, so daß $\eta(\partial\Delta) \cap M = \emptyset$ ist und die Rückkehrschnitte der Zerschneidungen ρ und $\eta|\Delta$ dieselben Homologieklassen haben.* □

Für $g \geq 2$ kann man $\Delta \subset \mathbb{H}$ als konvexes $4g$-Eck in im Sinne der hyperbolischen Geometrie wählen. Der Beweis ist aufwendig, siehe [FrK] 1, S. 285-315, und [Kee].

12.5.3 Residuenformel. *Sei $\psi \in \mathcal{E}(Z)$ eine Form ohne Pole längs $\partial\Delta$, so daß $\gamma^*\psi = \psi$ für alle $\gamma \in [\mathcal{D}, \mathcal{D}]$ (Kommutator-Untergruppe) gilt. Dann ist*

$$(1) \qquad 2\pi i \sum_{z \in \Delta} \mathrm{res}(\psi, z) = \sum_{j=1}^{g} \left(\int_{a_j} (\psi - \beta_j^* \psi) + \int_{b_j} (\psi - (\alpha_j^{-1})^* \psi) \right).$$

Beweis. Nach dem klassischen Residuensatz gilt

$2\pi i \sum_{z \in \Delta} \mathrm{res}(\psi, z) = \int_{\partial\Delta} \psi = \sum_{j=1}^{g} \left(\int_{a_j} \psi + \int_{a'_j} \psi + \int_{b_j} \psi + \int_{b'_j} \psi \right).$

Die beiden Wege a'^{-}_j und a_j haben dieselbe Spur $\eta \circ a'^{-}_j = \eta \circ a_j$. Der Anfangspunkt von a_j wird durch den Weg $a_j \cdot b_j \cdot a'_j$ mit dem Anfangspunkt von a'^{-}_j verbunden. Daher gibt es ein zu β_j konjugiertes Element β'_j mit $a'^{-}_j = \beta'_j \circ a_j$. Entsprechend gibt es ein zu α_j konjugiertes Element α'_j mit $b'^{-}_j = (\alpha'^{-1}_j) \circ b_j$. Daher ist $\int_{a'_j} \psi = -\int_{a_j} (\beta'_j)^* \psi = -\int_{a_j} (\beta_j)^* \psi$ und $\int_{b'_j} \psi = -\int_{b_j} (\alpha'^{-1}_j)^* \psi = -\int_{b_j} (\alpha_j^{-1})^* \psi$. □

Bemerkung. Aus (1) folgt erneut „*Residuensumme* $= 0$", vgl. 7.3.6.

12.5.4 Periodenrelation. *Sei $\omega \in \mathcal{E}_1(X)$, sei $h \in \mathcal{O}(Z)$ eine Stammfunktion von $\eta^*\omega$, und sei $\varphi \in \mathcal{E}(X)$ ohne Pole auf $\eta(\partial\Delta)$. Dann ist*

$$(1) \qquad 2\pi i \sum_{z \in \Delta} \mathrm{res}(h \cdot \eta^*\varphi, z) = \sum_{j=1}^{g} \left(\int_{\eta \circ a_j} \omega \cdot \int_{\eta \circ b_j} \varphi - \int_{\eta \circ b_j} \omega \cdot \int_{\eta \circ a_j} \varphi \right).$$

Beweis. Für jedes $\gamma \in \pi(X) = \mathcal{D}$ mit der Homologieklasse $c \in H(X)$ ist $h \circ \gamma - h = \int_c \omega$, vgl 7.4.4(2). Insbesondere gilt $h \circ \gamma = h$, wenn γ in $[\mathcal{D}, \mathcal{D}]$ liegt, also $c = 0$ ist. Für $\psi := h \cdot \eta^*\varphi$ gilt $\psi - \gamma^*\psi = \int_c \omega \cdot \eta^*\varphi$. Mit der Residuenformel folgt die Behauptung. □

Spezialfälle. Für $\varphi \in \mathcal{E}_3(X)$ gilt auf der linken Seite von (1)

$$(2) \qquad \mathrm{res}(h \cdot \eta^*\varphi, z) = h(z) \cdot \mathrm{res}(\varphi, \eta(z)).$$

Für $\varphi \in \mathcal{E}_1(X)$ ist die linke Seite $= 0$. Weitere Spezialfälle werden in 15.6 betrachtet.

12.6 Aufgaben

1) Die Fläche X vom Geschlecht $g \geq 1$ sei in einen Flächenkomplex K mit *einem* Polygon zerschnitten. Zeige: $\sharp K_1 \geq 2g$; $\sharp K_1 = 2g \Leftrightarrow \sharp K_0 = 1$. Identifiziere im letzten Fall K_1 mit einer Basis der Homologie $H_1(X)$.

2) Deute Kleins Darstellung der Modulfläche X_7 durch das 14-Eck von Figur 11.6.1 als Zerschneidung in einen Flächenkomplex mit *einem* Polygon A. Man gebe ∂A an, bestimme die Ecken und berechne die Charakteristik.

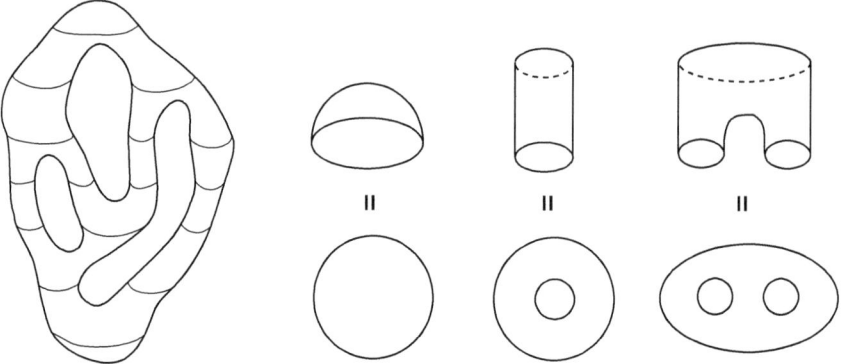

Fig. 12.6.3. Möbius' Flächenzerlegung.

Fig. 12.6.4. Unionen, Binionen und Trinionen.

3) Welches Geschlecht hat die Fläche der Figur 12.6.3? Die Figur stammt aus *Möbius'* Abhandlung [Mö] 2, S. 435–471, die in 12.3.3 zitiert wurde.

4) *Möbius* (loc. cit.) zerlegt jede geschlossene Fläche in *Unionen, Binionen* und *Trinionen*, siehe die Figuren 12.6.3 und 12.6.4. Begründe sein Ergebnis: Die Charakteristik ist die Anzahl der Unionen minus die Anzahl der Trinionen.

5) Ein Flächenkomplex K heißt *regulär* vom Typ (p,q), wenn alle Polygone dieselbe Seitenzahl p und alle Ecken dieselbe Ordnung q haben. Zeige:
(i) Zu jedem regulären Komplex K vom Typ (p,q) gibt es einen *dualen* regulären Komplex L vom Typ (q,p), so daß $\sharp K_0 = \sharp L_2$, $\sharp K_1 = \sharp L_1$ und $\sharp K_2 = \sharp L_0$, insbesondere $e(K) = e(L)$ ist.
(ii) Für einen regulären Komplex K mit $|K| \approx \widehat{\mathbb{C}}$ gibt es nur folgende Typen (p,q) mit $p \leq q$:
$(2,q)$ für $q = 2, 3, \ldots$; $(3,3)$; $(3,4)$; $(3,5)$.
Veranschauliche diese Komplexe und die dualen Komplexe. Welche Beziehung besteht zu den Platonischen Körpern?

6) Gewinne aus der Parkettierung des Kleinschen 14-Ecks (siehe Figur 11.6.1) eine Zerschneidung der Modulfläche X_7 in einen regulären Flächenkomplex vom Typ $(3,7)$. Wieviele Ecken, Kanten und Polygone hat er?

7) Sei $\eta: X \to \widehat{\mathbb{C}}$ ein zweiblättrige Überlagerung mit den Verzweigungspunkten $e_1, \ldots, e_4$.

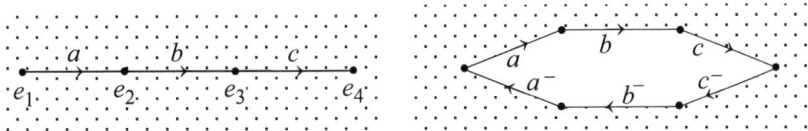

Fig. 12.6.7. Eine lineare Zerschneidung der Zahlenkugel $\widehat{\mathbb{C}}$.

(i) Zerschneide $\widehat{\mathbb{C}}$ in einen Flächenkomplex L mit *einem* Polygon A gemäß Figur 12.6.7 und gib dazu eine Zerschneidung von X an, wie sie in 12.4.2 benutzt wurde.
Über der Kante a von L liegen zwei Kanten a_1, a_2 von K. Entsprechendes gilt für b und c. Bezeichne mit a_1, a_2 usw. auch die entsprechenden Wege in X. Zeige:
(ii) Die Produktwege $u := a_2^- a_1$ und $v := b_1 b_2^-$ sind Schleifen, deren Homotopieklassen eine Basis der Fundamentalgruppe $\pi(X)$ bilden.

8) Durch das Polynom $w^2 - (z - e_1) \cdot \ldots \cdot (z - e_4)$ bzw. $w^2 - (z - e_1) \cdot \ldots \cdot (z - e_3)$ für $e_4 = \infty$ wird eine 2-blättrige Überlagerung $\eta : X \to \widehat{\mathbb{C}}$ definiert. Wenn $e_1 < e_2 < e_3$ reell sind und $e_4 = \infty$ ist, kann man in Figur 12.6.7 längs der reellen Achse schneiden. Sei $\omega = dz/w$. Zeige für u, v wie in Aufgabe 7:

$$\int_u \omega = -2 \int_{e_1}^{e_2} \left((x - e_1)(e_2 - x)(e_3 - x) \right)^{-\frac{1}{2}} dx \in \mathbb{R}$$

$$\int_v \omega = -2i \int_{e_2}^{e_3} \left((x - e_1)(e_2 - x)(e_3 - x) \right)^{-\frac{1}{2}} dx \in \mathbb{R} \cdot i.$$

Folgere: Wenn die vier Verzweigungspunke $e_1, \ldots, e_4$ auf einem Kreis oder einer Geraden (= Kreis durch ∞) liegen, ist X zu einem Torus $\mathbb{C}/\Omega$ mit rechteckigem Gitter Ω isomorph.

9) Löse die zu 7) analoge Aufgabe für die Zerschneidung gemäß Figur 12.6.9.

10) Löse die zu 7) analoge Aufgabe für 6 statt 4 Verzweigungspunkte gemäß Figur 12.6.10. Betrachte die Homologie statt der Fundamentalgruppe.

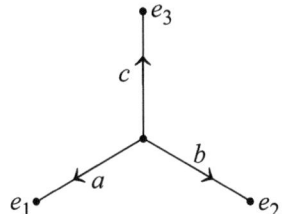

Fig. 12.6.9. Eine sternförmige Zerschneidung der Zahlenkugel.

Fig. 12.6.10. Eine Zerschneidung der Zahlenkugel mit 6 Verzweigungspunkten.

13. Der Satz von Riemann-Roch

In diesem Kapitel wird mit der Formel von Riemann-Roch (RR) ein Höhepunkt der Theorie kompakter Riemannscher Flächen erreicht. Die Formel wurde bereits in 8.2.1 angekündigt. Aber erst die analytischen Resultate des 10. Kapitels zusammen mit den topologischen des 12. Kapitels ermöglichen nunmehr den vollständigen Beweis. Zahlreiche in früheren Kapiteln erzielte Ergebnisse lassen sich mit (RR) verbessern und ergänzen.
Mit X wird eine kompakte, zusammenhängende Riemannsche Fläche vom topologischen Geschlecht g bezeichnet. Nach der Folgerung in 10.4.1 ist ihre Homologie $H_1(X)$ eine freie abelsche Gruppe vom Rang $2g$. Wir benutzen die Begriffe und Ergebnisse aus 8.1, insbesondere die jedem Divisor D zugeordneten Vektorräume $\mathcal{L}(D)$, $\mathcal{L}^1(D)$ und ihre Dimensionen $l(D) := \dim \mathcal{L}(D)$, $i(D) := \dim \mathcal{L}^1(-D)$.

13.1 Beweis des Satzes von Riemann-Roch

Im 10.7.3 wurden aus Elementarpotentialen meromorphe Differentialformen mit einer einzigen Polstelle gewonnen. Diese Formen bilden wie in [Wyl 1] den Ausgangspunkt des Beweises. Wir führen zunächst *Hauptteilsysteme* ein, um das Ergebnis aus 10.7.3 auf mehrere Polstellen zu allgemeinern. Es folgt der Beweis des Satzes von Riemann-Roch in zwei Etappen.

13.1.1 Hauptteilsysteme. Wir betrachten meromorphe Differentialformen ω, die in eventuell verschiedenen Umgebungen eines festen Punktes $a \in X$ definiert sind, und erklären durch
$$\omega_1 \sim \omega_2 \quad \Leftrightarrow \quad o(\omega_1 - \omega_2, a) \geq 0$$
eine Äquivalenzrelation. Die Äquivalenzklassen heißen *Hauptteile* bei a. Sie bilden in naheliegender Weise einen komplexen Vektorraum.
Jeder Hauptteil hat eine wohlbestimmte Polstellen-Vielfachheit und ein wohlbestimmtes Residuum: Sei $z : (U, a) \to (\mathbb{E}, 0)$ eine Karte. Jede Form in $\mathcal{E}(U)$, die auf $U \setminus \{a\}$ holomorph ist, hat die Gestalt $\omega = f dz$ mit einer Funktion $f \in \mathcal{M}(U)$, die sich in eine Laurent-Reihe nach Potenzen von z entwickeln läßt. Der Hauptteil $h_\omega(a)$ von ω bei a ist durch den klassischen Hauptteil $\sum_{j=1}^{m} c_j z^{-j}$ dieser Reihe bestimmt. An ihm liest man die Polstellen-Vielfachheit m (für $c_m \neq 0$) und das Residuum c_1 ab.

13.1 Beweis des Satzes von Riemann-Roch

Ein *Hauptteil-System* h auf X ordnet jedem Punkt $x \in X$ einen Hauptteil $h(x)$ bei x zu, so daß der *Träger* $\{x \in X : h(x) \neq 0\}$ lokal endlich ist. Zu h gehört der positive Divisor (h), welcher jeder Stelle $x \in X$ die Polstellen-Vielfachheit von $h(x)$ zuordnet. Alle Hauptteilsysteme bilden einen komplexen Vektorraum. Zu jeder Stelle $x \in X$ gehört die lineare Funktion $h \mapsto \mathrm{res}(h,x) := $ *Residuum des Hauptteils $h(x)$*. Systeme h mit $\mathrm{res}(h,x) = 0$ für alle $x \in X$ heißen *residuenfrei*.– Durch Beschränkung der Polstellen-Vielfachheiten erhält man endlich-dimensionale Räume, genauer:

Satz. *Sei D ein positiver Divisor. Alle Hauptteilsysteme h mit $(h) \leq D$ bilden einen Vektorraum $\mathcal{S}(D)$ der Dimension $\mathrm{gr}\,D$. Der Untervektorraum $\mathcal{S}_2(D)$ der residuenfreien Systeme hat die Dimension $\mathrm{gr}\,D - \sharp\mathrm{Tr}(D)$.* □

Jede Form $\omega \in \mathcal{E}(X)$ bestimmt das Hauptteilsystem h_ω. Die Zuordnung $\mathcal{E}(X) \to \{\text{Hauptteilsysteme}\}$, $\omega \mapsto h_\omega$, ist $\mathbb{C}$-linear und hat den Kern $\mathcal{E}_1(X)$. Wir fragen, welche Systeme durch Differentialformen *realisiert* werden, d.h. im Bilde dieser Zuordnung liegen.

13.1.2 Residuenfreie Systeme. *Jedes residuenfreie Hauptteilsysstem wird durch eine Differentialform mit rein imaginären Perioden realisiert.*

Beweis. Für den Spezialfall, daß der Träger des Systems nur aus einem Punkt a besteht, entspricht die Behauptung dem Ergebnis 10.7.3. Da jedes residuenfreie Hauptteilsysstem eine endliche Summe dieser speziellen Systeme ist, folgt der allgemeine Fall. □

Bei Verzicht auf rein-imaginäre Perioden läßt sich jedes Hauptteilsystem mit der Residuensumme Null durch eine Differentialform realisieren, siehe 13.6.4.

13.1.3 Riemannsche Ungleichung. *Für positive Divisoren D gilt*
(1) $$l(D) \geq \mathrm{gr}\,D - g + 1.$$
Beweis. Wir definieren D^* durch $D^*(x) := 1 + D(x)$ für $x \in \mathrm{Tr}(D)$ und $D^*(x) := 0$ sonst. Dann gilt:
$$\mathrm{Tr}(D^*) = \mathrm{Tr}(D), \quad \mathrm{gr}\,D^* = \mathrm{gr}\,D + \sharp\mathrm{Tr}(D), \quad f \in \mathcal{L}(D) \Rightarrow df \in \mathcal{L}^1(D^*).$$
Wir definieren den $\mathbb{C}$-Vektorraum
$$\mathcal{L}_0^1(D) := \{\omega \in \mathcal{L}^1(D) \cap \mathcal{E}_2(X) : \textstyle\int_c \omega = 0 \text{ für alle } c \in H_1(X)\}.$$
Nach dem Satz in 7.7.4 ist die Sequenz
$$0 \to \mathbb{C} \to \mathcal{L}(D) \xrightarrow{d} \mathcal{L}_0^1(D^*) \to 0$$
exakt. Insbesondere gilt $l(D) = 1 + \dim \mathcal{L}_0^1(D^*)$. Daher ist die Behauptung äquivalent zu
(2) $$\dim \mathcal{L}_0^1(D^*) \geq \mathrm{gr}\,D^* - \sharp\mathrm{Tr}(D^*) - g.$$
Um an das Ergebnis des vorigen Abschnitts anzuknüpfen, definieren wir den reellen Untervektorraum der Formen mit imaginären Perioden
$$\mathcal{L}_i^1(D^*) := \{\omega \in \mathcal{L}^1(D^*) \cap \mathcal{E}_2(X) : \mathrm{Re} \textstyle\int_c \omega = 0 \text{ für alle } c \in H_1(X)\}.$$
Nach 13.1.2 ist die Abbildung $\mathcal{L}_i^1(D^*) \to \mathcal{S}_2(D^*)$, $\omega \mapsto h_\omega$, $\mathbb{R}$-linear und surjektiv; insbesondere gilt

$$\dim_{\mathbb{R}} \mathcal{L}_i^1(D^*) \geq \dim_{\mathbb{R}} \mathcal{S}_2(D^*) = 2\bigl(\mathrm{gr}\, D^* - \sharp \mathrm{Tr}(D^*)\bigr)\,.$$
Für den Beweis von (2) genügt es daher zu zeigen:
$$(3) \qquad \dim_{\mathbb{R}} \mathcal{L}_0^1(D^*) \geq \dim_{\mathbb{R}} \mathcal{L}_i^1(D^*) - 2g\,.$$
Dazu definieren wir die $\mathbb{R}$-lineare Abbildung
$$\Phi : \mathcal{L}_i^1(D^*) \to H^1(X, \mathbb{R}) \quad \text{durch} \quad \Phi(\omega)(c) := \mathrm{Im} \int_c \omega \quad \text{für} \quad c \in H_1(X)\,.$$
Aus $\mathrm{Kern}(\Phi) = \mathcal{L}_0^1(D^*)$ und $\dim_{\mathbb{R}} H^1(X, \mathbb{R}) = 2g$ folgt (3). □

Historische Notiz. Riemann untersuchte 1857 in [Ri 3], Artikel 5, wieviele Parameter zur Festlegung einer Funktion auf einer Fläche von Geschlecht g frei verfügbar bleiben, wenn man an m vorgegebenen Stellen einfache Pole zuläßt aber ausserhalb dieser Stellen Holomorphie verlangt. Die Möglichkeit, daß mehrere einfache Pole zu einem mehrfachen Pol zusammenfallen, wird auch berücksichtigt. Er begründete die Existenz solcher Funktionen mit dem Dirichletschen Prinzip und kam für $m \geq g$ auf (mindestens) $m - g + 1$ frei verfügbare Parameter. Diese Urform der Ungleichung (1) gehört zu den Grundlagen, auf denen Riemann die Theorie Abelscher Funktionen aufbaute.

13.1.4 Folgerungen. Für $\mathrm{gr}\, D \geq g+1$ folgt $l(D) \geq 2$, d.h. $\mathcal{L}(D)$ enthält nicht-konstante Funktionen. Wir wenden dies auf einen $(g+1)$-fachen Punktdivisor an und erhalten:

(1) *Zu jedem Punkt $a \in X$ gibt es eine auf $X \setminus \{a\}$ holomorphe, nicht-konstante Funktion, die in a einen höchstens $(g+1)$-fachen Pol hat. Insbesondere läßt sich X der Zahlenkugel mit $\leq g+1$ Blättern überlagern, und jede Fläche vom Geschlecht Null ist zur Zahlenkugel isomorph.* □

(2) *Jeder Automorphismus $\gamma \neq \mathrm{id}$ hat höchstens $2g+2$ Fixpunkte.*

Beweis. Sei $\gamma(a) \neq a$. Nach (1) gibt es eine auf $X \setminus \{a\}$ holomorphe Funktion f, die bei a einen k-fachen Pol hat, wobei $k \leq g+1$ ist. Dann hat $h := f - f \circ \gamma$ bei a und $\gamma^{-1}(a)$ je einen k-fachen Pol und ist sonst holomorph. Daher hat h höchstens $2k$ verschiedene Nullstellen. Da die Fixpunkte von γ Nullstellen von h sind, folgt die Behauptung. □

Wenn die Fläche hyperelliptisch ist, hat $\gamma \neq \mathrm{id}$ höchstens vier Fixpunkte, siehe 8.3.6(2).

(3) *Jede Fläche X vom Geschlecht $g = 1$ ist zu einem Torus isomorph.*

Beweis. Wegen der Folgerung 11.3.4 aus dem Satz von Poincaré-Weyl genügt zu zeigen: *Zu je zwei Punkten $P \neq Q$ gibt es ein $\sigma \in \mathrm{Aut}(X)$ mit $\sigma(P) = Q$.* Nach der Riemannschen Ungleichung ist $l(P+Q) \geq 2$. Daher gibt es eine nicht-konstante Funktion $f \in \mathcal{M}(X)$, die außerhalb von P und Q holomorph ist und in P, Q höchstens einfache Pole besitzt. Die beiden Pole sind tatsächlich vorhanden. Denn bei nur einem Pol wäre $f : X \to \widehat{\mathbb{C}}$ ein Isomorphismus. Somit ist $f : X \to \widehat{\mathbb{C}}$ eine zweiblättrige Überlagerung mit $f^{-1}(\infty) = \{P, Q\}$, und es gibt eine Deckabbildung σ mit $\sigma(P) = Q$. □

13.1.5 Der Satz von Riemann und Roch. Die Riemannsche Ungleichung wurde 1865 von Roch [Ro] zu einer Gleichung verbessert, welche eine folgenreiche Reziprozität zwischen Funktionen und Differentialformen herstellt. Wir benutzen Ergebnisse aus 8.1.3 und die Gleichheit der analytischen mit der topologischen Charakteristik, $\chi(X) = 2 - 2g$, siehe 12.4.1.

Satz von Riemann-Roch. *Für jeden Divisor D gilt*
(RR) $\qquad ch(D) := l(D) - i(D) = \operatorname{gr} D - g + 1$.

Beweis. Sei K ein kanonischer Divisor. Wir wählen einen positiven Divisor P, so daß $D + P \geq 0$ und $\operatorname{gr}(K - D - P) < 0$, also nach dem Endlichkeitssatz in 8.1.2 $\mathcal{L}(K - D - P) = 0$ ist und somit
$$ch(D + P) = l(D + P) \geq \operatorname{gr} D + \operatorname{gr} P - g + 1$$
nach der Riemannschen Ungleichung gilt. Wir kombinieren mit 8.1.3 (5):
(1) $\qquad ch(D) \geq \operatorname{gr} D - g + 1$.
Dieses Ergebnis für $K - D$ statt D ergibt wegen 8.1.3 (4) und $\operatorname{gr} K = -\chi(X) = 2g - 2$ die umgekehrte Ungleichung
(2) $\qquad -ch(D) = ch(K - D) \geq -\operatorname{gr} D + g - 1$. $\qquad \square$

Wenn man (RR) auf den Nulldivisor anwendet, erhält man die

Erste Folgerung. *Topologisches und analytisches Geschlecht sind gleich,*
$$g := g_{top} = g_{an}. \qquad \square$$

Daraus folgt erneut, daß jede Fläche X vom Geschlecht $g = 1$ ein Torus ist, vgl. 13.1.4 (3). Denn wegen $g_{an} = 1$ gibt es eine holomorphe Differentialform $\neq 0$. Sie hat wegen $\chi(X) = 0$ keine Nullstellen. Nach 7.6.2 ist X dann zu einem Torus isomorph.

Zweite Folgerung. *Jede Fläche X vom Geschlecht 2 ist hyperelliptisch.*

Beweis. Wegen der ersten Folgerung gibt es zwei linear unabhängige holomorphe Differentialformen ω_1 und ω_2. Ihr Quotient $f := \omega_1/\omega_2 \in \mathcal{M}(X)$ ist nicht konstant. Wegen $(f)_\infty \leq (\omega_2)$ ist $\operatorname{gr} f = \operatorname{gr}(f)_\infty \leq \operatorname{gr}(\omega_2) = 2g - 2 = 2$, also $\operatorname{gr} f = 2$, da $f : X \to \widehat{\mathbb{C}}$ kein Isomorphismus ist. $\qquad \square$

13.2 Die kanonische Abbildung

Mittels (RR) ergänzen wir die Ergebnisse aus 8.3.5 und 8.4.3(3) über die kanonische Abbildung $\kappa : X \to \mathbb{P}^{g-1}$ und die kanonische Schar $\mathcal{K}$ einer Fläche X vom Geschlecht $g \geq 2$.

13.2.1 Die kanonische Schar.
(1) *Jeder Punktdivisor P hat den Index $i(P) = g - 1$.*
(2) *Die holomorphen Differentialformen haben keine gemeinsame Nullstelle, d.h. $\mathcal{K}$ hat keine Basispunkte.*
(3) *Die Schnittschar $\mathcal{S}(\kappa)$ ist die kanonische Schar $\mathcal{K}$; insbesondere hat κ den Grad $2g - 2$.*

Beweis. Wegen $l(P) = 1$ folgt (1) aus (RR).– Zu (2). Wenn P eine gemeinsame Nullstelle wäre, müßte $\mathcal{L}^1(-P) = \mathcal{E}_1(X)$, also $i(P) = g$ sein.– Zu (3). Mit einer Basis $\omega_1, \ldots, \omega_g$ von $\mathcal{E}_1(X)$ gilt $\kappa = (\omega_1 : \ldots : \omega_g)$. Für jede Karte $z : (U, x) \to (\mathbb{E}, 0)$ ist $\omega_j | U = \kappa_j dz$. Wegen (2) haben $\kappa_1, \ldots, \kappa_g \in \mathcal{O}(U)$ keine gemeinsame Nullstellen, d.h. $\kappa | U = (\kappa_1 : \ldots : \kappa_g)$ ist eine gute Darstellung. Jede Hyperebene $\Theta \subset \mathbb{P}^{g-1}$ mit der Gleichung $\sum a_j z_j = 0$ hat nach 8.4.1(1) die Schnittzahl $(\Theta)_\kappa(x) = o(\sum a_j \kappa_j, x) = o(\sum a_j \omega_j, x)$. Daher ist $(\Theta)_\kappa$ der kanonische Divisor $(\sum a_j \omega_j)$. Daraus folgt $\mathcal{S}(\kappa) = \mathcal{K}$ und $\mathrm{gr}\,\kappa = \mathrm{gr}\,\mathcal{K} = 2g - 2$. □

13.2.2 Kanonische Einbettungen. *Die kanonische Abbildung κ ist genau dann eine Einbettung, wenn X nicht-hyperelliptisch ist. Insbesondere sind alle Flächen vom Geschlecht 2 hyperelliptisch.*

Beweis. Wenn κ nicht injektiv ist, gibt es zwei Punkte $P \neq Q$ mit $\kappa(P) = \kappa(Q)$. Dann hat jede holomorphe Differentialform mit einer Nullstelle bei P auch eine Nullstelle bei Q, also $\mathcal{L}^1(-P) \subset \mathcal{L}^1(-P-Q)$, und somit $i(P) \leq i(P+Q)$. Mit (RR) und 13.2.1(1) folgt $l(P+Q) = i(P+Q) + 3 - g \geq i(P) + 3 - g = 2$. Wegen Satz 8.1.1 ist dann X hyperelliptisch.
Wenn κ bei P eine kritische Stelle hat, folgt für jede holomorphe Differentialform ω aus $o(\omega, P) \geq 1$ bereits $o(\omega, P) \geq 2$, also $\mathcal{L}^1(-P) \subset \mathcal{L}^1(-2P)$. Die vorangehende Überlegung, diesmal mit $Q = P$, zeigt wieder, daß X hyperelliptisch ist.– Nach Satz 8.3.5 ist die kanonische Abbildung hyperelliptischer Flächen nicht injektiv. □

13.2.3 Divisoren und Abbildungen vom Grade $2g-2$. Hierunter fallen die kanonischen Divisoren und Abbildungen. Welche anderen Möglichkeiten gibt es?

(1) *Für jeden Divisor D vom Grad $2g - 2$ ist $l(D) = g - 1$ oder $= g$. Im zweiten Fall ist D kanonisch.*

Beweis. Nach der Riemannschen Ungleichung ist $l(D) \geq g - 1$. Angenommen $l(D) \geq g$. Nach (RR) gilt dann $l(K - D) \geq 1$ für jeden kanonischen Divisor K. Wegen $\mathrm{gr}\,(K - D) = 0$ ist $K - D$ ein Hauptdivisor, und somit ist D wie K kanonisch. □

(2) *Sei $\eta : X \to \widehat{\mathbb{C}}$ eine hyperelliptische Überlagerung. Für jeden Divisor D auf $\widehat{\mathbb{C}}$ vom Grade $g - 1$ ist der geliftete Divisor $\eta^* D$ kanonisch.*

Beweis. Nach 7.2.1 (2) ist $\mathrm{gr}(\eta^* D) = 2g - 2$ und nach 8.1.1 (5)-(6) $l(\eta^* D) \geq l(D) = g$. Wegen (1) ist $\eta^* D$ dann kanonisch. □

(3) *Sei $\varphi : X \to \mathbb{P}^n$ eine nicht-entartete holomorphe Abbildung vom Grade $2g - 2$. Dann ist $n \leq g - 2$, oder φ ist kanonisch.*

Beweis. Für jeden Schnittdivisor D von φ gilt $n + 1 \leq l(D)$ und $\mathrm{gr}\,D = 2g - 2$. Nach (1) ist $l(D) = g - 1$, also $n \leq g - 2$, oder D ist kanonisch. Daher kann $n > g - 2$ nur eintreten, wenn $\mathcal{S}(\varphi) = \mathcal{K}$ ist. Aus $\mathcal{K} = \mathcal{S}(\kappa)$, siehe 13.2.1(3), folgt mit Satz 8.4.2, daß φ kanonisch ist. □

13.3 Darstellungen der Automorphismengruppe

Wir betrachten drei Darstellungen der Automorphismengruppe $\mathrm{Aut}(X)$ einer Fläche vom Geschlecht $g \geq 2$ und zeigen, daß sie treu, d.h. injektiv sind.

13.3.1 Projektive Darstellung. Sei $\kappa : X \to \mathbb{P}^{g-1}$ eine kanonische Abbildung.

Lemma. *Zu jedem $\alpha \in \mathrm{Aut}(X)$ gibt es genau einen Automorphismus $\hat{\alpha}$ von $\mathbb{P}^{g-1}$, so daß $\hat{\alpha} \circ \kappa = \kappa \circ \alpha$ gilt.*

Beweis. Da $\kappa \circ \alpha$ ebenfalls eine kanonische Abbildung ist, folgt die Existenz von $\hat{\alpha}$ wie in 8.3.5.– Zur Eindeutigkeit: Die Fixpunktmenge jedes Automorphismus Φ von $\mathbb{P}^{g-1}$ ist eine disjunkte Vereinigung projektiver Unterräume. Da $\kappa(X)$ zusammenhängt und in keinem echten Unterraum liegt, folgt aus $\Phi \circ \kappa = \kappa$, daß $\Phi = \mathrm{id}$ ist. □

Die *projektive Darstellung* $\mathrm{Aut}(X) \to \mathrm{Aut}(\mathbb{P}^{g-1})$, $\alpha \mapsto \hat{\alpha}$, ist ein Homomorphismus. Wenn man κ mit einem Automorphismus Φ von $\mathbb{P}^{g-1}$ durch $\Phi \circ \kappa$ ersetzt, geht die Darstellung $\alpha \mapsto \hat{\alpha}$ in die konjugierte Darstellung $\alpha \mapsto \Phi \circ \hat{\alpha} \circ \Phi^{-1}$ über.

Satz. *Bei nicht-hyperelliptischen Flächen ist die projektive Darstellung injektiv. Bei hyperelliptischen Flächen besteht ihr Kern aus der hyperelliptischen Involution σ und der Identität.*

Beweis. Aus $\hat{\alpha} = \mathrm{id}$ folgt $\kappa = \kappa \circ \alpha$. Bei nicht-hyperelliptischen Flächen ist κ injektiv (13.2.2), also $\alpha = \mathrm{id}$. Bei hyperelliptischen Flächen ist $\kappa = \rho \circ \eta$ die 2-blättrige Überlagerung $\eta : X \to \widehat{\mathbb{C}}$ gefolgt von der injektiven rationalen Raumkurve $\rho : \widehat{\mathbb{C}} \to \mathbb{P}^{g-1}$, siehe 8.3.6. Aus $\kappa = \kappa \circ \alpha$ folgt dann $\eta = \eta \circ \alpha$, also $\alpha \in \mathcal{D}(\eta) = \{\mathrm{id}, \sigma\}$. □

13.3.2 Lineare Darstellung. Zu jedem Automorphismus $\alpha \in \mathrm{Aut}(X)$ gehört der lineare Automorphismus $\alpha^* : \mathcal{E}_1(X) \to \mathcal{E}_1(X)$, $\omega \mapsto \alpha^*\omega$.

Satz. *Die Abbildung $\mathrm{Aut}(X) \to \mathrm{Aut}(\mathcal{E}_1(X))$, $\alpha \mapsto \alpha^*$, ist ein Anti-Monomorphismus. Für jede hyperelliptische Involution σ gilt $\sigma^* = -\mathrm{id}$.*

Beweis. Nur die Injektivität muß gezeigt werden. Sei $\alpha^* = \mathrm{id}$. Aus 13.3.1(1) folgt $\kappa = \kappa \circ \alpha = \hat{\alpha} \circ \kappa$, also $\hat{\alpha} = \mathrm{id}$, weil κ nicht entartet ist. Nach Satz 13.3.1 ist dann $\alpha = \mathrm{id}$ oder $\alpha = \sigma$. Aber $\sigma^* = -\mathrm{id}$, wie man anhand der in 8.2.2 angegebenen Basis von $\mathcal{E}_1(X)$ nachprüft. □

Beispiel. Sei X die Kleinsche Fläche im Riemannschen Gebilde (X, η, f) mit dem Minimalpolynom $w^7 - z^2(z-1)$. Sei $\varepsilon^7 = 1$ aber $\varepsilon \neq 1$. Die Gebilde $(X, \eta, \varepsilon f)$ und $(X, 1-1/\eta, -f^2/\eta)$ haben dasselbe Minimalpolynom $w^7 - z^2(z-1)$. Nach der universellen Eigenschaft 6.2.4 gibt es holomorphe Abbildungen $\alpha, \beta : X \to X$ mit $\eta \circ \alpha = \eta$ und $f \circ \alpha = \varepsilon f$ bzw. $\eta \circ \beta = 1 - 1/\eta$ und $f \circ \beta = -f^2/\eta$. Aus $\eta \circ \alpha = \eta$ bzw. $\eta \circ \beta = 1 - 1/\eta$ folgt $\alpha, \beta \in \mathrm{Aut}(X)$.

Die Elemente $f^{-6}\eta\,d\eta$, $f^{-5}\eta\,d\eta$, $f^{-3}\eta\,d\eta$ der Basis von $\mathcal{E}_1(X)$, siehe 8.2.3, werden durch α^* mit ε, ε^2 bzw. ε^4 multipliziert und durch β^* zyklisch vertauscht.– Weitere Ergebnisse zur linearen Darstellung der Modulgruppe $G_7 = \mathrm{Aut}(X)$ findet man in [Klei 1], Bd. 3, S. 91-108.

13.3.3 Homologische Darstellung. Nach 7.7.2 bestimmt jeder Automorphismus α der Fläche X einen Automorphismus $\alpha_* : H_1(X) \to H_1(X)$ ihrer Homologie.

Satz. *Die homologische Darstellung* $\mathrm{Aut}(X) \to \mathrm{Aut}\bigl(H_1(X)\bigr)$, $\alpha \mapsto \alpha_*$, *ist für Flächen vom Geschlecht $g \geq 2$ ein Monomorphismus. Insbesondere sind verschiedene Automorphismen nicht zueinander homotop.*

Beweis. Nur die Injektivität muß gezeigt werden. Aus $\alpha_* = \mathrm{id}$ folgt für jedes $u \in H_1(X)$ und jedes $\omega \in \mathcal{E}_1(X)$, daß $\langle u, \omega \rangle = \langle \alpha_*(u), \omega \rangle = \langle u, \alpha^*\omega \rangle$ ist, siehe 7.7.3 und 7.4.3(5). Da Φ nach Satz 7.7.4 injektiv ist, gilt $\omega = \alpha^*\omega$ für alle $\omega \in \mathcal{E}_1(X)$, also $\alpha = \mathrm{id}$ wegen Satz 13.3.2. □

13.4 Der Satz von Clifford

Die Abschätzung $l(D) \leq 1 + \mathrm{gr}\,D$ aus 8.1.2 läßt sich mit (RR) für manche Divisoren D um den Faktor $1/2$ verbessern. Dieses Ergebnis von *Clifford* wird in 13.5.3 auf Weierstraß-Punkte angewendet.– Wir betrachten Flächen vom Geschlecht $g \geq 2$. Mit K wird ein kanonischer Divisor bezeichnet.

13.4.1 Summenformel. *Für je zwei Divisoren D_1, D_2 mit $l(D_j) > 0$ gilt*
$$l(D_1) + l(D_2) \leq 1 + l(D_1 + D_2).$$
Beweis. Angenommen, $l(D_1 + D_2) \leq l(D_1) + l(D_2) - 2 =: k$. Nach Satz 8.1.4 gibt es einen Divisor $E \geq 0$ vom Grade k, so daß $l(D_1+D_2-E)=0$ ist. Wir zerlegen $E = E_1 + E_2$ in zwei positive Divisoren mit $\mathrm{gr}\,E_j = l(D_j)-1$. Nach 8.1.2(1) ist $l(D_j - E_j) \geq 1$, d.h. es gibt einen zu $D_j - E_j$ linear äquivalenten positiven Divisor C_j. Dann ist $C_1 + C_2$ positiv und zu $D_1 + D_2 - E$ linear äquivalent im Widerspruch zu $l(D_1 + D_2 - E) = 0$. □

13.4.2 Triviale Fälle der *Cliffordsche Ungleichung* bzw. *Gleichung*
(1) $\qquad 2\,l(D) \leq 2 + \mathrm{gr}\,D \quad \textit{bzw.} \quad 2\,l(D) = 2 + \mathrm{gr}\,D$.

Wegen (RR) gelten Ungleichung bzw. Gleichung genau dann für einen Divisor D, wenn sie für $K-D$ gelten.– Für $\mathrm{gr}\,D \leq -3$ und für $\mathrm{gr}\,D \geq 2g+1$ gilt die Ungleichung nie.– Für alle Divisoren vom Grade -2 und vom Grade $2g$ trifft die Gleichung zu. Die Ungleichung ist auch für $\mathrm{gr}\,D \in \{-1, 0, 2g-2, 2g-1\}$ erfüllt.– Die Gleichung ist für Divisoren ungeraden Grades nie erfüllt. Sie gilt für $\mathrm{gr}\,D = 0$ genau dann, wenn D ein Hauptdivisor und für $\mathrm{gr}\,D = 2g-2$ genau dann, wenn D ein kanonischer Divisor ist.

13.4.3 Die Cliffordsche Ungleichung *gilt genau dann für den Divisor D, wenn $-2 \leq \mathrm{gr} D \leq 2g$ ist.*

Beweis. Es genügt, Divisoren D mit $1 \leq \mathrm{gr}\, D \leq g-1$ zu betrachten. Der Fall $l(D) = 0$ ist trivial. Für $l(D) > 0$ gilt $l(K-D) > 0$ nach (RR). Nach 13.4.1 ist dann $l(D)+l(K-D) \leq 1+l(K) = 1+g$. Wenn man hierzu (RR), d.h. $l(D) - l(K-D) = \mathrm{gr}\, D - g + 1$ addiert, folgt die Behauptung. □

13.4.4 Projektive Kurven. *Sei $\varphi: X \to \mathbb{P}^n$ eine nicht-entartete holomorphe Abbildung vom Grade $d < 2n$. Dann hat X ein Geschlecht $g \leq d-n$. Für $g = d-n$ ist φ eine Einbettung mit vollständiger Schnittschar.*

Beweis. Sei D ein Schnittdivisor von φ. Die Schnittschar g_d^n ist in $|D|$ enthalten, also gilt $n \leq l(D)-1$. Der Fall $d \leq 2g$ ist unmöglich. Denn dann würde die Cliffordsche Ungleichung $n+1 \leq l(D) \leq 1+d/2$ ergeben, was der Voraussetzung $d < 2n$ widerspricht. Somit ist $d > 2g$, also $i(D) = 0$ und daher $n+1 \leq l(D) = d-g+1$ nach (RR). Der Fall $g = d-n$ tritt genau dann ein, wenn $n = l(D)-1$, also $g_d^n = |D|$ vollständig ist. Nach Satz 8.5.1 ist φ eine Einbettung, wenn $l(D-B) = l(D)-2$ für jeden positiven Divisor B vom Grade zwei gilt. Das ist hier erfüllt. Denn $\mathrm{gr}(D-B) = d-2 > 2g-2$, also nach (RR) $l(D-B) = d-2-g+1 = l(D)-2$. □

13.4.5 Die strikte Ungleichung $2l(D) < 2 + \mathrm{gr} D$ *gilt für alle Divisoren D mit $1 \leq \mathrm{gr}\, D \leq 2g-3$ auf nicht-hyperelliptischen Flächen.*

Beweis. Wenn ein Divisor D vom Grade 2 die Gleichung $2l(D) = 2 + \mathrm{gr} D$ erfüllt, ist $l(D) = 2$, und die Fläche ist nach Satz 8.1.1 hyperelliptisch. Wir führen den Fall $4 \leq \mathrm{gr}\, D \leq g-1$ durch Induktion über $\mathrm{gr}\, D$ darauf zurück. Für den Induktionsschritt genügt es zu zeigen: Wenn D die Gleichung (1) erfüllt, gibt es auch einen Divisor D_0 mit $2 \leq \mathrm{gr}\, D_0 < \mathrm{gr}\, D$, der (1) erfüllt. Wegen (1) und (RR) ist $l(K-D) > 0$. Es gibt also einen zu $K-D$ linear äquivalenten positiven Divisor D_2. Wir zeigen unten:

(∗) *Es gibt einen zu D linear äquivalenten positiven Divisor D_1, so daß $D_0 := \min\{D_1, D_2\} \neq 0$ und $\neq D_1$ ist.*

Dann ist $\mathrm{gr}\, D_0 < \mathrm{gr}\, D$. Der Beweis von $2l(D_0) = 2 + \mathrm{gr}\, D_0$ beruht auf folgender exakter Sequenz:
$$0 \to \mathcal{L}(D_0) \to \mathcal{L}(D_1) \oplus \mathcal{L}(D_2) \to \mathcal{L}(D_1 + D_2 - D_0).$$
Dabei ist $f_0 \mapsto (f_0, f_0)$ der erste und $(f_1, f_2) \mapsto f_1 - f_2$ der zweite Homomorphismus. Es folgt $l(D) + l(K-D) \leq l(D_0) + l(K-D_0)$, also wegen (RR) $2l(D) - \mathrm{gr}\, D \leq 2l(D_0) - \mathrm{gr}\, D_0$. Mit der Cliffordschen Gleichung für D und der Ungleichung für D_0 ergibt sich $2 \leq 2l(D_0) - \mathrm{gr}\, D_0 \leq 2$.

Beweis zu (∗). Wir wählen zwei Punkte $P \in \mathrm{Tr}(D_2)$ und $Q \in X \setminus \mathrm{Tr}(D_2)$. Wegen $l(D) \geq 3$ ist $\mathcal{L}(D) \supset \mathcal{L}(D-P-Q) \neq 0$. Dann gilt (∗) für $D_1 := D + (f)$ mit $0 \neq f \in \mathcal{L}(D-P-Q)$. Denn wegen $D_1(P) > 0$ und $D_2(P) > 0$ ist $D_0(P) > 0$ also $D_0 \neq 0$; und wegen $D_1(Q) > 0$ sowie $D_2(Q) = 0$ ist $D_0(Q) = 0$, also $D_0 \neq D_1$. □

13.4.6 Die Cliffordsche Gleichung. *Sei* $\eta : X \to \widehat{\mathbb{C}}$ *eine hyperelliptische Überlagerung. Für einen Divisor D auf X vom Grade $2e$ mit $0 \leq e \leq g-1$ gilt $2l(D) = 2 + \operatorname{gr} D$ genau dann, wenn D zur Liftung $\eta^* E$ eines Divisors E auf $\widehat{\mathbb{C}}$ linear äquivalent ist.*

Beweis. Sei $D = \eta^* E$. Nach 7.2.1(2) ist $\operatorname{gr} D = 2 \operatorname{gr} E$, und nach 8.1.1 (5)-(6) gilt $l(D) \geq l(E) = 1 + \operatorname{gr} E$, also $2l(D) \geq 2 + \operatorname{gr} D$. Umgekehrt sei $\operatorname{gr} D = 2e$. Mit einen Divisor E_1 auf $\widehat{\mathbb{C}}$ vom Grade $g-1-e$ gelten $\operatorname{gr}(D + \eta^* E_1) = 2g - 2$ und $l(D + \eta^* E_1) \geq l(D) + l(\eta^* E_1) - 1$ nach 13.4.1, also $l(D + \eta^* E_1) \geq g$. Wegen 13.2.3 (1)-(2) gibt es einen Divisor E_2 auf $\widehat{\mathbb{C}}$, so daß $D + \eta^* E_1$ zu $\eta^* E_2$, also D zu $\eta^*(E_2 - E_1)$ linear äquivalent ist. □

13.4.7 Historisches. Ausblick. Die Quelle der Cliffordschen Ergebnisse ist der Aufsatz „On the classification of loci" von 1878 in [Cli], no. XXXIII.– Ausgehend von der Abbildung $|D| \times |K - D| \to |K|$, $(D_1, D_2) \mapsto D_1 + D_2$, lassen sich die Resultate auch mit Methoden der algebraischen Geometrie beweisen; siehe [Nam 1], [Nar] und [ACGH].

13.5 Weierstraß-Punkte

Wir hatten in Paragraph 8.6 begonnen, unter Vorwegnahme von Konsequenzen der Riemann-Rochschen Formel Ergebnisse über die Weierstraß-Punkte nicht-hyperelliptischer Flächen zu gewinnen. Diese nunmehr vollständig bewiesenen Ergebnisse werden im folgenden ergänzt. Der Ausgangspunkt ist eine auf (RR) beruhende

13.5.1 Charakterisierung der Lücken. *Folgende Aussagen über einen Punkt $P \in X$ und eine natürliche Zahl $k \geq 1$ sind äquivalent:*
(a) *k ist eine Lücke der kanonischen Abbildung bei P.*
(b) *Es gibt keine auf $X \setminus \{P\}$ holomorphe Funktion mit einem k-fachen Pol bei P.*
(c) *Es gibt eine holomorphe Differentialform ω mit einer $(k-1)$-fachen Nullstelle bei P.*
(d) *$l\big((k-1)P\big) = l(kP)$.*
(e) *$i(kP) + 1 = i\big((k-1)P\big)$.*

Beweis. Die Äquivalenzen (b) ⇔ (d) und (c) ⇔ (e) folgen aus den Definitionen von l bzw. i. Die Äquivalenz (d) ⇔ (e) folgt aus (RR); (a) ⇔ (c) folgt aus $\mathcal{S}(\kappa) = \mathcal{K}$, siehe 13.2.1(3). □

Die Aussage (b) motiviert die von Weierstraß vorgeschlagene Bezeichnung *Lücke*.

13.5.2 Folgerungen.
(i) P ist genau dann ein Weierstraß-Punkt, wenn $l(gP) \geq 2$ ist.
(ii) Jede Fläche vom Geschlecht $g \geq 2$ läßt sich der Zahlenkugel mit höchstens g Blättern überlagern.
(iii) Wenn k_1 und k_2 keine Lücken bei P sind, ist $k_1 + k_2$ auch keine Lücke bei P.

Beweis. (i) P ist genau dann ein Weierstraß-Punkt, wenn eine der Zahlen $2, \ldots, g$ keine Lücke bei P ist, d.h. wenn in der Folge $1 = l(0) \leq l(P) \leq l(2P) \leq \ldots \leq l(gP)$ mindestens eine echte Ungleichung auftritt.
(ii) Nach 8.6.1 gibt es einen Weierstraß-Punkt P. Wegen (i) existiert eine nicht konstante Funktion $f \in \mathcal{L}(gP)$. Für sie gilt $\operatorname{gr} f \leq g$.
(iii) Es gibt zwei Funktionen f_j, die bei P einen k_j-fachen Pol haben und sonst holomorph sind. Dann hat $f_1 \cdot f_2$ bei P einen $(k_1 + k_2)$-fachen Pol und ist sonst holomorph. Folglich ist $k_1 + k_2$ keine Lücke. □

13.5.3 Abschätzung der Gewichte.
Bei nicht-hyperelliptischen Flächen von Geschlecht g hat jeder Punkt P ein Gewicht $\tau(P) \leq 1 + \frac{1}{2}(g-1)(g-2)$.

Beweis. Sei $1 = k_1 < \ldots k_g \leq 2g - 1$ die Lückenfolge bei P. Aus 13.5.1(d) folgt $l\big((k_j - 1)P\big) = l(k_j P) = k_j - j + 1$. Nach Clifford, siehe 13.4.5, gilt $l\big((k_j - 1)P\big) < 1 + \frac{1}{2}(k_j - 1)$ für $1 \leq k_j - 1 \leq 2g - 3$, also $k_j < 2j - 1$, falls $2 \leq k_j \leq 2g - 2$. Somit ist $k_1 = 1$, $k_2 = 2$, $k_j \leq 2j - 2$ für $j = 3, \ldots, g - 1$ und $k_g \leq 2g - 1$. Daraus folgt für $\tau(P) := \sum (k_j - j)$ die Behauptung. □

Bemerkungen. (1) Aus $k_g = 2g - 1$ folgt $l\big((2g-2)P\big) = l\big((2g-1)P\big) = g$. Nach 13.2.3(1) ist dann $(2g-2)P$ ein kanonischer Divisor. Wenn man diesen Fall ausschließt, gilt $\tau(P) \leq \frac{1}{2}(g-1)(g-2)$.
(2) Bei *hyperelliptischen* Flächen haben alle Weierstraß-Punkte dasselbe Gewicht $\frac{1}{2}g(g-1)$, siehe Satz 8.5.3.

Hurwitz benutzt in [Hur] 1, S. 398, zur Abschätzung des Gewichtes die Halbgruppen-Eigenschaft 13.5.2(iii) der Nicht-Lücken. Seine Ergebnisse sind schwächer. Unser Beweis ist eine verbesserte Version von [GH], S. 275.

13.5.4 Anzahl der Weierstraß-Punkte.
Hyperelliptische Flächen haben $2g + 2$ Weierstraß-Punkte, siehe Satz 8.5.3.
Für die nicht gewichtete Anzahl n der Weierstraß-Punkte einer nicht-hyperelliptischen Fläche vom Geschlecht g gilt

g	3	4	5	6	≥ 7
$n \geq$	12	15	18	20	$2g + 7$

.

Beweis. Da jeder Weierstraß-Punkt ein Gewicht $\leq w := 1 + \frac{1}{2}(g-1)(g-2)$ hat, gilt für die in 8.6.3 bestimmte *gewichtete* Anzahl $g^3 - g \leq n \cdot w$, also
$$n \geq \frac{g^3 - g}{w} = 2g + 6 + \frac{8(g-3)}{g(g-3) + 4}.$$
Da n ganzzahlig ist, folgen die Werte der Tabelle. □

13.5.5 Fixpunkte. *Wenn bei einem Automorphismus $\gamma \neq \text{id}$ alle Weierstraß-Punkte Fixpunkte sind, ist $\gamma = \sigma$ die hyperelliptische Involution.*

Beweis. Hyperelliptische Flächen haben $2g + 2 \geq 6$ Weierstraß-Punkte. Nach 8.3.6(2) folgt $\gamma = \sigma$. Im nicht-hyperelliptischen Fall gibt es $\geq 2g + 6$ Weierstraß-Punkte. Aber wegen 13.1.4(2) hat γ höchstens $2g+2$ Fixpunkte.

13.5.6 Endlichkeit der Automorphismengruppe. *Für jede kompakte Fläche X vom Geschlecht $g \geq 2$ ist die Automorphismengruppe $\text{Aut}(X)$ endlich.*

Beweis. Sei $W \subset X$ die endliche Menge der Weierstraß-Punkte, und sei $\mathcal{S}(W)$ die Gruppe aller Permutationen von W. Da W unter jedem Automorphismus von X invariant bleibt, ist $\Phi: \text{Aut}\,X \to \mathcal{S}(W)$, $\gamma \mapsto \gamma|W$, ein Homomorphismus. Nach dem letzten Ergebnis ist Φ für nicht-hyperelliptische Flächen injektiv und hat bei hyperelliptischen Flächen einen Kern der Ordnung 2. Da $\mathcal{S}(W)$ endlich ist, gilt dasselbe für $\text{Aut}(X)$. □

Wegen dieses Beweises nannte Weierstraß die Endlichkeit der Automorphismengruppe „eine sozusagen selbstverständliche Wahrheit"; siehe auch 11.3.5.

13.6 Weitere Anwendungen

handeln von projektiven Einbettungen kompakter Flächen, von der Darstellung der Cohomologie durch Differentialformen und von der Realisierung vorgegebener Hauptteile durch Differentialformen bzw. Funktionen.

13.6.1 Projektive Einbettungen. *Jede vollständige Linearschar $\mathcal{S}$ vom Grade $n \geq 2g + 1$ ist die Schnittschar einer Einbettung $X \to \mathbb{P}^{n-g}$.*

Beweis. Für $D \in \mathcal{S}$, jeden kanonischen Divisor K und jeden Divisor B vom Grade 2 ist $\text{gr}(K - D - B) < 0$, also nach (RR) $l(D-B) = n - g + 1 - \text{gr}\,B = l(D) - 2$. Mit Satz 8.5.1 folgt daraus die Behauptung. □

Mit Methoden der höher-dimensionalen, projektiv algebraischen Geometrie lassen sich stets eine Einbettung $X \hookrightarrow \mathbb{P}^3$ und eine Abbildung $\varphi: X \to \mathbb{P}^2$ erreichen, deren Bild $\varphi(X) \subset \mathbb{P}^2$ keine anderen Singularitäten als gewöhnliche Doppelpunkte hat; siehe [GH], S. 173 und 215, oder [Hart], S. 309 ff.

13.6.2 Allgemeine Divisoren. Nach der Riemannschen Ungleichung gilt $l(D) \geq \max\{1, n-g+1\}$ für positive Divisoren D vom Grade $n > 0$. Wir nennen D einen *allgemeinen Divisor*, wenn $l(D) = \max\{1, n-g+1\}$ minimal ist. Aus Satz 8.1.4 mit $E = K$ und (RR) folgt

Satz. *Im n-fachen symmetrischen Produkt X_n bilden die allgemeinen Divisoren eine offene und dichte Teilmenge.* □

13.6.3 Meromorphe Formen und Cohomologie. In der exakte Sequenz
(1) $$0 \to \mathbb{C} \to \mathcal{M}(X) \xrightarrow{d} \mathcal{E}_2(X) \xrightarrow{\Phi} H^1(X, \mathbb{C})$$
des Satzes 7.7.4 gilt:

(2) *Bei kompakten Flächen X ist Φ epimorph.*

Beweis. Wie beim Beweis der Riemannschen Ungleichung in 13.1.3 bilden wir zu jedem positiven Divisor D den Divisor D^* und den $(\operatorname{gr} D)$-dimensionalen komplexen Vektorraum $\mathcal{S}_2(D^*)$. Die Abbildung $\mathcal{L}^1(D^*) \cap \mathcal{E}_2(X) \to \mathcal{S}_2(D^*)$, die jeder Form ω ihr Hauptteilsystem h_ω zuordnet, ist nach 13.1.2 epimorph und hat den Kern $\mathcal{E}_1(X)$. Daher ist $\dim(\mathcal{L}^1(D^*) \cap \mathcal{E}_2(X)) = g + \operatorname{gr} D$. Aus (1) entsteht durch Einschränkung die exakte Sequenz
$$0 \to \mathbb{C} \to \mathcal{L}(D) \xrightarrow{d} \mathcal{L}^1(D^*) \cap \mathcal{E}_2(X) \xrightarrow{\Phi_D} H^1(X, \mathbb{C}).$$
Daher ist $\operatorname{rg} \Phi_D = g + \operatorname{gr} D - l(D) + 1$. Wenn man für D einen allgemeinen Divisor vom Grade $\operatorname{gr} D \geq g$ wählt, ist $l(D) = \operatorname{gr} D - g + 1$, siehe 13.6.2, also $\operatorname{rg} \Phi \geq \operatorname{rg} \Phi_D = 2g = \dim H^1(X, \mathbb{C})$, d.h. Φ ist epimorph. □

Man kann diesen Satz und seinen Beweis als Methode interpretieren, um zu $\mathcal{E}_1(X)$, aufgefaßt als Untervektorraum von $H^1(X, \mathbb{C})$, einen komplementären Untervektorraum zu finden. Eine andere Methode benutzt die komplexe Konjugation, siehe die Hodge-Zerlegung in 15.5.1.

13.6.4 Hauptteile von Differentialformen. Der Beweis der Riemann-Rochschen Formel ging von der Realisierung aller residuenfreien Hauptteilsysteme durch Differentialformen zweiter Gattung aus, siehe 13.1.2. Wie dort schon angekündigt wurde, kann man die Residuenfreiheit abschwächen.

Satz. *Ein Hauptteilsystem wird genau dann durch eine meromorphe Differentialform realisiert, wenn seine Residuensumme $= 0$ ist. Wenn zwei Formen dasselbe System realisieren, ist ihre Differenz holomorph.*

Beweis. Nach 7.3.6 ist „Residuensumme $= 0$" notwendig. Umgekehrt betrachten wir zu einem beliebigen positiven Divisor $D \neq 0$ den Vektorraum $\mathcal{S}_0(D)$ aller Hauptteilsysteme h, die durch $(h) \leq D$ beschränkt sind und die Residuensumme $= 0$ haben. Es genügt zu zeigen: Die Abbildung $h : \mathcal{L}^1(D) \to \mathcal{S}_0(D)$, welche jeder Form ω ihr Hauptteilsystem h_ω zuordnet, ist epimorph. Da Kern $h = \mathcal{E}_1(X)$ die Dimension g hat, folgt $\operatorname{rg} h = i(-D) - g$. Nun ist $l(-D) = 0$, also nach (RR) $i(-D) = \operatorname{gr} D + g - 1$ und somit $\operatorname{rg} h = \operatorname{gr} D - 1 = \dim \mathcal{S}_0(D)$.

Die zweite Behauptung folgt direkt aus der Definition der Hauptteilsysteme, siehe 13.1.1. □

13.7 Aufgaben

Alle Aufgaben handeln, wenn nichts anderes angegeben wird, von einer kompakten und zusammenhängenden Riemannschen Fläche X, deren Geschlecht mit g bezeichnet wird.

1) Zeige, daß folgende Aussage zum Satz von Riemann-Roch äquivalent ist: Wenn die Summe $D + E$ zweier Divisoren ein kanonischer Divisor ist, gilt $2l(D) - \operatorname{gr} D = 2l(E) - \operatorname{gr} E$.

2) (i) Zeige: Zu jedem positiven Divisor D vom Grade $\geq g$ gibt es eine meromorphe Funktion f, deren Nullstellendivisor $(f)_0 \geq D$ ist. Wann kann man $(f)_0 = D$ erreichen?
   (ii) Zeige: Zu jedem positiven Divisor E vom Grade $\leq g - 2$ gibt es einen kanonischen Divisor $K \geq E$.

3) Zeige: Zu jedem Divisor vom Grade $> 3(g-1)$ gibt es einen kanonischen Divisor $K \leq D$.

4) (i) Zeige: Jeder positive Divisor D vom Grade $2g$ ist der Schnittdivisor einer nicht-entarteten, vollständigen Abbildung $\varphi : X \to \mathbb{P}^{d-1}$. Bestimme d.
   (ii) Zeige: Entweder ist φ eine Einbettung, oder es gibt einen kanonischen Divisor $K \leq D$.

5) Sei $g = 3$. Zeige:
   (i) Zu jedem $P \in X$ bilden alle $D \in X_3$, für die $P + D$ kanonisch ist, eine vollständige, eindimensionale Linearschar.
   (ii) Für jedes $D \in X_3$ ist $\dim |D| = 0$ oder $= 1$. Der zweite Fall tritt genau dann ein, wenn es (genau?) ein $P \in X$ gibt, so daß $P + D$ kanonisch ist.

6) (i) Zeige: Jede projektive Einbettung einer Fläche vom Geschlecht 2 hat einen Grad ≥ 5. Es gibt eine Einbettung vom Grade 5 in den $\mathbb{P}^3$.
   (ii) Zeige für Flächen vom Geschlecht 3: Der kleinstmögliche Grad einer projektiven Einbettung ist 4 für nicht-hyperelliptische und 6 für hyperelliptische Flächen.

7) Sei $P_1, P_2, \ldots$ eine Punktfolge auf der Fläche X vom Geschlecht $g \geq 2$. Bilde die Divisoren $D_0 = 0$, $D_k = P_1 + \ldots + P_k$. Zeige:
   (i) $1 = l(D_0) \leq l(D_1) \leq \ldots \leq l(D_{2g-1}) = g$.
   (ii) Bei jedem Schritt ist $l(D_k) = l(D_{k-1})$ oder $= l(D_{k-1}) + 1$. Im ersten Fall heißt k eine *Lücke* der Folge P_j.
   (iii) Es gibt genau g Lücken $1 = k_1 < k_2 < \ldots < k_g < 2g$.
   (iv) Genau dann, wenn 2 keine Lücke ist, ist $\{P_1, P_2\}$ die Faser einer 2-blättrigen Überlagerung $\eta : X \to \widehat{\mathbb{C}}$.
   (v) $k_g = 2g - 1 \Leftrightarrow D_{2g-1}$ ist ein kanonischer Divisor.
   (vi) Die Lückenfolge kann nicht mit $\ldots < 2g - 2 < 2g - 1$ enden. Wenn sie mit $\ldots < 2g - 3 < 2g - 1$ endet, ist X hyperelliptisch.

8) (i) Zeige: Zeige im Anschluß an Aufgabe 7.9.1: Der Vektorraum $\mathcal{E}_1^n(X)$ der holomorphen n-Differentialformen hat für $n \geq 2$ die Dimension $d := (2n-1)(g-1)$.
   (ii) Gib für die durch $w^2 - (z - e_1) \cdot \ldots \cdot (z - e_{2g+1})$ definierte hyperelliptische Fläche und $n = 2$ eine Basis dieses Vektorraums an. Benutze dazu Formen der Gestalt $f(dz)^2/w$.
   (iii) Benutze eine Basis von $\mathcal{E}_1^n(X)$ zur Definition der n-fach kanonischen Abbildung $\kappa_n : X \to \mathbb{P}^{d-1}$. Welchen Grad hat sie? Für welche g und n ist κ_n eine Einbettung?
   (iv) Zeige: Der Gewichtsdivisor τ_n von κ_n hat den Grad $g\, d^2$. (Die Punkte seines Trägers heißen n-fache Weierstraß-Punkte. Mehr dazu findet man in [Ac], Chap. 6. Wegen der Bedeutung der n-fachen Differentialformen für den Modulraum siehe [Mu 2], Lecture II.)

9) Zeige: Die durch $z^4 + w^4 = 1$ bestimmte Fläche besitzt 12 Weierstraß-Punkte. Jeder hat das Gewicht 2.

10) Bestimme für jeden Torus die homologische Darstellung seiner Automorphismengruppe.

11) Für die hyperelliptische Fläche X zum Polynom $w^2 - (z - e_1) \cdot \ldots \cdot (z - e_{2g+1})$ bilden die Differentialformen
$$dz/w, \; zdz/w, \; \ldots, \; z^{g-1}dz/w$$
eine Basis von $\mathcal{E}_1(X)$, siehe 8.2.2(1). Ergänze sie gemäß 13.6.3 durch explizit angegebene Formen zweiter Gattung zu einem System von $2g$ Formen, das eine Basis der Cohomologie $H^1(X, \mathbb{C})$ repräsentiert.

12) Sei $\eta : \mathbb{C} \to \mathbb{C}/\Omega$ eine Torusprojektion. Mit der $\wp$-Funktion zum Gitter Ω und ihren Ableitungen definiert man folgende Differentialformen σ, $\omega_{k,a}$, ω_b auf $\mathbb{C}/\Omega$, die durch ihre η-Liftungen bestimmt sind:
$$\eta^*\sigma = dz,$$
$$\eta^*\omega_{k,a} = \wp^{(k)}(z - \alpha)dz \text{ für } k \in \mathbb{N} \text{ und } \alpha \in \mathbb{C} \text{ mit } \eta(\alpha) = a,$$
$$\eta^*\omega_b = \frac{1}{2}\frac{\wp'(z) + \wp'(\beta)}{\wp(z) - \wp(\beta)}dz \text{ für } \beta \in \mathbb{C} \setminus \Omega \text{ mit } \eta(\beta) = b.$$
Beweise folgende Realisierungen vorgegebener Hauptteilsysteme durch die angegebenen Formen:
   (i) Endliche Linearkombinationen ω der Formen $\omega_{k,a}$ realisieren alle residuenfreien Hauptteilsysteme.
   (ii) Wenn man σ hinzunimmt, kann man zusätzlich $\mathrm{Re}\,\mathrm{Per}(\omega) = 0$ erreichen.
   (iii) Endliche Linearkombinationen der Formen σ, $\omega_{k,a}$ und ω_b realisieren alle Hauptteilsysteme, deren Residuensummen null sind.

13) Beweise folgende geometrische Version von (RR) für $g \geq 2$: Sei $\varphi : X \to \mathbb{P}^{g-1}$ die kanonische Abbildung. Definiere für jeden positiven Divisor D den projektiven Unterraum $\bar{D} \subset \mathbb{P}^{g-1}$ als Durchschnitt aller Hyperebenen Θ mit $(\Theta)_\varphi \geq D$. Dann ist $\dim \bar{D} + \dim |D| = \mathrm{gr}\, D - 1$.
Hinweise. In 8.4.1 wird $(\Theta)_\varphi$ definiert. Wenn $\varphi = (\omega_1 : \ldots : \omega_g)$ durch die Basis $\omega_1, \ldots, \omega_g$ von $\mathcal{E}_1(X)$ beschrieben wird, ordnet man jeder Form $\omega = \sum a_j \omega_j$ die durch $\sum a_j z_j = 0$ definierte Hyperebene Θ_ω zu.

14. Der Periodentorus

Nach Abels frühem Tod (1829) versuchte Jacobi die erfolgreiche Umkehrung elliptischer Integrale durch doppelt-periodische Funktionen auf Abelsche Integrale auszudehnen. Er entdeckte an Beispielen, daß für das Geschlecht g die Abelschen Funktionen, d.h. die Umkehrfunktionen Abelscher Integrale von g komplexen Variablen abhängen und $2g$-fach periodisch sind, also modern ausgedrückt einen komplex g-dimensionalen Torus als Definitionsbereich haben.

Wir beginnen in 14.1 mit der Geschichte einiger Resultate von Euler, Abel und Jacobi, die zur „Entdeckung" der Periodentori durch Riemann führten. Die systematische Darstellung ab 14.2 folgt nicht dem historischen Ablauf sondern stützt sich von Anfang an auf die Homologie kompakter Flächen. So werden in 14.2-3 die wesentlichen Ergebnisse erreicht, welche auf Abel und Jacobi zurückgehen. Nach der Einführung holomorpher Strukturen auf den symmetrischen Produkten Riemannscher Flächen werden diese Ergebnisse in 14.5.2 mit dem Satz von Riemann-Roch zu einem Theorem über *Periodenabbildungen* zusammengefaßt.

14.1 Vom Additionstheorem zum Periodentorus

Wir stellen einige Resultate in moderner Formulierung vor, die von 1750 an erzielt wurden und wesentliche Impulse für die Entwicklung mathematischer Ideen gaben, welche zum Periodengitter führten, das Riemann (1857) jeder kompakten Fläche zuordnete.

14.1.1 Das Eulerschen Additionstheorem von 1753, welches wir in 2.4.1(7) zitierten, lautet qualitativ formuliert:

Seien u_1 und u_2 zwei Wege mit gleichem Anfangspunkt P in der durch $w^2 = 1-z^4$ definierten Riemannschen Fläche X. Dann gibt es einen dritten Weg u, der ebenfalls in P beginnt, so daß

$$(1) \qquad \int_{u_1} \omega + \int_{u_2} \omega = \int_u \omega$$

für jede holomorphe Differentialform ω gilt.

14.1 Vom Additionstheorem zum Periodentorus   271

In dieser Form gilt das Theorem für jede Fläche X vom Geschlecht $g = 1$. Denn es gibt eine Uniformisierung $\eta : \mathbb{C} \to X$ mit $\eta(0) = P$. Man hebt u_1, u_2 zu Wegen v_1, v_2 in $\mathbb{C}$ hoch, die in 0 beginnen. Seien a_1, a_2 ihre Endpunkte. Mit jedem Weg v von 0 nach $a_1 + a_2$ gilt (1) für $u := \eta \circ v$ wegen $\eta^* \omega = c\,dz$ mit $c \in \mathbb{C}$. □

14.1.2 Das Abelsche Additionstheorem. Abel befaßte sich in seinem Mémoire von 1826, das wir in 7.5.3 erwähnten, mit dem Problem, ein dem Eulerschen entsprechendes Additionstheorem für holomorphe Differentialformen $\omega = R(z,w)dz$ zu gewinnen, wenn z und w durch eine beliebige irreduzible, polynomiale Gleichung $F(z,w) = 0$ verbunden sind. Er entdeckte, daß man bei beliebig vielen Summanden auf der linken Seite von 14.1.1(1) rechts eine Summe von g Integralen benötigt, wobei g nur von F abhängt. In Riemanns Deutung ist g das Geschlecht der durch $F(z,w) = 0$ definierten Fläche X, und das *Abelsches Additionstheorem* lautet:

Auf einer Fläche X vom Geschlecht $g \geq 1$ seien n Wege $u_1, \ldots, u_n$ gegeben, die im selben Punkt P beginnen. Dann gibt es g Wege $v_1, \ldots, v_g$, die ebenfalls in P beginnen, mit

$$\sum_{j=1}^{n} \int_{u_j} \omega = \sum_{k=1}^{g} \int_{v_k} \omega \quad \textit{für alle } \omega \in \mathcal{E}_1(X).$$

Beweis. Sei Q_j der Endpunkt von u_j. Für $n \leq g$ ist nichts zu beweisen. Für $n > g$ folgt aus der Riemannschen Ungleichung

$$l(\textstyle\sum Q_i - P) \geq n - 1 - g + 1 > 0.$$

Daher gibt es Punkte $P_1, \ldots, P_{n-1}$, so daß

$$Q_1 - P_1 + \ldots + Q_{n-1} - P_{n-1} + Q_n - P$$

ein Hauptdivisor ist. Wir wählen Wege v_j von P nach P_j. Nach der Abelschen Relation 7.5.3 gibt es eine Schleife v von P nach P mit

$$\int_{u_1} \omega - \int_{v_1} \omega + \ldots + \int_{u_{n-1}} \omega - \int_{v_{n-1}} \omega + \int_{u_n} \omega = \int_v \omega \quad \text{für } \omega \in \mathcal{E}_1(X).$$

Wenn man v_{n-1} durch $v \cdot v_{n-1}$ ersetzt, folgt $\sum_{j=1}^{n} \int_{u_j} \omega = \sum_{j=1}^{n-1} \int_{v_j} \omega$ und damit der Induktionsschritt zum Beweis des Additionstheorems. □

Dieses Theorem, welches Abel 1829 kurz vor seinem Tode auf zwei Seiten zusammengefaßt auch in Crelles Journal veröffentlichte, wurde seinerzeit sehr bewundert und mit dem geflügelten Wort des Dichters Horaz [Ode III, 30] ein „monumentum aere perennius" genannt, vgl. [Bj], S. 123. Für eine ausführliche Würdigung des Mémoires siehe [Sha 1], S. 416.

14.1.3 Die Umkehrung Abelscher Integrale. Jacobi befaßte sich in zwei Abhandlungen [Ja] II, Nr. 2 und 4, die 1832 und 1834/35 in Crelles Journal (Band 9 und 13) erschienen, mit der Umkehrung Abelscher Integrale: Zunächst verwarf er die Umkehrung einzelner Integrale $\int \omega$ als *absurd*, da die Periodengruppe $\text{Per}(\omega)$ für $g \geq 2$ dicht in $\mathbb{C}$ liegt, siehe Aufgabe 7.9.8. Durch Abels Resultate angeregt schlug er statt dessen vor, g-fache Summen

$\int_a^{z_1} \omega + \ldots + \int_a^{z_g} \omega$ zu betrachten und zwar nicht nur für eine, sondern für alle holomorphen Differentialformen ω gleichzeitig. Er führte dies für hyperelliptische Gleichungen $w^2 = p(z)$ mit einem Polynom p vom Grade 5 oder 6 näher aus. Dann liegt das Geschlecht $g = 2$ vor. Dementsprechend sind zwei Summen mit je zwei Summanden zu betrachten:

$$\int_a^{z_1} \frac{dz}{\sqrt{p(z)}} + \int_a^{z_2} \frac{dz}{\sqrt{p(z)}} = u_1 \quad , \quad \int_a^{z_1} \frac{zdz}{\sqrt{p(z)}} + \int_a^{z_2} \frac{zdz}{\sqrt{p(z)}} = u_2 \, .$$

Die beiden Integranden bilden eine Basis des Vektorraums der holomorphen Differentialformen. Jacobi behauptet, daß die oberen Grenzen z_1 und z_2 (genauer ihre symmetrischen Funktionen wie $z_1 + z_2$, $z_1 z_2$) vierfach periodische Funktionen der beiden Variablen u_1, u_2 seien. Er gibt an, wie man die Perioden aus den Nullstellen von $p(z)$ berechnet und schlägt vor, die Umkehrfunktionen, welche er Abelsche Transzendenten nennt, durch *Thetareihen* in u_1, u_2 darzustellen, siehe dazu das 16. Kapitel.

14.1.4 Abelsche Funktionen. Jacobis Ideen wurden von seinen Schülern in Spezialfällen genauer ausgeführt. Aber erst nach 25 Jahren gelang es Riemann, mit der Abhandlung [Ri 3] eine allgemeine Theorie Abelscher Funktionen (so wurden mittlerweile die Abelschen Transzendenten genannt) zu entwickeln. Als Grundlage wählt er bei einer Fläche X vom Geschlecht g eine Basis $\omega_1, \ldots, \omega_g$ aller holomorphen Differentialformen und bildet die g-Tupel $(\int_u \omega_1, \ldots, \int_u \omega_g) \in \mathbb{C}^g$ für gemeinsame Integrationswege u. Anders als $\mathrm{Per}(\omega) < \mathbb{C}$ liegt

$$\Omega := \left\{ \left(\int_u \omega_1, \cdots, \int_u \omega_g \right) : u \text{ Schleife in } X \right\} < \mathbb{C}^g$$

niemals dicht, sondern ist ein Gitter vom Rang $2g$, welches das Periodengitter elliptischer Integrale $(g = 1)$ verallgemeinert. Eine Basis von Ω beschreibt Riemann, indem er u die $2g$ Rückkehrschnitte einer kanonischen Zerschneidung von X durchlaufen läßt. Zu X gehören als Abelsche Funktionen die Ω-periodischen meromorphen Funktionen auf $\mathbb{C}^g$.

Das Rechnen modulo Ω ersetzen wir durch die Bildung der Faktorgruppe $\mathbb{C}^g/\Omega$, die mit der von $\mathbb{C}^g$ induzierten topologischen und holomorphen Struktur zu einer kompakten Mannigfaltigkeit der komplexen Dimension g wird. Sie ist zum $2g$-fachen Produkt $S^1 \times \ldots \times S^1$ der Kreislinie homöomorph, vergleiche 4.4.6, und wird zur Erinnerung an Jacobis Verdienste *Jacobischer Periodentorus* $J(X)$ der Fläche X genannt.

14.2 Perioden. Abelsches Theorem

Im folgenden wird die Abelsche Relation 7.5.3 im umfassenderen Abelschen Theorem aufgehen, das ein notwendiges und *hinreichendes* Integralkriterium für die lineare Äquivalenz von Divisoren angibt.– Mit X wird eine kompakte, zusammenhängende Fläche vom Geschlecht $g \geq 1$ bezeichnet.

14.2.1 Das Periodengitter. Die Integrationspaarung
(1) $\qquad H_1(X) \times \mathcal{E}_1(X) \to \mathbb{C}, (a,\omega) \mapsto \langle a, \omega \rangle := \int_a \omega$
von 7.7.3 bestimmt den additiven Homomorphismus
(2) $\qquad \iota : H_1(X) \to \mathcal{E}_1(X)^*, \iota(a)(\omega) := \langle a, \omega \rangle$ für $\omega \in \mathcal{E}_1(X)$,
in den zu $\mathcal{E}_1(X)$ dualen komplexen Vektorraum $\mathcal{E}_1(X)^*$.

Satz. *Durch ι wird $H_1(X)$ als Gitter vom Rang $2g$ in $\mathcal{E}_1(X)^*$ eingebettet.*

Beweis. Sei $a_1, \ldots, a_{2g}$ eine Basis der freien abelschen Gruppe $H_1(X)$. Alle additiven Homomorphismen $H_1(X) \to \mathbb{R}$ bilden einen reellen Vektorraum $H^1(X, \mathbb{R})$ der Dimension $2g$. Nach der Folgerung in 10.1.2 ist
$$\mathcal{E}_1(X) \to H^1(X, \mathbb{R}), \omega \mapsto \operatorname{Im} \langle -, \omega \rangle,$$
injektiv, also ein reeller Isomorphismus wegen $\dim_\mathbb{R} \mathcal{E}_1(X) = 2g$. Somit gibt es eine $\mathbb{R}$-Basis $(\omega_1, \ldots, \omega_{2g})$ von $\mathcal{E}_1(X)$, so daß $\operatorname{Im}\langle a_j, \omega_k \rangle = \delta_{jk}$ ist. Daraus folgt: Die Elemente $\iota(a_1), \ldots, \iota(a_{2g}) \in \mathcal{E}_1(X)^*$ sind $\mathbb{R}$-linear unabhängig und spannen daher ein Gitter vom maximalen Rang $2g$ auf. $\square$

14.2.2 Abelsche Abbildung, Periodentorus und Periodenabbildung.
Sei $\eta : Z \to X$ die Uniformisierung mit $Z = \mathbb{C}$ für $g = 1$ und $Z = \mathbb{H}$ für $g \geq 2$. Sei $Q_0 \in Z$ ein Basispunkt. Zu jedem $\omega \in \mathcal{E}_1(X)$ gehört genau eine Stammfunktion $h_\omega \in \mathcal{O}(Z)$ von $\eta^*\omega$ mit dem Wert $h_\omega(Q_0) = 0$. Wir definieren die *Abelsche Abbildung*
(1) $\qquad h : Z \to \mathcal{E}_1(X)^* \quad durch \quad h(z)(\omega) := h_\omega(z)$.
Für jeden Weg v in Z von z_1 nach z_2 gilt
(2) $\qquad \big(h(z_2) - h(z_1)\big)(\omega) = \int_v \eta^*\omega = \int_{\eta \circ v} \omega$.
Wenn z_1 und z_2 in derselben η-Faser liegen, ist $u := \eta \circ v$ eine Schleife, und aus (2) folgt
(3) $\qquad h(z_2) - h(z_1) = \operatorname{kl} u \in H_1(X) \subset \mathcal{E}_1(X)^*$.
Wir benutzen $P_0 = \eta(Q_0)$ als Basispunkt in X und identifizieren die Deckgruppe $\mathcal{D}(\eta) = \pi(X, P_0)$ mit der Fundamentalgruppe, siehe 3.6.3. Dadurch wird $H_1(X) = \mathcal{AD}(\eta)$ zur abelsch gemachten Deckgruppe, und (3) bedeutet
(4) $\qquad h \circ \gamma = \mathcal{A}(\gamma) + h \quad \text{für alle } \gamma \in \mathcal{D}(\eta)$.
Wir bilden den Restklassen-Epimorphismus
(5) $\qquad p : \mathcal{E}_1(X)^* \to J(X) := \mathcal{E}_1(X)^*/H_1(X)$.

Zunächst interessiert der *Periodentorus* $J(X)$ nur als abelsche Gruppe. In 14.3 werden wir uns mit seiner topologischen und holomorphen Struktur beschäftigen.

Wegen (3) induziert die Abelsche Abbildung h die *Periodenabbildung* μ, welche folgendes Diagramm kommutativ macht:

$$\begin{array}{ccc} Z & \xrightarrow{h} & \mathcal{E}_1(X)^* \\ \eta \downarrow & & \downarrow p \\ X & \xrightarrow{\mu} & J(X) \; . \end{array}$$

Sie wird zum *Periodenhomomorphismus*

$$\mu : \mathrm{Div}(X) \to J(X), \; \mu(D) := \sum_{x \in X} D(x)\mu(x),$$

der Divisorengruppe $\mathrm{Div}(X)$ fortgesetzt. Alle Hauptdivisoren bilden eine Untergruppe $\mathrm{Div}_H(X) < \mathrm{Div}_0(X) := \{D \in \mathrm{Div}(X) : \mathrm{gr}\, D = 0\}$. Die Abelsche Relation 7.5.3 läßt sich in der Formel $\mu\bigl(\mathrm{Div}_H(X)\bigr) = 0$ zusammenfassen. Tatsächlich werden die Hauptdivisoren D durch $\mathrm{gr}\, D = 0$ und $\mu(D) = 0$ *charakterisiert*, siehe 14.2.4.

Für zwei Abelsche Abbildungen h und h' zu verschiedenen Basispunkten ist $w := h' - h$ eine konstanter Vektor in $\mathcal{E}_1(X)^*$. Für die entsprechenden Periodenhomomorphismen folgt $(\mu' - \mu)(D) = \mathrm{gr}\, D \cdot p(w)$, insbesondere $\mu'(D) = \mu(D)$ für $D \in \mathrm{Div}_0(X)$.

14.2.3 Die exakte Periodensequenz. Wir wählen eine kanonische Zerschneidung der Fläche X mit den Rückkehrschnitten $a_1, b_1, \ldots, a_g, b_g$ gemäß 12.4.1 und 12.3.1. Ihre Homologieklassen, die wir mit denselben Buchstaben bezeichnen, bilden eine Basis des Gitters $H_1(X) < \mathcal{E}_1(X)^*$.

Lemma. *Folgende Sequenz $\mathbb{C}$-linearer Abbildungen ist exakt:*

(1) $\quad\quad\quad 0 \to \mathcal{E}_1(X) \xrightarrow{\varepsilon} \mathbb{C}^{2g} \xrightarrow{\kappa} \mathcal{E}_1(X)^* \longrightarrow 0 \quad\quad\quad\text{mit}$

(2) $\quad\quad\quad \varepsilon(\omega) := (\langle a_1, \omega \rangle, \langle b_1, \omega \rangle, \ldots, \langle a_g, \omega \rangle, \langle b_g, \omega \rangle) \quad \text{und}$

(3) $\quad\quad\quad \kappa(z_1, w_1, \ldots, z_g, w_g) := \sum_{j=1}^{g} (w_j a_j - z_j b_j).$

Beweis. Wegen $\dim \mathcal{E}_1(X) = \dim \mathcal{E}_1(X)^* = g$ genügt es zu zeigen, daß ε monomorph und κ epimorph ist sowie $\kappa \circ \varepsilon = 0$ gilt. Aus $\varepsilon(\omega) = 0$ folgt $\omega = 0$, siehe Satz 7.7.4. Nach Satz 14.2.1 bilden die Elemente $a_1, \ldots, b_g$ eine reelle Basis von $\mathcal{E}_1(X)^*$. Daher ist κ surjektiv. Die letzte Behauptung $\kappa \circ \varepsilon = 0$ ist ein Spezialfall der Periodenrelation 12.5.4. $\square$

14.2.4 Abelsches Theorem. *Die Gruppe $\mathrm{Div}_H(X)$ aller Hauptdivisoren ist der Kern des Periodenhomomorphismus $\mu : \mathrm{Div}_0(X) \to J(X)$.*

Wie Weyl [Wyl 1], S. 126, Fußnote, bemerkt, steht dieses Ergebnis in [Ri 3] „zwischen den Zeilen" und wurde explizit (aber ohne zureichenden Beweis) durch Clebsch in [Cle], S. 198, ausgesprochen. Obwohl Abel nur $\mathrm{Div}_H(X) < \mathrm{Kern}\,\mu$ bewies, folgen wir Weyls Vorschlag und benennen das ganze Theorem nach Abel.

Beweis. Sei $D \in \mathrm{Div}_0(X)$. Nach 13.6.4 gibt es eine Form $\varphi \in \mathcal{E}_3(X)$ mit den Residuen $\mathrm{res}\,(\varphi, x) = D(x)$ für $x \in X$. Sie ist durch D bis auf die Addition einer Form $\omega \in \mathcal{E}_1(X)$ eindeutig bestimmt. Genau dann, wenn $D = (f)$ ein Hauptdivisor ist, kann man $\varphi = df/f$ als logarithmische Ableitung wählen. Nach 7.8.3(3) ist letzteres genau dann der Fall, wenn alle Perioden von φ ganzzahlige Vielfache von $2\pi i$ sind. Somit reduziert sich das Abelsche Theorem auf die Aussage:

(∗) *Genau dann wenn $\mu(D) = 0$ ist, gibt es ein $\varphi \in \mathcal{E}_3(X)$ mit
$\mathrm{res}(\varphi, x) = D(x)$ für $x \in X$ und $\mathrm{Per}(\varphi) < 2\pi i \mathbb{Z}$.*

Zum Beweis von (∗) benutzen wir eine kanonische Zerschneidung, deren Rückkehrschnitte $a_1, b_1, \ldots, a_g, b_g$ den Träger von D nicht treffen, siehe 12.5.1. Aus 14.2.2 folgt $\mu(D) = p(c)$, wobei $c \in \mathcal{E}_1(X)^*$ dadurch bestimmt ist, daß

(1) $\qquad c(\omega) = \sum_{z \in \Delta} D(\eta(z)) \cdot h_\omega(z)$ *für* $\omega \in \mathcal{E}_1(X)$

gilt. Summiert wird über alle Punkte eines kanonischen Polygons $\Delta \subset Z$ der Zerschneidung, vergleiche 12.5.2. Nach der Periodenrelation 12.5.4(1) gilt

(2) $\qquad 2\pi i\, c(\omega) = \sum_{j=1}^{g} (\langle a_j, \omega \rangle \langle b_j, \varphi \rangle - \langle a_j, \varphi \rangle \langle b_j, \omega \rangle)$ *für* $\omega \in \mathcal{E}_1(X)$.

Wenn alle Perioden $\langle a_j, \varphi \rangle$ und $\langle b_j, \varphi \rangle$ in $2\pi i \mathbb{Z}$ liegen, ist c die entsprechende ganzzahlige Linearkombination von $a_1, b_1, \ldots, a_g, b_g$, also $c \in H_1(X)$ und damit $\mu(D) = p(c) = 0$. Damit ist die Abelsche Relation 7.5.3 erneut bewiesen.– Wenn umgekehrt $\mu(D) = 0$ vorausgesetzt wird, ist $c \in H_1(X)$, also $c = \sum(\beta_j a_j - \alpha_j b_j)$ mit $\alpha_j, \beta_j \in \mathbb{Z}$. Aus (2) folgt

(3) $\qquad \sum_{j=1}^{g} \left((2\pi i \beta_j - \langle b_j, \varphi \rangle) a_j - (2\pi i \alpha_j - \langle a_j, \varphi \rangle) b_j \right) = 0$.

Wegen der exakten Sequenz 14.2.3(1) liegt der Vektor
$(2\pi i \alpha_1 - \langle a_1, \varphi \rangle, 2\pi i \beta_1 - \langle b_j, \varphi \rangle, \ldots, 2\pi i \alpha_g - \langle a_g, \varphi \rangle, 2\pi i \beta_g - \langle b_g, \varphi \rangle) \in \mathbb{C}^{2g}$
im Kern von κ und somit im Bild von ε. Es gibt ein $\omega \in \mathcal{E}_1(X)$ mit $\langle a_j, \varphi + \omega \rangle = 2\pi i \alpha_j$ und $\langle b_j, \varphi + \omega \rangle = 2\pi i \beta_j$. Damit ist $\mathrm{Per}\,(\varphi + \omega) < 2\pi i \mathbb{Z}$ erreicht. Weil wir φ durch $\varphi + \omega$ ersetzen dürfen, ist (∗) bewiesen. □

14.2.5 Linearscharen. Sei $X_n \subset \mathrm{Div}(X)$ die Menge aller positiven Divisoren vom Grade $n \geq 1$, vgl. 8.1.4. Sei $\mu_n : X_n \to J(X)$ die Einschränkung des Periodenhomomorphismus $\mu : \mathrm{Div}(X) \to J(X)$.

Satz. *Die Faser der Periodenabbildung μ_n, welche den Divisor D enthält, ist die vollständige Linearschar $|D|$. Die Abbildung $\mu_1 : X \to J(X)$ ist injektiv.*

Denn für jedes $C \in X_n$ gilt $\mu_n(C) = \mu_n(D)$ genau dann, wenn $C - D$ ein Hauptdivisor ist (Abelsches Theorem), also $C \in |D|$ ist. Für $n = 1$ folgt $C = D$, weil sonst $X \approx \widehat{\mathbb{C}}$ wäre . □

Die Teilmengen $W_n := \mu(X_n) \subset J(X)$ spielen eine wichtige Rolle, wenn man die Divisoren und Funktionen auf der Fläche X anhand des Periodentorus $J(X)$ studieren will. Man setzt $W_n = \emptyset$, wenn $n < 0$ ist.

14.2.6 Die Dimension der Divisoren. *Für jeden Divisor D vom Grade n gilt:*
$$\dim|D| \geq s \Leftrightarrow \mu(D) - W_s \subset W_{n-s}.$$

Beweis. Die rechte Seite ist äquivalent zu: Zu jedem $A \in X_s$ gibt es ein $B \in X_{n-s}$, so daß $\mu(D) = \mu(A+B)$ ist. Nach dem Abelschen Theorem ist $\mu(D) = \mu(A+B)$ zu $A+B \in |D|$ äquivalent. Mit dem Satz 8.1.5 über die Freiheitsgrade folgt die Behauptung. □

Alle kanonischen Divisoren $K \in X_{2g-2}$ haben denselben Periodenwert $k := \mu(K)$. Da $l(K) = g$ ist, folgt
$$(1) \qquad k - W_{g-1} = W_{g-1}.$$

14.3 Analytische Eigenschaften der Periodenabbildung

Um die Surjektivität des Periodenhomomorphismus $\mu : \mathrm{Div}(X) \to J(X)$ zu beweisen, wird die topologische und analytische Struktur des *Periodentorus* $J(X)$ benötigt.– Wie bisher bezeichnet X eine kompakte zusammenhängende Fläche vom Geschlecht $g \geq 1$.

14.3.1 Der Periodentorus als Mannigfaltigkeit. Durch die Wahl einer Basis $\omega_1, \ldots, \omega_g$ von $\mathcal{E}_1(X)$ werden die $\mathbb{C}$-Vektorräume identifiziert:
$$(1) \qquad \mathcal{E}_1(X)^* \cong \mathbb{C}^g, \ c \mapsto \bigl(c(\omega_1), \ldots, c(\omega_g)\bigr).$$
Das Bild von $H_1(X)$ in $\mathcal{E}_1(X)^*$ ist das Gitter
$$(2) \qquad \Omega := \{(\langle a, \omega_1\rangle, \ldots, \langle a, \omega_g\rangle) : a \in H_1(X)\} < \mathbb{C}^g.$$
Wir versehen die Faktorgruppe $\mathbb{C}^g/\Omega$ mit der Quotiententopologie und der holomorphen Quotientenstruktur bezüglich der Restklassen-Projektion $p : \mathbb{C}^g \to \mathbb{C}^g/\Omega$. Da das Gitter Ω den maximalen Rang $2g$ hat (Satz 14.2.1), ist $\mathbb{C}^g/\Omega$ ein Torus der komplexen Dimension g, siehe 4.4.6, und p wird zu einer unverzweigten, universellen holomorphen Überlagerung mit der Deckgruppe $\mathcal{D}(p) = \Omega \cong H_1(X)$.

Mit dem durch (1)-(2) induzierten Gruppenisomorphismus $J(X) \cong \mathbb{C}^g/\Omega$ wird die topologische und holomorphe Struktur von $\mathbb{C}^g/\Omega$ auf den *Periodentorus* $J(X)$ übertragen. Die Übertragung hängt nicht von der Basiswahl $\omega_1, \ldots, \omega_g$ ab, da ein Basiswechsel sich nur als Vektorraum-Automorphismus von $\mathbb{C}^g$ auswirkt. Das kommutative Diagramm in 14.2.2 wird zu

$$\begin{array}{ccc} Z & \xrightarrow{h} & \mathbb{C}^g \\ \eta \downarrow & & \downarrow p \\ X & \xrightarrow{\mu} & J(X). \end{array}$$

Dabei sind η und p universelle Überlagerungen, und p ist außerdem ein Homomorphismus der additiven Gruppen mit dem Kern Ω. Die Komponenten von $h = (h_1, \ldots, h_g)$ sind die Stammfunktionen von $\eta^* \omega_j$, welche im Basispunkt $Q_0 \in Z$ den Wert Null haben. Insbesondere ist h und damit die

14.3 Analytische Eigenschaften der Periodenabbildung   277

Periodenabbildung μ holomorph. Da η und p lokal biholomorph sind, hat μ an jeder Stelle $\eta(Q)$ denselben Rang wie h an der Stelle Q.

Satz. *Die Periodenabbildung $\mu : X \to J(X)$ ist eine holomorphe Einbettung und daher für $g = 1$ ein Isomorphismus.*

Beweis. Wegen 14.2.5 muß nur gezeigt werden, daß h überall den Rang 1 hat: Nach 13.2.1(2) hat an jeder Stelle $z \in Z$ mindestens eine Differentialform $\eta^*\omega_j$ keine Nullstelle. Dann hat die Komponente h_j dort den Rang 1. □

Insbesondere folgt erneut und zwar unabhängig von früheren Beweisen, daß jede Fläche vom Geschlecht 1 zu einem Torus isomorph ist.

14.3.2 Der Rang der Periodenabbildung. Um den letzten Satz auf Divisoren zu verallgemeinern, betrachten wir das n-fache kartesische Produkt $X^n = X \times \ldots \times X$ und die Summe der Periodenabbildungen

$$\mu^n : X^n \to J(X),\, \mu^n(x_1, \ldots, x_n) := \mu(x_1) + \ldots + \mu(x_n).$$

Ranglemma. *Wenn die Punkte $P_1, \ldots, P_n \in X$ paarweise verschieden sind, hat μ^n an der Stelle $(P_1, \ldots, P_n) \in X^n$ den Rang $g - i(D) = 1 + n - l(D)$, wobei $D := P_1 + \ldots + P_n$ die Summe der Punktdivisoren ist.*

Wenn man das kartesische durch das symmetrische Produkt X_n ersetzt, kann die Voraussetzung „paarweise verschieden" entfallen, siehe 14.4.7.

Beweis. Da die Punkte P_j paarweise verschieden sind, gehört $\omega \in \mathcal{E}_1(X)$ genau dann zum Untervektorraum $\mathcal{L}^1(-D)$, wenn $P_1, \ldots, P_n$ Nullstellen von ω sind. Sei $r = i(D) = \dim \mathcal{L}^1(-D)$. Wir wählen eine Basis $\omega_1, \ldots, \omega_r$ von $\mathcal{L}^1(-D) \subset \mathcal{E}_1(X)$, ergänzen sie durch $\omega_{r+1}, \ldots, \omega_g$ zu einer Basis von $\mathcal{E}_1(X)$ und benutzen letztere, um $\mathcal{E}_1(X)^*$ mit $\mathbb{C}^g$ zu identifizieren. Mit den Komponenten der Abelschen Abbildung $h = (h_1, \ldots, h_g) : Z \to \mathbb{C}^g$ definieren wir die Summenabbildung

$$h^n : Z^n \to \mathbb{C}^g,\, (z_1, \ldots, z_n) \mapsto \left(\sum_j h_1(z_j), \ldots, \sum_j h_g(z_j)\right).$$

Sie hat für $\eta(Q_j) = P_j$ bei $Q := (Q_1, \ldots, Q_n)$ denselben Rang wie μ^n bei $P := (P_1, \ldots, P_n)$. Um ihn zu bestimmen, bilden mit den Ableitungen $\eta^*\omega_j = dh_j = h'_j dz$ bezüglich der Koordinate z auf $Z = \mathbb{H}$ oder $= \mathbb{C}$ die Funktionalmatrix von h^n

$$M := \begin{pmatrix} h'_1(z_1) & \cdots & h'_1(z_n) \\ \vdots & & \vdots \\ h'_g(z_1) & \cdots & h'_g(z_n) \end{pmatrix}$$

und berechnen ihren Rang an der Stelle Q. Wegen $\omega_1, \ldots, \omega_r \in \mathcal{L}^1(-D)$ bestehen die ersten r Zeilen von M aus Nullen. Die übrigen Zeilen sind linear unabhängig. Denn wenn eine Linearkombination dieser Zeilen die Nullzeile ergibt, ist die entsprechende Linearkombination von $\omega_{r+1}, \ldots, \omega_g$ eine Differentialform mit den Nullstellen $P_1, \ldots, P_n$ und gehört also zu $\mathcal{L}^1(-D)$. Wegen der Basisergänzung müssen alle Koeffizienten der Linearkombination $= 0$ sein. Somit hat M bei Q den Rang $g - r$. Aus (RR) folgt $g - i(D) = 1 + n - l(D)$. □

14.3.3 Surjektivität. *Der Periodenhomomorphismus* $\mu: \mathrm{Div}_0(X) \to J(X)$ *und die Periodenabbildungen* $\mu_n: X_n \to J(X)$ *für* $n \geq g$ *sind surjektiv.*

Beweis. Alle g-Tupel $(P_1, \ldots, P_g)$ paarweise verschiedener Punkte $P_j \in X$, deren Divisoren $D = P_1 + \ldots + P_g$ allgemein sind, bilden nach Satz 13.6.2 eine offene, nicht-leere (sogar dichte) Teilmenge $U \subset X^g$. Wegen $i(D) = 0$ folgt mit dem Ranglemma, daß $\mu^g | U$ überall den maximalen Rang g hat. Daher ist $\mu^g(U) \subset J(X)$ offen und $\neq \emptyset$. Jedes $w \in J(X)$ läßt sich als $w = q \cdot (v_1 - v_0)$ mit $q \in \mathbb{N}$ und $v_0, v_1 \in \mu^g(U)$ darstellen. Es gibt also Divisoren $D_0, D_1 \in X_g$, so daß $w = \mu(qD_1 - qD_0) \in \mu\bigl(\mathrm{Div}_0(X)\bigr)$ liegt.

Zur Surjektivität von μ_n für $n \geq g$: Wegen $\mu(P_0) = 0$ für den Basispunkt P_0 genügt es, zu jedem $D \in \mathrm{Div}_0(X)$ eine Funktion $f \neq 0$ zu finden, so daß $D + nP_0 + (f) \geq 0$ ist. Wegen (RR) ist $l(D + nP_0) \geq n - g + 1 \geq 1$. Daher enthält $\mathcal{L}(D + nP_0)$ Funktionen $f \neq 0$. □

14.3.4 Die Picardsche Gruppe der Fläche X ist die Faktorgruppe $\mathrm{Div}_0(X)/\mathrm{Div}_H(X)$. Das Abelsche Theorem 14.2.4 läßt sich mit der Surjektivität $\mu\bigl(\mathrm{Div}_0(X)\bigr) = J(X)$ gemäß 14.3.3 zusammenfassen:

Theorem von Abel-Jacobi. *Die Periodenabbildung induziert einen Isomorphismus* $\mathrm{Div}_0(X)/\mathrm{Div}_H(X) \to J(X)$ *der abelschen Gruppen.* □

14.3.5 Jacobischer Umkehrsatz. Sei $X_g^0 = \{D \in X_g : \dim |D| = 0\}$ und $X_g^1 = \{D \in X_g : \dim |D| \geq 1\}$, also $X_g = X_g^0 \uplus X_g^1$. Nach 13.6.2 liegt X_g^0 dicht und offen in X_g; aber für $g \geq 2$ ist $X_g^1 \neq \emptyset$, weil für jeden Weierstraß-Punkt P der Divisor $gP \in X_g^1$ ist. Sei $W_g^j := \mu(X_g^j)$ und $W_n := \mu(X_n)$.

Umkehrsatz. (1) *Durch* μ *wird* X_g^0 *bijektiv auf* W_g^0 *abgebildet.*
(2) $\qquad\qquad\qquad J(X) = W_g^0 \uplus W_g^1$.
(3) $\qquad\qquad W_g^1 = \{\varepsilon \in J(X) : \varepsilon - W_1 \subset W_{g-1}\}$.
(4) *Jeder Divisor* $S \in X_g^0$ *hat den Träger*
$$\mathrm{Tr}(S) = \{P \in X : \mu(S - P) \in W_{g-1}\}.$$

Beweis. (1) folgt aus 14.2.5.
Zu (2). Da μ_g surjektiv ist, gilt $J(X) = W_g^0 \cup W_g^1$. Wenn es zwei Divisoren $D_j \in X_g^j$ mit $\mu(D_0) = \mu(D_1)$ gäbe, wären D_0 und D_1 linear äquivalent. Insbesondere wäre $1 = l(D_0) = l(D_1) \geq 2$.
Zu (3). Es gibt einen Divisor $E \in X_g$ mit $\mu(E) = \varepsilon$. Die Bedingung $\varepsilon - W_1 \subset W_{g-1}$ ist nach 14.2.6 zu $E \in X_g^1$ äquivalent.
Zu (4): Die Inklusion $\subset$ ist trivial. Umgekehrt folgt aus $\mu(S - P) \in W_{g-1}$, daß es einen Divisor $B \in X_{g-1}$ gibt, für den $\mu(S) = \mu(P + B)$ ist. Da $\mu|X_g^0$ injektiv ist, folgt $S = P + B$, also $P \in \mathrm{Tr}(S)$. □

Beispiel. Für $g = 2$ ist die zu $\widehat{\mathbb{C}}$ isomorphe kanonische Schar $\mathcal{K}$ eine μ_2-Faser. Alle anderen Fasern sind einpunktig. Das symmetrische Produkt X_2 entsteht also aus dem Torus $J(X)$, indem man einen Punkt zur Zahlenkugel „aufbläst".

14.3.6 Inklusionen von W-Mengen. *Für $0 \leq r \leq g-1$ gilt*

(1) $\quad W_{g-r-1} = \{\alpha \in J(X) : \alpha + W_r \subset W_{g-1}\} = \bigcap_{\beta \in W_r} (-\beta + W_{g-1})$.

Beweis. Die zweite Gleichung und die Inklusion $W_{g-r-1} \subset \ldots$ sind trivial. Zum Beweis der umgekehrten Inklusion zeigen wir: *Aus $\alpha + W_r \subset W_{g-1}$ folgt $\alpha \in W_{g-r-1}$.* Wir benutzen den Basispunkt $P_0 \in X$ mit $\mu(P_0) = 0$. Für alle n ist $0 = \mu(nP_0) \in W_n$. Daher ist $\alpha \in W_{g-1}$, d.h. es gibt ein $A \in X_{g-1}$ mit $\mu(A) = \alpha$. Die Behauptung $\alpha = \mu(A - rP_0) \in W_{g-r-1}$ folgt, sobald $l(A - rP_0) \geq 1$ ist: Wir benutzen einen kanonischen Divisor K mit $\mu(K) = k$ und $W_{g-1} = k - W_{g-1}$, vgl. 14.2.6(1). Wegen $\alpha + W_r \subset W_{g-1}$ gilt dann $\mu(K - A + rP_0) - W_r \subset W_{g-1}$, also $l(K - A + rP_0) \geq r + 1$ nach 14.2.6 und somit $l(A - rP_0) \geq 1$ nach (RR). □

Für die Ausnahmemenge des Umkehrsatzes in 14.3.5 folgt

(2) $\qquad\qquad\qquad W_g^1 = k - W_{g-2}$.

Beweis. Für jedes $\varepsilon \in J(X)$ gilt nach 14.2.6 und (1): $\quad \varepsilon \in W_g^1 \Leftrightarrow \varepsilon - W_1 \subset W_{g-1} = k - W_{g-1} \Leftrightarrow k - \varepsilon + W_1 \subset W_{g-1} \Leftrightarrow k - \varepsilon \in W_{g-2}$. □

Wegen (1) entsteht aus der Dimensionsabschätzung 14.2.6 für $n = g-1$ die

Folgerung. *Für jeden Divisor $D \in X_{g-1}$ ist $\dim|D| \geq s$ äquivalent zu: $\mu(D) + W_s - W_s \subset W_{g-1}$, d.h. $\mu(D) + x - y \in W_{g-1}$ für alle $(x, y) \in W_1 \times W_1$.*
□

14.3.7 Durchschnitte und Vereinigungen von W-Mengen. Das nächste Ergebnis interessiert nur in 16.5.4 als Hilfsmittel für den Beweis des Satzes von Torelli. Wir benutzen k wie in 14.2.6(1).

Für $0 \leq r \leq g-2$, $(x, y) \in W_1 \times W_{g-r-1}$ und $W_{r+1} \not\subset x - y + W_{g-1}$ gilt

(1) $\quad (x - y + W_{g-1}) \cap W_{r+1} = (x + W_r) \cup (W_{r+1} \cap (k - y - W_{g-2}))$.

Beweis. Sei $x = \mu(P)$ für $P \in X$, und sei $y = \mu(D)$ für $D \in X_{g-r-1}$. Dann ist $P \notin \mathrm{Tr}(D)$. Denn sonst wäre $y - x \in W_{g-r-2}$, somit
$$W_{r+1} = x - y + y - x + W_{r+1} \subset x - y + W_{g-r-2} + W_{r+1} \subset x - y + W_{g-1}.$$
Wir zeigen nun, daß bei (1) die linke in der rechten Seite enthalten ist: Sei $u \in (x - y + W_{g-1}) \cap W_{r+1}$, also $u = \mu(P - D + D') = \mu(D'')$ mit $D' \in X_{g-1}$ und $D'' \in X_{r+1}$. Mit dem Abelschen Theorem folgt die lineare Äquivalenz $P - D + D' \sim D''$. Wenn $P - D + D' = D''$ ist, gilt $P \in \mathrm{Tr}(D'')$ wegen $P \notin \mathrm{Tr}(D)$, also $D'' = P + C$ mit $C \in X_r$. Es folgt $u \in x + W_r$. Wenn $P + D' \neq D + D''$ ist, enthält $|P + D'|$ mindestens zwei Divisoren; also ist $\dim|P + D'| \geq 1$, d.h. $P + D' \in X_g^1$, somit $u + y = \mu(P + D') \in W_g^1 = k - W_{g-2}$, vgl. 14.3.6(2).

Zur Inklusion der rechten in der linken Seite von (1): Es ist $x + W_r \subset W_{r+1}$, $x + W_r = x - y + y + W_r \subset x - y + W_{g-r-1} + W_r \subset x - y + W_{g-1}$ und $k - y - W_{g-2} = k - x + (x - y) - W_{g-2} \subset k + (x - y) - W_{g-1} = x - y + W_{g-1}$. □

14.4 Symmetrische Produkte

Wir versehen das *symmetrische Produkt* X_n der kompakten, zusammenhängenden Riemannschen Fläche X vom Geschlecht $g \geq 1$ mit der Struktur einer komplexen Mannigfaltigkeit und berechnen für jeden Divisor $D \in X_n$ den Rang der Periodenabbildung $\mu_n : X_n \to J(X)$ an der Stelle D.

14.4.1 Tangentialräume und -homomorphismen. Sei a ein Punkt der n-dimensionalen komplexen Mannigfaltigkeit M. Analog zu 3.4.1 definieren wir den Ring $\mathcal{O}_a := \mathcal{O}_{M,a}$ der holomorphen Funktionenkeime: Seien U und V zwei Umgebungen von a. Zwei Funktionen $f \in \mathcal{O}(U)$ und $g \in \mathcal{O}(V)$ heißen äquivalent, wenn sie auf einer Umgebung W mit $a \in W \subset U \cap V$ übereinstimmen. Die Keime bilden eine $\mathbb{C}$-Algebra $\mathcal{O}_a$. Wir bezeichnen den durch $f \in \mathcal{O}(U)$ bestimmten Keim ebenfalls mit f. Der Wert $f(a)$ hängt nur vom Keim ab.

Eine $\mathbb{C}$-lineare Abbildung $t : \mathcal{O}_a \to \mathbb{C}$ mit der *Produktregel*
$$t(f \cdot g) = f(a)\,t(g) + g(a)\,t(f)$$
heißt *Derivation*. Wenn f bei a konstant ist, folgt $t(f) = 0$. Alle Derivationen bilden einen $\mathbb{C}$-Vektorraum $T_a(M)$, der *Tangentialraum* von M bei a genannt wird. Offenbar gilt $T_a(U) = T_a(M)$ für jede Umgebung U von a. Jede holomorphe Abbildung $\varphi : (M,a) \to (N,b)$ zwischen komplexen Mannigfaltigkeiten bestimmt die $\mathbb{C}$-lineare Abbildung $T_a(\varphi) : T_a(M) \to T_b(N)$, die durch $T_a(\varphi)(t)(g) := t(g \circ \varphi)$ definiert ist.

(1) Für $(M,a) \xrightarrow{\varphi} (N,b) \xrightarrow{\psi} (L,c)$ gilt $T_a(\psi \circ \varphi) = T_b(\psi) \circ T_a(\varphi)$. □

Daher ist $T_a(\varphi)$ ein Isomorphismus, sobald φ eine Umgebung von a biholomorph auf eine Umgebung von b abbildet.

Sei $z : (U,a) \to (V,0) \subset (\mathbb{C}^n, 0)$ eine Karte mit den Komponentenfunktionen $(z_1, \ldots, z_n)$. Für jeden Keim $f \in \mathcal{O}_{M,a}$ sind die partiellen Ableitungen $\partial f / \partial z_j := \frac{\partial f}{\partial z_j}(a)$ definiert.

Satz. *Die Ableitungen $\partial / \partial z_j : \mathcal{O}_a \to \mathbb{C}$ für $j = 1, \ldots, n$ bilden eine Basis des Tangentialraums $T_a(M)$.*

Beweis. Offenbar gilt $\partial / \partial z_j \in T_a(M)$. Wegen $\partial z_k / \partial z_j = \delta_{kj}$ sind die Ableitungen $\partial / \partial z_1, \ldots, \partial / \partial z_n$ linear unabhängig. Zur Berechnung einer Derivation $t(f)$ benutzt man die Taylor-Entwicklung
$$f = f(a) + \sum_j z_j \cdot \left(\tfrac{\partial f}{\partial z_j}(a) + g_j \right)$$
mit Funktionen g_j, für die $g_j(a) = 0$ ist. Dann folgt $t(f) = \sum \tfrac{\partial f}{\partial z_j}(a) \cdot t(z_j)$, also $t = \sum_j t(z_j) \partial / \partial z_j$. □

Da die Tangentialräume endlichdimensional sind, hat die Tangentialabbildung $T_a(\varphi)$ einen Rang $\mathrm{rg}(\varphi, a) \in \mathbb{N}$. Er wird *Rang von φ bei a* genannt.

14.4.2 Symmetrische Funktionen. Die symmetrische Gruppe $\mathcal{S}_n$ operiert auf $\mathbb{C}^n$ durch Permutation der Koordinaten. Die elementarsymmetrischen Polynome $\sigma_j(z_1, \ldots, z_n)$ werden bekanntlich durch die Identität

(1) $(x-z_1)(x-z_2)\cdots(x-z_n) = x^n - \sigma_1 x^{n-1} + \sigma_2 x^{n-1} - \ldots + (-1)^n \sigma_n$
definiert. Mit den garbentheoretischen Begriffen aus 4.4 gilt der

Satz. *Die Polynome σ_j sind die Komponenten der $\mathcal{S}_n$-Orbitprojektion*
(2) $\qquad \sigma = (\sigma_1, \ldots, \sigma_n) : \mathbb{C}^n \to \mathbb{C}^n.$
Die holomorphe Strukturgarbe $\mathcal{O}$ auf $\mathbb{C}^n$ und ihre Bildgarbe sind gleich,
$$\mathcal{O} = \mathcal{O}_\sigma.$$

Beweis. Nach dem Fundamentalsatz der Algebra ist σ surjektiv, und die σ-Fasern sind die Orbiten der $\mathcal{S}_n$-Operation. Wegen der Folgerung in 1.2.3 ist σ offen, also eine topologische $\mathcal{S}_n$-Orbitprojektion. Aus der Holomorphie von σ folgt $\mathcal{O} \subset \mathcal{O}_\sigma$.
Zum Beweis von $\mathcal{O}_\sigma \subset \mathcal{O}$ benutzen wir die Diskriminante $\Delta(w)$ des Polynoms $x^n - w_1 x^{n-1} + w_2 x^{n-2} - \ldots + (-1)^n w_n$. Sie wird durch $\Delta \circ \sigma(z) := D(z) := \prod_{1 \leq j < k \leq n}(z_j - z_k)^2$ definiert. Die Beschränkung
$$\sigma : Z := \{z \in \mathbb{C}^n : D(z) \neq 0\} \to \{w \in \mathbb{C}^n : \Delta(w) \neq 0\} =: W$$
ist wohldefiniert und nach der Folgerung in 1.2.3 lokal biholomorph. Daher gilt $\mathcal{O}_{\sigma|Z} \subset \mathcal{O}_W$. Daraus folgt $\mathcal{O}_\sigma \subset \mathcal{O}$. Denn nach dem Hebbarkeitssatz der Funktionentheorie mehrerer Variabler ist jede auf einer offenen Menge $V \subset \mathbb{C}^n$ stetige Funktion auf ganz V holomorph, sobald sie außerhalb der Nullstellenmenge von Δ holomorph ist. $\square$

14.4.3 Potenzsummen. Als $\mathcal{S}_n$-Orbitprojektion kann man σ durch
(1) $\quad \pi = (\pi_1, \ldots, \pi_n) : \mathbb{C}^n \to \mathbb{C}^n \quad$ mit $\quad \pi_\nu(z_1, \ldots, z_n) := z_1^\nu + \ldots + z_n^\nu$
ersetzen: *Es gibt zueinander inverse polynomiale Abbildungen*
$$\Phi, \Psi : \mathbb{C}^n \to \mathbb{C}^n \quad \text{mit} \quad \pi = \Phi \circ \sigma \quad \text{und} \quad \sigma = \Psi \circ \pi.$$
Beweis. Sei $\sigma_0 := 1$ und $\sigma_j := 0$ für $j < 0$ und $j > n$. Durch Induktion über n folgt für festes $\nu \geq 1$
(2) $\quad \pi_\nu - \pi_{\nu-1}\sigma_1 + \pi_{\nu-2}\sigma_2 - \ldots + (-1)^{\nu-1}\pi_1\sigma_{\nu-1} + (-1)^\nu \nu\sigma_\nu = 0.$
Für den Induktionsschritt benutzt man die Formel $\sigma_j(z_1, \ldots, z_n, z_{n+1}) = \sigma_j(z_1, \ldots, z_n) + z_{n+1}\sigma_{j-1}(z_1, \ldots, z_n)$, die sich aus 14.4.2(1) durch Multiplikation mit $x - z_{n+1}$ ergibt.
Aus (2) gewinnt man durch Induktion über ν Polynome $\varphi_\nu(w_1, \ldots, w_\nu)$ und $\psi_\nu(w_1, \ldots, w_\nu)$, so daß $\pi_\nu = \varphi_\nu(\sigma_1, \ldots, \sigma_\nu)$ und $\sigma_\nu = \psi_\nu(\pi_1, \ldots, \pi_\nu)$ gelten. Sie sind die Komponenten der Abbildungen
$$\Phi := (\varphi_1, \ldots, \varphi_n) \quad \text{und} \quad \Psi := (\psi_1, \ldots, \psi_n). \qquad \square$$

14.4.4 Symmetrische Produkte von Scheiben. Das n-fache kartesische Produkt $X^n = X \times \ldots \times X$ der Riemannschen Fläche X ist eine n-dimensionale komplexe Mannigfaltigkeit. Die Abbildung
$$p : X^n \to X_n, (P_1, \ldots, P_n) \mapsto P_1 + \ldots + P_n,$$
auf das n-fache symmetrische Produkt ist die Orbitprojektion zur Operation der symmetrischen Gruppe $\mathcal{S}_n$ durch Vertauschung der n Faktoren,

vgl. 8.1.4. Nach Satz 4.3.1 ist X_n, versehen mit der Quotiententopologie, ein Hausdorff-Raum. Sei $\mathcal{O}$ die holomorphe Strukturgarbe auf X^n. Ihre Bildgarbe macht $(X_n, \mathcal{O}_p)$ zu einer komplexen Mannigfaltigkeit.

Zum Beweis dieser Behauptung wird zunächst der Spezialfall betrachtet, daß $X = U$ eine Scheibe ist. Wir benutzen ein Karte, d.h. eine biholomorphe Abbildung $z : (U, Q) \to (\mathbb{E}, 0)$.

Satz. *Das symmetrische Produkt $(U_n, \mathcal{O}_p)$ ist eine n-dimensionale komplexe Mannigfaltigkeit. Für $\nu = 1, \ldots, n$ sind die Potenzsummen*
$$w_\nu : U_n \to \mathbb{C}, \ w_\nu(P_1 + \ldots + P_n) := z(P_1)^\nu + \ldots + z(P_n)^\nu,$$
die Komponenten einer biholomorphen Abbildung $w = (w_1, \ldots, w_n) : U_n \to V$ auf eine offene Menge $V \subset \mathbb{C}^n$.

Beweis. Nach 14.4.3 bleibt Satz 14.4.2 gültig, wenn man σ durch die Potenzsummen-Abbildung π ersetzt. Die Behauptung folgt aus dem so modifizierten Satz 14.4.2 dank des Isomorphismus $z : U \to \mathbb{E}$. □

Jede Funktion $f \in \mathcal{O}(U)$ bestimmt die *Summenfunktion* $\tilde{f} \in \mathcal{O}(U_n)$,
$$\tilde{f}(P_1 + \ldots + P_n) := f(P_1) + \ldots + f(P_n).$$
Lemma. *Die Koeffizienten der Entwicklung $f = a_0 + a_1 z + \ldots + a_n z^n + g$ mit $o(g, Q) > n$ bestimmen den Wert $\tilde{f}(nQ) = a_0$ und die partiellen Ableitungen*
$$\frac{\partial \tilde{f}}{\partial w_\nu}(nQ) = a_\nu \ \textit{für } \nu = 1, \ldots, n.$$

Beweis. Die Summenfunktion lautet $\tilde{f} = a_0 + a_1 w_1 + \ldots + a_n w_n + \tilde{g}$. Jedes Monom $c w_1^{r_1} \cdots w_n^{r_n}$ in der Reihenentwicklung von $\tilde{g}$ nach Potenzen von $w_1, \ldots, w_n$ mit einem Koeffizienten $c \neq 0$ hat ein Gewicht $r_1 + 2r_2 + \ldots + n r_n \geq o(g, Q) > n$. Daher ist $r_1 + \ldots + r_n \geq 2$ und somit $(\partial \tilde{g}/\partial w_\nu)(nQ) = 0$.

14.4.5 Die holomorphe Struktur symmetrischer Produkte. Wir beweisen den im vorigen Abschnitt angekündigten

Satz. *Für jede Fläche X ist das symmetrische Produkt $(X_n, \mathcal{O}_p)$ eine n-dimensionale komplexe Mannigfaltigkeit.*

Wir beweisen gleichzeitig folgende Beschreibung lokaler Koordinaten: Jeder Divisor $D = n_1 Q_1 + \ldots + n_r Q_r \in X_n$ ist eine Linearkombination paarweise verschiedener Punkte $Q_j \in X$ mit ganzzahligen Koeffizienten $n_j > 0$, wobei $n = n_1 + \ldots + n_r$. Wir wählen holomorphe Karten
(1) $\quad z_j : (U_j, Q_j) \to (\mathbb{E}, 0) \quad \textit{mit} \quad U_j \cap U_k = \emptyset \quad \textit{für} \quad j \neq k$
und bilden mit den symmetrischen Produkten $(U_j)_{n_j}$ die *Standardumgebung*
(2) $\quad W = (U_1)_{n_1} \times \ldots \times (U_r)_{n_r} = \{E_1 + \ldots + E_r : E_j \in (U_j)_{n_j}\}$
von D in X_n. Nach Satz 14.4.4 gehören zu z_j die Potenzsummen $w_{j\nu} : (U_j)_{n_j} \to \mathbb{C}$ für $\nu = 1, \ldots, n_j$. Durch $w_{j\nu}(E_1 + \ldots + E_r) := w_{j\nu}(E_j)$ wird $w_{j\nu}$ zu einer Funktion $W \to \mathbb{C}$.

Ergänzung. *Die Potenzsummen $w_{j\nu} : W \to \mathbb{C}$ für $\nu = 1, \ldots, n_j$ und $j = 1, \ldots, r$ sind die Komponenten einer biholomorphen Abbildung $w : W \to V$ auf eine offene Menge $V \subset \mathbb{C}^n$.*

Beweis. Nach Satz 4.4.4 genügt es, einen Punkt $R \in X^n$ mit $p(R) = D$, eine privilegierte Umgebung U von R und für die Standgruppe $(\mathcal{S}_n)_R$ eine Orbitprojektion $\varphi : U \to W$ anzugeben, so daß mit der Bildgarbe der holomorphen Strukturgarbe $\mathcal{O}$ eine komplexe Mannigfaltigkeit $(W, \mathcal{O}_\varphi)$ entsteht: Man wählt $R := (Q_1, \ldots, Q_1; \ldots; Q_r, \ldots, Q_r)$, wobei Q_j n_j-mal auftritt. Die Standgruppe $(\mathcal{S}_n)_R = \mathcal{S}_{n_1} \times \ldots \times \mathcal{S}_{n_r}$ besteht aus den Permutationen, die jeden Faktor X^{n_j} von $X^n = X^{n_1} \times \ldots \times X^{n_r}$ in sich transformieren. Die Umgebung $U := U_1^{n_1} \times \ldots \times U_r^{n_r}$ von R ist privilegiert. Die $\mathcal{S}_{n_j}$-Orbitprojektionen $p_j : U_j^{n_j} \to (U_j)_{n_j}$ setzen sich zur $(\mathcal{S}_n)_R$-Orbitprojektion $\varphi = p_1 \times \ldots \times p_r : U := U_1^{n_1} \times \ldots \times U_r^{n_r} \to (U_1)_{n_1} \times \ldots \times (U_r)_{n_r} = W$ zusammen. Nach 14.4.4 ist $(W, \mathcal{O}_\varphi)$ eine komplexe Mannigfaltigkeit. Die Abbildung $w : W \to V \subset \mathbb{C}^n$, deren Komponenten die Potenzsummen $w_{j\nu}$ sind, ist biholomorph. □

14.4.6 Der Cotangentialraum $T_a^*(M) := \mathrm{Hom}(T_a(M), \mathbb{C})$ einer komplexen Mannigfaltigkeit ist der Dualraum ihres Tangentialraumes. Für das symmetrische Produkt X_n einer Fläche X läßt sich $T_D^*(X_n)$ durch Differentialformen beschreiben, die auf einer Umgebung des Trägers $\mathrm{Tr}(D)$ definiert sind. Wir benutzen dazu wie oben $D = n_1 Q_1 + \ldots + n_r Q_r$, die Karten z_j auf U_j und die Standardumgebung W. Jede Form $\omega \in \mathcal{E}_1(U_1 \cup \ldots \cup U_r)$ besitzt eindeutig bestimmte Stammfunktionen $f_j \in \mathcal{O}(U_j)$ mit $f_j(Q_j) = 0$. Wir bilden wie in 14.4.4 die *Summenfunktionen* $\tilde{f}_j \in \mathcal{O}((U_j)_{n_j})$ und mit ihnen $f_\omega \in \mathcal{O}(W)$, $f_\omega(E_1 + \ldots + E_r) := \tilde{f}_1(E_1) + \ldots + \tilde{f}_r(E_r)$. Aus dem Lemma am Ende von 14.4.4 folgt

(1) $t(f_\omega) = 0$ für alle $t \in T_D(X_n) \Leftrightarrow o(\omega, Q_j) \geq n_j$ für $j = 1, \ldots, r$.

Zwei Formen $\omega, \omega' \in \mathcal{E}_1(U_1 \cup \ldots \cup U_r)$ heißen *D-äquivalent*, wenn alle Ordnungen $o(\omega - \omega', Q_j) \geq n_j$ sind. Die Äquivalenzklassen $[\omega]_D$ bilden einen n-dimensionalen Vektorraum $\tau_D(X)$. Die Paarung $\langle [\omega]_D, t \rangle := t(f_\omega)$ bestimmt einen Isomorphismus

(2) $$\tau_D(X) \xrightarrow{\cong} T_D^*(X_n).$$

Denn die Paarung ist nach (1) wohldefiniert und bestimmt einen Monomorphismus, der wegen $\dim \tau_D(X) = n = \dim T^*(X_n)$ bijektiv ist.

14.4.7 Die Ränge der Periodenabbildung. Wenn man einen n-dimensionalen Vektorraum V als komplexe Mannigfaltigkeit betrachtet, wird der Dualraum V^* durch die Dualitätspaarung

$$\langle \lambda, t \rangle := t(\lambda) \text{ für } \lambda \in V^* \text{ und } t \in T_a(V)$$

mit jedem Cotangentialraum $T_a^*(V)$ identifiziert. Bei einem Torus V/Ω ist die Projektion $p : (V, a) \to (V/\Omega, \alpha)$ lokal biholomorph. Daher ist $T_a(p) : T_a(V) \to T_\alpha(V/\Omega)$ ein Isomorphismus. Durch den dualen Isomorphismus wird $T_\alpha^*(V/\Omega)$ mit $T_a^*(V) = V^*$ identifiziert. Für jede holomorphe Abbildung $\varphi : (M, c) \to (V/\Omega, \alpha)$ läßt sich der zu $T_c(\varphi) : T_c(M) \to T_\alpha(V/\Omega)$ duale Cotangentialhomomorphismus $T_c^*(\varphi) : V^* \to T_c^*(M)$ durch folgende Dualität definieren:

$$\langle T_c^*(\varphi)(\lambda), t\rangle := t(\lambda \circ \tilde{\varphi}) \text{ für } \lambda \in V^* \text{ und } t \in T_c(M).$$

Dabei ist W eine Umgebung von c und $\tilde{\varphi} : W \to V$ eine holomorphe Abbildung (Liftung) mit $p \circ \tilde{\varphi} = \varphi|W$.

Wir berechnen diese Dualität für die n-fache Periodenabbildung $\varphi = \mu_n :$ $X_n \to J(X)$. In diesem Fall ist $V^* = \mathcal{E}_1(X)$, d.h. $\lambda = \omega$ ist eine holomorphe Differentialform auf X. Für die einfache Periodenabbildung $\mu = \mu_1$ ist $\tilde{\mu} \circ \omega$ eine lokale Stammfunktion von ω. Für μ_n und jeden Divisor $D \in X_n$ folgt daraus $\tilde{\mu}_n \circ \omega = (\tilde{\mu}_n \circ \omega)(D) + f_\omega$ mit der im vorigen Abschnitt definierten Summenfunktion f_ω. Der Cotangentialhomomorphismus $T_D^*(\mu_n)$ ist daher durch folgende Dualität bestimmt:

$$\langle T_D^*(\mu_n)(\omega), t\rangle := t(f_\omega) \text{ für } \omega \in \mathcal{E}_1(X) \text{ und } t \in T_D(X_n).$$

Wenn man dieses Ergebnis mit der im vorigen Abschnitt gewonnenen Identifizierung $T_D^*(X_n) = \tau_D(X)$ und der dort bewiesenen Dualität $\langle[\omega]_D, t\rangle = t(f_\omega)$ kombiniert, folgt der

Satz. *Der Cotangentialhomomorphismus von* $\mu_n : (X_n, D) \to (J(X), \alpha)$ *ist*

$$\mathcal{E}_1(X) = T_\alpha^* J(X) \to T_D^* X_n = \tau_D(X), \omega \mapsto [\omega]_D.$$

Er hat den $i(D)$-dimensionalen Kern $\mathcal{L}^1(-D)$, also den Rang $g - i(D)$. □

14.5 Linearscharen

Sei X eine kompakte, zusammenhängende Riemannsche Fläche. In 8.4.3 wurde jede Linearschar auf X mit der Struktur eines projektiven Raumes versehen. Ein aufwendiger Beweis bestätigt die naheliegende Vermutung:

14.5.1 Untermannigfaltigkeiten. *Jede Linearschar L vom Grad n auf X ist mit ihrer Struktur als projektiver Raum eine Untermannigfaltigkeit des symmetrischen Produktes X_n.*

Beweis. Sei $q = \dim L$. Zu jedem $D \in L$ gibt es $q + 1$ linear unabhängige Funktionen $1, f_1, \ldots, f_q \in \mathcal{L}(D)$, so daß

$$\mathbb{P}^q \to L, (t_0 : t_1 : \ldots : t_q) \mapsto D + (t_0 + t_1 f_1 + \ldots + t_q f_q)$$

ein Isomorphismus ist, siehe 8.4.3(4). Wir definieren zu $t = (t_1, \ldots, t_q) \in \mathbb{C}^q$ die Funktion $g_t = 1 + t_1 f_1 + \ldots + t_q f_q$ und den Divisor $\varphi(t) := D + (g_t)$. Er hat die Werte $\varphi(t)(x) = D(x) + o(g_t, x)$. Für jede Umgebung T von 0 in $\mathbb{C}^q$ ist $U_T := \{\varphi(t) : t \in T\}$ eine Umgebung von $D \in L$. Die Komponenten t_m sind holomorphe Koordinaten von L auf U_T. Wir benutzen sie, um zu zeigen: Die Einbettung $L \hookrightarrow X_n$ ist bei D stetig, holomorph und hat an der Stelle D den maximalen Rang q.

Zur *Stetigkeit*: Wir finden zu jeder Standardumgebung W von D in X_n eine Umgebung T mit $U_T \subset W$: Wir benutzen wie in 14.4.5 die Darstellung $D = \sum n_j Q_j$, die Karten (U_j, z_j) von X und die zugehörige Standardumgebung $W = \{E \in X_n : \text{gr}(E|U_j) \geq n_j\}$. Sei $V_j = \{x \in U_j : |z_j(x)| < \frac{1}{2}\}$. Die Behauptung $U_T \subset W$ folgt aus

(1) *Für alle t in einer Umgebung T von $0 \in \mathbb{C}^q$ gilt $\sum_{x \in V_j} \varphi(t)(x) = n_j$.*

Beweis zu (1): Es gibt eine Scheibe T um 0, so daß g_t für alle $t \in T$ längs der kompakten Ränder $\partial V_1 \cup \ldots \cup \partial V_r$ keine Nullstellen hat. Polstellen gibt es dort auch nicht, da diese im Träger $\{Q_1, \ldots, Q_r\}$ von D liegen. Das Null- und Polstellen zählende Integral

$$\sum_{x \in V_j} o(g_t, x) = \frac{1}{2\pi i} \oint_{\partial V_j} dg_t/g_t$$

hängt wie sein Integrand stetig von $t \in T$ ab und nimmt nur ganzzahlige Werte an. Daher ist $\sum_{x \in V_j} o(g_t, x) = \sum_{x \in V_j} o(1, x) = 0$. Wegen $\sum_{x \in V_j} D(x) = D(Q_j) = n_j$ folgt (1). □

Zur *Holomorphie*: Da die Potenzsummen $w_{j\nu}$ holomorphe Koordinaten auf W sind, genügt es, die Holomorphie von $h_{j\nu} := w_{j\nu} \circ \varphi$ zu beweisen. Aus den Definitionen von $w_{j\nu}$ und φ folgt:

$$h_{j\nu}(t) = \sum_{x \in V_j} \varphi(t)(x) z_j(x)^\nu = \sum_{x \in V_j} o(g_t, x) z_j(x)^\nu = \frac{1}{2\pi i} \oint_{\partial V_j} z_j^\nu dg_t/g_t.$$

Da der Integrand holomorph von t abhängt, ist $h_{j\nu}$ holomorph.

Der *Rang* der Einbettung $L \hookrightarrow X_n$ an der Stelle D ist der Rang der Abbildung h mit den Komponenten $h_{j\nu}$ an der Stelle $0 \in \mathbb{C}^q$. Die partiellen Ableitungen werden unter dem Integral berechnet:

(2)
$$\frac{\partial h_{j\nu}}{\partial t_m}(0) = \frac{1}{2\pi i} \oint_{\partial V_j} z_j^\nu df_m = -\frac{\nu}{2\pi i} \oint_{\partial V_j} z_j^{\nu-1} f_m dz$$
$$= -\nu \text{ mal Koeffizient von } z^{-\nu} \text{ in der Laurent-Entwicklung}$$
$$\text{von } f_m \text{ an der Stelle } Q_j.$$

Wenn die Funktionalmatrix von h an der Stelle $t = 0$ nicht den maximalen Rang q hätte, wäre eine nicht triviale Linearkombination ihrer q Spalten die Nullspalte. Wegen (2) hätte die entsprechende Linearkombination von $f_1, \ldots, f_q$ keine Pole und wäre konstant. Das widerspricht der linearen Unabhängigkeit von $1, f_1, \ldots, f_q$. □

14.5.2 Vollständige Linearscharen. Für eine Fläche X vom Geschlecht $g \geq 1$ ist nach 14.2.5 ist die μ_n-Faser durch $D \in X_n$ die vollständige Linearschar $|D|$, also $T_D|D| \subset \text{Kern}(T_D \mu_n)$. Nach Satz 14.4.7 hat $T_D \mu_n$ den Rang $g - i(D)$; somit ist $\dim \text{Kern}(T_D \mu_n) = n - g + i(D)$. Wegen (RR) ist diese Dimension $= l(D) - 1 = \dim|D|$, also $T_D|D| = \text{Kern}(T_D \mu_n)$. Das Abelsche Theorem (in der Gestalt des Satzes 14.2.5) vereinigt sich daher mit (RR) zum

Theorem. *Die Fasern der Periodenabbildung $\mu_n : X_n \to J(X)$ sind die vollständigen Linearscharen $|D|$ vom Grade n. An jeder Stelle $D \in X_n$ ist $T_D|D| = \text{Kern}(T_D(\mu_n))$ und $\text{rg}(\mu_n, D) = g - i(D)$.* □

14.5.3 Analytische Mengen.
Um die Untersuchung der Periodenabbildungen $\mu_n : X_n \to J(X)$ über die bisher dargestellten Ergebnisse hinaus fortzuführen (siehe Kapitel 16), muß man die in 14.2.5 eingeführten W-Mengen als analytische Mengen betrachten. Ohne die allgemeine Theorie analytischer Mengen von Grund auf zu entwickeln, stellen wir wesentliche Definitionen und Ergebnisse zusammen. Ausführliche Darstellungen findet man z.B. in [GH] und [GR].

Sei M eine komplexe Mannigfaltigkeit der Dimension n. Eine Teilmenge $A \subset M$ heißt *analytisch*, wenn es zu jedem Punkt in M eine Umgebung U und Funktionen $f_1, \ldots, f_q \in \mathcal{O}(U)$ gibt, so daß
$$U \cap A = \{x \in U : f_1(x) = \ldots = f_q(x) = 0\}.$$
Ein Punkt von A heißt *regulär*, wenn er im Definitionsbereich einer holomorphen Karte (U, z) liegt, für die $U \cap A = \{x \in U : z_1(x) = \ldots = z_q(x) = 0\}$ ist. Die nicht-regulären Stellen heißen *Singularitäten*. Die Menge $R(A)$ aller regulären Punkte liegt dicht und offen in A. Sie ist die disjunkte Vereinigung von abzählbar vielen zusammenhängenden Untermannigfaltigkeiten Y_j, die verschiedene Dimensionen haben können. Wenn $R(A)$ zusammenhängt, heißt A *irreduzibel*. Der topologische Abschluß A_j von Y_j in M ist eine irreduzible analytische Menge, und $A = \cup A_j$ ist die eindeutig bestimmte *Zerlegung in irreduzible Komponenten*. Sie ist lokal endlich, also endlich, falls M kompakt ist. Man definiert $\dim A_j := \dim Y_j$ und $\dim A := \max\{\dim A_j\}$ sowie $\text{mindim} A := \min\{\dim A_j\}$.

Sei $B \subset A$ ein Paar analytischer Mengen: Wenn A irreduzibel ist, gilt $\dim B < \dim A$ oder $B = A$. Wenn $\dim B < \text{mindim} A$ ist, liegt $A \setminus B$ dicht in A.

Für je zwei analytische Mengen $A, B \subset M$ sind $A \cap B$ und $A \cup B$ ebenfalls analytisch. Darüber hinaus gilt: Jeder Durchschnitt von beliebig vielen analytischen Mengen ist wieder analytisch.

Das kartesische Produkt $A \times A' \subset M \times M'$ von zwei analytischen Mengen $A \subset M$ und $A' \subset M'$ ist analytisch. Es ist irreduzibel, wenn A und A' irreduzibel sind. Die Dimensionen addieren sich.

Sei $\varphi : M \to M'$ eine *eigentliche*, holomorphe Abbildung. Für jede analytische Menge $A \subset M$ ist das Bild $\varphi(A) \subset M'$ eine analytische Menge mit einer Dimension $\dim \varphi(A) \leq \dim A$. Mit A ist auch $\varphi(A)$ irreduzibel.

Eine analytische Menge heißt *Hyperfläche*, wenn alle Komponenten die Dimension $n - 1$ haben. Eine Teilmenge $A \subset M$ ist genau dann eine Hyperfläche, wenn es zu jedem Punkt in M eine zusammenhängende Umgebung U gibt, so daß $A \cap U = \{x \in U : f(x) = 0\}$ durch eine von Null verschiedene Funktion $f \in \mathcal{O}(U)$ beschrieben wird.

Aus den zusammengestellten Ergebnissen folgt für jede zusammenhängende kompakte Fläche X: Für $n \leq g$ ist $W_n := \mu_n(X_n) \subset J(X)$ eine irreduzible analytische Menge. Nach 13.6.2 wird die offene und dichte Teilmenge $X_n^0 \subset X_n$ der allgemeinen Divisoren durch μ_n biholomorph auf die ebenfalls offene und dichte Teilmenge $W_n^0 \subset W_n$ abgebildet. Daher ist $\dim W_n = n$.

Insbesondere ist $W_{g-1} \subset J(X)$ eine irreduzible Hyperfläche. Aus dem Umkehrsatz 14.3.5 folgt für die Körper der meromorphen Funktionen: Die Liftung $\mathcal{M}(J(X)) \to \mathcal{M}(X_g)$, $f \mapsto f \circ \mu_g$, ist ein Isomorphismus. Das wurde für Flächen vom Geschlecht 2 im wesentlichen schon von Jacobi entdeckt, vgl. 14.1.3. Daher wird der Umkehrsatz nach ihm benannt.

14.5.4 Ausblick. Riemann beschreibt $W_{g-1} \subset J(X)$ als verschobene Nullstellenmenge der Thetafunktion, siehe 16.2.2. Kempf [Kem 1] untersucht für alle $n \leq g-1$ die Singularitäten $\alpha \in W_n$ und beschreibt ihre Tangentialkegel mit Hilfe der Divisoren in der Faser $\mu_n^{-1}(\alpha)$. Seine Resultate bilden einen Höhepunkt der von Brill und Noether begonnenen Untersuchung der Varietäten spezieller Divisoren. Die in mehr als 100 Jahren angesammelten Ergebnisse dieser Theorie füllen ein eigenes Buch, siehe [ACGH].

14.6 Aufgaben

1) Folgere das Abelsche Additionstheorem (14.1.2) aus der Surjektivität der Periodenabbildung μ_g (14.3.3).

2) Sei $\eta : Z \to X$ mit $Z \subset \mathbb{C}$ die Uniformisierung der kompakten Fläche X. Zeige: Jeden holomorphe Abbildung $\varphi : X \to V/\Omega$ läßt sich zu $\tilde{\varphi} : Z \to V$ liften. Zu jedem $\lambda \in V^*$ gibt es genau ein $\omega \in \mathcal{E}_1(X)$ mit $\eta^* \omega = d(\lambda \circ \tilde{\varphi})$. Die Abbildung $V^* \to \mathcal{E}_1(X), \lambda \mapsto \omega$, ist linear. Die dazu duale Abbildung induziert eine holomorphe Abbildung $\hat{\varphi} : J(X) \to V/\Omega$. Sei $\mu : (X, Q) \to (J(X), 0)$ die Periodenabbildung. Wenn $\varphi(Q) = 0$ ist, gilt $\varphi = \hat{\varphi} \circ \mu$.

3) Fortsetzung der Aufgabe 2: Definiere mit der Koordinate t auf $\mathbb{C}$ an jeder Stelle $a \in Z$ die Richtungsableitung $(d\tilde{\varphi}/dt)(a) \in V$ und zeige, daß sie bis auf einen Faktor in $\mathbb{C}^\times$ nur von $\eta(a)$ abhängt. Sei $p : V \setminus \{0\} \to \mathbb{P}(V)$ die Projektion auf den projektiven Raum. Zeige: Wenn φ überall den maximalen Rang 1 hat, gibt es eine holomorphe Abbildung $\varphi' : X \to \mathbb{P}(V)$ mit $p\big((d\tilde{\varphi}/dt)(a)\big) = \varphi' \circ \eta(a)$. Für $\varphi = \mu$ ist $\mu' = \kappa$ die kanonische Abbildung.

4) Sei $\mu : X \to J(X)$ die Periodenabbildung einer hyperelliptischen Fläche X. Der Basispunkt P_0 mit $\mu(P_0) = 0$ sei ein Weierstraß-Punkt. Zeige: Ein Punkt $P \in X$ ist genau dann ein Weierstraß-Punkt, wenn $2\mu(P) = 0 \in J(X)$.

5) Zeige: Das n-fache symmetrische Produkt $\widehat{\mathbb{C}}_n$ der Zahlenkugel ist zum projektiven Raum $\mathbb{P}^n$ isomorph.

6) Zeige: Bei jeder Fläche X vom Geschlecht g bilden die regulären Werte von $\mu_n : X_n \to J(X)$ für jedes $n \geq g$ eine dichte und offene Teilmenge $U \subset J(X)$. Für $n \geq 2g - 1$ ist $U = J(X)$. Bestimme U für $n = 2g - 2$.

7) Beweise die im Beispiel zu 14.3.5 aufgestellte Behauptung: Bei jeder Fläche X vom Geschlecht 2 hat die Periodenabbildung $\mu_2 : X_2 \to J(X)$ genau eine zur Zahlenkugel isomorphe Faser. Alle anderen Fasern sind einpunktig.

8) Deute das Ergebnis der Aufgabe 13.7.5 als Aussage über die Ränge und Faserdimensionen der Periodenabbildung $\mu_3 : X_3 \to J(X)$.

288   14. Der Periodentorus

9) Sei X eine Fläche vom Geschlecht 3. Zeige:
   (i) Die Periodenabbildung μ_2 ist eine Einbettung, falls X nicht-hyperelliptisch ist.
   (ii) Im hyperelliptischen Fall bilden alle Divisoren $P + \sigma(P)$ für $P \in X$ und die hyperelliptische Involution σ eine eindimensionale μ_2-Faser F. Das Komplement $X_2 \setminus F$ wird durch μ_2 eingebettet.

10) Untersuche die Ränge und Faserdimensionen der Periodenabbildungen μ_4 für Flächen vom Geschlecht 4.

11) Die Gleichung $w^2 = Q(z)$ mit einem Polynom fünften Grades $Q(z)$ definiert eine Fläche X vom Geschlecht 2. Man identifiziert $\mathbb{C}^2$ mit $\mathcal{E}_1(X)^*$, so daß die kanonische Basis von $\mathbb{C}^2$ zur Basis $(z\,dz/w, -dz/w)$ von $\mathcal{E}_1(X)$ dual ist. Seien (x,t) die Koordinaten auf $\mathbb{C}^2$; sei $p: \mathbb{C}^2 \to J(X)$ die Projektion auf den Periodentorus. Die Umkehrabbildung der Periodenabbildung $\mu_2: X_2 \to J(X)$ läßt sich lokal als $\zeta \mapsto P_1(\zeta) + P_2(\zeta)$ mit $P_k(\zeta) \in X$ beschreiben. Man beweise für ihre Koordinatendarstellung
$$z_k(x,t) := z \circ P_k \circ p(x,t)\,,\quad w_k(x,t) := w \circ P_k \circ p(x,t)\,,\quad k=1,2\,,$$
die Differentialgleichungen
$$\frac{\partial z_1}{\partial x} = \frac{w_1}{z_1 - z_2}\,,\quad \frac{\partial z_2}{\partial x} = \frac{w_2}{z_2 - z_1}\,,$$
$$\frac{\partial z_1}{\partial t} = \frac{z_2\,w_1}{z_1 - z_2}\,,\quad \frac{\partial z_2}{\partial t} = \frac{z_1\,w_2}{z_2 - z_1}\,.$$

12) Präzisiere und begründe die in 14.1.3 zitierte Behauptung von Jacobi:
   Die symmetrischen Funktionen von z_1, z_2 sind vierfach periodische Funktionen von u_1, u_2.
   Benutze dazu den Isomorphismus $\mu_g^* : \mathcal{M}(J(X)) \to \mathcal{M}(X_g)$ der Funktionenkörper aus 14.5.3.

15. Die de Rhamsche Cohomologie

Riemanns Theorie der Abelschen Funktionen erreicht im zweiten Teil von [Ri 3] mit der Einführung der Thetafunktion einen Höhepunkt, siehe dazu das letzte Kapitel dieses Buches. Die Definition dieser Funktion für eine kompakte Fläche X vom Geschlecht $g \geq 1$ beruht auf einer $(g \times g)$-*Periodenmatrix* T, die Riemann aus den Rückkehrschnitten $a_1,..,a_g, b_1,..,b_g$ einer kanonischen Zerschneidung der Fläche gewinnt: Es gibt genau eine Basis $\omega_1,...,\omega_g$ der holomorphen Differentialformen mit den a-Perioden $\int_{a_j} \omega_k = \delta_{jk}$. Die entsprechenden b-Perioden $\tau_{jk} := \int_{b_j} \omega_k$ sind die Elemente der Matrix T. Sie ist symmetrisch und hat einen positiv definiten Imaginärteil. Letzteres spielt für die Konvergenz der Fourier-Reihe eine wichtige Rolle, durch die die Thetafunktion definiert wird, siehe 14.1.3 und 16.1.1.

Um die den Rückkehrschnitten angepaßte Basis $\omega_1,...,\omega_g$ zu gewinnen, wird die Integrationstheorie erweitert: Als Integranden der Wegintegrale $\int_u \omega$ werden statt holomorpher Formen allgemeiner *Pfaffsche Formen* ω zugelassen, die nur $\mathcal{C}^\infty$-differenzierbar sind und dadurch an topologische Vorgaben flexibel angepaßt werden können. Zusätzlich werden werden *Flächenformen* σ und ihre Flächenintegrale $\iint_X \sigma$ eingeführt. Je zwei Pfaffsche Formen ω und φ werden zu einer Flächenform $\omega \wedge \varphi$ verknüpft. Nach Riemann sind Flächenintegrale und Wegeintegrale längs der Rückkehrschnitte durch

$$\iint_X \varphi \wedge \omega = \sum_{j=1}^g \Big(\int_{a_j} \varphi \cdot \int_{b_j} \omega - \int_{a_j} \omega \cdot \int_{b_j} \varphi \Big).$$

miteinander verbunden. Diese Formel bildet den Schlüssel, um die angepaßte Basis der holomorphen Formen zu finden.

Élie Cartan verallgemeinerte die Pfaffschen Formen und Flächenformen zu einem Kalkül der Differentialformen auf beliebigen differenzierbaren Mannigfaltigkeiten. Er regte *Georges de Rham* zu einer Dissertation an (Paris 1930, siehe [Rh]), in der die Cohomologie durch die Differentialformen der verschiedenen Stufen vollständig beschrieben wird. Für kompakte Riemannscher Flächen werden die Ergebnisse der de Rhamschen Theorie im vorliegenden Kapitel bewiesen. Sie sind bereits in Riemanns Abhandlung [Ri 3] über Abelsche Funktionen mehr oder weniger explizit vorhanden.

290   15. Die de Rhamsche Cohomologie

15.1 Pfaffsche Formen

Wir knüpfen an die Definition der meromorphen Differentialformen in 7.1 an. Wie dort bezeichnet $\{(U_\alpha, z_\alpha)\}$ den maximalen holomorphen Atlas der Fläche X. Wir zerlegen jede Karte $z_\alpha := x_\alpha + iy_\alpha$ in ihren Real- und Imaginärteil. Dann ist $\bar{z}_\alpha := x_\alpha - iy_\alpha$ die konjugiert komplexe Karte.

15.1.1 Definition Pfaffscher Formen. Wir ersetzen in der Definition der meromorphen Differentialformen $\omega = \{\omega_\alpha\}$ gemäß 7.1.2 die meromorphen Funktionen ω_α durch Paare von $\mathcal{C}^\infty$-Funktionen $\omega_\alpha, \omega'_\alpha : U_\alpha \to \mathbb{C}$ und nennen $\omega := \{(\omega_\alpha, \omega'_\alpha)\}$ eine *Pfaffsche Form*, wenn statt 7.1.2(1) die beiden *Transformationsregeln*

(1) $\qquad \omega_\alpha = \omega_\beta \cdot (dz_\beta/dz_\alpha)$ und $\omega'_\alpha = \omega'_\beta \cdot \overline{(dz_\beta/dz_\alpha)}$

erfüllt sind. Genau dann, wenn alle ω_α holomorph und alle $\omega'_\alpha = 0$ sind, ist ω eine holomorphe Form, wie sie in 7.1.4 definiert wurde.

Pfaffsche Formen lassen sich analog zu 7.1.2 addieren und mit $\mathcal{C}^\infty$-Funktionen multiplizieren. Mit den lokalen partiellen Ableitungen

(2) $\qquad \dfrac{\partial}{\partial z_\alpha} := \dfrac{1}{2}\left(\dfrac{\partial}{\partial x_\alpha} - i\dfrac{\partial}{\partial y_\alpha}\right)$ und $\dfrac{\partial}{\partial \bar{z}_\alpha} := \dfrac{1}{2}\left(\dfrac{\partial}{\partial x_\alpha} + i\dfrac{\partial}{\partial y_\alpha}\right)$

definiert man für jede $\mathcal{C}^\infty$-Funktion $f : X \to \mathbb{C}$ die *Ableitung*

(3) $\qquad df := \{(\partial f/\partial z_\alpha, \partial f/\partial \bar{z}_\alpha)\}$

als Pfaffsche Form. Genau dann, wenn f holomorph ist, gilt $\partial f/\partial \bar{z}_\alpha = 0$ für alle α. In diesem Falle ist $\partial f/\partial z_\alpha = df/dz_\alpha$, und df ist die in 7.1.2 definierte Ableitung.– Die Ableitungsregeln aus 7.1.3

(4) $\qquad d(f+g) = df + dg , \; d(f \cdot g) = f \cdot dg + g \cdot df$

gelten auch für $\mathcal{C}^\infty$-Funktionen f, g. Für jede holomorphe Karte (U_α, z_α) hat die Pfaffsche Form $\omega := \{(\omega_\alpha, \omega'_\alpha)\}$ die *lokale Darstellung*

(5) $\qquad \omega|U_\alpha = \omega_\alpha dz_\alpha + \omega'_\alpha d\bar{z}_\alpha = (\omega_\alpha + \omega'_\alpha)dx_\alpha + i(\omega_\alpha - \omega'_\alpha)dy_\alpha.$

Die Ableitung einer $\mathcal{C}^\infty$-Funktion f hat die lokale Darstellung

(6) $\qquad df|U_\alpha = \dfrac{\partial f}{\partial z_\alpha}dz_\alpha + \dfrac{\partial f}{\partial \bar{z}_\alpha}d\bar{z}_\alpha = \dfrac{\partial f}{\partial x_\alpha}dx_\alpha + \dfrac{\partial f}{\partial y_\alpha}dy_\alpha .$

Sei $\eta : X \to Y$ eine offene holomorphe Abbildung, und sei ω eine Pfaffsche Form auf Y. Analog zu 7.1.6 gibt es genau eine Pfaffsche Form $\eta^*\omega$ auf X, so daß für jede lokale Darstellung $\omega|U = a\,dx + b\,dy$ gilt: $\eta^*\omega|\eta^{-1}(U) = (a \circ \eta)d(x \circ \eta) + (b \circ \eta)d(y \circ \eta)$. Man nennt $\eta^*\omega$ die *geliftete* Form. Die Liftungsregeln 7.1.6(2)-(3) gelten analog für $\mathcal{C}^\infty$-Funktionen f und Pfaffsche Formen ω.

15.1.2 Exakte und geschlossene Formen. Pfaffsche Formen der Gestalt $\omega = df$ heißen *exakt*; man nennt f eine *Stammfunktion* von ω. Die Form ω heißt *geschlossen*, wenn für jede Scheibe $U \subset X$ die Einschränkung $\omega|U$ exakt ist. Für die Karte (U,z) mit $z = x + iy$ ist die Form $a\,dx + b\,dy$ genau dann exakt auf U, wenn $\partial b/\partial x - \partial a/\partial y = 0$ ist. Holomorphe Formen sind stets geschlossen. Alle geschlossenen Formen auf der Fläche X bilden einen $\mathbb{C}$-Vektorraum $\mathcal{Z}^1(X)$. Er umfaßt den Untervektorraum $\mathcal{B}^1(X)$ aller exakten Formen. Für die am Ende des letzten Abschnitts definierte Liftung gilt $\eta^*(\mathcal{B}^1(Y)) \subset \mathcal{B}^1(X)$ und $\eta^*(\mathcal{Z}^1(Y)) \subset \mathcal{Z}^1(X)$.

Satz. *Wenn die Fläche X einfach zusammenhängt, ist jede geschlossene Pfaffsche Form ω exakt.*

Beweis. Wir modifizieren den Beweis aus 7.4.1. Auf jeder Scheibe $U \subset X$ ist die Stammfunktion f von $\omega|U$ bis auf die Addition einer Konstanten $c \in \mathbb{C}$ eindeutig bestimmt. Analog zu 3.4.1 definieren wir an jeder Stelle $x \in X$ die Keime f_x der lokalen Stammfunktionen f und stellen fest, daß die Zuordnung $f \mapsto f_x$ injektiv ist. Sei Σ_ω die Menge aller Keime für alle $x \in X$, und sei $p: \Sigma_\omega \to X$, $f_x \mapsto x$, die Projektion. Zu jeder Stammfunktion f auf der Scheibe U bilden wir die Basismenge $(U,f) = \{f_x : x \in U\}$ und machen wie in 3.4.2 Σ_ω mittels der Basismengen zu einem Hausdorffraum. Die Projektion bildet (U,f) homöomorph auf U ab. Wegen $p^{-1}(U) = \uplus_{c \in \mathbb{C}}(U, f + c)$ ist p eine unverzweigte Überlagerung. Wir liften die holomorphe Struktur von X nach Σ_ω, so daß p lokal biholomorph wird. Wenn X einfach zusammenhängt, bildet p jede Komponente Σ'_ω von Σ_ω biholomorph auf X ab. Die Auswertungsfunktion $e: \Sigma_\omega \to \mathbb{C}$, $e(f_x) := f(x)$, ist eine Stammfunktion von $p^*\omega$. Durch den Isomorphismus $p: \Sigma'_\omega \to X$ geht sie in eine Stammfunktion von ω auf X über. $\square$

15.1.3 Integration geschlossener Pfaffscher Formen. Wegen des gerade bewiesenen Satzes läßt sich die in 7.4.2 angegebene Definition der Integration holomorpher Formen längs stetiger Wege direkt auf *geschlossene* Pfaffsche Formen übertragen. Die Integrationsregeln aus 7.4.3 bleiben für geschlossene Pfaffsche Formen ω und $\mathcal{C}^\infty$-Funktionen f gültig.

15.1.4 Konjugation. Zu jeder Pfaffschen Form $\omega = \{(\omega_\alpha, \omega'_\alpha)\}$ gehört die *konjugiert komplexe Form* $\bar{\omega} := \{(\overline{\omega'_\alpha}, \overline{\omega_\alpha})\}$, also $\overline{f\,dz + g\,d\bar{z}} = \bar{f}\,d\bar{z} + \bar{g}\,dz$ für jede Karte (U,z). Mit ω ist auch $\bar{\omega}$ geschlossen. Für jeden Weg u ist
$$\int_u \bar{\omega} = \overline{\int_u \omega}\,.$$

15.1.5 Integration über Homologieklassen. Für geschlossene Formen ω und Schleifen u hängt $\int_u \omega$ wie in 7.7.3 nur von der Homologieklasse kl$u \in H_1(X)$ ab. Daher ist der *Periodenhomomorphismus*
(1) $\qquad\qquad H_1(X) \to \mathbb{C}$, kl$u \mapsto \int_u \omega$,
wohldefiniert. Sein Bild ist eine additive Untergruppe Per$(\omega) < \mathbb{C}$. Sie heißt *Periodengruppe* von ω. Die geschlossene Form ω ist genau dann exakt, wenn Per$(\omega) = 0$ ist, vgl.7.4.4(3).

Analog zu 7.7.3(1) definiert man die Integration über Homologieklassen
$$H_1(X) \times \mathcal{Z}^1(X) \to \mathbb{C}, \ (\mathrm{kl}\, u, \omega) \mapsto \langle \mathrm{kl}\, u, \omega \rangle := \int_u \omega. \tag{2}$$
Sie ist additiv im ersten und $\mathbb{C}$-linear im zweiten Argument. Aus (2) entsteht wie in 7.7.4 die $\mathbb{C}$-lineare Abbildung mit dem Kern $\mathcal{B}^1(X)$
$$\mathcal{Z}^1(X) \to H^1(X, \mathbb{C}), \ \omega \mapsto \langle -, \omega \rangle. \tag{3}$$
Der Quotientenvektorraum
$$H^1_{DR}(X, \mathbb{C}) := \mathcal{Z}^1(X)/\mathcal{B}^1(X)$$
heißt erste *de Rhamsche Cohomologie* der Fläche X. Die Abbildung (3) induziert den Monomorphismus $H^1_{DR}(X, \mathbb{C}) \to H^1(X, \mathbb{C})$. Die Restklasse von $\omega \in \mathcal{Z}^1(X)$ modulo $\mathcal{B}^1(X)$ heißt *Cohomologieklasse* von ω und wird mit $\mathrm{kl}\,\omega \in H^1_{DR}(X, \mathbb{C}) \subset H^1(X, \mathbb{C})$ bezeichnet.

Tatsächlich ist $H^1_{DR}(X, \mathbb{C}) \to H^1(X, \mathbb{C})$ ein Isomorphismus. Für kompakte Flächen wird dies in 15.4.3 bewiesen. Wenn X eine offene Fläche ist, d. h. keine kompakten Komponenten hat, wird bereits $\mathcal{E}_1(X) \subset \mathcal{Z}^1(X)$ durch (2) surjektiv auf $H^1(X, \mathbb{C})$ abgebildet, siehe [For], Abschnitt 26.1, so daß auch hier ein Isomorphismus entsteht.

15.1.6 Historisches. Die Theorie der Pfaffschen Formen geht auf die Arbeit [Pf] von Johann Friedrich Pfaff (1765-1825) zurück, mit der er den Grundstein zum Kalkül der alternierenden Differentialformen legte, welcher mehr als 100 Jahre später durch É. Cartan seine endgültige Fassung erhielt. Pfaff war von 1788 bis zu ihrer Schließung im Jahre 1810 Professor an der Universität Helmstedt und danach an der Universität Halle. Er war Gutachter der Dissertation, mit der C.F. Gauss 1799 in Helmstedt *in absentia* promovierte. Später lebte Gauss zeitweise in Pfaffs Haus.

15.2 Flächenformen

In Riemanns Untersuchungen spielen neben den Wegintegralen auch Flächenintegrale eine wichtige Rolle. Ihre Integranden heißen *Flächenformen*. Wie in 15.1 bezeichnet $\{(U_\alpha, z_\alpha)\}$ den maximalen Atlas der Fläche X.

15.2.1 Flächenformen. Eine *Flächenform* $\sigma = \{\sigma_\alpha\}$ ist eine Menge von $\mathcal{C}^\infty$-Funktionen $\sigma_\alpha : U_\alpha \to \mathbb{C}$, welche die *Transformationsregel*
$$\sigma_\alpha = \sigma_\beta \cdot |dz_\beta/dz_\alpha|^2 \quad \text{auf } U_\alpha \cap U_\beta \tag{1}$$
erfüllen. Flächenformen lassen sich addieren, $\sigma + \tau := \{s_\alpha + \tau_\alpha\}$, und mit $\mathcal{C}^\infty$-Funktionen multiplizieren, $f\sigma := \{f\sigma_\alpha\}$.
Für je zwei Pfaffsche Formen $\omega = \{(\omega_\alpha, \omega'_\alpha)\}$ und $\varphi = \{(\varphi_\alpha, \varphi'_\alpha)\}$ ist ihr *äußeres Produkt* die Flächenform
$$\omega \wedge \varphi := \left\{ \det \begin{pmatrix} \omega_\alpha & \varphi_\alpha \\ \omega'_\alpha & \varphi'_\alpha \end{pmatrix} \right\}. \tag{2}$$
Es gelten die Rechenregeln
(3) $\omega \wedge \varphi = -\varphi \wedge \omega$, $(\omega_1 + \omega_2) \wedge \varphi = \omega_1 \wedge \varphi + \omega_2 \wedge \varphi$, $(f\omega) \wedge \varphi = f(\omega \wedge \varphi)$

für Pfaffsche Formen ω, φ und $\mathcal{C}^\infty$-Funktionen f, insbesondere $\omega \wedge \omega = 0$.
Wenn ω und φ holomorph sind, ist $\omega \wedge \varphi = 0$.

Jede Flächenform $\sigma = \{\sigma_\alpha\}$ besitzt auf U_α die lokalen Darstellungen

(4) $\qquad \sigma|U_\alpha = \sigma_\alpha dz_\alpha \wedge d\bar{z}_\alpha = -2i\sigma_\alpha dx_\alpha \wedge dy_\alpha$.

Die *Ableitung der Pfaffschen Form* $\omega = \{(\omega_\alpha, \omega'_\alpha)\}$ ist definitionsgemäß die Flächenform

(5) $\qquad d\omega := \{\partial \omega'_\alpha / \partial z_\alpha - \partial \omega_\alpha / \partial \bar{z}_\alpha\}$.

Genau dann, wenn ω geschlossen ist, gilt $d\omega = 0$. Ferner gelten die Regeln

(6) $\qquad d(\omega + \varphi) = d\omega + d\varphi \quad , \quad d(f\omega) = df \wedge \omega + f d\omega$.

15.2.2 Der Träger einer Flächenform. Man nennt $P \in X$ eine *Nullstelle* der Flächenform $\sigma = \{\sigma_\alpha\}$, wenn es ein α mit $P \in U_\alpha$ gibt, so daß $\sigma_\alpha(P) = 0$ ist. Dann gilt $\sigma_\beta(P) = 0$ für alle β mit $P \in U_\beta$. Die Nullstellenmenge ist abgeschlossen. Die abgeschlossene Hülle ihres Komplementes heißt *Träger* von σ und wird mit $\mathrm{Tr}(\sigma)$ bezeichnet.

Analog definiert man die Nullstellen P der Pfaffschen Form $\omega = \{(\omega_\alpha, \omega'_\alpha)\}$ durch $\omega_\alpha(P) = \omega'_\alpha(P) = 0$ und den Träger $\mathrm{Tr}(\alpha)$. Für zwei Pfaffsche Formen ω, φ gilt $\mathrm{Tr}(\omega \wedge \varphi) \subset \mathrm{Tr}(\omega) \cap \mathrm{Tr}(\varphi)$.

15.2.3 Integration der Flächenformen. Jede Flächenform auf einer offenen Menge $U \subset \mathbb{C}$ läßt sich mit einer $\mathcal{C}^\infty$-Funktion $f : U \to \mathbb{C}$ als $\sigma = f dz \wedge d\bar{z} = -2if dx \wedge dy$ darstellen. Wir setzen voraus, daß σ, also f einen kompakten Träger hat und definieren

(1) $\qquad \iint_U \sigma := -2i \iint_U f(x,y) dx dy$

als Doppelintegral im Sinne der Analysis. Für jede biholomorphe Abbildung $\Phi : V \to U$ zwischen offenen Mengen in $\mathbb{C}$ gilt mit der Ableitung Φ' die Transformationsformel

(2) $\qquad \iint_U f dx dy = \iint_V (f \circ \Phi) |\Phi'|^2 dx dy$.

Nun sei (U, h) eine Karte der Fläche X, und sei σ eine Flächenform auf X, deren Träger K kompakt und in U enthalten ist. Dann gilt $\sigma|U = (f \circ h) dh \wedge d\bar{h}$. Dabei ist $h(U) \subset \mathbb{C}$ offen und $f : h(U) \to \mathbb{C}$ eine $\mathcal{C}^\infty$-Funktion mit dem kompakten Träger $h(K)$. Man definiert

(3) $\qquad \iint_X \sigma := -2i \iint_V f dx dy$.

Wegen (2) hängt die rechte Seite nicht von der Wahl der Karte ab.

Bei einer Flächenform σ mit beliebigem kompakten Träger $K \subset X$ benutzen wir eine *Teilung der Eins* auf K. Sie besteht aus endlich vielen $\mathcal{C}^\infty$-Funktionen $e_1, \ldots, e_m : X \to [0,1]$ mit den beiden Eigenschaften:

(i) Der Träger von e_j ist kompakt und im Definitionsbereich U_j einer

Karte enthalten, $j = 1, \ldots, m$;
(ii) $\quad e_1(P) + \ldots + e_m(P) = 1$ für alle $P \in K$.

Wir definieren
$$\iint_X \sigma := \sum_{j=1}^m \iint_X e_j \sigma.$$

Die rechte Seite macht Sinn, weil der Träger von $e_j \sigma$ kompakt ist und in U_j liegt. Sie hängt nicht von der Wahl der $e_1, \ldots, e_m$ ab. Denn sei $f_1, \ldots, f_n$ eine andere Teilung der Eins. Wegen $\mathrm{Tr}(e_j \sigma) \subset K$ und $\sum f_k = 1$ auf K ist $\iint_X e_j \sigma = \sum_{k=1}^n \iint_X f_k e_j \sigma$. Analog ist $\iint_X f_k \sigma = \sum_{j=1}^m \iint_X e_j f_k \sigma$, also $\sum_{j=1}^m \iint_X e_j \sigma = \sum_{j=1}^m \sum_{k=1}^n \iint_X e_j f_k \sigma = \sum_{k=1}^n \iint_X f_k \sigma$. □

15.2.4 Positive Flächenformen. Die Flächenform σ auf X heißt *positiv*, wenn für jede Karte (U, z) mit $z = x + iy$ in der Darstellung $\sigma|U = f dx \wedge dy$ die Werte der Funktion f reell und ≥ 0 sind. Wenn außerdem der Träger von σ kompakt ist, folgt aus der Definition des Integrals

(1) $\quad \iint_X \sigma \geq 0 \quad ; \quad \iint_X \sigma = 0 \Leftrightarrow \sigma = 0.$

Für jede holomorphe Form $\omega \in \mathcal{E}_1(X)$ ist $i\omega \wedge \bar{\omega}$ eine positive Flächenform. Denn für jede Karte (U, z) gilt $\omega|U = f dz$ mit einer holomorphen Funktion f, also $\bar{\omega}|U = \bar{f} d\bar{z}$ und $\omega \wedge \bar{\omega} = |f|^2 dz \wedge d\bar{z} = -2i|f|^2 dx \wedge dy$. Für kompakte Flächen X und $\omega \in \mathcal{E}_1(X)$ folgt:

(2) $\quad i \iint_X \omega \wedge \bar{\omega} \geq 0 \quad ; \quad \iint_X \omega \wedge \bar{\omega} = 0 \Leftrightarrow \omega \wedge \bar{\omega} = 0 \Leftrightarrow \omega = 0.$

15.2.5 Konjugation der Flächenformen. Zur Flächenform $\sigma = \{\sigma_\alpha\}$ gehört die *konjugiert komplexe Flächenform* $\bar{\sigma} := \{-\bar{\sigma}_\alpha\}$. Für jede lokale Darstellung $\sigma|U = f dx \wedge dy$ folgt $\bar{\sigma}|U = \bar{f} dx \wedge dy$. Wenn der Träger kompakt ist, gilt daher

(1) $\quad \overline{\iint_X \sigma} = \iint_X \bar{\sigma}.$

Aus der Definition des $\wedge$-Produktes Pfaffscher Formen folgt

(2) $\quad \overline{\omega \wedge \varphi} = \bar{\omega} \wedge \bar{\varphi}.$

15.3 Ringgebiete und Scheiben

Das Studium der Differentialformen auf kompakten Flächen wird durch das Studium auf Ringgebieten und Scheiben vorbereitet. Wir benötigen dazu neben den Wegintegralen *geschlossener* Formen auch das Integral $\int_{|z|=R} \omega$ einer eventuell nicht geschlossenen Pfaffschen Form ω längs der Kreislinie $\{z \in \mathbb{C} : |z| = R\}$. Es wird für $\omega = a(x,y)dx + b(x,y)dy$ durch Einsetzen der Polarkoordinaten $x = R\cos\varphi$, $y = R\sin\varphi$ definiert:

$$\int_{|z|=R} (a\,dx + b\,dy) := R \int_0^{2\pi} (-a \cdot \cos\varphi + b \cdot \sin\varphi) d\varphi\,.$$

Für geschlossene Formen ist diese Definition zur Definition mittels einer Stammfunktion auf der universellen Überlagerung äquivalent.

15.3.1 Die Stokes'sche Formel. *Für jede Pfaffsche Form ω, die auf einer Umgebung des kompakten Ringes*
$$K := \{z \in \mathbb{C} : \varepsilon \leq |z| \leq R\} \quad \text{mit} \quad 0 < \varepsilon < R < \infty$$
definiert ist, gilt

(1) $$\iint_K d\omega = \int_{|z|=R} \omega - \int_{|z|=\varepsilon} \omega\,.$$

Beweis. In Polarkoordinaten $z = re^{i\varphi}$ hat ω die Gestalt $\omega := p\,dr + q\,d\varphi$ mit Funktionen p,q von r und φ, die 2π-periodisch in φ sind. Mit den partiellen Ableitungen q_r und p_φ gilt: $d\omega = (q_r - p_\varphi)dr \wedge d\varphi$, also

$$\iint_K d\omega = \int_0^{2\pi} \left(\int_\varepsilon^R q_r dr \right) d\varphi - \int_\varepsilon^R \left(\int_0^{2\pi} p_\varphi d\varphi \right) dr$$
$$= \int_0^{2\pi} q(R,\varphi)d\varphi - \int_0^{2\pi} q(\varepsilon,\varphi)d\varphi\,,$$

weil $\int_0^{2\pi} p_\varphi d\varphi = p(r,2\pi) - p(r,0) = 0$ ist. Daraus folgt die Behauptung. □

Aus (1) folgt mit $\lim_{\varepsilon \to 0}$

(2) $$\iint_K d\omega = \int_{|z|=R} \omega$$

für jede Pfaffsche Form ω, die auf einer Umgebung der kompakten Scheibe $K := \{z \in \mathbb{C} : |z| \leq R\}$ definiert ist.

Die Formeln (1) und (2) sind Spezialfälle der Stokes'schen Formel $\iint_K d\omega = \int_{\partial K} \omega$ für kompakte Flächen K mit stückweise glattem Rand ∂K. Sie läßt sich auf n-dimensionale berandete Mannigfaltigkeiten verallgemeinern.

15.3.2 Das Integral der Ableitung. *Für jede Pfaffsche Form ω auf einer Fläche X mit kompaktem Träger K gilt*

$$\iint_X d\omega = 0\,.$$

Beweis. Mit einer Teilung der Eins auf K finden wir Pfaffsche Formen $\omega_1, \ldots, \omega_n$ mit $\iint_X d\omega = \sum_j \iint_X d\omega_j$, wobei jedes ω_j einen kompakten Träger hat, der im Definitionsbereich einer Karte liegt. Es genügt daher, die Behauptung für $X = \mathbb{C}$ zu beweisen: Man wählt $R > 0$ so groß, daß $|z| \leq R$ für alle $z \in K$ gilt. Mit der Stokes'schen Formel 15.3.1(2) folgt $\iint_\mathbb{C} d\omega = \iint_{|z| \leq R} d\omega = \int_{|z|=R} \omega = 0$, weil $\omega = 0$ längs $|z| = R$ gilt. □

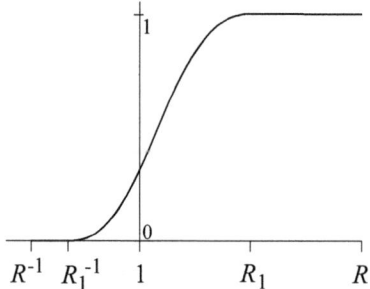
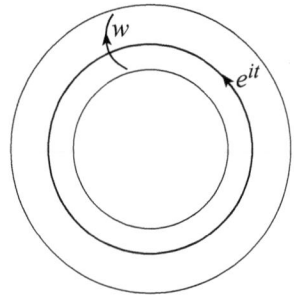

Fig. 15.3.3 a. Der Graph von h zur Konstruktion der radialen Anstiegsfunktion $f(z) := h(|z|)$.

Fig. 15.3.3 b. Ein Anstiegsweg w kreuzt die Schleife $t \mapsto e^{it}$ von links nach rechts.

15.3.3 Die duale Pfaffsche Form. Wir betrachten das Ringgebiet
(1) $\qquad S = \{z \in \mathbb{C} : R^{-1} < |z| < R\} \quad \text{mit} \quad 1 < R \leq \infty.$

Die Homotopieklasse a der Schleife $[0, 2\pi] \to S, t \mapsto e^{it}$, erzeugt die unendlich zyklische Fundamentalgruppe $\pi(S)$. Wir identifizieren $\pi(S) = H_1(S)$ mit der Homologie, siehe 7.7.2, und nennen $a \in H_1(S)$ die *kanonische Klasse* von S. Beim Automorphismus $S \to S, z \mapsto z^{-1}$, geht a in $-a$ über. Wir wählen einen Radius R_1 im offenen Intervall $(1, R)$ und eine schwach monoton steigende $\mathcal{C}^\infty$-Funktion $h : (R^{-1}, R) \to \mathbb{R}$ mit den Werten $h(r) = 0$ für $r \leq R_1^{-1}$ und $h(r) = 1$ für $r \geq R_1$, siehe Figur 15.3.3 a. Wir nennen $f : S \to \mathbb{R}$, $f(z) := h(|z|)$, eine *radiale Anstiegsfunktion*. Ihre Ableitung $\alpha := df$ ist eine geschlossene Pfaffsche Form auf S, deren Träger im kompakten Ring $K := \{z \in S : R_1^{-1} \leq |z| \leq R_1\}$ liegt. Mit der kanonischen Klasse a gilt für jede geschlossene Pfaffsche Form ω
(2) $\qquad \int_a \omega = \iint_S \alpha \wedge \omega.$

Beweis. Der Träger von $\alpha \wedge \omega$ liegt in K, also $\iint_S \alpha \wedge \omega = \iint_K df \wedge \omega = \iint_K d(f\omega)$. Nach der Stokes'schen Formel 15.3.1(1) ist

$\iint_K d(f\omega) = \int_{|z|=R_1} f\omega - \int_{|z|=R_1^{-1}} f\omega = \int_{|z|=R_1} \omega = \int_a \omega.$ $\qquad \square$

Wegen (1) heißt α *duale* Pfaffsche Form zur Klasse a.– Jeder Weg w in S, dessen Anfangspunkt einen Betrag $\leq R_1^{-1}$ und dessen Endpunkt einen Betrag $\geq R_1$ hat, heißt *Anstiegsweg* zu f. Für die duale Form $\alpha = df$ gilt offenbar
(3) $\qquad \int_w \alpha = 1.$

Wenn man in die Richtung des Durchlaufungssinns eines Weges blickt, der die kanonische Klasse a repräsentiert, kreuzt der Anstiegsweg w von links nach rechts, siehe Figur 15.3.3 b.

15.4 Pfaffsche Formen auf kompakten Flächen

Die kanonische Zerschneidung jeder kompakten Fläche X zusammen mit den Ergebnissen aus 15.3 macht es möglich, die Homologie $H_1(X)$ vollständig durch geschlossene Pfaffsche Formen zu beschreiben und durch die Definition von Schnittzahlen für je zwei Homologieklassen zu ergänzen.

15.4.1 Kanonische Bänder und Ringgebiete. Die kompakte Fläche X vom Geschlecht $g \geq 1$ wird durch ein regelmäßiges $4g$-Eck Δ kanonisch zerschnitten, $\rho : \Delta \to X$, vgl. 12.4.1. Wie die Figur 15.4.1a zeigt, werden parallel zu entsprechenden Seiten $2g$ lineare Wege $\tilde{a}_1, \tilde{b}_1, \ldots \tilde{a}_g, \tilde{b}_g$ in Δ gewählt. Dann sind $\rho \circ \tilde{a}_j$, $\rho \circ \tilde{b}_j$ Schleifen in X, welche die Homologieklassen $a_j := \mathrm{kl}(\rho \circ \tilde{a}_j)$, $b_j := \mathrm{kl}(\rho \circ \tilde{b}_j) \in H_1(X)$ der Rückkehrschnitte repräsentieren. Wie die Figur 15.4.1a weiter zeigt, wählen wir offene Parallelstreifen $\tilde{A}_j$ und $\tilde{B}_j$ zu den Wegen $\tilde{a}_j$ bzw. $\tilde{b}_j$ in Δ und nennen sie *kanonische Bänder*. Ihre Bilder $A_j := \rho(\tilde{A}_j)$ und $B_j := \rho(\tilde{B}_j)$ sind offen in X und heißen *kanonische Ringgebiete*. Die Fundamentalgruppen $\pi(A_j)$ und $\pi(B_j)$ sind unendlich zyklisch und werden von den Homotopieklassen der Wege $\rho \circ \tilde{a}_j$ bzw. $\rho \circ \tilde{b}_j$ erzeugt. Nach Satz 11.2.4 sind A_j und B_j zu Ringgebieten in $\mathbb{C}$ *isomorph*, siehe 15.3.3(1). Für $\tilde{B}_j$ wird der Isomorphismus so gewählt, daß $\mathrm{kl}(\rho \circ \tilde{b}_j)$ in die kanonische Klasse übergeht.

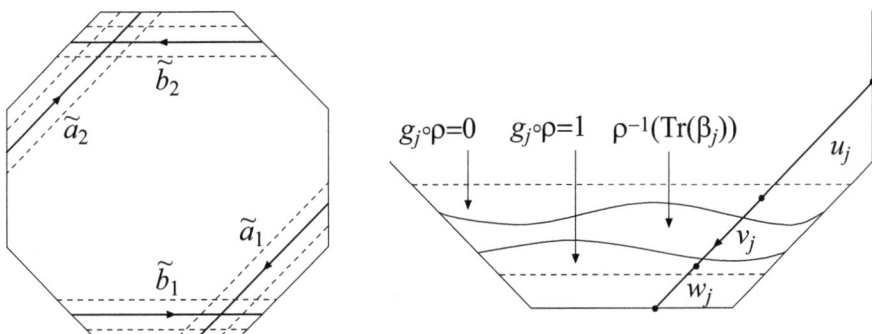

Fig. 15.4.1 a. Die Wege $\tilde{a}_j, \tilde{b}_j$ umgeben von kanonischen Bändern $\tilde{A}_j, \tilde{B}_j$.

Fig. 15.4.1 b. Das Band $\tilde{B}_j$ wird vom Weg $\tilde{a}_j = u_j \cdot v_j \cdot w_j$ gekreuzt.

15.4.2 Kanonische Pfaffsche Formen. Wir wählen zu den Ringgebieten B_j radiale Anstiegsfunktionen $g_j : B_j \to \mathbb{R}$, vgl. 15.3.3. Jede Ableitung dg_j hat einen kompakten Träger und läßt sich daher durch Null zu einer geschlossenen Pfaffschen Form β_j auf ganz X fortsetzen. Nach 15.3.3(2) gilt

(1) $$\int_{b_j} \omega = \iint_X \beta_j \wedge \omega.$$

für jede geschlossene Form ω auf X. Daher heißt β_j eine zu b_j *duale Pfaffsche Form*.

Der lineare Weg $\tilde{a}_j = u_j \cdot v_j \cdot w_j$ wird in drei Teilwege zerlegt, so daß $\rho \circ u_j$ und $\rho \circ w_j$ den Träger von β_j nicht treffen und v_j in $\tilde{B}_j$ liegt, siehe Figur 15.4.1 b. Dann hat $g_j \circ \rho$ im Anfangspunkt von v_j den Wert 0 und im Endpunkt den Wert 1 oder umgekehrt. Indem man eventuell die Richtung von $\tilde{a}_j$ umkehrt, erreicht den Wert 0 im Anfangspunkt. Nach 15.3.3(3) ist

(2) $$\int_{a_j} \beta_j = \int_{\rho \circ v_j} \beta_j = 1.$$

Zu den Ringebieten A_j bilden wir die kanonischen Klassen $\mathrm{kl}(\rho \circ \tilde{a}_j)$ und wählen Anstiegsfunktionen $f_j : A_j \to \mathbb{R}$. Jede Ableitung df_j, deren Träger kompakt in A_j liegt, wird durch Null zu einer geschlossenen Pfaffschen Form α_j auf X fortgesetzt. Entsprechend zu (1) gilt dann

(3) $$\int_{a_j} \omega = \iint_X \alpha_j \wedge \omega.$$

für jede geschlossene Form ω auf X. Wegen (2) gilt insbesondere

$$\iint_X \alpha_j \wedge \beta_j = 1.$$

Man entnimmt der Lage der kanonischen Bänder $\tilde{A}_j, \tilde{B}_j \subset \Delta$, siehe Figur 15.4.1a, daß die kanonischen Ringgebiete weitgehend disjunkt sind:

$$A_j \cap A_k = A_j \cap B_k = B_j \cap B_k = \emptyset \quad \text{für} \quad j \neq k.$$

Da die Träger der Formen α_j in A_j und der Formen β_j in B_j liegen, folgt aus 15.2.2 $\alpha_j \wedge \alpha_k = \alpha_j \wedge \beta_k = \beta_j \wedge \beta_k = 0$ für $j \neq k$. Da außerdem $\alpha_j \wedge \alpha_j = \beta_j \wedge \beta_j = 0$ ist, gilt insgesamt für $j, k \in \{1, \ldots, g\}$

(4) $$\iint_X \alpha_j \wedge \alpha_k = \iint_X \beta_j \wedge \beta_k = 0 \quad , \quad \iint_X \alpha_j \wedge \beta_k = \delta_{jk}.$$

Wir nennen $\alpha_1, \beta_1, \ldots, \alpha_g, \beta_g$ *kanonische Pfaffsche Formen* der Fläche X.

15.4.3 Der Satz von de Rham. *Der in* 15.1.5 *definierte Monomorphismus*

(1) $$H^1_{DR}(X, \mathbb{C}) \to H^1(X, \mathbb{C})$$

ist ein Isomorphismus. Die Cohomologieklassen

(2) $$\mathrm{kl}\alpha_1, \mathrm{kl}\beta_1, \ldots, \mathrm{kl}\alpha_g, \mathrm{kl}\beta_g$$

der kanonischen Pfaffschen Formen bilden eine Basis von $H^1_{DR}(X, \mathbb{C})$.

Beweis. Wegen $\dim H^1(X, \mathbb{C}) = 2g$ und der Injektivität genügt es zu zeigen, daß die in (2) genannten Klassen linear unabhängig sind. Angenommen mit $r_j, s_j \in \mathbb{C}$ gilt $\sum_j (r_j \alpha_j + s_j \beta_j) = df$ für eine $\mathcal{C}^\infty$-Funktion f. Wegen 15.4.2(1)-(2) folgt $s_k = \int_{a_k} df = 0$ und $-r_k = \int_{b_k} df = 0$ für $k = 1, \ldots, g$.

Für beliebige n-dimensionale differenzierbare Mannigfaltigkeiten X läßt sich mittels Differentialformen die de Rhamsche Cohomologie $H^q_{DR}(X, \mathbb{C})$ für alle $q \in \mathbb{N}$ definieren. Sie ist zur simplizialen Cohomologie isomorph, siehe [DR 1].

15.4.4 Schnittzahlen. Wegen 15.3.2 hängt für zwei Formen $\omega, \varphi \in \mathcal{Z}^1(X)$ das Integral $\iint_X \omega \wedge \varphi$ nur von den Klassen kl ω, kl $\varphi \in H^1_{DR}(X, \mathbb{C})$ ab. Daher wird durch

(1) $\qquad H^1_{DR}(X, \mathbb{C}) \times H^1_{DR}(X, \mathbb{C}) \to \mathbb{C}, \; (\text{kl}\,\omega, \text{kl}\,\varphi) \mapsto \iint_X \omega \wedge \varphi$

eine Bilinearform definiert. Wir bezeichnen im folgenden die Formen in $\mathcal{Z}^1(X)$ und ihre Cohomologieklassen in $H^1_{DR}(X, \mathbb{C}) = H^1(X, \mathbb{C})$ mit denselben griechischen Buchstaben. Die Bilinearform (1) hat wegen 15.4.2(4) bezüglich der kanonischen Basis $\alpha_1, .., \alpha_g, \beta_1, .., \beta_g$ von $H^1(X, \mathbb{C})$ die Matrix

$$\begin{pmatrix} 0 & E \\ -E & 0 \end{pmatrix} \text{ mit der } (g \times g)\text{-Einheitsmatrix } E \,.$$

Sie ist nicht-entartet: Zu jeder linearen Abbildung $\lambda : H^1(X, \mathbb{C}) \to \mathbb{C}$ gibt es genau ein $\varphi \in H^1(X, \mathbb{C})$ mit $\lambda(\omega) = \iint_X \varphi \wedge \omega$ für alle $\omega \in H^1(X, \mathbb{C})$. Insbesondere gibt es zu jeder Homologieklasse $c \in H_1(X)$ genau eine *duale Cohomologieklasse* $\gamma \in H^1(X, \mathbb{C})$ mit

(2) $\qquad \int_c \omega = \iint_X \gamma \wedge \omega \quad \text{für alle} \quad \omega \in H^1(X, \mathbb{C})\,.$

Nach 15.4.2 sind α_j, β_j zu den Rückkehrschnitten a_j, b_j dual.

Für zwei Klassen $c_1, c_2 \in H_1(X)$ definiert man mit den dualen Klassen $\gamma_1, \gamma_2 \in H^1(X, \mathbb{C})$ die *Schnittzahl*

(3) $\qquad s(c_1, c_2) := \iint_X \gamma_1 \wedge \gamma_2 = \int_{c_1} \gamma_2 = -\int_{c_2} \gamma_1 \,.$

Sie kann anschaulich gedeutet werden: Man repräsentiert die Klassen c_1, c_2 durch Schleifen gleichen Namens mit endlich vielen Kreuzungen. Man durchläuft sodann c_2 und zählt dabei jede Kreuzung mit c_1 von links nach rechts mit $+1$ bzw. von rechts nach links mit -1. Dann ist $s(c_1, c_2)$ die Summe der Kreuzungen.

Die Rückkehrschnitte haben wegen 15.4.2(4) die Schnittzahlen

(4) $\qquad s(a_j, a_k) = s(b_j, b_k) = 0 \,, \; s(a_j, b_k) = \delta_{jk}\,.$

Daher ist die durch die Schnittzahlen definierte *Schnittform*

(5) $\qquad s : H_1(X) \times H_1(X) \to \mathbb{Z}$

schiefsymmetrisch und *unimodular*, d.h. Zu jedem Homomorphismus $h : H_1(X) \to \mathbb{Z}$ existiert genau ein $a \in H_1(X)$, so daß $h(c) = s(a, c)$ für alle $c \in H_1(X)$ gilt.

Jede Basis $a_1, \ldots, a_g, b_1, \ldots, b_g$ von $H_1(X)$ mit den Schnittzahlen (4) heißt *symplektisch*. Mit solchen Basen gilt für $\varphi, \omega \in \mathcal{Z}^1(X)$, vgl. [Ri 3], §21:

(6) $\qquad \iint_X \varphi \wedge \omega = \sum_{j=1}^g \left(\int_{a_j} \varphi \cdot \int_{b_j} \omega - \int_{a_j} \omega \cdot \int_{b_j} \varphi \right).$

Beweis. Es genügt, (6) zu verifizieren, wenn φ und ω die zu $a_1, .., .., b_g$ dualen Basiselemente $\alpha_1, .., .., \beta_g$ von $H^1(X, \mathbb{C})$ durchlaufen. $\square$

15.5 Hodge-Zerlegung und Periodenmatrix

Wir ergänzen die in früheren Kapiteln erzielten Ergebnisse über die Beziehung zwischen der Homologie kompakter Flächen und der Integration holomorpher Differentialformen durch die *Hodge-Zerlegung* und die *Riemannsche Periodenmatrix*. Sei X eine Fläche vom Geschlecht $g \geq 1$.

15.5.1 Holomorphe und antiholomorphe Formen. Eine Pfaffsche Form φ heißt *antiholomorph*, wenn die konjugierte Form $\bar{\varphi}$ holomorph ist. Die antiholomorphen Formen bilden den g-dimensionalen Vektorraum $\bar{\mathcal{E}}_1(X) := \{\bar{\omega} : \omega \in \mathcal{E}_1(X)\}$. Alle holomorphen und antiholomorphen Formen sind geschlossen. Ihre Cohomologieklassen bilden die Untervektorräume $\mathcal{E}^1(X) := \{\mathrm{kl}\,\omega : \omega \in \mathcal{E}_1(X)\}$ und $\bar{\mathcal{E}}^1(X) := \{\mathrm{kl}\,\bar{\omega} : \omega \in \mathcal{E}_1(X)\}$ von $H^1(X,\mathbb{C})$.

Satz (Hodge-Zerlegung). *Die Abbildungen*
(1) $\qquad \mathrm{kl} : \mathcal{E}_1(X) \to \mathcal{E}^1(X) \quad und \quad \mathrm{kl} : \bar{\mathcal{E}}_1(X) \to \bar{\mathcal{E}}^1(X)$
sind Isomorphismen. Die Cohomologie ist die direkte Summe
(2) $\qquad\qquad H^1(X,\mathbb{C}) = \mathcal{E}^1(X) \oplus \bar{\mathcal{E}}^1(X).$

Beweis. Zu (1): Sei $\omega \in \mathcal{E}_1(X)$. Aus $\mathrm{kl}\,\omega = 0$ folgt $\mathrm{Per}(\omega) = 0$, also $\omega = 0$, vgl. 7.4.4(4). Aus $\mathrm{kl}\,\bar{\omega} = 0$ folgt ebenfalls $\mathrm{Per}(\omega) = 0$.
Zu (2): Wegen $\dim H^1(X,\mathbb{C}) = 2g$ genügt es $\mathcal{E}^1(X) \cap \bar{\mathcal{E}}^1(X) = 0$ zu zeigen. Sei $\omega \in \mathcal{E}_1(X)$ und $\mathrm{kl}\,\omega \in \bar{\mathcal{E}}^1(X)$, also $\mathrm{kl}\,\omega = \mathrm{kl}\,\bar{\varphi}$ für eine Form $\varphi \in \mathcal{E}_1(X)$. Dann gilt $\int_c \omega = \overline{\int_c \varphi}$ für alle $c \in H_1(X)$. Daher ist $\mathrm{Per}(\omega + \varphi) \subset \mathbb{R}$, also $\omega + \varphi = 0$ nach der Folgerung in 10.1.2. Dann ist $\int_c i\omega = i\overline{\int_c \varphi} = -i\overline{\int_c \omega}$, also $\mathrm{Per}(i\omega) \subset \mathbb{R}$ und somit $\omega = 0$. $\qquad\square$

Man nennt (2) die *Hodge-Zerlegung*, da es sich um den Spezialfall eines Zerlegungstheorems handelt, welches Hodge [Ho] für die Cohomologie projektiver Mannigfaltigkeiten beliebiger Dimensionen bewies. Die Gültigkeit dieser Zerlegung wurde auf kompakte Kählersche Mannigfaltigkeiten verallgemeinert und spielt in deren Theorie eine fundamentale Rolle, siehe z.B. [GH], S. 80-127.

15.5.2 Die Periodenmatrix ([Ri 3], §18-§21). *Zu jeder jeder symplektischen Basis $(a_1,\ldots,a_g; b_1,\ldots,b_g)$ der Homologie $H_1(X)$ einer kompakten Fläche vom Geschlecht $g \geq 1$ gibt es für den Vektorraum $\mathcal{E}_1(X)$ der holomorphen Differentialformen genau eine Basis $\omega_1,\ldots,\omega_g$ mit den a-Perioden $\int_{a_j} \omega_k = \delta_{jk}$. Die Matrix T der b-Perioden $\tau_{jk} := \int_{b_j} \omega_k$ dieser Basis ist symmetrisch und hat einen positiv definiten Imaginärteil $\mathrm{Im}\,T = \frac{i}{2}(\bar{T} - T)$.*

Beweis. Mit einer zunächst beliebigen Basis $\omega_1,\ldots,\omega_g$ von $\mathcal{E}_1(X)$ bilden wir die $(g \times g)$-Matrizen A, T und Q mit den Elementen
$$A_{jk} := \int_{a_j} \omega_k \quad,\quad \tau_{jk} := \int_{b_j} \omega_k \quad,\quad Q_{jk} := \frac{i}{2} \iint_X \omega_j \wedge \bar{\omega}_k.$$
Wir bezeichnen mit ${}^tM$ die transponierte und mit $\bar{M}$ die konjugiert komplexe Matrix zu M. Wegen 15.2.5(2) ist Q Hermitesch, d. h. ${}^tQ = \bar{Q}$.

Aus 15.4.4(6), angewendet auf $0 = \iint_X \omega_j \wedge \omega_k$ und $-2iQ_{jk} = \iint_X \omega_j \wedge \bar\omega_k$, folgt

(1) $\qquad {}^tAT = {}^tTA \quad \text{und} \quad Q = \frac{i}{2}\left({}^tA\bar T - {}^tT\bar A\right).$

Wenn man 15.2.4(2) auf $\omega = \sum z_j\omega_j$ anwendet, folgt, daß Q positiv definit ist. Daher hat A den Rang g. Durch einen Wechsel der Basis $\omega_1,\ldots,\omega_g$ macht man $A = E$ zur Einheitsmatrix. $\qquad\square$

Im $\frac{1}{2}g(g+1)$-dimensionalen Vektorraum aller symmetrischen $(g\times g)$-Matrizen bilden die Matrizen $T = (\tau_{jk})$, deren Imaginärteile $\operatorname{Im} T$ positiv definit sind, eine offene und konvexe Teilmenge $\mathcal{H}_g$. Offenbar ist $\mathcal{H}_1 = \mathbb{H}$ die obere Halbebene. Man nennt $\mathcal{H}_g$ den *Siegelschen Halbraum* und seine Elemente *Siegelsche Matrizen*. Denn C. L. Siegel hat $\mathcal{H}_g$ in [Si 1] systematisch untersucht. Die Periodenmatrizen der kompakten Flächen vom Geschlecht g bilden eine Teilmenge von $\mathcal{H}_g$. Alle Elemente von $\mathcal{H}_1 = \mathbb{H}$ sind Periodenmatrizen. Aber für $g \geq 2$ bilden letztere eine echte Teilmenge, siehe 16.6.4-6.

Zu jeder Matrix $T \in \mathcal{H}_g$ gehört eine holomorphe *Thetafunktion* $\mathbb{C}^g \to \mathbb{C}$, $z \mapsto \vartheta(z, T)$, die g-fach periodisch ist: $\vartheta(z+n) = \vartheta(z)$ für $n \in \mathbb{Z}^g$. Wenn T die Periodenmatrix einer kompakten Fläche ist, spielt die zugehörige Thetafunktion seit Jacobi und Riemann eine wesentliche Rolle bei der Untersuchung der Abelschen Integrale, siehe dazu das 16. Kapitel.

15.5.3 Die symplektische Gruppe. Die Matrix der Schnittform s hat bezüglich jeder symplektischen Basis $(a_1,\ldots,a_g; b_1,\ldots,b_g)$ die Gestalt

(1) $\qquad J = \begin{pmatrix} 0 & E \\ -E & 0 \end{pmatrix}, \quad E = (g \times g)\text{-Einheitsmatrix}.$

Der Basiswechsel mittels der Matrix $M \in \operatorname{GL}_{2g}(\mathbb{Z})$ transformiert die symplektische Basis $(a_1,\ldots,a_g; b_1,\ldots,b_g)$ genau dann in eine *symplektische* Basis $(a'_1,\ldots,a'_g; b'_1,\ldots,b'_g)$, wenn

(2) $\qquad {}^tMJM = J$

ist. Diese Matrizen M bilden die *symplektische Gruppe* $\operatorname{Sp}_{2g}(\mathbb{Z}) < \operatorname{GL}_{2g}(\mathbb{Z})$. Wenn man
$$M = \begin{pmatrix} C & D \\ A & B \end{pmatrix}$$
in vier Blöcke von $(g \times g)$-Matrizen zerlegt, ist (2) äquivalent zu

(2') $\qquad {}^tAC,\ {}^tBD\ \text{symmetrisch\ und}\ {}^tCB - {}^tAD = E.$

Satz. *Wenn die symplektische Basis $(a_1,\ldots,a_g; b_1,\ldots,b_g)$ durch die Matrix $M = \begin{pmatrix} C & D \\ A & B \end{pmatrix} \in \operatorname{Sp}_{2g}(\mathbb{Z})$ in die Basis $(a'_1,\ldots,a'_g; b'_1,\ldots,b'_g)$ transformiert wird, gilt für die entsprechenden Periodenmatrizen T bzw. T': Die Matrix $C + DT$ ist invertierbar und*

(3) $\qquad T' = M \bullet T := (A + BT)(C + DT)^{-1}.$

Beweis. Wir identifizieren $\mathcal{E}_1(X)^* \cong \mathbb{C}^g$ und fassen a_j, b_j, a'_j, b'_j als Spaltenvektoren in $\mathbb{C}^g$ auf. Dann ist $b_j = Ta_j$ und $a'_j = Ca_j + Db_j$, also $a'_j = (C + DT)a_j$. Da $(a_1, \ldots, a_g)$ und $(a'_1, \ldots, a'_g)$ zwei Basen von $\mathbb{C}^g$ sind, ist $C + DT$ invertierbar. Weiter gilt $b'_j = T'a'_j$ und $b'_j = Aa_j + Bb_j$, also $b'_j = (A + BT)a_j$ und $T'(C+DT)a_j = T'a'_j = b'_j = (A+BT)a_j$, somit $T'(C + DT) = A + BT$. □

15.6 Normierte Differentialformen

Jedes Hauptteilsystem, dessen Residuensumme = 0 ist, wird durch eine meromorphe Differentialform realisiert, die bis auf die Addition einer holomorphen Form eindeutig bestimmt ist, siehe 13.6.4. Wenn man die meromorphe Form, wie unten erläutert wird, *normiert*, ist sie durch ihre Hauptteile völlig eindeutig bestimmt, und ihre Periodenrelationen aus 12.5 bekommen eine einfache Gestalt.

Im folgenden liegt eine kompakte Fläche X vom Geschlecht $g \geq 1$ zugrunde. Sei $(a_1, \ldots, a_g; b_1, \ldots, b_g)$ eine symplektische Basis ihrer Homologie. Nach 15.5.2 ist $(a_1, \ldots, a_g)$ eine $\mathbb{C}$-Basis von $\mathcal{E}_1(X)^*$. Sei $(\omega_1, \ldots, \omega_g)$ die dazu duale Basis von $\mathcal{E}_1(X)$.

15.6.1 a- und b-Perioden. Eine meromorphe Differentialform φ auf X heißt *a-normiert*, wenn
$$\int_{a_j} \varphi = 0 \quad \text{für } j = 1, \ldots, g$$
gilt. Für jede meromorphe Form ψ ist
$$\varphi := \psi - \sum_k c_k \omega_k$$
genau dann a-normiert, wenn $c_k = \int_{a_k} \psi$ für $k = 1, \ldots, g$ gilt. Somit läßt sich jede meromorphe Form eindeutig als Summe $\varphi + \omega$ einer a-normierten Form φ und einer holomorphen Form ω darstellen.

Wenn die symplektische Basis aus Rückkehrschnitten besteht, kann man die b-Perioden der a-normierten Formen φ durch *Residuen* ausdrücken: Dazu benutzen wir die universelle Überlagerung $\eta : Z \to X$ und ein kanonisches Polygon $\Delta \subset Z$, so daß $\eta(\partial\Delta)$ die Pole von φ meidet, vgl. 12.5.1. Die Homologieklassen der entsprechenden Rückkehrschnitte bilden eine symplektische Basis $(a_1, \ldots, a_g; b_1, \ldots, b_g)$, siehe 15.4.4(4).

Die Periodenrelation 12.5.4(1) für $\omega := \omega_k$ und die a-normierte Form φ gibt

(1) $$\int_{b_k} \varphi = 2\pi i \sum_{Q \in \Delta} \mathrm{res}(h_k \cdot \eta^* \varphi, Q).$$

Dabei ist $h_k \in \mathcal{O}(Z)$ eine Stammfunktion von $\eta^* \omega_k$. Wir berechnen die Residuen in (1) für spezielle Formen zweiter und dritter Gattung:

15.6.2 Differentialformen zweiter Gattung. Sei $Q \in X$, und sei z eine Karte mit $z(Q) = 0$. Zu jedem Hauptteil $q = \sum_{n=1}^{r} c_{-n} z^{-n}$ bei Q gibt es genau eine a-normierte Differentialform $\varphi_q \in \mathcal{E}_2(X)$, die bei Q den Hauptteil dq hat und sonst holomorph ist. Wir definieren den Vektor

$$(1) \qquad U_q := \frac{1}{2\pi i} \sum_{k=1}^{g} u_{q,k} a_k \in \mathcal{E}_1^*(X) \text{ mit } u_{q,k} := \int_{b_k} \varphi_q.$$

und bemerken, daß stets
$$(2) \qquad U_{z^{-1}} \neq 0.$$

Denn aus $U_{z^{-1}} = 0$ würde $\operatorname{Per}(\varphi_{z^{-1}}) = 0$ folgen. Es gäbe eine Stammfunktion $f : X \to \widehat{\mathbb{C}}$, die bei Q den Hauptteil z^{-1} hätte und sonst holomorph, also ein Isomorphismus wäre. Das ist wegen $g \geq 1$ unmöglich. □

Sei $\eta : (Z, \tilde{Q}) \to (X, Q)$ die universelle Überlagerung. Dann ist $\zeta := z \circ \eta$ eine Karte auf einer Scheibe um $\tilde{Q}$.

Satz. *Die Reihenentwicklung der in 14.2.2 definierte Abelschen Abbildung $h : (Z, \tilde{Q}) \to (\mathcal{E}_1(X)^*, 0)$ nach Potenzen der Karte ζ lautet:*
$$(3) \qquad h = -\sum_{n=1}^{\infty} \frac{\zeta^n}{n} U_{z^{-n}}.$$

Beweis. Sei $h_k \in \mathcal{O}(Z)$ die Stammfunktion von $\eta^* \omega_k$ mit $h_k(\tilde{Q}) = 0$. Dann ist $h := \sum_{k=1}^{g} h_k a_k$. Sei $h_k = \sum_{n=0}^{\infty} c_{nk} \zeta^n$ die Reihenentwicklung. Das kanonische Polygon Δ wird so gewählt, daß $\tilde{Q}$ ein innerer Punkt ist. Da $h_k \cdot \eta^* \varphi_{z^{-n}}$ auf $\Delta \setminus \tilde{Q}$ holomorph ist, tritt in 15.6.1(1) nur *ein* Summand auf, nämlich $\operatorname{res}(h_k \cdot \eta^* \varphi_{z^{-n}}, \tilde{Q}) = \operatorname{res}(h_k d\zeta^{-n}, \tilde{Q}) = -n c_{nk}$. Somit ist $\int_{b_k} \varphi_{z^{-n}} = -2\pi i n c_{nk}$. Nach der Definition von $U_{z^{-n}}$ durch (1) folgt (3). □

15.6.3 Wesentliche Hauptteile. Die Zuordnung
$$\{Hauptteile\ bei\ Q\} \to \mathcal{E}_1(X)^*,\ q \mapsto U_q,$$
ist $\mathbb{C}$-linear. Sei $1 = k_1 < \ldots < k_g \leq 2g - 1$ die Lückenfolge von X bei Q, vgl. 8.5.2-3. Die Hauptteile der Gestalt
$$q = \sum_{n=1}^{g} t_n z^{-k_n}$$
heißen *wesentlich*. Sie bilden einen g-dimensionalen Vektorraum. *Er wird durch $q \mapsto U_q$ isomorph auf $\mathcal{E}_1^*(X)$ abgebildet.*
Denn aus $U_q = 0$ folgt, daß φ_q eine Stammfunktion $f_q \in \mathcal{M}(X)$ besitzt, die auf $X \setminus Q$ holomorph ist und bei Q den Hauptteil q hat. Wenn $q \neq 0$ ist, hat f_q bei Q einen k_n-fachen Pol. Das ist nach 13.5.1(a)-(b) unmöglich.

15.6.4 Differentialformen dritter Gattung. Aus 13.6.4 und 15.6.1 folgt:
Zu je zwei verschiedenen Punkten $P_1, P_2 \in X$ gibt es genau eine a-normierte Differentialform φ, die bei P_1 und P_2 einfache Pole mit den Residuen $+1$ bzw. -1 hat und sonst holomorph ist. Sie hat die b_k-Periode
$$(1) \qquad \int_{b_k} \varphi = 2\pi i \int_u \omega_k.$$

304   15. Die de Rhamsche Cohomologie

Dabei ist u ein beliebiger Weg von P_2 nach P_1 mit einer η-Liftung $\tilde{u}$, deren Anfangs- und Endpunkt innere Punkte desselben kanonischen Polygons $\Delta \subset Z$ sind.

Beweis. Wir wählen das kanonische Polygon Δ so, daß $\eta(\partial\Delta)$ die Punkte P_1, P_2 meidet. Dann gibt es genau zwei innere Punkte Q_1, Q_2 in Δ mit $\eta(Q_j) = P_j$. In 15.6.1(1) wird nur über Q_1 und Q_2 summiert. Die Berechnung der Residuen ergibt

$$\int_{b_k} \varphi = 2\pi i \big(h_k(Q_1) - h_k(Q_2)\big) = 2\pi i \int_{\tilde{u}} \eta^* \omega_k = 2\pi i \int_u \omega_k \,. \qquad \square$$

15.7 Aufgaben

1) Man definiert für jede Pfaffsche Form $\omega = \{(\omega_\alpha, \omega'_\alpha)\}$ die Pfaffschen Formen $\omega_{10} := \{(\omega_\alpha, 0)\}$, $\omega_{01} := \{(0, \omega'_\alpha)\}$, also $\omega = \omega_{10} + \omega_{01}$, und den *Sternoperator* $*(\omega_{10} + \omega_{01}) := i(\overline{\omega_{01}} - \overline{\omega_{10}})$. Zeige:
$**\omega = -\omega$; $\overline{*\omega} = *\bar{\omega}$; $*(f\omega) = \bar{f} \cdot (*\omega)$ für $\mathcal{C}^\infty$-Funktionen f.

2) Die Form ω heißt *harmonisch*, wenn $d\omega = d*\omega = 0$ ist. Zeige:
   (a) Eine exakte Form df ist genau dann harmonisch, wenn $\operatorname{Re} f$ und $\operatorname{Im} f$ harmonische Funktionen im Sinne von 10.1.1 sind.
   (b) Die Form $\omega = \omega_{10} + \omega_{01}$ ist genau dann harmonisch, wenn ω_{10} und $\overline{\omega_{01}}$ holomorph sind.
   (c) Wenn die Fläche X kompakt ist, enthält jede Cohomologieklasse in $H^1(X, \mathbb{C})$ genau eine harmonische Form.

3) Die Fläche X sei kompakt. Zeige:
   (a) Sämtliche Pfaffschen Formen bilden einen unitären Vektorraum mit dem inneren Produkt
   $$\langle \omega, \varphi \rangle := \iint_X \omega \wedge *\varphi \,.$$
   (b) In Untervektorraum aller harmonischen Formen bilden die antiholomorphen Formen das orthogonale Komplement aller holomorphen Formen.
   (c) Eine geschlossene Pfaffsche Form ist genau dann exakt, wenn sie zu allen harmonischen Formen orthogonal ist.

4) Die Pfaffsche Form φ heißt *reell*, wenn $\varphi = \bar{\varphi}$ ist. Man definiert für jede Pfaffsche Form ihren *Real-* und *Imaginärteil* durch $\operatorname{Re}\omega := \frac{1}{2}(\omega + \bar{\omega})$ und $\operatorname{Im}\omega := -\frac{i}{2}(\omega - \bar{\omega})$.
   (a) Zeige: Jede reelle harmonische Form φ ist der Realteil einer holomorphen Form ω. Ist ω durch φ eindeutig bestimmt?
   Sei X eine kompakte Fläche vom Geschlecht $g \geq 1$. Zeige:
   (b) Aus jeder $\mathbb{C}$-Basis $\omega_1, \ldots, \omega_g$ des Vektorraums $\mathcal{E}_1(X)$ aller holomorphen Formen entsteht die $\mathbb{R}$-Basis $\operatorname{Re}\omega_1, \operatorname{Im}\omega_1, \ldots, \operatorname{Re}\omega_g, \operatorname{Im}\omega_g$ des Vektorraums aller reellen harmonischen Formen auf X.
   (c) Jede Cohomologieklasse in $H^1(X, \mathbb{R}) := \operatorname{Hom}(H_1(X), \mathbb{R})$ enthält genau eine reelle harmonische Form.

5) Sei $E := \{P_1, \ldots, P_n\} \subset X$ eine endliche Teilmenge der kompakten Fläche X. Beweise nach folgender Skizze mittels Pfaffscher Formen und Flächenformen das Ergebnis aus 7.3.6: *Für jede Form* $\omega \in \mathcal{E}_1(X \setminus E)$ *gilt*
$$\operatorname{res}(\omega, P_1) + \ldots + \operatorname{res}(\omega, P_n) = 0.$$
Skizze. Es gibt kompakte Scheiben D_j mit den Zentren P_j und eine $\mathcal{C}^\infty$-Funktion $f : X \to \mathbb{R}$, die außerhalb dieser Scheiben konstant $= 1$ ist und auf einer Umgebung jeder Stelle P_j konstant $= 0$ ist. Gewinne mit der Stokes'schen Formel 15.3.1 und der Integralformel 7.4.5 für das Residuum die Behauptung aus
$$0 = \iint_X d(f\omega) = \sum_{j=1}^n \iint_{D_j} d(f\omega).$$

6) Man verfolge anschaulich, wie aus den kanonischen Bändern in Figur 15.4.1a bei den Seitenidentifikationen gemäß Figur 12.1.4 die kanonischen Bänder in der Brezelfläche entstehen.

7) Sei s die Schnittform der kompakten Fläche X, siehe 15.4.4. Zeige: Für jeden Automorphismus $f : X \to X$ gilt $s(f_*(a), f_*(b)) = s(a, b)$ für $a, b \in H_1(X)$. Folgere, daß f_* jede symplektische Basis $\mathcal{B}$ von $H_1(X)$ in eine symplektische Basis $f_*\mathcal{B}$ transformiert. Wie hängt die Matrix des Basiswechsels $M_f \in \operatorname{Sp}_{2g}(\mathbb{Z})$ von der Wahl der Basis $\mathcal{B}$ ab? Zeige: $\operatorname{Aut}(X) \to \operatorname{Sp}_{2g}(\mathbb{Z}), f \mapsto M_f$, ist ein Monomorphismus ist (Hinweis: 13.3.3). Für die durch $\mathcal{B}$ bestimmte Periodenmatrix T gilt $M_f \bullet T = T$.

Bemerkung. Wenn X viele Automorphismen besitzt, für die M_f berechnet werden kann, läßt sich T mittels $M_f \bullet T = T$ explizit bestimmen, siehe [LB], Sec. 11.7 und Exercises (15)-(18) in Sec. 11.12.

8) In 15.6.2 wurden für jede Stelle $Q \in X$ einer kompakten Fläche vom Geschlecht > 0 mittels einer Karte z die Vektoren $U_n := U_{z^{-n}} \in \mathcal{E}_1(X)^*$ definiert. Zeige: Die von $U_1, U_2, \ldots$ aufgespannten Untervektorräume $V_j := \langle U_1, \ldots, U_j \rangle$ hängen nicht von z ab. Es gilt
$$\dim V_{j+1} = \dim V_j \ oder = 1 + \dim V_j.$$
Unterscheide die beiden Möglichkeiten durch die Lückenfolge von X bei Q. Zeige: Wenn $\dim V_2 = 1$ bzw. $\dim V_2 = \dim V_3 = 2$ ist, kann man durch eine passende Wahl der Karte z erreichen, daß $U_2 = 0$ bzw. $U_3 = 0$ ist. Im ersten Fall ist Q ist Windungspunkt einer (hyper-)elliptischen Überlagerung und im zweiten Fall dreifacher Pol einer auf $X \setminus Q$ holomorphen Funktion. Für $\dim V_2 = \dim V_3 = 1$ ist X ein Torus.

16 Die Riemannsche Thetafunktion

Die Grundlage für das Studium elliptischer Funktionen war im 2. Kapitel die Weierstraßsche $\wp$-Funktion. Jacobis ältere Methode, welche von der Theta-Reihe $\sum_{n=-\infty}^{\infty} \exp \pi i n(n\tau + 2z)$ für $\tau \in \mathbb{H}$ und $z \in \mathbb{C}$ ausgeht, ist komplizierter. Aber sie ermöglicht auch einen Zugang zu den Abelschen Funktionen, welche nicht mehr elliptisch sind, wenn die zugehörige Fläche ein Geschlecht $g > 1$ hat. Wie bereits von Jacobi vorgeschlagen wurde, benutzt man dann eine Thetareihe in g Variablen. Diese Idee, welche sich bei Jacobi noch auf den hyperelliptischen Fall beschränkte, griff Riemann auf und verwirklichte sie in der Weise, daß er jeder kompakten Fläche X *eine* Thetafunktion zuordnete, aus der sich *alle* meromorphen Funktionen auf X gewinnen lassen. Diese *Riemannsche Theorie der Thetafunktion* steht im Mittelpunkt des Kapitels.

16.1 Thetafunktionen

Zu jeder Siegelschen Matrix $T \in \mathcal{H}_g$, vgl. 15.5.2, wird eine konvergente *Thetareihe* θ gebildet, die eine holomorphe Funktion $\mathbb{C}^g \to \mathbb{C}$ darstellt.

Wir betrachten diese Funktionen insbesondere für die Periodenmatrix T jeder kompakten Fläche X vom Geschlecht g und verknüpfen sie mit den Vektoren $e \in \mathcal{E}_1(X)^*$ sowie der Abelschen Abbildung $h : Z \to \mathcal{E}_1(X)^*$ aus 14.2.2 zu Funktionen $\vartheta_e := \theta \circ (e + h)$ auf der universellen Überlagerung Z von X. Diese holomorphen *Primfunktionen* ϑ_e sind die elementaren Bausteine, aus denen Riemann in [Ri 3] jede meromorphe Funktion auf X zusammensetzt.

16.1.1 Die Thetareihe. Wir definieren auf $\mathbb{C}^g \times \mathcal{H}_g$ die *Thetareihe*

(1) $$\theta(z, T) = \sum_{n \in \mathbb{Z}^g} \exp(\pi i \langle n, 2z + Tn \rangle).$$

Summiert wird über alle g-Tupel $n := (n_1, \ldots, n_g)$ ganzer Zahlen. Dabei ist $\langle z, w \rangle := \sum_{j=1}^g z_j w_j$ das Produkt der Vektoren $z = (z_1, \ldots, z_g)$ und $w = (w_1, \ldots, w_g)$. Mit Tn wird das Produkt der Matrix T mit der *Spalte* n bezeichnet.

Satz. *Die Reihe* (1) *konvergiert normal und stellt daher eine holomorphe Funktion auf* $\mathbb{C}^g \times \mathcal{H}_g$ *dar. Offenbar gilt* $\theta(-z, T) = \theta(z, T)$.

Beweis. Sei $z = x + iy$. Dann ist
$$|\exp \pi i \langle n, 2z + Tn\rangle| = \exp[-\pi(\langle n, 2y\rangle + \operatorname{Im}\langle n, Tn\rangle)].$$
Weil $\operatorname{Im} T$ positiv definit ist, gibt es eine Konstante $c_1 \geq 0$, so daß
$$\operatorname{Im}\langle n, Tn\rangle \leq c_1 |n|^2 := c_1(n_1^2 + \ldots + n_g^2).$$
Zu jedem Kompaktum K gibt es eine Konstante $c_0 \geq 0$, so daß $\langle n, y\rangle \leq c_0 |n|$ für alle $z \in K$ gilt. Daher ist $\sum_n \exp[-\pi(2c_0|n| + c_1|n|^2)]$ eine konvergente Majorante der Thetareihe für alle $z \in K$. □

Bemerkung. Die Thetareihe erfüllt die *Wärmeleitungsgleichung*
$$\frac{\partial^2 \theta}{\partial z_j \partial z_k} = 2\pi i (1 + \delta_{jk}) \frac{\partial \theta}{\partial \tau_{jk}},$$
wie man durch gliedweises Differenzieren der Reihe (1) bestätigt.

16.1.2 Periodizitätsformeln. Die Thetafunktion ist $\mathbb{Z}^g$-periodisch:
(1) $\qquad \theta(z + n) = \theta(z)$ für $z \in \mathbb{C}^g$ und $n \in \mathbb{Z}^g$.
Ferner gilt
(2) $\qquad \theta(z + Tn) = \exp[-\pi i \langle n, 2z + Tn\rangle] \cdot \theta(z)$.

Beweis zu (2). Es ist $\theta(z+Tn) = \sum_l \exp[\pi i \langle l, 2z+2Tn+Tl\rangle]$. Mit $j = l+n$ gilt $\langle l, 2z + 2Tn + Tl\rangle = \langle j, 2z + Tj\rangle - \langle n, 2z + Tn\rangle$, weil T symmetrisch ist. Durch Summation über $j \in \mathbb{Z}^g$ folgt (2). □

16.1.3 Eindeutigkeit der Thetafunktion. *Alle Funktionen $f \in \mathcal{O}(\mathbb{C}^g)$, welche wie die Thetafunktion $\mathbb{Z}^g$-periodisch sind und*
(1) $\qquad f(z + Tn) = \exp[-\pi i \langle n, 2z + Tn\rangle] \cdot f(z)$
für $n \in \mathbb{Z}^g$ erfüllen, haben die Gestalt $f(z) = c \vartheta(z, T)$ mit $c \in \mathbb{C}$.

Beweis. Wegen der $\mathbb{Z}^g$-Periodizität läßt sich f als Fourier-Reihe $f(z) = \sum_l \gamma(l) \exp[\pi i \langle l, Tl\rangle] \exp[2\pi i \langle l, z\rangle]$ mit $\gamma(l) \in \mathbb{C}$ darstellen. Dann ist
$$f(z+Tn) = \sum_l \gamma(l) \exp[\pi i \langle l, Tl\rangle] \exp[2\pi i \langle l, Tn\rangle] \exp[2\pi i \langle l, z\rangle].$$
Andererseits folgt aus (1)
$$f(z+Tn) = \sum_l \gamma(l) \exp[-\pi i \langle n, Tn\rangle] \exp[\pi i \langle l, Tl\rangle] \exp[2\pi i \langle l - n, z\rangle]$$
$$= \sum_k \gamma(k+n) \exp[\pi i \langle k, Tk\rangle] \exp[2\pi i \langle k, Tn\rangle] \exp[2\pi i \langle k, z\rangle].$$
Der Koeffizientenvergleich ergibt $\gamma(k+n) = \gamma(k)$, insbesondere $\gamma(n) = \gamma(0)$ für alle $n \in \mathbb{Z}^g$, d.h. $f(z) = \gamma(0) \cdot \vartheta(z)$. □

16.1.4 Riemannsche Thetafunktionen. Sei X eine kompakte Fläche vom Geschlecht $g \geq 1$. Jede symplektische Basis $(a_1, \ldots, a_g; b_1, \ldots, b_g)$ der Homologie $H_1(X)$ bestimmt nach 15.5.2 eine Periodenmatrix $T \in \mathcal{H}_g$. Da die Vektoren $a_1, \ldots, a_g$ eine Basis des Vektorraums $\mathcal{E}_1(X)^*$ bilden, kann man die entsprechende Thetareihe als holomorphe Funktion
$$\mathcal{E}_1(X)^* \to \mathbb{C}, \ \vartheta(z) := \theta(z_1, \ldots, z_g; T) \text{ für } z = z_1 a_1 + \ldots + z_g a_g \text{ mit } z_j \in \mathbb{C}$$
auffassen. Man nennt sie eine *Riemannsche Thetafunktion* der Fläche X.

Wir legen im folgenden eine feste kanonische Zerschneidung der Fläche X zugrunde und benutzen die durch ihre Rückkehrschnitte bestimmte symplektische Basis der Homologie, die entsprechende Periodenmatrix und die zugehörige Riemannsche Thetafunktion.

Die zu $(a_1,\ldots,a_g)$ duale Basis von $\mathcal{E}_1(X)$ wird mit $(\omega_1,\ldots,\omega_g)$ bezeichnet. Jede Homologieklasse $c \in H_1(X)$ hat als Vektor in $\mathcal{E}_1(X)^*$ die Gestalt

(1) $\qquad c = c_1 a_1 + \ldots + c_g a_g \quad \text{mit} \quad c_j = \int_c \omega_j$

und ist andererseits eine ganzzahlige Linearkombination

(2) $\qquad c = \sum_{j=1}^{g} \left(m_j(c)\, a_j + n_j(c)\, b_j \right).$

Wir fassen die Komponenten zu Spaltenvektoren $m(c)$ bzw. $n(c) \in \mathbb{Z}^g$ zusammen. Für den Spaltenvektor c mit den Komponenten c_j gilt dann

(3) $\qquad c = m(c) + Tn(c).$

Die Periodizitätsformel bekommt die Gestalt

(4) $\qquad \vartheta(z+c) = \exp[-\pi i\, \langle n(c),\, 2z + Tn(c)\rangle] \cdot \vartheta(z),$

insbesondere $\vartheta(z+a_k) = \vartheta(z)$ und $\vartheta(z+b_k) = \exp\left[-\pi i(2z_k + \tau_{kk})\right]$.

16.1.5 Primfunktionen. Sei $P_0 \in X$ der Basispunkt der Zerschneidung und $\eta : (Z, Q_0) \to (X, P_0)$ die universelle Überlagerung. Ihre Deckgruppe $\mathcal{D}(\eta) = \pi(X)$ wird mit der Fundamentalgruppe identifiziert und abelsch gemacht, $\mathcal{A} : \pi(X) \to H_1(X)$. Die Stammfunktion $h_k \in \mathcal{O}(Z)$ von $\eta^*\omega_k$ wird durch $h_k(Q_0) = 0$ festgelegt. Dann ist
$$h = h_1 a_1 + \ldots + h_g a_g : Z \to \mathcal{E}_1(X)^*$$
die in 14.2.2 eingeführte Abelsche Abbildung. Für jede Deckabbildung γ gilt $h \circ \gamma = h + \mathcal{A}(\gamma)$, siehe 14.2.2(4).

Sei $e \in \mathcal{E}_1(X)^*$. Die holomorphen Funktionen $\vartheta_e := \vartheta \circ (e+h) : Z \to \mathbb{C}$, welche nicht konstant $= 0$ sind, heißen *Primfunktionen*. Aus der Periodizitätsformel 16.1.4(4) folgt für $\gamma \in \mathcal{D}(\eta) = \pi(X)$ mit $\mathcal{A}(\gamma) = c \in H_1(X)$ die

Transformationsformel:

(1) $\qquad \vartheta_e \circ \gamma = \varphi_{e,c} \cdot \vartheta_e \quad \text{mit} \quad \varphi_{e,c} = \exp[-\pi i\, \langle n(c),\, 2(e+h) + Tn(c)\rangle].$

Insbesondere gilt für die Homotopieklassen α_k und β_k der Rückkehrschnitte

(2) $\qquad \vartheta_e \circ \alpha_k = \vartheta_e \quad \text{und} \quad \vartheta_e \circ \beta_k = \exp[-\pi i\,(2e_k + 2h_k + \tau_{kk})] \cdot \vartheta_e.$

Für die logarithmische Ableitung folgt aus (1)

(3) $\qquad \gamma^*(d\vartheta_e/\vartheta_e) = d\vartheta_e/\vartheta_e - 2\pi i \sum_{j=1}^{g} n_j(c)\, \eta^*\omega_j.$

16.1.6 Primdivisoren. Sei $p : \mathcal{E}_1(X)^* \to J(X)$ die Projektion auf den Periodentorus. Wegen der Transformationsformel hängt für jede Primfunktion ϑ_e und jede Stelle $Q \in Z$ die Ordnung $o(\vartheta_e, Q) \in \mathbb{N}$ nur von $\varepsilon := p(e) \in J(X)$ und $P := \eta(Q)$ ab. Daher ist der positive *Primdivisor* Θ_ε auf X durch
$$\Theta_\varepsilon(P) := o(\vartheta_e, Q)$$
wohldefiniert. Er hat den Grad
$$\operatorname{gr} \Theta_\varepsilon = g.$$

Beweis. Nach der Folgerung in 12.5.2 gibt es in Z eine kanonisches Polygon Δ, so daß $\mathrm{Tr}\,(\Theta_\varepsilon) \cap \eta(\partial\Delta) = \emptyset$ ist. Dann hat $\psi := d\vartheta_e/\vartheta_e$ keinen Pol auf dem Rande $\partial\Delta$. Wegen 16.1.5(3) gilt $\gamma^*\psi = \psi$ für alle $\gamma \in [\mathcal{D}, \mathcal{D}]$ sowie $\psi - \beta_j^*\psi = 2\pi i\,\eta^*\omega_j$ und $\psi - (\alpha_j^{-1})^*\psi = 0$. Wir wenden die Residuenformel in 12.5.3 an: $\mathrm{gr}\,\Theta_\varepsilon = \sum_{z\in\Delta} \mathrm{res}\,(\psi,z) = \sum_{j=1}^g \int_{a_j} \omega_j = g$. □

16.1.7 Die Riemannsche Konstante. *Für die Periodenwerte der Primdivisoren ist $\kappa := \mu(\Theta_\varepsilon) + \varepsilon \in J(X)$ eine von ε unabhängige Konstante.*

Man nennt κ die *Riemannsche Konstante*. Sie hängt wie die zugrunde liegende Periodenmatrix von der kanonischen Zerschneidung der Fläche X ab.

Beweis. Wie im Beweis zu $\mathrm{gr}\,\Theta_\varepsilon = g$ wird die Residuenformel in 12.5.3 benutzt und zwar dieses Mal für die Form $\psi := h_k\,d\vartheta_e/\vartheta_e$. Für $\gamma \in D(\eta)$ mit $\mathcal{A}(\gamma) = c = c_1 a_1 + \ldots + c_g a_g \in \mathcal{E}_1(X)^*$ ist
$$\psi - \gamma^*\psi = -c_k\,d\vartheta_e/\vartheta_e + 2\pi i(c_k + h_k)\sum_j n_j(c)\eta^*\omega_j.$$
Insbesondere gilt $\gamma^*\psi = \psi$ für $\gamma \in [\mathcal{D},\mathcal{D}]$, ferner
$\psi - \beta_j^*\psi = -\tau_{jk}\,d\vartheta_e/\vartheta_e + 2\pi i(\tau_{jk} + h_k)\eta^*\omega_j$ und $\psi - (\alpha_j^{-1})^*\psi = \delta_{jk}\,d\vartheta_e/\vartheta_e$.
Wir bezeichnen die Seiten von Δ mit $\tilde{a}_1, \tilde{b}_1, \tilde{a}'_1, \tilde{b}'_1, \ldots, \tilde{a}_g, \tilde{b}_g, \tilde{a}'_g, \tilde{b}'_g$. Die Residuenformel ergibt
$$(1) \quad \sum_{Q\in\Delta} o(\vartheta_e, Q)\,h_k(Q) = -\frac{1}{2\pi i}\sum_{j=1}^g \tau_{jk}\int_{\tilde{a}_j} \frac{d\vartheta_e}{\vartheta_e} + \int_{\tilde{b}_k} \frac{d\vartheta_e}{\vartheta_e} + \lambda_k$$
mit einer nur von der Zerschneidung abhängigen Konstanten λ_k.

Die Integrale in (1) werden wie folgt ausgewertet: Sei A_j der Anfangspunkt von $\tilde{a}_j$. Dann ist $\alpha'_j(A_j)$ der Endpunkt, wobei α'_j zu α_j konjugiert ist. Mit 7.8.1(4) folgt $\exp\int_{\tilde{a}_j} d\vartheta_e/\vartheta_e = \vartheta_e(\alpha'_j(A_j))/\vartheta_e(A_j) = 1$, letzteres weil $\vartheta_e \circ \alpha'_j = \vartheta_e \circ \alpha_j = \vartheta_e$ ist, siehe 16.1.5(2). Daher gilt
$$(2) \quad \int_{\tilde{a}_j} d\vartheta_e/\vartheta_e = 2\pi i\,l_j(e) \quad mit \quad l_j(e) \in \mathbb{Z}.$$
Für den Anfangspunkt B_k von $\tilde{b}_k$ folgt in analoger Weise $\exp\int_{\tilde{b}_k} d\vartheta_e/\vartheta_e = \exp[-\pi i(2e_k + 2h_k(B_k) + \tau_{kk})]$, also
$$(3) \quad \int_{\tilde{b}_k} d\vartheta_e/\vartheta_e = 2\pi i(-e_k + m_k(e)) + \mu_k$$
mit $m_k(e) \in \mathbb{Z}$ und einer nur von der Zerschneidung abhängigen Konstanten μ_k. Einsetzen von (2) und (3) in (1) ergibt
$\sum_{Q\in\Delta} o(\vartheta_e, Q) \cdot h_k(Q) = -\sum_{j=1}^g \tau_{jk}l_j(e) - e_k + m_k(e) + \lambda_k + \mu_k$.
Wir multiplizieren mit a_k und summieren über $k = 1, \ldots, g$. Dabei entsteht die Vektorgleichung
$$\sum_{Q\in\Delta} o(\vartheta_e, Q) \cdot h(Q) = -e - \sum_{j=1}^g l_j(e)b_j - \sum_{k=1}^g (m_k(e) - \lambda_k - \mu_k)a_k.$$
Mit p erhält man links $\mu(\Theta_\varepsilon)$ und rechts $-\varepsilon + \kappa$ mit der Riemannschen Konstanten $\kappa := p\bigl(\sum_k (\lambda_k + \mu_k)a_k\bigr)$. Sie hängt wie $\lambda_k, \mu_k \in \mathbb{C}$ nur von der Zerschneidung ab. □

16.2 Darstellung meromorpher Funktionen

Sei $\eta : Z \to X$ die Uniformisierung der kompakten Fläche X vom Geschlecht $g \geq 1$. *Für jede Funktion $f \in \mathcal{M}(X)$ läßt sich $f \circ \eta$ als mehrfaches Produkt von Quotienten verschiedener Primfunktionen ϑ_e darstellen.* Dieses Ergebnis bildet den krönenden Abschluß in Riemanns Abhandlung [Ri 3] über Abelsche Funktionen. Nach der Veröffentlichung bemerkte er eine Lücke, weil er nicht bewiesen hatte, daß die in seiner Argumentation benutzten Funktionen ϑ_e tatsächlich Primfunktionen und nicht etwa konstant $= 0$ sind. Daher verfaßte er die ergänzende Arbeit [Ri 5]. Wir benutzen die in 14.5.3 zusammengestellten Ergebnisse über analytische Mengen, um Vektoren $e \in \mathcal{E}_1(X)^*$ zu vermeiden, für die ϑ_e konstant $= 0$ ist.

16.2.1 Schlechte Nullstellen. Die Nullstellen der Riemannschen Thetafunktion bilden eine Hyperfläche $\tilde{N} \subset \mathcal{E}_1(X)^* \cong \mathbb{C}^g$. Wegen der Periodizitätsformel 16.1.4(4) geht sie bei Translationen um Gittervektoren in sich über: $c + \tilde{N} = \tilde{N}$ für $c \in H_1(X)$. Bei der Projektion $p : \mathcal{E}_1(X)^* \to J(X)$ auf den Periodentorus entsteht die Hyperfläche $N := p(\tilde{N}) \subset J(X)$, die ebenfalls *Nullstellenmenge der Thetafunktion* genannt wird. Jeder Primdivisor hat den Träger
$$(1) \qquad \operatorname{Tr}(\Theta_\varepsilon) = \{P \in X : \varepsilon + \mu(P) \in N\}.$$
Sei $W_n := \mu(X_n) \subset J(X)$ das Bild unter der Periodenabbildung μ, vgl. 14.2.5. Genau dann, wenn $p(e) + W_1 \subset N$ gilt, ist ϑ_e die Nullfunktion. Wir nennen diese Punkte $p(e)$ die *schlechten Nullstellen* der Thetafunktion. Sie bilden die analytische Menge
$$(2) \qquad N_1 := \{\varepsilon \in J(X) : \varepsilon + W_1 \subset N\}.$$
Wegen $\mu(P_0) = 0$ ist $N_1 \subset N$. Sie hat eine Dimension
$$(3) \qquad \dim N_1 \leq g - 2.$$
Beweis. Angenommen, es gibt eine $(g-1)$-dimensionale irreduzible Komponente E von N_1. Für sie gilt $E \subset E + W_1 \subset N$, also $\dim(E + W_1) = g - 1$. Da E und W_1 irreduzibel sind, gilt dasselbe für $E + W_1$. Dann ist $E = E + W_1$, und durch Induktion folgt $E = E + W_n$ für alle n, insbesondere $E = E + W_g = J(X)$. Das ist unmöglich. □

16.2.2 Riemanns Verschiebungsformel. *Die Nullstellenmenge N hängt bis auf eine Translation nicht von der kanonischen Zerschneidung der Fläche ab.* Denn mit der Riemannschen Konstanten κ gilt die Formel
$$(1) \qquad W_{g-1} = \kappa - N = \kappa + N.$$
Beweis. Sei $P_0 \in X$ der Basispunkt mit $\mu(P_0) = 0$. Für jedes $\varepsilon \in N \setminus N_1$ gilt $\varepsilon + \mu(P_0) = \varepsilon \in N$, also $P_0 \in \operatorname{Tr}(\Theta_\varepsilon)$. Dann ist $\Theta_\varepsilon - P_0 \in X_{g-1}$ und $\mu(\Theta_\varepsilon - P_0) = \kappa - \varepsilon$. Somit ist $N \setminus N_1 \subset \kappa - W_{g-1}$. Wegen $\dim N_1 < g - 1$ liegt $N \setminus N_1$ dicht in N. Durch Abschluß folgt $N \subset \kappa - W_{g-1}$. Links und rechts stehen Hyperflächen, die rechte ist wie X_{g-1} irreduzibel. Daher ist $-N = N = \kappa - W_{g-1}$. □

Folgerung. *Für die schlechten Nullstellen gilt* $N_1 = -\kappa + W_{g-2}$.

Beweis. Für jedes $\alpha \in J(X)$ gilt: $\alpha \in N_1 \Leftrightarrow \alpha + W_1 \subset N = -\kappa + W_{g-1} \Leftrightarrow \alpha + \kappa + W_1 \subset W_{g-1} \Leftrightarrow \alpha + \kappa \in W_{g-2}$, letzteres nach 14.3.6(1). □

16.2.3 Satz von Lewittes (Theorem 11 in [Lew]). *Für die Riemannsche Konstante κ und jeden kanonischen Divisor K gilt* $\mu(K) = 2\kappa$.

Beweis. Nach der Verschiebungsformel ist $W_{g-1} = 2\kappa - W_{g-1}$. Für $g = 1$ folgt $2\kappa = 0 = \mu(K)$. Für $g \geq 2$ gibt es wegen $\mu(X_{2g-2}) = J(X)$ ein $D \in X_{2g-2}$ mit $\mu(D) = 2\kappa$. Dann ist $\mu(D) - W_{g-1} \subset W_{g-1}$, also wegen 14.2.6 $l(D) \geq g$. Nach 13.2.3(1) ist D dann kanonisch. □

Folgerung. *Alle Primdivisoren haben die Dimension* $l(\Theta_\varepsilon) = 1$.

Denn sonst wäre $\Theta_\varepsilon \in X_g^1$, also $\kappa - \varepsilon = \mu(\Theta_\varepsilon) \in W_g^1 = k - W_{g-2}$, siehe 14.3.6(2). Wegen $k = 2\kappa$ und der Folgerung in 16.2.2 wäre $\varepsilon \in N_1$. □

16.2.4 Differenzen von Primdivisoren. *Sei $j = 1, 2$. Zu je zwei Punkten $Q_j \in Z$ gibt es Primfunktionen ϑ_{e_j}, so daß mit $\varepsilon_j := p(e_j)$ gilt:*
$$e_1 - e_2 = h(Q_2) - h(Q_1) \quad und \quad \Theta_{\varepsilon_1} - \Theta_{\varepsilon_2} = \eta(Q_1) - \eta(Q_2).$$

Beweis. Sei $P_j := \eta(Q_j)$. Nach 16.2.1(3) hat die analytische Menge $[\mu(P_1) + N_1] \cup [\mu(P_2) + N_1] \subset J(X)$ eine Dimension $\leq g - 2$. Andererseits ist $\dim N = g - 1$. Daher gibt es einen Divisor $D \in X_{g-1}$ mit $\mu(D) \notin \kappa - \mu(P_j) - N_1$. Für ihn ist $\dim|D| = 0$. Denn sonst wäre $\dim|P_1 + D| \geq \dim|D| \geq 1$, also $\mu(P_1 + D) \in W_g^1 = k - W_{g-2}$, somit $\kappa - \mu(P_1 + D) \in -\kappa + W_{g-2} = N_1$. Zu $\varepsilon_j := \kappa - \mu(D) - \mu(P_j) \notin N_1$ wählen wir $e_1 \in \mathcal{E}_1(X)^*$, so daß $p(e_1) = \varepsilon_1$ ist, und definieren $e_2 := e_1 + h(Q_1) - h(Q_2)$. Dann ist $p(e_2) = \varepsilon_2$. Wegen $\varepsilon_j + \mu(P_j) = \kappa - \mu(D) \in \kappa - W_{g-1} = N$ ist $P_j \in \mathrm{Tr}(\Theta_{\varepsilon_j})$, siehe 16.2.1(1), also $\Theta_{\varepsilon_j} - P_j \in X_{g-1}$. Aus $\mu(\Theta_{\varepsilon_j} - P_j) = \mu(D)$ und $\dim|D| = 0$ folgt $\Theta_{\varepsilon_j} - P_j = D$. Daher ist $\Theta_{\varepsilon_1} - \Theta_{\varepsilon_2} = P_1 - P_2$. □

16.2.5 Die Primzerlegung meromorpher Funktionen. Jeder Quotient $\vartheta_e/\vartheta_{e'}$ von Primfunktionen ist eine multiplikative Funktion, vgl. 7.8.2. Denn aus 16.1.5(1) folgt für $\gamma \in \mathcal{D}(\eta)$ mit $c := \mathcal{A}(\gamma) \in H_1(X)$

(1) $\qquad (\vartheta_e/\vartheta_{e'}) \circ \gamma = \exp[2\pi i \langle n(c), e' - e \rangle] \cdot (\vartheta_e/\vartheta_{e'})$.

Theorem. *Auf der Fläche X seien $2r$ Punkte $P_1, \ldots, P_{2r}$ mit $P_j \neq P_{r+k}$ für alle $j, k \in \{1, \ldots, r\}$ gegeben, so daß*

(2) $\qquad \sum_{j=1}^{r} \mu(P_j) = \sum_{j=1}^{r} \mu(P_{j+r})$

ist. Es gibt eine Funktion $f \in \mathcal{M}(X)$ mit dem Hauptdivisor

$$(f) = \sum_{j=1}^{r}(P_j - P_{j+r})$$

und Primfunktionen ϑ_{e_j} mit

(3) $\qquad f \circ \eta = \prod_{j=1}^{r}(\vartheta_{e_j}/\vartheta_{e_{r+j}})$.

In diesem Theorem werden mit e_j verschiedene Vektoren in $\mathcal{E}_1(X)^*$ und nicht wie früher die Komponenten *eines* Vektors e bezeichnet. Die Realisierung vorgegebener Divisoren als Hauptdivisoren ist die schwierige Richtung des Abelschen Theorems 14.2.4. Es wird im folgenden neu bewiesen. Man nennt (3) eine *Primzerlegung* der Funktion f.

Beweis. Wir wählen zu jedem P_j einen Punkt $Q_j \in Z$ mit $\eta(Q_j) = P_j$. Die Voraussetzung (2) lautet dann $\sum_j [h(Q_j) - h(Q_{r+j})] \in H_1(X)$. Wenn man Q_1 die Faser $\eta^{-1}(P_1)$ durchlaufen läßt, durchläuft $h(Q_1)$ eine volle $H_1(X)$-Restklasse. Man kann daher
$$(4) \qquad \sum_j [h(Q_j) - h(Q_{r+j})] = 0$$
durch passende Wahl von Q_1 erreichen. Nach 16.2.4 gibt es Primfunktionen $\vartheta_{e_j}, \vartheta_{e_{r+j}}$, so daß $e_j - e_{r+j} = h(Q_{j+r}) - h(Q_j)$ ist und $\Theta_{\varepsilon_j} - \Theta_{\varepsilon_{j+r}} = P_j - P_{j+r}$ für $\varepsilon_k := p(e_k)$ gilt. Für das Produkt $\tilde{f} := \prod_j (\vartheta_{e_j}/\vartheta_{e_{r+j}})$ folgt $\tilde{f} \circ \gamma = \tilde{f}$ für alle $\gamma \in \mathcal{D}(\eta)$ aus (1) und (4). Daher gibt es eine Funktion $f \in \mathcal{M}(X)$ mit $\tilde{f} = f \circ \eta$. Wegen $o(\tilde{f}, Q) = o(f, \eta(Q))$ hat sie den Hauptdivisor $(f) = \sum_j (\Theta_{\varepsilon_j} - \Theta_{\varepsilon_{j+r}}) = \sum_j (P_j - P_{j+r})$. □

Jede Funktion $f \in \mathcal{M}(X)$ ist durch ihre Nullstellen $P_1, \ldots, P_r$ und Polstellen $P_{r+1}, \ldots, P_{2r}$ bis auf einen konstanten Faktor eindeutig bestimmt. Wegen der Abelschen Relation 7.5.3 ist die Bedingung (2) erfüllt. Daher hat f bis auf einen konstanten Faktor eine Primzerlegung (3).

16.3 Funktionen mit exponentieller Singularität

Anstatt *mehrere* Quotienten von je zwei Primfunktionen so miteinander zu multiplizieren, daß auf der universellen Überlagerung Z der Fläche X eine bei allen Deckabbildungen invariante Funktion entsteht, genügt es *einen* Quotienten mit einem passend gewählten Exponentialfaktor zu multiplizieren. Allerdings muß man dabei an *einer* Stelle $Q \in X$ eine wesentliche Singularität vom exponentiellen Typ in Kauf nehmen. Diese Konstruktion geht für Flächen vom Geschlecht 2 auf Baker (1907 und 1928) zurück. Sie wurde von Akhiezer (1961) für beliebige hyperelliptische Flächen und schließlich von Krichever (1976) für alle kompakten Flächen verallgemeinert. Die dabei entstehenden Funktionen mit einer exponentiellen Singularität werden nach Baker und Akhiezer benannt. Mit ihnen kann man (fast-) periodische Lösungen für nicht-lineare partielle Differentialgleichungen vom Korteweg-deVries'schen Typ (Soliton-Gleichungen) gewinnen.

Wir schildern in diesem Paragraphen nur die Anfänge einer Theorie, die sich mit der Anwendung von Methoden der Algebraischen Geometrie auf nicht-lineare Probleme der Mathematischen Physik befaßt. Mehr Informationen und Literaturangaben findet man in [BBEIM].

Im folgenden bezeichnet X eine kanonisch zerschnittene kompakte Fläche vom Geschlecht $g \geq 1$ und ϑ ihre Riemannsche Thetafunktion. Es werden

16.3 Funktionen mit exponentieller Singularität   313

ein Punkt $Q \in X$ und eine Karte z mit $z(Q) = 0$ fixiert. Sei $\eta : (Z, \tilde{Q}) \to (X, Q)$ eine Uniformisierung mit der Karte $\zeta := z \circ \eta$ bei $\tilde{Q}$. Die Abelsche Abbildung $h : Z \to \mathcal{E}_1(X)^*$ wird durch $h(\tilde{Q}) = 0$ festgelegt.

16.3.1 Baker-Akhiezer-Funktionen. Sei $q = \sum_{n=1}^{r} c_{-n} z^{-n}$ ein Hauptteil bei Q. Nach 15.6.2 gibt es genau eine a-normierte Form $\varphi_q \in \mathcal{E}_2(X)$, die bei Q den Hauptteil dq hat und sonst holomorph ist. Ihre Liftung $\eta^* \varphi_q$ besitzt eine additive Stammfunktion $f_q \in \mathcal{M}(Z)$, die außerhalb der Faser $\eta^{-1}(Q)$ holomorph und bis auf die Addition einer Konstanten eindeutig bestimmt ist. Letztere wird so festgelegt, daß in der Laurentreihe

(1) $$f_q = \sum_{n=1}^{r} c_{-n} \zeta^{-n} + c_1 \zeta + \ldots$$

bei $\tilde{Q}$ das konstante Glied $= 0$ ist.

Die Deckgruppe $\mathcal{D}(\eta) = \pi(X)$ wird von den Homotopieklassen α_k, β_k der Rückkehrschnitte erzeugt. Nach 7.4.4(2) gilt

$$f_q \circ \alpha_k = f_q \quad \text{und} \quad f_q \circ \beta_k = u_{q,k} + f_q \quad \text{mit} \quad u_{q,k} = \int_{b_k} \varphi_q.$$

Die auf $Z \setminus \eta^{-1}(Q)$ holomorphe und nullstellenfreie Funktion $\exp f_q$ ist multiplikativ:

$$\exp f_q \circ \alpha_k = \exp f_q \quad \text{und} \quad \exp f_q \circ \beta_k = \exp u_{q,k} \cdot \exp f_q.$$

Dieses Transformationsverhalten tritt auch bei Quotienten von Primfunktionen auf: Wir bilden wie in 15.6.2(1) den Vektor

$$U_q = (2\pi i)^{-1} \sum_{k=1}^{g} u_{q,k} a_k \in \mathcal{E}_1(X)^*.$$

Er hängt $\mathbb{C}$-linear von q ab. Wir wählen $e \in \mathcal{E}_1(X)^*$ so, daß $\vartheta(e) \neq 0$ und $\vartheta(U_q + e) \neq 0$ ist. Dann gilt nach 16.2.5(1)

$$\bigl(\vartheta(U_q + e + h)/\vartheta(e + h)\bigr) \circ \alpha_k = \vartheta(U_q + e + h)/\vartheta(e + h) \quad \text{und}$$
$$\bigl(\vartheta(U_q + e + h)/\vartheta(e + h)\bigr) \circ \beta_k = \exp(-u_{q,k}) \cdot \vartheta(U_q + e + h)/\vartheta(e + h).$$

Daher gibt es eine für $P \in X \setminus Q$ meromorphe Funktion $\psi(q; P)$, die durch

(2) $$\psi(q; \eta) := \exp f_q \cdot \vartheta(U_q + e + h)/\vartheta(e + h).$$

eindeutig bestimmt ist. Sie heißt *Baker-Akhiezer-Funktion* zum Hauptteil q. Sie hat den Nullstellendivisor $(\psi)_0 = \Theta_{p(U_q+e)}$. Ihr Polstellendivisor $(\psi)_\infty = \Theta_{p(e)}$ hängt nicht vom Hauptteil q ab.

16.3.2 Die normierte Baker-Akhiezer-Funktion wird durch

(1) $$\psi_0(q; P) := \frac{\vartheta(e)}{\vartheta(U_q + e)} \psi(q; P)$$

definiert. Für sie läßt sich $\exp(-q) \psi_0$ mit dem Wert 1 holomorph nach Q fortsetzen.

Eindeutigkeitslemma. *Sei F eine meromorphe Funktion auf $X \setminus Q$ mit den Ordnungen $o(F, P) \geq -\Theta_{p(e)}(P)$ für alle $P \in X \setminus Q$. Wenn sich $\exp(-q) F$ mit einem Wert $v \in \mathbb{C}$ holomorph nach Q fortsetzen läßt, gilt $F(P) = v \cdot \psi_0(q; P)$ für alle $P \in X \setminus Q$.*

314   16 Die Riemannsche Thetafunktion

Beweis. Der Quotient $A := F/\psi_0$ läßt sich mit dem Wert $A(Q) = v$ zur Funktion $A \in \mathcal{M}(X)$ fortsetzen. Sie hat die Ordnungen $o(A, Q) \geq 0$ und $o(A, P) = o(F, P) - \Theta_{p(U_q+e)}(P) + \Theta_{p(e)}(P) \geq -\Theta_{p(U_q+e)}(P)$ für $P \neq Q$. Somit gilt $A \in \mathcal{L}(\Theta_{p(U_q+e)})$. Da $\mathcal{L}(\Theta_{p(U_q+e)})$ nach der Folgerung in 16.2.3 eindimensional ist, folgt, daß A konstant $= A(Q) = v$ ist. □

16.3.3 Abhängigkeit vom Hauptteil. Wir beschränken uns im folgenden auf Hauptteile $q = xz^{-1} + yz^{-2} + tz^{-3}$ mit $(x, y, t) \in \mathbb{C}^3$ und $\vartheta(U_q + e) \neq 0$. Die normierte Baker-Akhiezer-Funktion

(1) $\qquad \varphi(x, y, t; P) := \psi_0(xz^{-1} + yz^{-2} + tz^{-3}; P)$

hängt holomorph von $(x, y, t; P)$ ab. Ihr Logarithmus läßt sich bei Q in eine Laurentreihe

(2) $\qquad \log \varphi = x\,z^{-1} + y\,z^{-2} + t\,z^{-3} + \xi_1 z + \xi_2 z^2 + \ldots$

entwickeln, deren Koeffizienten ξ_j holomorphe Funktionen von (x, y, t) sind. Ausgehend von der logarithmische Ableitung

(3) $\qquad \chi := \partial_x \log \varphi = z^{-1} + \xi_{1x} z + \xi_{2x} z^2 + \ldots$

werden die höheren Ableitungen berechnet:

(4) $\qquad \partial_x^n \varphi = \chi_n \varphi \;$ mit $\; \chi_1 = \chi \;$ und $\; \chi_{n+1} = (\partial_x + \chi)\chi_n$,

insbesondere

(5) $\chi_2 = \partial_x \chi + \chi^2 \qquad = z^{-2} + 2\xi_{1x} + (\xi_{1xx} + 2\xi_{2x})\,z + \ldots,$
$\quad \chi_3 = \partial_x^2 \chi + 3\chi \partial_x \chi + \chi^3 = z^{-3} + 3\xi_{1x} z^{-1} + 3(\xi_{1xx} + \xi_{2x}) + \ldots .$

Außerdem werden im nächsten Abschnitt die Ableitungen

(6) $\quad \partial_y \varphi = (z^{-2} + \xi_{1y} z + \ldots) \cdot \varphi \;$ und $\; \partial_t \varphi = (z^{-3} + \xi_{1t} z + \ldots) \cdot \varphi$

gebraucht. Die Hauptrolle spielt die Koeffizientenfunktion ξ_{1x} aus (3).

16.3.4 Die Kadomtsev-Petviashvilische (KP) Differentialgleichung.
Die Funktion

(1) $\qquad u(x, y, t) := -2\xi_{1x}(x, y, t)$

erfüllt die nicht-lineare partielle KP-Differentialgleichung

(2) $\qquad 3u_{yy} = \partial_x \big(4u_t - \partial_x(3u^2 + u_{xx})\big).$

Beweis. Die Funktionen $F_1 := (\partial_x^2 - \partial_y)\varphi$ und $F_2 := (\partial_x^3 - 3\xi_{1x} \partial_x - \partial_t)\varphi$ erfüllen die Voraussetzungen des Eindeutigkeitslemmas in 16.3.2 mit den Werten $v_1 = 2\xi_{1x}$ bzw. $v_2 = 3(\xi_{1xx} + \xi_{2x})$. Denn $o(F_j, P) \geq -\Theta_{p(e)}(P)$ für alle $P \in X \setminus Q$ folgt, indem man φ in eine Laurentreihe nach Potenzen einer Karte w mit $w(P) = 0$ entwickelt, und die Fortsetzung nach Q ergibt sich mit Hilfe der Ableitungen von φ, siehe 16.3.3(2)-(6). Somit ist $F_j = v_j \varphi \; (j = 1, 2)$. Für die linearen Differentialoperatoren

(3) $\qquad L := \partial_x^2 + u \;$ und $\; A := \partial_x^3 + \tfrac{3}{2} u\, \partial_x + w$

mit $u := -v_1$ und $w := -v_2$ gilt

(4) $\qquad L\varphi = \partial_y \varphi \;$ und $\; A\varphi = \partial_t \varphi$.

Es folgt $\partial_t L\varphi = \partial_t \partial_y \varphi = \partial_y \partial_t \varphi = \partial_y A\varphi$. Nun ist $\partial_t L = L\,\partial_t + u_t$ und $\partial_y A = A\,\partial_y + \frac{3}{2} u_y\,\partial_x + w_y$. Somit gilt mit dem Kommutator $[A,L] := AL - LA$ die Gleichung
$$\bigl([A,L] + \tfrac{3}{2} u_y\,\partial_x + w_y - u_t\bigr)\varphi = 0\,.$$
Aus der Definition (3) folgt
$$[A,L] = [\partial_x^3, u] + \tfrac{3}{2}\,[u,\partial_x^2]\,\partial_x + \tfrac{3}{2}\,u\,[\partial_x, u] + [w,\partial_x^2]$$
$$= u_{xxx} + \tfrac{3}{2}\,u\,u_x - w_{xx} + \bigl(\tfrac{3}{2} u_{xx} - 2 w_x\bigr)\partial_x\,.$$
Daher erfüllt φ die gewöhnliche Differentialgleichung $s \cdot \partial_x \varphi = r \cdot \varphi$, deren Koeffizienten
(5) $\quad r := u_t - w_y - u_{xxx} - \tfrac{3}{2} u\,u_x + w_{xx}\;$ und $\; s := \tfrac{3}{2} u_y + \tfrac{3}{2} u_{xx} - 2 w_x$

nicht von P abhängen. Die Differentialgleichung ist zu $s \cdot \partial_x \log\varphi = r$ äquivalent. Wenn man die Laurentreihe $\partial_x \log\varphi = z^{-1} + \xi_{1x} z + \dots$ aus 16.3.3(3) einsetzt, folgt $r = s = 0$. Wegen $s_x = s_y = 0$ gilt
$$w_{xx} = \tfrac{3}{4}\,(u_{xy} + u_{xxx}) \;\text{ und }\; w_{xy} = \tfrac{3}{4}\,(u_{yy} + u_{xxy})\,.$$
Durch Einsetzen in $r_x = 0$ entsteht die KP-Gleichung für $u = -2\xi_{1x}$. □

16.3.5 Lösungen der KP-Gleichung durch Thetafunktionen. Die Lösung $u = -2\xi_{1x}$ der KP-Gleichung läßt sich durch die Thetafunktion ausdrücken. Wir benutzen dazu die Vektoren $U_n := U_{z^{-n}} \in \mathcal{E}_1^*(X)$ zu den Hauptteilen z^{-n} und erinnern an die Reihenentwicklung 15.6.2(3) der Abelschen Abbildung
(1) $\qquad -h = \zeta U_1 + \tfrac{1}{2} \zeta^2 U_2 + \tfrac{1}{3} \zeta^3 U_3 + \dots\,.$

Satz (Krichever, 1976). *Es gibt eine Konstante $c_1 \in \mathbb{C}$, so daß*
(2) $\qquad u(x,y,t) = 2\,\partial_x^2 \log \vartheta(x\,U_1 + y\,U_2 + t\,U_3 + e) - 2\,c_1$
für alle Quadrupel $(x,y,t;e) \in \mathbb{C}^3 \times \mathcal{E}_1(X)^*$ eine Lösung der KP-Gleichung 16.3.4(2) ist.

Beweis. Wie in 16.3.3 sei $q := x z^{-1} + y z^{-2} + t z^{-3}$. Wir gehen auf die Definition zurück, siehe 16.3.1(2) und 16.3.2(1),
$$\varphi(x,y,t;\eta) = \exp f_q\,\frac{\vartheta(e)}{\vartheta(U_q + e)}\,\frac{\vartheta(U_q + e + h)}{\vartheta(e + h)}\,,$$
beschränken uns auf eine Scheibe um $\tilde{Q}$, multiplizieren mit $\exp(-q \circ \eta)$ und entwickeln nach Potenzen von ζ. Dabei benutzen wir (1) und
$$f_q - q \circ \eta = (c_1\,x + c_2\,y + c_3\,t)\zeta + \dots \;\text{ mit Konstanten } c_j \in \mathbb{C}\text{, die}$$
$$\text{nicht von } x, y, t \text{ und } e \text{ abhängen.}$$
Hier und im folgenden werden mit ... Potenzreihen in ζ bezeichnet, deren konstante und lineare Glieder $= 0$ sind. Es folgt:
(3) $\exp(-q \circ \eta) \cdot \varphi(x,y,t;\eta) =$
$$\exp\bigl((c_1\,x + c_2\,y + c_3\,t)\zeta + \dots\bigr)\,\frac{\vartheta(e)}{\vartheta(U_q + e)}\,\frac{\vartheta(U_q + e - \zeta U_1 + \dots)}{\vartheta(e - \zeta U_1 + \dots)}\,.$$
Nach 16.3.3(2) ist $\log[\exp(-q \circ \eta) \cdot \varphi(x,y,t;\eta)] = \xi_1 \zeta + \dots\,$. Daher erhält man ξ_1, indem man den Logarithmus der rechten Seite von (3) nach ζ ableitet und dann $\zeta = 0$ setzt. Die mit ... bezeichneten Terme entfallen:

$$\xi_1 = c_1 x + c_2 y + c_3 t + \partial_{\zeta|\zeta=0} \log \vartheta(U_q + e - \zeta U_1) - \partial_{\zeta|\zeta=0} \log \vartheta(e - \zeta U_1).$$

Wegen $U_q - \zeta U_1 = (x-\zeta) U_1 + y U_2 + t U_3$ ist $\partial_\zeta \log \vartheta(U_q + e - \zeta U_1) = -\partial_x \log \vartheta(U_q + e - \zeta U_1)$ und daher

$$\xi_1 = c_1 x + c_2 y + c_3 t - \partial_x \log \vartheta(U_q + e) - \partial_{\zeta|\zeta=0} \log \vartheta(e - \zeta U_1).$$

Die Ableitung nach x ergibt $\xi_{1x} = c_1 - \partial_x^2 \log \vartheta(U_q + e)$. Damit ist der Satz bewiesen, wenn $\vartheta(x U_1 + y U_2 + t U_3 + e) \neq 0 \neq \vartheta(e)$ ist. Aus Stetigkeitsgründen kann diese Voraussetzung entfallen. □

Ergänzende Bemerkungen. (a) Die additive Konstante $2c_1$ läßt sich dadurch entfernen, daß man $u(x,y,t)$ durch die Funktion

$$u(x + 3c_1 t, y, t) + 2c_1 = 2 \partial_x^2 \log \vartheta(x U_1 + y U_2 + t [U_3 + 3c_1 U_1] + e)$$

ersetzt, die ebenfalls die KP-Gleichung erfüllt.

(b) Der Vektor U_1 ist stets $\neq 0$, siehe 15.6.2(2).

(c) Der Fall $U_2 = 0$ tritt dann und nur dann ein, wenn es eine hyperelliptische Überlagerung $\lambda : (X, Q) \to (\widehat{\mathbb{C}}, \infty)$ gibt. Er wird im nächsten Abschnitt genauer betrachtet.

(d) Da die Basisvektoren $a_1, \ldots, a_g$ Periodenvektoren der Thetafunktion sind, ist die im Satz angegebene Lösung u der KP-Gleichung fast-periodisch und bei speziellen Lagen der Vektoren U_1, U_2, U_3 sogar periodisch.

16.3.6 Die Korteweg-de Vries'sche (KdV) Differentialgleichung.
Korteweg und De Vries stellten 1894/95 die Differentialgleichung

(1) $$4u_t = \partial_x(3u^2 + u_{xx})$$

auf, um die Ausbreitung solitärer Wellen in einem Kanal mit rechteckigem Querschnitt mathematisch zu beschreiben. Die KP-Gleichung dehnt diese Beschreibung auf die Ausbreitung nicht-linearen Wellen in zwei Dimensionen aus. Die KdV-Gleichung hat außer den nicht-periodischen solitären Wellen, für die sie aufgestellt wurde, auch periodische Lösungen, z.B.

$$u(x,t) = \tfrac{2}{3} c - 2\wp(x + ct + e)$$

für jede Weierstraßsche $\wp$-Funktion und beliebige Konstanten c, e. Das läßt sich, weil $\wp'' - 6\wp^2$ konstant ist, schnell verifizieren. Statt der Tori, welche dieser Lösung zugrunde liegen, kann man hyperelliptische Flächen heranziehen. Das wurde 1928 von Baker für das Geschlecht 2 vorgeschlagen und 1974 von verschiedenen Autoren (Dubrovin, Novikov; Its, Mateev) für beliebige hyperelliptische Flächen ausgeführt. Sie knüpften dabei an Akhiezers Arbeit von 1961 an. Bakers Beitrag war in Vergessenheit geraten.

Nach Akhiezer betrachten wir folgende Situation: Die Fläche X vom Geschlecht $g > 1$ ist hyperelliptisch, und bei $Q \in X$ liegt ein Windungspunkt der zweiblättrige Überlagerung $\lambda : X \to \widehat{\mathbb{C}}$ mit dem Wert $\lambda(Q) = \infty$. Die Karte z wird so gewählt, daß $\lambda = z^{-2}$ bei Q gilt. In dieser Situation kann man die Abhängigkeit der normierten Baker-Akhiezer-Funktion φ von y in einem Exponentialfaktor abspalten: Wegen des Eindeutigkeitslemmas in 16.3.2 ist

(2) $\varphi(x,y,t;P) = \exp\left(y\lambda(P)\right) \cdot \varphi_0(x,t;P)$ mit $\varphi_0(x,t;P) := \varphi(x,0,t;P)$.
Für die Laurentreihe 16.3.3(2) von $\log\varphi$ gilt dann $z^{-2} = \lambda$ und
(3) $\qquad \log\varphi_0 = x z^{-1} + t z^{-3} + \xi_1 z + \xi_2 z^2 + \ldots$.
Insbesondere hängen alle Koeffizienten ξ_j wie φ_0 nicht von y ab. Das vereinfacht den Beweis in 16.3.4: Die Funktionen u und w hängen nicht von y ab. Daher ist $0 = r = u_t - u_{xxx} - \frac{3}{2} u u_x + w_{xx}$ und $0 = s = \frac{3}{2} u_{xx} - 2 w_x$. Durch Einsetzen von $2 w_{xx} = \frac{3}{2} u_{xxx}$ in $r = 0$ folgt:
(4) *Die Funktion* $u(x,t) = -2\xi(x,t)$ *erfüllt die KdV-Gleichung* (1). $\square$

Die Darstellung von u in Satz 16.3.5 vereinfacht sich wegen $U_2 = 0$ zu
(5) $\qquad u(x,t) = 2\, \partial_x^2 \log\vartheta(x\, U_1 + t\, U_3 + e) - 2\, c_1$.
Diese Lösung der KdV-Gleichung stammt von Its und Mateev (1974). Sie wurde zwei Jahre später von Krichever zur Lösung der KP-Gleichung mittels beliebiger kompakter Flächen verallgemeinert, die in den vorangehenden Abschnitten 16.3.4-5 vorgestellt wurde.

16.3.7 Die Potentialfunktion u. Wir setzen die Untersuchung der Funktion u für den hyperelliptischen Spezialfall fort. Aus 16.3.6(2) folgt $\partial_y \varphi = \lambda\,\varphi$. Wegen 16.3.4(4) gilt daher
(1) $\qquad\qquad L\varphi_0 = \lambda\varphi_0 \quad$ für $\quad L := \partial_x^2 + u$.
Die *Potentialfunktion* u des Differentialoperators L hängt von x und dem Parameter t ab. Die Eigenwerte von L sind unabhängig von t und werden durch die Überlagerung $\lambda: X \setminus Q \to \mathbb{C}$ beschrieben: Zu $P \in X \setminus Q$ gehört der Eigenwert $\lambda(P)$ mit der von t abhängigen Eigenfunktion $x \mapsto \varphi_0(x,t;P)$.

Für die weitere Untersuchung von u und φ bezeichnen wir die Verzweigungspunkte $\neq \infty$ von λ mit $c_0, \ldots, c_{2g}$. Dann ist (X, λ, ρ) ein algebraisches Gebilde mit $\rho \in \mathcal{M}(X)$ und $\rho^2 = (\lambda - c_0) \cdot \ldots \cdot (\lambda - c_{2g})$. Der Null- bzw. Polstellendivisor der Baker-Akhiezer-Funktion φ_0 hat die Gestalt
$$\Theta_{p(x\, U_1 + t\, U_3 + e)} = P_1(x,t) + \ldots + P_g(x,t) \quad \text{bzw.} \quad \Theta_{p(e)} = Q_1 + \ldots + Q_g\,.$$
Die Polstellen Q_j hängen nicht von (x,t) ab.

Satz. *Für die Funktionen* $\lambda_j(x,t) := \lambda(P_j(x,t))$ *und* $\rho_k(x,t) := \rho(P_k(x,t))$ *gilt*
(2) $\qquad\qquad u = \sum_{n=0}^{2g} c_n - 2 \sum_{j=1}^{g} \lambda_j\,,$
(3) $\qquad\qquad \partial_x \lambda_k = -2\rho_k \Big/ \prod_{j=1, j\neq k}^{g} (\lambda_k - \lambda_j)\,,$
(4) $\qquad\qquad \partial_t \lambda_k = (\lambda_k + \tfrac{1}{2} u)\, \partial_x \lambda_k\,.$

Beweis zu (2). Wir bilden die λ-Polynome $p_0(x,t;P) := \prod_{j=1}^{g}[\lambda(P) - \lambda_j(x,t)]$ und $p_\infty(P) := \prod_{j=1}^{g}[\lambda(P) - \lambda(Q_j)]$. Sei $\sigma: X \to X$ die Involution, welche die beiden Blätter von λ vertauscht. Neben $\varphi_+ := \varphi_0$ benutzen wir $\varphi_- := \varphi_0 \circ \sigma$. Aus $\log \varphi_0 = x z^{-1} + t z^{-3} + \xi_1 z + \xi_2 z^2 + \ldots$ und $z \circ \sigma = -z$ folgt $\log(\varphi_+ \varphi_-) = 2(\xi_2 z^2 + \xi_4 z^4 + \ldots)$. Da $\varphi_+ \varphi_-$ und p_0/p_∞ dieselben Hauptdivisoren haben und sich mit demselben Wert 1 nach Q fortsetzen lassen, ist
(5) $\qquad\qquad \varphi_+ \varphi_- = p_0/p_\infty\,.$
Sei $\chi_+ := \chi = \partial_x \log \varphi = \partial_x \log \varphi_0$ und $\chi_- := \chi \circ \sigma$. Aus der Laurentreihe 16.3.3(3) von χ folgt:

(6) $$\chi_+ - \chi_- = 2(z^{-1} + \xi_{1x} + \ldots).$$

Die Wronskische Determinante $W := \varphi_+ \partial_x \varphi_- - \varphi_- \partial_x \varphi_+ = \varphi_+ \varphi_- (\chi_- - \chi_+)$ läßt sich daher zu einer Funktion in $\mathcal{M}(X)$ fortsetzen, die bei Q einen einfachen Pol mit dem Residuum -2 hat. Weitere Pole von W liegen höchstens an den Stellen Q_k und $\sigma(Q_k)$. Wegen $W \circ \sigma = -W$ sind die $2g + 1$ Windungspunkte $\neq Q$ von λ Nullstellen von W. Daher hat W denselben Hauptdivisor wie ρ/p_0, also $W = c\rho/p_0$. Da ρ/p_0 nach passender Wahl des Vorzeichens von ρ bei Q einen Pol mit dem Residuum 1 hat, ist der Faktor $c = -2$. Somit gilt

(7) $\quad W = -2\rho/p_\infty$ und $\chi_+ - \chi_- = -W/(\varphi_+ \varphi_-) = 2\rho/p_0$.

Aus (6) folgt die Laurententwicklung $4\rho^2/p_0^2 = (\chi_- - \chi_+)^2 = 4w^{-1}(1 + 2\xi_{1x}w + \ldots)$ nach Potenzen von $w := z^2$, also
$$1 + 2\xi_{1x}w + \ldots = w \prod_{n=0}^{2g}(\lambda - c_n)/\prod_{j=1}^{g}(\lambda - \lambda_j)^2.$$
Wenn man $u = -2\xi_{1x}$ und $\lambda = z^{-2} = w^{-1}$ berücksichtigt, entsteht aus der letzten Gleichung
$$1 - uw + \ldots = \prod_{n=0}^{2g}(1 - c_n w)/\prod_{j=1}^{g}(1 - \lambda_j w)^2.$$
Mit der logarithmischen Ableitung nach w an der Stelle $w = 0$ folgt (2). □

Beweis zu (3). Aus $\partial_x^2 \varphi_0 + u\varphi_0 = \lambda \varphi_0$ folgt $\partial_x \chi + \chi^2 = \lambda - u$. Diese Gleichung gilt für χ_+ und χ_-. Daher ist $\chi_+ + \chi_- = -\partial_x \log(\chi_+ - \chi_-) = \partial_x \log p_0$, letzteres wegen (7). Somit gilt $\chi_\pm = (\frac{1}{2}\partial_x p_0 \pm \rho)/p_0$. Wenn man $\chi_- := \partial_x \varphi_-/\varphi_-$ und $p_0 = \varphi_+ \varphi_- p_\infty$ einsetzt, folgt $\frac{1}{2}\partial_x p_0 - \rho = \varphi_+ \cdot \partial_x \varphi_- \cdot p_0$. Sei P_k eine Nullstelle von φ_+. Da $\partial_x \varphi_-$ und p_0 dort keine Pole haben, ist $\frac{1}{2}\partial_x p_0(P_k) = \rho(P_k)$. Wegen $p_0 = \prod_j(\lambda - \lambda_j)$ führt die Berechnung der Ableitung auf (3). □

Beweis zu (4). Wir erinnern an $A\varphi = \partial_t \varphi$, siehe 16.3.4(4), und $L\varphi = \lambda \varphi$. Es folgt $\partial_t \varphi = (\lambda + \frac{1}{2}u)\partial_x \varphi + (w - u_x)\varphi$, also $\partial_t \log \varphi = (\lambda + \frac{1}{2}u)\partial_x \log \varphi + w - u_x$. Diese Gleichung gilt auch für $\varphi_\pm$. Durch Subtraktion entsteht $\partial_t \log \varphi_+ - \partial_t \log \varphi_- = (\lambda + \frac{1}{2}u)(\chi_+ - \chi_-)$. Dann ist $\partial_t(\chi_+ - \chi_-) = \partial_x[(\lambda + \frac{1}{2}u)(\chi_+ - \chi_-)]$. Einsetzen von $\chi_+ - \chi_- = 2\rho/p_0$ gemäß (7) ergibt $\partial_t p_0 = (\lambda + \frac{1}{2}u)\partial_x p_0 - \frac{1}{2}u_x p_0$. Wenn man die Ableitungen von $p_0 := \prod_j(\lambda - \lambda_j)$ ausrechnet und die Stelle P_k einsetzt, folgt (4). □

Bemerkung. Die 2-Parameterfamilie $\Theta_{p(xU_1 + tU_3 + e)}$ auf dem symmetrischen Produkt X_g ist der Nullstellendivisor von φ_0. Sie geht wegen 16.1.7 bei der Periodenabbildung $\mu_g : X_g \to J(X)$ in das p-Bild der linearen Familie $\Phi(x,t) := k - e - xU_1 - tU_3$ auf $\mathcal{E}_1(X)^*$ über. Dabei ist $\kappa = p(k)$ die Riemannsche Konstante. Andererseits überführt das g-fache symmetrische Produkt $X_g \to (\widehat{\mathbb{C}})_g$ von λ den Nullstellendivisor in die Familie $\Lambda(x,t) = \lambda_1(x,t) \dot{+} \ldots \dot{+} \lambda_g(x,t)$ auf $(\widehat{\mathbb{C}})_g$. Dabei bezeichnet $\dot{+}$ die Summation der Punktdivisoren auf $\widehat{\mathbb{C}}$. Die partiellen Ableitungen $\partial_x \Lambda$, $\partial_t \Lambda$ werden durch das nicht-lineare Differentialgleichungssystem (3)-(4) beschrieben. Durch den Übergang von Λ zu Φ wird dieses System in das lineare System $\partial_x \Phi = -U_1$, $\partial_t \Phi = -U_3$ mit konstanten Koeffizienten transformiert.

16.4 Über das Verschwinden der Thetafunktionen

Wie in 16.1.4 wird $\mathcal{E}_1(X)^*$ mit $\mathbb{C}^g$ identifiziert. Dann ist für $f \in \mathcal{O}(\mathcal{E}_1(X)^*)$ und jeden Multiindex $\alpha \in \mathbb{N}^g$ der Ordnung $|\alpha| = \sum \alpha_j$ die partielle Ableitung $D^\alpha f$ definiert. Für die Nullstellenordnung gilt:
$$o(f, e) \geq s \Leftrightarrow D^\alpha f(e) = 0 \text{ für alle } \alpha \text{ mit } |\alpha| < s.$$

16.4 Über das Verschwinden der Thetafunktionen

Wir betrachten speziell die Riemannsche Thetafunktion ϑ und messen durch $o(\vartheta,e)$, wie singulär ihre Nullstellenmenge $N \subset J(X)$ an der Stelle $p(e)$ ist. Nach der Verschiebungsformel in 16.2.2 gilt $\kappa + N = W_{g-1}$. Daher mißt $o(\vartheta,e)$ auch, wie singulär W_{g-1} bei $\alpha := \kappa + p(e)$ ist.

Nun ist $W_{g-1} = \mu(X_{g-1})$ das Bild der glatten Mannigfaltigkeit X_{g-1} aller positiven Divisoren vom Grade $g-1$ unter der Periodenabbildung μ_{g-1}. Sie hat an allen Stellen D mit $\mu_{g-1}(D) = \alpha$ denselben Rang $g-1-\dim|D|$. Dabei ist die Linearschar $|D|$ die Faser von μ_{g-1} über α. Somit bietet sich auch $\dim|D|$ oder $l(D) = 1 + \dim|D|$ als Maß für die Stärke der Singularität von W_{g-1} bei α an. Riemann (siehe [Ri 5]) bewies 1865 in seiner Abhandlung „Über das Verschwinden der Theta-Functionen", daß beide Methoden zum selben Ergebnis führen: $l(D) = o(\vartheta, e)$. Der Beweis geht von der Folgerung in 14.3.6 aus:
$$\mu(D) + W_{s-1} - W_{s-1} \subset W_{g-1} \Leftrightarrow l(D) \geq s.$$
Wir gewinnen in 16.4.1-2 das analoge Ergebnis
$$p(e) + W_{s-1} - W_{s-1} \subset N \Leftrightarrow o(\vartheta,e) \geq s$$
und schließen in 16.4.3 durch Vergleich den Beweis in wenigen Zeilen ab.

16.4.1 Erste Abschätzung der Nullstellenordnung. Wie in 16.1.5 sei $h = (h_1, \ldots, h_g) : Z \to \mathbb{C}^g$ die Abelsche Abbildung. Für $e \in \mathcal{E}_1(X)^*$ sei $\mathcal{H}_e^r$ die Menge aller Funktionen $f \in \mathcal{O}(\mathcal{E}_1(X)^*)$ mit der Eigenschaft
$$f(e+h(P_1)-h(Q_1)+\cdots+h(P_r)-h(Q_r)) = 0 \text{ für alle } P_1,Q_1,\ldots,P_r,Q_r \in Z.$$

Lemma. *Für $f \in \mathcal{H}_e^r$ ist $o(f,e) \geq r+1$.*

Beweis. Es gilt $\mathcal{H}_e^r \subset \mathcal{H}_e^q$ für $q \leq r$ und $f \in \mathcal{H}_e^0 \Leftrightarrow f(e) = 0$. Wir zeigen:
(i) $f \in \mathcal{H}_e^1 \Rightarrow \partial f/\partial z_j \in \mathcal{H}_e^0$ für $j = 1, \ldots, g$.
(ii) $f \in \mathcal{H}_e^r \Rightarrow \partial f/\partial z_j \in \mathcal{H}_e^{r-1}$ für $j = 1, \ldots, g$.

Zu (i): Für jedes $Q \in Z$ ist $f(e + h - h(Q))$ die Nullfunktion auf Z. Mit $f_j := \partial f/\partial z_j$ folgt $\sum f_j(e+h-h(Q))dh_j = 0$, insbesondere $\sum f_j(e)dh_j = 0$. Da die Ableitungen $dh_j = \eta^*\omega_j$ linear unabhängig sind, gilt $f_j(e) = 0$ für alle j.

Zu (ii): Aus $f \in \mathcal{H}_e^r$ folgt $f \in \mathcal{H}_c^1$ für alle $P_1, Q_1, \ldots, P_{r-1}, Q_{r-1} \in Z$ und $c := e + h(P_1) - h(Q_1) + \ldots + h(P_{r-1}) - h(Q_{r-1})$. Nach (i) folgt $\partial f/\partial z_j \in \mathcal{H}_c^0$. Wegen der Beliebigkeit von $P_1, \ldots, Q_{r-1}$ bedeutet dies $\partial f/\partial z_j \in \mathcal{H}_e^{r-1}$.

Aus (ii) folgt die Behauptung des Lemmas durch Induktion über r. □

Folgerung. *Wenn $p(e) + W_{s-1} - W_{s-1} \subset N$ gilt, ist $o(\vartheta,e) \geq s$.*

Denn aus der Voraussetzung folgt $\vartheta \in \mathcal{H}_e^{s-1}$. □

16.4.2 Zweite Abschätzung der Nullstellenordnung.
Aus $p(e) + W_s - W_s \not\subset N$ folgt $o(\vartheta,e) \leq s$.

Beweis. Es gibt Punkte $A_1, B_1, \ldots, A_s, B_s$ in Z, welche sich im folgenden Sinne *in allgemeiner Lage* befinden:
Die Bildpunkte $\eta(A_1), \ldots, \eta(B_s) \in X$ sind paarweise verschieden, und es gilt
$$\pm p(e) + ph(A_1) - ph(B_1) + \ldots + ph(A_s) - ph(B_s) \notin N.$$

Sei $p(e) = \varepsilon$. Mit der Abbildung $m : Z^s \to \mathcal{E}_1(X)^*$,
$$m(P_1, \ldots, P_s) := e + h(P_1) - h(A_1) + \ldots + h(P_s) - h(A_s),$$
und der Funktion $\sigma := \vartheta \circ m$ auf Z^s gilt $o(\vartheta, e) = o(\vartheta, m(A)) \leq o(\sigma, A)$ für $A = (A_1, \ldots, A_s) \in Z^s$. Also genügt es, $o(\sigma, A) \leq s$ zu beweisen. Dazu definieren wir analog zu σ die Funktion τ mit B_j statt A_j. Wegen der allgemeinen Lage ist A keine Nullstelle von τ, also $o(\sigma, A) = o(\sigma/\tau, A)$, und es genügt $o(\sigma/\tau, A) \leq s$ zu beweisen. Nach 16.2.4 gibt es $e_j, e'_j \in \mathcal{E}_1(X)^*$ mit $\varepsilon_j := p(e_j)$, $\varepsilon'_j := p(e'_j) \notin N_1$ sowie

(1) $\quad e'_j - e_j = h(A_j) - h(B_j)$ und $\Theta_{\varepsilon_j} - \Theta_{\varepsilon'_j} = \eta(A_j) - \eta(B_j)$.

Sei $t_j := \vartheta_{e_j}/\vartheta_{e'_j}$. Das Produkt $G(P_1, \ldots, P_s) = \prod_{j,k=1}^{s} t_j(P_k)$ ist eine Funktion auf Z^s mit der Ordnung $o(G, A) = s$. Es genügt zu zeigen, daß sich G und $F := \sigma/\tau$ nur durch einen konstanten Faktor unterscheiden. Dazu können wir uns auf die offene und dichte Teilmenge aller $(P_1, \ldots, P_s) \in Z^s$ beschränken, welche
$$p(e) + ph(P_1) - ph(A_1) + \ldots + ph(P_s) - ph(A_s) \notin N,$$
$$p(e) + ph(P_1) - ph(B_1) + \ldots + ph(P_s) - ph(B_s) \notin N$$
erfüllen. Da F und G symmetrische Funktionen von $P_1, \ldots, P_s$ sind, genügt es zu zeigen, daß G/F als Funktion von $P = P_1 \in Z$ konstant ist, wenn man die Stellen $P_2, \ldots, P_s$ fixiert. In diesem Falle ist G bis auf einen konstanten Faktor $\neq 0$ die Funktion $t := t_1 \cdot \ldots \cdot t_r$, und F ist der Quotient $f = \vartheta_a/\vartheta_b$ der Primfunktionen zu
$$a := e - h(A_1) + h(P_2) - h(A_2) + \ldots + h(P_s) - h(A_s) \quad \text{und}$$
$$b := e - h(B_1) + h(P_2) - h(B_2) + \ldots + h(P_s) - h(B_s).$$
Die Funktionen t_j und f sind multiplikativ. Für die Homotopieklassen α_k, β_k der Rückkehrschnitte gilt nach (1) und 16.2.5(1)
$$t_j \circ \alpha_k = t_j \quad \text{und} \quad t_j \circ \beta_k = \exp\left[2\pi i (h_k(A_j) - h_k(B_j))\right] \circ t_j,$$
$$f \circ \alpha_k = f \quad \text{und} \quad f \circ \beta_k = \exp\left[2\pi i \sum_j (h_k(A_j) - h_k(B_j))\right] \circ f.$$
Da die Deckgruppe $\mathcal{D}(\eta)$ von $\alpha_1, \beta_1 \ldots, \alpha_g, \beta_g$ erzeugt wird, ist t/f eine $\mathcal{D}(\eta)$-invariante Funktion, also $t/f = u \circ \eta$ für eine Funktion $u \in \mathcal{M}(X)$. Sie hat den Hauptdivisor $(u) = \sum_j \left(\eta(A_j) - \eta(B_j)\right) - \left(\Theta_{p(a)} - \Theta_{p(b)}\right)$.
Wegen $p(e) + W_{s-1} - W_{s-1} \subset N$ liegen die paarweise verschiedenen Punkte $\eta(A_1), \ldots, \eta(A_s)$ im Träger von $\Theta_{p(a)}$, also $\Theta_{p(a)} = \eta(A_1) + \ldots + \eta(A_s) + C$ mit $C \in X_{g-s}$. Entsprechend gilt $\Theta_{p(b)} = \eta(B_1) + \ldots + \eta(B_s) + D$ für einen Divisor $D \in X_{g-s}$. Somit ist $D - C = (u)$, d.h. $u \in \mathcal{L}(C)$. Wegen $l(C) \leq l(\Theta_{p(a)}) = 1$ sind u und somit $t/f = u \circ \eta$ konstant. $\square$

16.4.3 Riemanns Singularitätentheorem. *Für jede Nullstelle e von ϑ und jeden Divisor $D \in X_{g-1}$ mit $\mu(D) - \kappa = p(e)$ gibt die Dimension $l(D) = o(\vartheta, e)$ die Nullstellenordnung an.*

Beweis. Nach der Folgerung in 14.3.6 ist $r := l(D)$ die größte Zahl, für welche $\mu(D) + W_{r-1} - W_{r-1} \subset W_{g-1}$ ist. Nach den Ergebnissen der Abschnitte 16.4.1-2 ist $s := o(\vartheta, e)$ die größte Zahl, für welche $p(e) + W_{s-1} - W_{s-1} \subset N$ ist. Wegen $W_{g-1} = \kappa + N$ folgt $r = s$ aus $\mu(D) - \kappa = p(e)$. $\square$

16.5 Der Torellische Satz

Riemanns Primzerlegung aller meromorphen Funktionen und sein Singularitätentheorem zeigen, daß jede Riemannsche Thetafunktion einer kompakten Fläche X und somit die ihr zugrunde liegende Periodenmatrix T weitgehende Informationen über die Funktionen und Divisoren auf X enthält. Daher liegt die Vermutung nahe, daß X durch T bis auf Isomorphie bestimmt ist. Kurz nachdem H. Weyl mit seinem Buch [Wyl 1] der Idee der Riemannschen Fläche eine weite Verbreitung bescherte, aber dabei die Thetafunktionen außen vor ließ, bestätigte Torelli 1913/14 diese Vermutung in [To].

16.5.1 Satz von Torelli. *Wenn zwei kompakte Flächen X und Y eine gemeinsame Periodenmatrix T besitzen, sind sie isomorph.*

Der Beweis, der in den folgenden Abschnitten ausgeführt wird, wurde 1963 von Martens [Mar] angegeben. In [ACGH] findet man auf Seite 245 ff. einen Beweis von Andreotti und auf Seite 261 einen Überblick über weitere Beweise. Sei E die $(g \times g)$-Einheitsmatrix, und sei $\Omega < \mathbb{C}^g$ das von den $2g$ Spalten der Matrix (E, T) aufgespannte Gitter. Wir benutzen $J := \mathbb{C}^g / \Omega$ als gemeinsamen Periodentorus und die durch die Reihe 16.1.1(1) definierte Funktion $\theta(z, T)$ als gemeinsame Riemannsche Thetafunktion der Flächen X und Y. Sei $N \subset J$ ihre Nullstellenmenge. Seien $\mu : \mathrm{Div}(X) \to J$ und $\nu : \mathrm{Div}(Y) \to J$ die entsprechenden Periodenabbildungen; sei $V_n := \mu(X_n)$ und $W_n := \nu(Y_n)$. Nach der Riemannschen Verschiebungsformel gehen V_{g-1} und W_{g-1} aus N durch Translationen hervor. Daher gilt
$$W_{g-1} = \beta + V_{g-1} \quad \text{für ein} \quad \beta \in J.$$
Nach dem Satz in 14.3.1 ist X zu V_1 und Y zu W_1 isomorph. Daher genügt es zu zeigen:
$$W_1 = \gamma \pm V_1 \quad \text{für eine Konstante} \quad \gamma \in J.$$
Sei $r \in \{0, \ldots, g-2\}$ der minimale Grad, für den eine Konstante $\alpha \in J$ existiert, so daß $V_1 \subset \alpha \pm W_{r+1}$ ist. Wir nehmen $V_1 \subset a + W_{r+1}$ an. Für jedes $x \in W_1$ ist
$$M(x) := V_1 \cap (\alpha + x + W_r)$$
endlich. Den sonst wäre die analytische Menge $M(x) = V_1$, was der Minimalität von r widerspricht. In den folgenden Abschnitten wird bewiesen:

(∗) *Tatsächlich besteht $M(x)$ aus genau einem Punkt $P(x) \in V_1$. Wenn x ganz W_1 durchläuft, nehmen die Differenzen $x - P(x) \in J$ nur endlich viele Werte an.*

Daher gibt es ein $\gamma \in J$, so daß $x = \gamma + P(x) \in \gamma + V_1$ für unendlich viele $x \in W_1$ gilt. Dann ist $W_1 = \gamma + V_1$.

16.5.2 Der Divisor $S(x, y)$. Zum Beweis von (∗) wird der Jacobische Umkehrsatz 14.3.5 für die Periodenabbildung $\mu : X_g \to J$ benutzt:
Sei $J \setminus (k - V_{g-2}) \to X_g^0$, $\varepsilon \mapsto S_\varepsilon$, die Umkehrabbildung zu μ, seien $x \in W_1$ und $y \in W_{g-r-1}$. Für $\varepsilon = x - y + \alpha + \beta + k$ ist der Divisor $S(x, y) := S_\varepsilon \in X_g^0$ genau dann definiert, wenn $\varepsilon \notin k - V_{g-2}$ ist. Wegen

$$V_{g-2} = \{\varepsilon \in J : \varepsilon + V_1 \subset V_{g-1} = -\beta + W_{g-1}\},$$

vgl. 14.3.6(1), bilden die „schlechten" Paare (x,y), für welche $\varepsilon \in k - V_{g-2}$ ist, die *Ausnahmemenge*

(1) $\qquad Z := \{(x,y) \in W_1 \times W_{g-r-1} : V_1 \subset x - y + \alpha + W_{g-1}\}.$

Für die „guten" Paare $(x,y) \in (W_1 \times W_{g-r-1}) \setminus Z$ hat der Divisor $S(x,y)$ den Periodenwert

(2) $\qquad\qquad \mu \circ S(x,y) = \varepsilon = x - y + \alpha + \beta + k$

und, wenn man X durch μ mit V_1 identifiziert, den Träger

(3) $\qquad\qquad \mathrm{Tr}\bigl(S(x,y)\bigr) = V_1 \cap (x - y + \alpha + W_{g-1}),$

vgl. 14.3.5(4). Wegen $y \in W_{g-r-1}$ ist $x+W_r = x-y+y+W_r \subset x-y+W_{g-1}$, also $M(x) \subset \mathrm{Tr}(S(x,y))$. Allerdings darf (x,y) kein schlechtes Paar sein. Wir untersuchen daher zunächst die Ausnahmemenge Z, um auszuschließen, daß sie die Bildung der Divisoren $S(x,y)$ zu stark einschränkt.

16.5.3 Die Ausnahmemenge

$$Z := \{(x,y) \in W_1 \times W_{g-r-1} : V_1 \subset x - y + \alpha + W_{g-1}\}.$$

und ihre Fasern

$$Z_1(y) := \{x \in W_1 : (x,y) \in Z\}, \quad Z_2(x) := \{y \in W_{g-r-1} : (x,y) \in Z\}.$$

sind analytische Mengen, vgl. 14.5.3.

(1) *Für jedes $x \in W_1$ ist $\dim Z_2(x) < g-r-1$.*

Beweis. Da W_{g-r-1} irreduzibel ist, gilt $\dim Z_2(x) < g-r-1$ oder $Z_2(x) = W_{g-r-1}$. Im zweiten Fall wäre $V_1 \subset x-y+\alpha + W_{g-1}$ für alle $y \in W_{g-r-1}$, also nach 14.3.6 $V_1 \subset \alpha+x+W_r$ im Widerspruch zur Minimalität von r.

(2) *Die analytische Menge $N(y) := V_1 \cap (\alpha + k - y - W_{g-2})$ ist genau dann $= V_1$, wenn $Z_1(y) = W_1$ ist. Sonst ist $N(y)$ endlich.*

Beweis. $N(y) = V_1$ tritt genau dann ein, wenn $V_1 \subset \alpha + k - y - W_{g-2}$ gilt. Nach 14.3.6 ist dies zu $V_1 \subset \alpha + k - y + x - W_{g-1} = \alpha - y + x + W_{g-1}$ für alle $x \in W_1$, also zu $Z_1(y) = W_1$ äquivalent. $\square$

(3) *Jedes $x \in W_1$ läßt sich zu einem guten Paar (x,y) ergänzen. Dann sind $Z_1(y)$ und $N(y)$ endliche Mengen.* $\square$

16.5.4 Der Träger des Divisors $S(x,y)$.

Der in 16.5.2 definierte Divisor $S(x,y)$ hat den Träger

(1) $\qquad\qquad \mathrm{Tr}\bigl(S(x,y)\bigr) = M(x) \cup N(y).$

Beweis. Es gilt $W_{r+1} \not\subset x - y + W_{g-1}$. Denn sonst wäre $V_1 \subset \alpha + W_{r+1} \subset \alpha + x - y + W_{g-1}$, also $(x,y) \in Z$. Mit dem Ergebnis von 14.3.7 folgt

$$W_{r+1} \cap (x - y + W_{g-1}) = (x + W_r) \cup \bigl(W_{r+1} \cap (k - y - W_{g-2})\bigr)$$

und damit wegen $V_1 \subset a + W_{r+1}$ auch

$$V_1 \cap (a + x - y + W_{g-1}) = \bigl(V_1 \cap (a + x + W_r)\bigr) \cup \bigl(V_1 \cap (a + k - y - W_{g-2})\bigr).$$

Links steht der Träger von $S(x,y)$, siehe 16.5.2(3), und rechts $M(x) \cup N(y)$.

16.5.5 Schluß des Beweises. Wir beginnen mit

(1) *Für jedes x ist $M(x)$ nicht leer.*

Beweis. Wenn $M(x_0)$ leer ist, gilt dasselbe für alle x in einer Umgebung U von x_0 in W_1. Wir ergänzen zu einem guten Paar (x_0, y_0). Dann ist $Z_1(y_0)$ endlich, und wenn man U durch $U \setminus Z_1(y_0)$ ersetzt, ist $S(x, y_0)$ für alle $x \in U$ definiert. Die Träger dieser Divisoren liegen in der *endlichen* Menge $N(y_0)$. Daher ist die Divisorenmenge $\{S(x, y_0) : x \in U\}$ endlich. Aber ihre Periodenwerte $\mu \circ S(x, y_0)$ bilden die unendliche Menge $2k + \alpha + \beta - y_0 + U$, vgl. 16.5.2(2).

(2) *Es gibt keinen nur von $x \in W_1$ abhängigen Divisor $D(x) \in X_2$, so daß $S(x, y) - D(x) \in X_{g-2}$ für alle $y \in W_{g-r-1} \setminus Z_2(x)$ gilt.*

Beweis. Wenn man $S(x, y) - D(x) \in X_{g-2}$ annimmt und darauf die Periodenabbildung μ anwendet, folgt $\delta(x) - y \in V_{g-2}$ für $\delta(x) := k + \alpha + \beta - \mu(D(x)) + x$ und alle $y \in W_{g-r-1} \setminus Z_2(x)$, also $W_{g-r-1} \setminus Z_2(x) \subset \delta(x) - V_{g-2}$. Wegen $\dim Z_2(x) < g - r - 1$ liegt $Z_2(x)$ dicht in W_{g-r-1}. Durch Hüllenbildung folgt $\delta(x) - W_{g-r-1} \subset V_{g-2}$ für alle $x \in W_1$. Nach 14.3.6 gilt $V_1 \subset -z + V_{g-1}$ für alle $z \in W_{g-r-1}$, also auch $V_1 \subset y - \delta(x) + V_{g-1}$ für alle $y \in W_{g-r-1}$. Wegen $\beta + V_{g-1} = W_{g-1} = k - W_{g-1}$ ist $-\beta + k - \delta(x) - V_1 \subset -y + W_{g-1}$. Mit dem Durchschnitt über alle $y \in W_{g-r-1}$ folgt $-\beta + k - \delta(x) - V_1 \subset W_r$ im Widerspruch zur Minimalität von r. □

(3) *Für jedes $x \in W_1$ besteht die Teilmenge $M(x) \subset V_1$ aus genau einem Punkt $P(x)$.*

Beweis. Wenn man annimmt, daß es in $M(x) \subset V_1$ zwei verschiedene Punkte $P(x)$ und $Q(x)$ gibt, liegen diese für jedes $y \in W_{g-r-1} \setminus Z_2(x)$ im Träger von $S(x, y)$. Mit dem Divisor $D(x) = P(x) + Q(x)$ entsteht ein Widerspruch zu (2). □

(4) *Die Differenzen $x - P(x) \in J$ nehmen für alle $x \in W_1$ nur endlich viele Werte an.*

Beweis. Wir wählen y_0 so, daß $Z_1(y_0)$ und $N(y_0)$ endlich sind. Für jedes $x \in W_1 \setminus Z_1(y_0)$ liegt $P(x)$ im Träger von $S(x, y_0)$. Daher ist $S_1(x, y_0) := S(x, y_0) - P(x) \in X_{g-1}$ und $\mathrm{Tr}(S_1(x, y_0)) \subset \mathrm{Tr}(S(x, y_0)) = \{P(x)\} \cup N(y_0)$. Dann ist $P(x) \in \mathrm{Tr}(S_1(x, y_0))$, oder dieser Träger ist in der endlichen Menge $N(y_0)$ enthalten. Im ersten Fall wäre $S(x, y_0) - 2P(x) = S_1(x, y_0) - P(x) \in X_{g-2}$ im Widerspruch zu (2). Im zweiten Fall bilden die Divisoren $S_1(x, y_0)$, also auch ihrer Periodenwerte
$$\mu \circ S(x, y_0) = k + \alpha + \beta - y_0 + x - P(x)$$
für alle $x \in W_1 \setminus Z_1(y_0)$ eine endliche Menge. Daher nimmt $x - P(x)$ für alle $x \in W_1 \setminus Z_1(y_0)$ nur endlich Werte an, und wenn man die Werte an den endlich vielen Stellen $x \in Z_1(y_0)$ hinzufügt, folgt (4). □

Mit (3) und (4) ist der Beweis der Behauptung (∗) in 16.5.1 und damit der Beweis des Torellischen Satzes abgeschlossen. □

16.6 Ausblick: Abelsche Varietäten

Wir wollen Beziehungen zwischen den Thetafunktionen, den Siegelschen Matrizen und den komplexen Tori betrachten, ohne uns sofort auf Periodenmatrizen und Periodentori kompakter Flächen zu beschränken. Vielmehr sollen diese erst später in die allgemeine Theorie eingefügt werden. Beweise für die im folgenden dargestellten Ergebnisse überschreiten durch ihren Umfang und die benutzten Methoden aus der höher dimensionalen komplexen Analysis und Geometrie den Rahmen des vorliegenden Buches und werden durch Hinweise auf die weiterführende Literatur ersetzt.

16.6.1 Eine Definition Abelscher Varietäten. Folgende Situation bildet den Ausgangspunkt:

ein g-dimensionaler komplexer Vektorraum V mit einer Basis $(a_1, \ldots, a_g)$ und eine Siegelsche Matrix $T \in \mathcal{H}_g$ mit den Elementen τ_{jk}.

Man bildet die Vektoren
$$b_j := \sum_{k=1}^g \tau_{jk} a_k \text{ für } j = 1, \ldots, g$$
und das von $(a_1, .., a_g; b_1, .., b_g)$ aufgespannte Gitter $\Omega < V$. Es hat den maximalen Rang $2g$. Daher ist der Quotient V/Ω ein kompakter komplex g-dimensionaler Torus. Tori, die auf diese Weise zustande kommen, heißen *Abelsche Varietäten*, da sie historisch aus Abels Untersuchungen komplexer Integrale hervorgehen. Denn das Vorbild der Ausgangssituation ist offensichtlich der Dualraum $V = \mathcal{E}_1(X)^*$ des Vektorraums der holomorphen Differentialformen auf einer kompakten Riemannsche Fläche X vom Geschlecht g, das Homologiegitter $\Omega = H_1(X) < \mathcal{E}_1(X)^* = V$, der Jacobische Periodentorus $V/\Omega = \mathcal{E}_1(X)^*/H_1(X) = J(X)$, eine symplektische Basis $(a_1, .., a_g; b_1, .., b_g)$ von $H_1(X)$ und die zugehörige Periodenmatrix $T \in \mathcal{H}_g$.

16.6.2 Polarisierung. Die Schnittform auf der Homologie $H_1(X)$ ist das Vorbild für die alternierende $\mathbb{Z}$-bilineare *Polarisierung* $s : \Omega \times \Omega \to \mathbb{Z}$, die durch
$$s(a_j, a_k) = s(b_j, b_k) = 0 \text{ und } s(a_j, b_k) = \delta_{jk}$$
definiert wird. Der Ausgangsbasis $(a_1, .., a_g; b_1, .., b_g)$ werden alle Basen $(a'_1, .., a'_g; b'_1, .., b'_g)$ von Ω gleichberechtigt zur Seite gestellt, für welche die Matrix der Polarisierung die Gestalt
$$J = \begin{pmatrix} 0 & E \\ -E & 0 \end{pmatrix}, \ E = (g \times g)\text{-Einheitsmatrix},$$
hat. Die Ergebnisse aus 15.5.3 lassen sich dann mit wenigen zusätzlichen Überlegungen vom Homologiegitter auf die hier betrachteten allgemeineren Gitter Ω übertragen.

Wie in 16.1.4 wird für jede sympektische Basis $(a_1, .., a_g; b_1, .., b_g)$ von Ω die Thetafunktion
$$V \to \mathbb{C}, \ \vartheta(z) := \theta(z_1, \ldots, z_g; T) \text{ für } z = z_1 a_1 + \ldots + z_g a_g$$

durch die Thetareihe definiert, die zur Siegelschen Matrix $T = (\tau_{jk})$ gehört, deren Elemente die Komponenten von $b_j := \sum_{k=1}^{g} \tau_{jk} a_k$ sind. Beim Wechsel der symplektischen Basen läßt sich die Transformation der Siegelschen Matrizen durch die Formel 15.5.3(3) übersichtlich beschreiben. Aber die entsprechende Transformation den Thetafunktionen ist kompliziert. Wir geben nur ein qualitatives Ergebnis an:

Seien ϑ und ϑ' die Thetafunktionen zu zwei symplektischen Basen eines polarisierten Gitters $\Omega < V$. Dann gibt es eine nullstellenfreie holomorphe Funktion $\varphi : V \to \mathbb{C}$ und einen Vektor $w \in V$, so daß $\vartheta'(z) = \varphi(z)\vartheta(w + z)$ für alle $z \in V$ gilt.

16.6.3 Gewichtete Thetafunktionen. Projektive Einbettungen. Die Welt der Thetafunktionen wird reichhaltiger, wenn man die restriktive Periodizitätsbedingung 16.1.3(1) durch die Einführung von Gewichten lockert. Solche Gewichtungen wurden bereits in 19. Jahrhundert studiert, und man bemerkte bald eine beliebig große Menge von Relationen zwischen den gewichteten Thetafunktionen, so daß Frobenius 1893 in seiner Antrittsvorlesung bei der Berliner Akademie der Wissenschaften warnte [Frobenius, Ges. Abh. 2, S. 576]: „Die Beschäftigung mit jenen Formelmassen scheint auf die mathematische Phantasie eine verdorrende Wirkung auszuüben." S. Lefschetz, der von 1913-1924 mathematisch völlig isoliert an der Universität von Kansas lehrte, entging dieser Wirkung. Er betrachtet in [Lef] die $\mathbb{Z}^g$-periodischen holomorphen Funktionen f auf $\mathbb{C}^g$, welche für eine Matrix $T \in \mathcal{H}_g$ und ein *Gewicht* $r \in \mathbb{N}_{>0}$ statt 16.1.3(1) die Periodizitätsbedingung

$$f(z + Tn) = \exp[-\pi i r \langle n, 2z + Tn \rangle] \cdot f(z)$$

erfüllen. Sie heißen *Thetafunktionen vom Gewicht r* und bilden einen komplexen Vektorraum $\mathcal{F}_r(T)$ der Dimension $q = r^g$. Beispielsweise entsteht aus der durch 16.1.1(1) definierten Thetareihe mit r Vektoren $w_1, \ldots, w_r \in \mathbb{C}^g$, deren Summe $w_1 + \ldots + w_g = 0$ ist, die Funktion

(1) $$f(z) := \theta(z + w_1) \cdot \ldots \cdot \theta(z + w_r)$$

vom Gewicht r. Sei $\Omega < \mathbb{C}^g$ das von den Spalten der Matrix (E, T) aufgespannte Gitter. Für $r \geq 2$ haben die Funktionen $f \in \mathcal{F}_r(T)$ wegen (1) keine gemeinsame Nullstelle, siehe auch Aufgabe 16.7.9. Daher bestimmt jede Basis $(f_1, \ldots, f_q)$ von $\mathcal{F}_r(T)$ die holomorphe Abbildung

$$\Phi_r : \mathbb{C}^g/\Omega \to \mathbb{P}^{q-1} , \ z + \Omega \mapsto (f_1(z) : \ldots : f_q(z)) ,$$

der Abelschen Varietät in den projektiven Raum. Lefschetz zeigte:

Für $r \geq 3$ ist Φ_r eine holomorphe Einbettung. Und umgekehrt:

Jeder kompakte komplexe Torus, der sich in einen projektiven Raum holomorph einbetten läßt, ist bis auf Isomorphie eine Abelsche Varietät.

Die Abelschen Varietäten sind also Objekte der projektiven, komplex algebraischen Geometrie. Sie wurden in diesem Rahmen von vielen Autoren ausführlich studiert, siehe dazu [Mum 1], [Mum 3], die umfangreiche Monographie [LB] sowie die Einführungen [Deb] oder [SD].

16.6.4 Periodenmatrizen sind irreduzibel. Die einfachsten Siegelschen Matrizen $iE \in \mathcal{H}_g$ sind für $g \geq 2$ keine Periodenmatrizen kompakter Flächen. Denn

die Periodenmatrix T jeder kompakten Fläche vom Geschlecht $g \geq 2$ ist irreduzibel, d.h. sie kann nicht in zwei Blöcke

$$T = \begin{pmatrix} T_1 & 0 \\ 0 & T_2 \end{pmatrix} \text{ mit } T_1 \neq 0 \neq T_2$$

zerlegt werden.

Beweis. Wenn T zerlegt ist, gilt entsprechendes für $\mathbb{C}^g = \mathbb{C}^{g_1} \times \mathbb{C}^{g_2}$, für das Gitter $\Omega = \Omega_1 \times \Omega_2$, den Torus $\mathbb{C}^g/\Omega = (\mathbb{C}^{g_1}/\Omega_1) \times (\mathbb{C}^{g_2}/\Omega_2)$ und die Thetareihe $\theta(z,T) = \theta(z_1,T_1) \cdot \theta(z_2,T_2)$ mit $z = (z_1,z_2)$. Die Nullstellenmenge $N \subset \mathbb{C}^g/\Omega$ von $\theta(-,T)$ setzt sich dann folgendermaßen aus den Nullstellenmengen $N_j \subset \mathbb{C}^{g_i}/\Omega_j$ von $\theta(-,T_j)$ zusammen: $N = N_1 \times (\mathbb{C}^{g_2}/\Omega_2) \cup (\mathbb{C}^{g_1}/\Omega_1) \times N_2$. Insbesondere ist N reduzibel. Aber bei einer kompakten Fläche ist W_{g-1} und daher $N = \kappa - W_{g-1}$ irreduzibel. $\square$

16.6.5 Der Teichmüller-Raum. Nicht jede irreduzible Siegelsche Matrix ist die Periodenmatrix einer kompakten Fläche. Das wußte bereits Riemann. Denn in [Ri 3], Artikel 12, legt er jede Fläche vom Geschlecht $g \geq 2$ bis auf Isomorphie durch $3g - 3$ komplexe Parameter fest. Für $g \geq 4$ ist das weniger als die Dimension $g(g+1)/2$ des Siegelschen Halbraumes $\mathcal{H}_g$.

Teichmüller (siehe [Tei], insbesondere Nr. 20 und 29) hat in den 1930-er Jahren Riemanns Parameterzählung zu einer umfangreichen Theorie ausgebaut, die auf folgenden Ideen beruht: Jede Fläche X vom Geschlecht g wird durch die Wahl einer symplektischen Basis $(a_1,\ldots,a_g; b_1,\ldots,b_g)$ von $H_1(X)$ *markiert*. Zwei markierte Flächen $(X; a_j, b_j)$ und $(X'; a'_j, b'_j)$ heißen *isomorph*, wenn es eine biholomorphe Abbildung $f : X \to X'$ mit $a'_j = f_*(a_j)$ und $b'_j = f_*(b_j)$ gibt. Man erhält eine Abbildung von der Menge $\mathcal{T}_g$ aller Isomorphieklassen markierter Flächen vom Geschlecht g in den Siegelschen Halbraum $\mathcal{H}_g$, indem man jeder markierten Fläche ihre Periodenmatrix zuordnet. Nach dem Torellischen Satz ist diese Abbildung fast injektiv: Wenn zwei markierte Flächen $(X; a_j, b_j)$ und $(X'; a'_j, b'_j)$ dieselbe Periodenmatrix T haben, gibt es eine biholomorphe Abbildung $f : X \to X'$ und eine Matrix $M \in \mathrm{Sp}_{2g}(\mathbb{Z})$ mit $M \bullet T = T$, welche die symplektische Basis $(a'_j; b'_j)$ in die symplektische Basis $(f_*(a_j); f_*(b_j))$ transformiert. Diese Matrizen M bilden eine endliche Untergruppe.

Man kann $\mathcal{T}_1$ mit der Halbebene $\mathbb{H}$ identifizieren. Teichmüller übertrug dies auf $g \geq 2$: Die Menge $\mathcal{T}_g$ läßt sich als beschränktes Gebiet in $\mathbb{C}^{3g-3}$ realisieren. Die Dimension des *Teichmüller-Raumes* $\mathcal{T}_g \subset \mathbb{C}^{3g-3}$ entspricht der Riemannschen Parameterzählung. Die Abbildung $\mathcal{T}_g \to \mathcal{H}_g$ ist holomorph. Für $g = 2$ ist ihr Rang überall maximal $= 3$. Für $g \geq 3$ ist ihr Rang genau in den Punkten maximal $= 3g - 3$, die den nicht-hyperelliptischen Flächen entsprechen. Genauere Ausführungen findet man z.B. in [IT], Chapter 6 und Appendix A.2.

16.6.6 Charakterisierung der Periodenmatrizen. Für $g = 2, 3$ liegen die Periodenmatrizen dicht in $\mathcal{H}_g$. Für $g \geq 4$ ist
$$\dim \mathcal{H}_g - \dim \mathcal{T}_g = \tfrac{1}{2}(g-2)(g-3) > 0.$$
Die ersten Ergebnisse zur Charakterisierung der Periodenmatrizen für $g = 4$ stammen von Schottky [Sky] (1888). Daher wird die Aufgabe, die Teilmenge der Periodenmatrizen in $\mathcal{H}_g$ zu beschreiben, das *Schottkysche Problem* genannt. Novikovs Vermutung, daß man Krichevers Lösung der KP-Gleichung mittels *Riemannscher* Thetafunktionen, siehe 16.3.5, zur Charakterisierung der Periodenmatrizen verwenden kann, wurde 1980-1986 durch die Arbeiten verschiedener Autoren (Dubrovin, Arbarello/De Concini u.a.) zunächst teilweise und schließlich durch Shiota vollständig bestätigt:

Eine irreduzible Matrix $T \in \mathcal{H}_g$ ist genau dann die Periodenmatrix einer kompakten Fläche, wenn es drei Vektoren $U_1 \neq 0$, U_2, $U_3 \in \mathbb{C}^g$ gibt, so daß die mit der Thetareihe gebildete Funktion
$$u(x, y, t) := 2 \partial_x^2 \log \theta(x U_1 + y U_2 + t U_3 + e; T)$$
für jeden Vektor $e \in \mathbb{C}^g$ die KP-Gleichung erfüllt.

Der umfangreiche Beweis dieses Ergebnisses wird hier nicht ausgeführt. Mehr Informationen und Literaturangaben sowie geometrische Deutungen findet man in den Artikeln von Arbarello/De Concini [A dC] und Taimanov [Ta].

16.7 Aufgaben

Die Aufgaben 1)-3) handeln von Thetafunktionen für $g = 1$: Bilde mit $\tau \in \mathbb{H} = \mathcal{H}_1$ das Gitter $\Omega = \mathbb{Z} + \mathbb{Z}\tau \subset \mathbb{C}$ und den Torus $X = \mathbb{C}/\Omega$ mit der Projektion $\eta : \mathbb{C} \to X$. Identifiziere $\Omega < \mathbb{C}$ mit $H_1(X) < \mathcal{E}_1(X)^*$. Sei $\theta := \theta(-, \tau)$ die Thetareihe 16.1.1(1) für $g = 1$.

1) Zeige: Die Funktion $\theta_*(z) := \exp(-\pi i z) \cdot \theta(z + ([1 + \tau]/2))$ ist ungerade. Ihre Nullstellen liegen in den Gitterpunkten und sind einfach. Bestimme die Nullstellenmenge $N \subset J(X) = X$ von θ und die Riemannsche Konstante κ.

2) Für die Punkte $a_1, \ldots, a_n$, $b_1, \ldots, b_n \in \mathbb{C}$ gelte $\eta(a_j) \neq \eta(b_k)$ für alle j, k und $\sum a_j = \sum b_j$. Zeige: Es gibt eine meromorphe Funktion f auf X mit dem Hauptdivisor $(f) = \sum(\eta(a_j) - \eta(b_j))$, so daß
$$f \circ \eta = \prod_{j=1}^n \frac{\theta_*(z - a_j)}{\theta_*(z - b_j)}.$$

3) Zeige: Für die Weierstraßsche σ-Funktion aus 2.3.3 gilt
$\sigma(z) = \exp(c_0 + c_1 z + c_2 z^2) \theta_*(z)$ mit Konstanten $c_j \in \mathbb{C}$.
Hinweis. Die zweite logarithmische Ableitung $(\log \theta_*)''$ ist Ω-periodisch. Mit 2.1.2 kommt die $\wp$-Funktion ins Spiel.

4) Sei $T \in \mathcal{H}_g$, sei $\theta(z) := \theta(z, T)$ die Thetareihe 16.1.1(1) und Ω das von den Spalten der Matrix (E, T) aufgespannte Gitter. Zeige, daß folgende Methoden Ω-periodische meromorphe Funktionen f auf $\mathbb{C}^g$ und daher meromorphe Funktionen auf der Abelschen Varietät $\mathbb{C}^g/\Omega$ definieren:

16 Die Riemannsche Thetafunktion

(1) $\quad f = \prod_{j=1}^{n} \dfrac{\theta(e_j + z)}{\theta(e_{n+j} + z)} \quad$ für $e_1, \ldots, e_{2n} \in \mathbb{C}^g$ mit $\sum_j (e_j - e_{n+j}) \in \mathbb{Z}^g$,

(2) $\quad f = \dfrac{\partial}{\partial z_j} \log \dfrac{\theta(a + z)}{\theta(b + z)} \quad$ für $a, b \in \mathbb{C}^g$,

(3) $\quad f = \dfrac{\partial^2}{\partial z_j \partial z_k} \log \theta(z)$.

In (2) und (3) wird die partielle logarithmische Ableitung $\partial(\log h)/\partial z_j := (\partial h/\partial z_j)/h$ benutzt.

5) Gib mittels Quotienten von Primfunktionen zu je zwei Punkten $P \neq Q$ einer kompakten Fläche eine Differentialform an, die in P, Q einfache Pole mit den Residuen 1 bzw. -1 besitzt und sonst holomorph ist.

6) Zeige in Ergänzung zum Riemannschen Singularitätentheorem: Aus $o(\vartheta, e) \geq 2$ folgt, daß $p(e)$ einen schlechte Nullstelle ist, vgl. 16.2.1.

7) Zeige: Der Null- und Polstellendivisor $S(x, y, t)$ der normierten Baker-Akhiezer-Funktion $\varphi(x, y, t; P)$ aus 16.3.3(1) hat den Periodenwert
$$\mu(S(x, y, t)) = p(xU_1 + yU_2 + tU_3) \in J(X).$$

8) Wie vereinfachen sich die KP-Differentialgleichung und ihre Lösung $u(x, y, t)$ mittels der Thetafunktion $\vartheta(xU_1 + yU_2 + tU_3 + e)$ gemäß 16.3.5(2), wenn die Vektoren U_1, U_2, U_3 linear abhängig sind? Man beachte dabei die Spezialfälle in Aufgabe 15.7.8. Wann tritt wie in 16.3.6 die KdV-Gleichung auf? Wann kann die Lösung u durch eine Weierstraßsche $\wp$-Funktion ausgedrückt werden? Wann erscheint die Boussinesq'sche Differentialgleichung
$$3u_{yy} + (3u^2 + u_{xx})_{xx} = 0\,?$$

9) Zeige als Ergänzung zu Abschnitt 16.6.3: (i) Jede Thetafunktion vom Gewicht r läßt sich in eine Fourier-Reihe entwickeln:
$$f(z) = \sum\nolimits_{n \in \mathbb{Z}^g} \gamma(n) \exp[(\pi i/r)\langle n, Tn\rangle] \exp[2\pi i \langle n, z\rangle].$$
Die Koeffizienten $\gamma(n) \in \mathbb{C}$ hängen nur von der Restklasse $n + r\mathbb{Z}^g$ ab und sind sonst beliebig. Folgere: $\dim \mathcal{F}_r(T) = r^g$.
(ii) Für die Thetafunktion θ vom Gewicht 1 und je r Vektoren $w_1, \ldots, w_r \in \mathbb{C}^g$ mit $w_1 + \ldots + w_r = 0$ ist das Produkt
$$z \mapsto \vartheta(z + w_1) \cdot \ldots \cdot \vartheta(z + w_r)$$
eine Thetafunktion vom Gewicht r. Folgere für $r \geq 2$:
  Die Funktionen $f \in \mathcal{F}_r(T)$ haben keine gemeinsame Nullstelle.
(iii) Finde zu jedem Vektor $w \in \tfrac{1}{r}\Omega$ eine lineare Funktion $l(z)$, so daß für jede Funktion $f \in \mathcal{F}_r(T)$ auch $z \mapsto \exp[l(z)] \cdot f(z + w)$ zu $\mathcal{F}_r(T)$ gehört.

Literaturverzeichnis

[Ab]   Abel, N.H.: *Œuvres complètes*. Christiania: Grondahl & Son 1881; Nachdruck: New York, Johnson Reprint Corp. 1965
[Ac]   Accola, R.D.M.: *Topics in the Theory of Riemann Surfaces*. Lecture Notes in Mathem. 1595, Berlin: Springer 1994
[Ah 1]   Ahlfors, L.V.: *Collected Papers*, 2 vol. Basel: Birkhäuser 1982
[Ah 2]   Ahlfors, L.V.: On the characterization of hyperbolic Riemann surfaces. *Ann. Acad. Sci. Fenn.* Ser.A.I. Math.-Phys. 125, 1952; *Collected Papers*, vol. 1, p. 486 ff.
[Ah 3]   Ahlfors, L.V.: *Conformal invariants: topics in geometric function theory*. New York: McGraw Hill 1973
[AkD]   Akhiezer, D.H.: *Lie group actions in complex analysis*. Aspects in Mathem. 27, Braunschweig: Vieweg 1995
[AkN]   Akhiezer, N.I.: A continuous analogy of orthogonal polynomials on a system of integrals. *Soviet Mathem. Dokl.* 2, p. 1409-1412 (1961)
[AdC]   Arbarello, E.; De Concini. C.: Geometric aspects of the Kadomsev-Petviashvili equations. *Global geometry and mathematical physics (Montecatini Terme 1988)*. Lecture Notes in Mathem. 1451, Berlin: Springer 1990, p. 95-137.
[ACGH]   Arbarello, E., Cornalba, M., Griffiths, P. and Harris, J.: *Geometry of Algebraic Curves*. New York: Springer 1985
[AS]   Ahlfors, L.V. and Sario, L.: *Riemann Surfaces*. Princeton: Univ. Press 1960
[Ba 2]   Baker, H.F.: *An Introduction to the Theory of Multiply Periodic Functions*. Cambridge: University Press 1907
[Ba 3]   Baker, H.F.: Note on the forgoing paper "Commutative ordinary differential operators" by J.L. Burchnall and T.W. Chaundy. *Proc. Royal Soc. London* A118, p. 584-593 (1928)
[Be]   Beardon, A.F.: *The Geometry of Discrete Groups*. New York: Springer 1984
[Bj]   Bjerknes, C.A.: *Niels Henrik Abel. Eine Schilderung seines Lebens und seiner Arbeit*. Berlin: Springer 1930
[Bor]   Borel, A. et al: *Seminar on Complex Multiplication*. (Lecture Notes in Mathem. 21) Berlin: Springer 1966
[Bos]   Bosch, S.: *Algebra*. Berlin: Springer 1993
[Bou]   Bourbaki, N.: *Elements of Mathematics. General Topology*, part I. Paris: Herrmann 1966
[BBEIM] Belokov, E.D.; Bobenko, A.I.; Enol'skii, V.Z.; Its, A.R.; Matveev, V.B.: *Algebro-Geometric Approach to Non-linear Integrable Equations*. Springer Series in Non-linear Dynamics, Berlin: Springer 1995
[BK]   Brieskorn, E. und Knörrer, H.: *Ebene algebraische Kurven*. Basel: Birkhäuser 1981
[BN 1]   Brill, A. und Noether, M.: Über die algebraischen Functionen und ihre Anwendungen in der Geometrie. *Mathem. Annalen* 7, S. 269-310 (1873)

Literaturverzeichnis

[BN 2]   Brill, A. und Noether, M.: *Die Entwicklung der Theorie der algebraischen Functionen in älterer und neuerer Zeit.*
Jahresber. Deutsche Math. Ver. 3, S. 107-566 (1894)

[BS]   Behnke, H. und Sommer, F.: *Theorie der analytischen Funktionen einer komplexen Veränderlichen.* Berlin: Springer ^{2}1962

[Bu]   Bundschuh, P.: *Einführung in die Zahlentheorie.* Berlin: Springer 1988

[BuNi]   Bungaard, S. and Nielsen, J.: On normal subgroups with finite index in F-groups. *Matem. Tidskrift B*, p. 56-58 (1951)

[Cy 1]   Carathéodory, C.: *Funktionentheorie.* 2 Bde. Basel: Birkhäuser 1950

[Cy 2]   Carathéodory, C: *Gesammelte Mathematische Schriften.* 5 Bde. München: C.H.Beck 1954-57.

[Cn]   Cartan, H.: *Œuvres*, 3 vol. Berlin: Springer 1979

[Cle]   Clebsch, A. Ueber die Anwendung der Abelschen Functionen in der Geometrie. *Crelle's Journal für reine und angewandte Mathematik* 63, p. 189-243 (1864)

[Cli]   Clifford, W.K.: *Mathem. Papers.* London: Macmillan 1892, reprint New York: Chelsea 1968

[CR]   Calabi, E., Rosenlicht, M.: Complex analytic manifolds without countable base. *Proc. Amer. Math. Soc.* 4, p. 335-340 (1953)

[Deb]   Debarre, O.: *Tores et variétés abéliennes complexes.* Soc. Mathém. de France, EDP Sciences 1999

[Ded]   Dedekind, R.: *Gesammelte mathem. Werke*, 3 Bände. Braunschweig: Vieweg 1930-1932

[Di 1]   Dieudonné, J.: *Abrégé de l' histoire des mathématiques 1700-1900.* 2 vol. Paris: Herrmann 1978. Deutsche Übersetzung: *Geschichte der Mathematik 1700-1900.* Braunschweig: Vieweg 1985

[Di 2]   Dieudonné, J.: *Cours de géometrie algébrique* I. Paris: Presses Univ. de France 1974

[DR 1]   de Rham, G.: Sur l'analysis situs des variétés à n dimensions. *J. de Mathém. pures et appliqueés* 10 (1931), p. 115-200; *Œuvres Mathématiques*, Genève: L' Enseignement Mathém. 1981, p. 23-113.

[DR 2]   de Rham, G.: Sur les polygônes générateures de groupes fuchsiens. *L' Enseignement Mathém.* 17, p. 49-61 (1971)

[Du]   Dubrovin, B.A.: Theta functions and non-linear equations. *Russian Mathem. Surveys (Uspechi)* 36, p. 11-92 (1981)

[Eu]   Euler, L.: Opera Omnia. Zürich: O. Füssli 1911 ff.

[Fa]   Fay, J. *Theta-Functions on Riemann Surfaces.* Springer Lecture Notes 352. Berlin: Springer 1973.

[Fi]   Fischer, G.: *Ebene algebraische Kurven.* Braunschweig: Vieweg 1994

[Ford]   Ford, L.R.: *Automorphic Functions.* New York: Chelsea ^{2}1951

[For]   Forster, O.: *Riemannsche Flächen.* Berlin: Springer 1977

[Fox]   Fox, R.H.: On Fenchel's conjecture about F-groups. *Matematisk Tidskrift* B 1952, p. 61-65

[FB]   Freitag, E.; Busam, R.: *Funktionentheorie.* Berlin: Springer ^{3}2000

[FK]   Farkas, H.M and Kra, I.: *Riemann Surfaces.* New York: Springer 1980

[FKT]   Feldman,J.; Knörrer,H.; Trubowitz, E.: *Riemann surfaces of infinite genus.* CRM monograph series, vol. 20. Providence RI: Amer. Mathem. Soc. 2003

[FN]   Fenchel, W.; Nielsen, J.: *Discontinous Groups of Isometries in the Hyperbolic Plane.* Berlin: de Gruyter 2003

Literaturverzeichnis

[FrK] Fricke, R., Klein, F.: *Vorlesungen über die Theorie der automorphen Funktionen.* 2 Bände. Leipzig: Teubner 1926

[Fr] Frobenius, F.G.: *Gesammelte Abhandlungen,* Band I-III. Berlin: Springer 1968

[Ga] Gauss, C.F.: *Werke* I- IX. Göttinger königl. Ges. der Wiss. (Leipzig: Teubner) ^{2}1870 − 1903

[Go] Godbillon, C.: *Éléments de la topologie algébrique.* Paris: Herrmann 1971

[Gra] Gray, J.: *Linear Differential Equations and Group Theory from Riemann to Poincaré.* Boston-Basel, Birkhäuser 1986

[Gri] Griffiths, P.A.: *Introduction to Algebraic Curves.* Providence R.I.: Amer. Mathem. Soc. 1989

[Gu 1] Gunning, R.C.: *Lectures on modular forms.* (Annals of Mathem. Studies 48) Princeton: Univ. Press 1962

[Gu 2] Gunning, R.C.: *Lectures on Riemann surfaces.* (Mathem. Notes) Princeton: Univ. Press 1966

[GH] Griffiths, P. and Harris, J.: *Principles of Algebraic Geometry.* New York: John Wiley 1978

[GN] Gunning, R.C. and Narasimhan, R.: *Immersion of open Riemann surfaces. Mathem. Annalen* 174 , S. 103-108 (1967)

[GR] Grauert, H. und Remmert, R.: *Coherent analytic sheaves.* Berlin: Springer 1984

[Harn] Harnack, A.: *Die Grundlagen der Theorie des logarithmischen Potentiales und der eindeutigen Potentialfunktionen in der Ebene.* Leipzig: Teubner 1887

[Hart] Hartshorne, R.: *Algebraic Geometry.* New York: Springer 1977

[Hei 1] Heins, M.: The conformal mapping of simply-connected Riemann surfaces. *Annals of Math.* 50, p. 686-690 (1949)

[Hei 2] Heins, M.: Remark on the elliptic case of the mapping theorem for simply connected Riemann surfaces. *Nagoya Mathem. J.* 9, p. 17-20 (1955)

[Hei 3] Heins, M.: The conformal mapping of simply-connected Riemann surfaces II. *Nagoya Math. J.* 12, p. 139-143 (1957)

[Hei 4] Heins, M.: *Selected Topics in the Classical Theory of Functions of a Complex Variable.* New York: Holt, Rinehart and Winston 1962

[Her] Hermite, C.: *Œuvres complètes.* 4 vol. Paris: Gauthier-Villars, 1905-1917

[Ho] Hodge, W.V.D.: *The Theory and Applications of Harmonic Integrals.* Cambridge: Univ. Press 1941

[Hub] Huber, H.: *Vorlesungen über Riemannsche Flächen,* unveröffentlichte Mitschriften von H.P. Kraft (Wintersemester 1966/67) und R. Kellerhals (Wintersemester 1978/79), Basel

[Hul] Hulek, K.: *Elementare algebraische Geometrie.* Braunschweig/Wiesbaden: Vieweg 2000

[Hur] Hurwitz, A.: *Mathematische Werke.* 2 Bände. Basel: Birkhäuser 1932/33

[Hus] Husemöller, D.: *Elliptic Curves.* Berlin: Springer ^{2}2004

[HC] Hurwitz, A. und Courant, R.: *Vorlesungen über allgemeine Funktionentheorie und elliptische Funktionen mit einem Abschnitt über geometrische Funktionentheorie.* Berlin: Springer ^{4}1964

[IT] Imayoshi, Y. und Taniguchi, M.: *An Introduction to Teichmüller Spaces.* Tokyo: Springer 1992

[Ja] Jacobi, C.G.J.: *Gesammelte Werke.* 7 Bände. Berlin: G. Reimer 1881-1891

[Jo]	Jordan, C.: Des contours tracés sur les surfaces. Œuvres. Paris: Gauthiers-Villars 1961, t. IV, p. 91-111
[Jos]	Jost, J.: *Compact Riemann Surfaces*. Berlin: Springer ^{2}2002
[Ka]	Katok, S.: *Fuchsian Groups*. Chicago,: Univ. of Chicago Press, 1992
[Kee]	Keen, L.: Canonical polygons for finitely generated Fuchsian Groups. Acta Math. 115, p. 1-16 (1966)
[Kel]	Kelley, J.L.: *General Topology*. New York: Van Nostrand (reprint Springer) 1955
[Kem 1]	Kempf, G.: On the geometry of a theorem of Riemann. Annals of Mathem. 98, 178-185 (1973)
[Kem 2]	Kempf, G.: *Complex Abelian Varieties and Theta Functions*. Berlin: Springer 1991
[Klei 1]	Klein, F.: *Gesammelte mathematische Abhandlungen*, Band I-III. Berlin: Springer 1921-23
[Klei 2]	Klein, F.: *Vorlesungen über das Ikosaeder und die Auflösung der Gleichungen vom fünften Grade*. Leipzig: Teubner 1884; Neuauflage, herausgegeben von P. Slodowy, 1993
[Klei 3]	Klein, F.: *Vorlesungen über die Theorie der elliptischen Modulfunktionen*, 2 Bände, ausgearbeitet von R. Fricke. Leipzig: Teubner 1890. Nachdruck: New York: Johnson Reprint Corp. 1965
[Klei 4]	Klein, F.: *Riemannsche Flächen*. Vorlesungen, gehalten in Göttingen 1891/92. Leipzig: Teubner 1986
[Klei 5]	Klein, F.: *Vorlesungen über die Entwicklung der Mathematik im 19. Jahrhundert* I. Berlin: Springer 1926/27, Nachdruck 1979
[Klem]	Klemm, M.: *Symmetrien von Ornamenten und Kristallen*. Berlin: Springer 1982
[Kob]	Koblitz, N.: *Introduction to Elliptic Curves and Modular Forms*. New York: Springer 1984
[Koe]	Koebe, P. Über die Uniformisierung beliebiger analytischer Kurven. *Nachrichten d. Königl. Ges. d. Wiss. Göttingen.* 1907, S. 191-210, 633-669
[Kr]	Krichever, I.M.: Methods of algebraic geometry in the theory of non-linear equations. Russian Mathem. Surveys (*Uspechi*) 32, 6, p.185-213 (1977)
[KK]	Koecher, M.; Krieg, A.: *Elliptische Funktionen und Modulformen*. Berlin: Springer 1998
[KN]	Krichever, I.M. and Novikov, S.P.: Holomorphic bundles over algebraic curves and non-linear equations. Russian Mathem. Surveys (*Uspechi*) 35:6, p. 53-79 (1980)
[Lag]	Lagrange, J.L.: *Œuvres*, 14 vol. Paris: Gauthiers-Villars 1867-92
[Lam 1]	Lamotke, K.: *Regular solids and isolated singularities*. Braunschweig: Vieweg 1986
[Lam 2]	Lamotke, K.: Die Symmetriegruppen der ebenen Ornamente. Math. Semesterberichte 52, p. 153-179 (2005)
[Land]	Landau, E.: *Collected Works*. 9 vol. Essen: Thales (ohne Jahr)
[Lang]	Lang, S.: *Introduction to Algebraic and Abelian Functions*. Reading: Addison-Wesley 1972
[Lef]	Lefschetz, S.: On certain numerical invariants of Algebraic Varieties, with Application to Abelian Varieties. Trans. Amer. Math. Soc. 22, p. 327-482 (1921). Auch in *Selected Papers*. Bronx, New York, N.Y.: Chelsea Publ. Co. 1971, p. 41-196.

[Leh]	Lehner, J.: *Discontinuous Groups and Automorphic Functions.* (Mathem. Surveys VIII). Providence, Rhode Island: Amer. Mathem. Soc. 1964
[Lew]	Lewittes, J.: Riemann surfaces and their Theta function. *Acta Mathem.* 111, p. 37-61 (1964)
[LB]	Lange, H. and Birkenhake, Ch.: *Complex Abelian Varieties.* Berlin: Springer 1992
[LG]	Landau, E., Gaier, D.: *Darstellung und Begründung einiger neuerer Ergebnisse der Funktionentheorie.* Berlin: Springer ³1986
[Mag]	Magnus, J.W.: *Non-Euclidean Tesselations and their Groups.* New York: Academic Press 1974
[Mar]	Martens, H.: A new proof of Torelli's theorem. *Annals of Mathem.* 78, p. 107-111 (1963)
[Mask]	Maskit, B.: On Poincaré's theorem for fundamental polygons. *Advances in Mathem.* 7, p.219-230 (1971)
[Mass]	Massey, W.: *A Basic Course in Algebraic Topology.* New York: Springer 1991
[Mil]	Milnor. J.: *Singular Points of Complex Hypersurfaces.* (Annals of Mathem. Studies No. 61) Princeton: Univ. Press 1968
[Mir]	Miranda, R.: *Algebraic Curves and Riemann Surfaces.* (Graduate Studies in Mathem. 5) Providence, Rhode Island: Amer. Mathem. Soc. 1995
[Miy]	Miyake, T.: *Modular Forms.* Berlin: Springer 1989
[Mö]	Möbius, A.F.: *Gesammelte Werke*, Band 1-4. Leipzig: Hirzel 1885-89
[Mo 1]	Montel, P.: Sur les suites infinies de fonctions. *Ann. Scient. Ec. Norm. Sup.* 24, p. 233-334 (1907)
[Mo 2]	Montel, P.: Sur les familles de fonctions analytiques qui admettent des valeurs exceptionelles dans une domaine. *Ann. Scient. Ec. Norm. Sup.* 29, p. 487-535 (1912)
[Mo 3]	Montel, P.: *Leçons sur les familles normales de fonctions analytiques et leur applications.* Paris: Gauthiers-Villars 1927, Nachdruck: Bronx, New York: Chelsea 1974
[Mum 1]	Mumford, D.: *Abelian Varieties.* Oxford: Univ.Press ²1974
[Mum 2]	Mumford, D.: *Curves and their Jacobians.* Ann Arbor: Univ. of Michigan Press 1975
[Mum 3]	Mumford, D.: *Tata Lectures on Theta*, I-III. Boston-Basel: Birkhäuser 1983
[MM]	Mattuck, A. and Mayer, A.: The Riemann-Roch theorem for algebraic curves. *Annali Scuola Norm. Pisa* 17, p. 223-237 (1963)
[Nam 1]	Namba, M: *Geometry of Projective Algebraic Curves.* New York: Marcel Dekker 1984
[Nam 2]	Namba, M.: *Branched coverings and algebraic functions.* (Pitman Research Notes in Math. 161). Harlow (England): Longman 1987
[Nar]	Narasimhan, R.: *Compact Riemann Surfaces.* (Lectures in Mathem. ETH Zürich) Basel: Birkhäuser 1992
[Neu]	Neumann, C.: *Vorlesung über Riemanns Theorie der Abelschen Integrale.* Leipzig: Teubner 1865, ²1884
[New 1]	Newton, I.: *The correspondence.* Cambridge: Univ. Press 1960
[New 2]	Newton, I.: Enumeratio Linearum Tertii Ordinis. *The Mathematical Papers of Isaac Newton*, edited by P.T. Whiteside, vol. VII, part III. Cambridge: Univ. Press 1976

[Noe]	Noether, M.: Ueber die singulären Wertesysteme einer algebraischen Funktion und die singulären Punkte einer algebraischen Kurve. *Mathem. Annalen 9*, S. 166-182 (1876)
[Pa]	Patterson, S.: Uniformisierung und diskontinuierliche Gruppen. In [Wyl 1], Neuauflage 1997
[Pe]	Perron, O.: Eine neue Behandlung der ersten Randwertaufgabe für $\Delta u = 0$. *Math. Zeitschrift 18*, S. 42-54 (1923)
[Pf]	Pfaff, J. F.: Methodus generalis aequationes differentiarum partialium nec non aequationes differentiales vulgares, ultraque primi ordinis, inter quotcunque variabiles, complete integrandi. *Abhandlungen Kgl. Akad. Wiss. Berlin*, 1814-15, S. 76-135.
[Pi]	Picard, E.: *Œuvres*. Paris: Ed. de C.N.R.S 1979
[Pla]	Platon: *Werke in 8 Bänden*, griechisch/deutsch. Darmstadt: wiss. Buchges. 1977
[Plü]	Plücker, J.: *Gesammelte mathematische Abhandlungen*. Leipzig: Teubner 1895
[Po]	Poincaré, H.: *Œuvres*, 11 vol. Paris: Gauthier-Villars 1916-1956
[Pu]	Puiseux, V.: Recherches sur les fonctions algébriques. *J. de Mathém.* (1) 15, p. 365-480 (1850)
[Rad 1]	Radó, T.: Bemerkung zur Arbeit des Herrn Bieberbach: Über die Einordnung des Hauptsatzes der Uniformisierung in die Weierstraßsche Funktionentheorie (Math. Annalen 78). *Math. Annalen 90*, S. 30-37 (1923)
[Rad 2]	Radó, T.: Über den Begriff der Riemannschen Fläche. *Acta Szeged 2*, S. 101-121 (1925)
[Ran]	Rankin, R.A.: The construction of branched covering Riemann surfaces. *Proc. Glasgow Mathem Assoc. 3*, p. 199-207 (1958)
[Re 1]	Remmert, R.: *Funktionentheorie 1*. Berlin: Springer [4]1995
[Re 2]	Remmert, R.: *Funktionentheorie 2*. Berlin, Springer [2]1995
[Re 3]	Remmert, R.: Projektionen analytischer Mengen. *Math. Annalen 130*, S. 410-441 (1956)
[Ri 1]	Riemann, B.: *Gesammelte mathematische Werke*. Leipzig: Teubner [2]1892; Berlin, Springer und Teubner, Leipzig [3]1990
[Ri 2]	Riemann, B.: Grundlagen für eine allgemeine Theorie der Functionen einer veränderlichen complexen Größe (Inauguraldissertation, Göttingen 1851). *Werke*, S. 3-42
[Ri 3]	Riemann, B.: Theorie der Abel'schen Functionen. *Borchardt's [= Crelle's] J. für reine und angew. Math.* 54 (1857), *Werke* S. 86-142
[Ri 4]	Riemann,B.: Beiträge zur Theorie der durch die Gauss'sche Reihe $F(\alpha, \beta, \gamma, x)$ darstellbaren Functionen (Göttingen 1857). *Werke*, S. 67-83
[Ri 5]	Riemann, B.: Über das Verschwinden der Theta-Functionen. *Crelle's J. für reine und angew. Math.* 65 (1865), *Werke* S. 214-224
[Ro]	Roch, G.: Über die dritte Gattung der Abelschen Integrale erster Ordnung. *Crelle's J. f. reine und angew. Math.* 64, S. 372-376 (1865)
[RR]	Radó, T., Riesz, F.: Über die Randwertaufgabe für $\Delta u = 0$. *Mathem. Zeitschrift 22*, S. 41-44 (1925)
[Sky]	Schottky, F.: Zur Theorie der Abelschen Funktionen von vier Variablen. *Crelle's J. für reine und angew. Math.* 102, S. 304-352 (1888)
[Sch]	Schwarz, H.A.: *Gesammelte mathematische Abhandlungen*. 2 Bände. Berlin: Springer 1890

[SD]	Swinnerton-Dyer, H.P.F.: *Analytic Theory of Abelian Varieties*. London Mathem. Soc. Lecture Note Ser. 14, Cambridge: Univ. Press 1974
[Se]	Serre, J.P.: *A Course in Arithmetic*. New York: Springer 1973
[Sha 1]	Shafarevich, I.R.: *Basic Algebraic Geometry*. Berlin: Springer 1977
[Sha 2]	Shafarevich, I.R.: Zum 150. Geburtstag von Alfred Clebsch. *Mathem. Annalen* 266 (2), S. 135-140 (1983)
[Shim]	Shimura, G.: *Introduction to the Arithmetic Theory of Automorphic Functions*. Princeton: Univ. Press 1971
[Shio]	Shiota, T.: Characterization of Jacobian varieties in terms of soliton equations. *Inventiones Mathem.* 83, p. 333-382 (1986)
[Si 1]	Siegel, C.L.: Symplectic Geometry. *Gesammelte Abhandlungen*. Berlin: Springer 1966. Band 2, Nr 41
[Si 2]	Siegel, C.L.: *Topics in Complex Function Theory.*, 3 vol. New York: Wiley 1973
[SpG]	Springer, G.: *Introduction to Riemann Surfaces*. Reading: Addison-Wesley 1957
[Str]	Strebel, K.: *Vorlesungen über Riemannsche Flächen*. Göttingen: Vandenhoeck und Ruprecht 1980
[Stu]	Stubhaug, A.: *Ein aufleuchtender Blitz. Niels Henrik Abel und seine Zeit*. Berlin: Springer 2003
[SO]	Scharlau, W., Opolka, H.: *Von Fermat bis Minkowski*. Berlin: Springer 1980
[ST]	Seifert, H. und Threlfall, W.: *Lehrbuch der Topologie*. Leipzig: Teubner 1934
[Ta]	Taimanov, I. A.: Secants of Abelian varieties, theta functions, and soliton equations. *Russian Mathem. Surveys* 52:1, p. 147-218 (1997)
[Te]	Teichmüller, O.: *Gesammelte Abhandlungen*. Berlin: Springer 1982
[To]	Torelli, R.: Sulle Varietà di Jacobi. *Rendiconti R. Acad. Lincei. Cl. Sci. Fis. Mat. Nat.* (5) 22, p. 98-103 (1913)
[Ul]	Ullrich, P.: The Poincaré-Volterra theorem: From hyperbolic integrals to manifolds with countable topology. *Arch. Hist. Exact Sci.* 54, p. 375-402 (2000)
[vdW]	van der Waerden, B.L.: *Algebra I*. Berlin: Springer ^{4}1955.
[Vo]	Volterra, V.: *Opere matematiche*. 5 vol., Roma: Acc. Naz. Lincei 1954-1962
[Wal]	Walker, R.: *Algebraic Curves*. Princeton: Univ. Press 1950 (Nachdruck New York: Springer 1978)
[Wll)	Wall, C.T.C.: *Singular points of plane curves*. Cambridge: Univ. Press 2004
[Wst]	Weierstrass, K.: *Mathematische Werke*, Band 1-6. Berlin: Mayer und Müller 1894-1915
[Wil 1]	Weil, A.: *Elliptic Functions according to Eisenstein and Kronecker*. Ergebnisse der Mathem. und ihrer Grenzgebiete 88. Berlin: Springer 1976
[Wil 2]	Weil, A.: Zum Beweis des Torellischen Satzes. *Œuvres scientifiques / collected papers*. New York: Springer 1979. Vol II, p. 307-327
[Wyl 1]	Weyl, H.: *Die Idee der Riemannschen Fläche*. Stuttgart-Leipzig: Teubner 1913; Neuauflage herausgegeben von R. Remmert 1997
[Wyl 2]	Weyl, H.: *Gesammelte Abhandlungen*, Band I-IV. Berlin: Springer 1968

Namensverzeichnis

Abel, Niels Henrik (1802-1829) 35, 147, 271
Ahlfors, Lars Valerian (1907-1996) 206, 210
Akhieser, Naum Ill'ich (1901-1980) 312
Baker, Henry Frederick (1866-1956) 312
Bernoulli, Jakob (1655-1705) 33
Bernoulli, Johann (1667-1748) 33
Bézout, Étienne (1730-1783) 182
Carathéodory, Constantin (1873-1950) 55, 111 f
Cauchy Augustin-Louis (1789-1857) 1, 150
Clebsch, Alfred (1833-1872) 174, 186, 191
Clifford, William Kingdon (1845-1879) 264
Dedekind, Richard (1831-1916) 97, 99, 101, 131
de Rham, Georges (1903-1990) 289
Descartes, René (1596-1650) 174
Dirichlet, Peter Gustav Lejeune (1805-1859) 203
Eisenstein, Ferdinand (1823-1852) 1, 27, 35
Euklid (lebte um 300 v. Chr.) 75
Euler, Leonhard (1707-1783) 33, 247, 270
Fagnano del Toschi, Giulio Carlo (1682-1766) 33
Fuchs, Lazarus (1833-1902) 231
Gauß, Carl Friedrich (1777-1855) 1, 34 f, 97
Green, George (1793-1841) 210
Harnack, Axel (1855-1888) 200
Hermite, Charles (1822-1901) 101
Hodge, William (1903-1975) 300
Hurwitz, Adolf (1859-1919) 86, 99 101, 111 f, 128 f, 138, 172
Jacobi, Carl Gustav Jacobi (1804-1851) 2, 29, 35, 105, 271 f, 306
Jordan, Camille (1838-1922) 43, 59
Klein, Felix (1849-1925) 2, 4, 59, 70, 76, 101, 114, 217, 222, 230 ff

Korteweg, Diederik (1848-1941) 316
Koebe, Paul (1882-1945) 217
Lagrange, Joseph-Louis (1736-1813) 33, 97 ff, 125
Landau, Edmund (1877-1938) 111 f
Lefschetz, Solomon (1884-1972) 325
Legendre, Adrien-Marie (1752-1833) 33
Liouville, Joseph (1809-1882) 35
Möbius, August Ferdinand (1790-1868) 22, 247, 254
Montel, Paul (1876-1975) 109 f, 200
Newton, Isaac (1643-1727) 33, 121, 125, 131, 174
Pfaff, Johann Friedrich (1765-1825) 292
Perron, Oskar (1880-1975) 194, 204
Picard, Émile (1856-1941) 91, 105, 110, 221
Platon (428-348 v. Chr.) 75
Plücker, Julius (1801-1886) 174, 191
Poincaré, Henri (1854-1912) 43, 57, 59, 61, 76, 114, 217, 222, 231
Poisson, Siméon-Denis (1781-1840) 198 f
Poncelet, Jean-Victor (1788-1867) 174, 191
Puiseux, Victor (1820-1883) 124 f
Radó, Tibor (1895-1965) 206
Riemann, Bernhard (1826-1866) 1, 5, 55, 61, 117, 125, 138, 194, 258, 272, 289, 300, 306
Roch, Gustav (1839-1866) 259
Schottky, Friedrich Hermann (1851-1935) 327
Schwarz, Hermann Amandus (1843-1921) 61, 201, 222, 230
Siegel, Carl Ludwig (1896-1981) 301
Teichmüller, Oswald (1913-1943) 326
Thompson (Lord Kelvin), William (1824-1907) 203
Weierstraß, Karl (1815-1897) 24, 35, 53, 55, 105, 123, 172, 222, 264 ff
Weyl, Hermann (1885-1955) 2, 7, 55, 206, 217
Wronski (Hoëné), Joseph (1778-1853) 169 f

Sachverzeichnis

Abbildungsgrad 16, 164
Abbildungssatz (Riemann) 208, 215
Abel-Jacobi (Theorem) 278
Abelsche Abbildung 273, 303
Abelsche Funktion 272
Abelsche Relation 30, 146
Abelsches Integral 145, 271 f
Abelsches Theorem 32, 274, 312
Abelsche Varietät 324
abelsch machen 149
Ableitung 18, 134 f, 195, 290, 293
abzählbare Topologie 55 f, 196, 205
Additionstheorem 33, 270 f
additiv 145
affine Abbildung 36, 52
affine Kurve 176 f
algebraisch abhängig 119
algebraisches Gebilde 120 f, 128
allgemeine Lage 251
allgemeiner Divisor 266
amalgiertes Produkt 62 f
analytische Charakteristik 135 f, 186, 249
analytische Fortsetzung 53 ff
analytische Menge 12, 286
analytisches Geschlecht 158 f, 259
anharmonische Gruppe 92, 105 f
antiholomorph 224, 300
äquivalent (Gitter) 37, 100
arme Fläche 206, 210 ff
Atlas 2
Ausnahmefläche 220
Ausnahmemenge 119 f
Ausnahmeorbit 18
äußeres Produkt 292 f
Auswertungsfunktion 54
Automorphismus, Automorphismengruppe 5, 139 f, 172, 222, 258, 261 f, 266

Bahn = Orbit 17 f
Baker-Akhiezer-Funktion 313 ff

Basispunkt 45 f, 58, 166
Bézout (Formel) 182
biholomorph 5
binäre Form 97 ff
Blatt 16
Bogenlänge (Ellipse usw.) 32 f
Brezelfläche 7, 241, 246

Cauchyscher Integralsatz 150
Cayleysche Abbildung 5
Charakteristik 135 f, 157, 186, 239, 249
charakteristisches Polynom 118 f
Clebsch (Formel) 186
Clifford (Ungleichung, Gleichung) 262 ff
Cohomologie 150, 292
Cotangentialraum 283

Darstellung (Automorphismengruppe) 261 f
Deckabbildung, Deckgruppe 5, 18 f, 52, 58 f, 77, 84 ff, 130
Deformation 247
Delta-Invariante 185 ff, 193
de Rhamsche Cohomologie 292, 298 f
Derivation 280
Dieder 70 ff, 223
Differentialform 134 ff, 259 f
Differentialgleichung 25, 27, 314 ff
Dimension eines Divisors 156 f, 257 ff, 276, 320 ff
Dirichletsches Randwertproblem 201 ff
diskontinuierlich 76, 221
diskrete Gruppe 221
Diskriminante 119
Divisor 21, 135, 145, 155 ff, 257 ff
Dodekaeder 73
dominieren 87 f, 233
Doppelpunkt 189
Doppeltangente 192
doppelt periodisch 24
Doppelverhältnis 23
Drehung 224

338 Sachverzeichnis

Dreieck, Dreiecksgruppe, Dreiecksparkettierung 40 f, 73 ff, 96, 227 ff
dual 184 f, 296, 299

eigentliche Abbildung 15, 286
Einbettung 167, 325
einfach zusammenhängend 46, 51, 61, 197, 215
Eisenstein-Reihe 27
Elementarpotential 210 ff
elementar überlagert 16
Ellipse 32 f
elliptisch 24, 87, 148, 178, 186, 219
endliche Abbildung 9, 15
erweiterte Dreiecksgruppe 227 f
euklidisch 225
Existenzsatz (Punktetrennung) 127 210
Euler-Poincarésche Charakteristik 239, 249
exakt 150, 291
Exponentialabbildung, -funktion 6

Faktorisierung 14, 50, 83
Fixpunkt 140, 258, 266
Flächenform 292 ff
Flächengruppe 39, 223 f
Flächenkomplex 239 ff, 249
Fortsetzung 13, 53 ff, 82, 117
Fourier-Reihe 14, 107 f, 196
frei (Operation) 18, 77, 79
frei erzeugt, freie Gruppe, freies Produkt 64 f
Freiheitsgrad 158
Fundamentalbereich 94, 106, 229, 233
Fundamentalgruppe 45 f, 58 ff, 149, 246
Funktionenkeim 53 ff
Funktionenkörper 20 f, 25, 117 ff, 129 f

G-Überlagerung 61 f
Galois-Gruppe 130
Garbe 78 f, 282 f
Gattung (Differentialform) 141
gelifteter Divisor 138, 156
Gerade 160, 175, 225
geschlossen 291
Geschlecht 7, 135 f, 158 f, 187, 241, 249, 259
Gewicht 168 ff, 265
Gitter 10, 24, 79 f, 98, 273 f
Gitterinvarianten 28, 100
glatt (= regulär) 182
gleichverzweigt 17, 138 f
Grad 15 f, 19 ff, 24, 138, 175 f, 182

Greensche Funktion 208 f
gute Darstellung 161

Halbebene 4
Halbperiode 27, 104 ff
harmonische Funktion 195 ff
harmonisches Maß 206
Harnack (Konvergenzsatz, Prinzip, Ungleichung) 200 f
Hauptdivisor 21, 32, 274
Hauptkongruenzgruppe 103 f
Hauptorbit 18
Hauptteil 211, 256 f, 267, 314
hebbar 13, 197
Heftung 204
Henkel 245
hexagonal 37, 100, 113
Hodge-Zerlegung 300
holomorphe Abbildung, Funktion 3, 5, 11 ff, 78
holomorphe Differentialform 135, 158
holomorphe Struktur 3, 78
homogene Koordinaten 160
homogenisieren 176
Homologie 149 ff, 246 ff, 273
homologisch einfach zusammenhängend 150, 197, 215
Homothetie 218
homotop 43 f, 49, 262
Horozykel 116
hyperbolisch 218 f, 225 f
Hyperebene 160, 167
hyperelliptisch 87, 136, 159, 163, 169, 259, 316 ff
Hyperfläche 286
hypergeometrisch 230

idealer Rand 204
Identitätssatz 12, 196
Ikosaeder 70 ff, 223
Immersion 167
Index (Divisor) 157
Integral, Integration 32 f, 143 ff, 150, 291 ff
invariante Differentialform 141
inverser Weg 45
Involution 163
irreduzibel 119, 123, 176, 286, 326
isomorph (Riemannsche Flächen) 5, 130
isomorph (Überlagerungen) 51, 84
Isotropiegruppe = Standgruppe 17 f, 84 f

Jacobisches Problem (elliptische Funktionen) 29, 101, 148
Jot-Funktion, -Invariante 99 ff, 108

kanonische Abbildung (Einbettung) 162 f, 187, 260
kanonische Pfaffsche Form 298
kanonischer Divisor, kanonische Schar 135, 155, 165, 259 f
kanonischer Komplex 241 f
kanonisch erzeugend 84
kanonisches Polygon 252
kanonische Zerschneidung 249, 251 ff 297 f
Karte 2
Keim = Funktionenkeim 53 ff
KdV-Differentialgleichung 316
Klasse (einer Kurve) 183, 190
Kleinsche Fläche (=Modulfläche X_7) 114, 127, 136, 159, 163, 172, 179 f 263 f
komplexe Kurve 122 f
komplexe Multiplikation 38
komplexer Raum 179
Komponente 123, 176, 179
Körpererweiterung 20, 25, 117 ff, 129 f
konjugiert 291, 294
Kongruenzgruppe 103, 112
Kreisscheibe 4
KP-Differentialgleichung 314 f, 327
Kreisverwandschaft 224
Krichever (Satz von K.) 315
kritisch 167
Kubik 175, 186, 192
Kurve 122, 162, 175 ff, 263

Landauscher Radius 111 f
Lambda (λ)-Funktion 104 ff
Laplacesche Differentialgleichung 195
Laurent-Entwicklung, -Reihe 6, 14, 25, 27, 53, 124
Lemniskate, lemniskatischer Sinus 33 f
Lewittes (Satz von) 311
Liftung 8, 20, 47 ff, 52, 89, 137 f
linear äquivalent 155
Linearisierung 80
Linearschar 165, 275, 284 f
logarithmische Ableitung 151 f
logarithmische Singularität 197, 208 f
lokal biholomorph 5
lokal endlich 6
lokal topologisch 8
lokal wegzusammenhängend 50
lokale Normalform 12
Lokal-Global-Prinzip 3, 5, 78
Lücke 169, 264 f, 303
Lüroth (Satz) 138

Majorisierung (harmonische M.) 204
Mannigfaltigkeit 3, 61, 77 ff, 283
Maximum (-Prinzip) 13, 196, 203 f, 207
meromorph 6, 20
Minimalpolynom 119 f, 123, 176
Möbius-Transformation 22, 72, 93, 218
Modul, Modulbereich, Modulparkettierung 36, 94 ff, 101, 233
Modulfläche, Modulüberlagerung 112 f, 136 f, 139, 172, 231
Modulform, -funktion 100, 114
Modulgruppe 93 ff, 102, 112 ff, 224
Monodromie 50, 55
Montel (Sätze von) 109 f, 200
multiplikativ 152, 311
Multiplizität 167, 182

nicht-entartet 161
nirgends konstant 11
normal (Abbildung, Überlagerung) 18, 52, 58 f, 85, 118
Normalisierung 177 f
normiert 197, 302 f
nullhomotop 45
Nullstellendivisor 155
Nullstellengebilde 9, 121
Ny-Invariante 185 f, 189

offene Abbildung 12
Oktaeder 70 ff, 223
operieren = wirken 17
Orbit = Bahn 17, 76
Orbitfläche (-raum, -projektion) 68 f, 81, 139, 229
Ordnung 6, 20, 77, 135, 239, 318 ff

Parabel (Neilsche, nodata) 120 f, 165, 178
parabolisch 219
Parallelenaxiom 225
Parallelogramm 30
Parkettierung 40 f, 73 ff, 96, 228, 231
Periode, Periodengruppe 144, 253, 292, 300, 307
Periodenabbildung, -homomorphismus 274 ff
Periodengitter 24, 34, 273
Periodenmatrix 300, 321, 326
Periodentorus 274, 276
Perron (Familie, Prinzip) 204 f
Pfaffsche Form 290
Picard (Satz) 105, 110
Picardsche Gruppe 278
Platonischer Körper 73 ff
Plückersche Kurve 189 ff

Poincaréscher Epi- (Homo-, Iso-) morphismus 58 f, 61, 84
Poincaré-Volterra (Satz) 56
Poincaré-Weyl (Satz) 222
Poissonsche Integralformel 198 f
Pol 6, 197, 258
polare Differentialform 186
Polarisierung 324 f
Polstellendivisor 155
Polyederfläche 240 ff, 246 ff
Polyedersatz (Euler) 246 f
Polygon 238 f
positiv 155, 294
Potenzsumme 281
Präsentation 103, 226, 246
Primdivisor, Primfunktion 308 ff
Primzerlegung 311 f
privilegiert 18, 76
Produktweg 44
projektiver Automorphismus 161
projektiv äquivalent 161
projektive Eigenschaft 161
projektive Kurve 175 ff
projektiver Raum (Gerade, Ebene) 160 f
Puiseux-Theorie 124 f
Punktdivisor 145
Punktetrennung 127, 208, 210
punktierte Flächen 64 f
$\wp$-Funktion 26 ff, 104, 120, 162

quadratisches Gitter 37, 100
Quadrik 175
Quartik 175, 187, 192
Quotientenprinzip 10, 68 f

Rand (Flächenkomplex) 239
Randwertproblem (Dirichlet) 201, 203
Rang (Periodenabbildung) 277, 284
rationale Funktionen 21
rationale (Raum-) Kurve 162, 169
Realisierung (Flächenkomplex) 240
Reduktion, reduziert 36, 99, 119, 175
regulär (siehe auch *glatt*) 167, 182
reiche Fläche 206, 208 f
reines Polynom 125 f
Residuum 140 ff, 152, 197, 253, 257
Resolvente 128
Resultante 180 f
Riemann-Hurwitzsche Formel 138
Riemann-Roch (Formel = Satz) 259
Riemannsche Fläche (Definition) 3
Riemannsche Konstante 309
Riemannsches Gebilde 120 ff, 127 f

Riemannsche Thetafunktion 307 ff
Riemannsche Ungleichung 257
Riemannscher Abbildungssatz 208, 215
Riemannscher Existenzsatz (Punktetrennung) 127, 208, 210
Ringgebiet 196, 202, 220, 296 f
Rückkehrschnitt 246, 297 f

scharfes Maximumprinzip 207
Scheibe 5, 14, 52, 81 f
schlechte Nullstelle 310 f
Schleife 45, 64 f, 144, 149
Schnitt 48
Schnittdivisor, -schar, -zahl 163 f, 168 f, 180 ff, 299
Schnittform 299 f
Schottkysches Problem 327
Schwarz (Satz) 201
Schwarzsche Differentialgleichung 230
Schwarzsches Lemma 109
Seifert/van Kampen (Satz) 63
sextaktisch 193
Siegelsche Matrix, Siegelscher Halbraum 301, 306 f
Sigma-Funktion 31
Signatur 17, 87, 138
singulär, Singularität 13, 122, 182, 197
Singularitätentheorem (Riemann) 320
Spiegelung 224 f
Soliton-Gleichung 312
Spitze 96, 107, 189
Spur (Differentialform) 141 f, 146
Stammfunktion 134, 143, 291
Standgruppe 17 f, 70, 76, 80, 126, 139
stereographische Projektion 4 f, 72
Stern 227 f, 239
Stokes'sche Formel 295
Strukturgarbe 78
subharmonisch 203 ff
Symmetrieachse (14-Eck) 237
Symmetriegruppe 71
symmetrische Funktion 280 f
symmetrische Gruppe 280 f
symmetrisches Produkt 157, 281 ff
symplektisch 299 ff

Tangente 182 f, 192
Tangentialraum 280
Teichmüller-Raum 326
Tetraeder 70 ff, 223
Thetafunktion, Thetareihe 306 f, 325
topologisches Geschlecht 7, 135 f, 159, 249, 259
Torellischer Satz 321

Torus 7, 10, 59, 79 f, 136, 138, 141, 144, 147 f, 179, 258, 325
Torus-Abbildung 36, 52
Torus-Projektion 10, 48, 80
Träger 21, 293, 310
Transformationsgruppe 17
Translation 218
trigonometrische Approximation 202

Übergangsfunktion 170
Überlagerung 16 f, 48 ff, 58 ff, 81 ff, 117 ff, 129 f, 138 f, 249, 258
Umkehrsatz (Jacobi) 278
unbegrenzt 48 ff, 55
Uniformisierung 217
unitär 72
universell 51, 61, 87 ff, 122, 178
unverzweigt 17, 19, 48

Verschiebung 45, 310 f
Verteilung 170
Verzweigung (Divisor, Punkt, Ort, Zahl) 11 f, 17, 81 f, 87 f, 138, 249
Vielfachheit (Tangente) 183
Vierzehneck (Klein) 231 f

vollständig (Linearschar) 165, 285 f

W-Menge 275, 279, 287
Weg, wegzusammenhängend 43 f
Weierstraß-Punkt 169, 172, 265
Weierstraßscher Konvergenzsatz 199
Wendepunkt, -tangente 168 f, 171 f, 183, 190 f
wesentlicher Hauptteil 303 f
Windung (Abbildung, Divisor, Punkt, Ort, Zahl) 11, 14, 124, 138
Wronskische Determinante 169
Wurzel 8, 117 f

Zahlenebene 4, 38 ff, 64
Zahlenkugel 4, 21 f, 47, 69 ff, 85 f, 126, 149, 211
zerschneiden 249
Zeta-Funktion (Weierstraß) 31
Zusammenhangskriterium 17
zusammenhängend (Überlagerung) 51
Zweig 125
Zykel 146
zyklische Überlagerung 18 f, 86, 126 ff

Symbolverzeichnis

Aut(X) Automorphismengruppe 5
$\mathcal{A}G$ abelsch gemachte Gruppe 149
$\mathbb{C}$ Körper (Ebene) der komplexen Zahlen
$\mathbb{C}^\times := \mathbb{C} \setminus \{0\}$ punktierte Ebene 4
$\mathbb{C}^{\times\times} := \mathbb{C} \setminus \{0,1\}$ 93
$\widehat{\mathbb{C}}$ Zahlenkugel 4
$\mathcal{D}$ Deckgruppe 5
Div Gruppe der Divisoren 155
$\mathbb{E} := \{z \in \mathbb{C} : |z| < 1\}$ Kreisscheibe 4
$\mathbb{E}^\times := \mathbb{E} \setminus \{0\}$ punktierte Kreisscheibe
$e(K)$ Euler-Poincarésche Charakteristik 239
$\mathcal{E}(X)$ Vektorraum der meromorphen Differentialformen auf X 134
$\mathcal{E}_j(X)$ j-te Gattung der Differential-formen auf X ($j = 1, 2, 3$) 141
g_{an}, g_{top} analytisches, topologisches Geschlecht 158 f, 249
gr Grad 16, 21, 164, 175
$\mathbb{H} := \{z \in \mathbb{C} : \operatorname{Im} z > 0\}$ 4
$H_1(X)$ Homologie von X 149
$H^1(X)$ Cohomologie von X 150
$\mathcal{H}_g$ Siegelscher Halbraum 301
$i(D) := \dim \mathcal{L}^1(-D)$ Index 157
Im Imaginärteil
$J(\tau)$ Jot-Funktion 100; $\hat{J}$ 100
$J(X)$ Periodentorus 274
kl u Homologieklasse von u 149
$\mathcal{L}(D)$ 155; $\mathcal{L}^1(D)$ 157
$l(D) := \dim \mathcal{L}(D)$ 156
$\mathcal{M}(X)$ Ring (Körper) der meromorphen Funktionen auf X 6
$\mathcal{O}(X)$ Ring der holomorphen Funktionen auf X 3
o Ordnung 6, 135
Per Periodengruppe 144, 292
$\mathbb{P}(V), \mathbb{P}^n$ projektiver Raum 160 ff
$\wp$ $\wp$-Funktion 26; $\hat{\wp}$ 27; $\hat{\wp}' := \widehat{\wp'}$

Re Realteil
res Residuum 140
(RH) Riemann-Hurwitzsche Formel 138
(RR) Satz (Formel) von Riemann-Roch 259
$\mathcal{S}_n$ symmetrische Gruppe 282
sp Spur 141 f
Sym Symmetriegruppe 71
S^1 Kreislinie 10; S^2 Sphäre 4
Tr Träger 21, 293
$v(\eta, a)$ Windungszahl von η bei a 11
$W_n := \mu_n(X_n)$ 275
X_n n-faches symmetrisches Produkt der Fläche X 157

Γ Modulgruppe 93; Γ_n Kongruenz-gruppe 112
θ Thetareihe 306 f
ϑ Thetafunktion 307 ff; ϑ_e Primfunktion 308; Θ_ε Primdivisor 308
λ Lambda-Funktion 104; $\hat{\lambda}$ 107
μ, μ_n Periodenabbildung 274-275
μ_n multiplikative Gruppe der n-ten Einheitswurzeln 6
ρ, ρ_n rationale Raumkurve 162
χ analytische Charakteristik 135
Ω Gitter 10, 79

$\approx$ isomorph (Riemannsche Flächen) 5
$\cong$ isomorph (Gruppen)
$<$ Untergruppe
$\triangleleft$ Normalteiler
$[..]$ Homotopieklasse 44
$(..)$ Hauptdivisor 21
$|D|$ vollständige Linearschar 155
$\sharp$ Anzahl, Mächtigkeit
A° Teilmenge der inneren Punkte 94

MIX
Papier aus verantwortungsvollen Quellen
Paper from responsible sources
FSC® C105338

If you have any concerns about our products,
you can contact us on
ProductSafety@springernature.com

In case Publisher is established outside the EU,
the EU authorized representative is:
**Springer Nature Customer Service Center GmbH
Europaplatz 3, 69115 Heidelberg, Germany**

Printed by Libri Plureos GmbH
in Hamburg, Germany